U0225796

大学计算机系列教材

Excel与数据处理

（第6版）

◆ 杜茂康　刘友军　武建军　编著

電子工業出版社

Publishing House of Electronics Industry

北京·BEIJING

内 容 简 介

本书较全面地介绍了 Excel 2016 在数据的组织、管理、运算、分析、图表处理和商业智能等方面的强大功能，主要包括：数据输入、数组公式、图表设计、函数、名称、表格结构变换、表与结构化引用、数据模型、数据仓库、M 语言、DAX 语言等基础知识；Excel 与外部数据交换、Microsoft Query、SQL 等数据链接和查询功能；数据排序、查找、透视、筛选、迷你图、切片器、分类汇总、数据建模等数据管理功能；数据审核、单变量求解、模拟运算、方案分析、规划求解、度量公式等数据运算和分析功能；Power Query 数据清洗与整合、Power Pivot 数据建模与分析、Power View 数据可视化等商业智能数据处理方面的内容。

本书通俗易懂，内容翔实，重视知识性和实用性的结合，每章配有相应的习题，可作为数据科学（大数据）、经济管理、财政金融、统计、文秘等专业数据分析课程的教材，也可作为计算机应用和办公自动化方面的培训教程或参考用书。

图书在版编目（CIP）数据

Excel 与数据处理 / 杜茂康，刘友军，武建军编著. —6 版. —北京：电子工业出版社，2019.4

ISBN 978-7-121-35926-2

Ⅰ. ① E… Ⅱ. ① 杜… ② 刘… ③ 武… Ⅲ. ① 表处理软件—高等学校—教材 Ⅳ. ① TP391.13

中国版本图书馆 CIP 数据核字（2019）第 011588 号

策划编辑：章海涛

责任编辑：章海涛

印　　刷：北京天宇星印刷厂

装　　订：北京天宇星印刷厂

出版发行：电子工业出版社

　　　　　北京市海淀区万寿路 173 信箱　邮编：100036

开　　本：787×1 092　1/16　　印张：27.75　　字数：706 千字

版　　次：2002 年 8 月第 1 版

　　　　　2019 年 4 月第 6 版

印　　次：2025 年 1 月第 11 次印刷

定　　价：59.00 元

凡所购买电子工业出版社图书有缺损问题，请向购买书店调换。若书店售缺，请与本社发行部联系，联系及邮购电话：（010）88254888，88258888。

质量投诉请发邮件至 zlts@phei.com.cn，盗版侵权举报请发邮件至 dbqq@phei.com.cn。

本书咨询联系方式：192910558（QQ 群）。

前　言

Microsoft Excel 是最优秀的电子表格软件之一，具有强大的数据处理和分析能力，在各行各业中应用广泛，是财会人员、证券从业人员、办公室文秘、科技人员、企业管理者不可缺少的表格处理、图表制作和数据分析的理想工具，通常用于账务处理、证券图表分析、人事档案管理、绩效工资计算、科研数据仿真、经营数据分析……

本书正是以上述题材为核心，介绍 Excel 在数据处理方面的强大功能。本书自 2002 年第 1 版出版以来，受到读者好评，不断有读者结合自身实际发来邮件，提出了在用 Excel 进行办公事务处理过程中的一些疑难问题。这些疑难问题和读者的关爱是本书不断修订的源泉，那些被不同读者多次问及或富有启发性的办公实例已被整理成了书中的案例，使本书更具实用价值。

但是近年来，随着各国对网络经济的重视，互联网成了人们创新、创业的基础平台和工具，基于社交网络、自媒体、商业网站产生的数据呈现爆炸式的增长，企业经营者需要从产生速度越来越快、规模越来越庞大、结构越来越复杂化和多样化的大数据环境中快速挖掘和分析出价值巨大的知识，实现企业的商业智能。微软公司适时推出了它的自助式商业智能工具——Power BI，该软件由 Power Query、Power Pivot 和 Power View 三部分构成，分别实现了异构数据的清洗与整合、数据建模与分析、数据可视化功能，以帮助经营决策人员和数据分析师能够快速、便捷地对各类来源不一、结构不同的海量数据进行分析，挖掘出有价值的知识，为企业经营者提供决策支持。

Power BI 是一个轻量级的数据分析工具，功能强大但简单易学，对于传统 Excel 难以解决的多源数据清洗、整合、建模分析，以及具有年、季、月重复性特征的数据处理工作提出了智能化的解决方案，是对大数据环境下 Excel 数据分析的有力补充。Power BI 的三个组成部分既可以整合运行，也可以独立使用，并以加载项的方式提供给了 Excel 2013。Power Query 因实用性强已经被集成在 Excel 2016 中，可以直接使用了。

商业智能是数据分析的方向，Excel 已经对此做出了适应性和前瞻性的调整，在用它进行数据处理时，可以优先使用其提供的 Power BI 新功能，以提高工作效率或智能化地完成周期性的重复工作。因此，Power BI 插件的学习已是 Excel 数据处理不可缺少的内容了。

由于内容太多，本书本次修订的主要变化就是对 Excel 的传统内容进行了精减，但增加了商业智能数据处理的内容。在第 5 版的基础上，本书删去了第 9 章"Excel 与财务分析"和第 12 章"VBA 程序设计"，重构了第 6 章"图表分析"的内容，并对其余部分的某些章节结构和内容进行了整合和更新。全书共分为 12 章。

第 1 章介绍 Excel 的基本概念、单元格和工作表常规操作、数据查看和打印设置等应用，让读者从电子表格的角度了解 Excel 的主要功能，具备进一步学习 Excel 的基础知识。

第 2 章介绍 Excel 的数据输入功能。针对不同数据类型，本章介绍不同的数据输入方法，尤其是大批量有规律数据的高效输入方法。

第 3 章介绍工作表、单元格和数据的格式化功能，主要包括：表格式套用、主题、条件格式、数据格式化和日期格式化等内容，以及工作表背景、边框和底纹等内容的格式化方法。

第 4 章介绍公式与函数在数据处理中的特殊应用，特别是数组公式、名字和函数在大批量数据处理中的应用方法与技巧，以及错误信息的处理方法等。

第 5 章介绍 Excel 的数据管理和分析功能，包括数据的排序、筛选、分类汇总、数据透视表、数据链接、切片器和多工作表的合并计算等。

第 6 章介绍 Excel 与外部数据的交换方法。本章的主要目的是把 Excel 作为外部数据库的分析工具，在专业数据库系统中进行数据的存储、处理和更新等操作，在 Excel 中对保存在专业数据库中的数据进行分析，制作报表或分析图表等，提高工作效率。

第 7 章介绍动态报表、数据查找与提取、报表结构变换与调整等功能，包括表、结构化引用、数据库函数、查找引用类函数、文本查找函数、SQL 查询，以及工作表中各类数据的查找技术。本章以案例形式介绍了 Excel 的多种数据查找方法，大多数案例是从办公实例和读者疑问中抽象出来的，这对于解决工作中的实际问题有着较强的启发性。

第 8 章介绍 Excel 图表类型、数据源表设计、图表选择与设计、格式化和典型应用。

第 9 章介绍 Excel 数据分析工具的应用，主要包括数据的审核和追踪、单变量求解、方案设计、线性回归分析和规划求解等内容。

第 10～12 章介绍 Excel 商业智能基础。这 3 章是一个完整的结构，对应商业智能的数据清洗与转换、数据建模与分析、数据可视化三个阶段。第 10 章介绍 Power Query 超级查询功能，数据清洗、转换的方法，M 语言，多工作簿与工作表的智能合并；第 11 章介绍 Power Pivot 数据建模基础，包括关系模型、数据仓库的理论基础与建立方法，多维度数据分析，DAX 与度量公式等内容；第 12 章介绍 Power View 数据可视化、数据模型分析结果图表设计和仪表板制作。

本书注重用实例来介绍 Excel 的使用方法和技巧，每章都有从实际工作中精心提炼出来的应用案例，这些案例是从一些办公实例中抽象出来的，对于提高日常办公事务中数据管理的效率有较强的参考价值。为了方便教师教学和读者在实际操作中理解书中的案例和方法，本书准备了以下辅助资源：本书各章所应用的 Excel 实例工作簿、习题工作簿（含参考答案），以及教学课件。这些资源可从网站 http://www.hxedu.com.cn 免费下载。

本书由杜茂康、刘友军、武建军、李昌兵、王永、曹慧英编写。刘友军编写了第 1～4 章，武建军编写了第 5～6 章，李昌兵编写了第 7 章，王永编写了第 8 章，曹慧英编写了第 9 章，杜茂康编写了第 10～12 章。全书由杜茂康审校和统稿。

特别感谢本书的策划编辑章海涛老师，没有他的策划、指导、无私帮助和辛勤工作，就不会有本书的出版！

本书主要从数据的组织、管理、计算、分析和商务智能方面讨论 Excel 的功能，书中所论并不完美。鉴于作者水平有限，经验不足，书中错误与疏漏之处在所难免，恳请读者给予指正。

作 者
2019 年 2 月

目　　录

第 1 章 Excel 基础

📖 **本章导读**

- ⊙ 功能区与 Backstage 视图
- ⊙ 工作簿、工作表和单元格
- ⊙ 模板与工作簿的创建
- ⊙ Excel 的文件类型和兼容性
- ⊙ 单元格引用
- ⊙ 公式和函数
- ⊙ Excel 工作环境配置

Excel 是 Microsoft Office 套装软件中的一款电子表格软件，具有强大的数据运算和分析能力，主要用来制作人们日常工作中的各种报表，同时为工程、财务、经济、统计、数据库等领域提供了大量的专用函数，能够用于各领域的数据计算、分析和科学研究。Excel 具有强大的图表分析功能，能够便捷地制作具有专业水准的各种数据图表，如饼图、折线图、趋势图等。

1.1 Excel 的基本概念

启动 Excel 2016 后，显示如图 1-1 所示的用户界面，由功能区和工作表区两部分组成。

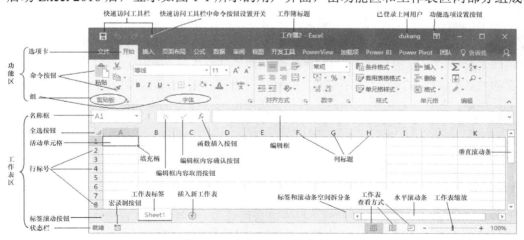

图 1-1 Excel 2016 的用户界面

1．功能区

功能区是 Microsoft Office 2007 首次引入软件系统的用户操作界面，将传统应用程序界面的菜单栏和工具栏中的操作命令，按其功能进行逻辑分组，将实现同类操作的命令放在同一个逻辑组中，然后将各逻辑组摆放在可视化的面板中，称为功能区。其目的是让用户能够直观、便捷地查找、了解和使用系统提供的命令，简化软件的操作流程。

Excel 2016 功能区主要包括"文件"菜单、选项卡、命令按钮、库和对话框等内容。

（1）选项卡

功能区由"开始""插入"等选项卡组成。选项卡实际上是 Excel 对操作命令进行分类组织的一种方法，各选项卡是面向任务的，即每个选项卡以特定任务或方案为主题组织其中的控件。例如，"开始"选项卡以表格的日常应用为主题布置其中的控件，将平常工作中使用频繁的命令按钮集中在这里，其中包含实现表格的复制、粘贴，设置字体、字号、网格线、数字对齐方式以及报表样式等常见操作的控件；"页面布局"选项卡则与表格打印和外观显示任务相关，其中放置的是与表格打印或外观样式相关的控件，如选择打印机，设置打印纸的大小、边界，是否显示网格线和标题，以及单元格数据对齐方式等命令按钮。

功能区一次只能显示一个选项卡中的内容，图 1-1 显示的是"开始"选项卡中的内容。当要使用某选项卡中的命令按钮时，只需要单击该选项卡的名称就可以激活该选项卡，显示其中的命令按钮。

为了使功能区显得简洁，选项卡采用了动态显示的方式，某些选项卡平时是隐藏的，在执行相应的操作时，它们会自动显示。例如，在图 1-1 中没有显示"图表 工具"选项卡，但在工作表中插入或激活某图表后，"图表 工具"选项卡就会自动显示。

（2）组

每个选项卡又分为几个逻辑组（简称组），每个组能够完成某种类型的子任务，其中放置的是实现该子任务的具体控件。例如，在图 1-1 中，剪贴板、字体和对齐方式等都是组，每个组都与某项特定任务相关，剪贴板中包括实现复制和粘贴等功能的控件，字体组则包括了设置字体的大小、型号、颜色等功能的控件。

（3）快速访问工具栏

位于 Excel 2016 界面左上角的是快速访问工具栏 ，其中包含一组独立于选项卡的命令，无论选择了哪个选项卡，它将一直显示，为用户提供操作的便利。在默认情况下，快速访问工具栏中仅包括文件"保存""撤销"和"恢复"三个按钮。但它实际上是一个允许自定义的工具栏，单击其右边的下三角，会弹出一个下拉列表，可以将其中的命令添加到快速访问工具栏中；此外，右击快速访问工具栏，从弹出的快捷菜单中选择"自定义快速访问工具栏"选项，也可以将经常使用的命令按钮添加到其中。

（4）标题栏

标题栏位于功能区的最上边，Excel 在其中显示当前正在使用的工作簿文件的名称。

2．工作表区

工作表区是 Excel 为用户提供的"日常办公区域"，由多个工作表构成，每个工作表相当于人们日常工作中的一张表格，可在其中的网格中填写数据、执行计算、绘制图表，并在此基础上制作各种类型的工作报表。

（1）工作表

工作表就是人们常说的电子表格，是 Excel 中用于存储和处理数据的场所。它与我们日常生活中的表格基本相同，由一些横向和纵向的网格组成，横向的称为行，纵向的称为列，在网格中可以填写不同的数据。一个工作表最多可有 1 048 576 行、16 384 列数据。当前正在使用的工作表称为**活动工作表**。

（2）工作表标签

工作表标签代表工作表的名称，图 1-1 中的 Sheet1 就是工作表标签。在 Excel 2016 中，新建工作簿中只有一个工作表，单击右边的 ⊕ 按钮，可以向工作簿中添加新工作表。当存在多个工作表，其中某些工作表的标签不可见时，可以通过标签导航按钮 ◀ ▶ … 来滚动工作表标签，显示出被遮住的工作表标签。

单击工作表标签按钮可以使对应的工作表成为活动工作表，双击工作表标签按钮可以修改它的名称，因为 Sheet1、Sheet2 这样的名称不能说明工作表的内容，把它们改为"学生名单""成绩表"这样的名称更有意义。

（3）行号

工作表由 1 048 576 行组成，每行用一个数字进行编号，称为行号（也称为行标题）。在图 1-1 中，左边的数字按钮 1，2，3，…就是行号。单击行号，可以选定其对应的整行单元格；右击行号，将显示相应的快捷菜单；上下拖动行号的边线，可增减行高。

（4）列标题

一个工作表最多包括 16 384 列，每列用英文字母进行标志，称为列标题。在图 1-1 所示工作表上方的 A，B，C，D，…就是列标题。当列标题超过 26 个字母时就用两个字母表示，如 AA 表示第 27 列，AB 表示第 28 列……当两个字母的列标题用完后，就用 3 个字母标志，最后的列标题是 XFD。

单击列标题，可以选定该列的全部单元格；右击列标题，可以显示相应的快捷菜单；左右拖动某列标题右端的边线，可以增减该列的宽度；双击列标题的右边线，可以自动调整该列到合适的宽度。

（5）单元格、单元格区域

工作表实际上是一个二维表格，单元格就是这个表格中的一个"格子"，是输入数据、处理数据及显示数据的基本单位。单元格由它所在的行号、列标题所确定的坐标来标志和引用，使用时列标题在前面，行号在后面。例如，A1 表示第 1 列第 1 行的交叉位置所代表的单元格，B5 表示第 2 列第 5 行的交叉位置所代表的单元格。

当前正在使用的单元格称为**活动单元格**，其边框是粗实线，且右下角有一黑色的实心小方块，称为**填充柄**。活动单元格代表当前正在用于输入或编辑数据的单元格。图 1-1 中的 A1 就是活动单元格，从键盘输入的数据就会出现在该单元格中。

单元格中的内容可以是数字、文本或计算公式等，一个单元格中最多可以包含 32 767 个字符，或者一个公式（公式中最多有 8192 个字符）。

单元格区域是指多个连续单元格的组合，其形式为"**左上角单元格:右下角单元格**"。例如，A2:B4 代表一个单元格区域，包括 A2、B2、A3、B3、A4、B4 单元格；C3:E5 区域中的单元格有 C3、D3、E3、C4、D4、E4、C5、D5、E5。只包括行号或列标题的单元格区域代表整行或整列。例如，1:1 表示第一行的全部单元格组成的区域，1:5 则表示由第 1～5 行全部单元格组成的区域；A:A 表示第一列全部单元格组成的区域，A:D 则表示由 A、B、C、D 四列的全部单元格组成的区域。

（6）全选按钮、插入函数按钮、名称框和编辑框

工作表行号、列标题交叉处的按钮 称为**全选按钮**，单击它，可以选中当前工作表中的全部单元格。

是插入函数按钮，单击它，将弹出"插入函数"对话框，从中可以向活动单元格的公式中输入函数。

名称框用于指示活动单元格的位置。在任何时候，活动单元格的位置都将显示在名称框中。名称框还具有定位活动单元格的能力，如要在单元格 A1000 中输入数据，可以直接在名称框中输入"名称"，按 Enter 键后，单元格 A1000 成为活动单元格。此外，名称框具有为单元格定义名称的功能。

编辑栏用于显示、输入、修改活动单元格中的公式或数据。在单元格中输入数据时，输入的数据同时会出现在编辑栏中。事实上，在任何时候，活动单元格中的数据都会出现在编辑栏中。当某单元格中的数据较多时，可以直接在编辑栏中输入、修改数据。

（7）工作表查看方式与工作表缩放

工作表下边框右侧提供的 三个按钮用于切换工作表的查看方式，其中 是普通查看方式，这是 Excel 显示工作表的默认方式，图 1-1 就是用这种方式显示工作表的。 是页面布局显示方式，将以打印页面的形式显示工作表。 是分页预览方式，如果工作表数据较多，需要多张打印纸才能打印完成时，在此查看方式下，Excel 将以缩小方式显示整个工作表的数据，并在工作表中显示一些页边距的分割线，相当于将所有打印出的纸张并排在一起查看。

工作表缩放工具 — ▮ + 100% 可以以放大或缩小的方式查看工作表中的数据，单击 + 可以放大工作表，单击 − 可以缩小工作表，每单击一次就缩放 10%。当然，左右拖动▮按钮也可以缩放工作表。

1.2　工作簿和 Excel 文件管理

1.2.1　工作簿与工作表的关系

Excel 中创建的文件被称为工作簿，由一个或多个工作表组成。工作簿是 Excel 管理数据的文件单位，相当于常见的"文件夹"，以独立的文件形式存储在磁盘上。在日常工作中，可将彼此关联的数据表保存在同一工作簿中，这样有利于数据的存取、查找和分析。

【例 1.1】　小型数据处理用 Excel 来管理非常合适。例如，为整个年级 5 个班建立一个工作簿文件"2018 级学生成绩簿.xlsx"，在其中添加 6 个工作表，将每个班的成绩单独存放在一个工作表中，分别取名为"1 班成绩表""2 班成绩表"……第 6 个工作表是成绩分析表，对前面 5 个班的成绩进行统计分析。

这样的数据组织方法不仅有利于各班成绩表的输入和管理，也为年级和班级的成绩分析提供了方便，如图 1-2 所示。

工作簿、工作表、单元格的逻辑关系是：一个工作簿中包括若干工作表，每个工作表中包括许多单元格。工作簿以文件形式保存在磁盘文件中，工作表只能存在于工作簿中，不能以独立的文件形式存储在磁盘文件中。

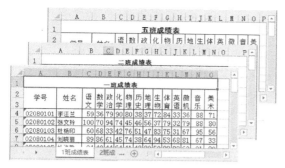
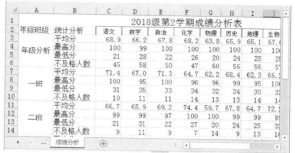

图 1-2 一个包括 6 个工作表的成绩管理工作簿

1.2.2 创建工作簿

1. 工作簿与模板

Excel 总根据模板创建工作簿。模板即模型、样板，是一种特殊工作簿，已在其中的工作表中设计好了许多功能，如单元格中的字体、字形及工作表的样式和功能（如财务计算、学生成绩统计、会议安排等）等。Excel 可以创建与模板具有相同结构和功能的工作簿。

微软官网上有许多精美而功能强大的模板，用这类模板创建新工作簿时，Excel 2016 会自动下载相关模板，并创建新工作簿。当然，前提是用户计算机与 Internet 相连接（即 Online，在线）。

在线工作簿模板非常灵活，功能强大。因为在这种方式下，Excel 在安装时仅将使用最频繁的极少数模板安装在用户端，而将大量的模板放置在网站中，需要时才从网站中下载。这种方式不仅便于模板的维护，还可以随时将新创建的模板放置到网站中，用户也能随时使用到新创建的模板。

微软官网上的模板种类众多，包括个人理财、家庭收支、财务预算、个人简历、会议安排、采购订单、回执和收据、旅行度假、单位考勤、日程安排以及工作计划等。模板是 Excel 的一项强大功能，是一种宝贵的资源，是 Excel 用户彼此之间共享工作成果、减少重复劳动、节省时间、提高效率的一种有效方式。

2. 新建工作簿

新启动 Excel，一般显示如图 1-3 所示的用户界面，其中列出了许多放置在网站的"在线模板"，如考勤记录、学生课程安排、校历等模板，如果正好要制作同类型的报表，就可以选择相应的模板创建工作表，然后在此基础上进行修改，可以很快制作完成需要的报表，极大地提高工作效率。

如果需要从头到尾自行设计工作表，则可以选择其中的"空白工作簿"，Excel 会根据默认模板新建工作簿文件，第一个名称为"工作簿 1.xlsx"，第二个名称则为"工作簿 2.xlsx"……新建工作簿中只包括一个工作表"Sheet1"，但可以根据需要添加多个工作表。

此外，如果 Excel 已经启动，并打开了某个工作簿，选择"文件"|"新建"菜单命令，同样可以显示图 1-3 所示的"新建"工作簿的 Backstage 视图，进行文件建立。

注：在打开的 Excel 工作环境中，直接按 Ctrl+N 组合键，也可以新建一个空白工作簿。

图 1-3 新建工作簿的 Backstage 视图

1.2.3 工作簿文件格式与兼容性

图 1-4 Excel 2016 支持的文件类型

工作簿文件有许多扩展名，如 .xls、.xla、.xlam、.xlt、.xlsm 等，图 1-4 是 Excel 2016 支持的文件类型（"另存为"对话框中）。也就是说，Excel 2016 是可以创建或打开这些类型的文件的。实际上，这些类型名不但代表了不同的文件类型，而且与 Excel 版本和文件格式都有关。

其中，类型名以"x"或"m"结尾的文件是自 Office 2007 起采用的新型文件格式，称为 Microsoft Office Open XML Formats 文件格式，在以前版本同类型文件的扩展名后增加了"x"或"m"。例如，在 Word 2016 中创建的文件的默认扩展名为 .docx 而不是 .doc，在 PowerPoint 2016 中创建的文件的默认扩展名为 .pptx。

Office XML Formats 文件格式对以前的存储结构进行了改进，并采用了新的安全技术，使文件不易遭到损坏，在受损时更容易修复。此外，它采用了 ZIP 文件自动压缩技术，在保存文件时会自动进行文件压缩，在打开文件时自动解压。在某些情况下，文档最多可以缩小 75%，减少了存储文件所需的磁盘空间。

"x"与"m"结尾后缀的文件的区别在于：用"x"后缀（如 .docx 和 .pptx）保存的文件不能包含 Visual Basic for Applications（VBA）宏或 ActiveX 控件，因此不会引发与相关类型的嵌入代码有关的安全风险；扩展名以"m"结尾（如 .docm 和 .xlsm）的文件则可以包含 VBA 宏和 ActiveX 控件，这些宏和控件存储在文件的单独的一节中。这样做的目的是使包含宏的文件与不包含宏的文件更加容易区分，从而使防病毒软件更容易识别出包含潜在恶意代码的文件。

Office 2007 及之后的版本在采用新型文件格式的同时，还提供了对以前 Office 版本文件格式的支持，能够同时处理新旧两种类型的文件。例如，可以在 Excel 2016 中创建和打开 Excel 2003 版格式的工作簿。表 1-1 列出了 Excel 2016 中常用的文件类型及其对应的扩展名。

表 1-1　Excel 2016 的常用文件类型及其对应的扩展名

格　式	扩展名	说　明
Excel 工作簿	.xlsx	Excel 2016 默认的基于 XML 的文件格式，不能存储 VBA 宏代码
Excel 工作簿（代码）	.xlsm	Excel 2016 基于 XML 且启用宏的文件格式，可存储 VBA 宏代码
模板	.xltx	Excel 2016 模板的默认文件格式，不能存储 VBA 宏代码或 Excel 4.0 宏工作表（.xlm）
模板（代码）	.xltxm	Excel 2016 模板启用了宏的文件格式，存储 VBA 宏代码或 Excel 4.0 宏工作表（.xlm）
Excel 97-2003 工作簿	.xls	Excel 97-2003 二进制文件格式（BIFF8）
Excel 97-2003 模板	.xlt	Excel 97-2003 模板的二进制文件格式（BIFF8）
XML 电子表格 2003	.xml	XML 电子表格 2003 文件格式（XMLSS）
Excel 加载宏	.xlam	基于 XML 且启用宏的加载项，支持 VBA 项目和 Excel 4.0 宏工作表（.xlm）的使用

1.3　工作簿的基本操作

Excel 工作表的基本操作包括：工作表和单元格的添加、删除、移动及复制，单元格数据和公式的编辑，工作表数据的不同查看方式，工作表打印时的纸张、页面、标题、页码等的设置，以及打印预览等。

1.3.1　工作表操作

在 Excel 中，工作表实际上是人们日常工作中用到的各种表格的电子化，一个工作表相当于日常工作中的一张报表，相关操作如下。

① **工作表切换**。单击工作表标签区域中的 ▸ Sheet1 Sheet2 Sheet3 … ⊕ 标签名称，就可使对应的工作表成为活动工作表。当一个工作簿中的工作表较多，看不见某些工作表的标签时，可以单击其中的左、右三角形向前或向后巡视工作表标签。

② **选择工作表**。单击工作表标签，就可以选中它所对应的工作表；如果需要选中连续的多个工作表，可先单击其中位于最左边的工作表标签，再按住 Shift 键，然后单击最右边的工作表标签；如果需要选中多个不连续的工作表，应先按住 Ctrl 键，再依次单击要选中的工作表标签。

③ **插入工作表**。在默认情况下，Excel 2016 创建的工作簿中只有 1 个工作表。单击工作表标签右边的 ⊕ 按钮，Excel 就会在最后一个工作表的后面插入一个新工作表。

④ **删除、隐藏工作表**。对于不再使用的工作表，可以将它从工作簿中删除；有时可能需要设置一些辅助工作表，目的是从这些表格中查询数据到正式工作表中，但不想让用户操作这些工作表，可以将这些工作表隐藏起来。操作步骤为：右击要删除或隐藏的工作表标签，从弹出的快捷菜单中选择"删除"或"隐藏"命令。取消"隐藏"的工作表，使之可操作的方法是：右击任一工作表标签，从弹出的快捷菜单中选择"取消隐藏"命令。

⑤ **移动工作表**。单击要移动的工作表标签，并按下鼠标左键，这时鼠标所指示的位置会出现一个 🗋 图标，拖动鼠标到目标位置释放，该标签对应的工作表就被移到了相应位置。

例如，在 ◂ ▸ … Sheet3 Sheet4 Sheet2 … ⊕ 4 个工作表中，要把 Sheet2 移动到 Sheet3 前面，只需用鼠标把 Sheet2 标签拖放到 Sheet3 的前面即可。

⑥ **复制工作表**。先按住 Ctrl 键，再用鼠标拖动要复制的工作表，在拖动过程中会出现 🗋 图标，将标签拖到新位置后释放鼠标，就会产生该工作表的一个副本。

⑦ **工作表标签改名。** 双击工作表标签并删除已有标签名，可以输入新的标签名称。

1.3.2 单元格操作

1. 选择行、列

选择单行（列）的操作为：单击要选择的行号（列标题）就可以选择该行（列）。选择连续多行（多列）的操作方法是：把鼠标移到前面的行号（列标题）上按下鼠标，并拖动鼠标到最后的行号（列标题）上，鼠标拖过的行（列）都会被选中。

图 1-5 选择了第 3、4、5 行，其操作方法是：把鼠标移动到行号 3 上并按下左键，拖动鼠标到行号 5 上释放，在拖动的过程中会出现一个较粗的箭头形光标 ➡。连续行（列）的选择还可以先用鼠标选中第一行（列），再按住 Shift 键，然后单击要选择的最后一行（列）的行号（列标题）。

不连续行（列）的选择是按住 Ctrl 键，再用鼠标依次单击要选择的行号（列标题）。

(a) 选中连续多行　　　　　　(b) 选中连续多列

图 1-5　单元格行、列选择

2. 调整行高和列宽

工作表的默认行高为 12.75 点（1 点约等于 1/72 英寸），默认列宽为 8.43 字符。可以对默认的行高和列宽进行修改，列宽可以指定为 0～255 之间的字符数，行高可以设置为 0～409 之间的点数，如果将它们设置为 0，则会隐藏该列或该行。

在默认情况下，Excel 的所有行高和列宽都相同，但某些表中需要不同高度的行或不同宽度的列。例如，很多报表的表头行就比表中其余行要高。改变行高（列宽）的方法如下：

<1> 选中要调整行高的行中任一单元格。

<2> 单击"开始"→"单元格"→"格式"右边的下三角形按钮。

<3> 从弹出的命令列表中选择"行高"（或"列宽"）命令，然后在弹出的对话框中输入新的行高（或列宽）数值。

更直观的操作方法是：把鼠标移向要调整行高（列宽）的行号下边（列标题的右边）的表格线附近，当鼠标光标变成一个黑色的十字形时，按下鼠标左键并拖动鼠标，这样就可增大或减小该行（列）的行高（列宽），如图 1-6 所示。

如果要同时调整多行（多列）的行高（列宽），可先选中这些行（列），然后拖动其中任一行（列）的边框线，就可同时调整所有选中行（列）的宽度（高度）。

此外，双击某列的右边线，Excel 会自动调整该列的列宽，以适应该列最宽（即字符最多）的单元格；双击某行的下边线，Excel 会自动调整该行的行高，以适应该行最高（即字号最大）的单元格。

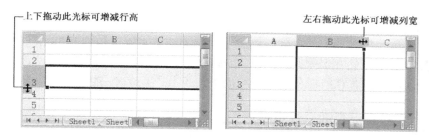

图 1-6　调整行高和列宽

3．行或列的隐藏、删除和插入

隐藏、删除行或列的操作为：选中对应的行或列后（可以是多行或多列）并单击右键，然后从弹出的快捷菜单中选择"隐藏"或"删除"命令。取消"隐藏"行或列的方法是：同时选中包含隐藏行或列在内的区域，右击该区域的任一位置，从弹出的快捷菜单中选择"取消隐藏"命令。例如，C 列被隐藏了，可以选中 B:D 区域，然后单击右键，再从弹出的快捷菜单中选择"取消隐藏"命令，就可重现 C 列。

插入的操作为：选中要插入行（或列）的下一行（或列），再右击选中的行或列，从弹出的快捷菜单中选择"插入"命令，Excel 将在选中行（或列）的前面增加一新行（或列）。

4．选择单元格或单元格区域

选择一个单元格很简单，用鼠标单击要选择的单元格就行了。选择连续的多个单元格的方法是：在选择区域的左上角单元格中按下鼠标左键，然后拖动鼠标到右下角单元格释放；也可以单击选择区域的左上角单元格后，再按住 Shift 键，然后单击右下角单元格。选择不连续的多个单元格的方法是：按住 Ctrl 键，然后用鼠标依次单击所有要选择的单元格。

5．单元格的清除、删除和插入

【例 1.2】　在图 1-7 中，D1 单元格中的内容是多余的，从"王汉成"开始的成绩错位了，他的成绩应是 45 分，其余人的成绩应依次前移；"张自忠"的"高等数学"成绩为 89 分，但输入漏掉了，输成了后面同学的成绩。

	A	B	C	D	E	F
1				这是多么的		
2	**姓名**	高等数学	微机基础			
3	张颂	90	76			
4	王汉成	89	78			
5	张自忠	45	45	王汉成的高等数学应是 45 分，张自忠的高等数学应是 89 分，其余人的高等数学的成绩应依次上移，把王汉成对应的高等数学的成绩的单元格删除即可		
6	李大为	89	98			
7	黄鉴	89	78			
8	刘凉	45	45			
9	李定一	89				
10		93				

图 1-7　删除单元格

类似的问题在实际工作中非常普遍，解决的方法涉及单元格的清除、删除和插入。

清除：选中 D1 单元格，按 Delete 键可以清除其中的内容。

删除：把"王汉成"对应的"高等数学"单元格即 B4 删除，后面的单元格依次上移。操作步骤为：右击单元格 B4，在弹出的快捷菜单中选择"删除"命令，再从弹出的"删除"对话框中选择"下方单元格上移",然后单击"确定"按钮。

单元格(或单元格区域)的清除与删除是不同的。清除仅仅是把原单元格中的内容去掉,原单元格仍然存在于原处并保留原来的格式,而删除是把内容与单元格本身都要去掉,去掉后原单元格就不复存在了,它所在的位置由它的下边(上边)或者右边(左边)的邻近单元格移过来代替它。

插入:右击"张自忠"的"微机基础"成绩(即单元格 C5),从弹出的快捷菜单中选择"插入"命令,在弹出的"插入"对话框中选择"活动单元格下移",然后在单元格 C5 中输入"89","微机基础"成绩列的数据就正确了。

6.移动单元格或单元格区域

移动单元格(区域)的操作步骤为:选中要移动的单元格或单元格区域;单击"开始"→"剪贴板"→剪切按钮🔖;把鼠标移到目标单元格位置,再单击"剪贴板"组中的粘贴按钮🗋。也可以右击相应的单元格,然后通过快捷菜单中的"剪切"和"粘贴"命令实现单元格(区域)的移动。

最直接的方法是:选中要移动的单元格或单元格区域,然后用鼠标直接将它拖放到目标单元格或单元格区域的左上角单元格。

7.单元格合并和对齐方式

在各类日常报表中,表格的标题往往会跨越多列且位于表头的中央,表格各列的第一行往往是对应列的标题,它们常常被加粗或采用更大的字号,这样才会使表格意义清晰。

【例 1.3】 利用单元格的合并和对齐方式制作某学院年度奖金表(如图 1-8 所示)。

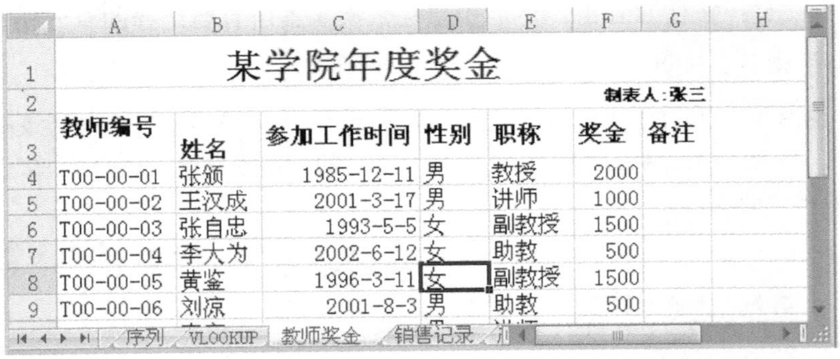

图 1-8 单元格合并与对齐方式

分析:表格标题"某学院年度奖金"位于 A1:G1 区域的中央,A1:G1 区域被合并为一个单元格;第二行的"制表人:张三"位于 A2:G2 区域的右侧,A2:G2 区域也被合并为一个单元格;第三行是各列的标题,它的行高比其他行都高,其中的单元格 A3 采用了竖直向上、水平向左对齐,单元格 B3 则采用了水平向左、竖直向下对齐,C3:G3 区域采用的是单元格水平向左、竖直居中对齐方式。

图 1-8 中前 3 行的制作方法如下:

<1> 在单元格 A1 中输入"某学院年度奖金",在单元格 A2 中输入"制表人:张三"。

<2> 选中单元格区域 A1:G1,然后单击"开始"→"对齐方式"→ 🔲合并后居中 ▾ ,并设置字体大小。

<3> 选中单元格区域 A2:G2，单击 合并后居中，再单击文本右对齐按钮。

<4> 加粗单元格区域 A3:G3 中的字体，向下拖动第 3 行的下边框线，增加其行高。

<5> 选中单元格 A3，然后单击“开始”→“对齐方式”→顶端对齐按钮，选中单元格 B3 后，单击底端对齐按钮；选中单元格区域 C3:G3 后，单击垂直居中按钮。

提示：选中已合并的单元格，再单击 合并后居中 按钮，Excel 就会取消合并，将它还原成合并前的状态。

注意

在合并多个单元格时，如果参与合并的每个单元格中都有数据，则合并后单元格中的数据是参与合并的第一个单元格（即合并区域左上角的单元格）中的数据，其余单元格中的数据都会丢失。当然，如果参与合并的单元格区域中只有一个单元格（可以不是合并区域左上角的单元格）有数据，则这个单元格中的数据将被保留给合并后的单元格。

8. 单元格内的数据换行

在某些时候，表格标题列的文字较多，但对应列中的数据内容都不太多，可以调整标题行，让它显示在同一单元格内的多行中。

【例 1.4】 设计某电信公司用户档案（如图 1-9 所示），使表格第二行的标题能够自动适应列宽的调整。比如，向右增大各列的宽度时，第 2 行的标题会自动重新排列在一行中；减小各列的宽度但增加其高度时，标题文字可以自动调整为 3 行或 4 行。

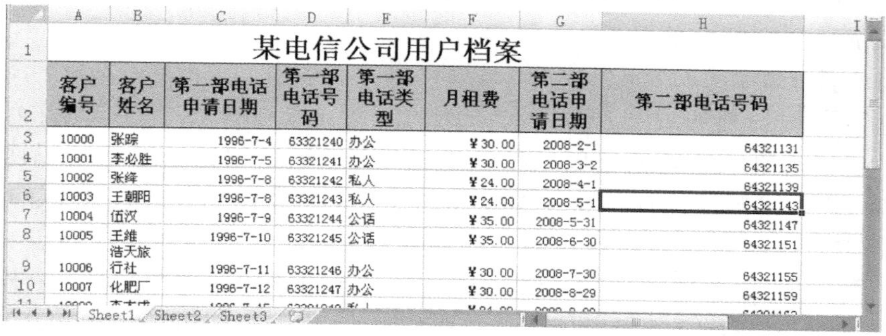

某电信公司用户档案

客户编号	客户姓名	第一部电话申请日期	第一部电话号码	第一部电话类型	月租费	第二部电话申请日期	第二部电话号码
10000	张踪	1996-7-4	63321240	办公	¥30.00	2008-2-1	64321131
10001	李必胜	1996-7-5	63321241	办公	¥30.00	2008-3-2	64321135
10002	张绛	1996-7-8	63321242	私人	¥24.00	2008-4-1	64321139
10003	王朝阳	1996-7-8	63321243	私人	¥24.00	2008-5-1	64321143
10004	伍汉	1996-7-9	63321244	公话	¥35.00	2008-5-31	64321147
10005	王維	1996-7-10	63321245	公话	¥35.00	2008-6-30	64321151
10006	浩天旅行社	1996-7-11	63321246	办公	¥30.00	2008-7-30	64321155
10007	化肥厂	1996-7-12	63321247	办公	¥30.00	2008-8-29	64321159

图 1-9　单元格换行

如何将同一单元格的内容输出为多行呢？有以下两种方法。

方法一：在单元格中输入数据时按 Alt+Enter 组合键，会将输入光标换到同一单元格中的下一行，再输入数据时，就会输入在新行中。例如在图 1-9 中，如果在 A1 中输入“客户”后，按 Alt+Enter 组合键，就会换到 A1 的第二行，再输入“编号”，就会显示在 A1 的第二行中。在同一单元格中多次按 Alt+Enter 组合键，就能将数据输入在此单元格的多行中。

但是，这种方法不够灵活，当表格内容发生变化时，如删除了其中的某些列，需要重新调整各列的宽度，将每个单元格中的内容显示在同一行中，就需要逐个删除各单元格输入时通过按 Alt+Enter 组合键输入的回车换行符，显得很麻烦。因此，这种方法并不值得提倡。

方法二：在输入数据时，每个单元格中的内容都在同一行中输入，不考虑该单元格中的数据宽度问题，即使单元格内容较多，覆盖了右边的若干单元格，也要在同一行同一单元格中完成内容的输入。当单元格的内容输入完成后，选中那些需要将数据显示在多行中的单元格或单元格区域，然后单击“开始”→“对齐方式”→ 自动换行 按钮，Excel 会根据各列的宽度自动将其中的内容显示在多行中。重新调整了各列的宽度后，Excel 又会根据单元格新的列宽，重新调整设置了自动换行的单元格中的内容，使它们适应新的列宽，可能被自动显示在一行或多行中。

选中设置了自动换行的单元格，再次单击 自动换行按钮时，会取消单元格自动换行的显示方式，将单元格的内容显示在一行中。

9．自动缩放单元格内容适应单元格宽度

在图 1-9 中，第 9 行因 B9 单元格中的文字较多而被显示在两行中，破坏了表格的整体风格和美感，如果为了满足它的宽度而增加 B 列的宽度，又会使 B 列其他单元格空白太多，还有可能造成工作表的宽度超出了打印纸的宽度，最右边的列会被单独打印到下一张打印纸上。最恰当的方法是将 B9 单元格的格式设置为"**缩小字体填充**"，方法如下：右击 B9 单元格，从弹出的快捷菜单中选择"设置单元格格式…"，在出现的"设置单元格格式"对话框中选择"对齐"标签，勾选"缩小字体填充"复选框。

进行这样的设置后，当 B 列的宽度变化时，B9 中的文字会根据新宽度进行自动缩放，使之刚好填满单元格。

1.4 公式和单元格引用

人们在 Excel 中应用公式实现各种不同报表中的数据计算，如计算职工的工资或学生成绩，查找通讯录中的电话号码，计算银行的存款利息以及股票证券的收益金额等。

Excel 的公式与数学中的公式非常相似，由运算符、数值、字符串、变量和函数组成，公式必须以"="开头[①]。换句话说，在 Excel 的单元格中，凡是以"="开头的输入数据都被认为是公式。"="的后面可以跟随数值、运算符、变量或函数，在公式中还可以使用括号。例如，在单元格 B5 中输入的"=6+7*6/3+(10/5)*6"就是一个公式，最后把该公式的计算结果 32 显示在单元格 B5 中。

【例 1.4】 图 1-10 单元格 B2、C2、C3、J2、J3、K2、K3 中的都是公式。其中，B2 中的公式将计算单元格 A2 和 A3 中的数值之和，并把计算结果 57 显示在单元格 B2 中；单元格 C3 中的公式计算出 $30°$ 的正弦值，最后将计算结果 0.5 显示在 C3 中，公式中的 SIN 是 Excel 中的一个数学函数，计算某个弧度的正弦值；单元格 J2 中的公式将计算 F2:I2 区域内所有单元格中的数据之和，最后将计算结果 1700 显示在 J2 中，公式中的 SUM 是 Excel 中的一个工作表函数，能够计算数据的总和……

在单元格中输入公式后，Excel 将公式的计算结果显示在单元格中。如果让 Excel 显示单元格中的公式而不是公式的计算值，按 Ctrl+' 组合键可在公式及其计算结果之间进行切换。

单击"公式"→"公式审核"组中的 显示公式 按钮，可以显示工作表中的全部公式。显示公式 按钮是一个"乒乓"开关，可以用于公式及公式的值之间的切换。

	A	B	C	D	E	F	G	H	I	J	K
1						房租	水费	电费	天燃气费	总费用	
2	12	=A2+A3	=6+7*6/3+(10/5)*6		1月	1200	200	190	110	=SUM(F2:I2)	=F2+G2+H2+I2
3	45		=SIN(30/180*3.14159)		2月	1200	100	150	150	=SUM(F3:I3)	=F3+G3+H3+I3

图 1-10 单元格中以"="开始的计算式就是公式

[①] 在 Excel 中，以"+"开头输入单元格中的内容也是公式，这种表示方式易与加法运算符相混淆，不提倡使用。同时，Excel 中一般不区分大小写（如公式或者文件路径中），如果显示的与输入的大小写不一致，在不影响理解的情况下，不再严格区分。

1.4.1 运算符及其优先级

Excel 的公式可以进行各种运算，如算术运算、比较运算、文本运算及引用等。各种运算有不同的运算符和运算次序。表 1-2 列出了 Excel 常用的运算符及其优先级。

说明：① 括号运算的优先级最高。在 Excel 的公式中只能使用圆括号，没有方括号和花括号。圆括号可以嵌套使用，当有多重圆括号时，最内层的括号优先运算。

表 1-2　Excel 的运算符及优先级

运 算 符	运算功能	优先级
( )	括号	1
−	负号	2
%	百分号	3
^	乘方	4
*、/	乘、除	5
+、−	加、减	6
&	文本连接	7
=、<、>、<=、>=、<>	等于、小于、大于、小于等于、大于等于、不等于	8

② 同等级别的运算符从左到右依次运算。

③ &为字符连接运算，其作用是把前后的两个字符串连接为一串。例如，"ADKDKD"&"DKA"的结果为"ADKDKDDKA"，"中国"&"人民"的结果为"中国人民"。

④ ">="表示大于或等于，如 3>=3 结果是对的。因为 3>3 虽然不成立，但 3=3 成立，所以整个表达式的结果为成立。同理可以理解 "<=" 运算符。

1.4.2 单元格引用

在公式中可以使用单元格引用，引用的意思可简单理解为：在公式中用到了其他单元格或区域在表格中的位置。引用的作用在于标志工作表中的单元格或单元格区域，公式可以通过引用来使用指定单元格或区域中的数据。

通过引用，可以在公式中使用工作表不同部分的数据，或者在多个公式中使用同一个单元格中的数据。还可以引用同一个工作簿中不同工作表中的单元格或其他工作簿中的数据。

Excel 支持两种类型的引用：R1C1 引用和 A1 引用。在默认情况下，Excel 使用 A1 引用。在 A1 引用中，用字母标志列（A～XFD，共 16384 列），用数字标志行（1～1 048 576），这些字母和数字称为列标题和行号。若要引用某个单元格，只需输入列标题和行号。例如，B2 引用列 B 和第 2 行交叉处的单元格。

在 R1C1 样式中，Excel 指出了行号在 R 后面、列标题在 C 后面的单元格的位置，是同时统计工作表上行号和列标题的引用方式。如 "R2C4" 是指第 2 行第 4 列交叉处的单元格，R6C6 是指第 6 行第 6 列交叉处的单元格。表 1-3 是 R1C1 引用的几个例子。

表 1-3　R1C1 引用举例

引　用	含　义
R[−2]C	对活动单元格的同一列、上面两行的单元格的相对引用
R[2]C[2]	对活动单元格的下面两行、右面两列的单元格的相对引用
R2C2	对在工作表的第二行、第二列的单元格的绝对引用
R[−1]	对活动单元格整个上面一行单元格区域的相对引用
R	对当前行的绝对引用

R1C1 引用常见于宏程序中。在录制宏时，Excel 常用 R1C1 引用方式产生程序代码，但在工作表中通常采用 A1 方式引用单元格。

1. 相对引用

相对引用，也称为相对地址引用，是指在一个公式中直接用单元格的列标题与行号来取用某个单元格中的内容。例如，在单元格 A1 中输入了公式 "=A2+B5/D8+20"，其中的 A2、B5、D8 采用相对引用方式。如果含有相对引用的公式被复制到另一个单元格，公式中的引用也会随之发生相应变化，变化的依据是公式所在原单元格到目标单元格所发生的行、列位移，公式中所有的单元格引用都会发生与公式相同的位移变化。

例如，将 A1 中的公式 "=A2+B5/D8+20" 复制到 B2，公式从 A 列到 B 列，列向右偏移了一列，所以公式中所有单元格引用的列都要向右移一列，即公式中的 A 列变 B 列，B 列变 C 列，D 列变 E 列；从 A1 到 B2，公式向下移了一行，所以原公式中所有单元格引用的行号都会在原来的基础上加 1，这样 A1 中的公式复制到 B2 中就变成了 "=B3+C6/E9+20"。

图 1-11 是相对引用的图解说明，如果把 F2 中的公式复制到 H8 中，应该是什么呢？

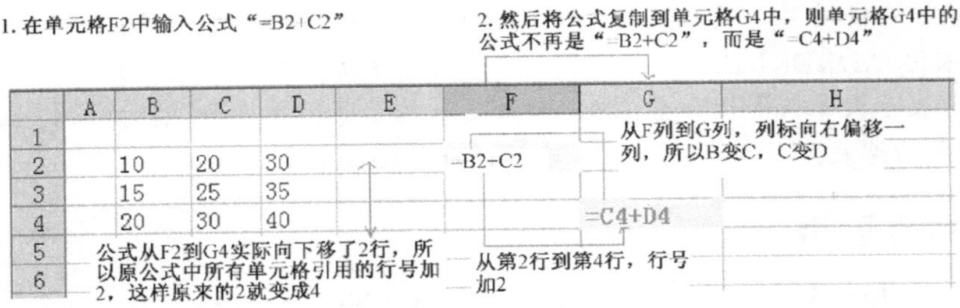

图 1-11 相对引用

相对引用意义重大，通过它可以构建灵活的公式引用，减少重复工作。

【例 1.5】 某班某次期末考试成绩如图 1-12 所示，计算各同学的总分，即 F 列的数据。

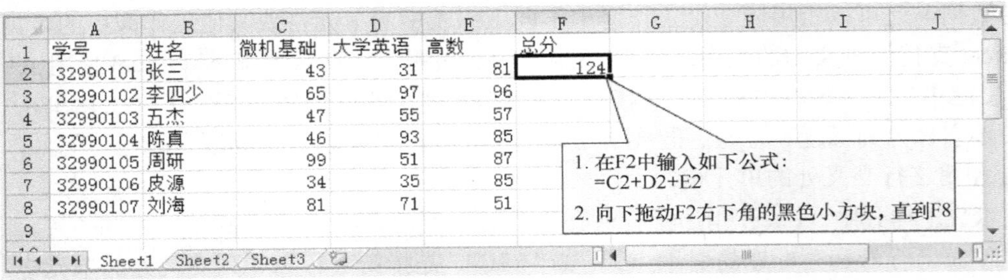

图 1-12 "相对引用"示例

从图 1-12 可以看出，"总分"列的数据应该通过 C、D、E 列数据的总和计算出来，而不该通过输入产生。在 Excel 中，这样的数据计算非常简单，方法如下。

<1> 在 F2 单元格中输入"张三"的总分计算公式 "=C2+D2+E2"，输入完该公式，并按 Enter 键或激活其他单元格后，单元格 F2 中将显示这三个单元格中数值相加的结果值 155。

其他行的总分也是对应行中的数据之总和，如 F3=C3+D3+E3，F4 =C4+D4+E4……这里就可以采用相对引用的方式复制 F2 中的公式到 F3，F4，…，F8。如果复制 F2 中的公式到 F3，Excel 就会自动在 F3 中填入公式 "=C3+D3+E3"。

<2> 选中 F2 单元格，向下拖动其填充柄（右下角的黑色小方块）到 F3，F4，…，F8 中，释放鼠标后，所有同学的总分就被自动计算出来了。

此外，双击单元格 F2 的填充柄也能计算出全部同学的总分。

2．绝对引用

绝对引用表示引用固定位置的单元格。如果公式所在单元格的位置改变，绝对引用保持不变。绝对引用的形式是在引用单元格的列标题与行号前面加"$"符号。例如，$A$1 就是对 A1 单元格的绝对引用。下面的例子说明了绝对引用的意义和用法。

【例 1.6】 *某皮鞋批发商 3 月份的销售数据如图 1-13 所示，每双皮鞋的单价相同，计算应付各代理商的总金额。*

计算方法如下。

<1> 在单元格 D6 中输入公式"=$C$3*C6"。$C$3 是单价，C6 是销售给李家庄老王鞋庄的皮鞋数量。公式计算应付"李家庄老王鞋庄"的总金额并显示在单元格 D6 中。

<2> 选中单元格 D6，用鼠标向下拖动单元格 D6 的填充柄到 D7，D8，……这样就把应付各代理商的总金额计算出来了。

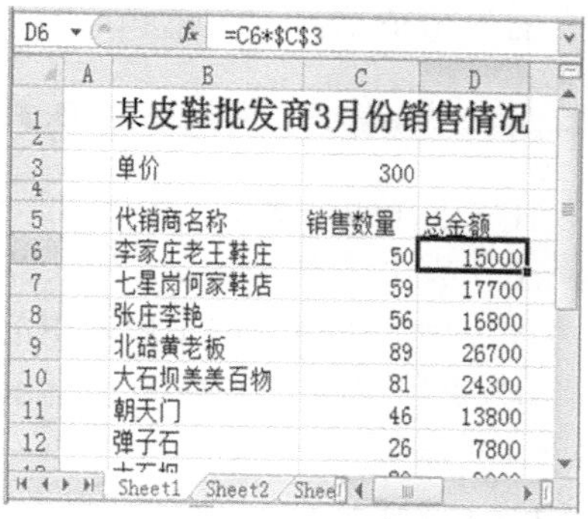

如果在单元格 D6 中输入公式"=C3*C6"，就不能采用复制公式的方法计算其余商场的销售总额。因为 C3*C6

图 1-13　"绝对引用"示例

采用的是相对引用的方法，把它复制到单元格 D7 时，该公式就变成了 C4*C7，这显然是错误的。$C$3 则表示不管公式被复制到了哪个单元格，都将只引用单元格 C3 进行计算，这就是绝对引用的含义。

从上面的例子可以看出，复制应用了单元格引用的公式能够减少数据输入，当工作表的数据量较大时可以大大提高工作效率。当把包含了相对引用的公式从源单元格复制到目标单元格后，目标单元格中公式的单元格地址要发生变化：目标单元格公式中单元格引用的行、列数分别加上公式从源单元格到目标单元格的行增量和列增量；当使用绝对引用时，公式中单元格的地址不变。

3．混合引用

混合引用采用绝对列和相对行，或是绝对行和相对列。比如，$A1、$B1 是具有绝对列的混合引用，A$1、B$1 是具有绝对引用行的混合引用。如果包含有混合引用的公式所在单元格的位置改变，则混合引用中的相对引用改变，但其中的绝对引用不变。

例如，假设单元格 C3 中有一个包含混合引用的公式"=A$1"，如果将 C3 中的公式复制到 E5，则 E5 中的公式是"=C$1"。如果将 C5 中的混合引用公式"=$A1"复制到 E7 中，该公式将变成"=$A3"，如图 1-14 所示。

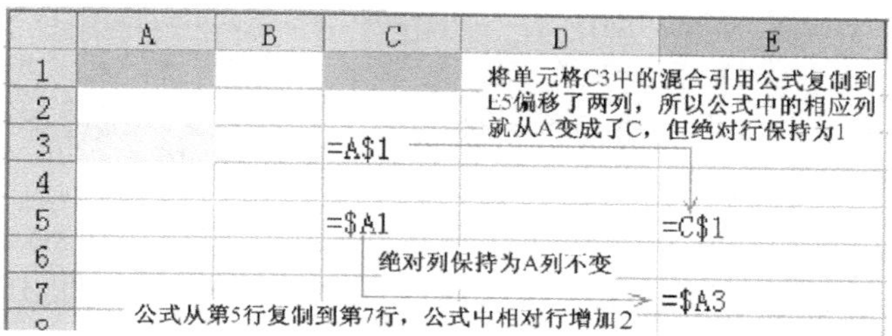

图 1-14　混合引用图解说明

4．三维引用

对同一工作簿中不同工作表中相同位置的单元格或区域的引用被称为三维引用。其引用形式为"Sheet1:Sheetn!单元格（或区域）"。例如，Sheet1:Sheet8!C5 和 Sheet1:Sheet8!B2:D6 都是三维引用，前者包括 Sheet1～Sheet8 这 8 个工作表中每个工作表的单元格 C5，后者包括这 8 个工作表中每个工作表的单元格区域 B2:D6。公式"=SUM(Sheet1:Sheet8!B2:D6)"将对 8 个工作表的 B2:D6 区域计算总和。可见，三维引用的效率是相当高的。

1.4.3 内部引用与外部引用

在 Excel 的公式中，可以引用公式所在工作表中的单元格，也可以引用与公式所在单元格不同工作表中的单元格，还可以引用不同工作簿中的单元格。引用同一工作表中的单元格就称为内部引用，引用不同工作表中的单元格就称为外部引用。示例如下：

① 引用相同工作表中的单元格。例如，在某工作表的单元格 A1 中直接输入公式"=G3+G5+G10*10"。

② 引用同一工作簿的不同工作表中的单元格，如"=Sheet1!G3+Sheet1!G5+Sheet1!E27"。

说明： 本公式位于同一工作簿的 Sheet2 工作表的单元格 A1 中，公式中的 Sheet1 是工作表的名称，"!"是工作表和单元格之间的间隔符。只有引用公式所在工作表之外的其他工作表中的单元格时，才需要指明工作表的名称。

③ 引用已打开的不同工作簿中的单元格，即"=[Book1.xlsx]Sheet1!$A$4+[Book1.xlsx]Sheet2!$E$7"。

说明： 本公式位于 Book2.xlsx 的 Sheet1 工作表的单元格 A1 中。公式中的 Book1 是工作簿的名称，"[ ]"是工作簿的界定符。只有引用不同工作簿中的单元格时，才需要指明工作簿的名称。

④ 引用未打开的不同工作簿中的单元格，如"='C:\dk\[Book2.xlsx]Sheet2'!$B$4+'C:\dk\[Book2.xlsx]Sheet1'!$C$6"。

引用未打开工作簿中的单元格时，需要用"'"将引用单元格所在的工作表路径引起来。例如，上述公式中的"'C:\dk\[Book2.xlsx]Sheet2'"代表 C:\dk 文件夹的 Book2.xlsx 工作簿中的 Sheet2 工作表，Book2.xlsx 工作簿处于未打开状态。

说明： 在公式中引用未打开工作簿中的单元格时，用手工输入方式容易出错。比较好的方法是同时打开所有的工作簿，然后在公式中通过鼠标单击来选择需要引用工作簿中的单元格，公式创建完成后再关闭引用工作簿，Excel 会将公式中的单元格引用格式改写为相应的形式，在已关闭工作簿的引用单元格前面加上它所在的工作表路径，并用"'"将它引起来。

⑤ 同一公式中存在几种不同的引用，如"=[Book1.xlsx]Sheet1!$A$4+Sheet1!G7+F9"。

说明： 本公式位于 Book2.xlsx 中的 Sheet2 工作表的单元格 A1 中。公式中的$A$4 是 Book1.xlsx 工作簿的 Sheet1 工作表中的单元格，G7 与公式在同一工作簿中，但位于另一个工作表 Sheet1 中，F9 则与本公式在同一工作表中。

在公式中输入单元格引用的技巧： 最简便的方法是采用鼠标单击的方式输入单元格引用。例如，在 Book2.xlsx 工作簿的 Sheet2 工作表的单元格 A1 中输入公式"=[Book1.xlsx]Sheet1!I4+Sheet2!E7"。方法是：同时打开 Book1 和 Book2 两个工作簿，在 Book2 工作簿中 Sheet2 工作表的单元格 A1 中输入"="，再用鼠标单击 Book1 工作簿中 Sheet1 工作表的单元格 I4，然后输入"+"；再单击 Book2 工作簿中 Sheet2 工作表的单元格 E7，最后按 Enter 键，此公式就输入完成了。

1.5　查看工作表数据

Excel 提供了多种查看数据的方法，用户可以用不同的方式观察工作表中的数据，以便更快、更轻松地查找到所需要的信息。在 Excel 2016 中，查看工作表数据的方式称为工作簿视图，它位于功能区域的"视图"选项卡中，如图 1-15 所示。

图 1-15　"视图"选项卡

1.5.1　按照打印的"页面布局"视图查看工作表数据

当要打印工作表时，就需要通过"页面布局"视图或"分页预览"视图来查看工作表数据了，因为在普通视图中无法看出工作表在打印纸上的分布情况，也无法在普通视图中设置打印的相关问题：设置打印纸的大小，设置页面的边距，设置打印标题，设置打印纸的页码，以及调整工作表内容在打印纸中的分布情况等。

在 Excel 2016 的"页面布局"视图中见到的工作表与将它在打印纸中打印出来的表格非常近似。同时，"页面布局"视图提供了水平和竖直方向上的标尺，使用标尺可以测量表格的宽度和高度，快速调整工作表内容在打印输出时的纸张边距；在"页面布局"视图中可以方便地更改页面方向，添加或更改页眉和页脚，设置打印边距，隐藏或显示行标题与列标题，更改数据的布局和格式。

在打印包含大量数据或图表的 Excel 工作表前，在"页面布局"视图中调整、查看工作表很有必要。

【例 1.7】　某公司的订单保存在工作表中，有几百行数据，如图 1-16 所示。

	订单ID	客户	雇员	订购日期	到货日期	发货日期	运货商	运货费	货主名称
2	10248	山泰企业	赵军	1996-07-04	1996-08-01	1996-07-16	联邦货运	￥32.38	余小姐
3	10249	东帝望	孙林	1996-07-05	1996-08-16	1996-07-10	急速快递	￥11.61	谢小姐
4	10250	实翼	郑建杰	1996-07-08	1996-08-05	1996-07-12	统一包裹	￥65.83	谢小姐
5	10251	千固	李芳	1996-07-08	1996-08-05	1996-07-15	急速快递	￥41.34	陈先生
6	10252	福星制衣厂股份有限公司	郑建杰	1996-07-09	1996-08-06	1996-07-11	统一包裹	￥51.30	刘先生
7	10253	实翼	李芳	1996-07-10	1996-07-24	1996-07-16	统一包裹	￥58.17	谢小姐
8	10254	浩天旅行社	赵军	1996-07-11	1996-08-08	1996-07-23	统一包裹	￥22.98	林小姐
9	10255	永大企业	张雪眉	1996-07-12	1996-08-09	1996-07-15	联邦货运	￥148.33	方先生
10	10256	凯诚国际顾问公司	李芳	1996-07-15	1996-08-12	1996-07-17	统一包裹	￥13.97	何先生
11	10257	远东开发	郑建杰	1996-07-16	1996-08-16	1996-07-22	联邦货运	￥81.91	王先生
12	10258	正人资源	张颖	1996-07-17	1996-08-14	1996-07-23	急速快递	￥140.51	王先生

图 1-16　某公司的订单

对于这种类型的大型工作表，如果将其打印在纸质报表中，在打印前有必要在"页面布局"视图中调整纸张的边距、添加页眉（即每页的标题）及页脚（显示在每页底部的标志，如页码）等内容。若不做这些工作，很有可能打印出一大堆废纸（如将最右边的一列或最下边的一行数据打印在一张新的打印纸上，但通过页边距调整就能够在一张纸上打印出来）。

在"页面布局"视图中查看和调整页面边距或设置页眉、页脚的过程如下。

<1> 单击"视图"→"工作簿视图"→"页面布局"按钮，将在"页面布局"视图中显示工作表，如图 1-17 所示。

图 1-17　"页面布局"视图

<2>　"页面布局"视图按与打印纸输出的近似样式显示工作表数据，拖动其中的水平或竖直标尺的边距可以调整打印输出的宽度和高度，并能够设置、修改打印输出的页眉和页脚，见图 1-17 的标注。

1.5.2　按照打印的"分页预览"视图查看工作表数据

在打印工作表前，一般要进行工作表的打印预览，如果发现问题，可以进行打印前的页面调整，如设置页边距或标题、重新设置纸张大小，以便打印出满意的工作表，减少不必要的纸张浪费。但有些问题在分页预览中似乎更好解决，特别是进行页面调整的时候。在"分页预览"视图中可以更轻松地调整分页符，调整工作表数据在各打印纸中的布局情况。

分页预览能够显示要打印的区域和分页符（在一个分页符后面的表格内容将被打印到下一张打印纸上）位置。需要打印的区域显示为白色，自动分页符显示为虚线，手动分页符显示为实线。

在"分页预览"视图中可以调整分页符。分页符是为了方便打印，将一个工作表分隔为多页的分隔符。根据纸张的大小、页边距的设置、缩放选项和打印需要，可以在工作表的任何位置插入分页符。

选择"视图"→"分页预览"命令，Excel 将以分页预览的方式显示工作表。在这种视图中可以显示该工作表将被打印成几页，每页的分页符在什么位置，并可调整分页符的位置，以使打印结果更理想。图 1-18 是在"分页预览"视图中的一个工作表，图中标明了该工作表打印时的问题及解决方法。

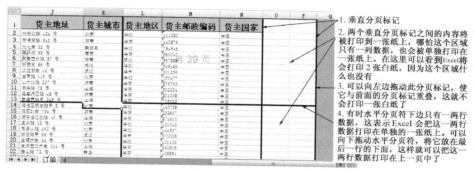

图 1-18　分页预览

图 1-18 中的水平线和两条粗竖线就是分页符，水平分页符的上边和下边将被打印在不同的张纸上，垂直分页符的左边和右边也将被打印在不同的纸上。图 1-18 中的工作表至少会被打印在 6 张纸上（假设只有一条水平分隔线），其中有两张是白纸。可以用鼠标拖动最右边的垂直分隔线，使它与"货主国家"右边的那根垂直分隔线重叠，就不会打印出两张白纸了。

1.5.3　在多窗口中查看数据

1. 在多窗口中查看同一工作簿中不同工作表中的数据

如果不同工作表中的数据存在关联，就有可能需要同时查看多个工作表中的数据，以进行数据的校正或对比分析。

【例 1.8】　某商场将其产品定价和每天的销售数据分别保存在不同的工作表中。进行每天的销售金额核算时，就通过 VLOOKUP 函数从产品定价表中查找各种商品的销售价格，然后计算出销售总价。

为了确保 VLOOKUP 查找到的价格没有错误，就需要对产品定价表和销售表进行对比，Excel 2016 的"新建窗口"和"窗口重排"功能能够很好地实现该需求，如图 1-19 所示。

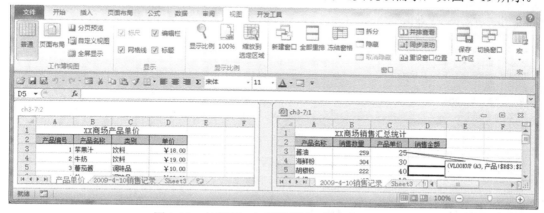

图 1-19　在多窗口中查看不同工作表中的数据

在多窗口中查看同一工作簿中不同工作表的方法如下。

<1> 在 Excel 中打开要查看数据的工作簿，然后单击"视图"→"窗口"→"新建窗口"按钮，就会打开另一个窗口，并在其中显示当前工作簿的一个副本。

<2> 单击"视图"→"窗口"→"并排查看"按钮，就会对屏幕进行划分，同时显示两个窗口，并在每个窗口中显示一个工作表。

<3> 如果对窗口的排列方式不满意，如工作表列数较多则希望水平并排窗口，以便查看整个工作表的不同列。单击图 1-19 中的"全部重排"按钮，弹出"重排窗口"对话框，其中列出了窗口排列方式的许多单选项，如水平并排、垂直并排、层叠、平铺等，从中选择一种方式即可。图 1-19 中选择的是窗口的垂直并排方式。

<4> 在默认情况下，并排多窗口是同步滚动的，即当上下或左右滚动一个工作表窗口中的数据时，另一个工作表窗口中的数据也会跟着进行相同的滚动。如果不需要同步滚动各窗口中的数据，即当滚动一个窗口的数据时，其余窗口中的数据不变化。单击图 1-19 中"窗口"组中的"同步滚动"按钮，会取消多窗口数据的同步滚动；再次单击它，又会实现多窗口数据的同步滚动。

2．在多窗口中查看不同工作簿中的数据

如果要同时查看多个工作簿中的数据，并对它们进行对比分析，就需要在多窗口中同时显示不同工作簿中的数据。其方法是在 Excel 中同时打开各工作簿，然后单击"视图"→"窗口"→"并排查看"按钮，并按在多窗口中查看同一工作簿的不同工作表的方法操作即可。

1.5.4 在拆分窗口中查看数据

有时候，需要同时对比同一工作表中两个不同区域中的数据，如果工作表数据较多，当查看后面的数据时，前面的数据却看不见了（滚动到屏幕最上面被隐藏了）。当查看前面的数据时，却又看不见后面的数据。

这种问题的解决方法是拆分工作表。在任何时候，要单独查看或滚动工作表的不同部分，可以将工作表水平或垂直拆分成多个单独的窗口，就可以同时查看工作表的不同部分。这种方法在对比查看同一工作表中不同区域的数据，或在较大工作表中的不同区域间粘贴数据时非常有用。图 1-20 是拆分查看例 1.7 的货物运送大工作表的示例，通过拆分后，可以在上下窗口中查找同一街道的不同货主信息。

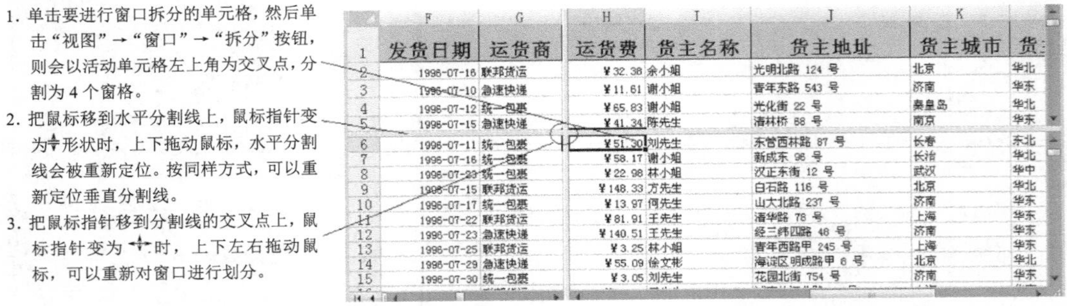

1. 单击要进行窗口拆分的单元格，然后单击"视图"→"窗口"→"拆分"按钮，则会以活动单元格左上角为交叉点，分割为 4 个窗格。
2. 把鼠标移到水平分割线上，鼠标指针变为┿形状时，上下拖动鼠标，水平分割线会被重新定位。按同样方式，可以重新定位垂直分割线。
3. 把鼠标指针移到分割线的交叉点上，鼠标指针变为┿时，上下左右拖动鼠标，可以重新对窗口进行划分。

图 1-20 在拆分窗口中查看工作表数据

对工作表进行拆分查看的操作方法如下。

<1> 单击要进行窗口分隔的单元格位置。

<2> 单击"视图"→"窗口"→"拆分"按钮，以活动单元格的左上角为水平和竖直分隔线的交叉点，将屏幕分隔为 4 个窗口。

<3> 如果对拆分的比例不满意，可以用鼠标拖动分隔线，重新进行定位。这样就可以重新划分各窗口的大小。

要撤销对窗口的分隔，使整个屏幕恢复分隔前的状态，只需再次单击"拆分"按钮。

1.5.5 冻结行、列

在一般情况下，工作表的前几行中很可能包含了表格的标题，表格最左边的几列则相当于本行数据的标志。如果工作表中的数据较多，需要上下或左右滚动工作表。然而在滚动工作表数据的同时，表格前面的标题和左边的标志性数据也会因此而不见。

为了在滚动工作表时保持行、列标志或者其他数据可见，可以"冻结"顶部的一些行或左边的一些列。当在工作表中滚动数据时，被"冻结"的行或列将始终保持可见而不会滚动。图1-21是一个冻结窗口的示例，第1行和A、B列被冻结，当上下滚动工作表时，第1行的标题始终可见。当左右滚动工作表数据时，A、B列始终可见。

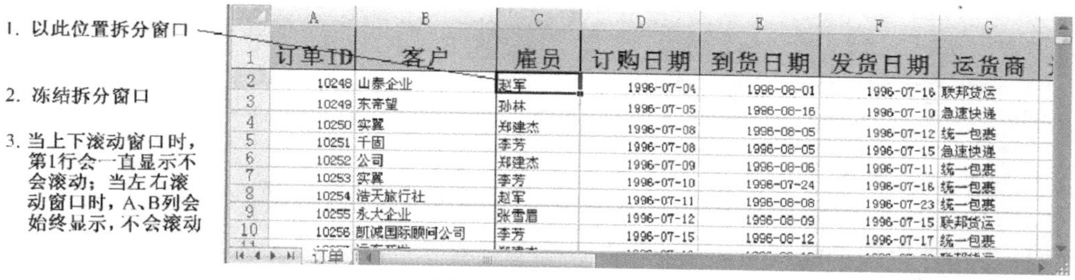

图 1-21　冻结窗口

冻结窗口的操作方法如下。

<1> 单击要冻结的行下边、冻结列右边的交叉点的单元格。如在图1-21中，要冻结A、B列和第1行，则应单击单元格C2。

<2> 单击"视图"→"窗口"→"冻结窗口"按钮，在弹出的菜单中选择"冻结拆分窗格"，就会以活动单元格的左上角为水平和竖直分隔线的交叉点，将屏幕分隔为4个窗口，同时对水平拆分线上边和竖直拆分线左边的窗格进行冻结。

另外，可以先对窗口进行拆分，再冻结拆分单元格。

要取消窗口冻结，让工作表恢复原状，需要单击"视图"→"窗口"→"冻结窗格"按钮，然后在弹出的菜单中选择"取消冻结窗格"。

除了上述查看工作表的方式，Excel还提供了全屏幕、按比例和普通等不同的工作表查看方式，用户可根据需要选择最佳方式来观察和分析数据。

1.6 工作表打印的常见问题

做好工作表之后，选择"文件"→"打印"，就能够打印出需要的文稿。但有时会遇到一些打印问题，这里仅就几个常见问题进行简要介绍。

1.6.1 打印纸及页面设置

做好工作表后，在进行正式打印之前要确定的几件事情是：① 打印纸的大小；② 打印的份数；③ 是否需要页眉（常用于在每页的最前面打印标题）和页脚（常用于在每页的最下边添加页码或制表日期之类的信息）；④ 打印指定工作表还是整个工作簿，或某个工作表的单元格区域；⑤ 横向打印还是纵向打印；⑥ 打印纸的边距如何设置……这些问题可以通过"页面布局”选项卡或“页面设置”对话框进行解决。

单击“页面布局”选项卡，功能区中将显示如图 1-22 所示的功能控件，这些控件都与打印设置相关，可以设置打印纸的边距、打印方向（即按打印纸横向还是纵向打印，默认为纵向打印）、纸张大小（如 A4、A3、B5 或自定义大小等），可以设置打印区域、打印标题，或者是否打印工作表的网格线或标题（标题即工作表的列标题和行号），以及缩放比例等。

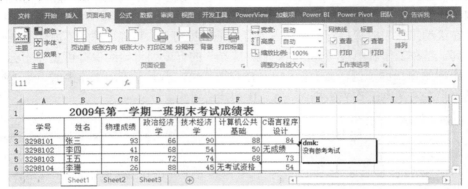

图 1-22　与工作表打印设置相关联的页面布局功能区

“页面布局”选项卡能够实现工作表打印设置的绝大部分功能。但某些功能（如打印标题的设置及打印比例的调整等）需要通过“页面设置”对话框来进行设置。“页面设置”对话框能够实现打印相关的几乎全部功能。单击图 1-22 中的“页面设置”“调整为合适大小”等组右边的箭头 ，就会弹出“页面设置”对话框，如图 1-23 所示。

设置打印纸的大小：单击“纸张大小”右边的下拉箭头，然后从列表中选择纸张。

设置打印纸的边距：单击“页边距”标签，出现如图 1-24 所示的“页边距”设置对话框，然后在“上”“下”“左”“右”四个边距的编辑框中输入几个边距的值。在很多时候，为了让打印内容出现在纸张的正中央，还会勾选“水平”和“垂直”复选框。

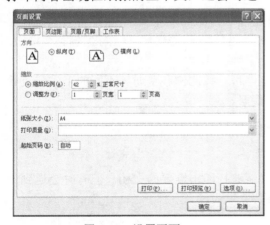

图 1-23　设置页面

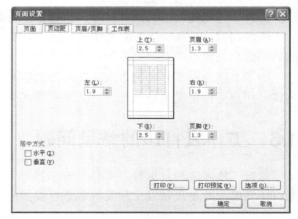

图 1-24　设置页边距

1.6.2　打印预览

打印预览是打印稿的屏幕预显，其效果与最终的打印效果没有什么区别。在进行工作表的正式打印前，有必要进行打印预览，以便及早发现问题，重新设置页面和纸张，避免打印出无用的表格。单击图 1-24 中的"打印预览"按钮，或者选择"文件"→"打印"菜单项，就会切换到打印预览的 Backstage 视图，并在其中显示当前工作表。在"打印预览"视图中还可以通过"页面设置"对话框，进一步对纸张大小和页边距等内容进行重新设置。

例如，某工作表的打印预览结果如图 1-25 所示，表明该工作表的内容将被打印在两张单独的纸上，而第 2 页只有一列数据。这样的打印结果肯定是不合理的，应该对打印纸的左右边距进行重新设置（也可以在退出打印预览后，在分页预览视图中拖动预览页面上的左、右边线进行边距调整），使全部内容打印在同一页上。如果边距调整后，仍然会打印一列数据在第 2 页上，则说明在页面设置中设定的纸张太小了，应该设置更大的，或者缩小比例打印。

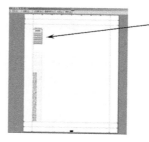

预览的结果表明，工作表将有一列数据被单独打印在一张独立的纸上

图 1-25 打印预览

1.6.3 缩放打印比例以适应纸张

在打印工作表的过程中，有时会遇到一些比较糟糕的情况：只有一两行（列）的内容被打印到了另一页上。经过对页面进行调整后，依然不能将它们打印到同一页上（在某些场合，打印纸的大小有统一规定）。另一种情况则与之相反，打印的内容不足一页，整张打印纸显得内容较少，页面难看。

在遇到这两种情况时，可以按一定比例对工作表进行缩小或放大打印。方法如下：在"页面设置"对话框（见图 1-23）的"缩放比例"编辑框中输入一个比例数据，然后预览，不断调整比例，直到满意为止。

也可以直接设置打印稿的页数，让系统自动进行打印缩放比例的调整。其方法是：选中"页面设置"对话框的"调整为"单选项，然后指定打印稿的页数（见图 1-23）。

最好是在如图 1-22 所示"页面布局 | 调整为合适大小"组中单击 缩放比例 55%，右击增减（上三角形增加，下三角形减少）比例调控按钮，这时会看到打印页边界分割线的变化。这种方法优于通过"页面设置"对话框调整打印缩放比例，其原因是：在不断调整缩放比例的过程中，可以看到实际的打印情况，当比例合理时即可停止。

1.6.4 打印标题和页码

当一个工作表内容较多，需要很多张打印纸才能打印完毕时，表格的标题可能只会被打印在第一页打印稿上。若要将标题打印在每张打印纸上，可用下面的方法。

1. 通过页眉打印标题

页眉位于打印纸的最上边，在打印纸的上边界到打印内容上边界之间的区域中。页眉中的文本将被打印到每张打印稿上。在页眉中常常设置工作表的页码、制表日期、作者或标题等内容。用页眉设置工作表标题的方法如下。

<1> 选择"页面设置"对话框（见图1-23）中的"页眉/页脚"标签，弹出如图1-26所示的对话框。

<2> 如果用日期、时间、页码、第 X 页 共 X 页之类的内容作为页眉，可单击图1-26中的"页眉"下拉框，然后从列表中选择相应的条目。

<3> 如果要在每页上打印工作表的标题，如"××公司职工销售明细表""××学校学生档案表"，可单击图1-26中的"自定义页眉"按钮，弹出"页眉"设置对话框（如图1-27所示），该对话框中有"左""中""右"三个编辑框。如果将标题显示在打印纸的页面中央，则在中间的编辑框中输入标题；如果显示在打印纸的左边，则在左边的编辑框中输入标题。然后单击"确定"按钮。

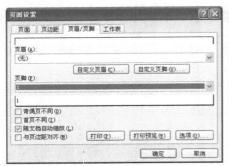 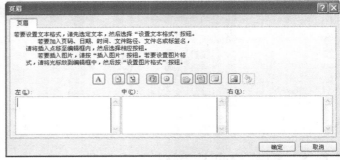

图 1-26　设置页眉（一）　　　　　　　　图 1-27　设置页眉（二）

经过上述设置后，页眉将被打印在工作表的每张打印稿上。

2．设置单元格区域内容为打印标题

如果表格的标题位于工作表的某个单元格区域中（经常是工作表的第一行），而工作表的内容较多，需要多张打印纸才能打印完毕。这种工作表的标题将被打印在第一页上，后面各页将没有标题。如果要在每页打印纸上打印标题，可以在"页面设置"对话框中完成。

<1> 选择"页面设置"对话框（见图1-23）中的"工作表"标签，显示如图1-28所示的"工作表"打印设置对话框。

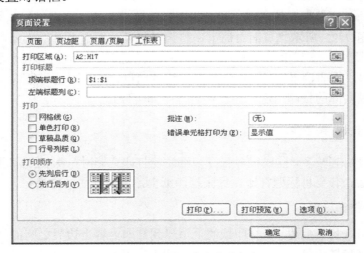

图 1-28　设置工作表打印标题

<2> 在“顶端标题行”右边的编辑框中输入标题所在的行。如果标题在第 1 行，则输入“$1:$1”；如果标题在第 3 行，则输入“$3:$3”。

经过以上设置后，在工作表的每张打印稿上都会打印出设定行的标题。

小　结

用 Excel 建立的表格文件以工作簿的形式存放在磁盘上，工作簿由一个或多个工作表组成，一个工作表可以保存人们日常工作中的一个表格。工作表的最小组成单位是单元格，数据都存放在单元格中。工作表、单元格和单元格区域的日常操作包括选择、插入、复制、删除、移动和粘贴等，且操作方法相似：按住 Shift 键可以用鼠标选择连续的工作表或单元格区域，按住 Ctrl 键可以通过鼠标选择不连续的多个工作表、单元格或区域。公式是 Excel 计算工作表数据的主要方法，在公式中可以通过引用获取单元格中的数值，引用包括相对引用、绝对引用和混合引用；复制应用了单元格引用的公式可以极大地提高工作效率，轻松地完成日常工作报表的设计制作。通过多窗口、窗口拆分与冻结，可以进行多个工作簿、工作表或同一工作表内部的数据对比与查找。页面布局为工作表打印提供了强大的功能支持，通过“页面布局”选项卡可以设置打印标题、页码、打印纸及打印预览等与打印相关的全部功能。

习题 1

【1.1】 对单元格的操作有哪些？如何调整单元格的行高和列宽？

【1.2】 理解绝对引用、相对引用和混合引用的区别，注意它们各自的用途。在图 1-29 所示的工作表中包括对三种引用的应用，按如下要求完成表中的计算。

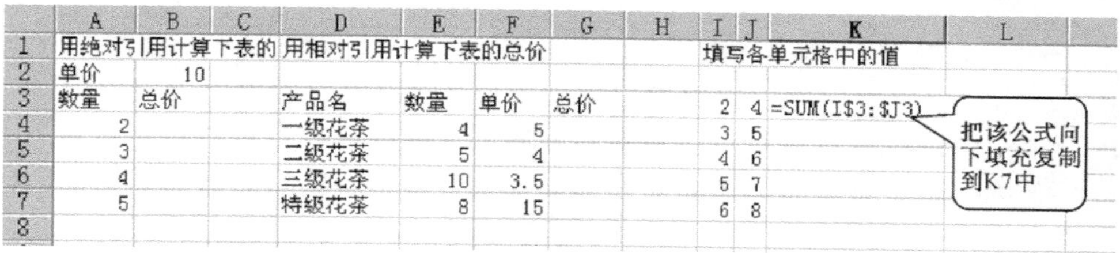

	A	B	C	D	E	F	G	H	I	J	K	L
1	用绝对引用计算下表的			用相对引用计算下表的总价					填写各单元格中的值			
2	单价	10										
3	数量	总价		产品名	数量	单价	总价		2	4	=SUM(I$3:$J3)	
4	2			一级花茶	4	5			3	5		
5	3			二级花茶	5	4			4	6		
6	4			三级花茶	10	3.5			5	7		
7	5			特级花茶	8	15			6	8		
8												

图 1-29　习题 1.2 图

要求：

（1）写出单元格区域 B4:B7 中各单元格的值，计算方法为“总价=单价×数量”。“单价”在单元格 B2 中，“数量”在单元格区域 A4:A7 中。

（2）写出单元格区域 G4:G7 中各单元格的值，计算方法为“总价=单价×数量”。“单价”在单元格区域 F4:F7 中，“数量”在 E4:E7 单元格区域中。

（3）在单元格 K3 中输入了一个公式“=SUM(I$3:$J3)”，然后把该公式向下填充到 K7 单元格中。试写出单元格区域 K3:K7 中的结果值。

说明：本题用于理解几种引用形式的用法及区别，请上机验证计算结果，特别是单元格区域 K3:K7 的值。

【1.3】 打开习题工作簿“Ex1.3 引用的应用.xlsx”，如图 1-30 所示。本工作表是某农产品批发商的分销记录，他把每种农产品的单价记录在 B2:F2 单元格区域中，将分销商的购买数据记录在 A4:G15 单元格区域中，每天对批发商的应收账款都有一定的折扣，并将折扣记录在 I1 单元格中。试计算 K6:Q15 单元格区域中各批

发商购买的各种农产品的金额，以及总金额、打折后的金额。

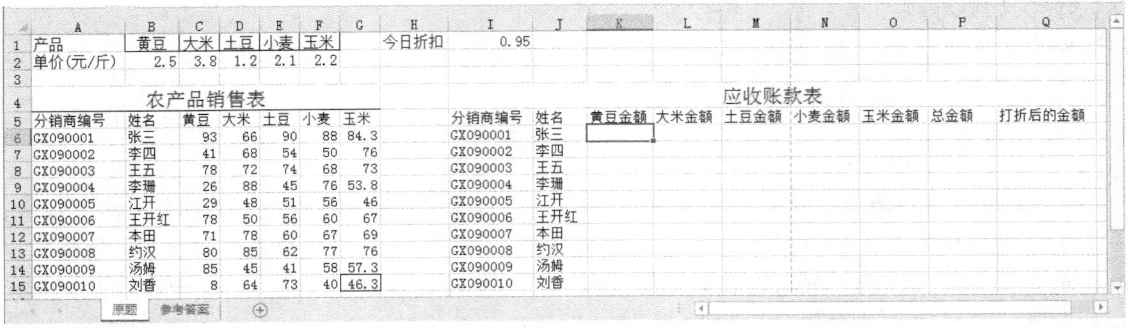

图 1-30　习题 1.3 图

注：本题主要练习在公式中应用相对引用、混合引用、绝对引用解决实际问题的方法。

❖ 在单元格 K6 中输入公式 "=C6*B$2"，然后将它向右填充到单元格 O6。

❖ 在单元格 P6 中输入总金额计算公式 "=K6+L6+M6+N6+O6"。

❖ 在单元格 Q6 中输入打折后的计算公式 "=P6*$I$1"。

❖ 选中 K6:Q6 单元格区域，向下填充到 K15:Q15 单元格区域。

【1.4】　在 Excel 2016 中选择"文件"→"新建"菜单命令，然后选择在线模板"突出显示续订的库存清单"，创建库存管理工作簿（或打开"Ex1.4 工作表日常操作.xlsx"），如图 1-31 所示。

图 1-31　习题 1.4 图

在用模板建立的工作簿基础上练习工作表的日常操作。至少进行以下操作：

（1）合并 C1:M1 区域，增加首行高度，并增加"制表人"和"填表日期"信息。

（2）设置描述列单元格的格式为"缩小字体换行"，同时修改 E4、E5、E6 单元格的内容，检验此格式的效果。

（3）插入"入库日期"列，并输入入库日期。

（4）隐藏"续订水平""续订时间（天）""续订数量"三列数据。

（5）将"单价"列移到"入库日期"列的前面。

（6）练习单元格的删除、清除、插入、移动、复制、剪切、粘贴等操作。

（7）插入一个工作表，并将图 1-31 中的 A～J 列的数据复制到该工作表中。

（8）练习工作表的复制和删除（复制本工作表，生成数据完全相同的新表，然后隐藏它，再显示它，再删除它）。

（9）复制、粘贴工作表的数据多次，使本表的数据行不少于 100 行。

（10）以单元格 E4 为拆分点，对工作表进行拆分和冻结，体验拆分窗口带来的方便。

【1.5】 掌握查看工作表的各种方法：对于习题1.4建立的工作表，按全屏、分页、页面视图、普通视图和一定的缩放比例查看工作表中的数据。

【1.6】 掌握工作表的打印技术（如无打印条件，可在打印预览中练习下述操作）：

（1）对于习题1.4建立的工作表，设置纸张大小为A4，调整页边距到合适的位置，通过"页面布局"选项卡中的"缩放比例"调整，使表格的宽度能在一页内打印完成，设置每页的居中页眉为"××单位库存材料明细表"，靠右页眉为系统当前日期，设置页脚为"第×页，共×页"。

（2）打印单元格区域C1:M50。

（3）在打印时，尝试网格线的设置与取消。

（4）设置工作表首行为打印标题。

第 2 章　数据输入与编辑基础

📖本章导读

- ⊙ 基本类型数据的输入
- ⊙ 连续编号的输入
- ⊙ 大批量相同数据的输入
- ⊙ 通过自定义格式产生大数字编号
- ⊙ 组合多个单元格内容来生成新数据
- ⊙ 下拉列表形式的数据输入
- ⊙ 用 IF、LOOKUP、VLOOKUP 等函数查表输入
- ⊙ 自定义输入序列
- ⊙ 行列数据的转置
- ⊙ 用 RANDBETWEEN、RAND 和 INT 函数生成大批量的仿真数据

　　在日常工作和学习中，人们常常会与不同形式的数据打交道，如保险号、人员编号、工资、学习成绩或电话号码等。在信息化办公的过程中，人们遇到的第一个问题就是将这些数据输入到计算机中，然后才能对这些数据进行分析和处理。如何快速而准确地输入和编辑原始的资料数据，并不是一件简单的事情，方法不当，不仅输入速度慢，还要反复检查数据的正确性。Excel 是一个优秀的数据分析软件，其数据输入功能也很强大，甚至可以作为一些数据库应用系统的数据采集工具。在 Excel 中，针对不同数据的特点，采用不同的输入方法，可达到事半功倍的效果。

2.1　Excel 的数据类型

　　Excel 中的数据类型大致可以分为数值型、日期时间型、文本型和逻辑型 4 种，不同类型数据的存储和运算方法不同。

　　数值型数据是 Excel 中使用最广泛的数据类型，可以表现为货币、小数、百分数、科学计数法数值、各种编号、邮政编码、电话号码等形式。

　　【例 2.1】　Excel 中数值型数据各种表现形式的示例。

　　图 2-1 仅是数值型数据表现形式的一些示例，在实际工作中，数值可能还有更多的表现形式。注意图中的"编码"和"货币"栏数据，它们看上去更像是文本，但在这些单元格中输入的是一个纯数字，其文本形式是通过数字的格式化设置形成的。

图 2-1　Excel 中数值型数据的表现形式

Excel 能够处理较大范围内的数值，表 2-1 是 Excel 中数值的取值范围。

表 2-1　Excel 中数值的取值范围

功　　能	最 大 限 制	功　　能	最 大 限 制
数字精度	15 位	单元格中可输入的最大数值	9.999 999 999 999 99E+307
最大正数	1.797 693 134 862 31E+308	最小正数	2.229E–308
最大负数	−1E–307	最小负数	−2.2251E–308

日期和时间型数据在 Excel 中是按数值型数据处理的。也就是说，在 Excel 中，日期型数据是按数值进行运算和存储的。在工作表中所见到的各种形式的日期，如 "2004 年 3 月 26 日星期五" "2004-3-26" "99-12-21" "17:23 P" 等，都是数值型数据，通过格式化操作后，它们就显示为各种形式的日期（即可将一个数值格式化为一个日期或时间）。

文本就是人们常见的各种文字符号，如姓名、银行账号、通信地址和表格标题等。

在默认情况下，数值在单元格中是边线靠右对齐的，而文本在单元格中是边线靠左对齐的。当然，人们可根据实际需要，对它们的对齐方式进行重新设置。

2.2　基本数据类型的输入

Excel 的基本数据类型包括数值、日期时间、文本和逻辑型数据 4 大类。它们输入的方法都很简单。

<1> 选定要输入数据的单元格。可用鼠标单击该单元格，或通过键盘上的方向键，使要输入数据的单元格成为活动单元格。

<2> 从键盘上输入数据。

<3> 按 Enter 键后，本列的下一单元格将成为活动单元格，也可用方向键或鼠标选择下一个要输入数据的单元格。当光标离开输入数据的单元格时，数据输入就算完成了。

在输入数据时，要注意不同类型数据的输入方法。

【例 2.2】　用户档案整理。

图 2-2 是一个虚拟电话公司的用户资料表，该表涉及多种类型的数据。"客户编号" 是从 10000 开始的连续数字；"申请日期" 是按中文习惯显示的；"电话类型" 只能是 "办公" "私人" "公话" 三者之一；办公电话的 "月租费" 是 30 元，私人的是 24 元，公话的是 35 元（取决于电话类型）；"保险号" 是 000000000～99999999 之间的一个数字编号，具有一定的格式，以 P 开头，后面是 9 位数字，中间用 "-" 分隔某些位，如 "111111999" 是 "p11-111-1999"（在实际生活中，保险号可能更复杂）；"身份证号" 的前 6 位数字是相同的；"电话号码" 从 63321240 开始连续编号，可能有 5000 个号码，也可能有几万个；"缴费账号" 的前 15 位是其身份证号码的后 15 位，最后 8 位缴费账号是其电话号码。

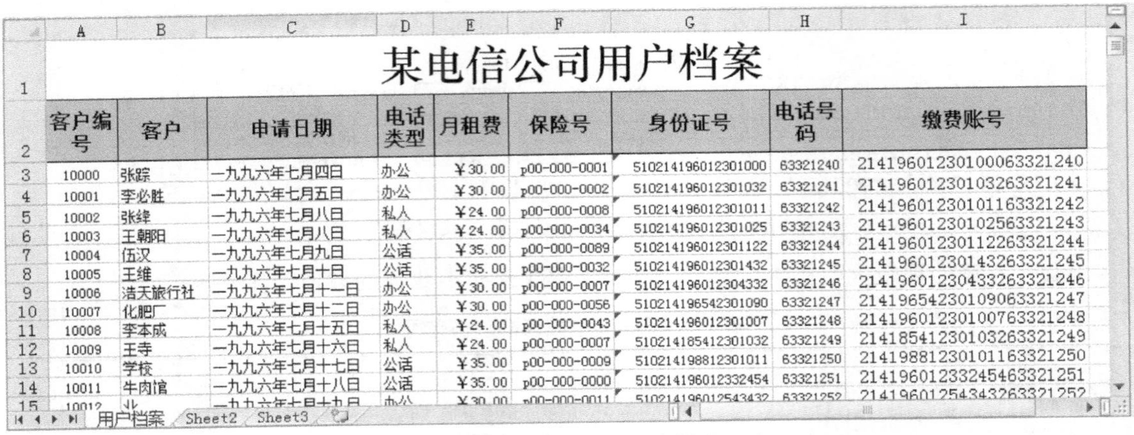

	A	B	C	D	E	F	G	H	I
1	某电信公司用户档案								
2	客户编号	客户	申请日期	电话类型	月租费	保险号	身份证号	电话号码	缴费账号
3	10000	张踪	一九九六年七月四日	办公	¥30.00	p00-000-0001	510214196012301000	63321240	21419601230100063321240
4	10001	李必胜	一九九六年七月五日	办公	¥30.00	p00-000-0002	510214196012301032	63321241	21419601230103263321241
5	10002	张绊	一九九六年七月八日	私人	¥24.00	p00-000-0008	510214196012301011	63321242	21419601230101163321242
6	10003	王朝阳	一九九六年七月八日	私人	¥24.00	p00-000-0034	510214196012301025	63321243	21419601230102563321243
7	10004	伍汉	一九九六年七月九日	公话	¥35.00	p00-000-0089	510214196012301122	63321244	21419601230112263321244
8	10005	王维	一九九六年七月十日	公话	¥35.00	p00-000-0032	510214196012301432	63321245	21419601230143263321245
9	10006	浩天旅行社	一九九六年七月十一日	办公	¥30.00	p00-000-0007	510214196012304332	63321246	21419601230433263321246
10	10007	化肥厂	一九九六年七月十二日	办公	¥30.00	p00-000-0056	510214196542301090	63321247	21419654230109063321247
11	10008	李本成	一九九六年七月十五日	私人	¥24.00	p00-000-0043	510214196012301007	63321248	21419601230100763321248
12	10009	王寺	一九九六年七月十六日	私人	¥24.00	p00-000-0007	510214185412301032	63321249	21418541230103263321249
13	10010	学校	一九九六年七月十七日	公话	¥35.00	p00-000-0009	510214198812301011	63321250	21419881230101163321250
14	10011	牛肉馆	一九九六年七月十八日	公话	¥35.00	p00-000-0000	510214196012332454	63321251	21419601233245463321251
15	10012	北[illegible]	一九九六年七月十九日	办公	¥30.00	p00-000-0011	510214196012543432	63321252	21419601254343263321252

图 2-2　某电信公司用户档案

要一字不误地输入表中的数据不是一件容易的事情，因为在输入过程中容易出错，特别是像“身份证号”和“缴费账号”这样的数字。

实际上，在 Excel 中建立图 2-2 这样的数据表是件很轻松的事情，本章将以建立此工作表为例来介绍 Excel 优秀的数据输入方法。

2.2.1　输入数值

数值的输入可采用普通计数法与科学计数法。例如，输入 123343，可在单元格中直接输入 123343，也可输入 1.23343E+5；可直接输入 0.0083，也可输入 8.3E-3 或 8.3e-3，其中 E 或 e 表示以 10 为底的幂。

输入正数时，前面的“+”可以省略，输入负数时，前面的“-”不能省略，但可用“()”表示负数。比如输入-78，可在单元格中直接输入-78，也可输入(78)，其中的“()”表示负数。

输入纯小数时，可省掉小数点前面的 0，如 0.98 可输入为.98。

对于较大的数字，为了便于查看阅读，在输入完成后，可以将它分节显示。例如，输入“122121212121212”后，单击功能区中“开始”选项卡的“数字”组中的,按钮，就会将该数据显示为“122121212121212.00”。也可以在输入数据的时候按分节形式输入，对于前面的数据，可以在其对应的单元格中直接输入“122121212121212”。

分数在 Excel 中表现为“a c/b”形式，可以进行各种算术运算。其中，a 是整数部分，c 是分子，b 是分母。比如，$13\frac{21}{98}$应当输入为“13 21/98”。注意，13 后面必须有空格。输入的数据在单元格中表现为“13 3/14”（明显，Excel 除去了分子分母的公约数），而不会是$13\frac{21}{98}$。对于没有整数部分的小数，如$\frac{1}{8}$，也必须输入整数部分“0”，即输入“0 1/8”，0 后面的空格也不能省略。如果直接输入“1/8”，Excel 将认为输入的是“1 月 8 号”，因为在 Excel 中“/”和“-”是日期型数据的年月日之间的间隔符，所以 Excel 会将该输入误认为某个日期。

在数值的前面可加“$”或“¥”表示输入的数值是美元或人民币。在计算时，“$”（或¥）不影响数值的大小。例如，在单元格 A3 中输入“¥123”，表示 123 元人民币，单元格中是一个数值而非文本。数值在单元格中默认的对齐方式是右对齐。

2.2.2 输入文本

文本是指包含非数字符号的字符串，可以是由字母、汉字以及数字符号的多个符号组成的字符串。

文本的输入操作很简单，只需用鼠标单击要输入文本的单元格，然后直接输入即可。如果输入文本的过程中涉及较多的标点符号，而你对这些符号在键盘上的对应字符又不太熟悉，可以将 Excel 的符号工具栏显示出来。选择功能区中的"插入"选项卡，找到其中的"特殊符号"组，单击其中的"符号"按钮 Ω，会显示各种类型的符号，包括{、【、#等。单击某个符号，就能够将它输入到单元格中。

在输入数字型的字符串时，为了不与相应的数值混淆，需要在输入数据的前面加"'"或以"="数字串""的形式输入。如输入邮政编码 430065，则应输入"'430065"或"="430065""。

在图 2-2 中，"客户"列的数据必须准确地输入，因为它们都是没有任何规律的文本数据。

2.2.3 输入日期和时间

输入年月日的格式为"年/月/日"或"年-月-日"。例如，输入 2004 年 3 月 26 日，可输入"2004/3/26"或者"04/3/26"，或者"2004-3-26"，（或"04-3-26"）。输入月份和日期的格式为"月/日"或"月-日"。例如，输入"3 月 26 号"，应该输入"3/26"，或者"3-26"。

输入时间的格式为"时:分"或"时:分:秒"，如输入"10 点 12 分"，则应输入"10:12"。按 Ctrl+;组合键可输入当前系统日期，按 Ctrl+Shift+;组合键可输入当前系统时间。

日期型数据应该按照上述方式进行输入，如果需要各种形式的日期，应该通过日期的格式化来完成。例如，要将日期显示为"2019 年 3 月 26 日"，仍然应该输入"2019-3-26"，然后通过单元格的格式化将其显示为"2019 年 3 月 26 日"。这种方式一方面可以减少数据输入的麻烦（显然，输入"2019-3-26"更便捷），另一方面可以减少日期运算时的错误，因为日期型数据可以进行加减运算，这在计算类似年龄、工龄或者工作时间的数据时显得非常有用。

在图 2-2 中，"申请日期"列数据的输入方法如下。

<1> 选中 C 列数据（单击列表题 C），然后在"开始"选项卡中找到 数字 ，单击其右侧的箭头，会弹出如图 2-3 所示的"设置单元格格式"对话框。

<2> 单击"数字"→"分类"→"日期"，并在右边的"类型"列表框中选择"二〇一二年三月十四日"。这个日期仅是一个样例形式，表示 C 列数据将以这种日期形式显示，并非一个实际的日期值。

<3> 当要在 C 列输入某客户申请电话的日期时，只需要按前面介绍的方法输入，Excel 就会将它们显示为图 2-2 中的形式。例如，图 2-2 的单元格 C3 中显示为"一九九六年七月四日"，在此单元格中实际输入的是"96/7/4"。

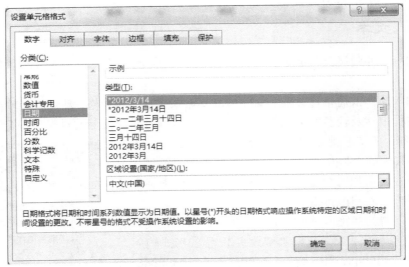

图 2-3 "设置单元格格式"对话框

2.2.4 用 Tab 和 Enter 键输入选定区域的数据

在一个单元格中输入一个数据后，按 Enter 键会切换到同列下一行的单元格，按 Tab 键会切换到同行右列的单元格，利用这一特性来输入选定区域的数据，要比用←、↑、↓、→四个方向键切换活动单元格更加便捷。

【例 2.3】 某老师将某门课程每位同学的各项成绩在纸质表中整理好了，需要依次输入到工作表中，如图 2-4 所示。

	A	B	C	D	E	F	G	H	I	J	K
1							成绩表				
2	教学班	A98162A203001									
3	No.	姓名	性别	学号	问题描述(5分)	类设计方案（15分）	程序调测过程中的问题和解决方法（20分）	程序源码（40分）	测试结果（5分）	设计总结（10分）	
4	1	李沙	男	2013210836							
5	2	英布	女	3011071260							
6	3	黄弁	女	3011071261							
7	4	李思成	女	3011071262							
8	5	黄大海	女	3011071263							
9	6	成康原	女	3011071264							

图 2-4 用 Tab 或 Enter 键切换活动单元格

对于这类表格数据的输入，用 Tab 和 Enter 键进行活动单元格的切换的方法如下：
<1> 选定 E4:J11 单元格区域，此时活动单元格为 E4，直接输入单元格 E4 中的数据。
<2> 如果按行输入，则输入一个单元格数据后按 Tab 键，直到全部数据输入完成。
<3> 如果按列输入，则输入一个单元格数据后按 Enter 键，直到全部数据输入完成。

2.3 输入相同数据

"相同数据"主要包括两种情况：一是指在一个区域中，从整体上看，该区域内对应单元格的数据相同，而每个单元格中的数据则不一定相同；二是指一个区域中，每个单元格内的数据都相同。在 Excel 中，可用下面的方法快速输入这两类数据。

2.3.1 在多个工作表中输入相同的区域数据

1. 通过复制输入相同的区域数据

建立具有相同结构数据区域的不同工作表，可以采用复制方法生成相同数据的副本。

【例2.4】 为高三年级的5个班建立如图2-5所示的成绩表。

由于每个班开设的课程都一样，因此只需要建立第一个成绩表的表头，其余成绩表的表头从第一个表中复制即可。建立5个班成绩登记表表头的操作步骤如下。

<1> 建立一班的成绩表。建立表头，输入学生成绩，如图2-5(a)所示。

<2> 格式化一班的成绩表，然后选中表头A1:E5，见图2-5(a)。

<3> 单击"开始"→"剪贴板"→"复制"按钮 📋。

<4> 单击二班的工作表标签，切换到二班的工作表中，单击A1单元格。

<5> 单击"开始"→"剪贴板"→"粘贴"按钮 📋，结果如图2-5(b)所示。

<6> 按同样的方法创建其他班级的成绩表表头。

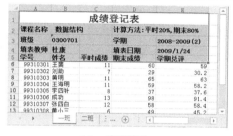
(a) 一班成绩表

(b) 复制一班A1:E5区域，建立二班成绩表的表头

图2-5 选中成绩表的表头并复制

2. 通过填充输入相同数据区域

像例2.4这样的多表相同数据输入，在已经完成了某个工作表（一班）数据输入的情况下，采用填充方式输入其他工作表的数据是一种较好的方法。

<1> 选中一班的A1:E5区域。

<2> 选中要输入的多个工作表：按住Ctrl键，依次单击要选中的工作表名称"一班""二班""三班"。也可以先单击第一个工作表名，然后按住Shift键，再单击最后一个工作表名称。

<3> 单击"开始"→"编辑"→ ⬇填充▾ 按钮，从弹出的快捷菜单中选择"成组工作表"。

<4> 在出现的"填充成组工作表"对话框中选择"全部"。

3. 同时在多个工作表中直接输入相同数据

当数据还没有输入，要在同一工作簿中多个工作表（工作表标签无论是连续的还是不连续的）的相同区域输入同样的数据时，可以用下面的方法一次性完成数据输入。

【例2.5】 某学院有37个班，每个班的学生档案表如图2-6所示，其中每个表的结构相同，包括学号、姓名、入学时间、性别、出生年月、班级、专业和备注等信息。

以输入2班～37班的表头为例，说明多表相同结构的数据输入过程，方法如下。

<1> 单击图2-6工作表标签中的"2班"，再单击右三角形，直到最后一个工作表名"37班"可见，按住Shift键，再单击"37班"，即选中"2班:37班"对应的36个工作表。

图 2-6　某班学生的档案表

<2>　依次输入 A1:H1（见图 2-6）中的表头内容，如输入有误，则直接修改。与在一个工作表中输入数据没有任何区别（只是在输入数据前，先选中了多个工作表而已），输完即可。

2.3.2　按 Ctrl+Enter 组合键或用填充输入相同数据

在一个表格的同一行、同一列、同一区域（由相邻单元格或不相邻单元格组成）、多个不同工作表的相同单元格（区域）包含相同数据的情况实在太常见了。

在图 2-6 中，同一个班的所有学生都具有相同的入学时间、班级编号、专业名称。在 Excel 中至少有 3 种方法可以较快地输入这类数据，下面以图 2-6 为例进行介绍。

1．用 Ctrl+Enter 组合键输入相同数据

<1>　用鼠标选中要输入相同数据的单元格区域（也可以是多个不连续的独立单元格）。

<2>　输入数据，输入后不是按 Enter 键，而是先按住 Ctrl 键再按 Enter 键，则所有被选中的单元格中都会输入相同的数据。

例如，输入图 2-6 中所有同学的"入学时间"，先用鼠标选中单元格区域 C2:C11，然后直接输入"03/9/1"，最后按 Ctrl+Enter 组合键，则 C2:C11 区域内的每个单元格中都被输入了"2003-9-1"。按同样的方法可以输入 F 列的班级和 G 列的专业。

2．用填充柄输入相同数据

<1>　在单元格 G2 中输入"计算机通信"，然后按 Enter 键。

<2>　单击单元格 G2，出现该单元格的填充柄（右下角的黑色小方块），将鼠标指向填充柄并按下鼠标左键，然后向下拖动鼠标，鼠标拖过的单元格都被填入了"计算机通信"。

3．双击填充柄快速输入相同数据

<1>　在单元格 G2 中输入"计算机通信"，然后按 Enter 键。

<2>　双击单元格 G2 的填充柄，就会在 G3:G11 区域中填写与 G2 中相同的数据。

这种方法不需要选择单元格区域，也不需要拖动鼠标，Excel 可以自动识别出要填写数据的单元格区域，是在同一列填写相同数据的最简单方法。

2.4　编号的输入

在不同的表格中常会看到不同形式的编号，这些编号往往具有一定的规律。有的呈现出等差数列形式，有的呈现出等比数列形式，有的具有特殊的格式。在输入这类数据时应具体问题

具体分析，大概可以分为下面几类。

2.4.1 通过复制生成连续编号

当在 Excel 中输入有规律的数据或特殊文本时，采用复制的方式可以提高输入效率，如输入学生的学号、连续的电话号码和月份等。

连续编号（或具有等差、等比性质的数据）应该采用复制或填充序列的方式进行输入，如企业的职工编号、电话号码、手机号码以及产品的零件编号等。

【例 2.6】 建立如图 2-7 所示的成绩表，其中 1003020101～1003020200 是 100 个连续的学号。

	A	B	C	D	E	F	G	H	I
1	某班期末考试成绩表								
2							2009学年第1学期		2009年7月
3	学号	姓名	班级	文学	历史	地理	化学	政治	总分
4	1003020101	张三	031020801	89	64		42	缺考	
5	1003020102	李四	031020801	99	85	63	67	50	
6	1003020103	二立	031020801	F	58	49	97	68	
7	1003020104	顾红顺	031020801	65	64		66	缺考	
8	1003020105	陈立华	031020801	F	71	68	87	98	
9	1003020106	顾红新	031020801	64	48	73	50	60	

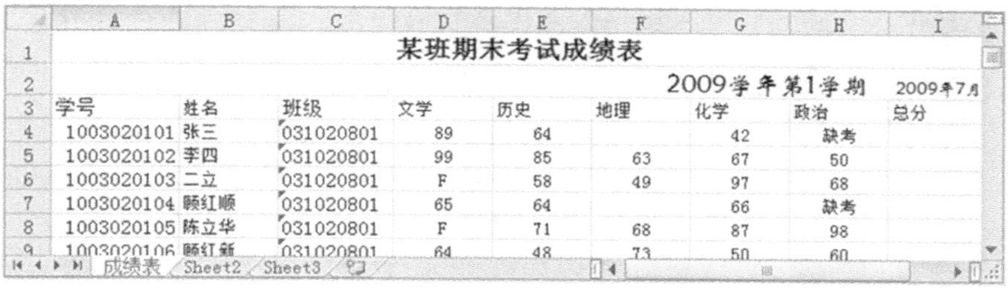

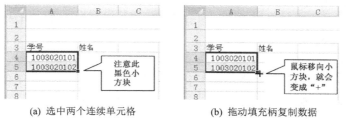

图 2-7 学生成绩表

在 Excel 中，像 1003020101～1003020200 这类连续编号的输入方法如下。

<1> 在单元格 A4 中输入 1003020101，在单元格 A5 中输入 1003020102。

<2> 在 A4 中按下鼠标左键并向下拖动鼠标到 A5，同时选中 A4、A5 两个单元格后，释放鼠标，结果如图 2-8(a)所示。

<3> 把鼠标移到 A5 右下角的填充柄上，直到出现一个黑色十字形指针时，按下鼠标左键，如图 2-8(b)所示。

<4> 向下拖动鼠标，在拖动的过程中会发现 A6 中出现了数据 1003020103，A7 中出现数据 1003020104……当发现所有的数据都已产生时，释放鼠标，学号的输入就完成了。

> **注意**
> 用同样的方法可输入图 2-2 中的“客户编号”和“电话号码”。

(a) 选中两个连续单元格　　(b) 拖动填充柄复制数据

图 2-8 连续编号的输入

其实，这只是单元格复制方法的一种应用形式，在任何时候拖动单元格的填充柄，其作用都是进行单元格数据的复制。

2.4.2 用填充序列生成连续编号

当输入具有一定规律的数据，如相同、等差、等比之类的数列或连续日期时，如果数据量很大，有成千上万行，采用上面的复制输入方法虽然方便，却不好控制鼠标的拖放过程。对于这类数据的输入，采用填充序列的方式输入最简便。

【例 2.7】 某电信公司有电话号码档案，其中的电话号码为 62460000～62480000，共有 20000 个号码，假设将电话号码 62460000 放在单元格 A3 中，62460001 放在单元格 A4 中，然后依次向下，试快速输入这些电话号码。

采用填充序列的方式输入这 20000 个号码的过程如下：

<1> 在单元格 A3 中输入起始电话号码 62460000。

<2> 单击"开始"→"编辑"→ ⬇填充▾ 右侧的下三角形按钮，从列表中选择"系列…"选项，弹出"序列"对话框，如图 2-9 所示。

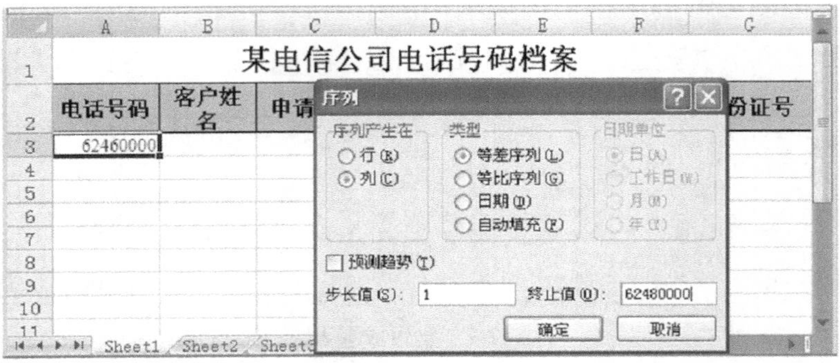

图 2-9 填充序列

<3> 选中"列"和"等差序列"单选按钮，在"步长值"文本框中输入"1"，在"终止值"文本框中输入"62480000"。

<4> 单击"确定"按钮，所有电话号码的输入就完成了。

注：图 2-2 中的"电话号码"可用 2.4.1 节的填充柄法或本节的填充序列法产生。

2.4.3 利用自定义格式产生特殊编号

在日常工作中，人们常会遇到各种具有特殊格式的编号，如图 2-2 中的"保险号"是一种具有特殊格式的连续编号，第 1 个人的保险编号是 P00-000-0001，第 2 个人的保险编号是 P00-000-0002，以此类推。在生活中有太多这样的编号，比它更复杂的编号也不计其数，像这样的数据应该如何输入呢？

事实上，通过自定义数字格式输入这类编号非常简便。利用这种方法，在输入前面提到的第一个保险号时，只需要输入 1，输入第 2 个保险号时，只需要输入 2，Excel 就会自动将输入的 1 转换为"P00-000-0001"，将输入的 2 转换成"P00-000-0002"。如果输入 32323333，Excel 就会将它转换成"P03-232-3333"。

【例 2.8】 某商场销售某品牌的电器，顾客交纳一定的定金后即可送货。产品编号是唯一的，每位顾客购买的产品编号是随机的，如图 2-10 所示。请设计产品编号的输入方法。

类似产品编号这样的数据，采用与单元格自定义格式相结合的方式输入最简便。设置方法如下。

<1> 选中 D 列要设置格式的单元格区域（如 D3:D100，或整个 D 列）。

<2> 在功能区中单击"开始"→ 数字 ▫ 右边的箭头，会弹出"设置单元格格式"对话框，如图 2-11 所示。

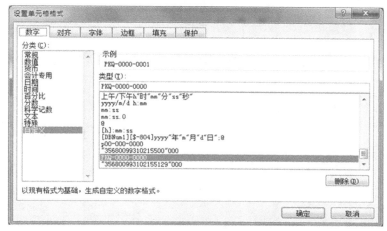

图 2-10 利用自定义格式输入特殊编号

图 2-11 自定义特殊编号的格式

<3> 选择"数字"→"分类"→"自定义"选项。

<4> 删除"类型"文本框中的内容，然后输入"PKQ-0000-0000"（见图 2-11，此格式实为""PKQ"-0000-0000"，注意引号的位置，在早期版本中不能省略 PKQ 前后的引号），输入完成后单击"确定"按钮。

<5> 在设置了格式的单元格中输入数字，Excel 会自动将它转换成 PKQ-XXXX-XXXX 的形式。例如，在单元格 D3 中输入 1，将被转换成"PKQ-0000-0001"；在 E4 中输入 2，将被转换成"PKQ-0000-0002"。若需要编号"PKQ-0000-0078"，只需在对应的单元格中输入 78 即可，其他产品编号的输入以此类推。

> **注意**
> 图 2-2 中"保险号"的输入方法与此相同，将 F 列 F3 之后的单元格的自定义格式设置为 P00-000-0000（或者"P"00-000-0000）。在设置了此格式的单元格中，只需要直接输入保险号对应的数字编号，就能够得到与之对应的保险号，如输入 1，将被转换为"P00-000-0001"；输入 11111，将被转换为"P00-001-1111"。

2.4.4 超长数字编号的输入

当在单元格中输入一个位数较多的数值（如超过 15 位的整数）时，Excel 会自动将输入的数值显示为科学计数法，这可能并不符合我们的需要。

例如，图 2-10 中 A 列超长了，如在单元格 A3 中输入"35680099310215512901"，按 Enter 键后，在单元格中出现的将是"3.568E+19"。单击该单元格，在编辑栏中出现的是"35680099310215500000"，请注意后面的几位数字，它已不是输入的"12901"了。这意味着无法直接在单元格中输入图 2-10 中 A 列这样的数字编号，因为这些数据只有后 3 位不同，前面的 17 位都是相同的。所有的数据输入后，都变成了相同的数据 35680099310215500000（因为最后 5 位在输入后都变成了 00000）。

产生这种问题的原因是数值精度问题，Excel 的默认精度是 15 位，如果一个数值的长度超过 15 位，则 15 位之后的数字都被视为 0。可以用下面的方法输入这类超长编号。

1．利用自定义格式产生大数字编号

对于长度超过了 15 位数的大数字编号，可以用自定义格式进行输入。现以图 2-10 中 A 列的"客户编号"为例，说明大数字编号的输入方法。

<1> 选中单元格 A3，单击"开始"→数字 右边的箭头，弹出"设置单元格格式"对话框，如图 2-12 所示。

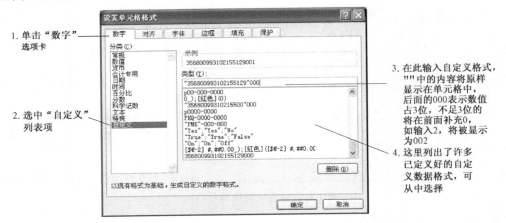

图 2-12　单元格格式的定义

<2> 选择"数字"→"分类"→"自定义"选项，然后在"类型"文本框中输入""356800993102155129"000"。其中，" "中的内容由 Excel 自动填充，不需要输入。该格式最后面的"000"表示数字占 3 位，不足 3 位的由 Excel 自动补充 0，如输入"2"，Excel 会自动将它扩充为"002"。

<3> 单击"确定"按钮，然后将单元格 A3 向下填充。

设置好 A 列单元格的自定义格式后，在输入该列的数据时，只需输入最后 3 位数据，Excel 会自动将"356800993102155129"添加在输入的数据前面。如在图 2-10 的单元格 A3 中输入"1"，则会自动将该单元格中的数据扩展为"356800993102155129001"；在 A7 中输入 89，会自动将其扩展为"356800993102155129089"。

> **注意**
> 单元格的自定义格式在数据输入方面有着重要的作用，要善于应用它来完成数据的相同部分的输入。

2．用"'"或设置文本格式输入大数字编号

通过自定义格式设置输入大编号只解决了形式上的问题，单元格中存储的是实际输入的数字，虽然这在多数情况下都正确，如查看、打印工作表都是正常的。但在某些时候会有问题，如将它与实际的编号相对比，很可能无法精确匹配。例如，在图 2-10 的某空白单元格中输入公式"=IF(A7=356800993102155129089, "ok", "err")"，得到的结果将是"err"。原因很简单：A7 中实际输入的数字是 89，公式"=IF(A7=89, "ok", "err")"的结果才是"ok"。

要处理和解决这样的问题，有两种可行的办法。

（1）"'"输入法

先输入"'"，接着输入编号，这是将数字输入为文本的方法。例如，图 2-10 中单元格 A3 的编号"35680099310215129001"，可以输入"'35680099310215129001"，即先输入"'"，再输入大数字编号。

（2）文本格式设置法

选中要输入编号的区域，单击"开始"→"数字"→ 常规 的下三角形按钮，从弹出的列表中选择"文本"。即先将要输入大数字编号的单元格区域设置为文本格式，再输入编号就不会有问题了。

此外，可以先把大数字编号拆分为多列输入，再用"&"进行连接，详见 2.5 节。

2.5　用"&"组合多个单元格数据

"&"为字符连接运算符，其作用是把前后两个字符串（也可以是数值）连接为一个字符串。如"ADKDKD"&"DKA"的结果为 ADKDKDDKA，"123"&"45"&"678"的结果为"12345678"，这个结果是一个文本数据。

在某些工作表中，某列数据可能由另外两列或多列数据组合而成，这类数据常见于考试编号、零件编号或银行账号之类的表格中，如图 2-2 中的"缴费账号"。采用"&"进行不同数据的连接组合，可以较快地构造这类数据。

> **注意**
> 不论&连接的是数值还是文本，连接之后的最终结果都是一个文本数据。

【例 2.9】　图 2-13 是某信用社客户资料表，其中的"区域代码"有 17 位，每个用户都相同，"顾客编号"从 9001 开始编号，"顾客身份识别码"由同行的"区域代码"和"顾客编号"组合而成，有 20 位。

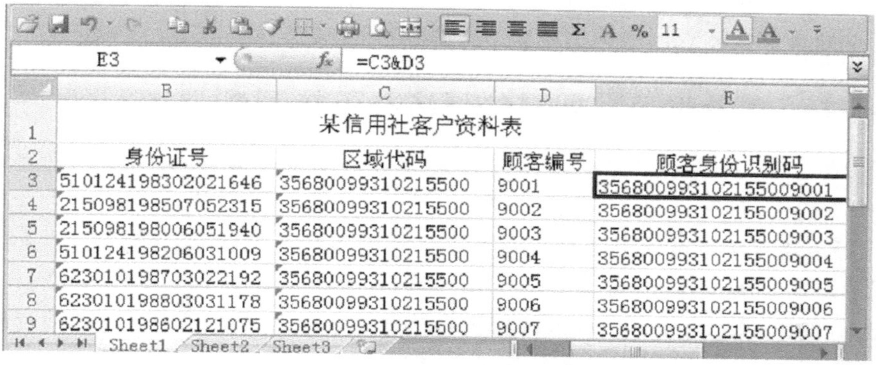

图 2-13　采用"&"连接数据

怎样输入图 2-13 中的数据最简便、科学而又不易出现错误呢？如果逐个输入，显然效率低，容易出错。而且一旦出错，还不容易发现。比较简单的输入方法如下。

<1> 在单元格 C3 中输入"'35680099310215500"，然后将单元格 C3 的数据向下填充复制，产生 C 列数据。注意，在 C3 中输入的第一个符号是西文方式下的单引号。

<2> 在单元格 D3 中输入"9001"，在单元格 D4 中输入"9002"，然后同时选中单元格 D3、D4，向下填充，产生 D 列数据。

<3> 在单元格 E3 中输入公式"=C2&D2"，然后将此公式向下填充，产生 E 列数据。

&运算符还常与文本函数 LEFT、RIGHT、MID 合用，这几个函数的调用语法如下：

LEFT(text, n)　　　　RIGHT(text, n)　　　　MID(text, n1, n2)

LEFT 函数的功能是截取 text 文本左边的 n 个字符，如 LEFT("1234", 2)="12"。RIGHT 函数的功能是截取 text 文本右边的 n 个字符，如 RIGHT("1234", 2)="34"。MID 函数的功能是从 text 的第 n1 字符开始，取 n2 个字符，如 MID("1234", 2, 2)="23"。

请看图 2-14 中的缴费账号（图 2-14 就是前面的图 2-2，这里截取了其中的一部分）。

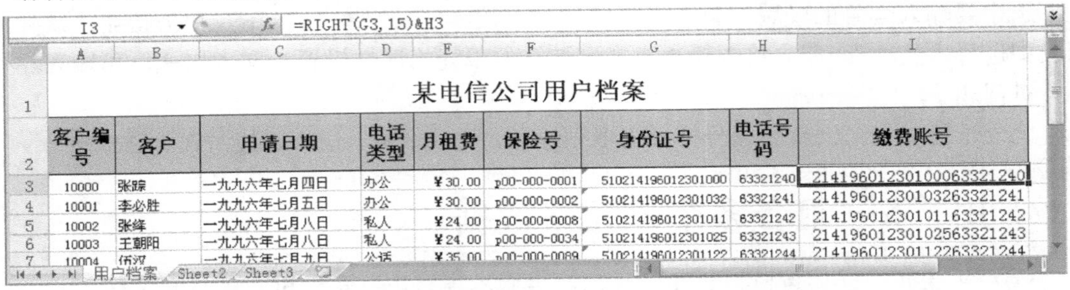
I3　=RIGHT(G3,15)&H3

某电信公司用户档案

客户编号	客户	申请日期	电话类型	月租费	保险号	身份证号	电话号码	缴费账号
10000	张踪	一九九六年七月四日	办公	¥30.00	p00-000-0001	510214196012301000	63321240	21419601230100063321240
10001	李必胜	一九九六年七月五日	办公	¥30.00	p00-000-0002	510214196012301032	63321241	21419601230103263321241
10002	张绛	一九九六年七月八日	私人	¥24.00	p00-000-0008	510214196012301011	63321242	21419601230101163321242
10003	王朝阳	一九九六年七月八日	私人	¥24.00	p00-000-0034	510214196012301025	63321243	21419601230102563321243
10004	伍汉	一九九六年七月九日	公话	¥35.00	p00-000-0089	510214196012301122	63321244	21419601230112263321244

用户档案　Sheet2　Sheet3

图 2-14　用 RIGHT 函数和&运算符产生缴费账号

输入了图 2-14 中的身份证号和电话号码之后，可用 RIGHT 函数从身份证号中截取出右边的 15 位数据，再用&运算符把它与同行 H 列的电话号码连接成缴费账号。具体做法如下：

<1> 在单元格 I3 中输入公式“=RIGHT(G3, 15)&H3”，然后按 Enter 键。

<2> 将单元格 I3 中的内容向下填充到 I 列的其余单元格，产生所有客户的缴费账号。

2.6　采用下拉列表选择输入数据

在工作表中经常见到一些少而规范的数据，如职称、工种、单位及产品类型等，这类数据适宜采用下拉列表方式输入，快速而准确。

2.6.1　通过“数据验证”创建数据输入下拉列表

Excel 2016 版中的“数据验证”，对应之前版本的“数据有效性”，可以用来建立为单元格进行数据输入的下拉列表。

【例 2.10】 教师信息表如图 2-15(a)所示，D 列的职称包括助教、讲师、副教授、教授、助工、工程师、高工和工人等。

该表 D 列的职称比较固定和规范，如果直接输入各位教师的职称，肯定不及从下拉列表框中选择方便。建立“职称”的下拉列表方法如下。

<1> 在 A2:A9 单元格区域中输入用于建立下拉列表的辅助数据。

<2> 选中 D 列要输入职称的单元格区域，然后单击“数据”→“数据工具”→“数据验证”按钮，弹出如图 2-15(b)所示的“数据验证”对话框。

<3> 选择“设置”标签，然后从“允许”下拉列表中选择“序列”选项。

<4> 单击“来源”文本框右侧的 按钮，然后选择预先输入了职称数据的单元格区域 A2:A9。

说明： 也可不建立 A2:A9 区域中的数据，直接在“来源”文本框中输入职称“助教, 讲师, 副教授, 教授, 助工, 工程师, 高工和工人”。职称名称之间的逗号必须是西文格式的“,”。

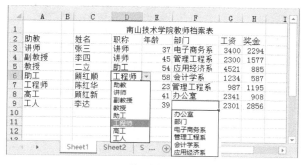

(a) 下拉列表　　　　　　　　　　　　　　　　　(b) 数据验证

图 2-15　通过下拉列表输入数据

<5> 单击"确定"按钮，则选中的单元格设置了"职称"名称的下拉列表。

<6> 隐藏列 A。

建立职称的下拉列表后，每次要输入职称时，只需单击对应的单元格，Excel 就会将职称名称显示在下拉列表框中，然后选择需要的"职称"名称即可。

说明：也可先建立第一个单元格（即 D3）的下拉列表框，然后向下填充或复制 D3 单元格，就能建立其余单元格的下拉列表输入方式。

按同样的方法设置图 2-14（即图 2-2）中 D 列的"电话类型"的下拉列表。

2.6.2　利用右键快捷菜单从下拉列表中进行数据输入

在输入某列数据时，如果所有可能出现的数据在该列前面的单元格中都已出现过了，后面的输入只是某个数据的重复，就可以利用鼠标右键菜单建立下拉列表进行数据的选择输入。

例如，在图 2-15 中，F 列的部门只有"电子商务系、管理工程系、应用经济系、会计学系、办公室"，这些数据在 F3:F8 区域中都已经出现过了。在输入后面的部门列数据时，就可以采用右键菜单建立的下拉列表进行选择输入。以图 2-15 中 F9 的部门输入为例，假设李达是办公室的人员，方法如下：右击 F9 单元格，从弹出的快捷菜单中选择"从下拉列表中选择"，会显示已输入部门的不重复列表（见图 2-15(a)），从中选择"办公室"。

> **注意**
> 在用右键快捷菜单为某单元格输入数据时，要求它上面的单元格已经完成输入，不能是空白单元格。

2.6.3　利用窗体组合框创建下拉式列表

利用"开发工具"中的表单控件，可以设计高质量的数据采集表，如市场调查问卷，而且有利于收集数据的汇总统计。

【例 2.11】建立某学校的职工信息登记表（如图 2-16 所示），D5 单元格的职称中包括教授、副教授、教授级高工、高工、讲师、工程师、助教和助工等。

单元格 D5 中的职称、H2 中的所在学院、J2 中的部门，以及 D2 中的民族等数据，都比较固定，它们都可以利用下拉列表选择输入。为了减少数据输入，在建立好图 2-16 所示的表格框架结构后，可以添加一个用于建立下拉列表的辅助信息表，如图 2-17 所示（在完成图 2-16 所示登记表的设计后，可以隐藏本表）。

现在利用表单控件中的窗体组合框设计 D5 单元格中"职称"输入的下拉列表。

<1> 单击"开发工具"→"插入"，从"表单控件"的列表中选择窗体组合框控件 ▤。

图 2-16 通过下拉列表输入数据

图 2-17 通过下拉列表输入数据

<2> 用出现的"+"指针在 D5 单元格中画出一个窗体组合框。

<3> 右击绘制的窗体组合框,从弹出的快捷菜单中选择"设置控件格式",出现如图 2-18 所示的"设置控件格式"对话框。

图 2-18 设置控件格式

<4> 选择"控制"标签,单击"数据源区域"文本框右边的 按钮,然后单击"辅助输入数据表",并选择其中的 A2:A9 区域,在"单元格链接"中输入 D5,并选中"三维阴影"。

设置后,单击 D5 中的窗体组合框的下拉箭头时,就会列出所有的职称数据,以供选择。

说明:如果没有出现"开发工具"选项卡,可以选择"文件"→"选项"→"自定义功能区",然后勾选"开发工具"。

通过表单控件中的窗体组合框列表选择到单元格中的是所选项目在列表中的编号,如在图 2-16 中选择"讲师",则填写到单元格 D5 中的是 5,这是"讲师"在列表中的编号。如果需要将所选条目本身而非编号填写到链接单元格中,需要用 Activex 控件中的窗体组合框控件,方法如下。

<1> 选择"开发工具"→"插入",从"Activex 控件"列表中选择窗体组合框控件 。

<2> 用出现的"+"指针在 D5 单元格中画出一个窗体组合框。

<3> 右击绘制的窗体组合框,从快捷菜单中选择"属性",在弹出的"属性"对话框中,将 LinkedCell 的属性设置为 D5,将 ListFillRange 属性设置为"辅助输入数据表!$A$2:$A$9"。

2.6.4 用数据验证设计二级下拉列表

二级下拉列表是指第二级下拉列表的内容是以第一级下拉列表为依据确定的。例如在图 2-16 中,每个学院的部门是固定的,学院选定之后,仅列出该学院的部门列表以供选择,用二级下拉列表输入这类数据是最便捷的。现为图 2-16 的"所在学院"和"部门"建立二级下拉列表输入。

<1> 建立图 2-17 中单元格区域 D1:G5 的"辅助输入数据表"的数据。

<2> 通过"数据验证"为"所在学院"即单元格 H2 建立一级下拉列表数据,其列表的数据源为"=辅助输入数据表!$D$1:$G$1",建立过程参考例 2.10。

<3> 指定 D1:G5 的首行为对应的名称(便于建立二级下拉列表)。方法是:选定 D1:G5

区域，选择"公式"→"定义的名称"→"根据所选内容创建"，在弹出的"以选定区域创建名称"对话框中勾选"首行"复选框。

经此设置后，D1:G1 单元格的内容即为对应列的名称，该名称代表了整列内容。例如，D1 单元格中的"计算机学院"即为 D2:D5 区域的名称，其内容包括：计算机科学系，信息安全系，计算机通信系，地理信息部。

<4> 选定 J2 单元格，选择"数据"→"数据验证"→"设置"，在"允许"列表中选择"序列"，在"来源"中输入公式"INDIRECT($H$2)"，如图 2-19 所示。INDIRECT 是一个函数，以 H2 单元格的内容为名称，对应的内容将显示在列表中。例如，当 H2 的内容为"通信学院"时，将显示"电子信息系、电子与电路系"列表；当 H2 的内容为"体育学院"时，将显示"公共体育系、社会体育部"列表。

图 2-19　建立二级下拉列表

2.7　设置受限输入数据

有时需要对输入到单元格中的数据进行限制，以保障输入数据的规范性，减少错误，如限制小数位数、日期和时间的范围、字符的个数、包括指定字符的内容等。当输入的数据不符合限定规则时，Excel 显示警告信息，并且不接受输入的数据。如果工作表的数据是由其他人输入的，则有必要在别人输入数据时给出一些提示信息，或对数据输入的规则进行说明。

【例 2.12】　图 2-20 是某俱乐部的会员档案表，其中某些列的数据输入必须满足指定的条件才能接受。① A 列的用户编号是以 BL 开头、总长度为 6 位字符的编码；② C 列的身份证长度必须为 18 位，多一位或少一位都不行；③ D 列的出身日期必须是 1980 年 1 月 1 日到 1989 年 12 月 31 日之间的人才能加入 80 俱乐部；④ I 列活动支出总金额不能超出单元格 H1 中的预算金额。在向此工作表输入数据时，若输入数据不满足对应列的上述限定，就显示错误信息。例如，在单元格 A5 中输入"BL003"时，会弹出编号错误对话框。

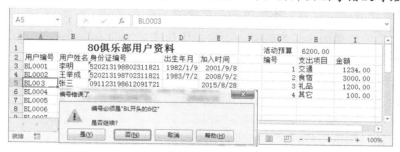

图 2-20　通过"数据验证"设置受限输入数据

现以本例的几种数据输入限制为例，说明在 Excel 中设置单元格只能接受满足限制条件的数据输入的方法。

1. 通过"数据验证"设置必须输入长度固定且包含特定文字的内容

在图 2-20 中，用户编号是以 BL 开头、长度为 6 位的编码，如果输入数据不符合这一要求，就显示错误信息提示对话框，可以利用"数据验证"设置此输入限制。

<1> 选中 A3 单元格，然后单击"数据"→"数据工具"→"数据验证"。

<2> 在"数据验证"对话框中，选择"设置"→"允许"→"自定义"，在"公式"的文本框中输入"=AND(LEN(A3)=6, COUNTIF(A3, "BL*")=1)"，如图 2-21 所示。

说明：公式中的 LEN 是计算字符串长度的函数，COUNTIF 是一个条件计数函数，AND 是表示需要同时满足多个条件的函数。LEN(A3)计算 A3 单元格中的字符个数，COUNTIF(A3, "BL*")计算 A3 单元格中以 BL 开头的字符串个数。其中的"*"称为通配符，可以用任意多个任意符号替换它。因此，AND(LEN(A3)=6, COUNTIF(A3, "BL*")=1)的含义是要求 A3 单元格中输入的字符个数为 6 个，而且必须是以"BL"开头的字符串。

<3> 选择"数据验证"→"出错警告"，在"样式"中选择"警告"，在"标题"中输入"编号错误了"，在"错误信息"中输入"编号必须是 BL 开头的 6 位"，如图 2-22 所示。

图 2-21　通过"数据验证"设置受限条件　　　图 2-22　设置输入不符条件的错误提示

<4> 单击"数据验证"→"确定"按钮，然后单击"开始"→ ❤格式刷，再在 A4:A30 区域中拖动鼠标，通过格式刷用 A3 单元格的格式设置 A4:A30 区域，则 A4:A30 区域具有同 A3 一样的输入限制了。

如此设置后，当在 A3:A30 区域中输入不符合第<2>步设置的限定条件的数据时，会弹出错误信息提示对话框，如图 2-20 所示。

2. 通过"数据验证"设置必须包括固定长度的文本

设置单元格只能接受固定长度或某一指定长度范围文本的方法很简单，现以设置图 2-20 中 C 列身份证号码只能输入 18 位字符的限制为例进行简要介绍。

<1> 选中 C3:C30 区域，然后选择"数据"→"数据工具"→"数据验证"。

<2> 在弹出的对话框中选择"设置"标签，在"允许"中选择"文本长度"，在"数据"中选择"等于"，在"长度"中输入"18"，如图 2-23 所示。

<3> 单击"出错警告"标签，然后进行出错标题和出错信息的设置。

3. 通过"数据验证"设置必须输入指定日期范围的日期

"80 俱乐部"只接受出生在 80 年代的人，这可以通过限制"出生日期"列的数据范围实现，将该对应单元格的日期限定在 1980-1-1 和 1989-12-31 之间。

<1> 选中 D3:D30 区域，然后选择"数据"→"数据工具"→"数据验证"。

<2> 在出现的对话框中选择"设置"标签，在"允许"中选择"日期"，在"数据"中选择"介于"，在"开始日期"输入"1980/1/1"，在"结束日期"中输入"1989/12/31"，如图 2-24 所示。

<3> 设置"出错警告"信息。

4．通过"数据验证"设置只能接受不超过总和的数字

在设计类似年度预算之类的数据报表时，通常要求一年中各项活动的预算总和不能超过指定的总金额，在 Excel 中可以通过"数据验证"实现这一设计要求。

例如，在图 2-20 中，"80 俱乐部"经常要组织一些活动，要求每次活动的各项活动经费总和不能超过预算。预算总额在 H1 中列出，各项活动及其支出则列在 G2:I6 区域中，要求 I3:I23 区域中的数字总和不能超过 H1 中的数字。设置此受限输入的方法如下。

<1> 选中 I3:I23 区域，然后单击"数据"→"数据工具"→"数据验证"。

<2> 弹出"数据验证"对话框，选择"设置"→"允许"→"自定义"，在"公式"的文本框中输入"=SUM($I$3:$I$23)<=$H$1"，如图 2-25 所示。

图 2-23 设置"文本长度"

图 2-24 设置"日期范围"

图 2-25 设置"不超总数"

说明：SUM 是求和函数，SUM($I$3:$I$23)的含义是计算 I3:I23 单元格区域中的数字总和，"SUM($I$3:$I$23)<=$H$1"的含义是 I3:I23 区域的数字之和不超过 H1 中的数字。

<3> 设置"出错警告"信息。

2.8 利用填充序列输入数据

所谓数据序列，是指一组内容固定且有先后次序的数据，它们在应用中常常以一组数据的整体形式出现。如一年的月份、一年的节日，它们总是以固定的内容、固定的次序出现。

2.8.1 内置序列的输入

对于经常使用的一些数据序列，如月份、星期、季度等，Excel 已经将它们内置在系统中了，在输入这些数据时，只需要输入第一个数据，其余的可以采用填充复制的方法由 Excel 自动产生。例如，当需要在工作表中输入"一月""二月"…"十二月"时，只需要在第一个单元格中输入"一月"，然后向右（或向下）拖动"一月"所在单元格的填充柄，就会自动将"二月""三月"……依次填入到鼠标拖过的单元格中。

那么，如何知道 Excel 有哪些内置的自定义序列呢？可按下述过程获知。

<1> 选择"文件"→"选项"命令。

<2> 在打开的"Excel 选项"对话框中单击"高级"选项卡，然后找到"常规"栏目，单击其中的 编辑自定义列表(O)... 按钮，将弹出如图 2-26 所示的"自定义序列"对话框，其中列出了 Excel 内置的自定义序列。在工作表中，这些序列都可以通过填充法输入，即只需要在某个单元格中输入相关序列的起始值（也可以是序列中间的某个值），然后拖动该单元格的填充柄，就能够依次输入序列中该值之后的值项。

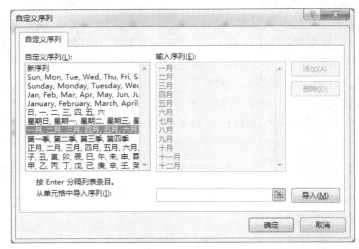

图 2-26　自定义序列

【例 2.13】　通过 Excel 内置自定义序列的填充方式输入月份、星期、中文数字。

在图 2-27 中，只有 B 列数据是手工输入的，其他列数据是采用填充柄法输入的。例如，在 B2 中输入"一月"，然后向右拖动单元格 B2 的填充柄，在拖过的单元格中会依次输入"二月""三月"……

图 2-27　Excel 的内置填充序列

2.8.2　自定义序列

Excel 无法预知所有用户的常用数据序列，不能将太多的数据序列都内置于系统中，但它允许每个用户在系统中添加数据序列，无论谁都可以将常用的数据序列以自定义的形式加到系统中，然后就可以像内置序列一样采用自动填充方式输入这些数据。

自定义序列是一种较为有效的数据组织方式，为那些不具规律又经常重复使用的数据提供了一种较好的输入方案，极大地满足了每个用户的需要。例如，班主任老师可以将他所管理的班级或每个班的学生姓名做成自定义序列，在需要某班学生名单时，只需要输入该班第一个学生的姓名，其他学生的姓名则可以使用填充复制的方法输入。

【例2.14】 某大学有计算机学院、通信学院、经济管理学院、法律学院、中药学院、电子技术学院等，学校办公室经常要用到这些学院名称。现以此为例说明 Excel 自定义序列的建立方法。

<1> 在工作表的某行或某列中输入自定义序列的内容，如在 A 列中输入各学院的名称，如图 2-28 的单元格区域 A1:A9 所示。

<2> 按前述操作，显示出"自定义序列"对话框（如图 2-29 所示）。

图 2-28　建立自定义序列

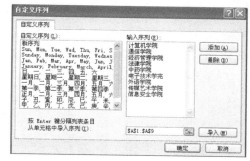

图 2-29　设置自定义序列

<3> 在"导入"按钮前面的文本框中输入"$A$1:$A:$9"，即自定义序列所在的单元格区域 A1:A9，然后单击"导入"按钮。

经过上述操作步骤后，将导入 A1:A9 单元格区域中的学院名称，当以后需要在其他工作表中填写这些学院的名称时，只需要在第一个单元格中输入第一个学院的名称（即"计算机学院"），然后通过填充就能产生其他学院的名称了。

说明：如果没有在工作表中建立自定义序列的内容，也可以直接在"自定义序列"对话框中创建自定义序列，方法是选中"自定义序列"中的"新序列"，然后在"输入序列"中直接输入自定义序列的内容，每输入序列中的一个值后按 Enter 键，输入序列的全部值后（见图 2-29），单击"添加"按钮。

2.9　行列转置输入

有时需要把工作表中的行数据转换成列数据，或者把列数据转换成行数据。

【例2.15】 某品牌电视 2018 年的销售统计数据如图 2-30 所示。其中的 A、B 两列数据是以前输入在工作表中的各省销售排名，在 A 列中包括全部省份的名称。现在要构造 D1:AA16 区域的统计表。

	A	B	C	D	E	F	G	H	I	J	K	L	M	N	O	P
2																
3	省份	2018年销售排名			某品牌电视2018年销售统计（单位：台）											
4	广东	1				广东	浙江	江苏	山东	河南	上海	河北	北京	四川	辽宁	福建	湖南
5	浙江	2			2008年1月	342	250	546	390	633	203	102	762	519	72	623	216
6	江苏	3			2008年2月	485	180	724	628	758	520	360	661	59	476	743	514
7	山东	4			2008年3月	242	165	772	411	163	463	144	421	763	263	469	204
8	河南	5			2008年4月	156	411	673	574	348	378	709	618	58	353	779	279
9	上海	6			2008年5月	271	147	90	589	791	533	347	654	26	537	501	418
10	河北	7			2008年6月	621	161	176	743	184	686	298	96	45	140	123	783
11	北京	8			2008年7月	145	450	534	29	707	302	766	722	226	30	421	734

图 2-30　通过原有 A 列数据转置生成 E4:E34 行的省份名称

在构造 D1:AA16 区域的统计表时，必然要输入 E4:E34 的省份名称，对于这种类型的数据可通过行列转置的复制方式生成。

<1> 选中 A 列的省份名称所在的单元格区域 A4:A34。

<2> 在"开始"选项卡的"剪贴板"组中单击"复制"按钮 。

<3> 单击单元格 E4，在"开始"选项卡的"剪贴板"组中单击 下面的三角形按钮，然后从弹出的命令按钮中选择转置命令按钮 ，这样就完成了 E4:E34 中的省份名称的输入。

注意，行列的转置操作并不局限在同一工作表中，可以从不同的工作表（或不同工作簿的工作表）中复制数据，然后在另一个工作表中进行转置粘贴。

转置粘贴并不局限于一行或一列的数据，可以是一个包括多行多列的单元格区域。

【例 2.16】 建立图 2-31 中 A2:D8 区域的行列转置矩阵。矩阵涉及较多的数据，由紧密相连的一组单元格区域构成。矩阵的运算比较复杂，Excel 提供了一组矩阵运算的函数。

图 2-31 转置矩阵

当在图 2-31 中 A2:D8 区域所示的原矩阵输入后，与之相对应的转置矩阵则不用输入，可用复制的方法产生。按照上述操作将其复制，然后粘贴为转置即可。

2.10 利用随机函数产生批量仿真数据

在用 Excel 分析问题的过程中，有时需要产生大量实验数据，以检验某些学科的数据模型。初学者在学习 Excel 的过程中，也需要大量的模拟数据，以快速掌握 Excel 的主要功能。如果把时间用在工作表模拟数据的输入上，是一件费时又无益于工作和学习的事情。

可以利用 RAND 或 RANDBETWEEN 函数生成指定范畴内的一个随机整数，语法如下：

    RAND()
    RANDBETWEEN(bottom, top)

其中，RAND 函数不需要参数，生成(0, 1)范围内的一个随机小数，将它与取整函数 INT 或四舍五入函数 ROUND 结合使用，可以产生任意范围内的整数或小数；RANDBETWEEN 函数则生成以 bottom 为下限、top 为上限的一个随机整数。比如，RANDBETWEEN(1, 100)将产生一个 1~100 之间的随机数，RANDBETWEEN(50, 200)将产生一个 50~200 之间的随机数。

【例 2.17】 用 RAND 函数建立如图 2-32 所示的学生成绩表，成绩为 10~100 之间的数字，精确到小数点后 2 位数字，用 RANDBETWEEN 函数建立图 2-33 所示的学生成绩表，成绩为整数。

图 2-32 中成绩表的建立过程如下：选中单元格区域 C2:J11，输入产生仿真成绩的计算公式"=ROUND(RAND()*90+10, 2)"，按 Ctrl+Enter 组合键。

ROUND 的语法为：ROUND(x, n)，即对 x 的第 n+1 位小数进行四舍五入计算。

图 2-33 中的成绩数据建立方法与此相似：先选中单元格区域 C2:J11，再输入公式"=RANDBETWEEN(20, 100)"，然后按 Ctrl+Enter 组合键。

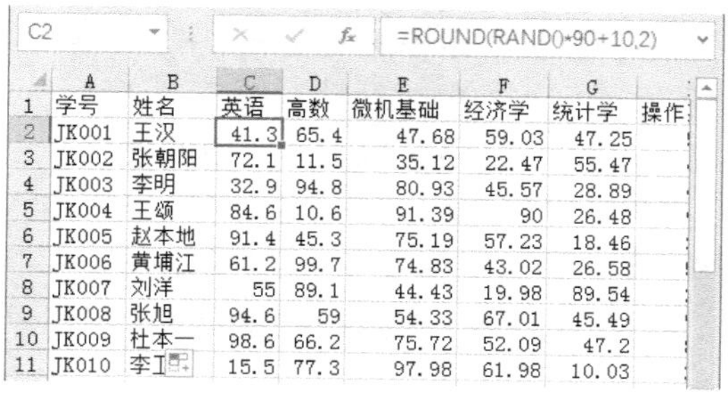

图 2-32 用 RAND 函数生成学生成绩数据 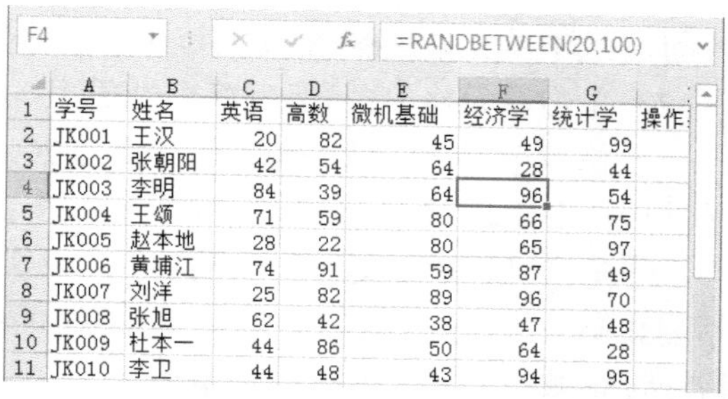   图 2-33 用 RANDBETWEEN 函数生成学生成绩数据

说明：通过随机函数产生的数据会经常发生变化，可用如下方法将它固定下来，就像是直接输入的数据一样。

<1> 选中用随机函数产生的数据区域（如图 2-31 中的 C2:J11），然后单击"开始"→"剪贴板"组中的"复制"按钮 📋 。

<2> 在"开始"选项卡的"剪贴板"组中单击 粘贴 下面的三角形按钮，然后从弹出的按钮中选择"值"按钮 123 。

经过上述操作步骤后，用随机函数产生的数据就如同逐个输入的数据一样，不会随意发生变化。

2.11　编辑工作表数据

2.11.1　复制、剪切、移动、粘贴、撤销和恢复

在编辑 Excel 工作表数据时，经常会对工作表中的数据进行复制和粘贴、查找与替换、操作撤销与恢复等基本操作。下面通过一个简单例子介绍这些常用操作的方法和技巧。

【例 2.18】 某商场在工作表中保存每天的销售记录，同一工作表中可能保存多天的销售记录，如图 2-34 所示。单元格区域 A1:E13 是 2018 年 4 月 18 日的销售记录，H1:I13 是 2018 年 4 月 19 日的销售记录。

图 2-34　通过复制和粘贴构造工作表

1.复制和粘贴

在图 2-34 中，当已经创建了 2018 年 4 月 18 日的销售汇总统计表之后，若要创建 4 月 19 日的销售汇总统计表，许多数据可以通过复制产生。最简单的方式是复制 A1:E13 整个区域，并将其粘贴到 H1:I13 区域中，然后将其中的日期和销售数量清除了，重新输入新的日期和销售数量，如果每种产品的单价没有变化，工作就已完成了。

<1> 选中单元格区域 A1:E13，单击"开始"→"剪贴板"组中的"复制"按钮🖱。

<2> 单击单元格 H1，然后单击"开始"→"剪贴板"组中的"粘贴"按钮🖱。

<3> 修改单元格区域 I3:I13 的日期为 2018-4-19，清除单元格区域 J3:J13 中的数据（选中该区域后按 Delete 键），重新将 2018 年 4 月 19 日的销售数据输入在单元格区域 J3:J13 中。

上述操作过程通过复制和粘贴功能，很快创建了新的销售汇总报表。复制是在 Excel 中构造相同数据的快捷方法，可以复制单元格、单元格区域、工作表（可以同时复制多个工作表），然后通过粘贴生成相同数据的副本。

当选中某单元格或单元格区域并执行了复制或剪切操作后，该单元格或区域的周围会出现一个闪动的虚线边框，虚线边框表明该单元格或区域已被复制，可以执行粘贴操作。粘贴可在相同或不同的工作表和工作簿中进行，粘贴次数不限，只要虚线边框还在（当用户按下 Esc 键或执行了其他编辑操作，虚线框才会消失）。

也可以采用拖动方式进行复制操作：先选中要复制的单元格或单元格区域，按住 Ctrl 键并将鼠标指向所选范围的边框，当指针变为复制指针时，拖动到目标位置，在拖动的过程中不能释放 Ctrl 键。

2．剪切和移动

选中单元格或区域后，单击"开始"→"剪贴板"组中的"剪切"按钮✂，然后单击目标区域左上角的单元格，再单击粘贴按钮🖱，就可以将选中区域移动到指定位置。此外，可以先选中单元格或区域，再在选中的区域中按住鼠标左键，将其拖放到目标位置再释放鼠标，也能够实现单元格区域的移动。

3．在剪贴板中收集多个复制项目

使用 Excel 的剪贴板可以收集多达 24 个项目，然后将其粘贴到需要的地方。可以一次粘贴一个项目，也可以一次粘贴所有项目。此外，剪贴板中的复制项目可以保存更长的时间，能够非常方便地在不同工作簿之间传递数据。

通过剪贴板收集和粘贴项目的方法如下。

<1> 单击"开始"选项卡中剪贴板 🗌 右边的箭头，Excel 就会在工作表区域的左侧显示"剪贴板"任务窗格，见图 2-34。

<2> 复制或剪切单元格或单元格区域，每复制或剪切一次，对应的单元格或区域中的内容就会被添加到"剪贴板"任务窗格中。

<3> 当要粘贴"剪贴板"任务窗格中的项目时，单击相应项目，就会在活动单元格（或以活动单元格为左上角的单元格区域）中粘贴该项目的内容。

4．选择性粘贴

单元格或区域具有许多内容（准确地讲，当称之为属性），如字体、字形、边框、色彩、单元格中的值、公式及有效性验证等。在默认操作方式上，当对单元格或区域进行复制和粘贴时，操作的是全部属性，但 Excel 也支持仅对其中的单项内容进行处理。

（1）粘贴值、字体、格式等单项内容

Excel 允许仅对复制单元格的部分内容进行粘贴，如只粘贴单元格中的公式、格式、单元格中的值或色彩等内容。在某些时候，这项功能非常有用，能够解决许多实际问题。

例如在图 2-34 中，通过编辑框中的公式可以看出，D 列的产品单价是用 RANDBETWEEN

随机函数生成的 20～100 之间的随机数。每当在不同单元格中输入数据后，都会引起工作表的重新计算，随机函数也会被重新执行，则随机函数所对应单元格中的数据会不断发生变化。这并非我们期望的结果，我们希望当仿真数据生成之后就固定不变，好像是实际输入的一样。选择性粘贴能够实现这一需求。例如，将图 2-34 中的 D4:D8 区域中的内容粘贴为固定值的过程如下。

<1> 选中单元格区域 D4:D8，再单击"开始"→"剪贴板"→"复制"按钮 📋。

<2> 单击"开始"→"剪贴板"→ 📋 按钮下面的三角形按钮，然后从弹出的快捷菜单中选择"选择性粘贴"命令，将弹出如图 2-35 所示的对话框。

<3> 单击"粘贴"单选项组中的"数值"选项，然后单击"确定"按钮。

经过上述操作后，就将 D3:D8 区域中的数值保留了，取消了随机函数公式，其中的数值再不会因工作表的更新而发生变化了，如同实际输入的一样。

图 2-35　选择性粘贴

图 2-35 中列出的内容其实是每个单元格或区域中所包括的内容，通过选择性粘贴可以仅粘贴其中的某个单项到目标单元格中。各单项的含义如表 2-2 所示。

表 2-2　"选择性粘贴"对话框中各粘贴单项的含义

单　项	含　义
全部	粘贴所复制数据对应的所有单元格内容和格式
公式	仅粘贴在所复制数据对应单元格中的公式
数值	仅粘贴在所复制单元格或区域中显示的数据的值
格式	仅粘贴所复制数据对应单元格的单元格格式
批注	仅粘贴附加到所复制的单元格的批注
验证	将所复制的单元格的数据有效性验证规则粘贴到粘贴区域
所有使用源主题的单元	粘贴使用复制数据应用的文档主题格式的所有单元格内容
边框除外	粘贴应用到所复制的单元格的所有单元格内容和格式，边框除外
列宽	将所复制的某个列或某个列区域的宽度粘贴到另一列或另一个列区域
公式和数字格式	仅粘贴所复制的单元格中的公式和所有数字格式选项
值和数字格式	仅粘贴所复制的单元格中的值和所有数字格式选项

（2）粘贴运算

图 2-35 所示对话框中的"运算"是指可以将复制的数据与要粘贴的目标单元格或区域中的数据进行对应计算。例如在图 2-36(a)中，复制了 A2:I2 区域后，单击单元格 A4，然后在"选择性粘贴"对话框的"运算"中选择"乘"，最后将得到图 2-36(b)所示的结果。可以看出，Excel 将第二行的单元格值与第四行对应单元格值进行了乘法运算。

(a) 复制 A2:I2 区域　　　　　　(b) 选择性粘贴"乘"

图 2-36　粘贴运算

（3）粘贴链接

图 2-35 中的 粘贴链接(L) 按钮不是将源单元格或区域中的数据或公式复制到目标单元格或区域中，而是建立两者之间的链接，并通过链接在目标单元格或区域中显示源单元格或区域中的内容。当链接源单元格或区域中的数据发生变化时，目标单元格或区域中的数据也会随之发生变化。

链接在汇总不同工作表、工作簿中的数据时非常有用。在企业数据的分析过程中，可能涉及多个用户或部门提交的不同工作簿，需要对这些工作簿中的数据进行汇总，并将相关的数据集成在一个汇总工作簿中，应用链接来实现这样的操作非常有效。因为通过链接形成的汇总报表，当源工作簿发生更改时，链接汇总工作簿中的数据会被自动修改，使之与源工作簿中的数据同步。

【例 2.19】 某电视机厂将 2018 年每个季度的销售数据保存在一个工作表中，如图 2-37 所示。在年末时需要制作汇总表，将每个季度的数据汇总在一个表中，并统计出年度销售总计，如图 2-38 所示。

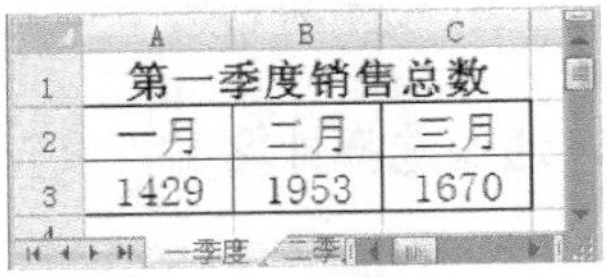

图 2-37　各季度销售数据 　　　　　图 2-38　通过粘贴链接将四个季度的销售数据存于汇总表中

通过"粘贴链接"构造年度汇总表的方法如下。

<1> 选中第一季度的数据区域 A2:C3。

<2> 单击年度汇总表的单元格 A2，显示图 2-35 所示的对话框，单击"粘贴链接"按钮。

<3> 按同样方法，将第二、三、四季度的销售数据的链接粘贴到年度汇总表中，并计算出所有月份的总计。

通过链接构造年度汇总表的优点是：当修改各季度的销售数据时，会自动修改年度汇总表中的数据，使之与相应链接单元格中的数据一致，这是采用普通的复制方法无法做到的。

2.11.2　在编辑栏中处理长公式

编辑栏具有数据显示、编辑、修改和输入功能，实时显示活动单元格中的内容。通过编辑栏可以输入或者修改单元格中的数据，且在某些情况下显得非常必要。例如，当需要在单元格中输入很长的公式，或者修改字符数目较多的单元格内容时，在编辑栏中进行这些操作就比在单元格中直接操作要方便和直观得多。

【例 2.20】 某学校按职称为教师发放奖金，教授 2000 元，副教授 1500 元，讲师 1000 元，助教 500 元。

本例可用 IF 函数计算各教师的奖金。由于需要使用多层 IF 函数的嵌套，计算公式很长，直接在单元格中输入或修改并不方便，因此在编辑栏中输入它，如图 2-39 所示。

方法如下：单击 F2 单元格，再单击编辑栏，接着直接输入公式：

=IF(E3="教授", 2000, IF(E3="副教授", 1500, IF(E3="讲师", 1000, IF(E3="助教", 500))))

对于长公式，如果对它进行修改，可以直接在编辑栏中进行。

| | F3 | | *fx* | =IF(E3="教授",2000,IF(E3="副教授",1500,IF(E3="讲师",1000,IF(E3="助教",500)))) | | | | | | | | |

	A	B	C	D	E	F	G	H	I	J	K	L
2	教师编号	姓名	参加工作时间	性别	职称	奖金	备注					
3	T00-00-01	张颂	1985-12-11	男	教授	2000						
4	T00-00-02	王汉成	2001-3-17	男	讲师	1000						
5	T00-00-03	张自忠	1993-5-5	女	副教授	1500						

图 2-39　在编辑栏中输入或修改公式

2.11.3　应用自动更正修正错误

当在单元格中输入"安份守己""安部就班""abbout""abscence""accidant"等词语时,Excel 会自动将它们更正为"安分守己""按部就班""about""absence""accident"等。这是由自动更正功能实现的,目的是帮助用户纠正输入的错误数据。

Excel 通过内置的自动更正列表进行输入错误更正,还允许用户向自动更正列表添加自定义项,如果在输入单元格数据时,出现了用户定义的自动更正错误项,Excel 也会根据用户提供的更正项修改它。添加自定义自动更正项的方法如下:

<1> 单击"文件"→"选项",弹出"Excel 选项"对话框。

<2> 单击"校对"→"自动更正选项"按钮,弹出如图 2-40 所示的"自动更正"对话框。

<3> 对话框下边的列表中列出了 Excel 的自动更正方案。例如,当输入"(c)"时,会将它更替为©;当输入"abbout"时,就会将它更正为"about"。

<4> 在"替换"文本框中输入需要更正的单词或句子,在"为"文本框中输入希望被更正的单词或句子,单击"添加"按钮。

例如,希望将输入的"重庆邮电学院"自动更正为"重庆邮电大学",就应该在"替换"文本框中输入"重庆邮电学院",在"为"文本框中输入"重庆邮电大学",然后单击"添加"按钮。此后,凡在单元格中输入"重庆邮电学院"并按 Enter 键后,它会被自动更正为"重庆邮电大学"。

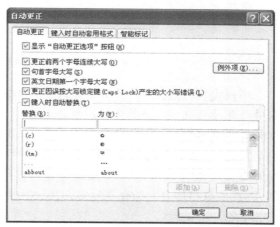

图 2-40　"自动更正"对话框

如果取消图 2-40 中"键入时自动替换"的勾选,Excel 就不会再对输入到单元格中的内容进行自动更正了。

2.11.4　单元格批注

在某些情况下,可以为单元格添加注释来说明单元格数据或公式的意义,为单元格添加的注释称为批注。为单元格添加了批注后,可以对它进行修改和删除等操作。

【例 2.21】 某期末考试成绩表如图 2-41 所示,其中有三位同学没有成绩,为了避免时间长了忘记他们无成绩的原因,在其对应的单元格中添加批注。

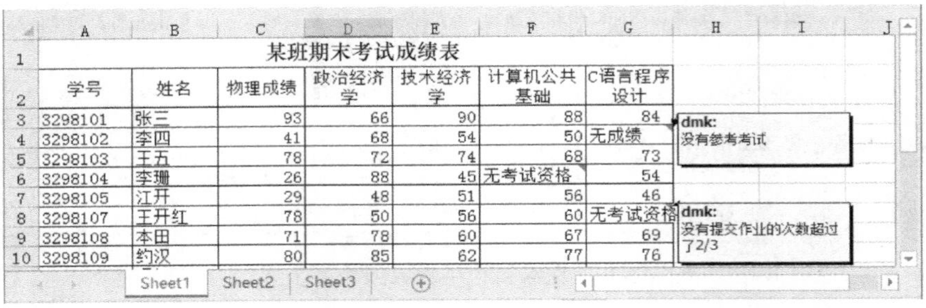

学号	姓名	物理成绩	政治经济学	技术经济学	计算机公共基础	C语言程序设计
3298101	张三	93	66	90	88	84
3298102	李四	41	68	54	50	无成绩
3298103	王五	78	72	74	68	73
3298104	李珊	26	88	45	无考试资格	54
3298105	江开	29	48	51	56	46
3298107	王开红	78	50	56	60	无考试资格
3298108	本田	71	78	60	67	69
3298109	约汉	80	85	62	77	76

图 2-41　为单元格添加批注

现以为单元格 G4 添加批注为例，说明批注的添加方法，过程如下：激活 G4 单元格（单击 G4 单元格），单击“审阅”→“批注”→“新建批注”按钮，在弹出的批注编辑框中输入批注内容。

建立了单元格的批注后，批注在默认状态下处于隐藏状态，但会在对应单元格的右上角显示一个红色三角形。将鼠标指向有批注的单元格时，Excel 就会自动显示该单元格的批注。

单击“审阅”→“批注”→“显示/隐藏批注”按钮，则活动单元格的批注一直处于显示状态。再次单击“显示/隐藏批注”按钮，就会隐藏批注。

如果修改或删除单元格的批注，只需右击该单元格，然后从弹出的快捷菜单中选择“编辑批注”或“删除批注”命令。

小　结

不同类型的数据具有不同的输入方法，相同的数据最好通过复制或利用公式产生，连续的编号或序号可利用填充的方法产生。大数字、长编号的输入最好根据其特征寻找便捷的方法，如果每个数据都有相同的数据部分，最好采用自定义格式形成，以减少数据输入的难度；对于比较规范、范围固定的数据可以通过有效性检验，用下拉列表选择的方式进行输入，不但快速，而且准确。有效性检验能够设置数据输入的范围，并对错误的输入数据发出警告信息。RAND 和 INT 函数相结合，结合单元格、区域复制和选择性粘贴的编辑方法，可迅速产生大批量的模拟数据。

习 题 2

【2.1】 输入图 2-42 所示的职工信息登记表，掌握 Excel 数据输入的基本技术，要求如下：

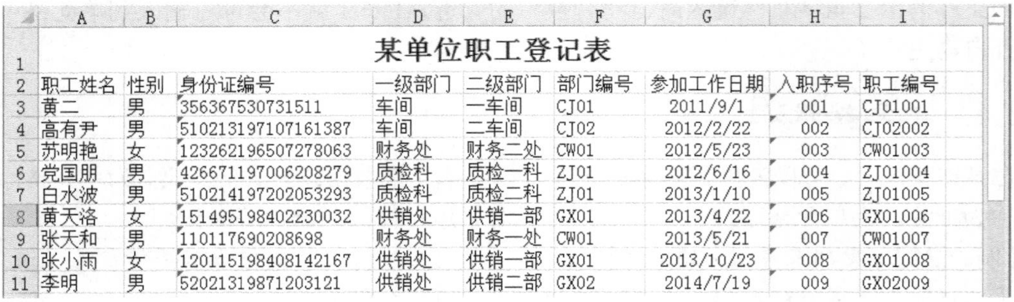

某单位职工登记表

职工姓名	性别	身份证编号	一级部门	二级部门	部门编号	参加工作日期	入职序号	职工编号
黄二	男	356367530731511	车间	一车间	CJ01	2011/9/1	001	CJ01001
高有尹	男	510213197107161387	车间	二车间	CJ02	2012/2/22	002	CJ02002
苏明艳	女	123262196507278063	财务处	财务二处	CW01	2012/5/23	003	CW01003
党国朋	男	426671197006208279	质检科	质检一科	ZJ01	2012/6/16	004	ZJ01004
白水波	男	510214197202053293	质检科	质检二科	ZJ01	2013/1/10	005	ZJ01005
黄天洛	女	151495198402230032	供销处	供销一部	GX01	2013/4/22	006	GX01006
张天和	男	110117690208698	财务处	财务一处	CW01	2013/5/21	007	CW01007
张小雨	女	120115198408142167	供销处	供销一部	GX01	2013/10/23	008	GX01008
李明	男	52021319871203121	供销处	供销二部	GX02	2014/7/19	009	GX02009

图 2-42　习题 2.1 图

（1）用“数据验证”设置“性别”列的下拉列表输入数据。

（2）用文本格式法输入 C 列的长数字“身份证编号”。

（3）用“数据验证”建立“一级部门”和“二级部门”的二级下拉列表输入数据，其中车间的二级部门有一车间、二车间、三车间、四车间，财务处的二级部门有财务一处、财务二处，质检科的二级部门有质检一处、质检二处；供销处的二级部门有供销一部、供销二部、供销三部。

（4）设置“参加工作日期”的验证范围为 2010/1/1～1018/1/1。

（5）用填充柄法输入“入职序号”。

（6）用&连接“部门编号”和“入职序号”，生成“职工编号”。

【2.2】 建立如图 2-43 所示的表格，学习随机函数的使用方法和数据粘贴的应用。

	A	B	C	D	E	F	G	H	I	J	K
1	XX专业学生成绩表								C语言加分	10	
2	学号	姓名	性别	入学时间	大学语文	计算机	高数	思政	C语言	管理学	
3	S00-000-001	张颁	男	2018/9/1	69	67	90	95	86	30	
4	S00-000-002	王汉成	男	2018/9/1	46	37	72	85	77	47	
5	S00-000-003	张自忠	女	2018/9/1	87	68	23	100	104	66	
6	S00-000-004	李大为	女	2018/9/1	57	97	61	38	96	64	
7	S00-000-005	黄鉴	女	2018/9/1	68	70	85	22	52	22	
8	S00-000-006	刘凉	男	2018/9/1	96	93	81	89	49	96	
9	S00-000-007	李定一	男	2018/9/1	95	56	94	81	35	33	
10	S00-000-008	赵括	男	2018/9/1	97	83	95	93	64	24	
11	S00-000-009	铘良	女	2018/9/1	55	73	63	68	57	62	
12	S00-000-010	卢不败	女	2018/9/1	39	73	92	60	30	97	

图 2-43　习题 2.2 图

要求：

（1）对标题所在的单元格区域进行合并，设置它的字体、字号。

（2）“学号”用自定义格式生成“S00-000-”，只需输入学号的数字，即生成完整编号。如输入 1，显示为 S00-000-001；输入 8，显示为 S00-000-008。

（3）“性别”用下拉列表输入。

（4）“入学时间”用 Ctrl+Enter 组合键一次性输入。

（5）“大学语文”的成绩为 30～100 之间的整数，用 INT 和 RAND 函数生成。

（6）“计算机”“高数”“思政”“C 语言”和“管理学”的成绩为 30～100 之间的整数，用 RANDBETWEEN 函数生成。

（7）将 E3:J12 区域中的随机数复制、粘贴为固定值。

（8）利用选择性粘贴运算将 I 列的 C 语言提高 10 分，方法如下：

① 选中 J1，再单击“剪贴板”→“复制”按钮；② 选中 I3:I12 区域；③ 单击“剪贴板”→“粘贴”的下三角形，选择“选择性粘贴”；④ 在“选择性粘贴”对话框中，单击“粘贴”中的“值”，再单击“运算”中的“加”，最后单击“确定”按钮。

第 3 章　数据格式化

　　格式化可以突出显示重要数据，通过添加提示信息，增加工作表的整体结构和组织性，不仅可以美化工作表，还可以使工作表数据的含义更加清晰。例如，对不同意义的文本设置不同的字体字号，用不同色彩表示不同的信息，设置数据条和图案等，可把表中数据所代表的信息表达得更清楚，更容易被他人理解和接受。尤其重要的是：在输入某些数据时，通过数字格式化还能够减少输入，提高工作效率。

3.1　工作表的格式化

　　Excel 的格式化功能具有以下特性：① 应用了格式的单元格会一直保持其设置的格式，直到重新为它设置新格式或删除该格式；② 编辑一个单元格的内容（如输入、修改或删除单元格的数据）时，不会影响单元格原有的格式；③ 当复制或剪切一个单元格（或区域），然后将它们粘贴到其他单元格（区域）时，单元格的格式也会一起被传递。

3.1.1　自动套用表格式

　　要设计出一张漂亮而满意的报表，常常需要花费许多心思和时间去设置表格标题和内容的字体、字形，搭配各种色彩，甚至需要根据不同的条件设置不同的格式，以突出强调某些信息。在 Excel 2016 中，可以先套用表格的预定义格式来格式化工作表，再用手工方式对其中不太满意的部分进行修改，就能够快速完成工作表的格式化。

　　表格也称为表，是 Excel 中管理数据的一种特殊对象，由一系列包含相关数据的行和列构成。表格具有数据筛选、排序、汇总和计算等功能，并且能够自动扩展数据区域，可以利用这一特性构造动态报表。此外，表格和普通单元格区域还可以方便地进行相互转换。

Excel 为表格预定义了许多格式，称为表样式。用户可以套用这些样式来格式化单元格区域。在套用表样式的过程中，Excel 会先将活动单元格所在的整个区域或预先选中的单元格区域（可以选中没有数据的空白区域）转换成表格，再应用选定的表样式对它进行格式化。可以说，套用表样式格式化工作表是最简单和高效的工作表格式化方法。

1. 自动套用表样式的样例

【例 3.1】 格式化学生成绩表（如图 3-1 所示）。

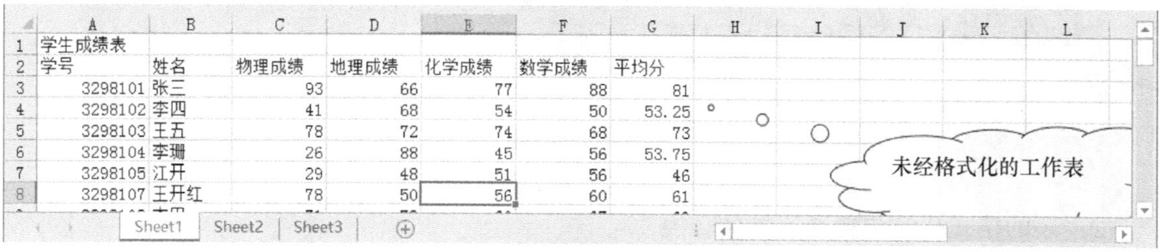

	A	B	C	D	E	F	G
1	学生成绩表						
2	学号	姓名	物理成绩	地理成绩	化学成绩	数学成绩	平均分
3	3298101	张三	93	66	77	88	81
4	3298102	李四	41	68	54	50	53.25
5	3298103	王五	78	72	74	68	73
6	3298104	李珊	26	88	45	56	53.75
7	3298105	江开	29	48	51	56	46
8	3298107	王开红	78	50	56	60	61

图 3-1　一张普通的 Excel 数据表

尽管此工作表已经清楚表达了该班学生的成绩信息，但还存在如下几个缺点：

❖ 表名称和表的标题（学号、姓名……）不太醒目。

❖ 当学生较多，科目成绩较多时，查看数据较困难，容易看错行。

❖ 整个成绩表不太美观。

可以对该表进行一些格式化工作，如标题居中、字号加大，不同的行使用不同的背景色或前景色（这样就不会看错行）。

格式化工作表最直接的方式是自动套用表的格式。图 3-2 是先套用 Excel 表样式对图 3-1 进行格式化，再将标题设置为跨列居中、加大字号并填充单元格背景色后的结果。显然，它表达的信息更易被接受，也便于表中数据的输入、修改和查看。

套用表样式格式化工作表的过程如下：

<1> 单击任一单元格或选中要格式化的单元格区域。本例选中了单元格区域 A2:G12。

<2> 单击“开始”→“样式”→“套用表格格式”按钮（见图 3-2），从弹出的样式中选择一种需要的，然后单击“确定”按钮。本例选中了“中等深浅”中的“表样式中等深浅 22”（即“中等深浅”区域中左下角的那个表样式）。

Excel 从颜色、边框线、底纹等方面为表提供了许多格式化样式。用户可根据表格中的实际内容选择需要的格式，对工作表进行格式化设置。

在套用表样式格式化单元格区域时，Excel 会自动将区域转换成表格，再用选定的样式对它进行格式化。当将一个区域转换成表后，要再次修改表样式就很方便了。“套用表格格式”命令具有自动预览特性，当选中表中任何一个单元格后，可以使用“套用表格式”选项板（见图 3-2）来预览预定义的表样式。将鼠标指针停留在选项板中的某样式上，Excel 会临时性地应用该样式来格式化创建的表，在选项板中不断移动鼠标指针，就会实时地看到鼠标所指样式应用在表中的效果，只有单击某个样式后，Excel 才会真正应用此样式格式化工作表。

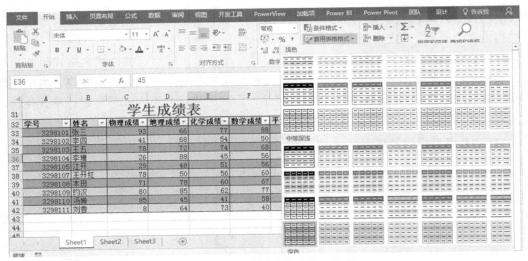

图 3-2 套用表样式格式化工作表

2．表的格式化及与普通区域的转换

当激活表中任一单元格后（单击表中的任一单元格），Excel 会在功能区中显示出"表格工具｜设计"选项卡（此选项卡平时处于隐藏状态），如图 3-3 所示。

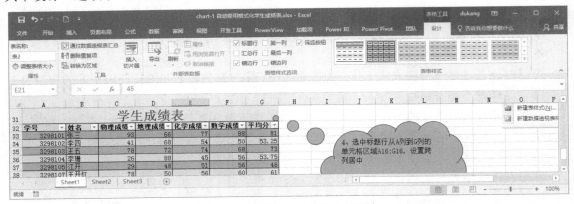

图 3-3 "表格工具｜设计"选项卡

"表格工具｜设计"选项卡的"表格样式选项"组中提供了对表进行格式化设置的一些功能，其中的"标题行"用于设置是否显示表的标题行，表的标题行带有下拉列表箭头（用于实现数据筛选功能），勾选"标题行"复选框后，就会显示表的标题行，取消"标题行"复选框的勾选后，就会隐藏标题行的显示。

"镶边行"用于对奇数和偶数行设置不同的显示效果，将所有奇数行的背景设置为一种色彩，而将所有偶数行的背景设置为另一种色彩，以便区分不同行中的数据。当表格复杂、数据行数较多时，用"镶边行"对表进行设置非常有用。"镶边列"则用于对表的奇数列和偶数列进行背景设置。图 3-3 就对表进行了"镶边行"的设置，其中的奇数行和偶数行具有不同的背景色彩。

"第一列"和"最后一列"用于强调表格的第一列或最后一列的显示效果，当选中它们时，Excel 会用粗体显示对应列的数据。

若不满意表的某些特征，如不希望看见标题行中的下拉箭头，可以将表转换成普通区域。单击图 3-3 中的"工具"→"转换为区域"按钮，就会将表转换成普通的工作表区域，去掉标题行中的下拉箭头，不再显示"表格工具｜设计"选项卡，同时关闭表的所有附加特性（如汇总行），但会保留已设置的任何可见的表格格式，如单元格的字体、字形、色彩、边框线等样式都会保持不变。

3.1.2 应用主题格式化工作表

主题是一套统一的设计元素和配色方案，是为文档提供的一套完整的格式集合，其中包括主题颜色（配色方案的集合）、主题文字（标题文字和正文文字的格式集合）和相关主题效果（如线条或填充效果的格式集合）。利用文档主题，用户可以非常容易地创建具有专业水准、设计精美、时尚的文档；也可以对现有的文档主题进行修改，并将修改结果保存为一个自定义的文档主题。文档主题可以在应用程序之间共享，从而使所有 Microsoft Office 文档（如 Word、Excel 或 PowerPoint 文档）保持相同的、一致的外观。

在 Excel 中格式化工作表时，一种较好的方法是首先应用某种主题格式化工作表，然后对其中不满意的地方进行修改。

【例 3.2】 应用主题格式化学生成绩表（如图 3-4 所示）。

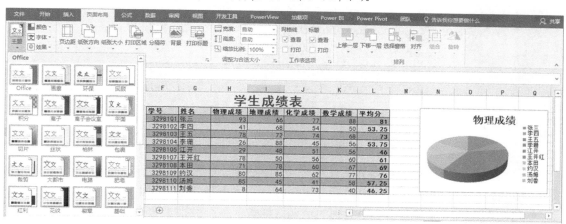

图 3-4 应用主题格式化工作表

应用主题格式化工作表的过程如下：

<1> 建立工作表，本例是建立学生成绩表。

<2> 单击"页面布局"选项卡，可以看到位于功能区左边的"主题"组。"主题"组中有 4 个按钮：主题、颜色、字体和效果，单击它们，会显示相应的选项板。

单击"颜色"按钮会出现一个颜色选项板，其中包括一组非常协调的颜色主题。单击"字体"按钮时，会显示"字体"选项板，其中提供了一组字体的集合，每种字体主题都包括两种字体格式：一种用于设置表格标题，另一种用于设置表格内容。单击"效果"按钮时，会显示"效果"选项板，其中的主题可用于设置图形的外观、线条和填充效果。

单击图 3-4 中的"主题"按钮时，会显示主题组，其中列出了 Excel 已设置好的主题，每个主题都包括一组已设置好颜色、字体和效果三方面的格式。使用主题格式化工作表时，活动工作簿中所有可应用的格式都会立即发生变化，包括工作表中的文本、背景、超链接、标题、字体、单元格边框、填充效果和图形格式等。

当将鼠标指针指向其中的某个主题时，其已搭配好的颜色、字体和效果会立即反映在整个工作簿中，表格中的字体、颜色和网格线就会随之发生变化。将鼠标指向不同的主题，就会立即看到用该主题格式化工作表的效果，当发现满意的主题时，单击鼠标左键，就能将该主题应用于当前工作簿的所有工作表中。

3.1.3 应用单元格样式格式化工作表

为了方便用户格式化单元格，"开始"→"样式"组中设计好了许多单元格样式，可以直接应用这些样式来格式化单元格或单元格区域，方法如下。

<1> 选中要应用单元格样式的单元格或单元格区域。

<2> 单击"开始"→"样式"→"单元格样式"按钮，弹出"单元格样式"选项板，如图 3-5 所示。

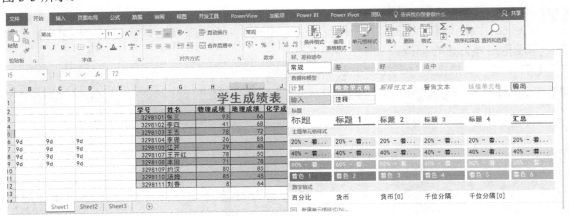

图 3-5 用"单元格样式"格式化工作表

<3> 将鼠标指向"单元格样式"选项板中的各按钮，就会立即显示选中单元格应用对应样式后的效果。单击某个样式的按钮后，才会将此样式实际应用于选中单元格。

单元格样式选项板中包括 6 个类别的单元格样式，每个类别具有不同的格式化功能。

① 好、差和适中：此类别下的样式采用不同色彩来突出显示单元格中的内容，选中单元格或单元格区域后，指向其中的"差""好""适中"，就会立即看到选中单元格应用此格式后的效果。"常规"格式也位于此类别下，选择它时，会对选中的单元格或区域使用默认的单元格格式。

② 数据和模型：此类别下的单元格样式具有特定的用途，如"解释性文本"样式将单元格的内容设置为注释性文本（以斜体字显示），"输出"样式用于设置显示计算结果的单元格。

③ 标题：主要包括一些标题样式，每种标题具有不同粗细的边框和底纹，从而将选定单元格设置为颜色搭配协调的列标题。

④ 主题单元格格式：提供了许多"强调文字"的样式，这些样式依赖于当前选择的主题颜色，每个主题颜色提供了 4 种级别的强调色百分比，可以以不同的色度显示单元格内容。

⑤ 数字格式：提供了数字的几种显示方式，与"开始"→"数字"组中的功能按钮一致。

⑥ 新建单元格样式：允许用户定义新的单元格样式，并将用户定义的样式添加在选项板

的顶部，以备后用。

3.1.4 设置工作表的边框和底纹

Excel 的默认边框是虚线、无底纹，所有表格都显示为同一种样式，不便于特殊信息的突出显示。如果在默认方式下打印工作表，打印出的结果将没有表格线（当然，可以通过打印设置让它显示表格线）。通过边框和底纹的设置，可改变信息的显示方式，使表格更加美观，让人们尽快掌握表格中的信息。

【例 3.3】 对于例 3.1 中所示的学生成绩表，设置边框和底纹后，可得到如图 3-6 所示的表格。比之于图 3-1，该表格有以下变化：在无数据的地方没有边框线，不同学生数据行的单元格底纹不同。

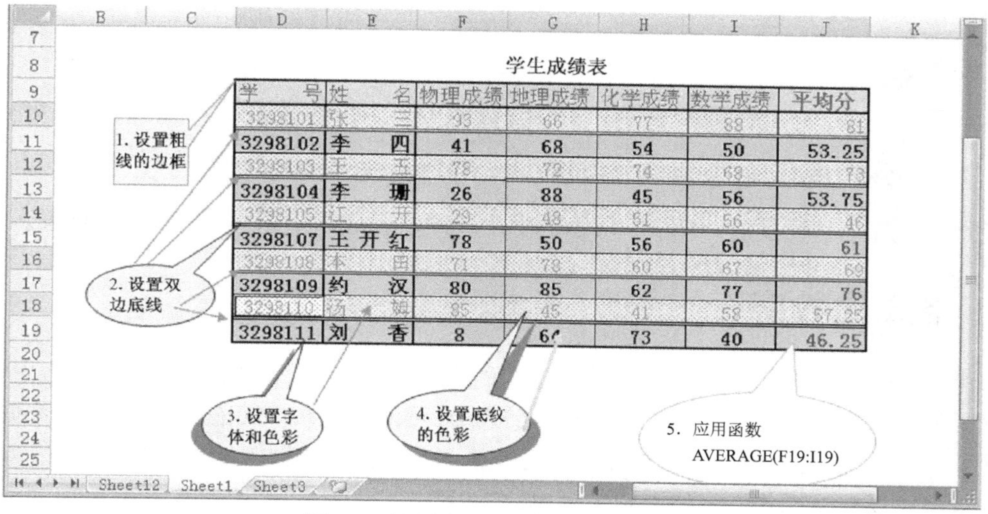

图 3-6　设置边框和底纹后的工作表

设置工作表边框和底纹的操作过程如下：

<1> 在工作表中输入原始成绩（见图 3-1）。

<2> 选中整个工作表（单击工作表的"全选"按钮，列标字母 A 左边的空白"列标"）。

<3> 单击"视图"选项卡，然后取消"隐藏/显示"组中"网格线"复选框的勾选，这样就不会显示工作表中的网格线。

<4> 选中要设置边框的单元格区域 D9:J19，单击"开始"→"字体"→边框线工具按钮 ▦ ▾ 右边的下三角形按钮，弹出如图 3-7 所示的下拉列表命令，先选择实边框线 ⊞（经过此步骤，单元格周围就有表格线了），再选择"粗边框线"，就把选中区域的边框设置成了粗边框线。

<5> 选中表格标题行（学号、姓名所在的行）所在的区域，然后单击"开始"→ 对齐方式 ▾ 右边的下箭头，弹出如图 3-8 所示的"设置单元格格式"对话框，选中"填充"标签，然后为背景色指定一种色彩，"示例"中将显示色彩的样例。

<6> 选择表中偶数行数据所在的区域，单击"图案样式"的下拉箭头，从图案列表中选择一种图案，将选中区域的底纹设置为一种图案（本例选择的是"12.5%的灰度"图案）；单击图案颜色的下拉箭头，从颜色的列表中为图案指定一种颜色（本例为深蓝色）；选择表中的奇数行数据所在的区域，把它的背景设置为另一种颜色（本例为浅蓝色）。

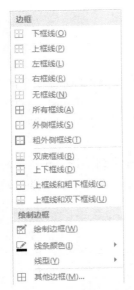

图 3-7　单元格边框线样式

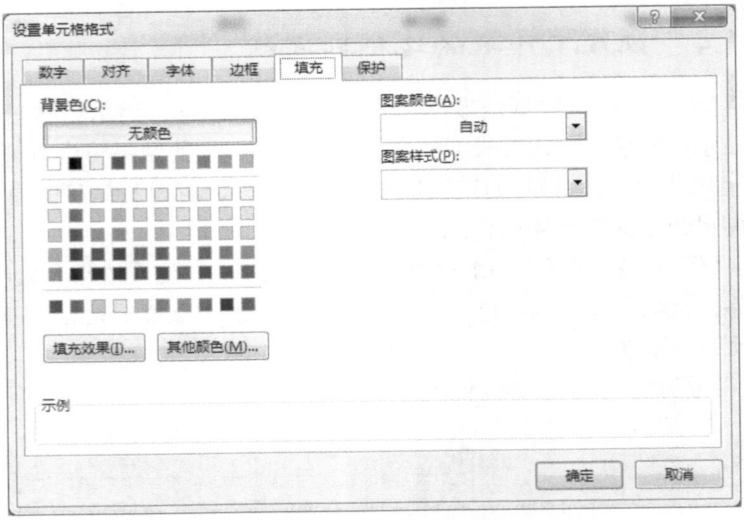

图 3-8　单元格格式设置

经过上述选择和设置后，图 3-1 所示的学生成绩表就成为了图 3-6 所示的数据表。

3.2　格式化数字

有时候，在一个单元格中输入的内容会与显示内容不一致。例如，在一个单元格中输入一个带区号的电话号码“02362460111”，在单元格中显示的却是“23624660111”；输入数据 12/5，却发现显示的是 12 月 5 日。诸如上述问题还有许多，它们都与数字的格式有关。在 Excel 中，同一个数字可以被格式化为多种不同的形式。

【例 3.4】 在图 3-9 中，第 3 行所有单元格均输入的是 10.3，第 2 行对应单元格是对它采用的格式。由此可见，同一数字的表现形式何其多也！

	A	B	C	D	E	F	G	H	I	J
1	10.3的在具有格式的单元格中的表现形式									
2	缺省格式	两位小数	会计格式	欧元格式	日期格式	时间格式	百分比格式	分数格式	中文小写	中文大写
3	10.3	10.30	￥10.30	€ 10.30	1900-1-10	7:12:00	1030.00%	10 1/3	一十.三	壹拾.叁
4										

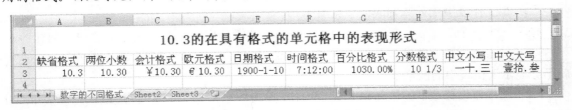

图 3-9　数字的不同表现形式

3.2.1　Excel 的默认数字格式

在 Excel 中，单元格中的数字、日期、时间等数据都以未经格式化的纯数字形式存储，经过格式化后，这些数字会显示为日期或时间格式。例如，输入“02362460111”时，Excel 认为它是一个数字，数字前面的 0 显然可以丢掉；输入“12/5”时，Excel 认为输入的是日期，因为当它发现两个或三个数字用“/”（或“-”）作间隔符时，就认为该数字是一个日期。

有时候，Excel 的默认数字格式会导致一些问题，如果确实需要显示“12/5”这个分数，怎么办？很简单，对单元格的数据进行格式化。

3.2.2　使用系统提供的数字格式

Excel 提供了许多数字格式，包括数字的精确度、显示方式等内容（货币：美元、人民币，百分比等）。常见的数字格式设置包括：数字精确度，百分比显示数据，数字的分节显示。

"开始"选项卡的"数字"组中的工具按钮 💱 - % ， ⁺⁰⁰ ⁰⁰ 就是用于设置这些格式的。

增加或减少小数位数：选中要增加或减少小数位数的单元格或单元格区域，然后单击 ⁺⁰⁰ 按钮可增加小数位数；单击 ⁰⁰⁺ 按钮，将减少一位小数位数。位数增减按四舍五入显示。

设置百分比显示方式：选中要以百分比方式显示数字的单元格区域，然后单击 % 按钮。

分节显示数据：一个太大的数值如 1 233 453 333，不容易看清它的大小，若把它显示为"1,233,453,333"，就容易看清它的大小了。若直接输入"1,233,453,333"又太费事，简单的方式就是设置单元格的格式为数字的分节显示。其操作方法为：选中对应的单元格或单元格区域，单击 ， 按钮。

货币数据显示方式：有时财务报表需要货币形式的数字，而且要求这些数字参与诸如汇总、分类统计之类的计算，这就需要把单元格中的数字设置为货币数据。选中单元格或单元格区域后，单击会计格式按钮 💱 - ，就能将其中的数字设置为会计数据格式。

另一种方法是：在输入数字时先输入货币符号。如输入"¥1234"，就应在中文输入方法下输入"Shift+$"（这种方法是输入了一个¥符号），接着输入 1234，这样就输入了"¥1234"。但这是一个货币数据，表示 1234 元。要输入"$1234"，可在该单元格中直接输入"$1234"。

【例 3.5】　在图 3-10 中，B3:E6 区域的所有单元格中都是纯数字，利用数字格式化功能将它们设置成了会计数据和百分比形式。

	A	B	C	D	E
1	A电视公司2018年产品销售情况表				
2	产品型号	单价	销售数量	销售额	占总销售额的百分比
3	17英寸电视	¥ 850.00	54	¥ 45,900.00	1%
4	21英寸电视	¥ 1,130.00	34	¥ 38,420.00	1%
5	25英寸电视	¥ 1,800.00	87	¥ 156,600.00	4%
6	29英寸电视	¥ 3,000.00	1234	¥ 3,702,000.00	94%
7					
8	合计		1409	¥ 3,942,920.00	

图 3-10　数字格式设置的综合运用

图 3-10 中表格的建立方法如下：

<1> 在单元格 A1 中输入标题，然后把单元格区域 A1:E1 合并，跨列居中。

<2> 输入单元格区域 A2:D6 的数字（只输入数据，人民币符号"¥"和小数点等不必输入，是通过格式设置显示的，如单元格 B4，只需直接输入 1130）。

<3> 在单元格 C8 中输入求和公式"=SUM(C2:C6)"；在单元格 D8 中输入求和公式"=SUM(D2:D6)"；在单元格 E3 中输入百分比计算公式"=D3/$D$8"，并把该公式复制到 E4、E5、E6 中。

<4> 选中单元格区域 B3:B6，然后单击"开始"→ 💱 - ，将 B3:B6 设置为会计数据格式。用同样的方法设置单元格区域 D3:D6 中的数字为货币格式。

<5> 选中单元格区域 E3:E6，再单击"开始"→ % ，将 E3:E6 的数据显示为百分数。

经过上述格式设置后，结果如图 3-10 所示。如果该表中的

> **注意**
>
> 格式设置仅仅对数据的显示形式起作用，单元格中的内容仍然是数字，它可以参与数字的一切运算。

货币是美元、马克怎么办？若是只有一两个数字，则在输入数字时可以先输入“$”符号，再输入数字；若是有许多数字需要设置为美元格式，则可通过“设置单元格格式”对话框来设置。

3.2.3 自定义格式

1. 认识自定义格式

Excel 提供的内部数据格式能够满足多数表格的需求，但也有例外。例如，在编制独特的数字目录、电话号码、产品编号等类型的表格时，如果找不到合适的数据格式，就可以运用 Excel 的自定义格式功能来解决这类问题。数字自定义格式不仅能够把数据显示为人们需要的形式，还能够减少数据输入，检查数据的正确性。

【例 3.6】 图 3-11 是用自定义格式显示数据的一个例子，本例概括了数字自定义格式的主要用途。

	A	B	C	D
1	D列单元格中设置了B列同行单元格中的自定义格式，当在D列中输入C列同行单元格中的数据时，			
2	显示结果如D列所示。			
3		D列设置的格式	D列输入的数据	显示的数据
4	产品编号	"PMT-ABC-X"000	1	PMT-ABC-X001
5		"PMT-ABC-X"000	34	PMT-ABC-X034
6		"PMT-ABC-X"000	666	PMT-ABC-X666
7	数值精度	0.0000	1.2	1.2000
8	货币	人民币#.00"元"	3201	人民币3201.00元
9		人民币#.00"元"	3201.21	人民币3201.32元
10	显示提示信	[红色][<100]#,##0" 没有奖金";[绿色][>100]#,##0"	89	89 没有奖金
11		[红色][<100]#,##0" 没有奖金";[绿色][>100]#,##0"	400	400请到三楼抽奖

Sheet1

图 3-11 自定义格式的样例

在图 3-11 中，把 D 列数据设置成与 B 列同行所描述的自定义格式，然后在 D 列输入 C 列所描述的数字，显示结果如 D 列所示。如把 D4 单元格的格式设置为“"PMT-ABC-X"000”后，在其中输入 1，该单元格中的数据就会显示为“PMT-ABC-X001”。这样的自定义格式能够简化数据输入。Excel 的自定义格式码由 4 部分组成，其先后次序如下：**正数的格式码 → 负数的格式码 → 0 的格式码 → 文本的格式码**。

说明：① 在格式码中最多可以指定 4 个节，它们顺序定义了正数、负数、零和文本的格式。若只指定 2 个节，则第一部分用于表示正数和零，第二部分用于表示负数。如果只指定一个节，则所有数字都会使用该格式。若要跳过某一节，则对该节仅使用“;”即可。② 格式码的每个组成部分用“;”分隔。③ 在格式码中指定的字符被用来作为占位符或格式指示符。0 作为一个占位符，它在没有任何数字被显示的位置上显示一个 0。④ 符号“_)”跟在一个正数的格式后面，以保证在这个正数右边留下一个空格，空格的宽度与“)”的宽度一样宽。⑤ 正数与负数都靠每个单元格的右边框对齐。

根据上述说明，考虑如下自定义格式：

$#,##0_);($#,$$0);"零"

如果一个单元格的自定义格式被设置为上述格式码，它将以“$#,##0_)”格式显示正数，以“($#,$$0)”格式显示负数，一个单元格的数据如果是 0，将在此单元格中显示“零”。例如，在一个具有此格式的单元格中输入“1239”，则在该单元格中将显示“$1,239”；输入“−45320”，则此数据被显示为“($45,320)”；如果输入 0，就会显示为“零”。

由此可见，单元格的格式对数据的显示有着较大的影响。

2．Excel 提供的自定义格式控制符

Excel 提供了一些用于自定义格式设置的格式符，如表 3-1 所示。

表 3-1 格式符

格 式 符	功能及用法
通用格式	对未格式化的单元格使用默认格式，在列宽许可的情况下，尽可能地显示较高的精度，在列宽不许可的情况下，使用科学计数法显示数字
#	用作数字的占位符，如果没有数字输入，就不显示一个 0；设置为"#S"显示的数据，它右边的数字以四舍五入的形式处理。例如，以"$#,###.##"的形式显示数字 233.5667，则该数字显示为"$233.57"；输入"−233.5667"，则显示为"−$233.57"；输入"45.6"，该数字就显示为"$45.6"
0	用作数字的占位符，如果没有数字输入，就显示一个 0；以"0S"格式表示十进制小数，右边的数字按四舍五入进行处理。如果以"¥#,##0.00"格式显示 233.5667，则该数字显示为"¥235.57"；−233.5667 显示为"−¥233.57"；45.6 显示为"¥45.60"
?	当设置为等宽字体（如 Courier New）时，为无意义的零在小数点两边添加空格；可以对具有不等长数字的小数使用。例如，A1:A3 设置为"???.??"格式，则这几个单元格中数字的小数点将对齐
_	跳过下划线后面所跟的一个字符宽度。如在正数的格式后跟"_)"，则在显示正数后，将留一个")"字符的空白，如在正数的格式后跟"_W"，则在显示该数值后将留一个"W"字符所占宽度的空白
.	小数点的位置
,	指示千的位置，只需在第一个千的位置指示即可
%	把输入的数字乘以 100，然后以百分数的形式显示出来
E+，E-	指示数值以科学计数法显示
/	把数字设置为分数显示方式，"/"作为分子分母的间隔符，如格式"#/#"，则"0.5"被显示为"1/2"
\	后面的字符将被显示在输入的数字前面，这种格式在显示一些编码时较有用。如对于自定义格式"\zk#"，输入数字 234，将被显示为"zk234"
"text"	显示双引号内的文本。如设置自定义格式为""33981"0#"，输入 1 将被显示为"3398101"；输入 22，将被显示为"3398122"
*	用跟随在"*"后的文字填充剩余的列宽。如设置格式为"#*美元"，则输入 78，将被显示为"78 美元"
@	如果包含文本格式部分，则文本部分总是数字格式的最后部分。若要在数字格式中包括文本部分，可在要显示输入单元格中的文本的地方加入"@"，如果文本部分中没有"@"，所输入文本将不会显示出来。如果要一直显示某些带有输入文本的指定文本字符，就应将附加文本用"""括起来，如"gross receipts for" @
[颜色] /[颜色 n]	用指定的颜色格式化单元格内容，可以是[黑色]、[白色]、[红色]、[青色]、[蓝色]、[黄色]、[洋红色]、[绿色]，如在定义了[红色]格式的单元格中输入的内容将以红色显示；[颜色 n]是指定用调色板上的颜色格式化单元格内容，n 可以是 0~56 中的一个数字
[条件]	对单元格进行条件格式化，允许的条件有：<，>，<=，>=，<>，=。如格式码"[红色] [>90];[绿色][<60]"表示大于 90 的数据用红色显示，小于 10 的数据用绿色显示

3．应用举例

至此，读者对 Excel 的自定义格式及格式的作用应有一定的了解，但怎样应用它，可能尚有一定的问题，这里加以说明。在 Excel 的任何单元格中创建自定义格式的方法如下。

<1> 选中要进行格式化的单元格或单元格区域。

<2> 单击"开始"→ 数字 下箭头，弹出如图 3-12 所示的对话框。

<3> 在"数字"选项卡中，选择"分类"列表框中的"自定义"。

<4> 在"类型"文本框中输入自定义格式（或从下面的列表框中选择一种已经定义好的自定义格式）。设置好自定义格式控制符后，单击该对话框中的"确定"按钮。

<5> 在单元格中输入数据，这时数据将以自定义格式显示。

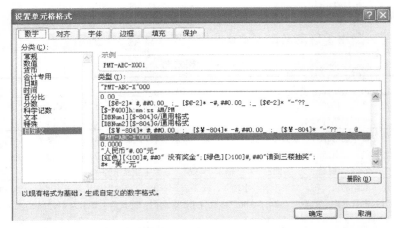

图 3-12　设置单元格的自定义格式

【例 3.7】　自定义格式的综合应用。在图 3-13 中，A 列是 C 列同行单元格设置的自定义格式，B 列是在 C 列中输入的数据，C 列是输入数据后的显示结果。例如，在 C6 中设置的自定义格式为"zk#"，当在 C6 中输入 7575 时，最终该数据显示为"zk7575"，其中数字 7575 前的字符"zk"是由 Excel 根据自定义格式加上去的。

	A	B	C
1	C列同行单元格设置的自定义格式	在C列同行单元格输入的数据	显示的数据
2	???.???	6565.88	6565.88
3	???.???	0.857243	.857
4	???.???	785.343	785.343
5	##/##0	0.5	1/2
6	zk#	7575	zk7575
7	339810#	12	3398112
8	#"美元"	78	78美元
9	最后的结果: @	98$	最后的结果为98$
10	最后的结果: @	Fail	最后的结果为:Fail
11	$#,###_);($#,###)	3599.98	$3,600
12	$#,###_);($#,###)	-3500.98	($3,501)
13	$#,###_);($#,###)	0	
14	$#,###_);;	3599.98	$3,600
15	$#,###_);;	-3500.98	
16	$#,###_);;	0	
17	$#,###_);($#,###);"零"	3400	$3,400
18	$#,###_);($#,###);"零"	-3456	($3,456)
19	$#,###_);($#,###);"零"	0	零
20	;;	3456	
21	;;	-3456	

图 3-13　自定义格式的综合运用

注意，虽然单元格 C6 中显示的是 zk7575，但其值仍然是 7575，是一个数字，而不是文本"zk7575"。请根据表 3-1 中自定义格式码的功能，对比图 3-13 中 C、B 两列数据的差异，体会自定义格式对数字表现形式的巨大影响。

3.2.4　文本格式化函数 TEXT

通过"设置单元格格式"对话框中的命令来设置数字格式的方式存在一定的局限性。比如，只有整个单元格都为数字时才起作用，而且这种格式化所改变的仅仅是单元格的显示外观，其本质还是数字本身，仍然可以进行加、减等运算。再如，单元格中是以"'"开头的强制为文本的数字时，单元格格式化方法对它并不适用。

Excel 提供了一个将数字格式化为真正文本的函数 TEXT，能够弥补上述缺陷。在需要以可读性更高的格式显示数字或需要合并数字、文本或符号时，此函数很有用。用法如下：

TEXT(value, format_text)

其中，value 是要格式化为文本的内容，可以是数值、计算结果为数值的公式，或者是内容为数值的单元格引用；format_text 是用""括起来作为文本字符串的数字格式码，可以是表 3-1 中除"*"和"[颜色代码]"外的其他格式码，如"#,##0.00"，或者是日期和时间的格式码，如 "m/d/yyyy"。日期的格式化将在 3.3 节介绍。

例如，假设单元格 A1 含有数字 123.5，则"=TEXT(A1,"¥0.00")"的结果为"¥123.50"，"=TEXT(A1,"¥0.00") & " 每小时""的结果为"¥123.50 每小时"。

【例 3.8】 用 TEXT 函数进行本格式化设置，如将数字格式化为文本，设置小数或分数的对齐方式等内容，如图 3-14 所示。

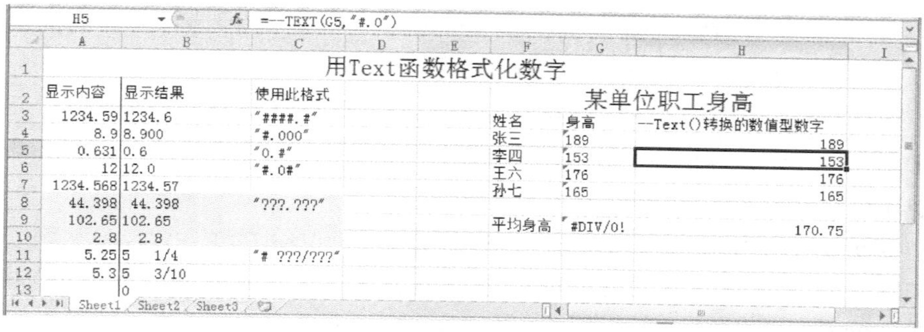

图 3-14　在 TEXT 函数中应用格式码格式化数字

在图 3-14 中，A3:C13 区域中的内容是通过 TEXT 函数应用自定义格式将数字格式化为文本的一些例子。其中 A 列是直接输入的原始数据，B 列是通过 TEXT 函数应用 C 列同行的格式对 A 列数据格式化的结果。例如，B3 中的公式为"=TEXT(A3,"####.#")"。

1. 用 TEXT 函数设置小数和分数对齐方式

在格式码中，利用占位符"?"可以设置小数或分数的对齐方式，以使表格数据整齐美观。在图 3-14 中，B8:B10 中数字的小数点是按"???.???"格式码设置的，即按 3 位小数设置对齐方式，如 B9 中的公式为"=TEXT(A9,"???.???")"。B11:B13 是按分数设置对齐方式的案例。

2. 用 TEXT 函数将格式化后的文本数字转换成数值型数字

用 TEXT 函数格式化后的数字是文本，不能进行数值型数据的运算，如加、减、乘、除或求总和、求平均值等。可以采用取负值（-）运算符，或乘以 1 等运算，将它转换成数值型数据，以便进行数值运算。例如，在图 3-14 中，G4:G7 区域是某单位职工的身高数据，是文本数字，在单元格 G9 中输入了求平均身高的公式"=AVERAGE(G4:G7)"，其结果是除数为 0 的错误值"#DIV/0！"。

可以利用 TEXT 函数对 G4:G7 区域中的数据进行文本格式化，同时应用两次取负（即为正）的方式将它转换成数值型数字。在单元格 H4 中输入公式"=--TEXT(G4,"#.0")"，并将此公式向下复制到单元格 H7，则 H4:H7 区域中都是数值型数字了。单元格 H9 中的是公式"=AVERAGE(H4:H7)"计算出的平均身高。显然，这次的计算结果是正确的了。

3. 用 TEXT 函数将数字格式化为中文大小写数字

在会计和财务的各种报表或票据中，经常要求以大小写中文数字表示金额，TEXT 函数可以便捷地将数字转换成中文大小写数字。

【例3.9】 某单位差旅发票报销单如图 3-15 所示，从中填写 D 列和 E 列的发票张数和金额后，其余数据由 Excel 通过公式自动计算生成。

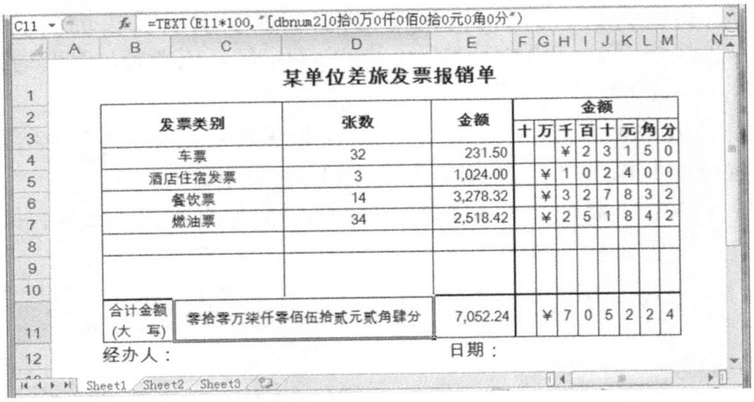

图 3-15　用 TEXT 函数格式化数字为中文大写

单元格 E11 和 D11 中的数据生成方法如下。

<1> 在单元格 E11 中输入计算票据总金额的公式 "=SUM(E4:E10)"。

<2> 在单元格 D11 中输入大写金额生成的公式 "=TEXT(E11*100, "[dbnum2]0 拾 0 万 0 仟 0 佰 0 拾 0 元 0 角 0 分")"。格式码中的 "[dbnum2]" 为中文大写格式，其中的 "0" 分别对应 "万仟佰拾元角分" 位置的数字。TEXT 函数先将 E11 单元格中的金额扩大 100 倍，转换成以分为单位的整数字，再应用格式码将它转换成文本。

与 "[dbnum2]" 对应的 "[dbnum1]" 为中文小写格式，如 "=TEXT(7052.24,"[dbnum1]")" 的结果为 "七千〇五十二.二四"。如果将图 3-15 中单元格 D11 中的公式设置为 "=TEXT(E11*100, "[dbnum1]0 拾 0 万 0 仟 0 佰 0 拾 0 元 0 角 0 分")"，则其结果将为 "〇拾〇万七仟〇佰五拾二元二角四分"。

3.3　格式化日期

在不同的工作环境中，日期和时间的表示方式有所不同，如中国与西方一些国家对日期和时间的表示是不同的，有时还需要对日期和时间进行一些计算。

在 Excel 中，日期和时间实际上是以序列数字的形式存储在单元格中的，所以当单元格的格式被设置为日期格式后，即使在其中输入一个纯粹的数字，该数字也会被显示为日期。中文 Excel 还允许把日期和时间设置中文格式。

【例 3.10】 图 3-16 是日期的各种中文格式的应用示例，已将 C 列单元格设置成了 A 列同行的格式，当在其中输入 B 列同行的数据后，就会显示为 C 列的日期形式。例如，把单元格 C2 的格式设置为 "二〇一二年三月十四日"（表示日期的一种中文格式），则在其中输入 B2 所示内容 "2001/2/21" 时，在 C2 中会显示 "二〇〇一年二月二十一日"。

图 3-16　日期格式设置示例

日期和时间的格式化方法与数字的自定义格式方法类似，过程如下。

<1> 选中要设置格式的单元格后，单击"开始"→ 数字 的下箭头，弹出如图 3-17 所示的"设置单元格格式"对话框。

<2> 在"数字"→"分类"→"日期"→"类型"的列表中选择需要的日期格式。

日期和时间有各自的一套格式码，图 3-18 是日期的格式码。无论是在"设置单元格格式"对话框中的"自定义"格式，还是在 TEXT 文本格式化函数中，都可以使用图 3-18 中 A 列的格式码及其组合将数字格式化为文本型日期。

图 3-17 设置单元格日期格式

	A	B	C	D
	格式码	含义	2012/6/7 19:06:01	C列同行中的公式
2	yy	将年显示为两位数字	12	=TEXT(D$1,"y")
3	yyyy	将年显示为四位数字	2012	=TEXT(D$1,"yyyy")
4	m	将月显示为不带前导零的数字	6	=TEXT(D$1,"m")
5	mm	将月显示为带前导零的数字	06	=TEXT(D$1,"mm")
6	mmm	将月显示为缩写形式（Jan 到 Dec）	Jun	=TEXT(D$1,"mmm")
7	mmmm	将月显示为完整名称（January 到 December）	June	=TEXT(D$1,"mmmm")
8	mmmmm	将月显示为单个字母（J 到 D）	J	=TEXT(D$1,"mmmmm")
9	d	将日显示为不带前导零的数字	7	=TEXT(D$1,"d")
10	dd	将日显示为带前导零的数字	07	=TEXT(D$1,"dd")
11	ddd	将日显示为缩写形式（Sun 到 Sat）	Thu	=TEXT(D$1,"ddd")
12	dddd	将日显示为完整名称（Sunday 到 Saturday）	Thursday	=TEXT(D$1,"dddd")

图 3-18 日期格式设置示例

与年月日相对应，时间的格式码为"h:m:s"的结构，h、m、s，分别表示时、分、秒。

"h/hh/[h]"将小时显示为不带/带前导零的数字，如果格式含有 AM 或 PM，则基于 12 小时制显示小时，否则基于 24 小时制显示小时；"m/mm/[m]"将分钟显示为不带/带前导零的数字；"s/ss/[ss]"将秒显示为不带/带前导零的数字。将 h、m、s 组合起来就可以设置时间，如果需要显示时、分、秒和秒的小数部分，应使用类似 h:mm:ss.00 的数字格式。

说明： 当时间格式码中的时、分、秒可能超过对应的计时上限时，应该将它放在[]中。例如，如果以小时为单位计算时间，且计算结果可能超过 24 小时（如累计职工的加班时间），则应使用"[h]:mm:ss"形式的格式码；如果以分钟为计时单位，且分钟计算分超过 60，则应当采用"[mm]:ss"形式的格式码。

【例 3.11】 在图 3-19 中，B 列和 G 列是已输入的日期和时间数据，利用 TEXT 函数、日期和时间的格式码进行日期、时间和文本格式的日期时间之间的转换。

E3 =--TEXT(C3,"yyyy-mm-dd")

	A	B	C	D	E	F	G	H	I	J	K
1					Text函数与日期转换						
2	姓名	参加工作日期	转为日期	转为文本	转换为日期序列数	转换为日期	某天上班时间	转换成文本时间一	转换成文本时间二	转换成时间序列数	
3	张三	19830731	1983/7/31	19830731	30528	1983-07-31	08:12:21	8:12:21	081221	0.34191	
4	李四	19910716	1991/7/16	19910716	33435	1991-07-16	10:01:20	10:1:20	100120	0.41759	
5	王海	19850727	1985/7/27	19850727	31255	1985-07-27	09:11:01	9:11:1	091101	0.38265	
6	张七	19790620	1979/6/20	19790620	29026	1979-06-20	08:32:24	8:32:24	083224	0.35583	
7	徐八	19780205	1978/2/5	19780205	28526	1978-02-05	08:00:00	8:0:0	080000	0.33333	
8	邵兵	19840223	1984/2/23	19840223	30735	1984-02-23	08:1:100	8:2:40	080240	0.33519	
9	明珠	19890208	1989/2/8	19890208	32547	1989-02-08	08:11:20	8:11:20	081120	0.3412	
10	沙沙	19880814	1988/8/14	19880814	32369	1988-08-14	08:10:28	8:10:28	081028	0.3406	

图 3-19 日期格式设置示例

B 列输入的是文本形式的参加工作时间，不能用来计算退休日期或职工年龄之类的数据，C 列是用 TEXT 函数从 B 列转换成的日期数据，可以进行职工年龄或退休日期之类的计算。在 C3 中输入公式"=--TEXT(B3,"0-00-00")"，并向下复制，即可生成 C 列的日期。

D 列是通过 C 列的日期转换成的文本形式的日期，在单元格 D3 中输入公式"=TEXT(C3,"yyyymmdd")"并向下填充，即可生成 D 列的文本日期。

E 列是 C 列同行日期对应的序列数，在单元格 E3 中输入公式"=--TEXT(C3,"yyyy-mm-dd")"并向下复制，即可生成该列数据。

F 列是 C 列同行日期的另一种文本格式日期，以"-"作为年、月、日之间的间隔符，在单元格 F3 中输入公式"=TEXT(E3,"yyyy-mm-dd")"并向下复制，即可生成该列数据。

G 列的上班时间是直接输入的，H、I、J 三列的时间数据都是用 TEXT 函数结合时间的格式码转换生成的。方法如下：在单元格 H3 中输入公式"=TEXT(G3,"h:m:s")"并向下复制，在 I3 中输入公式"=TEXT(H3,"hhmmss")"并向下复制，在 J3 中输入公式"=--TEXT(G3, "h:m:s")"并向下复制。

如果已知时间的序列数，还可以通过 TEXT 函数将它格式化为时间形式来显示。例如，在 K3 中输入公式"=TEXT(G3,"h:m:s")"并向下复制，即可得到与 H 列完全相同的时间。

3.4 条件格式

不同的数据按不同的条件设置其显示格式。例如，把学生成绩表中所有不及格成绩显示为红色，易于查看不及格的成绩情况；对于企业的销售表，把其中利润较小的或无利润的数据设置为黄色，而将利润最大的数据设置为绿色，可以使人在查看这些数据时一目了然。

3.4.1 条件格式概述

Excel 中的条件格式是指基于某种条件更改单元格区域中数据的表现形式,如果条件成立，就基于该条件设置单元格区域的格式（如设置单元格的背景、用图形符号表示数据），否则不进行格式化。在 Excel 2016 中，应用条件格式更容易达到以下效果：突出显示所关注的单元格或区域，强调异常值，使用数据条、颜色刻度和图标集来直观地显示数据。

总体而言，对单元格数据进行条件格式设置有两种方法：一种是根据单元格的值进行条件格式设置，另一种是根据单元格中的公式进行条件格式设置。

【例 3.12】某公司 2018 年的药材销售利润表如图 3-20 所示。在该工作表中突出显示以下信息：利润小于 20 的药材销售情况，销售利润最高或最低的 10 种药材是哪些，用条形图直观显示各种药材在各省的销售情况，用不同的图形显示各药材在各省的销售情况，标志出利润占前 30%的药材销售情况。

在 Excel 2016 中，通过条件格式可以轻松实现上述要求。单击"开始"→"样式"→"条件格式"按钮，将显示条件格式的命令列表，如图 3-21 所示。

（1）突出显示单元格规则

突出显示利润小于 20 的销售数据对单元格区域设置一定

> **注意**
>
> 虽然"项目选取规则"中的规则都是 10%，但它是可以修改的。例如，可以将图 3-23 的增加框 10 ▲ 中的 10 改为 1～100 之间的数值，就可以设置任意百分比数据的条件格式。

的条件，将按指定的规则突出显示该区域中满足条件的单元格内容，默认的规则用某种色彩填充单元格背景。如果单元格的值大于、小于或等于某个指定值，就将单元格的背景填充为绿色。

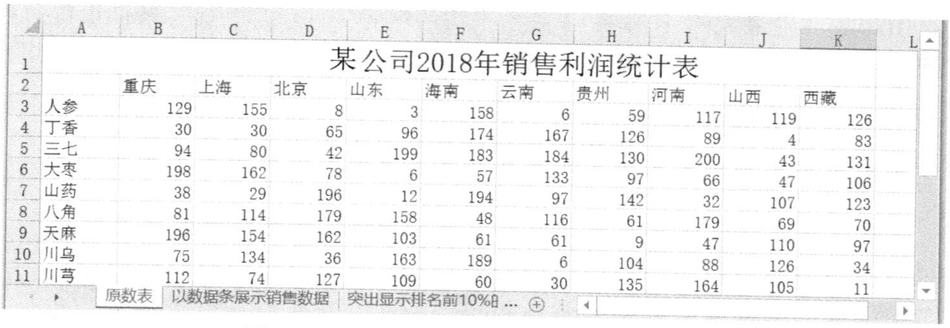

	A	B	C	D	E	F	G	H	I	J	K
1	某公司2018年销售利润统计表										
2		重庆	上海	北京	山东	海南	云南	贵州	河南	山西	西藏
3	人参	129	155	8	3	158	6	59	117	119	126
4	丁香	30	30	65	96	174	167	126	89	4	83
5	三七	94	80	42	199	183	184	130	200	43	131
6	大枣	198	162	78	6	57	133	97	66	47	106
7	山药	38	29	196	12	194	97	142	32	107	123
8	八角	81	114	179	158	48	116	61	179	69	70
9	天麻	196	154	162	103	61	61	9	47	110	97
10	川乌	75	134	36	163	189	6	104	88	126	34
11	川芎	112	74	127	109	60	30	135	164	105	11

图 3-20　一个未应用条件格式的普通工作表

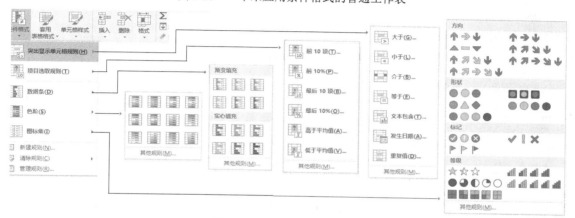

图 3-21　Excel 2016 条件格式

<1> 选择单元格区域 B2:J12，然后单击图 3-21 中的“突出显示单元格规则”→“小于”命令，弹出“小于”条件的格式定义框，如图 3-22 所示。

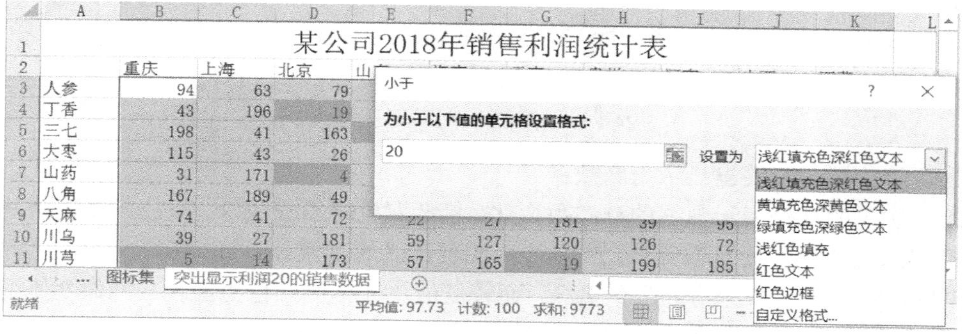

图 3-22　突出显示单元格数据的规则

<2> 在“为小于以下值的单元格设置格式”文本框中输入“20”，在“设置为”下拉列表框中选择一种条件格式。

从图 3-21 中可以看出，“突出显示单元格规则”还包括“文本包含”规则，此规则可以对包括某个指定文本的单元格设置显示方式，其中的“发生日期”是以系统当前日期为参照，突出显示昨天、上周、上个月、今天、明天、下周等单元格中的内容。

（2）项目选取规则：突出显示利润排前 10%的销售数据

对于选中单元格区域中小于或大于某个给定阈值的单元格实施条件格式。单击此规则中的

“值最大的 10 项”“值最大的 10%项”“高于平均值”等条件，都会显示条件设置的对话框，从中可以设置单元格中的条件格式。图 3-23 是突出显示 B2:K12 中 10%最大销售利润的情况。

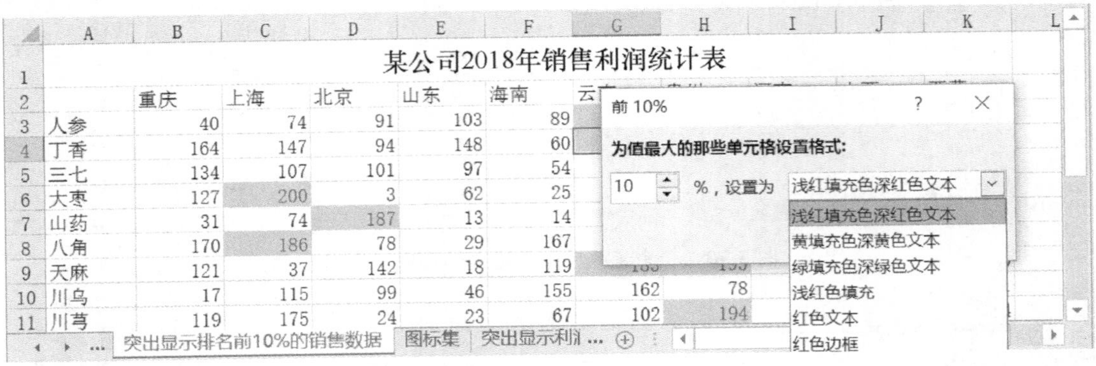

某公司2018年销售利润统计表

	重庆	上海	北京	山东	海南	云南	贵州
人参	40	74	91	103	89		
丁香	164	147	94	148	60		
三七	134	107	101	97	54		
大枣	127	200	3	62	25		
山药	31	74	187	13	14		
八角	170	186	78	29	167		
天麻	121	37	142	18	119		
川乌	17	115	99	46	155	162	78
川芎	119	175	24	23	67	102	194

图 3-23　突出显示最大 10%销售利润的条件格式

（3）数据条：用数据条展示销售数据

数据条以彩色条形图直观地显示单元格数据。数据条的长度代表数值的大小，越长则值越大，越短则值越小。在观察大量数据（如节假日销售报表中最畅销和最滞销的玩具）中的较大值和较小值时，数据条尤其有用。图 3-24 是以数据条显示的工作表。

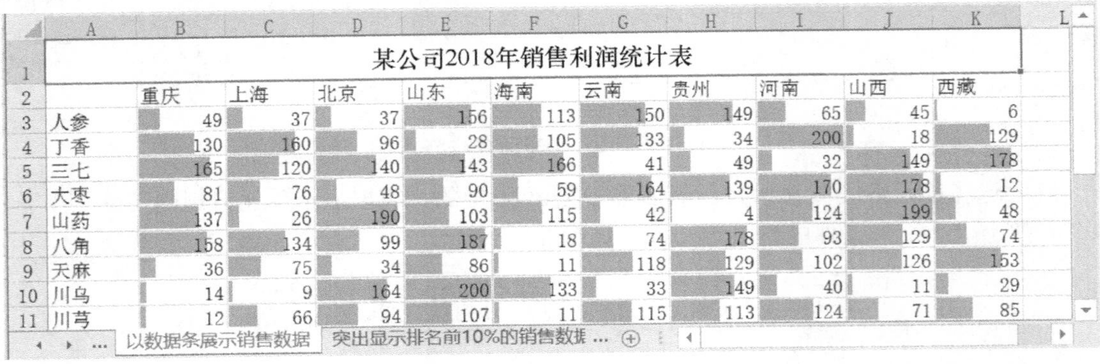

某公司2018年销售利润统计表

	重庆	上海	北京	山东	海南	云南	贵州	河南	山西	西藏
人参	49	37	37	156	113	150	149	65	45	6
丁香	130	160	96	28	105	133	34	200	18	129
三七	165	120	140	143	166	41	49	32	149	178
大枣	81	76	48	90	59	164	139	170	178	12
山药	137	26	190	103	115	42	4	124	199	48
八角	158	134	99	187	18	74	178	93	129	74
天麻	36	75	34	86	11	118	129	102	126	153
川乌	14	9	164	200	133	33	149	40	11	29
川芎	12	66	94	107	11	115	113	124	71	85

图 3-24　以数据条格式显示工作表数据

（4）色阶：用色阶突出显示指定数据

色阶用颜色的深浅表示数据的分布和变化，包括双色阶和三色阶。双色刻度使用两种颜色的深浅程度比较某个区域的单元格，颜色的深浅表示值的高低。例如，在绿色和红色的双色刻度中，可以指定较高值单元格的颜色更绿，而较低值单元格的颜色更红。三色刻度使用三种颜色的深浅程度来比较某个区域的单元格。颜色的深浅表示值的高、中、低。在图 3-25 中，单元格区域 B3:D11 采用的是“红-黄-绿”三色阶条件格式，由红到绿的颜色渐变过程是单元格值逐渐变小的过程。

（5）图标集：用图标集突出显示指定数据

图标集可以对数据进行注释，并可以按阈值将数据分为 3～5 个类别。每个图标代表一个值的范围，其形状或颜色表示当前单元格中的值相对于使用了条件格式的单元格区域中的值的比例。在图 3-25 中，单元格区域 G3:I11 采用的是五圆圈图标集，每个圆圈代表一个范围，如空白圆圈代表最小值 20%，实心圆圈代表最大值 100%。

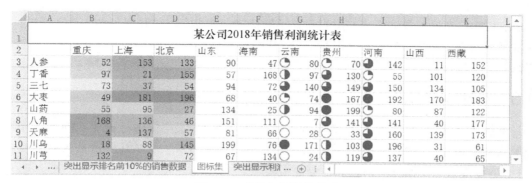

图 3-25　色阶和图标集格式

3.4.2　条件格式规则

Excel 2016 的条件格式是根据一组规则来实施完成的,这组规则称为条件格式规则,包括"基于各自值设置所有单元格的格式""只为包含以下内容的单元格设置格式"等 6 种。单击"开始"→"样式"→"条件格式"→"新建规则"(见图 3-21)命令,出现如图 3-26(a)所示的对话框。"色阶""数据条""图标集"等条件格式的选项列表下面都有一个"其他规则",单击它们,都会显示与图 3-36(a)相同的"新建格式规则"对话框。

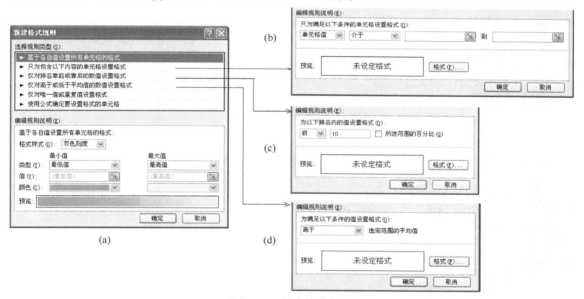

| (a) | (b) | (c) | (d) |

图 3-26　新建格式规则

在图 3-26 中,"选择规则类型"列表框中列出了 Excel 2016 条件格式的 6 种规则,除了第一种规则,其余规则的名称已明确表示出了该规则的条件格式意义。例如,对于第二种规则"只为包含以下内容的单元格设置格式",可以设置当单元格的值大于、小于、小于等于某个值,或介于两值之间时,设置该单元格的格式,单击图 3-26(b)中的"格式"按钮,出现"设置单元格格式"对话框,从中可设置单元格的各种格式。

第一种规则"基于各自值设置所有单元格的格式"包括用于创建数据条、色阶和图标集的所有控件(可通过图 3-26(a)中"格式样式"的下拉列表选取)。

Excel 2016 为每种条件格式的规则设置了默认值，并将它们关联到各种条件格式中。在应用条件格式对单元格区域进行格式化时，Excel 将按默认规则格式化相应的单元格。例如，在应用具有三个图标的图标集格式时，每个图标各代表 33.33%比例的数值范围。

3.4.3 自定义条件格式

当默认条件格式不能满足特定需求时，就需要应用自定义格式进行处理。Excel 的自定义条件格式功能强大，能够灵活应对各式各样的数据格式化需求，现举几个常见案例。

1．设置用不同比例显示数据的自定义格式

突出显示不同比例的数据，在日常报表中很常见。例如，在图 3-25 的销售利润表中，就用了 5 种圆圈表示不同比例的利润。但是，Excel 设置的默认比例不一定符合需求，如希望增加图 3-25 中实心圆圈所占的比例，要有一半以上的单元格都是实心圆圈。这就需要建立新的条件格式规则，或修改 Excel 的默认规则，加大实心圆圈图标在条件格式中所占的比例。

【例 3.13】 某学院采用学评教制度，学生对其任课教师进行评分，某次学评教成绩如图 3-27 所示。要求：对该工作表进行格式化，标志出学评教分数最差的 1/3，最好的 15%（如图 E 列所示），以及中间的学评教成绩，以便奖励或惩罚。

Excel 2016 可用多种条件格式（如色阶、图标集及项目选取规则等）实现本题的要求，但必须自定义或修改条件格式的规则。图 3-27 是采用具有三个图标的图标集格式化该工作表的结果，图中的√表示学评教成绩排名前 15%的教师，×表示成绩排名后 1/3 的教师，！表示中间成绩的教师。

<1> 选中 E3:E12 单元格区域，然后单击"开始"→"样式"→"条件格式"按钮，从弹出的快捷菜单中选择"新建规则"命令，出现如图 3-28 所示的"编辑格式规则"对话框。

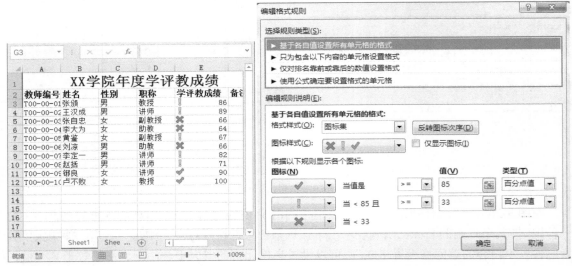

图 3-27 用自定义条件格式格式化工作表　　　　　图 3-28 自定义格式规则设置

<2> 在图 3-28 的"格式样式"列表中选择"图标集"，在"图标样式"列表中选择 ×！✔。

<3> 在"类型"列表中选择"百分点值"，然后在"值"下面的文框中输入值的范围。完成上述设置，单击"确定"按钮后，格式化工作就完成了。

2. 用自定义格式对单元格区域进行隔行着色

对工作表数据进行隔行着色，在行数较多时不易看错行。在公式中用求模函数 MOD 和当前单元格的行号计算函数 ROW，可以方便地对奇数行或偶数行进行条件格式设计。

【例 3.14】 某学生成绩表如图 3-29 左图所示。对它进行格式化，如图 3-29 右图所示：成绩隔行着色，用红色粗体显示 0～60 之间的成绩，对 90～100 之间的单元格设置背景填充图案。

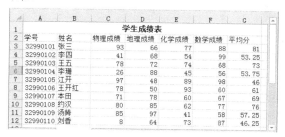

图 3-29　多次应用自定义条件格式突出显示不同特征的数据

先设置成绩隔行着色，只需对奇数行单元格进行背景色填充即可，方法如下。

<1> 选中 A3:E12 区域，单击"开始"→"条件格式"→"新建规则"命令，弹出"新建格式规则"对话框，如图 3-30 所示。

<2> 选中"使用公式确定要设置格式的单元格"，然后在"为符合此公式的值设置格式"文本框中输入判定单元格是否为奇数行的公式"=MOD(ROW(),2)=1"。其中，ROW 函数计算当前单元格的行号，若当前单元格是 A3，则 ROW 函数的值就是 3；MOD 函数对 3 除以 2 的余数就是 1，公式的结果就是 True，该单元格就满足格式化条件。

<3> 单击"格式"按钮，弹出"设置单元格格式"对话框，如图 3-31 所示。选择其中的"填充"标签，然后在"背景色"调色板中选择一种颜色，作为奇数行单元格的背景色。

图 3-30　新建条件格式规则

图 3-31　单元格格式设置

Excel 对同一单元格区域可以多次设置不同的条件格式。因此，要实现图 3-29 的效果，需要对 90 分以上和 60 分以下的成绩分别进行格式化，通过两次应用"突出显示单元格规则"条件格式，就能够实现题目要求。但是，默认规则不能设置单元格的内容为粗体，也不能同时对单元格背景进行图案填充，需要应用"设置单元格格式"对话框设置单元格的显示方式。

用红色粗体显示 60 分以下成绩的自定义条件格式过程如下。

<1> 在图 3-29 中选中 C3:F12 区域，选择"开始"→"条件格式"→"突出显示单元格规则"→"小于"命令，在出现的"小于"文本框中输入"60"，然后在"设置为"下拉列表中选择"自定义格式"，出现"设置单元格格式"对话框（见图 3-31）。

<2> 单击"字体"选项，然后选中"字形"中的"加粗 倾斜"，并从"颜色"列表中选择红色。确定后就设置好了 0～60 之间成绩的格式。

设置单元格填充图案，突出显示 90 分以上成绩的过程如下。

<1> 选中 C3:F12 区域，选择"开始"→"条件格式"→"突出显示单元格规则"→"大于"命令，出现"大于"格式设置的对话框。

<2> 在对话框的"为大于以下值的单元格设置格式"文本框中输入"90"，然后选择"设置"列表中的"自定义格式"，并在弹出的"设置单元格格式"对话框（见图 3-31）中选择"填充"选项卡。

<3> 在对话框的"图案样式"列表中，为成绩大于 90 的单元格选择一个背景填充图案。

经过上述 3 次条件格式设置后，最后的效果如图 3-29 右图所示。

3.4.4 条件格式规则的管理

如前所述，当对区域设置多重条件时，需要分为多次进行，但每次的设置都会发生作用。在 Excel 2016 中，条件格式最多可以包含 64 个条件。当设置的条件格式较多时，可以通过"条件格式规则管理器"进行管理。

例如，在上面的工作表中，单击"开始"→"样式"→"条件格式"旁边的箭头，然后选择"管理规则"，出现"条件格式规则管理器"对话框，如图 3-32 所示。

图 3-32　条件格式的多重应用及规则管理器

图 3-32 显示的是工作表选中区域 C3:E13 的条件格式规则，从中可以看出，该区域应用的条件格式有 4 种：图标集、双色色阶（即渐变颜色刻度）、数据条和"项目选取规则"（即单元格值小于 30）。

当多个条件格式规则应用于同一个单元格或区域时，它们在"条件格式规则管理器"中从上向下的次序就是其优先级从高到低的次序。在默认情况下，新规则总是添加到列表的顶部，因此具有较高的优先级，但通过格式管理器中的 ▲ ▼ 按钮，可以调整条件格式的优先次序。此外，"条件格式规则管理器"可以进行规则的删除、修改（编辑）和增加等操作。

3.5 自定义格式的应用

在实际工作中，有不少工作可以通过单元格格式的设置得到简化，若不熟悉工作表的格式化应用，可能做许多额外的事情，主要体现在数据的输入和信息的表现方面。现举几个格式设置的应用示例，这些示例表明通过格式设置确实可以简化工作，提高效率。

Excel 的自定义格式可以对输入数据进行简单的验证，对错误的数据进行提示，如一个人的工作年份不可能小于 0，一年的月份不可能超过 12，使用产品成本作为除数计算一个销售人员的报酬不允许出现零成本等。

【例 3.15】 设置自定义格式来控制用户输入（使用户输入的数据在有效的范围内）。假设建立一张工作人员的档案表，可以用自定义格式对其中的某些数据进行有效性限制，如图 3-33 所示。如果在 B 列输入正数，将出现红色的警告信息“姓名不能输入数字”；如果输入一个负数，将出现“人名不能是数字”的红色警告信息；如果输入 0，就显示“姓名不能是 0”的警告信息。如果输入正确的姓名，Excel 就会接受输入，不会显示任何出错信息。

	A	B	C	D	E	F	G
1							
2	姓名		出生年月		工作年龄		基本工资
3	输入	显示	输入	显示	输入	显示	
4	35	姓名不能输入数字	01/1/2	2001年1月	-96	工作年龄不能是负数	
5	-98	人名不能是数字			0	0	
6	0	姓名不能是0			12	12	
7	张绣花	张绣花					

图 3-33　利用自定义格式验证数据的输入

在图 3-33 中，A 列表示的是输入信息，B 列是输入数据后的显示结果。例如，在 B5 中输入 35 就会显示红色的出错信息“姓名不能输入数字”。B 列的单元格的自定义格式如下：

[红色]"姓名不能输入数字";[红色]"人名不能是数字";[红色]"姓名不能是 0"

D 列被设置的自定义格式为“2012 年 3 月”，所以在单元格 D5 中输入“01/1/2”，将显示为“2001 年 1 月”。显然，这种格式设置可以简化工作表的数据输入工作。

对于工作年龄所在的列，因为年龄不可能为负，所以设置它的自定义格式为：

G/通用格式; [红色]"工作年龄不能是负数"; [红色]0;[红色]"工作年龄不能是文本"

在这种格式下，当在 F 列中输入负数或文本时，将用红色显示“工作年龄不能为负数”或“工作年龄不能是文本”之类的提示信息。如果输入 0，将把它显示为红色，提醒输入者仔细核查，因为工龄为 0 的情况并不多见。

【例 3.16】 隐藏不需要的零值。

许多时候，工作表因某种原因会出现较多的零值。在使用公式时，这种情况尤其突出。图 3-34 是一个计算学生综合成绩的工作表，其中 G 列的数据为综合成绩，为了简化工作，在输入学生成绩之前，预先在单元格 G3 中输入了公式“=SUM(C3:F3)”，并将该公式向下复制到了单元格 G300（最后一个学生综合成绩所在的行）。

	A	B	C	D	E	F	G
1	社科2002级2002年综合成绩表						
2	学号	姓名	英语	高数	微机	马哲	综合总分
3	3298101	张三	94	100	64	92	350
4	3298102	李四	62	96	55	77	290
5	3298103	王五	86	79	0		165
6							0
7							0

图 3-34　G 列显示了不必要的零值

当某个学生的成绩正确输入后，Excel 会自动按上述公式计算出该学生的综合成绩，如果学生的成绩没有输入，就会在 G 列的相应单元格中显示零值。这是一个较为普遍的问题，如财务工作表、预算工作表、工程管理工作表或工资档案管理表，工作人员因某种需要，可能预先在工作表中输入一些计算公式。但没有输入数据，这时会在计算公式所在的单元格中显示零值，与图 3-34 表示的情况基本相似。Excel 中至少有 4 种方法可以隐藏工作表中的零值。

第 1 种方法是隐藏整个工作表中所有的零值，方法如下：选择"文件"→"选项"，弹出"Excel 选项"对话框，从中选择"高级"选项卡，然后取消"此工作表的显示选项"栏中"在具有零值的单元格中显示零"复选框的勾选。如果显示零值，只需选中零值前面的复选标志即可。该方法的缺点是会隐藏所有的零值，整个工作表中都不会显示数值 0。

第 2 种方法是通过单元格的自定义格式设置，把工作表中不需要的零值隐藏起来。这种方法较为实用。

<1> 选中要隐藏零值的单元格区域（本例选中 G3:G12）。

<2> 单击"开始"选项卡中 数字 的箭头。

<3> 依次单击"设置单元格格式"→"数字"→"分类"→"自定义"，并在自定义格式的编辑框中输入格式"G/通用格式;"综合成绩不能为负";"。根据前面的知识可知，该自定义格式的意义为：正数将被正常显示，如果计算出的综合成绩是一个负数，将显示一个出错信息"综合成绩不能为负"。如果综合成绩是 0，将不会显示。

实际上，在 Excel 的单元格中，如果不需要显示某种类型的数据，只需要通过自定义格式把该单元格格式的相应部分设置为";"即可。例如，若某单元格的自定义格式为：

  ;;;;

则不论该单元格中有什么样的数据，它都不会显示出来。

第 3 种方法是使用条件格式隐藏由公式返回的零值。

<1> 选择包含零值的单元格，单击"开始"→"样式"→"条件格式"旁边的箭头，指向"突出显示单元格规则"，然后单击"等于"。

<2> 在"等于"格式设置对话框左边的框中输入"0"，在右边的框中选择"自定义格式"。

<3> 在弹出的"设置单元格格式"对话框中选择"字体"选项卡，在"颜色"框中选择白色。

第 4 种方法是通过 IF 函数设置，即通过对单元格中公式的结果进行判定，如果单元格的最终结果是 0，就显示空白，否则显示单元格的原值。本例中可在单元格 G3 中输入公式"=IF(SUM(C3:F3)<>0, SUM(C3:F3),"")"，然后填充此公式到其他要计算综合成绩的单元格中。

小　结

工作表的格式化包括：边框线的粗细、虚实、色彩，单元格及单元格区域的字体、字形、字号，工作表及单元格的前景色和背景色、背景图案、色阶、条形图、图标集等内容。适当地进行工作表的标题、边框线及单元格区域的格式化工作，可以制作出精美的工作表。使用 Excel 提供的"自动套用表格格式"，主题格式化和条件格式化可以简化工作表的格式化过程。自定义格式对于单元格的数据输入、数据显示非常重要，在输入大量有规律的数据时，通过单元格自定义格式的设置可以简化输入。此外，用户可以利用自定义格式，对输入到单元格中的数据进行简单的正确性检验。

习 题 3

【3.1】 如何设置单元格的边框和底纹？

【3.2】 单元格的自定义格式分为几部分？自定义格式有哪些功能？

【3.3】 建立如图 3-35 所示的职工档案表，并按要求设置各单元格或数据列的格式。

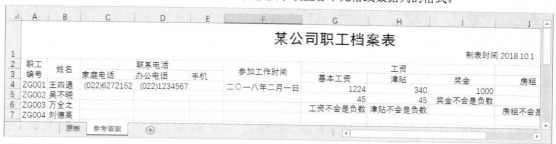

图 3-35　习题 3.3 图

（1）大标题二号字，"制表时间"与大标题在同一行上（用 Alt+Enter 组合键换行）。

（2）第 2、3 行为标题行，按图所示进行相关单元格的合并，字号为 11 磅。

（3）设置"职工编号"的自定义格式，在实际输入时只需输入数字，由 Excel 自动进行编号转换，如输入 3，将显示为"ZG003"。

（4）设置"家庭电话"和"办公电话"的电话号码格式，前面的区号及括号是自定义格式加上去的，请参考单元格 C4。

（5）设置"参加工作时间"的自定义格式，如输入"2018/2/1"，将显示为"二○一八年二月一日"。

（6）设置"基本工资"的数据格式，当输入正数时，正常显示；当输入负数时，显示"工资不会是负数"的错误提示信息，当输入数据为 0 时，不显示。

（7）同步骤（6），设置"工资"和"扣款"中的其他数据列格式。

（8）计算"实发工资"，并把该列数据设置为"会计专用格式"数据显示形式。

【3.4】 用条件格式设置数据的格式，用颜色表示数据的意义和布局。有学生期末考试成绩表如图 3-36 所示，按要求设置数据的格式。

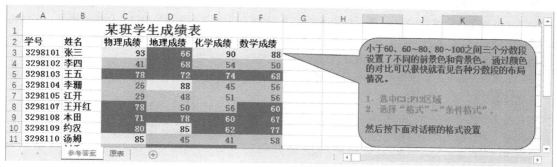

图 3-36　习题 3.4 图

（1）用 3 种不同的背景色和前景色表示 3 种不同意义的数据：不及格的背景色为淡红色；60～80 分的数据为另一种背景色；80～100 分的成绩又是另一种背景色。

（2）用同样的方法设置 3 种不同意义数据的前景色。

【3.5】 设置单元格区域的边框，建立具有立体效果的工作表，如图 3-37 中的标注所示。

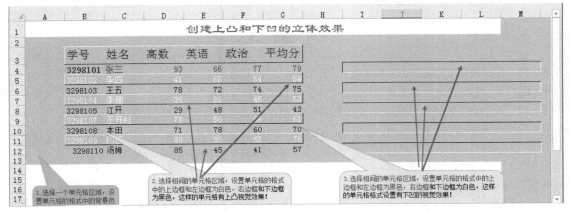

图 3-37   习题 3.5 图

【3.6】 对如图 3-38 所示的教师档案原数据表，利用标题、图标集、突出显示、主题、条件格式等进行格式化。

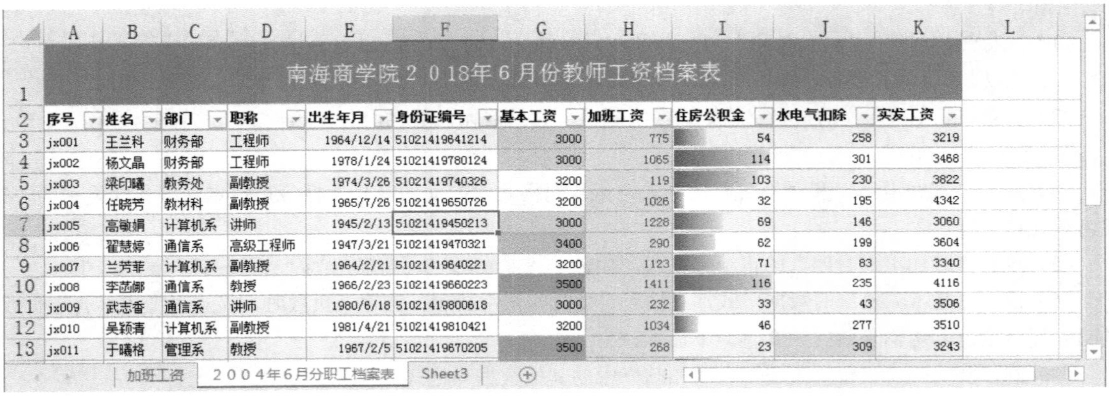

A	B	C	D	E	F	G	H	I	J	K	L
南海商学院２０18年６月份教师工资档案表											
序号	姓名	部门	职称	出生年月	身份证编号	基本工资	加班工资	住房公积金	水电气扣除	实发工资	
jx001	王兰科	财务部	工程师	1964/12/14	51021419641214	3000	775	54	258	3219	
jx002	杨文晶	财务部	工程师	1978/1/24	51021419780124	3000	1065	114	301	3468	
jx003	梁印曦	教务处	副教授	1974/3/26	51021419740326	3200	119	103	230	3822	
jx004	任晓芳	教材科	副教授	1965/7/26	51021419650726	3200	1026	32	195	4342	
jx005	高敏娟	计算机系	讲师	1945/2/13	51021419450213	3000	1228	69	146	3060	
jx006	翟慧婷	通信系	高级工程师	1947/3/21	51021419470321	3400	290	62	199	3604	
jx007	兰芳菲	计算机系	讲师	1964/2/21	51021419640221	3200	1123	71	83	3340	
jx008	李蕊娜	通信系	教授	1966/2/23	51021419660223	3500	1411	116	235	4116	
jx009	武志香	通信系	讲师	1980/6/18	51021419800618	3000	232	33	43	3506	
jx010	吴颖青	计算机系	副教授	1981/4/21	51021419810421	3200	1034	46	277	3510	
jx011	于曦格	管理系	教授	1967/2/5	51021419670205	3500	268	23	309	3243	

加班工资   ２004年6月分职工档案表   Sheet3

图 3-38   习题 3.6 图

（1）合并单元格区域 A1:K1，设置合并后单元格对齐方式为水平居中、垂直居中，设置单元格样式为"标题　强调颜色"，设置字号为 16。

（2）选中单元格区域 A2:K23，然后对此区域套用"样式"中的"套用表格格式"中的"浅色　表样式浅色 18"。

（3）用"条件格式"→"色阶"中的"红-白-绿"三色阶标志"基本工资"。

（4）用"条件格式"→"突出显示单元格规则"中的"浅红色填充深红色文本"，对低于 500 的"加班工资"进行标志。

（5）用"条件格式"→"数据条"，对"住房公积金"进行"渐变填充"。

（6）用"条件格式"→"项目选取规则"，对"值最大的 10%项"进行"浅红色填充"。

（7）用"条件格式"→"图标集"中"方向"列表内的三角形，对"实发工资"进行标志。

【3.7】 有商场销售数据表如图 3-39 所示，应用公式对该工作表进行格式化。要求：对工作表的偶数行进行背景色填充；对"订购日期"为周末的用红色斜体字进行强调。

（1）参考例 3.14，对偶数行设置自定义背景填充格式。

（2）突出显示周末的条件格式设置方法：① 选中"订购日期"区域 C3:C17；② 选择"条件格式"→"新建规则"→"使用公式确定要设置格式的单元格"；③ 在"为符合此公式的值设置格式"文本框中输入公式"=WEEKDAY(C3, 2)>5"。

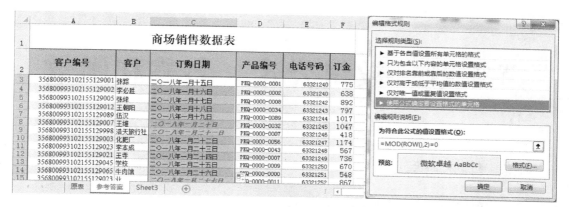

图 3-39　习题 3.7 图

提示：公式中的 WEEKDAY 函数计算单元格 C3 中日期的星期数，数字 2 用于指示：如果日期是星期六，则结果为 6，如果日期是星期天，则结果是 7。

第4章　数组公式、名称和函数

📖 本章导读

- ⊙ 数组公式及其应用
- ⊙ 名称及其应用
- ⊙ 求和、计数和平均值函数
- ⊙ 最大、最小、排名和百分比统计函数
- ⊙ 条件判定、条件计数和条件求和函数
- ⊙ 用数学函数和随机函数生成仿真数据
- ⊙ 日期、文本函数及其应用
- ⊙ 巧用错误信息函数

公式和函数是 Excel 的核心，是 Excel 处理数据最重要的基本工具，对公式和函数的了解越深入，运用 Excel 分析处理数据就越轻松。在公式中结合函数，就能把 Excel 变成功能强大的数据计算和分析工具。

4.1　数组公式及其应用

普通公式只执行一个简单计算，返回一个运算结果。如果需要同时对一组或两组以上的数据进行计算，计算的结果可能是一个，也可能是多个，这种情况需要用数组公式来完成。

数组公式可以对两组或两组以上的数据（两个或两个以上的单元格区域）同时进行计算。在数组公式中使用的数据称为数组参数，可以是一个单元格区域，也可以是数组常量（由多个数据构成的常量表）。

4.1.1　数组公式的应用

如果对大批量的数据进行处理，且处理结果不是一个，而是一组，则可按以下方法建立数组公式来完成。

<1> 选中要保存数组公式计算结果的单元格或单元格区域。

<2> 输入公式的内容。

<3> 按 Ctrl+Shift+Enter 组合键。

第<3>步比较重要，在任何时候，输入公式后按 Ctrl+Shift+Enter 组合键都会把输入的公式定义为一个数组公式。如果第<3>步只按 Enter 键，则输入的只是一个简单公式，Excel 只会在选中单元格区域的第 1 个单元格（选中区域的左上角单元格）中显示一个计算结果。

下面介绍数组公式的几个应用实例。

1．用数组公式计算两个数据区域的乘积

当需要计算两个相同矩形区域对应单元格的数据之积时，可以用数组公式一次性计算出所有的乘积值，并保存在另一个大小相同的矩形区域中。

【例 4.1】 某茶叶店经销多种茶叶，已知各种茶叶的单价以及 12 月份各种茶叶的销量如图 4-1 所示，计算各种茶叶的销售额。

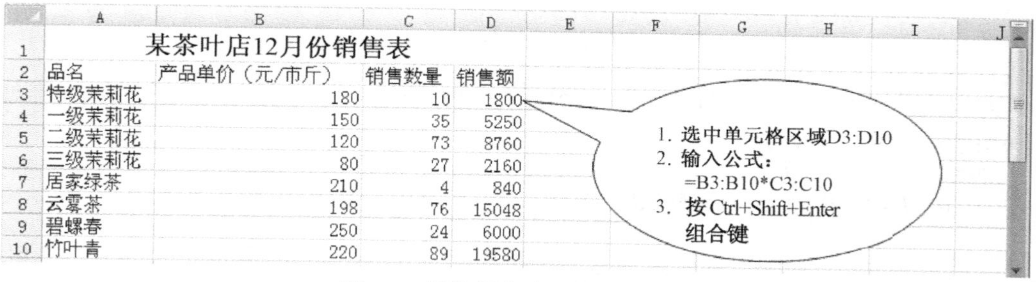

	A	B	C	D
1	某茶叶店12月份销售表			
2	品名	产品单价（元/市斤）	销售数量	销售额
3	特级茉莉花	180	10	1800
4	一级茉莉花	150	35	5250
5	二级茉莉花	120	73	8760
6	三级茉莉花	80	27	2160
7	居家绿茶	210	4	840
8	云雾茶	198	76	15048
9	碧螺春	250	24	6000
10	竹叶青	220	89	19580

图 4-1　用数组公式计算销售总额

运用数组公式计算图 4-1 中的销售额较为简便，方法如下：

<1> 输入除销售额外的其余数据。

<2> 选择单元格区域 D3:D10。

<3> 输入公式“=B3:B10*C3:C10”，按 Ctrl+Shift+Enter 组合键。

该数组公式的含义是：“*”前后两个单元格区域中对应单元格的内容相乘，结果放入 D 列同行的单元格中。即首先计算 B3*C3，结果放入 D3 中；再计算 B4*C4，结果放入 D4 中；其余的以此类推。

当然，图 4-1 中的销售额也可以用普通公式进行计算，即在单元格 D3 中输入公式“=B3*C3”，在单元格 D4 中输入公式“=B4*C4”，其余的单元格以此类推。但这种方法需要在 D3，D4，…，D10 这 8 个单元格中分别存放一个公式，即需要保存 8 个公式。而采用数组公式，则只需在这 8 个单元格中保存一个公式“=B3:B10*C3:C10”。当数组公式的范围很大时，可以极大地节省存储空间。

2．用数组公式计算多列数据之和

如果需要把多个对应列或行的数据相加，并得到对应的和值所组成的一列或一行数据时，可以用数组公式完成。

【例 4.2】 某班期末考试成绩表如图 4-2 所示，其中有 4 科成绩，现要计算各科成绩的总分，以及各科成绩的综合测评分数。总分的计算方式为各科成绩的总和，综合测评分数的计算方式为“政治经济学*0.2+(技术经济学+计算机基础+Python 语言程序设计)*0.8”。

用数组公式计算各同学的总分和综合测评分数的方法如下。

<1> 在表中输入原始成绩，即各科成绩。

<2> 选中“总分”列的计算单元格区域 F3:F7，输入数组公式“=B3:B7+C3:C7+D3:D7+E3:E7”，按 Ctrl+Shift+Enter 组合键。

<3> 选中“综合测评”列的计算单元格区域 G3:G7，输入数组公式“=B3:B7*0.2+ (C3:C7+D3:D7+E3:E7)*0.8”，按 Ctrl+Shift+Enter 组合键。

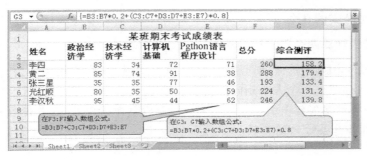

图 4-2　用数组公式计算学生总成绩

读者应能从这两个例子中得到启发，在计算大量的数据时，如果采用的计算公式相同，就可以利用数组公式进行计算。

4.1.2　使用数组公式的规则

输入数组公式时，应先选择用来保存计算结果的单元格或区域。如果计算公式将产生多个计算结果，必须选择一个与计算结果所需大小和形状都相同的单元格区域。

数组公式输入完成后，按 Ctrl+Shift+Enter 组合键，这时在公式编辑栏中可以看到公式的两边加上了"{}"，表示该公式是一个数组公式（请参考图 4-2 编辑栏中的公式）。注意："{}"是由 Excel 自动加上去的，如果手工输入它，Excel 将视之为一个文本。

数组公式涉及的单元格区域只能作为一个整体进行操作，在数组公式涉及的区域中，不能编辑、清除或移动单个单元格，也不能插入或删除其中的任何一个单元格。例如，只能把整个数组公式区域同时删除、清除，不能只删除或清除其中的一个单元格。

要编辑或清除数组，需要选择整个数组并激活编辑栏（也可单击数组公式所包括的任一单元格，这时数组公式会出现在编辑栏中，两边有"{}"，单击编辑栏中的数组公式，两边的"{}"就会消失），然后在编辑栏中修改或删除数组公式，完成后按 Ctrl+Shift+Enter 组合键。

要把数组公式移到另一个地方，需要先选中整个数组公式所包括的范围，然后把整个区域拖放到目标位置，也可通过"开始"→"剪贴板"→"剪切"和"粘贴"命令进行。

在引用数组公式计算结果时还应该注意，选择用来保存数组公式计算结果的区域大小及外形应该与数组公式计算结果一致。如果存放结果的范围太小，就看不到所有的计算结果；如果范围太大，有些单元格就会出现错误信息"#N/A"。

4.1.3　数组扩展

在公式中用数组作为参数时，所有的数组必须是同维同元素个数的。如果数组参数或数组区域的维数和元素个数不匹配，Excel 会自动扩展该参数。例如，设单元格区域 A1:A10 的数据分别为 1，2，3，4，5，6，7，8，9，10，现要将这 10 个数分别乘以 10，把结果保存在 B1:B10 中，则可在单元格区域 B1:B10 中输入数组公式"{=A1:A10*10}"。这个公式并不平衡，"*"的左边有 10 个参数，而右边只有一个参数，如何相乘呢？对于这种情况，Excel 将扩展第 2 个参数，使它与第 1 个参数（A1:A10）的个数相同。经过 Excel 内部处理后，上述公式实际上变成了"{=A1:A10*{10, 10, 10, 10, 10, 10, 10, 10, 10, 10}}"。

数组公式的这种扩展功能在某些时候极为有用，如图 4-2 所示的学生综合测评分数的计算。下面再举一个同类型的应用。

【例 4.3】 假设某商场电视售价一样，现有 30 天的销售记录，计算每天的销售额，如图 4-3 所示。

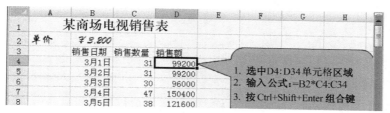

图 4-3　数组公式的扩展应用

D 列销售额的计算方法如下：选中单元格区域 D4:D34，输入公式"=B2*C4:C34"，然后按 Ctrl+Shift+Enter 组合键。

4.1.4　二维数组

前面对数组的讨论基本上局限于单行或单列，称为一维数组。在实际应用中往往会涉及多行或多列的数据处理，这就是所谓的二维数组。Excel 支持二维数组的各种运算，如加、减、乘、除等。合理地进行二维数组的运算，能够提高数据处理的能力，特别是在不同工作表之间进行数据汇总时非常有效。

【例 4.4】 某商场秋季进行换季服装大降价，所有服装都在打折，打折的比例随时调整，计算打折后的新价格，如图 4-4 所示。

图 4-4 中的"今日服装价"是通过二维数组计算出来的（人民币符号可通过格式设置产生）。方法如下：选中保存计算结果的单元格区域 G4:I8，输入公式"=B4:D8*H2"，然后按 Ctrl+Shift+Enter 组合键。

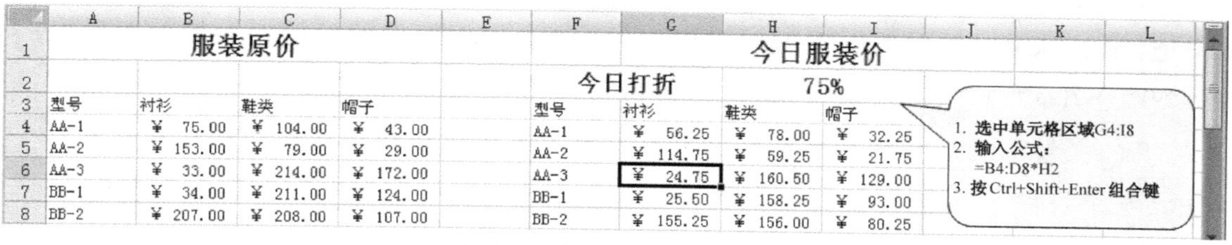

图 4-4　利用二维数组计算降价后的服装新价

在进行相同结构的表格数据汇总时，利用二维数组公式进行求和运算，也会显得很方便。

【例 4.5】 图 4-5 是某出版社 2018 年各类图书在四川、重庆、云南、贵州、西藏、青海、新疆、山西八省份的销售统计表（实际的应用更加复杂），各表的结构相同，计算各类图书的各项汇总数据。

现在计算该出版社的各类图书在四川、重庆等省份的汇总数量，如图 4-6 所示。由于各省份的销售统计数据表结构相同，因此图 4-6 中的各项数据可以用二维数组公式一次性计算，其操作方法如下。

<1> 选中图书汇总表的单元格区域 B3:D7（在图 4-6 中）。

<2> 输入公式"=四川!B3:D7+重庆!B3:D7+云南!B3:D7+贵州!B3:D7+西藏!B3:D7+青海!B3:D7+新疆!B3:D7+山西!B3:D7"，按 Ctrl+Shift+Enter 组合键。

图 4-5　图书在四川等省份的图书销售

图 4-6　图书销售汇总统计

在多表操作时，若公式中工作表的名称太长，可用鼠标操作以减少输入：输入"="后，单击第一个表的标签名"四川"，就会显示该表，按住 Shift 键后选中该表的单元格区域 B3:D7，然后输入"+"；再单击第二个表的标签"重庆"，选择该表的单元格区域 B3:D7；其余工作表区域的选择以此类推。

4.2　公式的循环引用

如果公式引用了自己所在的单元格（不论是直接的还是间接的）就称为循环引用。例如，在单元格 B3 中输入公式"=10+B3"，就是一个循环引用公式，因为该公式出现在 B3 中，相当于 B3 直接调用了自己。出现循环引用时，Excel 会弹出一个对话框，在其中显示出错信息。错误内容大致是"该公式中包含了循环引用，Excel 不能计算该公式，如果确定要进行循环引用，单击确定按钮"。单击"确定"按钮后，Excel 将对该公式进行计算。在本例中，Excel 将在单元格 B3 中显示一个 0 值。

【例 4.6】　图 4-7 是一个简单的循环引用公式的应用示例。在单元格 A1 中输入公式"=A2+A3"，在单元格 A2 中输入数字 2，在单元格 A3 中输入公式"=A1*0.3"，如图 4-7(a)所示。这样，单元格 A3 的值依赖于 A1，而 A1 的值又依赖于 A3，它们形成了间接的循环引用，在未进行迭代求解情况下的结果如图 4-7(b)所示。该循环引用是可解的，进行迭代求解最后的结果如图 4-7(c)所示。

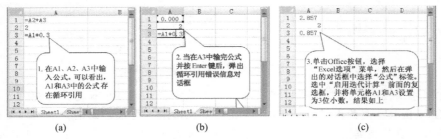

(a)　　　　　　　　　　(b)　　　　　　　　　　(c)

图 4-7　循环引用公式示例

大多数循环引用公式是可求解的，计算这类公式时，Excel 必须使用前一次迭代（即重复执行公式的计算，直到满足指定的条件才结束计算）的结果来计算循环引用中的每个单元格。如果不改变默认的迭代设置，Excel 将在 100 次迭代后或在两次相邻迭代得到的数值的变化小于 0.001 时，停止迭代运算。循环引用的迭代求解方法如下。

<1> 选择"文件"→"选项"，弹出"Excel 选项"对话框，然后选中"公式"→"启用迭代计算"复选框。

<2> 在"最多迭代次数"编辑框中输入迭代次数。指定的迭代次数越多，工作表计算的

时间就越长。

<3> 如果设置两次迭代结果之间可以接受的最大误差，请在"最大误差"编辑框中输入所需的数值。输入的数值越小，Excel 计算工作表的时间越长，结果越精确。

一般很少使用循环引用来处理问题，对于迭代求解一类问题，如求数的阶乘、数列求和等问题，可以使用 Excel 提供的函数求解，也可应用宏代码完成，这样会使问题更简单。

4.3 名称

4.3.1 名称概述

在公式中引用单元格主要是通过单元格的行、列号进行的，如果在公式中要引用另一个工作表或工作簿中的单元格，有时很不方便。

Excel 允许为单元格或单元格区域定义名称，即用一个名称来代替单元格或区域的引用，当需要应用该单元格时，直接用它的名称即可。在一个工作簿中，同一名称能够被用于不同的工作表中，在公式中可以利用名称代替要引用的单元格或单元格区域（名称对应的是单元格或单元格区域的绝对引用），可以带来许多方便。此外，名称使公式的意义更加明确，便于别人理解。

【例 4.7】 在图 4-8 中，单元格 B2 被命名为"存款利率"，在单元格 D5 中输入的公式是"=C5*存款利率"，其中的"存款利率"就是单元格 B2 的名称。

图 4-8 名称

当然，图 4-8 中单元格 D5 的利率也可以采用公式"=B2*C5"求得。但是用名称至少有以下好处：① 公式的意义更清楚，便于他人理解；② 在一个工作表中定义的名称，可在同一工作簿的任何工作表中直接应用。例如，在图 4-8 中，若另一个工作表也需要使用单元格 B2 中的利率，只需要直接在公式中引用"存款利率"即可。

1. 定义名称的规则

① 名称的第一个字符必须是字母、反斜杠或下划线"_"。名称中的符号可以是字母、数字、汉字、句号和下划线。

② 名称不能与单元格引用相同，如 Z$100 或 A3、B8、R2C8 等都不能作为名称。

③ 名称可以由多个单词构成，可以用"_"和"."作为单词分隔符，如 Sales_Tax 或 First.Quarter。名称中不能有空格，如 Sales Tax 就不是正确的名称。

④ 名称的长度不能超过 255 字符，Excel 中除 R 和 C 外的单个字母也可以作为名称。

⑤ 名称可以包含大、小写字符，Excel 在名称中不区分大小写。例如，如果已经创建了名称 Sales，接着在同一工作簿中创建了名称 SALES，则第二个名称将替换第一个。

2. 工作簿和工作表级的名称

在默认情况下，Excel 中定义的名称是工作簿级的，即在一个工作表中定义的名称可以在同一工作簿的另一工作表的公式中直接引用。也可以创建工作表级的名称，即在一个工作表中创建的名称只能在创建它的工作表中应用。

4.3.2 名称的定义

在 Excel 中，一个独立的单元格，或多个不连续的单元格组成的单元格组合，或连接的单元格区域，都可以定义一个名称。定义名称有多种方法，如定义、粘贴、指定或标志等，在使用时可针对具体情况采用不同的方法。这些方法的操作过程基本相同，在此只对定义和指定两种最常用的名称定义方法进行介绍。

1. 使用定义方法定义名称

定义方法一次只能定义一个名称。以为图 4-8 的 B2 单元格定义名称"存款利率"为例，方法如下。

<1> 输入图 4-8 中的全部数据，选中单元格 B2。

<1> 单击"公式"→"定义的名称"→ ⊞定义名称 ▾ 按钮，出现如图 4-9 所示的对话框。

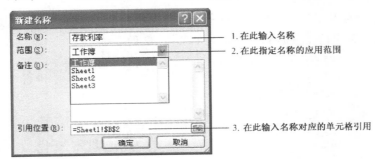

图 4-9　定义名称

<3> 在"引用位置"处输入要定义名称的单元格或区域。在"名称"文本框中输入名称。

<4> 在"范围"中指定名称的应用范围，如果选择"工作簿"，则该名称就是工作簿级的，在该工作簿的各工作表中有效；如果选择某个工作表（如 Sheet1），则该名称就是工作表级的，只能在选定的工作表（Sheet1）中有效。

2. 用指定的方式定义名称

定义方式一次只能定义一个名称，适用于一个单元格或区域名称的定义。若要一次定义多个名称，可以使用指定的方式定义。

【例 4.8】 图 4-10 是某建筑工地的工人奖金统计表，其中有几百个工人，某些工人会随时查询自己的奖金，这就需要在 A 列的几百行数据中进行查找。名称能够很好地解决这类问题。

可以一次性地把 A 列指定为 B 列的名称，然后就可以应用指定的名称进行工人奖金的查找，方法如下。

<1> 选中要指定名称的区域，在图 4-10 中选中单元格区域 A3:B7。

<2> 单击"公式"→"定义的名称"组中的 🔲根据所选内容创建 按钮，在出现的"以选定区域创建名称"对话框中选中"最左列"复选框（见图 4-10）。

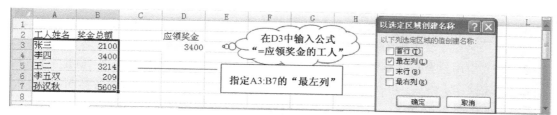

图 4-10　使用指定方式定义名称

经过上述操作，就定义了 5 个名称，分别是张三（代表 B3）、李四（代表 B4）、王二（代表 B5）……假设查询某工人的奖金，并将其显示在单元格 D3 中，只需要在 D3 中输入公式 "= 应领奖金的工人"。比如，要查询李四的工资，只需在 D3 中输入公式 "=李四"，按 Enter 键后，就会在其中显示 "3400"。当工人很多时，这种方法非常有效。

3．用名称框定义名称

工作表全选按钮（工作表列标 A 左边的按钮）上面的编辑框称为名称框，它随时显示活动单元格的名称或引用，也可以用来定义名称。

在前面的例子中，名称都只代表了一个单元格。实际上，名称也可以代表一个单元格区域（连续的或非连续的区域都可以）。现在用名称框来定义名称。

【例 4.9】　在图 4-11 中，在单元格区域 C4:C8 中输入的是数组公式 "=数量*单价"，其定义方法请见图中的标注。

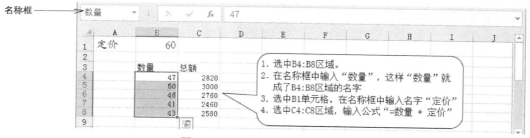

图 4-11　用名称框定义区域名称

4.3.3　定义常量名称

用名称代表常量，如圆周率 3.14159、自然对数的底数 e 等，当要应用它时，不必关心它所在的工作表或单元格，直接用其名称就可以了。

【例 4.10】　图 4-12 是用名称常量 pi=3.14 来计算圆周长和圆面积的简单例子。

(a) 定义常量名字

(b) 引用常量

图 4-12　名字常量的定义与引用

命名常量的方法如下。

<1> 单击“公式”→“定义的名称”→ 定义名称 按钮，出现如图 4-12(a)所示的对话框。

<2> 在“名称”文本框中输入常量的名字，本例输入“pi”。

<3> 在“引用位置”文本框中输入常量的值，本例输入 3.14，然后单击“确定”按钮。

经过上述操作步骤后，可在该工作簿的任何一个单元格公式中直接引用名称 pi，不必关心它在哪里。如在图 4-12(b)中，就直接引用了名称 pi 来计算圆的周长和面积。

名称常量的另一个优点是便于数据处理公式的维护管理。例如在上例中，假设要提高精确度，采用 3.14159 为圆周率计算圆的周长和面积，只需要将 pi 重新定义为 3.14159 就行了，图 4-12(b)中的公式不需要修改。若以前未采用名称常量 pi，而是直接用 3.14 来计算圆的周长或面积，现在就要进行多处修改了。

4.3.4 名称应用举例

名称可以让单元格引用变得简单和轻松，让公式的意义更加明确，便于他人理解。此外，名称还便于在不同工作表之间传递数据。

1. 引用另一个工作表中的名称

定义一个工作簿级的名称后，该名称就能被本工作簿中的各工作表直接引用。

【例 4.11】 图 4-13 是蔬菜销售记录。蔬菜单价存放在一张工作表中，如图 4-13(a)所示，每种蔬菜的销售记录则保存在不同的工作表中，如图 4-13(b)和(c)所示。现以名称查找蔬菜价格计算销售金额为例，说明名称的跨表引用问题。

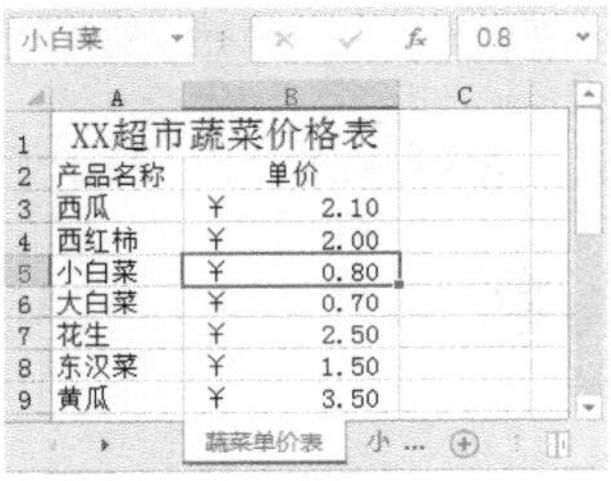

(a) 指定 A2:B9 的左列为名称

(b) 用名称查找小白菜单价来计算

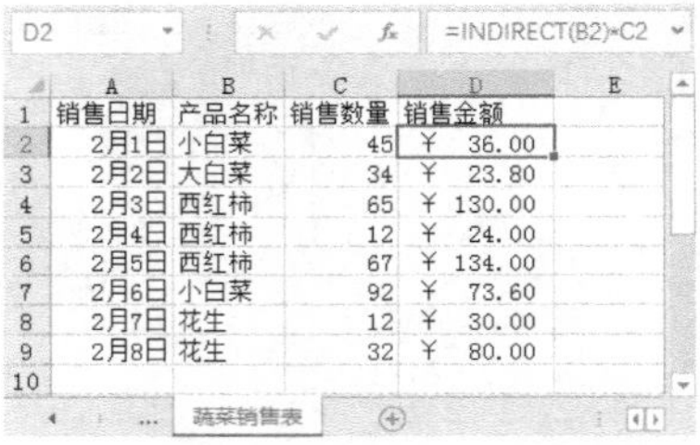

(c) 在 INDIRECT 函数中用名称查找蔬菜单价

图 4-13 引用另一工作表中的名称

要计算图 4-13(b)中的销售金额，需要在图 4-13(a)中查找小白菜单价。要计算图 4-13(c)中的销售金额，则需要查找各种蔬菜价格，事情更加麻烦。但是，应用 INDIRECT 函数和名称，则使问题变得极其简单。

<1> 选中图 4-13(a)中的单元格区域 A3:B9，指定“最左列”为名称。

<2> 在图 4-13(b)的单元格 D2 中输入公式“=小白菜*C2”，并向下填充此公式到 D9。

<3> 在图 4-13(c)的单元格 D2 中输入公式“=INDIRECT(B2)*C2”，向下填充此公式到 D9。

INDIRECT 函数返回文本字符串指定的引用，图 4-13(c)中 B2 的内容是“小白菜”，“小白菜”实际是图 4-13(a)中 B5 单元格的名称，因此 INDIRECT(B2)将返回其中的值“0.80”。

经过上述操作后，图 4-13(b)和(c)表中 D 列的销售金额就计算出来了。

在上面的蔬菜单价查找过程中根本不必关心数据在哪个工作表中，名称能在整个工作簿的各工作表中正确地传递数据。

2. 行列交叉点

所谓行列交叉点，是指行的名称和列的名称确定的单元格。采用指定的方式把一个数据表的首行、首列指定为名称后，就可以用行、列交叉点的方式引用单元格中的数据。用这种方法在数据量比较大的工作表中查找数据时，不仅意义明确，还非常高效。

【例 4.12】 图 4-14 是一个学生成绩表，要求查询指定课程的全部成绩和某个同学指定课程的成绩。

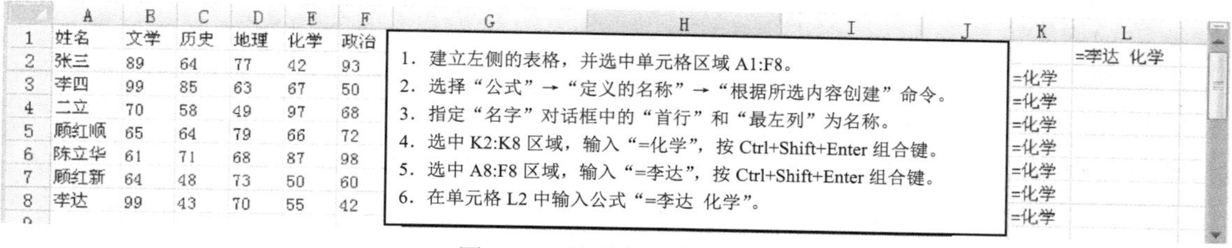

图 4-14　行列交叉点的运用

在二维表格中，类似这样的数据查询可以通过名称实现。

<1> 指定 A1:F8 首行、首列为名称。首行为名称后，选定区域第一行的各单元格中的内容就是对应列的名称了，如在图 4-14 中"化学"就是 E2:E8 区域的名称，所以在 K2:K8 中输入数组公式"=化学"，并按 Ctrl+Shift+Enter 组合键后，就会得到与 E2:E8 区域相同的数据。

指定"最左列"为名称后，选定区域的最左列各单元格的内容就成了对应行的名称。比如，图 4-14 中的李四就是单元格区域 B3:F3 的名称了，在此工作簿的任何工作表中引用数组公式"=李四"都会得到单元格区域 B3:F3 中的数据。

<2> 在把一个工作表区域的"首行、最左列"指定为名称后，就可用名称来引用行列交叉点的数据。例如在图 4-14 中，当将单元格区域 A1:F8 的"首行、最左列"指定为名称后，单元格 B2 就可以用"张三 文学"来引用，因为 B2 位于名称"张三"和"文学"的交叉点上。同样，"李达 化学"代表了单元格 E8，所以在单元格 L1 中输入公式"=李达 化学"后，在 L1 中就会显示 55，这正是李达的化学成绩。

在另一个工作表中要查看某人的某科成绩时，不必关心该成绩在哪个工作表或哪个单元格中，可以直接引用行列交叉点得到。例如，在一个空白工作表的 A1 单元格中输入公式"=李达 化学"，在该单元格中会显示数据"55"。显然，这是数据查询的一种有力手段。

3. 引用其他工作簿中的数据

当一个公司的数据来源于不同分公司或部门时，往往需要对不同分公司或部门的数据进行汇总，这就要涉及多个工作簿的数据操作。名称可以很好地解决这个问题。

【例 4.13】 某电视机厂每季度都要统计各种型号电视的销售数量。各省份的销售代理每季度向厂家提供一个含有各种型号电视的汇总统计表。现在对各省的报表数据进行汇总统计。

图 4-15(a)是四川的销售表，图 4-15(b)是云南的销售表，这两个工作表存在于不同的工作簿中，现用名称对这两个工作表进行数据汇总，如图 4-15(c)所示。

汇总统计的方法如下。

<1> 打开四川、云南和汇总工作簿，如图 4-15 所示。指定图 4-15(a)的单元格区域 A3:B8 的"最左列"为名称，同时指定图 4-15(b)的单元格区域 A3:B8 的"最左列"为名称。

(a) 四川销售表　　　　　　　(b) 云南销售表　　　　　　　(c) 汇总销售表

图 4-15　引用其他工作簿的数据

<2> 在图 4-15(c)的单元格 B3 中输入公式 "=四川.xlsx!_21 英寸+云南.xlsx!_21 英寸"; 在单元格 B4 中输入公式 "=四川.xlsx!_25 英寸+云南.xlsx!_25 英寸", 其余以此类推。

说明: ① 名称不能以数字开头, 若以定义的方式命名, 会显示出错信息; 若以指定方式定义名称, 而指定的名称又以数字开头时, Excel 会自动将下划线 "_" 加在名称的最前面, 如图 4-14(c)中所示。

② 若以非名称的方式引用另一工作簿中的单元格时, 其引用的标注方式为 "[工作簿名称]工作表名称!单元格引用"。例如, 要在图 4-15(c)的某个公式中引用图 4-15(b)中的单元格 C3, 则应在公式中输入的引用为 "[四川.xlsx]一季度!$C$3" 或 "[四川.xlsx]一季度!C3"。

③ 若引用另一工作簿中的名称, 其标记方法为 "工作簿名称!单元格名称"。图 4-15(c)正是以这种方式引用另两个工作簿中的名称。

显然, 名称不仅意义明确, 操作还方便。在引用时不必指定它所在的工作表或单元格引用位置。图 4-15(a)和(b)中电视机品牌的名称的次序是不同的, 但在图 4-15(c)的公式引用中, 根本不必关心这个问题, 这是采用引用方式无法做到的。若图 4-15(a)和(b)中有几百行数据, 当两表数据次序不同时, 用非名称的引用方式进行图 4-15(c)所示的汇总统计时, 就很麻烦。

4.3.5　名称管理器

Excel 提供了一个名称管理器, 从中可以完成工作簿中的名称管理。

单击 "公式" → "定义的名称" → "名称管理器" 按钮, 出现如图 4-16 所示的对话框, 其中列出了工作簿中所有已定义名称和表名称。"名称管理器" 可以查找有错误的名称, 确认名称的值和引用, 查看或编辑说明性批注, 或者确定适用范围; 还可以排序和筛选名称的列表, 在一个位置轻松地添加、更改或删除名称。

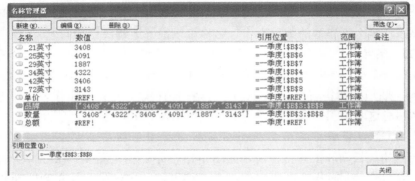

图 4-16　名称管理器

4.4　函数简介

Excel 提供了大量的内置函数，这些函数涉及许多工作领域，如财务、工程、统计、数据库、时间、数学等。此外，用户可以利用 VBA 编写自定义函数来完成特定任务。表 4-1 列出了 Excel 的函数类别。

表 4-1　Excel 的函数类别

分　类	功　能　简　介
财务函数	进行财务分析及财务数据的计算
日期与时间	对公式中所涉及的日期和时间进行计算、设置及格式化处理
数学和三角函数	进行数学计算，如随机数、三角函数、最大值、矩阵运算等
统计函数	对工作表数据进行统计、分析
查找和引用函数	在工作中查找特定的数据或引用公式中的特定信息
数据库函数	对数据清单中的数据进行分析、查找、计算等
文本函数	对公式、单元格中的字符、文本进行格式化或运算
逻辑函数	进行逻辑判定、条件检查
信息函数	对单元格或公式中数据的类型进行判定
工程函数	用于工程数据分析与处理
多维数据集函数	多维数据分析和处理，实现数据挖掘功能
外部函数	通过加载宏提供的函数，可不断扩充 Excel 的函数功能
自定义函数	用户用 VBA 编写，用于完成特定功能的函数

函数通过接收参数，并对参数进行运算，最后返回运算结果。在大多数情况下，函数的计算结果是数值，但可以返回文本、引用、逻辑值、数组或工作表的信息。在公式或自定义宏中可以调用 Excel 提供的内置函数，调用函数时要遵守 Excel 对函数所定的规则，否则会产生语法错误。调用函数时所遵守的 Excel 规则称为函数调用的语法。

1．函数调用的语法

Excel 函数调用的语法结构包括函数名和参数表两部分，如下所示：

　　函数名(参数 1，参数 2，参数 3，…)

其中，"函数名"表明函数要执行的运算；"函数名"后用圆括号括起来的是参数表，它是提供给函数进行运算的原始数据，其中的每一项都称为参数。参数可以是数字、文本、逻辑值、数组、形如"#N/A"的错误值，以及单元格或单元格区域的引用等内容。例如，计算单元格区域 A1:B10 中所有数据的平均值，可调用函数 AVERAGE(A1:B10)。其中 AVERAGE 是函数名，单元格区域 A1:B10 就是函数参数表，它必须出现在括号中。

函数的参数可以是常量、公式或其他函数。当函数的参数表中又包括其他函数时，就称为函数的嵌套调用。自 Excel 2007 开始，函数嵌套层数最多为 64 层，参数个数的上限值是 255（早期版本最多只允许 30 个参数）。

没有参数的函数称为无参函数，其调用形式为：

　　函数名( )

无参函数名后的圆括号是必需的。如 PI 函数，其值为 3.14159，调用形式为：PI( )。

说明：① 在 Excel 中输入函数时，要用圆括号把参数括起来，左括号标记参数的开始且必须紧跟在函数名的后面。如果在函数名与左括号之间插入了一个空格或者其他字符，Excel 会显示出错信息"#NAME？"。显然，Excel 把函数名当成了自定义名称，因此出错。

② 在 Excel 中函数名称不区分大小写，如 Average、AVERAGE 和 average 是相同的。

2. 函数调用的方法

在公式或表达式中应用函数就称为函数调用。函数调用有以下几种方式。

（1）在公式中直接调用

如果函数调用以公式形式出现，只需在函数名称前面输入"="。下面是在公式中直接调用函数的一个例子，在公式中调用平均值函数 AVERAGE 计算 A1:B5 和 C1:D2 两个区域中的数值，以及单元格 E5 的数值与 12、32、12 的平均值。

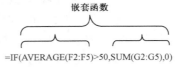

（2）在表达式中调用

除了在公式中直接调用函数，也可以在表达式中调用函数。例如，求单元格区域 A1:A5 的平均值与单元格区域 B1:B5 的总和，再除以 10，把计算结果放在单元格 C2 中，则可在单元格 C2 中输入公式"=(AVERAGE(A1:A5)+SUM(B1:B5))/10"。

（3）函数的嵌套调用

在一个函数中调用另一个函数，就称为函数的嵌套调用。例如：

嵌套函数

=IF(AVERAGE(F2:F5)>50,SUM(G2:G5),0)

这是一个函数嵌套调用的公式，平均值函数 AVERAGE 和汇总函数 SUM 都作为条件函数 IF 的参数使用。整个公式的意思可解释为：求出单元格区域 F2:F5 的平均值，如果该区域的平均值大于 50，公式的最后结果就是单元格区域 G2:G5 的数值总和，否则公式的最后结果是 0。

说明：函数的嵌套调用须注意以下两个问题。

① 有效的返回值。当嵌套函数作为参数使用时，它返回的数值类型必须与参数使用的数值类型相同。如果参数需要一个 TRUE 或 FALSE 值，那么嵌套函数必须返回一个 TRUE 或 FALSE 值，否则显示"#VALUE！"错误值。

② 嵌套级数的限制，公式中最多可以包含 64 级嵌套函数。当函数 B 作为函数 A 的参数时，函数 B 称为第二级函数。例如，上面的 AVERAGE 和 SUM 函数都是第二级函数，因为它们是 IF 函数的参数，而嵌套在 AVERAGE 内部的函数就是第三级函数，以此类推。

4.5 逻辑函数

逻辑函数可用于对单元格中的数据进行各种判断，或检查某些条件是否成立，如果条件成立，还可以用其他函数对逻辑函数的判断结果进一步处理。

4.5.1 比较运算和逻辑运算

1. 比较运算

比较运算又称为关系运算，就是人们常说的比较式。比较运算只有两种不同的结果，要么"正确"，要么"错误"，不可能有第三种结果。

比较式（又称为关系表达式）是用比较运算符将两个表达式连接起来的式子。例如，a>b、x=y、a<=0 和 y<>1 等都是比较式。

比较运算可以比较两个值的大小、相等或不等关系。在 Excel 中，比较运算的结果是一个逻辑值，只能是 TRUE（代表正确）或 FALSE（代表错误）两个值之一。参与比较的两个表达式可以是数值、单元格引用、文本或函数。表 4-2 列出了 Excel 的比较运算符。

表 4-2　Excel 的比较运算符

比较运算符	含　义	示　例	比较运算符	含　义	示　例
=	等于	a1=3	>=	大于等于	a1>=60
>	大于	a1>b1	<=	小于等于	a1<="dd"
<	小于	a1<1	<>	不等于	a1<>0

例如，"3>4"是不对的，所以运算的结果是 FALSE；如果单元格 A1 中的值是 9，A2 中的值是 2，则"A1>=A2"的结果为 TRUE，"SIN(3.14)>SIN(3.14/2)"的结果为 FALSE。

2. 逻辑运算

逻辑运算是同时判断两个或两个以上的条件是否都成立的"比较运算"，如数学中的 3<a<10，这样的条件在计算机中只能表示为"a>3 AND a<10"。这里，AND 就是一个逻辑运算符，表示它左右的两个条件同时成立的意思。假设 a=5，则这个式子的值为 TRUE；如果 a=1，该式的结果为 FALSE。

"a>3 AND a<10"也称为逻辑表达式，就是用逻辑运算符把两个或两个以上的比较式连接起来的式子，这种式子的最后结果不是 TRUE 就是 FALSE。在 Excel 中，逻辑运算由相应的逻辑函数完成。

4.5.2 逻辑函数 AND、NOT、OR、TRUE、FALSE

计算机的各种程序设计语言往往用逻辑运算符来表示逻辑表达式，就如前面的"a>3 AND a<10"表达式一样。但在 Excel 中，逻辑运算由函数来实现，这几个函数的用法如下。

```
AND(x1, x2, …, x255)
OR(x1, x2, …, x255)
NOT(logical)
```

其中，参数 x1，x2，…，x255 表示待检测的条件，可以是表达式、数值或逻辑常数（TRUE 或 FALSE），各条件函数最终的计算结果或为 TRUE，或为 FALSE。

AND 函数表示逻辑与，当所有参数的逻辑值为真时返回 TRUE，只要有一个参数的逻辑值为假即返回 FALSE。

OR 函数表示逻辑或，只要有一个参数的逻辑值为真就返回 TRUE，当所有参数的逻辑值都为假时，其结果才为 FALSE。

NOT 函数表示逻辑反，只有一个参数 logical，该参数是一个可以计算出 TRUE 或 FALSE

的逻辑值或逻辑表达式。如果逻辑值为 FALSE，函数 NOT 返回 TRUE；如果逻辑值为 TRUE，返回 FALSE。

使用 AND 和 OR 函数时，参数的使用应注意以下几点：

❖ 参数必须是逻辑值，或者包含逻辑值的数组或引用。

❖ 如果数组或引用的参数包含文字或空单元格，则忽略其值。

❖ 如果指定的单元格区域内包括非逻辑值，则 AND 函数返回错误值 "#VALUE!"。

下面举几个例子，来加深对这几个函数的理解。

AND(TRUE, TRUE)=TRUE，OR(TRUE, TRUE)=TRUE，AND(TRUE, FALSE, TRUE, TRUE)= FALSE，但 OR(TRUE, FALSE, TRUE, TRUE)=TRUE。

如果单元格 B1、B2、B3 中的值为 TRUE、FALSE、TRUE，则 AND(B1:B3)=FALSE，但 OR(B1:B3)=TRUE，AND(2, 2+3=5)=TRUE。

说明：在 Excel 中只有数字 0 被视为 FALSE，非 0 数字都被视为 TRUE，所以 AND(1,2,4,3) =TRUE，而 AND(1,2,2,0)=FALSE。

逻辑函数常与 IF、SUMIF、COUNTIF 等函数结合使用，在这些函数中运用逻辑函数可带来许多方便。

4.5.3 条件函数 IF

IF 函数也称为条件函数，它根据条件参数的真假值，返回不同的结果。其用法如下：

IF(logical, v1, v2)

其中，参数 logical 是一个条件表达式，可以是前面介绍的比较式或逻辑表达式，其结果应为逻辑真值（TRUE）或逻辑假值（FALSE）；v1 是 logical 测试条件为真时函数的返回值；v2 是 logical 测试条件为假时函数的返回值。v1 和 v2 很灵活，可以是表达式、字符串、常数或函数等内容。

IF 函数常与 AND 函数和 OR 函数结合使用。如公式 "IF(AND(1<B4, B4<100), B4, "数值超出范围")"，当单元格 B4 中的数值介于 1～100 时，函数的结果是单元格 B4 中的数值，否则其结果就是 "数值超出范围"。

在数据转换、查找和比较时，应用 IF 函数非常方便。请看下面的例子。

【例 4.14】 2019 年我国对个人所得税的税率进行了调整，实行 7 级个人所得税税收制度，个税免征额 5000 元，且三险一金（养老保险、失业保险、医疗保险及住房公积金）免税，从 2019 年 1 月 1 日起。调整后，2019 年执行的 7 级超额累进个人所得税税率表如图 4-17 中 A1:E10 区域所示。

某单位有 3000 多名职工，要按其工资缴纳个人收入所得税，税率与工资的关系如图 4-17 的 G1:T12 所示。在 Excel 可以轻易地制作出这样的工资收入明细表。方法如下。

（1）计算职工月工资

在图 4-17 中，本月工资=基本工资+综合津贴，计算方法为：在单元格 K5 中输入公式 "=I5+J5"，并向下填充此公式，即可计算出 K 表的工资数据。

个人所得税税率表（工资、薪金所得适用）

级数	全月应纳税所得额	起征点金额 5000	级别	税率(%)	速算扣除数
1	不超过3000元		0	0	0
2	超过3000元至12000元的部分		3000	10	210
3	超过12000元至25000元的部分		12000	20	1410
4	超过25000元至35000元的部分		25000	25	2660
5	超过35000元至55000元的部分		35000	30	4410
6	超过55000元至80000元的部分		55000	35	7160
7	超过80000元的部分		80000	45	15160

某单位职工个人收入明细表

姓名	部门	收入 基本工资	综合津贴	本月工资	扣除 养老	医保	失业	公积金	扣除后收入	所得税率	速算扣除数	税金	实发工资
张三	蕾维部	2200	1200	3400	800	100	120	300	2080	0		0	2080
李天	蕾维部	3500	1500	5000	800	100	120	300	3680	0		0	3680
王月	计划部	8500	1600	10100	800	100	120	300	8780	0.1	210	168	8612
黄二	计划部	6000	2300	8300	800	100	120	300	6980	0.03		59.4	6920.6
李委	蕾维部	40000	1000	41000	800	100	120	300	39680	0.25	2660	6010	33670
李一	网络部	700000	810	700810	800	100	120	300	699490	0.45	15160	297361	402129.5
双双	网络部	76000	20000	96000	800	100	120	300	94680	0.45	15160	25196	69484
黄我	蕾维部	9000	2320	11320	800	100	120	300	10000	0.1	210	290	9710

图 4-17　利用条件函数计算个人收入所得税

（2）计算职工月扣除后收入

扣除后收入=本月工资-养老-医保-失业-公积金

在单元格 P5 中输入公式"=K5-L5-M5-N5-O5"并向下复制，即可计算出 P 列数据。

（3）计算个人应缴所得税的税率

因为"五险一金"（表中只是三险）不收所得税，所以应根据个人每月扣除后的收入计算其税率。此外，低于起征点的部分不缴税，因此应根据"扣除后月收入-5000（起征点）"计算结果在图 4-17 的 A2:E10 区域中查找所得税税率。用嵌套的 IF 函数可以方便计算出每位职工的个人所得税税率。在 Q5 单元格中输入并向下复制下面的公式，即可计算出 Q 列的个税税率。

=IF((P5-$E$2)>80000,0.45, IF((P5-$E$2)>55000,0.35, IF((P5-$E$2)>35000,0.3, IF((P5-$E$2)>9500,0.25,
IF((P5-$E$2)>4500,0.2, IF((P5-$E$2)>1500,0.1, IF((P5-$E$2)>0,0.03,0)))))))

E2 中是个税起征点，也可以将它直接改为 5000。

其中，税率计算公式的含义为：当 P5-5000（E2 中的数值）>80000 时，公式的值为 0.45；当 55000<P5-5000≤80000 时，公式的值为 0.35；当 35000<P5-5000≤55000 时，公式的值为 0.30，其余的以此类推。

（4）计算每位职工的速算扣除数

个人所得税是按照扣除部分后收入分段计算的，如一个扣除后收入为 10000 元的职工，他的个税收取方法为：5000*0%+3000*3%+2000*10%。

上述计算方法步骤多，涉及分级的多个不同税率。可以简化计算过程，只按其最后一级的最高个税税率计算，然后将多扣除的部分减掉，多扣除的这部分就称为速算扣除数。在上面的例子中，其计算方法为：(10000-5000)=5000，它应该按第 3 档即 20%收税，其对应的速算扣除数为 210，即(10000-5000)*10%-210=745。

速算扣除数与个人所得税税率相对应，其计算方法与个税税率计算方法完全相同，在 R5 中输入并向下复制下面的公式，即可计算出 R 列的速算扣除数。

=IF((P5-$E$2)>80000,13505,IF((P5-$E$2)>55000,5505,IF((P5-$E$2)>35000,2755,
IF((P5-$E$2)>9500, 1005,IF((P5-$E$2)>4500,555,IF((P5-$E$2)>1500,105,IF((P5-$E$2)>0,0,0)))))))

（5）计算职工个人所得税的税金和实发工资

在单元格 S5 中输入公式"=(P5-$E$2)*Q5-R5"并向下复制，即可计算出 S 列的个人所得税金额。在单元格 T5 中输入公式"=P5-S5"并向下复制，即可计算出 T 列的实发工资。

在做一些翻译转换的工作时，IF 函数同样很有用。例如，在百分制的学校教育中，有时需要把分数转换成等级，或把等级转换成分数以便于综合测评。

【例 4.15】 学生成绩表如图 4-18 中的单元格区域 A2:E10 所示。现要将其中的"地理"成绩从百分制转换成等级制，转换的规则如表 4-3 所示。此外，需要标记没有补考的全部同学。

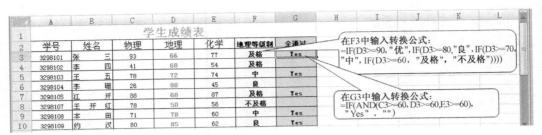

图 4-18　用 IF 函数转换成绩

在F3中输入转换公式：
=IF(D3>=90,"优", IF(D3>=80,"良", IF(D3>=70, "中", IF(D3>=60, "及格","不及格"))))

在G3中输入转换公式：
=IF(AND(C3>=60,D3>=60,E3>=60), "Yes" , "")

表 4-3　成绩转换表

分　　数	等　级
大于等于 90	优
80～89	良
70～79	中
60～69	及格
小于 60	不及格

地理成绩的等级制转换方式过程如下：在图 4-18 的单元格 F3 中输入公式 " =IF(D3>=90," 优 "，IF(D3>=80," 良 "，IF(D3>=70," 中 "，IF(D3>=60, "及格", "不及格"))))"，然后把 F3 中的公式向下填充复制到 F4，F5……

经上述步骤，学生成绩表中的地理成绩就由分数转换成了等级。在学生较多时，这种方法效率较高。

现在标记全部课程成绩都在 60 分以上的同学，只有当某同学全部课程都大于 60 分时才能标记，用 AND 函数判断全部课程都及格的条件可使问题简化。

<1> 在单元格 G3 中输入公式 "=IF(AND(C3>=60, D3>=60, E3>=60), "Yes", "")"，然后把 G3 中的公式向下填充复制到 G4，G5，…

该公式的意思很明确，如果 AND(C3>=60, D3>=60, E3>=60)函数返回 TRUE，表示"张三"的三科成绩都在 60 分以上，则 IF 函数的结果记为"Yes"，表示全部科目都及格；如果返回 FALSE，表明"张三"至少有一科成绩不及格，则 IF 函数的结果为空字符串。

OR 函数的用法与此大同小异，读者可尝试用 OR 函数在图 4-18 的 H 列中将有不及格科目的同学标记出来。

条件公式在实际工作中还有许多更重要的应用，因篇幅关系就不在此举例了。希望读者在实际工作中多注意这方面的应用，从而解决实际问题，提高工作效率。

4.6　工作表常用统计函数

本节仅从使用类别和使用频率两方面对函数进行简单归类，这种归类方法并不准确，仅仅是便于常用函数的查找。如果严格进行函数分类，可以参考 Excel 的帮助文件。

4.6.1　汇总求和函数

1. 自动求和按钮

在 Excel 的所有函数中，使用最多的是对工作表中指定的行、列或单元格区域进行求和运算的 SUM 函数。为了方便求和，Excel 提供了一个求和按钮 Σ 自动求和 ，可以方便地对行、列数据进行求和，以及求单元格区域中的最大值、最小值、平均值或计数等操作。此外，求和按钮还具有分级求和的功能。

【例 4.16】某电视机厂的电视机在几个商场进行销售，一季度的销售记录如图 4-19 所示，计算各产品的销售数量、销售额及几个商场的汇总数据。

利用自动求和按钮 Σ 自动求和 可以快捷计算各项汇总数据，方法如下。

<1> 选中 D6，再单击"公式"→"自动求和"，计算出沙坪坝商场销售的电视总数量。

<2> 按同样的方法计算出 F6、D10、F10 中的汇总数据。

有意思的是，单元格 D11 和 F11 中两个商场最终汇总数据的计算，也可以通过"自动求和"直接计算，前提是两个商场各自的汇总数据要先计算出来。Excel 将利用已经计算出的汇总数据进行二级汇总，操作方法同前。比如，要计算两个商场的总数量，只需选中单元格 D11 后，再单击自动求和按钮 Σ 自动求和 ▾ 即可。

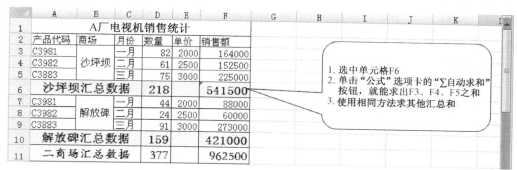

图 4-19　利用"自动求和按钮"进行两级数据汇总

在一个工作表中，如果对行数据进行求和，其操作方法与按列求和相同：先选中要保存求和值的单元格（或单元格区域），然后单击 Σ 自动求和 ▾ 按钮，Excel 会把相应行的汇总和保存在选中的单元格中。

"自动求和"还具有自动计算单元格区域的最大值、最小值等功能，单击按钮右边的下三角，就会显示最大值、最小值、平均值、计数等任务的列表，选择其中的命令，就能实现相应的计算。

2. 数据求和函数 SUM、平方求和函数 SUMQS

SUM 是一个求和汇总函数，与自动求和按钮的功能相同，但更灵活，可以计算任意单元格区域中所有数字之和；SUMSQ 是计算数据平方和的函数。其语法如下：

SUM(x1, x2, …, x255)
SUMSQ(x1, x2, …, x255)

其中，x1，x2，…，x255 是需要求和或平方和的参数，可以是数字、单元格或区域，也可以使用数组或对数组的引用，各参数之间用","分隔。

说明：① 参数表中的数字、逻辑值及数字的文本表达式将被计算。例如，SUM(3,2)=5，SUM("9",20,TRUE)=30。因为文本值被转换成数字，而逻辑值 TRUE 被转换成数字 1。

② 如果参数为数组或引用，只有其中的数字被计算。数组或引用中的空白单元格、逻辑值、文本或错误值将被忽略。例如，设单元格 A1 的值为"9"，A2 中包含 TRUE，则公式 SUM(A1，A2, 20)的最终计算结果为 20，而不是 30（注意与第①点比较）。因为本公式中包括两个引用 A1、A2，而 A1 的值为文本，A2 的值为逻辑值，它们在计算时被忽略，最终就只有一个数值 20 参与运算。

③ 参数最多可达 255 个，不同类型的参数可以同时出现。例如，A2:E2 包含 5、15、30、40、50 及 A3 的值为 10，则 SUM(A2:C2,A3,10)=70，SUM(A2:D2,{1,2,3,4},A3,10)=120。

④ 如果参数为错误值或为不能转换成数字的文本，将导致错误。

3. 条件求和函数 SUMIF 和 SUMIFS

SUMIF 函数根据指定条件对若干单元格求和，语法如下：

```
SUMIF(range, criteria, sum_range)
```

其中，range 是用于条件判断的单元格区域；criteria 为确定哪些单元格将被相加求和的条件，其形式可以为数字、表达式或文本；sum_range 为需要求和的实际单元格。只有当 range 中的相应单元格满足条件时，才对 sum_range 中的单元格求和。如果省略 sum_range，则直接对 range 中的单元格求和。

SUMIFS 函数对某一区域内满足多重条件的单元格求和，语法如下：

```
SUMIFS(sum_range, range1, criteria1, range2, criteria2, …)
```

其中，range1、range2、…是计算关联条件的 1～127 个区域；criteria1、criteria2、…是数字、表达式、单元格引用或文本形式的 1～127 个条件，用于定义要对哪些单元格求和。这些区域与条件是对应的，即 criteria1 是用于 range1 区域的条件，criteria2 是用于 range2 的条件，以此类推。sum_range 是求和区域。

SUMIFS 和 SUMIF 的参数顺序不同，求和区域 sum_range 参数在 SUMIFS 中是第一个参数，而在 SUMIF 中则是第三个参数。

SUMIF 和 SUMIFS 函数在条件求和，分类汇总时非常有用。请看下面的例子。

【例 4.17】 某商场的销售记录如图 4-20 的单元格区域 A1:G13 所示。现要统计各种电器的销售总数和总金额，并显示在单元格区域 I1:K6 的对应单元格中；统计每位职工销售每种产品的总数量，并显示在单元格区域 I8:L13 中。

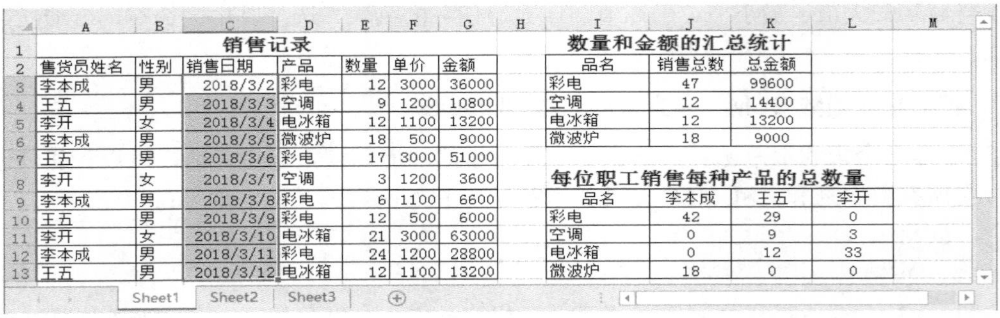

销售记录

售货员姓名	性别	销售日期	产品	数量	单价	金额
李本成	男	2018/3/2	彩电	12	3000	36000
王五	男	2018/3/3	空调	9	1200	10800
李开	女	2018/3/4	电冰箱	12	1100	13200
李本成	男	2018/3/5	微波炉	18	500	9000
王五	男	2018/3/6	彩电	17	3000	51000
李开	女	2018/3/7	空调	3	1200	3600
李本成	男	2018/3/8	彩电	6	1100	6600
王五	男	2018/3/9	彩电	12	500	6000
李开	女	2018/3/10	电冰箱	21	3000	63000
李本成	男	2018/3/11	彩电	24	1200	28800
王五	男	2018/3/12	电冰箱	12	1100	13200

数量和金额的汇总统计

品名	销售总数	总金额
彩电	47	99600
空调	12	14400
电冰箱	12	13200
微波炉	18	9000

每位职工销售每种产品的总数量

品名	李本成	王五	李开
彩电	42	29	0
空调	0	9	3
电冰箱	0	12	33
微波炉	18	0	0

图 4-20　用 SUMIF 函数进行条件汇总

用 SUMIF 函数可以方便地统计出各类产品的汇总数据，方法如下。

<1> 在图 4-20 的单元格 J3 中输入公式“=SUMIF($D$3:$D$10, I3, $E$3:$E$10)”，并向下填充到 J4、J5、J6 中。

此公式的含义是在单元格区域 D3:D10 中查找单元格 I3 中的内容，因 I3 中的内容是“彩电”，所以 SUMIF 函数前两个参数的含义就是在图 4-20 的 D 列中查找“彩电”所在的单元格，找到后，返回到 E 列同一行的单元格（因为返回的结果在 E3:E10 区域），最后对所有找到的单元格求总和。

<2> 总金额的计算方法与此类似，在单元格 K3 中输入公式“=SUMIF($D$3:$D$10, I3, $G$3:$G$10)”并向下填充复制，即可求出所有产品的总金额。

<3> 在单元格 J10 中输入统计“李本成”销售的彩电总数量的计算公式“=SUMIFS($E$3:$E$13, $D$3:$D$13, $I10, $A$3:$A$13, J$9)”。公式的含义是：对于单元格区域 E3:E13 中每个

单元格中的数量，如果单元格区域 D3:D13 对应行的产品名是"彩电"（即 I10 单元格的内容），而且单元格区域 A3:A13 对应行的姓名是"李本成"（即单元格 J9 中的内容），就将此数量计入总数。

注意
上面两个公式中的绝对引用和相对引用是不能修改的，请读者分析其原因。

<4> 将单元格 J10 中的公式向下填充，就能计算出"李本成"销售的空调、电冰箱和微波炉总数。

<5> 将单元格 J10 中的公式向右填充，就能计算出"王五"和"李开"销售的彩电总数，再将 K10、L10 中的公式向下填充，就能计算出他们销售的其他产品的总数。

在输入 J10 中的公式时，要注意公式中的单元格引用形式，如果不小心将其中的某个绝对引用改成了相对引用，或将某个相对引用改成了绝对引用，则在复制该公式到其他单元格时将得不到正确的结果。

4.6.2 平均值函数

1. 普通平均值函数 AVERAGE 和 AVERAGEA

这两个函数的功能都是计算给定参数的平均值，但它们对文本、逻辑值的处理方法不同。下面分别对它们进行简介。语法如下：

AVERAGE(x1, x2, …, x255)
AVERAGEA(x1, x2, …, x255)

其中，x1，x2，…，x255 是要计算平均值的参数，可以是数字或者涉及数字的名称、数组或引用，最多允许有 255 个参数。

如果在平均值的计算中不能包含文本值，应使用 AVERAGE 函数来计算数值的总和。如果数组或单元格引用参数中有文本、逻辑值或空单元格，则这些参数将不参与平均值的计算。但是，如果单元格包含零值，则计算在内。

如果需要包括文本或逻辑值的参数也参与平均值的计算，则需要使用 AVERAGEA 函数，在该函数中，参数中的文本、逻辑值将参与平均值的计算，其中的文本被视为 0，逻辑值 TRUE 被视为 1，FALSE 被视为 0，空文本（""）也作为 0 计算。

【例 4.18】 图 4-21 说明的是 AVERAGE 与 AVERAGEA 函数的区别。

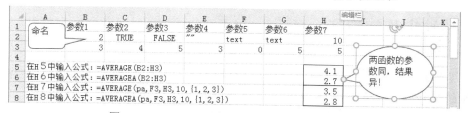

图 4-21　AVERAGE 与 AVERAGEA 函数的区别

在单元格 H5 中输入公式"=AVERAGE(B2:H3)"，H6 中输入公式"=AVERAGEA(B2:H3)"。这两个函数的参数完全一样，但结果有很大差别。因为 AVERAGE(B2:H3)参与平均值计算的单元格只有单元格区域 B2:H3 中的数值单元格，即只有 B2、B3、C3、D3、E3、F3、G3、H3、H2 参与计算；但 AVERAGEA(B2:H3)参与计算的是整个单元格区域 B2:H3，共 14 个单元格，其中的 E2:G2 被视为 0（它们是文本）、C2 为 1（逻辑值 TRUE）、D2 为 0（逻辑值 FALSE）。

单元格 H7、H8 中的公式表明了这两个函数的多参数应用情况，其中 pa 是单元格区域 B2:E3 的名称，请读者按上面的思路对两个公式的结果进行分析。

2. 条件平均值函数 AVERAGEIF 和 AVERAGEIFS

Excel提供了两个根据条件计算平均值的函数AVERAGEIF和AVERAGEIFS。AVERAGEIF是单条件平均值函数，计算某个区域内满足给定条件的所有单元格的平均值；AVERAGEIFS是多条件平均值计算函数，计算满足多重条件的所有单元格的平均值。

```
AVERAGEIF(average_range, range1,criteria1)
AVERAGEIFS(average_range, range1, criteria1, range2, criteria2, …)
```

其中，average_range是要计算平均值的一个或多个单元格，也可以是数字或包含数字的名称、数组或引用；range1、range2、…是计算关联条件的1～127个区域；criteria1是用于range1的条件，criteria2是用于range2的条件……它们可以是数字、表达式、单元格引用或文本形式的1～127个条件，用于定义对单元格求平均值的条件。

【例4.19】 某班期末考试成绩表如图4-22的单元格区域B1:F10所示，统计每个班男女生的各科平均成绩。

本例中平均值的计算条件有两个：班级和性别，用AVERAGEIFS函数实现这样的计算非常简单。

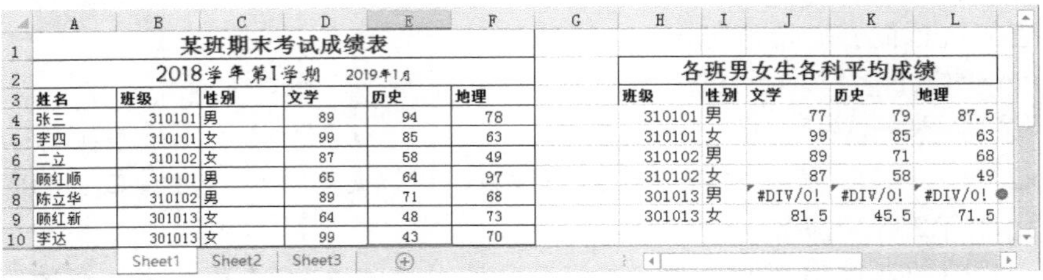

	A	B	C	D	E	F
1	某班期末考试成绩表					
2	2018学年第1学期 2019年1月					
3	姓名	班级	性别	文学	历史	地理
4	张三	310101	男	89	94	78
5	李四	310101	女	99	85	63
6	二立	310102	女	87	58	49
7	顾红顺	310101	男	65	64	97
8	陈立华	310102	男	89	71	68
9	顾红新	301013	女	64	48	73
10	李达	301013	女	99	43	70

	H	I	J	K	L
2	各班男女生各科平均成绩				
3	班级	性别	文学	历史	地理
4	310101	男	77	79	87.5
5	310101	女	99	85	63
6	310102	男	89	71	68
7	310102	女	87	58	49
8	301013	男	#DIV/0!	#DIV/0!	#DIV/0!
9	301013	女	81.5	45.5	71.5

图4-22　用AVERAGEIFS函数计算多条件平均值

<1> 在单元格J4中输入公式“=AVERAGEIFS(D$4:D$10, $B$4:$B$10, $H4, $C$4:$C$10, $I4)”并向右复制，可计算310101男生的各科平均成绩。

<2> 将J4:L4中的公式向下复制，可计算出各班男、女生的各科的平均成绩。

说明： 不能修改公式中各单元格的引用类型。因为301013班没有男生，所以其统计结果是一些错误值，可以参考4.10节的内容，应用错误信息函数过滤错误，使它不显示出来。

4.6.3 统计个数的函数

1. 一般计数函数 COUNT、COUNTA 和 COUNTBLANK

它们都是统计数据个数的函数，只是计数的方法不同。COUNT统计数值型数据的个数，COUNTA统计非空单元格的个数，COUNTBLANK统计空白单元格的数目。语法如下：

```
COUNT(x1, x2, …, x255)
COUNTA(x1, x2, …, x255)
COUNTBLANK(range)
```

其中，x1，…，x255是包含或引用各种类型数据的参数，range是1个单元格区域。COUNT函数只统计数值型数据的个数。但COUNTA函数计算指定参数中所有类型数据的个数，只要单元格不空，就要被计数。COUNTBLANK函数统计指定区域range中空白单元格的个数。

【例4.20】 用COUNT和COUNTA函数统计图4-23中区域A2:J2中的单元格数量。

单元格F4中的公式是“=COUNT(A2:J2)”，F5中的公式是“COUNTA(A2:J2)”，F6中的公式是“COUNTBLANK(A2:A10)”，统计结果分别是4、10、0。

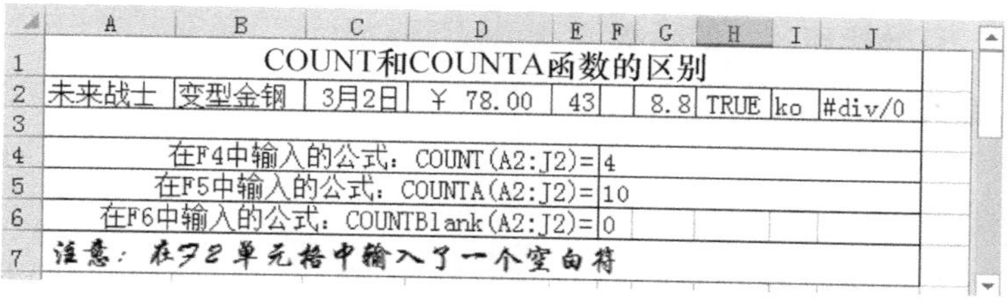

	A	B	C	D	E	F	G	H	I	J
1	COUNT和COUNTA函数的区别									
2	未来战士	变型金钢	3月2日	￥ 78.00	43		8.8	TRUE	ko	#div/0
3										
4	在F4中输入的公式：COUNT(A2:J2)=					4				
5	在F5中输入的公式：COUNTA(A2:J2)=					10				
6	在F6中输入的公式：COUNTBlank(A2:J2)=					0				
7	注意：在F2单元格中输入了一个空白符									

图 4-23　COUNT 函数和 COUNTA 函数的区别

结果表明该区域中有 4 个数值（3 月 2 日，¥78.00，43，8.8），10 个非空单元格（A2:J2 中正好 10 个单元格，F2 中输入了空白字符），0 个空白单元格。

说明：① Excel 的日期和金额都是以数值形式保存的，符号¥只是数值显示的一种形式。

② 直接出现在公式中的逻辑值 FALSE 或 TRUE 是按 0 或 1 处理的，与单元格中的 FALSE 或 TRUE 的处理不同。例如，若 A2:J2 是图 4-23 中的区域，则 COUNT(A2:J2, "在", FALSE) 的值应该为 5，FALSE 在此是按数字进行了计数的。

2．条件计数函数 COUNTIF 和 COUNTIFS

COUNTIF 是单条件统计函数，可以计算出符合条件的数据个数，语法如下：

```
COUNTIF(range, criteria)
```

其中，range 是需要计算其中满足条件的单元格数目的单元格区域；criteria 为确定哪些单元格将被计算在内的条件，其形式可以为数字、表达式或文本，常需要用双引号括起来。

COUNTIFS 是多条件统计函数，一次对多个不同区域进行不同条件的计数，语法如下：

```
COUNTIF(range1, criteria1, range2, criteria2,…, range127, criteria127)
```

其中，criteria1 是用于 range1 的条件，criteria2 是用于 range2 的条件，最多可有 127 对区域和条件。当只用一个条件和一个区域时，COUINTIFS 函数的功能与 COUNTIF 函数的相同。

【例 4.21】 学生成绩表如图 4-24 所示。统计其中总分 220 分以下的人数；统计总分 200 分以上、物理 80 分以上、地理 70 分以下、化学 65 分以上的人数；统计姓王的同学人数。

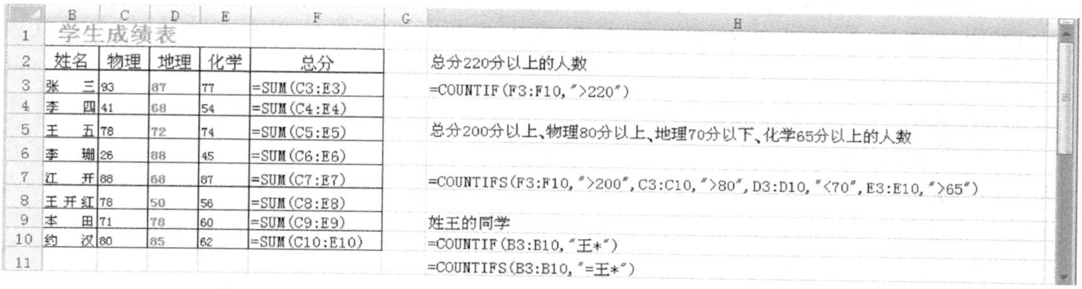

	B	C	D	E	F	G	H
1	学生成绩表						
2	姓名	物理	地理	化学	总分		总分220分以上的人数
3	张　三	93	87	77	=SUM(C3:E3)		=COUNTIF(F3:F10,">220")
4	李　四	41	68	54	=SUM(C4:E4)		
5	王　五	78	72	74	=SUM(C5:E5)		总分200分以上、物理80分以上、地理70分以下、化学65分以上的人数
6	李　珊	26	88	45	=SUM(C6:E6)		
7	江　开	88	68	87	=SUM(C7:E7)		=COUNTIFS(F3:F10,">200",C3:C10,">80",D3:D10,"<70",E3:E10,">65")
8	王开红	78	50	56	=SUM(C8:E8)		
9	本　田	71	78	60	=SUM(C9:E9)		姓王的同学
10	约　汉	80	85	62	=SUM(C10:E10)		=COUNTIF(B3:B10,"王*")
11							=COUNTIFS(B3:B10,"=王*")

图 4-24　用 COUNTIF 函数和 COUNTIFS 函数统计学生人数

用 COUNTIF 函数和 COUNTIFS 函数能够完成本题目的要求，在单元格 H3、H7、H10 和 H11 中输入相应的计数公式，如图 4-24 所示，图中显示了单元格的公式（按 Ctrl+' 组合键可在公式和值两种显示方式之间进行切换）。

在 COUNTIF 和 COUNTIFS 的条件中都可以用通配符“*”和“?”。“*”代表任意个任意符号，“?”代表一个任意符号。H10 和 H11 分别用 COUNTIF 和 COUNTIFS 函数统计姓王的学生人数，功能和结果完全一样。在进行字符串的相等比较时，可以省略条件中的“=”。例如，H10 中的 COUNTIF 函数中的条件“"王*"”与“"=王*"”完全相同，只是省略了“=”。

3. 计算最值、百分比和名次的函数

（1）MAX 函数和 MIN 函数

MAX 函数的功能是找出指定数值或单元格区域中的最大数，MIN 的功能是找出指定数值或单元格区域中的最小数。语法如下：

> MIN(x1, x2, x3, ···, x255)
> MAX(x1, x2, x3, ···, x255)

其中，x1，x2，···，x255 是包含或引用各种类型数据的参数。

（2）大值函数 LARGE 和小值函数 SMALL

LARGE 函数返回数据集中第 k 个最大值，SMALL 函数返回数据集中第 k 个最小值，这两个函数可以根据相对标准来选择数值，返回数据集中特定位置上的数值。语法如下：

> LARGE(array, k)
> SMALL(array, k)

其中，array 为数组或单元格区域，k 是返回值在数组或单元格区域中的位置。

例如，LARGE(A1:A10,1)等于 A1:A10 中的最大值，LARGE(A1:A10,10)等于 A1:A10 中的最小值；假设 array 为具有 n 个数据的数组，则 SMALL(array,1)等于最小值，SMALL(array,n)等于最大值。

（3）百分比函数 PERCENTILE 和 PERCENTRANK

PERCENTILE 返回区域中数值的第 k 个百分点的值，PERCENTRANK 返回特定数值在一个数据集中的百分比排位。语法如下：

> PERCENTILE(array,k)
> PERCENTRANK(array,x,significance)

其中，array 为数组或数据区域，k 为 0～1 的百分值（包含 0 和 1），x 是要计算其在 array 中的百分比排位的值；significance 为可选项，表示返回的百分数值的有效位数。如果省略，函数 PERCENTRANK 保留 3 位小数。

（4）中间值函数 MEDIAN 和众数函数 MODE

MEDIAN 函数计算给定数据的中值，MODE 函数返回一组数中出现次数最多的数（众数）。语法如下：

> MEDIAN(number1, number2, ···)
> MODE(number1, number2, ···)

其中，number1···是要计算的 1～255 参数，可以是数字、单元格或区域以及数组等类型。

（5）排名函数 RANK

RANK 函数返回一个数字在一组数中的排位，即位次。语法如下：

> RANK(number, ref, order)

其中，number 为需要找到排位的数字；ref 可以是一个数组或单元格区域，其中的非数值型参数将被忽略；order 指明排位的方式，如果为 0 或省略，则对数字的排位是基于 ref 按照降序排列的列表，否则对数字的排位是基于 ref 按照升序排列的列表。

RANK 计算出 number 在 ref 中的名次，如果 ref 中有多个相同的 number，则其排名相同（即并列名次）。例如，假设 A1:A5 中的数据分别为：23、12、43、50、2，则 RANK(A2, A1:A5)=4，RANK(A4, A1:A5)=1，RANK(A2, A1:A5, 1)=2

【例 4.22】 学生成绩表如图 4-25 中单元格区域 A1:F10 所示。计算：总成绩最高分和最

低分，各学生成绩的名次，百分比排位，第三名和倒数第三名总分，中间成绩，出现次数最多的分数，以及在 38%总分位置的分数大致是多少等。

	A	B	C	D	E	F	G	H	I	J	K
1	学生成绩表										
2	学号	姓名	物理	地理	化学	总分	名次	百分比排位		最高总分	257
3	3298101	张　三	93	87	77	257	1	100%		最低总分	159
4	3298102	李　四	41	68	54	163	7	14%		第三名总分	227
5	3298103	王　五	78	72	74	224	4	57%		倒数第三名总分	184
6	3298104	李　珊	26	88	45	159	8	0%		中间成绩	216.5
7	3298105	江　开	88	68	87	243	2	85%		成绩众数	78
8	3298107	王开红	78	50	56	184	6	28%		第38%比例的总成绩	200.5
9	3298108	本　田	71	78	60	209	5	42%			
10	3298109	约　汉	80	85	62	227	3	71%			

图 4-25　成绩的各种排名统计

最高总分计算：在单元格 K2 中输入公式“=MAX(F3:F10)”。

最低总分计算：在单元格 K3 中输入公式“=MIN(F3:F10)”。

名次的计算方法是：在单元格 G3 中输入公式“=RANK(F3,$F$3:$F$10)”并向下复制到单元格 G10。

百分比排位的计算方法是：在单元格 H3 中输入公式“=PERCENTRANK($F$3:$F$10,F3,2)”并向下复制到单元格 H10。

在单元格 K4 中输入公式“=LARGE(F3:F10,3)”，计算第三名总分。在单元格 K5 中输入公式“=SMALL(F3:F10,3)”，计算倒数第三名总分。在单元格 K6 中输入公式“=MEDIAN(F3:F10)”，计算总分的中值。在单元格 K7 中输入公式“=MODE(C3:E10)”，计算次数出现最多的分数。在单元格 K8 中输入公式“=PERCENTILE(F3:F10,0.38)”，计算在总分的 38%位置的成绩是多少。

4．统计函数综合应用实例——考试成绩的各类统计分析

本例介绍的函数都与数据统计有关，在日常工作表中经常用到。事实上，常与它们同时使用的还有 IF、SUMIF、COUNTIF 等函数。

【例 4.23】 某班期末考试成绩表如图 4-26 的单元格区域 A1:F10 所示。现要统计每位同学的总分、各科目的应考人数、缺考人数及平均成绩。

	A	B	C	D	E	F	G
1	某班期末考试成绩表						
2	2018学年第1学期　2018年7月						
3	姓名	文学	历史	地理	化学	政治	总分
4	张三	89	64		42	缺考	=SUM(B4:E4)
5	李四	99	85	63	67	50	=SUM(B5:E5)
6	二立	F	58	49	97	68	=SUM(B6:E6)
7	顾红顺	65	64		66	缺考	=SUM(B7:E7)
8	陈立华	F	71	68	87	98	=SUM(B8:E8)
9	顾红新	64	48	73	50	60	=SUM(B9:E9)
10	李达	99	43	70	55	42	=SUM(B10:E10)
11							
12	应考人数	=COUNTA($A4:$A10)	=COUNTA($A4:$A10)	=COUNTA($A4:$A10)	=COUNTA($A4:$A10)	=COUNTA($A4:$A10)	
13	缺考人数	=B12-COUNT(B4:B10)	=C12-COUNT(C4:C10)	=COUNTBLANK(D4:D10)	=E12-COUNT(E4:E10)	=F12-COUNT(F4:F10)	
14	平均成绩	=AVERAGE(B4:B10)	=AVERAGE(C4:C10)	=AVERAGE(D4:D10)	=AVERAGE(E4:E10)	=AVERAGE(F4:F10)	
15							
16	化学分数段统计						
17	分数段	人数					
18	0~40	=COUNTIF($E$4:$E$10,"<40")					
19	40~50	=COUNTIF($E$4:$E$10,"<50")-COUNTIF($E$4:$E$10,"<40")					
20	50~60	=COUNTIF($E$4:$E$10,"<60")-COUNTIF($E$4:$E$10,"<50")					
21	60~70	=COUNTIF($E$4:$E$10,"<70")-COUNTIF($E$4:$E$10,"<60")					
22	70~80	=COUNTIF($E$4:$E$10,"<80")-COUNTIF($E$4:$E$10,"<70")					
23	80~90	=COUNTIF($E$4:$E$10,"<90")-COUNTIF($E$4:$E$10,"<80")					
24	90~100	=COUNTIF($E$4:$E$10,"<=100")-COUNTIF($E$4:$E$10,"<90")					

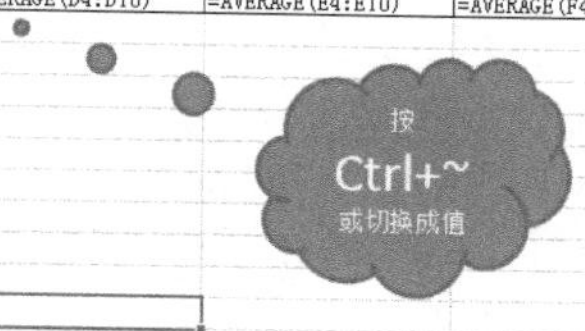

Sheet1　Sheet2　Sheet3

图 4-26　学生成绩表统计分析

<1> 统计应考人数。各科目的应考人数可根据学生姓名计数，因为姓名是文本，所以可采用 COUNTA 函数。假设各科目的考试人数相同，其统计方法是：在单元格 B12 中输入公式 "=COUNTA($A4:$A10)"，然后向右填充复制此公式。

<2> 统计缺考人数。所有科目缺考人数由公式 "缺考人数=应考人数–实考人数" 计算。由于各科目对缺考人数的登记方法不同，有的在缺考的成绩处填写 "F"，有的填写 "缺考"，有的什么也不填写，因此可以采用不同的计算方法。

"文学" 缺考人数的计算方法是在单元格 B13 中输入公式 "=B12–COUNT(B4:B10)"，其中 B12 是应考人数。COUNT(B4:B10)可统计出 B4:B10 中的数值个数，不会把空格和文本单元格计算在内，其实就是实考人数，因为只要有一个数值就表明有一个人考试。

用同样的方法计算 "历史" "化学" "政治" 的缺考人数。请参考单元格 C13、E13、F13 中的公式。

"地理" 的缺考人数也可以用上述方式统计，缺考学生的成绩为空白，所以可以用 COUNTBLANK 函数统计，在单元格 D13 中输入公式 "=COUNTBLANK(D4:D10)"。

<3> 统计各科目的平均成绩。由于 AVERAGE 函数只统计数值的平均数，不会把统计成绩表中的文本计算在内，因此所有科目的平均成绩的计算方法都相同：在单元格 B14 中输入公式 "=AVERAGE(B4:B10)" 计算文学的平均成绩；将单元格 B14 中的公式向右填充，计算其他科目的平均成绩。

<4> 统计各同学的总分。在单元格 G4 中输入公式 "=SUM(B4:E4)"，计算张三的总分；将此公式向下填充，计算其他同学的总分。

<5> 统计分数段。分数段可用 COUNTIF 函数统计，其第一个参数是要统计数据所在的单元格区域，第二个参数是统计条件，仅对符合条件的单元格计数。

4.7 数学和三角函数

Excel 提供了大量数学和三角函数，能够完成大多数数学和三角运算。这里仅介绍几个常用数学函数。

① 函数 RAND 和 RANDBETWEEN(a, b)：随机函数。RAND 产生一个大于等于 0、小于 1 的均匀分布的随机数，每次计算工作表时都将返回一个新的数值。如果要生成 a、b 之间的随机实数，可用 "RAND()*(b–a)+a"；而 RAND()*100 产生一个大于等于 0、小于 100 的随机数。RANDBETWEEN(a, b)则生成 a~b 之间的一个随机整数。

② INT(x)：向下取整函数，返回实数 x 向下舍入后的整数值（即不超过当前实数的最小整数）。例如，INT(8.9)=8，INT(–8.9)=–9。

③ ROUND(number, n)：四舍五入函数，返回某个数字按指定位数取整后的数字。此函数对数字 number 的第 n 位小数进行四舍五入。当 n 为负数时，将从小数点开始向左精确到第 n 位（即对整数部分从右至左的第 n 位进行四舍五入）。例如：

ROUND(2.15, 1)=2.2	
ROUND(-1.475, 2)=-1.48	
ROUND(21.5, -1)=20	此函数将 21.5 四舍五入到小数点左侧一位
ROUND(21.5, -2)=0	请读者分析此结论

④ ROMAN(number, form)：将阿拉伯数字转换为文本形式的罗马数字。number 是需要转

换的阿拉伯数字，只能取 0～3999 之间的数值。form 是 0，1，2，3，4 几个数字之一，代表不同的罗马数字类型。比如，ROMAN(1,1)＝Ⅰ，ROMAN(2,1)＝Ⅱ，ROMAN(4,1)＝Ⅳ。

⑤ MINVERSE(array)：计算矩阵 array 的逆矩阵。array 是具有相等行列数的数值数组（即方阵），可以是单元格区域（如 A1:C3）、常数数组（如{1,2,3;4,5,6;7,8,9}），或者是引用前两者的名称。

⑥ MMULT(array1, array2)：计算两数组的矩阵乘积。结果矩阵的行数与 array1 的行数相同，列数与 array2 的列数相同。array1 和 array2 是要进行矩阵乘法运算的两个数组。array1 的列数必须与 array2 的行数相同，而且两个数组中都只能包含数值。array1 和 array2 可以是单元格区域、数组常数或引用。

在学习 Excel 的某些功能或用 Excel 进行科研工作时，可能需要大量的实验数据，采用手工方式输入数据，费时且麻烦。利用随机函数，可以一次性产生大量的仿真数据。此外，许多时候需要在不改变数据表次序的情况下，对表格中的某项数据进行排名。如学生成绩排名、公司或个人收支排名等。RAND 和 RANK 函数可以很好地处理上述问题。下面是应用实例，即用随机函数产生大量的实验数据、计算排名。

【例 4.24】 一张工资表的结构如图 4-27 所示，现以此表为例说明用随机函数生成仿真数据的方法。

图 4-27　一张空白工资表

（1）产生日期

在图 4-27 中，"参加工作时间"可以用随机函数批量生成。假设参加工作的时间范围是 1970/1/1～1975/12/31，共有 365×5+1=1826 天。用随机函数产生日期数据的方法如下。

<1> 在单元格 B2 中输入参加工作的最早时间，即输入"1970/1/1"。

<2> 选中要产生日期的单元格区域，如 B3:B8，输入公式"=B2+RAND()*1826"，然后按 Ctrl+Enter 组合键。

<3> 这时在单元格区域 B3:B8 中将产生一系列数值，如图 4-28 所示。Excel 中的日期和时间是按数值序列存放的，所以在单元格区域 B2:B8 中显示的是数值。

图 4-28　用数组公式与随机函数产生的数据

<4> 选中单元格区域 B2:B8，将其格式设置为日期类型"2012 年 3 月 14 日"。

（2）产生加班时间，计算加班工资

假设加班时间按分钟计算，一个月最多加班 10 小时，共 600 分钟。每小时的加班工资为 10 元。在这个前提下，C2:C8 范围内的数据应是 0～600 之间的整数。

<1> 选中单元格区域 C2:C8，输入公式"= INT(RAND()*600)"，按 Ctrl+Enter 组合键。

<2> 在单元格 E2 中输入计算加班工资的公式"=ROUND(C2/60, 0)*10"，其中的 ROUND 函数将加班时间四舍五入到个位数，然后向下填充此公式。

（3）产生基本工资

假设基本工资在 800～3000 范围内，其产生方法如下：选中单元格区域 D2:D8，输入公式"=800+INT(RAND()*2200)"，按 Ctrl+Enter 组合键。

（4）产生其他数据

假设图 4-28 中的其他数据都在 1000 以内，其产生方法如下：选中单元格区域 E2:H8，输入公式"=INT(RAND()*1000)"，按 Ctrl+Enter 组合键。

（5）计算总收入和收入排名

<1> 在单元格 I2 中输入总收入计算公式"=SUM(D2:H2)"。

<2> 在单元格 J2 中输入"张大海"的排名计算公式"=RANK(I2, $I$2:$I$8)"。

将单元格 I2、J2 中的公式向下复制，就可计算出所有人的总收入和收入排名。

经过上述步骤后，将生成如图 4-29 所示的工资仿真数据表。

	A	B	C	D	E	F	G	H	I	J
1	姓名	参加工作时间	加班时间	基本工资	加班工资	房屋补贴	其它津贴	生计津贴	总收入	收入排名
2	张大海	1970年1月1日	420	2746	70	459	448	648	4371	3
3	李四山	1973年2月22日	277	1039	50	67	789	882	2827	5
4	黄明	1970年6月22日	230	1518	40	241	7	169	1975	7
5	代开来	1970年6月24日	596	2840	100	664	784	515	4903	1
6	黄大少	1974年4月23日	474	2825	80	534	979	13	4431	2
7	乡长	1970年12月25日	466	2176	80	734	128	6	3124	4
8	郷将	1971年7月25日	199	1956	30	316	108	128	2538	6

图 4-29　用随机函数和 Ctrl+Enter 组合键批量生成的工作表仿真数据

说明：① 用随机函数产生的是动态数据，每当工作表的数据有变化时，Excel 都会重新调用随机函数产生新的数据。利用"开始"→"复制"→"选择性粘贴"命令，可以把该数据粘贴为"数值"。

② 用随机函数产生的数据保留了较多的小数位数，可用 INT 函数对它进行取整，也可以用 ROUND 函数对它进行指定小数位数的四舍五入处理。但是，不应该用 减少小数，因为这种方式仅改变了单元格中数据的显示位数，实际存储的仍然是原来的数据。

③ 如果生成的仿真数据是整数，则用 RANDBETWEEN 随机函数更方便。

4.8　日期及时间函数

4.8.1　Excel 的日期系统

Excel 将日期存储为序列号（称为序列值），即一系列连续的数字编号，每个数字编号代表一个日期。Excel 支持 1900 年和 1904 年两种日期系统，其主要区别是代表的起点年不一样。在 1900 年日期系统，数字 1 代表 1900 年 1 月 1 日，2 代表 1900 年 1 月 2 日……39448 代表 2008 年 1 月 1 日，因为从 1900 年 1 月 1 日到 2008 年 1 月 1 日正好 39448 天。而在 1904 年日期系统中，1 代表 1904 年 1 月 2 日，其余类推。

Excel 将时间存储为小数，因为时间被看作天的一部分。时间也被存为序列号，此序列号以秒为单位递增。因为一天共有 24×60×60=86400 秒，所以 1/86400 代表的时间是 00:00:01，2/86400 代表的时间是 00:00:02……

因为日期和时间都是数值，所以也可以进行加、减等运算。将包含日期或时间的单元格格式设置为"常规"格式，可以查看以系列值显示的日期和以小数值显示的时间。

在默认情况下，Excel 采用 1900 年日期系统，如果更改为 1904 年日期系统，可以选择"文件"→"选项"命令，在弹出的"Excel 选项"对话框的"高级"→"计算此工作簿"栏中勾选"1904 年日期系统"复选框。

说明：① 用两位数表示的年。当向单元格中输入日期并仅为年份输入两位数字时，Excel 将如下解释年份。

如果为年份输入的数字为 00～29，Excel 会将其解释为 2000 到 2029 年。例如，如果输入"19/5/28"，Excel 会认为这个日期是 2019 年 5 月 28 日。

如果为年份输入的数字为 30～99，Excel 会将其解释为 1930 到 1999 年。例如，如果输入"98/5/28"，Excel 会认为这个日期是 1998 年 5 月 28 日。

② 用四位数表示的年。要确保年份值像所希望的那样解释，应将年份按四位数输入（如 2001，而非 01）。如果输入了四位数的年，Excel 不会强行解释。

Excel 提供了许多日期和时间函数，下面对其中几个常用函数进行简要介绍。

4.8.2　函数 YEAR、MONTH、DAY、NOW、TODAY

YEAR、MONTH 和 DAY 是计算给定日期中的年、月、日的函数。这三个函数的参数都是日期型数据（或一个日期序列数），其用法如下：

```
YEAR(serial_number)
MONTH(serial_number)
DAY(serial_number)
```

其中，serial_number 是一个日期值，包含了要计算的年、月、日。日期有多种输入方式：带引号的文本串，或日期序列数。

YEAR 函数返回某日期的年份，年份为 1900～9999 之间的整数。

MONTH 函数返回以系列数表示的日期中的月份，是 1～12 之间的整数。

DAY 函数返回某日期中的天数，用整数 1～31 表示。

NOW 函数返回当前的时间。

TODAY 函数返回当天的日期。

例如，YEAR("1998/01/30")=1998，YEAR(36940)=2001，MONTH("1998/01/30")=1，DAY("1998/01/30")=30。

4.8.3　函数 WEEKDAY 和 NETWORKDAYS

WEEKDAY 计算给定的日期是星期几，其用法如下：

```
WEEKDAY(serial_number, return_type)
```

其中，serial_number 代表要计算的日期，或日期的系列数；return_type 是确定返回日期值类型的数字，如表 4-4 所示。

表 4-4　WEEKDAY 返回星期类型

return_type	返回的数字
1 或省略	数字 1（星期天）到数字 7（星期六）
2	数字 1（星期一）到数字 7（星期天）
3	数字 0（星期一）到数字 6（星期天）

例如，WEEKDAY("1998/2/14")=7（星期六），WEEKDAY("1998/2/14",2)=6（星期六），WEEKDAY("2003/02/23",3)=6（星期日）。

在处理日期时，也可用 TEXT 函数将它转换为指定的数字格式，如：

TEXT("1998/4/16", "dddd")=Thursday

NETWORKDAYS 函数计算两给定日期之间的工作日天数，工作日不包括周末和专门指定的假期。该函数的语法如下：

NETWORKDAYS(start_date, end_date, holidays)

其中，start_date 表示代表开始日期，end_date 为终止日期；holidays 表示不在工作日历中的一个或多个日期所构成的可选参数，如元旦、五一、春节。holidays 可以是包含日期的单元格区域，或由代表日期的系列数所构成的数组常量。

可以使用函数 NETWORKDAYS 计算某一特定时期内的工作天数。例如，某项目从 1999年 10 月 1 日开始，2000 年 2 月 15 日完成，但不包括 1999 年 12 月 24 日和 2000 年 1 月 3 日，则该项目的工作日计算如下：

NETWORKDAYS("1999/10/01", "2000/2/15", {"1999/12/24", "2000/1/3"})=96

下面的示例将计算从 2019 年 2 月 11 日到 2019 年 4 月 4 日（含）之间的工作日天数，但不包括 2019 年 2 月 14 日：

NETWORKDAYS("2019/02/11", "2019/04/04", "2019/02/14")=38

4.8.4　函数 EDATE、DATEDIF 和 YEARFRAC

EDATE、DATEDIF 和 YEARFRAC 函数在计算职工年龄、工龄、退休日期之类的数据时非常方便。EDATE 函数用于计算某个日期间隔指定数字的月份之后的日期，语法如下：

EDATE(start_date, months)

其中，start_date 是开始日期，months 是需要经过的月数，正数将生成未来日期，负数将生成过去日期。EDATE 函数计算从 start_date 开始，经过 months 个月后，与 start_date 处于一月中同一天的到期日的那天的序列数。

YEARFRAC 函数的语法如下：

YEARFRAC(start_date, end_date, [basis])

用于计算 start_date 和 end_date 之间的时间段在一年中所占的比例。其中，basis 用于设置一年的天数：若 basis=0 或省略，按每月 30 天每年 360 天；若 basis=1，按(end_date-start_date)/年的实际天数算；若 basis=2，按实际天数/360 算；若 basis=3，按实际天数/365 计算。

DATEDIF 是 Excel 并未对外公布的函数（帮助信息中无对该函数的说明），其功能强大，可用于计算某个日期与指定日期相隔（之前或之后）的天数、月数、年数。语法如下：

DATEDIF(start_date, end_date, unit)

DATEDIF 函数用于计算 start_date 和 end_date 之间间隔的天数、月数或年数，具体由 unit 参数设置，如表 4-5 所示。

表 4-5　DATEDIF 函数的 unit 参数取值

unit 值	函数返回值	unit 值	函数返回值
"y"	时间段中的整年数	"md"	时间段中的天数差，忽略日期中的年和月
"m"	时间段中的月份数	"ym"	时间段中的月数差，忽略日期中的年和日
"d"	时间段中的天数	"yd"	时间段中的天数差，忽略日期中的年

4.8.5　日期函数举例——计算工龄、小时加班工资

日期函数有很多用途，可用来计算工龄、年龄、存款时间、加班时间，这些结果常用于计算住房补贴、加班工资和存款利息等数据。

【例 4.25】 某单位职工的出生日期、参加工作日期如图 4-30 的 E 列和 F 列所示。计算职工的年龄、工龄和退休日期。其中，工龄按年月计算，忽略日期；从参加工作到计算日的时间不足半年计为 0 年，超过半年则计为 1 年；男性退休年龄为 60 岁，女性退休年龄为 55 岁。

	A	B	C	D	E	F	G	H	I	J	K	L
1	某单位职工工龄及退休时间表 注：本表计算时：today()=2018-5-29											
2	序号	部门	姓名	性别	出生日期	参加工作日期	datedif()算年龄	YEAR()算年龄	Datedif算工龄（超过半年算1年	Yearfrac算工龄（超过半年算1年）	Yearfrac严格按年月日算工龄	退休日期
3	1	网管中心	邹莱	男	1973/1/26	2008/2/22	45	45	10	10	10.3	2033-01-27
4	2	人事处	钟大好	女	1969/4/27	2009/2/20	49	49	9	9	9.3	2024-04-28
5	3	图书馆	何华纯	男	1966/11/13	2011/9/4	51	52	7	7	6.7	2026-11-14
6	4	图书馆	史开媿	男	1977/2/11	2007/12/29	41	41	10	10	10.4	2037-02-12
7	5	营维部	毛浩荟	男	1965/12/19	2011/11/1	52	53	7	7	6.6	2025-12-20
8	6	保卫处	程康	男	1975/5/9	1995/9/1	43	43	23	23	22.7	2035-05-10
9	7	网管中心	孟茂雨	男	1968/8/23	2009/12/1	49	50	8	8	8.5	2028-08-24
10	8	营维部	赵勸国	女	1976/8/21	2005/9/1	41	42	13	13	12.7	2031-08-22
11	9	保卫处	朱进勇	男	1965/10/1	1997/9/1	52	53	21	21	20.7	2025-10-02
12	10	数据中心	唐洪全	女	1977/9/25	2011/2/17	40	41	7	7	7.3	2032-09-26
13	11	数据中心	傅正珍	女	1966/7/6	2009/5/27	51	52	9	9	9	2021-07-07

图 4-30　计算年龄、工龄和退休日期

可以用 YEAR、DATEDIF、YEARFRAC、EDATE 和 ROUND 等函数完成年龄、工龄及退休日期的计算，具体如下。

<1> 用 DATEDIF 函数计算年龄。在单元格 G3 中输入公式“=DATEDIF(E3,TODAY(),"y")”并向下填充。

<2> 用 YEAR 函数计算年龄。在单元格 H3 中输入公式“=YEAR(NOW())-YEAR(E3)”并向下填充。

<3> 用 DATEDIF 函数计算工龄。在单元格 I3 中输入公式“=ROUND(DATEDIF(F3-DAY(F3)+1, TODAY()-DAY(TODAY())+1,"m")/12, 0)”并向下填充。其中“F3-DAY(F3)+1”计算参加工作所在月份的第 1 天，“TODAY()-DAY(TODAY())+1”计算当前月份的第 1 天，这样做的原因是题目要求忽略参加工作的日期。DATEDIF 函数计算从参加工作月到当前月的月份数，除以 12 就是年数。ROUND 函数四舍五入取整保留小数点后 0 位小数，即可得整数工龄。

<4> 用 YEARFRAC 函数计算工龄。在单元格 J3 中输入公式“=ROUND(YEARFRAC(F3-DAY(F3)+1, TODAY()-DAY(TODAY())+1), 0)”并向下填充。

<5> 用 YEARFRAC 函数计算工龄，以每年的实际天数计算，保留 1 位小数年，在 K3 单元格中输入公式“=ROUND(YEARFRAC(F3,TODAY()),1)”并向下填充。

<6> 用 EDATE 函数计算退休日期，在单元格 L3 中输入公式“=TEXT(EDATE(E3, (55

+(D3="男")*5)*12)+1,"yyyy-mm-dd")"并向下填充。其中,"+(D3="男")*5)"表示男同志加 5 岁,因为当单元格 D3 中的值为"男"时,"(D3="男")"的结果为 1,如果 D3 的值不为"男",则"(D3="男")"的结果为 0。EDATE 函数计算从职工的出生日期开始,间隔 55 或 60 对应月份之后的那一天(式中以加 1 表示),自然就是退休日期了。

EDATE 函数返回的是日期的序列数,因此用 TEXT 函数将它转换成文本形式的日期。

【例 4.26】 某公司将每个员工的加班时间记录在工作表中,便于计算加班工资。加班工资按小时计算,若加班时间不足半小时,则不算加班时间,超过半小时不足 1 小时,则按 1 计时计算。平时的加班工资每小时 10 元,节假时则为 20 元。

假设员工的加班时间如图 4-31 的单元格区域 A1:C11 所示,现要计算加班时长(D 列)、判断加班时间是星期几和节假日(E、F 列)、计算工龄(J 列)、总加班时间(K 列)、节假日加班时间(L 列)、工作日加班时间(M 列,本该休息,但加班了)、以及加班工资(N 列)。

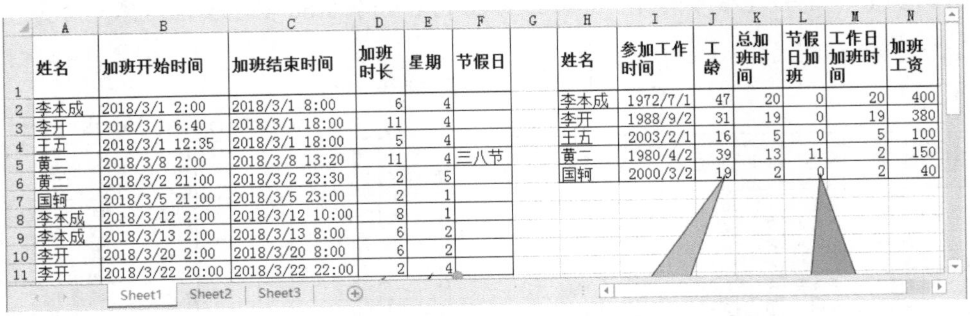

图 4-31 用日期函数计算工龄和加班工资

<1> 计算加班时长。在单元格 D2 中输入公式"=INT(((C2-B2)*24*60+30)/60)"并向下填充。"C2-E2"得到了加班的天数,将它乘以 24 再乘以 60,就得到了加班的分钟。在实际工作中,公式就应该这样。这里加上 30 分钟的目的是使超过了 30 分钟但不足 1 小时的加班时间成为 1 小时,除以 60 则将加班时间由分钟转换成了小时,INT 函数使这个时间为整数。

<2> 计算加班时间是星期几。在单元格 E2 中输入公式"=WEEKDAY(B2,2)",就能计算出第一个加班时间是星期几,其中 1 表示星期一、2 表示星期二……然后将此公式向下填充。为了简化问题,这里仅以加班开始时间来判定是星期几加班,对于跨天(如从晚上 11 点加班到第二天 3 点)的情况未考虑。在实际工作中,建议将这样的情况分开记录成两条加班记录,保证每条加班记录的时间都在同一天。

<3> 判定节假日。在单元格 F2 中输入公式"=IF(OR(E2=6, E2=7),"是","")"并向下填充。此公式将在星期六、星期天所对应的单元格中填写"是",其他单元格中填写空白。

<4> 计算工龄。在单元格 J2 中输入公式"=YEAR(NOW())-YEAR(I2)"并向下填充。此公式将当前的年份减去某人参加工作时间的年份。在实际工作中,可能还要使用 MONTH 函数考虑月份的计算方法。

<5> 计算总加班时间。在单元格 K2 中输入公式"=SUMIF($A$2:$A$11, H2, $D$2: $D$11)"并向下填充。此公式的含义是在单元格区域 A2:A11 中找到 H2(即"李本成")所对应的数据行,然后将单元格区域 D2:D11 中与这些行所对应的单元格求和。也就是在单元格区域 A2:A11 中找到"李本成"的加班时长,并求其总和。注意此公式中的单元格引用形式,不能将其中的绝对引用改为相对引用,也不能将相对引用改为绝对引用。

<6> 计算节假日加班时间。计算"李本成"的节假日加班时间要满足两个条件,一是 A2:D11 中的姓名要与 H2(即李本成)相同,二是 F 列(节假日)的对应单元格不能为空。在单元格 L2 中输入数组公式"=SUM(IF($A$2:$A$11=H2, IF($F$2:$F$11<>"", $D$2:$D$11)))",按 Ctrl+ Shift+Enter 组合键,然后将此公式向下填充。

请读者分析此公式的含义,并试用 SUMIFS 函数计算节假日加班时间。这种统计方式在实际工作中经常用到。

<7> 计算工作日加班时间和加班工资。在单元格 M2 中输入公式"=K2-L2",可计算"李本成"的工作日加班时间,将此公式向下填充,以计算其他人的工作日加班时间。

在单元格 N2 中输入公式"=L2*10+M2*20",可计算"李本成"的加班工资,将此公式向下填充,以计算其他人的加班工资。

4.9 常用文本函数

文本是人们日常工作中最常用的一种数据类型,Excel 提供了大量的文本处理函数,用于实现文本的合并、查找、替换、转换、提取及格式化等操作。

4.9.1 文本转换与合并函数

转换函数包括英文字符的大小写转换、全角半角字符转换、字符与其对应编码转换、数字与文本转换等。

1. 大小写转换函数

Excel 提供的字符大小写转换函数如下:

```
PROPER(text)
LOWER(text)
UPPER(text)
```

函数 PROPER 将文本 text 中所有单词转换为首字符大写,LOWER 和 UPPER 则分别将 text 中的字符转换成小写和大写字符。

2. 文本长度计算函数

全角字符是指一个字符占用 2 字节,称为双字节字符。如汉字是双字节符,包括中文标点符号。半角字符是指一个字符占用 1 字节的字符,如常规英语文章中的字符。Excel 提供了以下函数计算这两类字符文本的字符个数。

```
LEN(text)
LENB(text)
```

函数 LEN 计算文本 text 中的字符个数,无论是半角字符还是全角字符,长度都是 1;LENB 计算 text 中用于代表字符的字节数,半角字符的长度是 1,全角字符的是 2。

3. 字符半角、全角转换函数

函数 ASC 和 WIDECHAR 可用于实现半角和全角字符的转换,语法如下:

```
ASC(text)
WIDECHAR(text)
```

函数 ASC 将 text 文本中的全角字符转换成半角字符,WIDECHAR 将 text 中的半角字符转换成全角字符。

4．字符与编码转换的函数

计算机中所有的字符（包括英文字母、汉字，以及世界各国的文字符号）都是以某种类型的编码存储的，编码有许多不同的类型，如英文字符常用 ASCII 编码，汉字则常用 GB2312、Unicode、Big5 编码等。CODE 和 CHAR 函数可以实现字符和编码之间的转换。

```
CODE(text)
CHAR(text)
```

函数 CODE 将指定字符转换成对应的编码，CHAR 则将指定的编码转换成对应的字符。

5．数值与文本转换函数

如果 Excel 中的数据来源于其他系统，如数据库、文本文件、Web 网页等，则其中的数字常以文本类型出现，不便于统计，如求和、求平均值等，需要将文本型数字转换成数值。有时候需要把数值转换成文本，以实现比较或查询的要求。VALUE 和 TEXT 函数可以实现这类转换，语法如下。

```
VALUE(text)
```

其中，text 是文本型的数字，VALUE 将 text 转换成数值型的数据。

6．文本合并函数

"&"运算符或 CONCATENATE 函数可以将分散的文本合并在一起。

【例 4.27】 某单位从网页中传来的职工加班情况表如图 4-32 中的 A1:G13 区域所示。其中 B、C 列中的姓氏和名字较乱，出现了大小写及半角和全角的混合文本，"加班时长"是文本型的数字，"小时工价"有全角数字出现。现在计算加班费和每位职工的合计加班费。

由于图 4-32 中 A1:G13 区域中的数据比较混乱，不便于加班费等数据的计算。可以利用文本转换函数进行整理，然后计算出加班费和合计加班费。

（1）姓名的整理过程

在单元格 J2 中输入公式"=B2&C2"并向下填充，可将姓名合并，生成 J 列数据。在单元格 M2 中输入公式"=ASC(J2)"并向下填充，可将姓名中的全角转换成半角，生成 M 列数据。在单元格 N2 中输入公式"=PROPER(M2)"并向下填充，可将姓名中的单词首字符大写，生成 N 列数据。

	A	E	C	D	E	F	G	H	I	J	K	L	M	N	O	P	Q	R
1	编号	姓氏	名字	加班时长	小时工价	加班费	合计加班费		编号	姓名&名字	Len长度	Lenb长度	asc姓名	Proper(M)	加班时长	小时工价	加班费	合计加班费
2	A001	JOHN	SMITT	39	21				A001	JOHN SMITT	10	15	JOHN SMITT	John Smitt	39	21	819	
3	A001	John	smITT	33	21				A001	John smITT	10	13	John smITT	John Smitt	33	21	693	
4	A001	JOHN	SmITT	37	21				A001	JOHN SmITT	10	14	JOHN SmITT	John Smitt	37	21	777	
5	a001	JOHN	Smitt	31	18				a001	JOHN Smitt	10	10	JOHN Smitt	John Smitt	31	18	558	2847
6	A002	张	东海	28	18				A002	张东海	3	6	张东海	张东海	28	18	504	
7	A002	张	东海	39	18				A002	张东海	3	6	张东海	张东海	39	18	702	
8	A002	张	东海	11	28				A002	张东海	3	6	张东海	张东海	11	28	308	1514
9	A003	Pull	PHiLIPS	23	20				A003	Pull PHiLIPS	13	13	Pull PHiLIPS	Pull Philips	23	20	460	
10	A003	Pull	Philips	22	20				A003	Pull Philips	13	13	Pull Philips	Pull Philips	22	20	440	
11	A003	Pull	PHiLIPS	17	20				A003	Pull PHiLIPS	13	13	Pull PHiLIPS	Pull Philips	17	20	340	
12	A003	Pull	PHILIPS	16	20				A003	Pull PHiLIPS	13	13	Pull PHiLIPS	Pull Philips	16	20	320	
13	A003	Pull	PhiliP S	35	20				A003	Pull PhiliP S	13	15	Pull PhiliPS	Pull Philips	35	20	700	2260

图 4-32 文本合并与转换函数的应用

至此，姓名数据就比较规范了。这里分步实施的目的是介绍文本转换函数的功能，在实际工作表中，可以用公式"=PROPER(ASC(B2&C2))"一次性生成规范的姓名。

（2）文本长度函数的应用。

在单元格 K2 中输入公式“=LEN(J2)”，计算出 J2 中的字符个数为 10；在 L2 中输入公式“=LENB(J2)”，计算出其中的字节数为 15，因 J2 中的"ＳＭＩＴＴ"是全角，其字节数为 10。用公式“=LENB(J2)-LEN(J2)”可以计算出 J2 中的全角字符个数。这种方法可用来计算同时包括汉字和半角英文字符的文本中的汉字个数，如“=LENB("tom 实际上是个中国人")-LEN("tom 实际上是个中国人")”，结果为 8。

（3）文本型数字与数值之间的转换。

在单元格 O2 中输入公式“=VALUE(D2)”并向下填充，将加班时长文本转换成数值，生成 O 列数据。在 P2 中输入公式“=VALUE(ASC(E2))”并向下填充，将小时工价转换成数值，生成 P 列数据。该公式先应用 ASC 函数将小时工价从全角转换成半角数字，再用 VALUE 函数将它转换成数值。在 Q2 中输入公式“=O2*P2”并向下填充，计算出每次加班的加班费，生成 Q 列数据。在 R2 中输入公式“=IF(I2=I3, "", SUMIF(I:I, I2, Q:Q))”并向下填充，计算出每位职工加班的总工资，生成 R 列数据。其中的 SUMIF 是条件求和函数，含义为：如果 I 列中的数据与 I2（即 A001）相同，就将 Q 列同行中的数据求和。条件函数 IF 则在当 I 列两相邻单元格内容相同时，什么都不显示（""），当相邻两单元格内容不同时，才显示计算出的加班费总和，即仅在每位职工最后一行处显示该职工的合计加班费。

4.9.2 文本子串提取函数

文本子串提取函数可以从指定文本中，按照需要，提取部分字符形成新的字符串，或进一步处理，在实际工作中应用较广。语法如下：

```
LEFT(text, [n])
RIGHT(text, [n])
MID(text, start_num, n)
```

其中的 text 是原始文本，n 是要提取的字符个数。

LEFT 函数从 text 的左边第一个字符开始提取 n 个字符。

RIGHT 函数从 text 的右边提取 n 个字符。如果省略 n，则默认为提取一个字符。

MID 函数从 text 的第 start_num 位置开始，提取连续的 n 个字符。

【例 4.28】 有身份证编号和联系信息如图 4-33 中的单元格区域 A5:B13 所示，计算各身份证的省级代码、每个人的出生日期、性别，以及提取姓名和联系电话等信息。

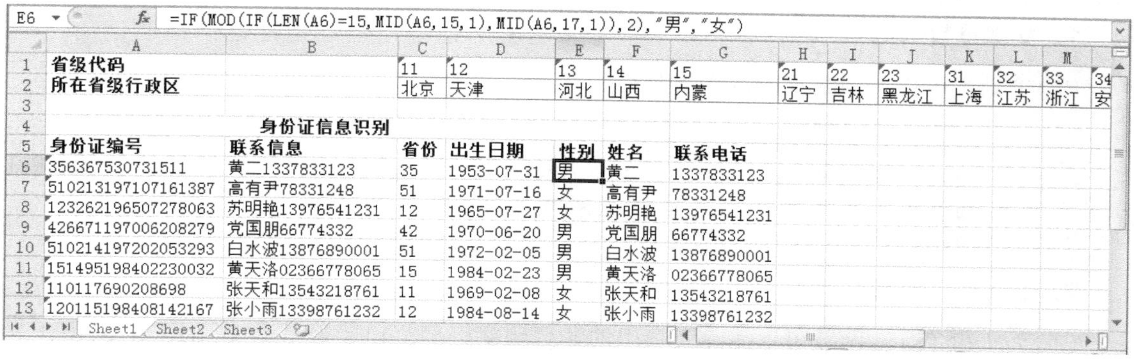

E6 =IF(MOD(IF(LEN(A6)=15,MID(A6,15,1),MID(A6,17,1)),2),"男","女")

	A	B	C	D	E	F	G	H	I	J	K	L	M
1	省级代码		11	12	13	14	15	21	22	23	31	32	33
2	所在省级行政区		北京	天津	河北	山西	内蒙	辽宁	吉林	黑龙江	上海	江苏	浙江
3													
4		身份证信息识别											
5	身份证编号	联系信息	省份	出生日期	性别	姓名	联系电话						
6	356367530731511	黄二1337833123	35	1953-07-31	男	黄二	1337833123						
7	510213197107161387	高有尹78331248	51	1971-07-16	女	高有尹	78331248						
8	123262196507278063	苏明艳13976541231	12	1965-07-27	女	苏明艳	13976541231						
9	426671197006208279	党国朋66774332	42	1970-06-20	男	党国朋	66774332						
10	510214197202053293	白水波13876890001	51	1972-02-05	男	白水波	13876890001						
11	151495198402230032	黄天洛02366778065	15	1984-02-23	男	黄天洛	02366778065						
12	110117690208698	张天和13543218761	11	1969-02-08	女	张天和	13543218761						
13	120115198408142167	张小雨13398761232	12	1984-08-14	女	张小雨	13398761232						

图 4-33 文本合并与转换函数的应用

身份证按照“地址码+出生日期+顺序码+校验码（18 位）”构成。其中，地址码 6 位，依次为"省级 2 位+地市级 2 位+县区级 2 位";在 15 位身份证编码中出生日期 6 位（年 2 位+月 2 位+日 2 位），在 18 位身份证编码中出生日期 8 位（年 4 位+月 2 位+日 2 位）；顺序码 3 位，如果倒数第二位（在 15 位的身份证中对应第 15 位，在 18 位的身份证中对应第 17 位）为偶数，代表女性，奇数代表男性。

<1> 从身份证编号中提取省级代码。从上面分析可知，只要从身份证中提取左边两位数字，就可以计算出身份证中的省级代码。在单元格 C6 中输入公式"=LEFT(A6, 2)"并向下填充，即可计算出每个身份证中的省级代码。如果再用 LOOKUP 之类的查找函数，可以从 A1:AH2 区域中方便地查出身份证所在的省份。

<2> 从身份证编码中提取出生日期。在单元格 D6 中输入公式"=TEXT(IF(LEN(A6)=15, "19"&MID(A6,7,6), MID(A6,7,8)), "0000-00-00")"，可以从 A6 提取出生日期。此公式中的"IF(LEN(A6)=15, "19"&MID(A6,7,6), MID(A6,7,8))"先用函数 LEN 计算身份证编号的长度，如为 15 位身份证，则用""19"&MID(A6,7,6)"在 MID 函数提取的 6 位出生日期前面加上"19"，将之转换成 8 位年月日；否则（即为 18 位身份证）直接用 MID 函数提取 8 位年月日。公式最后用 TEXT 函数将提取的数据转换成日期型文本类型。

<3> 从身份证中提取性别信息。在单元格 E6 中输入公式"=IF(MOD(IF(LEN(A6)=15, MID(A6,15,1), MID(A6, 17, 1)), 2), "男", "女")"，计算身份证中的性别是男还是女。内部的 IF 函数根据身份证数字的长度从身份证编码中提取代表性别的第 15 位或第 17 位数字，再用外部的 IF 函数通过 MOD 函数判断提取数字的奇偶特点，如为奇数，则函数最后结果为"男"，否则为"女"。

<4> 从联系人信息中提取姓名和电话号码。在单元格 F6 中输入公式"=LEFT(B6, LENB(B6)-LEN(B6))"，从 B 列联系人字符串的左边提取姓名。在 B 列中，姓名位于左边，一个汉字用 LENB 函数计算其长度时为 2，用 LEN 函数计算时则为 1，两者之差即为汉字个数。LEFT 函数可以从 B6 中恰当地提取姓名。

在单元格 G6 中输入公式"=RIGHT(B6, 2*LEN(B6)-LENB(B6))"并向下填充，提取联系电话信息。函数 LEN 计算出 B6 中的实际字符数，乘以 2 即为实际字符数的 2 位。函数 LENB 计算时，每个数字长度为 1，每个汉字长度为 2，因此 2*LEN(B6)-LENB(B6) 的结果为数字的个数。所有的数字位于联系信息文本的右边，所以可用 RIGHT 函数将其提取出来。

4.9.3 文本重复、清理和替换函数

1. 文本重复函数

REPT 函数可以按照给定的次数重复显示文本，语法如下：

REPT(text, num_times)

此函数将 text 重复 num_times 次产生新文本。如果 num_times=0，则产生空串""。例如：

=REPT("*-", 3)	字符串显示 3 次（*-*-*-）
=REPT("-",10)	短划线显示 10 次（----------）

2. 文本清理函数

CLEAN 和 TRIM 函数可以清除文本中的非打印字符和空白字符。语法如下：

CLEAN(text)
TRIM(text)

CLEAN 函数可以删除文本中 7 位 ASCII 编码的前 32 个非打印字符（值为 0～31）。在 Unicode 字符集有附加的非打印字符（值为 127、129、141、143、144 和 157），CLEAN 函数不能删除这些字符。TRIM 函数用于删除空格字符（ASCII 编码为 32），可以删除文本左右两端的空格，如果文本内容的字符或英文单词之前的有多个空格，将删除多余空格，只留一个。

3．文本替换函数

REPLACE 或 SUBSTITUTE 函数可以使用其他文本字符串替换某文本字符串中的部分文本。语法如下：

```
REPLACE(text, start_num, n, new_text)
SUBSTITUTE(text, old_text, new_text, [instance_num])
```

在 REPLACE 函数中，将用 new_text 替换 text 文本中从 start_num 位置开始算起的 n 个字符。例如：

```
=REPLACE("abcdefghijk",6,5,"?")        结果为   "abcde?k"
=REPLACE(123456,3,2,"&10&")            结果为   "12&10&56"
```

SUBSTITUTE 函数则用 new_text 替换 text 文本中的 old_text，Instance_num 是可选项，用来指定以 new_text 替换 text 中第几次出现的 old_text。如果指定了 instance_num，则只有满足要求的 old_text 被替换，否则将 Text 中出现的每个 old_text 都更改为 new_text。例如：

```
=SUBSTITUTE("我有一条狗一条猪", "一条", "三头")            结果是   "我有三头狗三头猪"
=SUBSTITUTE("我有一条狗一条猪", "一条", "三头",1)          结果是   "我有三头狗一头猪"
=SUBSTITUTE("我有一条狗一条猪", "一条", "三头",2)          结果是   "我有一条狗三头猪"
```

【例 4.29】 个人信息表如图 4-34 中的 A1:E10 区域所示，其中 A 列中有许多不可识别的非打印字符，B 列以“/”间隔省份、地区和县名，“身高”列是文本形式的数字，“爱好”列数据中有许多不恰当的空格字符，显示混乱，E 列是用函数对身高高于 170 厘米的判断结果，可以看出许多结果是错误的。

	A	B	C	D	E
1	用文本函数清理前的数据表				
2	姓名	地址	身高	爱好	高于170
3	黄二	四川省/遂宁市/射洪县	171	登山　　　打麻将	y
4	→高有尹•	四川省/绵阳市/三台县	167	游泳　　　唱歌	N
5	┼苏├明艳→	重庆市/南岸区/南山镇	169	打麻将　　睡懒觉	N
6	•党国朋	湖北省/武汉市/武昌	174	play　　　game	N
7	♀白水→波┘	河北省/北京市/海淀区	166	play　　　game	N
8	黄♫天洛	西藏自治区/那曲/双湖县	170	游游　　打游戏	N
9	张天和→	重庆市/渝中区/解决碑	178	烫火锅　游泳	N
10	-张←小雨•	四川省/成都市/金牛区	174	play　　　game	N

G	H	I	J	K	L	M
用文本函数清理后的数据表						
姓名	省份	地区	县	身高	爱好	高于170
黄二	四川省	遂宁市	射洪县	171	登山 打麻将	Y
高有尹	四川省	绵阳市	三台县	167	游泳 唱歌	N
苏明艳	重庆市	南岸区	南山镇	169	打麻将 睡懒觉	N
党国朋	湖北省	武汉市	武昌	174	play game	Y
白水波	河北省	北京市	海淀区	166	play game	N
黄天洛	西藏自治区	那曲	双湖县	170	游游 打游戏	Y
张天和	重庆市	渝中区	解决碑	178	烫火锅 游泳	Y
张小雨	四川省	成都市	金牛区	174	play game	Y

图 4-34　文本清理、提取与比较

现对图 4-34 中的 A1:E10 区域进行整理，结果如 G1:M10 区域所示。

<1> 清除 A 列中的非打印字符。在单元格 G3 中输入公式“=CLEAN(A3)”，向下填充此公式，即可删除姓名中的非打印字符，生成 G 列。

<2> 分离省份、地区和县名。在 H3 单元格中输入公式“=TRIM(MID(SUBSTITUTE($B3, "/", REPT(" ",20)),COLUMN(A:A)*20-19,20))”，并从 B3 单元格中提取省份名称。其中“SUBSTITUTE($B3,"/",REPT(" ",20))”用 REPT 函数生成的连续 20 个空格" "替换了 B3 中的间隔符“/”，生成“四川省　　　遂宁市　　　射洪县”形式的字符串，其中的空格都是 20 个。

COLUMN(A:A)是计算 Excel 工作表列对应的编号，A 列为 1，B 列为 2，C 列为 3……在公式中常用该函数来生成需要的自然数，这里也是如此。所以“COLUMN(A:A)*20-19”的结果为 1。

MID 函数再从 SUBSTITUTE 函数生成的"四川省　　　遂宁市　　　射洪县"字符串的第一个字符开始连续提取 20 字符，即"四川省　　　　"，后面共有 17 个空白。这些空白将被公式中的 TRIM 函数删除。

将单元格 H3 中的公式向右填充到单元格 I3 和 J3，对应的公式分别为：

```
=TRIM(MID(SUBSTITUTE($B3,"/",REPT(" ",20)),COLUMN(B:B)*20-19,20))
=TRIM(MID(SUBSTITUTE($B3,"/",REPT(" ",20)),COLUMN(C:C)*20-19,20))
```

由于 COLUMN 函数中的列引用为相对引用，因此它会发生变化。由于 COLUMN(B:B)=2，因此 I3 中的公式是从"四川省　　　遂宁市　　　射洪县"字符串的第 21 个字符开始，提取连续的 20 个字符，其结果为"　遂宁市　　"形式的字符串。

由于 COLUMN(C:C)=3，因此 J3 中的公式将从"四川省　　　遂宁市　　　射洪县"字符串的第 41 个字符开始，连续提取 20 个字符串，其中包括县名和空格。

将单元格 I3、J3、K3 中的公式向下复制，即可生成 I、J、K 列的省、市和县名数据列。

本例利用文本的提取、替换和删除空格函数进行数据分离与提取，非常实用。公式中的 20 可用任何大于原文本长度的数字更换，如改为 30、50 或 100 都没问题。

<3> 清除 K 列和 L 列中的多余空格。在单元格 K3 中输入公式"=TRIM(C3)"，在 L3 中输入公式"=TRIM(D3)"，并在相应列中向下填充，即可生成 K 列和 L 列的数据。

<4> 身高高于 170 厘米的判定。单元格 E3 中的公式为"=IF(C3="170","Y","N")"，由于 C3 中包括空格，导致比较产生错误。可以使用 TRIM 函数先删除空格再比较，就不会产生错误了，即用公式"=IF(TRIM(C3)>= "170","Y","N")"进行身高判断。

4.10　错误信息函数

4.10.1　Excel 的常见错误信息

在处理 Excel 工作表的过程中常会遇见一些错误信息。这些错误可能是引用了不正确的单元格引用位置，删除了公式中的单元格引用，或使用了除数为 0 的公式等原因产生的。表 4-6 列出了 Excel 常见的错误类型。

【例 4.30】　某商场将各种商品的定价保存在一个独立的工作表中，如图 4-35(a)所示。将产品的销售记录保存在另一个工作表中，如图 4-35(b)所示。"单价"用 VLOOKUP 函数从"商品定价表"中查找。可以看出，销售记录表中包括多种错误信息。

为了理解产生各种错误信息的原因，现在来构造图 4-35(b)所示的工作表。

<1> 输入图 4-35(b)的 A1:D11 区域中的数据，其中 D3、D11 都要输入一个数字。

<2> 在单元格 E2 中输入公式"=VLOOKUP(B2, 商品定价表!$A$2:$B$13, 2, 0)"并向下填充。完成后，会出现许多"#N/A"错误，表明在商品定价表中并没有找到图 4-35(b)中 B 列对应行的商品名称。

<3> 在单元格 F2 中输入公式"=D2*E2"并向下填充。然后在图 4-35(b)的单元格 D3 中输入空白符，可以看到单元格 F3 中会出现错误"#VALUE"。此错误表明 F3 中的公式中出现了错误，因为 D3 中的空白不能与 E3 中的 2300 相乘。

<4> 删除图 4-35(b)中的单元格 E9，并让下面的单元格上移。单元格 F9 中就会出现"#REF!"错误，其原因是 F9 中的公式是"=D9*E9"，但现在删除了 E9，所以出现引用错误。在包含公

表 4-6　Excel 公式错误信息表

错误值	错 误 原 因
#####	单元格所含的数字、日期或时间比单元格宽，或者单元格的日期、时间公式产生了一个负值，就会产生 ##### 错误。可以加宽对应的单元格宽度，使单元格中的所有数据都显示出来
#VALUE!	① 在需要数字或逻辑值时输入了文本，Excel 不能将文本转换为正确的数据类型；② 输入或编辑数组公式时按了 Enter 键；③ 把单元格引用、公式或函数作为数组常量输入；④ 把一个数值区域赋给了只需要单一参数的运算符或函数，如在单元格 B1 中输入公式 "=SIN(A1:A5)" 就会产生#VALUE!错误
#DIV/O!	两种情况：① 输入的公式中包含明显的除数为 0，如=5/0；② 公式中的除数使用了指向空单元格或包含零值的单元格引用（如果运算对象是空白单元格，Excel 将此空值解释为零值）
#NAME?	① 在公式中输入文本时没有使用双引号，Excel 将其解释为名称，但这些名称没有定义；② 函数名的拼写错误；③ 删除了公式中使用的名称，或者在公式中使用了没有定义的名称；④ 名称拼写有错
#N/A	① 内部函数或自定义工作表函数中缺少一个或多个参数；② 在数组公式中，所用参数的行数或列数与包含数组公式的区域的行数或列数不一致；③ 在没有排序的数据表中使用了 VLOOKUP、HLOOKUP 或 MATCH 工作表函数查找数值
#REF!	删除了公式中所引用的单元格或单元格区域
#NUM!	① 由公式产生的数字太大或太小，Excel 不能表示；② 在需要数字参数的函数中使用了非数字参数
#NULL!	在公式的两个区间误加入了空格从而求交叉区域，但这两个区域无重叠区域。如"=SUM(A1:B5 B3:D5)" 是正确的，它求出 A1:B5 与 B3:D5 两区域的重叠区域（B3:B5）的单元格之和。但 "=SUM(A2:B6 C4:D4)" 是错误的，它将返回#NULL!错误，因为 A2:B6 与 C4:D4 这两个单元格区域没有重叠区域

(a) 商品定价表　　　　　　　　　　　　　　(b) 具有多种错误信息的工作表

图 4-35　由公式产生了多种错误信息的数据表

式的工作表中删除单元格时一定要小心，否则会产生 "#REF!" 错误。最好是清除单元格的内容，而不是删除单元格，清除单元格不会产生引用错误。

<5> 图 4-35(b)要标志出 "彩红" 电视，在单元格 G2 中输入公式 "=AND(FIND("彩红", B2), FIND("电视", B2))" 并向下填充。最后将产生许多 "#VALUE!" 错误，这些错误表明在 B 列的商品名中并不同时包括"彩红"和"电视"这两个文本。

4.10.2　Excel 错误信息函数

针对上述错误类型，Excel 提供了 10 多个信息函数，用于检测和处理这些错误。其中有 9 个函数都以 IS 开头，所以也称为 IS 函数。它们具有相同的调用形式，只需要一个参数，返回的结果是一个逻辑值。表 4-7 列出了 Excel 的 IS 函数。

表 4-7 中的函数参数 X 是需要进行检验的数值，可以为：空白单元格、错误值、逻辑值、文本、数字、引用值或对于以上任意参数的名称引用。

【例 4.31】　例 4.30 中的错误信息多是由公式引出的，这些错误信息会使工作表变得不实用。若用信息函数处理相关的公式，就可以解决或避免这些错误。图 4-36 是用错误信息函数

表 4-7　Excel 的 IS 函数

函 数 名	函数功能
ISBLANK(X)	判定 X 是否为空白单元格
ISERR(X)	判定 X 是否为任意错误值（除去#N/A）
ISERROR(X)	判定 X 是否为任意错误值（#N/A、#VALUE!、#REF!、#DIV/0!、#NUM!、#NAME? 或 #NULL!）
ISLOGICAL(X)	判定 X 是否为逻辑值
ISNA(X)	判定 X 是否为错误值 #N/A（值不存在）
ISNONTEXT(X)	判定 X 是否为不是文本的任意项（注意此函数在值为空白单元格时返回 TRUE）
ISNUMBER(X)	判定 X 是否为数字
ISREF(X)	判定 X 是否为引用
ISTEXT(X)	判定 X 是否为文本

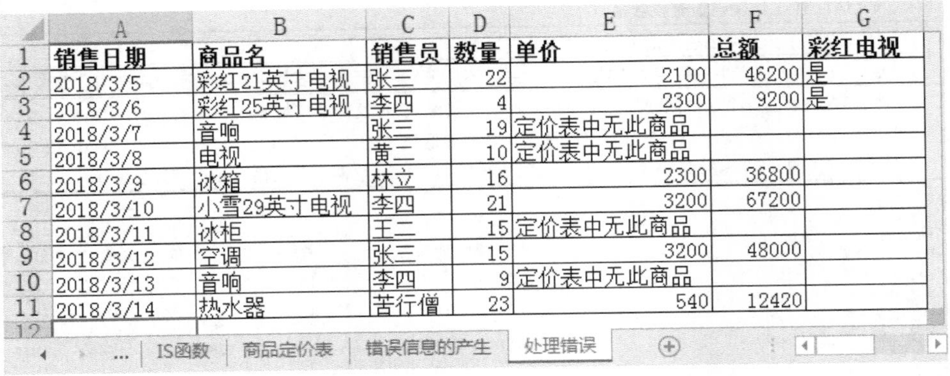

	A	B	C	D	E	F	G
1	销售日期	商品名	销售员	数量	单价	总额	彩红电视
2	2018/3/5	彩红21英寸电视	张三	22	2100	46200	是
3	2018/3/6	彩红25英寸电视	李四	4	2300	9200	是
4	2018/3/7	音响	张三	19	定价表中无此商品		
5	2018/3/8	电视	黄二	10	定价表中无此商品		
6	2018/3/9	冰箱	林立	16	2300	36800	
7	2018/3/10	小雪29英寸电视	李四	21	3200	67200	
8	2018/3/11	冰柜	王二	15	定价表中无此商品		
9	2018/3/12	空调	张三	15	3200	48000	
10	2018/3/13	音响	李四	9	定价表中无此商品		
11	2018/3/14	热水器	苦行僧	23	540	12420	
12							

图 4-36　用错误信息处理函数处理之后的销售统计表

对图 4-35(b)所示工作表处理之后的结果（表中的数量由 RAND 函数产生，因此两个表看上去不一致，但并不影响问题的讨论）。显然，该工作表更具实用性。

该工作表的建立方法如下。

<1> 在单元格 E2 中输入公式“=IF(ISNA(VLOOKUP(B2, 商品定价表!$A$2:$B$13, 2, 0)), "定价表中无此商品", (VLOOKUP(B2, 商品定价表!$A$2:$B$13, 2, 0)))”并向下填充。

这是一个 IF 公式，先用 ISNA 函数检查 VLOOKUP 函数是否会产生错误，若产生错误就返回“定价表中无此商品”；如果 VLOOKUP 函数不会产生错误，就返回 VLOOKUP 函数查找结果。在此，还可以用 ISERROR 函数替换 ISNA 函数，但不能用 ISERR 函数替换 ISNA 函数，因为 ISERR 函数不能检测到“#N/A”错误。

<2> 在单元格 F2 中输入公式“=IF(ISERROR(D2*E2), "", D2*E2)”并向下填充，计算出 F 列的数据。

该公式先用函数 ISERROR 检查 D2*E2 公式是否会产生错误，如果产生错误，就用 IF 函数返回空白字符，否则用 IF 函数返回 D2*E2 的结果。也可用 ISERR 函数替换 ISERROR，它们在这里的功能相同。

此公式并没有解决“#REF!”错误，删除单元格 D9 或 E9，同样会产生“#REF!”错误。只不过 ISERROR 函数屏蔽了该错误，在 F9 中不会显示数据，但这并非想要的结果。可用 INDIRECT 函数结合 ISERROR 和 IF 函数解决这些问题，其方法是在 F2 中输入公式“=IF(ISERROR(INDIRECT("D2")*INDIRECT("E2")), "", INDIRECT("D2")*INDIRECT("E2"))”。

其中，INDIRECT 的参数是一个字符串界定的单元格引用，INDIRECT("D2")的结果就是 D2，但它不会因为单元格的删除而产生"#REF！"错误。在本例中，即使删除了单元格 D2 或 E2，F2 中的公式仍能得到正确的结果。遗憾的是要构造许多这样的公式时比较麻烦，因为复制只能产生完全相同的公式，复制之后还需要对 INDIRECT("D2")之类公式中的单元格引用进行修改，如将 D2 修改为 D3、D4、D5 等。

<3> 在单元格 G2 中输入公式"=IF(ISERROR(AND(FIND("彩红", B2), FIND("电视", B2))), "", "是")"。该公式用 ISERROR 函数检测 B 列的商品是否满足 AND 函数，即是否同时包括"彩红"和"电视"这两个文本。如果有，就用 IF 函数返回"是"，否则返回空白。

小　结

数组是在 Excel 中进行大批量数据输入、计算及复制等操作的重要工具，正确地应用数组公式可以使批量数据的处理工作变得很简单。名称对单元格、单元格区域或工作表的跨表引用非常有用，定义一个工作表、单元格或单元格区域的名称后，可在其他工作表中直接引用定义的名称，而不用关心该名称所对应的工作表位置。函数是 Excel 区别于其他电子表格的本质所在，正确运用函数是用好 Excel 的关键。错误信息处理函数提供了对公式中错误信息的解决方法，可用来建立具有错误处理能力的公式。

习 题 4

【4.1】 什么是数组公式？它有什么作用？应怎样输入数组公式？

【4.2】 简述名称的意义。应怎样应用和定义名称？

【4.3】 某公司时常聘请学校或其他单位的教师为企业职工进行培训，按职称支付教师的课酬。每小时的课酬如图 4-37 的单元格区域 A1:B6 所示，教师的授课记录如单元格区域 D1:G10 所示。计算每位教师的课酬、所得税和应得课酬。

职称	课酬		姓名	学历	职称	讲课时间	课酬	所得税	应得课酬
教授	200		张大油	本科	教授	98	19600	980	18620
副教授	150		李方军	研究生	副教授	11	1650	82.5	1567.5
工程师	100		龙朋支	博士	讲师	12	1200	60	1140
讲师	100		黄学民	本科	助教	39	3120	156	2964
助教	80		李英	研究生	副教授	39	5850	292.5	5557.5
			王小个	研究生	工程师	23	2300	115	2185
税率	5%		五彩	本科	助教	64	5120	256	4864
			宋海	本科	讲师	84	8400	420	7980
			蒋济成	博士	教授	49	9800	490	9310

图 4-37　习题 4.3 图

要求如下：

（1）用 IF 函数根据 F 列的职称从单元格区域 A1:B6 中查找对应职称的课酬，计算 H 列的课酬。

（2）指定 A8:B8 的最左列为名称，并用该名字计算 I 列的所得税。

【4.4】 某停车场按小时收费，每小时收保管费 5 元，超过 30 分钟但不足 1 小时者按 1 小时计算，30 分钟以下不收费。已知该停车场某段时间的停车记录如图 4-38 中的 A1:B10 区域所示，计算每次停车的费用。

提示：本题涉及多个日期、时间类函数的使用，展示了费用计算的详细过程。

图 4-38　习题 4.4 图

C 列的天数可用 DAYS360 计算。DAYS360 函数的用法是 DAYS360(d1, d2)，计算 d1 到 d2 之间的天数。D 列的小时可用 HOUR 函数计算，E 列的分钟可用 MINUTE 函数计算。其中的负数表明车入当天的时间晚于车出当天的时间。比如，车入是当天的 11:00，车出是当天的 8:00，则计算结果是-3。

公式"天*24*60+小时*60+分钟"可以计算出实际的停车有多少分钟，如 F 列所示。然后将实际停车分钟转换成天、小时、分钟。知道了停车时间，停车费用计算就不是什么困难的事情了。

【4.5】　某公司职工的工资如图 4-39 中 C 列所示，计算应为每个职工发放面值为 100 元、50 元、20 元、10 元、5 元、1 元、5 角、1 角的人民币各多少张？

图 4-39　习题 4.5 图

提示：本题解法很多。一种参考方法是：100 元的张数=INT(工资/100)，然后将工资×10 转换为整数，再用 LEFT 和 RIGHT 函数相结合分别取出百分位、十分位和个位的数字计算 5、2、1 的面值张数，则计算 50 元、5 元、5 角的方法完全相同。

【4.6】　已知某些产品的信息如图 4-40 中的区域 A1:D9 所示。现要制作各产品的编码，规则是取产品和厂家的第一个字母，取型号的前 2 个字符，编号固定为 3 位，不足 3 位的前面加 0，编码中的全部字母必须大写。制作的编码放在 E 列。

图 4-40　习题 4.6 图

提示：用 LEFT 函数取字符，用&运算符连接字符，用 TEXT 函数定义编号的位数（如 TEXT(D2, "000")），用 UPPER 函数转换字母的大小写。

【4.7】 某企业职工信息表如图 4-41 所示，试用文本函数从 A 列中提取职工的姓名和电话号码，从 E 列中提取性别、出生日期，并计算退休日期，其中男性 65 岁退休、女性 60 岁退休。

某企业职工信息表

员工姓名	序号	部门	部门编号	身份证编号	姓名	性别	出身日期	联系电话	退休日期
黄二1337833123	001	一车间	CJ01	356367530731511					
高有尹78331248	002	二车间	CJ02	510213197107161387					
苏明艳13976541231	003	财务处	CW01	123262196507278063					
党国朋66774332	004	质检科	ZJ01	426671197006208279					
白水波13876890001	005	质检科	ZJ01	510214197202053293					
黄天洛02366778065	006	供销一部	GX01	151495198402230032					
张天和13543218761	[illegible]	财务处	CW01	110117690208698					
张小雨13398761232	008	供销一部	GX01	120115198408142167					
张三海13686541211	009	供销二部	GX02						

Sheet1

图 4-41　习题 4.7 图

第 5 章　数据管理与数据透视

📖 **本章导读**

- ⊙ 排序规则
- ⊙ 数值排序、汉字的字母序和笔画序
- ⊙ 自动筛选和高级筛选
- ⊙ 工作表数据的分类汇总
- ⊙ 数据链接
- ⊙ 数据透视与切片器
- ⊙ 多表数据的合并计算

　　Excel 具有强大的数据管理功能，能够对工作表数据进行排序、分类和筛选等操作，对来源于多个工作簿、多个工作表的数据进行汇总统计；数据透视表具有强大的数据重组、筛选和汇总统计等功能，为制作分析报表提供了极大的便利。

5.1　数据排序

　　排序有助于快速、直观地显示、组织和查找所需数据，有助于决策报表的快速制作和更好地理解数据，是数据分析的常用操作。

5.1.1　排序规则

　　在 Excel 中可以对一列或多列中的数据按照字母、数字、日期或人为指定顺序对数据表进行排序，排序方式有升序和降序两种。所谓升序，就是按从小到大的顺序排列数据，数字按 0，1，2…，9 的顺序排列，字符按 A，B，…，Z 和 a，b，…，z 的顺序排列。降序则与之相反。

　　按升序排序时，Excel 2016 中的次序如下：空格→数字→字母→汉字→逻辑值→错误值。对于同类数据，其排序规则如下：

　　① 数字：按数值从小到大进行排序。

　　② 字母：按照英文字典中的先后顺序排列，即按 A~Z 和 a~z 的次序排序。在对文本进行排序时，Excel 从左到右一个字符一个字符地进行排序比较，若两个文本的第一个字符相同，就比较第二个字符，若第二个也相同，就比较第三个……一旦比较出大小，就不再比较后面的字符。例如，要求按升序排列文本"A100"和"A1"，因为前两个字符都相同，所以要比较它们的第三个字符，A100 第三个字符是 0，而 A1 没有第三个字符，所以 A100 比 A1 更大，则两文本按升序排序为：A1，A100。

特殊符号以及包含数字的文本，按下列次序排列：

　　空格　0～9　！　"　#　$　%　&　(　)　*　,　.　/　:　;　?　@　[　\　]　^
　　_　`　{　|　}　～　+　<　=　>　A～Z　a～z

"'" 和 "-" 会被忽略。例外情况是：如果两个字符串除了连字符不同，其余都相同，则带连字符的文本排在后面。

　　字母在排序时是否区分大小写，可根据需要进行设置。在 Excel 的默认排序方式下，英文字母是不区分大写和小写的。

　　③ 逻辑值：FALSE（相当于 0）排在 TRUE（相当于 1）之前。

　　④ 错误值和空格：所有错误值的优先级相同，空格始终排在前面。

　　⑤ 汉字：有两种排序方式，一是根据汉语拼音的字典顺序进行升序或降序排列，如"安乡办"与"王二"按拼音升序排序时，"安乡办"就应排在"王二"的前面；二是按笔画排序，以笔画的多少作为排序的依据，如在以笔画排序的升序排列中，"王二"就应排在"安乡办"的前面，因为"王"的笔画比"安"的笔画少。

5.1.2　数字排序

　　数字排序是日常工作中的一件常事，如按工资从高到低排列职工档案表，按分数从高到低排列高考成绩，以便确定录取分数线：一本分数线、二本分数线、三本分数线等。

1．降序

　　降序就是指按照从大到小的方式排列数据。

【例 5.1】 某班期末考试成绩表如图 5-1 所示，已经计算出了每位同学的平均分，现需得出一个名次表，即成绩按从高到低排列，如图 5-2 所示。

	A	B	C	D	E	F	G
1	某班期末考试成绩表						
2	姓名	文学	历史	地理	化学	政治	平均分
3	达志兵	99	43	70	55	42	61.8
4	光红顺	99	85	63	67	50	72.8
5	黄光闰	61	71	68	87	98	77.0
6	李海燕	64	48	73	50	60	59.0
7	刘从仁	65	64	79	66	72	69.2
8	王老五	70	58	49	97	68	68.4
9	张三星	89	64	77	42	93	73.0

图 5-1　排序前的成绩表

	A	B	C	D	E	F	G
1	某班期末考试成绩表						
2	姓名	文学	历史	地理	化学	政治	平均分
3	黄光闰	61	71	68	87	98	77.0
4	刘闰	100	80	66	87	47.3	76.0
5	张三星	89	64	77	42	93	73.0
6	光红顺	99	85	63	67	50	72.8
7	张益定	84	95	46	67	70.4	72.7
8	刘从仁	65	64	79	66	72	69.2
9	王老五	70	58	49	97	68	68.4

图 5-2　按平均分升序排序的成绩表

　　在 Excel 中，这种排序非常简单，方法如下。

　　<1> 单击成绩表的 G 列任一单元格（有数据，不能是空白单元格），Excel 会按当前光标所在的列进行排序。

　　<2> 单击"开始"→"编辑"→"排序和筛选"按钮，然后从弹出的下拉列表中选择"降序"，将得到如图 5-2 所示的有序成绩表。

2．升序

　　升序就是指按从小到大的方式排列数据。其排序方法与降序排列数据的方法相同，只需在上述操作的第<2>步列出的下拉列表中选择"升序"命令即可。

5.1.3　汉字与字符排序

汉字与数字不同，数字有大小可以比较，而汉字本身无大小和次序之分。但在日常工作中，常常需要把类似人名、单位名称、产品类型之类的汉字按照一定的次序输出。为了处理上的方便，人们只好按照一定的规则指定汉字的次序，再根据这种规则对汉字进行排序。

常用的规则有"字母序"和"笔画序"两种。字母序按照汉字的拼音字母进行排序，因为汉语拼音由 26 个英文字母组成，英文字母可按 A～Z 的次序比较大小，所以把汉字的拼音写出来，然后就可以按照拼音字母的顺序进行汉字的大小比较了。

汉语拼音在比较大小时实行对应位置字符相比较的原则，当第一个拼音字母相同时，就比较第二个拼音字母，如果第二个拼音字母也相同，就比较第三个拼音字母，以此类推，直到分出大小。一旦分出大小，就不再进行比较。如果两个汉字的拼音字母全部相同，这两个汉字的大小就相等。

例如，"计算机"和"机器人"的拼音分别为"ji suan ji"和"ji qi ren"。在比较大小时，因为第一个汉字的拼音字母相同，所以进行第二个汉字拼音字母的比较。英文字母表中，"s"在"q"的后面，所以"s"比"q"大，即"计算机"比"机器人"大。在进行"升序"排列时，"机器人"就会排在"计算机"的前面。

"笔画序"规则非常简单：在升序方式中，笔画少的排在前面，笔画多的排在后面；在降序方式中，笔画多的排在前面，笔画少的排在后面。

1．按汉语拼音排序

【例 5.2】　某学院各专业生源情况表如图 5-3 所示，按照学生入学报到次序排列，数据零乱，很难对比。可以通过排序将同一专业、相同生源地、男生或女生排列在一起，以便查看与分析数据。

例如，可对专业进行排序，将同一专业的学生集中排列在一起。方法如下：单击图 5-3 中的任一专业名称，再单击"开始"→"编辑"→"排序和筛选"按钮，从弹出的下拉菜单中选择"升序"命令。结果如图 5-4 所示。

2．笔画排序

如前所述，汉字也可以按笔画进行排序，这种排序方式在日常生活中应用较多。图 5-5 是按笔画对姓名进行排序后（升序）的结果，可以看出，笔画少的排在了前面，姓氏相同的排在一起。

图 5-3　排序前生源情况表

图 5-4　按升序对专业排列

图 5-5　按笔画对姓名排列

按汉字笔画排序的步骤为：单击数据表的任一非空单元格，再单击"开始"→"编辑"→

"排序和筛选"按钮，从弹出的下拉菜单中选择"自定义排序"命令，弹出"排序"设置对话框，如图 5-6(a)所示。

(a) 排序设置

(b) 排序选项

图 5-6　设置排序方式

在图 5-6(a)中，"主要关键字"用于设置要排序的列，如果数据表有列标题，Excel 会将每列的标题放置在关键字的下拉列表中。如果数据表没有列标题，Excel 会在关键字的下拉列表中放置：列 A、列 B、列 C……选择要排序的关键字后，Excel 会以选中关键字所在的列为依据对数据表进行排序。

在默认情况下，"排序"设置对话框中只有设置"主要关键字"一个条件，单击"添加条件"按钮后，会添加一个"次要关键字"，每单击一次就增加一个"次要关键字"，最多可以有 64 个排序关键字。

"排序依据"用于指定是按什么内容进行排序，可以按单元格中的数值、单元格格式或单元格颜色等内容进行排序。

如果要对汉字进行笔划排序，可单击"排序"→"选项"按钮，弹出如图 5-6(b)所示的"排序选项"对话框，选择其中的"笔划排序"即可。

5.1.4　自定义排序次序

有时候，汉字或数字的排列次序可能非常特殊，既不是数值的大小次序，也不是汉字的字母序或笔画序，而是按照某种指定次序排列，如按照月份或学校排名排列。

【例 5.3】　自定义排序。某大学有 7 个学院，有时需要对各学院进行综合排名，排名的因素比较复杂，考虑学院成立的日期、现有师生规模、未来的发展前景等。排名的结果如下：计算机学院、管理学院、通信学院、财务学院、外语学院、政法学院、中文学院。

如图 5-7 所示的学院列表需按各学院的排名次序排列，如果表中的数据简单，可以在输入数据时完成。对于一个已经建立好的数据表，则可以人为指定数据的排列次序。方法如下：

<1> 在某列（行）单元格区域中，按照需要的顺序从上到下输入要排序的值列。例如，在单元格区域 A3:A9 中输入"计算机学院、管理学院……中文学院"。

<2> 选择该区域，本例应选择单元格区域 A3:A9。

<3> 选择"文件"→"选项"，弹出"Excel 选项"对话框，再单击其中的"高级"→"常规"→"编辑自定义列表"按钮，弹出"选项"对话框，如图 5-8 所示。

<4> 选择添加的自定义序列，单击"导入"按钮，然后单击"确定"按钮。

经过上述操作后，就把一个用户自定义序列添加到了 Excel 系统中。当然，也可以在图 5-8 的"输入序列"文本框中直接输入自定义序列。

图 5-7　学院列表

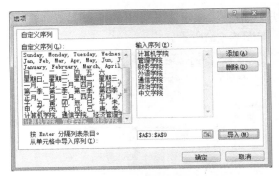

图 5-8　"选项"对话框

　　自定义序列有许多用途。如可以简化输入，在第一个单元格中输入序列的第一个词后，用填充句柄就能够填充其余词语。按自定义序列排序的方法如下：按前面介绍的方法显示出"排序"对话框（见图 5-6(a)），在"主要关键字"下拉列表中选择"学院"，在"次序"列表中选择"自定义序列"，弹出如图 5-8 所示的对话框；在"自定义序列"下的列表中选择前面建立的自定义序列即可。

5.1.5　多关键字排序

　　多关键字排序是指按照两个或两个以上的关键字对数据表进行排序。多关键字排序可使数据在第一关键字相同的情况下，按第二关键字排序，在第一、第二关键字都相同的情况下，数据按第三关键字排序……Excel 2016 中最多允许有 64 个排序关键字，但不管有多少关键字，排序之后的数据总是按第一关键字有序的。

　　【例 5.4】　某杂货店各雇员的销售数据如图 5-9(a)的单元格区域 A1:F7 所示，以第一季度为第一关键字、第二季度为第二关键字、第三季度为第三关键字进行排序，结果如图 5-9(a)的单元格区域 A10:F15 所示，排序方式是升序。

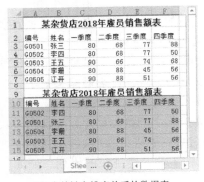

(a) 多关键字排序前后的数据表

(b) 设置多关键字排序

图 5-9　多关键字排序前后的数据表

　　可以看出，单元格区域 A10:F15 的数据按第一关键字排序，在第一关键字相同的情况下按第二关键字排序，在第一、第二关键字都相同的情况下按第三关键字排序。

　　对工作表进行多关键字排序的方法如下：

　　<1> 选中要排序区域（或选择排序区域）中的任一非空单元格。

　　<2> 单击"开始"→"编辑"→"排序和筛选"按钮，从弹出的下拉菜单中选择"自定

义排序"。

<3> 在弹出的"排序"对话框中设置排序的第一、二、三、四关键字,如图 5-9(b)所示。最后得到与图 5-9(a)中单元格区域 A10:F15 相同的排序结果。

5.2　数据筛选

有时需要从工作表的数据行中找出满足一定条件的几行或几列数据,就要用到 Excel 的数据筛选功能。数据筛选将工作表中所有不满足条件的数据行暂时隐藏起来(并没有丢失),只显示那些满足条件的数据行。

Excel 支持对多个不同的列进行筛选。筛选是累加的,后一次筛选在前一次的筛选结果中进行,从而进一步减少数据的子集。对于筛选后得到的数据,不需要重新排列或移动就可以复制、查找、编辑、设置格式、制作图表和打印。

筛选有两种方式:自动筛选和高级筛选。自动筛选适用于简单选择条件下的数据查询,高级筛选常用来实现比较复杂的多条件筛选。

5.2.1　自动筛选

自动筛选提供了快速查找工作表数据的功能,操作过程非常简便。

【例 5.5】某公司在职员工档案是按招聘报到的先后次序建立的,如图 5-10 所示。此档案比较混乱,公司的管理人员可能需要这样的信息:已婚人员的名单,各部门的人员档案信息,工资高于 1200 元的人员有哪些,各种学历的人员档案······

图 5-10　原始职工档案表

上述信息可以通过自动筛选得到。现以查看运维部人员档案为例说明自动筛选的用法。

<1> 单击工作表中的任一非空白单元格,再单击"数据"→"排序和筛选"→"筛选"按钮,每个列标题右边会添加下拉列表筛选标志,如图 5-11(a)所示。

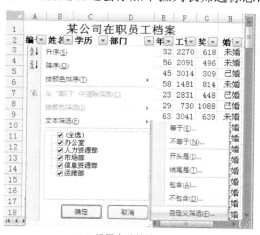

(a) 设置自动筛选

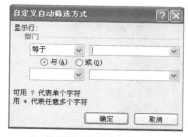

(b) 设置同时按两个条件筛选

图 5-11　自动筛选的下拉列表标志

<2> 单击需要筛选列的下拉列表箭头，显示可用的筛选条件，从中选择需要的条件。本例会列出所有的部门名称。取消不想显示部门名称的复选框的勾选，只保留"运维部"的勾选，然后单击"确定"按钮，将得到如图 5-12 所示的筛选结果。

图 5-12　自动筛选出的"运维部"员工

图 5-12 中只显示出了部门为"运维部"的数据行，其余数据行则被暂时隐藏起来，并未被删除。尽管图 5-12 所示的标题行存在下拉列表箭头，但在打印的时候，Excel 会自动隐藏它，打印的结果与正常报表完全一样。

　　当然，并不是所有的筛选条件都这样简单，有时需要按数值的大小进行筛选，或者需要筛选出同时满足两个条件的数据……这些需要通过自定义筛选条件实现。

　　如果筛选关键字对应的数据列是文本类型，可通过"文本筛选"命令定义筛选条件。方法是在图 5-11(a)中，单击"文本筛选"快捷菜单右边的▶按钮，会弹出下一级定义筛选条件的菜单，其中包括：等于、不等于、包含、不包含等菜单项，通过这些菜单项可以设置不同的筛选条件。例如，选择"自定义筛选"命令，弹出如图 5-11(b)所示的对话框，从中可以设置同时满足两个条件的筛选。

　　如果筛选关键字对应的列是数值型数据，可通过"数字筛选"命令指定自定义筛选条件，实现灵活的数据查询。

【例 5.6】　在图 5-10 所示的在职员工档案中筛选年龄最大的 3 名职工。

　　选出年龄最大的 3 名职工，需要自定义筛选条件，方法如下。

<1> 单击任一非空单元格，再单击"数据"→"排序和筛选"→"筛选"按钮。

<2> 单击"年龄"筛选按钮，选择下拉菜单中的"数字筛选"命令，然后选择其二级菜单中的"前 10 项（T）…"（如图 5-13 所示）。

图 5-13　自定义数值型数据列的筛选条件

　　<3> 弹出如图 5-14 所示的对话框。"显示"列表框中有两个选项："最大"和"最小"。中间编辑框中的数据表示显示的记录行数，默认数据是 10。不要误认为选择该项时 Excel 就只能显示 10 个数据记录行，实际上可根据需要显示任意多行。例如一个学生成绩表，可以利用

该选项查看前 5 名、前 10 名、前 20 名或最后 5 名的成绩。图 5-15 是用这种方法从图 5-13 所示的职工档案表中筛选出的年龄最大的 3 名职工。

图 5-14 自动筛选条件设置

图 5-15 自动筛选年龄最大的 2 名职工

有些查询是前两种方式都不能实现的。例如，要打印出所有职工中奖金高于 1500 元的人员档案，可能是 10 人，也可能是 3 人，总之人数是不确定的。这需要使用自动筛选中的"大于…"（见图 5-13）命令来完成。

说明： 筛选只是把原数据区域中不符合条件的数据行暂时隐藏起来，并不修改原表中的任何数据。要把筛选后的数据表恢复为原样，只需要再次单击"数据"→"排序和筛选"组中的"筛选"按钮，或选择"清除"命令。

5.2.2 条件区域

自动筛选只能完成简单的数据筛选，如果筛选条件比较复杂，就需要用高级筛选来完成。高级筛选的首要任务是指出数据应该满足的筛选条件，这需要通过建立条件区域来实现。

条件可以是一个文本，如"张三"；可以是一个数值，如"90"；可以是一个比较式，如"数学成绩>90"；还可以是一个计算公式，如"=AND(A3>80, A5<60)"。

在 Excel 中，条件可以出现在条件公式或条件函数中，也可以先在单元格或单元格区域中建立条件，称为条件区域，然后在公式或函数中引用它。

条件区域的构造规则是：同一列中的条件表示"或"，即 OR（只要其中某一个单元格的条件成立，则整个条件就成立）；同一行中的条件表示条件"与"，即 AND（只有所有单元格中的条件都成立，整个条件才成立）。

图 5-16 的单元格区域 A10:D17 是一个简单的销售数据统计表，A2:M5 区域是各种类型的条件区域示例。现以此表为例说明各种条件的构造方法。

图 5-16 条件区域的表示

1. 条件"或"：单列上具有多个条件

如果要求某一列数据满足两个以上的或条件，可以直接在各行中从上到下依次输入各条件，同一列上的条件是逻辑或的关系，相当于 OR。例如，图 5-16(a)中的条件区域将显示"销售员"列中包含"李海""王一艺"和"王大海"之一的数据行。

2. 条件"与"：同一行具有多个条件

要查找同时满足不同数据列中某个条件的数据，应在条件区域的同一行中输入所有条件。输入在同一行中的条件是逻辑与的关系，相当于 AND。例如，图 5-16(b)中的条件区域将显示所有在"产品类型"列中包含"电器"、在"销售员"列中包含"李海"且"销售量"大于 320 的数据行（即李海的电器销售量在 320 件以上数据行）。

3. 多列的条件"或"：某一列或另一列上具有单个条件

要建立包括多列的"或"条件，应在条件区域中将不同列的条件输入在不同行中。在不同列、不同行中的条件是或条件。例如，图 5-16(c)中的条件是"或"，将显示所有在"产品类型"列中包含"农产品"或在"销售员"列中包含"王大功"或销售量大于 300 的数据行。

4. 用"或"连接的与条件：两列上具有两组条件之一

要找到满足两组条件（每一组条件都包含针对多列的条件）之一的数据行，应在各行中输入条件。例如，图 5-16(d)的条件区域将显示所有在"销售员"列中包含"李海"且销售额大于 300 的行，也会显示销售员"王一世"的销售额大于 300 的行。

5. 将公式结果用作条件

可以将公式的计算结果作为条件使用。用公式创建条件时，不要将列标题作为条件标识使用，应该将条件标识置空，或者使用非数据表标题的文字符号。例如，条件"=G5>AVERAGE($E$5: $E$14)"将显示 G 列中数值大于单元格区域 E5:E14 平均值的行，它就没有使用条件标记。

说明：① 条件区域一般用于高级筛选或数据库函数中。在一般情况下，应将条件区域构建在数据表的开头或旁边（最好是数据表的前面），不要在数据表下边构建条件区域。并非不允许这样做，原因是若数据表要添加数据行，可能覆盖条件区域，引起不必要的麻烦。

② 要建立条件区域的数据表必须有标题行。如在图 5-16 中，若没有第 10 行（即 A10:D10）的标题，就构造不了该图中的各条件区域。

③ 用于条件的公式必须使用相对引用来引用列标题，公式中的所有其他引用必须是绝对引用，并且公式的计算结果应是 TRUE 或 FALSE。

5.2.3 高级筛选

高级筛选用于实现自动筛选很难完成的复杂筛选。在进行高级筛选前，必须建立一个条件区域来定义筛选必须满足的条件。条件区域的首行必须包含一个或多个与数据表完全相同的列标题。

1. 条件"与"的高级筛选

条件"与"就是同时满足多个条件，可以将它们列在同一行中构造出条件区域。

【例 5.7】 查看例 5.5（见图 5-10）中"运维部"工资高于 1000、奖金高于 500 元的人员。

显然，要查找的数据行必须同时满足以下 3 个条件：部门是"运维部"，工资高于 1000 元，奖金高于 500 元。

<1> 为高级筛选建立条件区域，如图 5-17 中的 A2:H3。

	A	B	C	D	E	F	G	H	I	J
1				某公司在职员工档案						
2	编号	姓名	学历	部门	年龄	工资	奖金	婚否		
3				运维部		>1000	>500			
4										
5										
6	编号	姓名	学历	部门	年龄	工资	奖金	婚否		
7	zk001	王光培	大学本科	运维部	32	2270	618	未婚		
13	zk007	江三	大专	运维部	63	3041	639	未婚		
21	zk015	赵春梅	中专	运维部	29	1677	520	已婚		
24	zk018	高明	大专	运维部	66	2760	627	未婚		

（A2:H3是条件区域）

图 5-17 建立高级筛选的条件区域

说明：条件区域可建立在工作表的任何空白区域，但它至少与数据表之间有一空行。条件区域中可以只包括需要的字段（即标题名），也可以包括数据表中所有的字段，但只能在限定条件的字段下面输入条件。本例的条件区域也可以建立如下，即只包括需要指定条件的字段名及相关的条件。

部门	工资	奖金
运维部	>1000	>500

<2> 单击数据表中任一非空单元格，然后单击"数据"→"排序和筛选"→"高级"按钮，弹出"高级筛选"对话框，如图 5-18 所示。

<3> 在"高级筛选"对话框中，Excel 已经指定了要进行数据筛选的数据表区域（即图 5-18 中的"列表区域"），如果发现该数据区域不对，也可重新输入该区域。

<4> 在"条件区域"中输入筛选条件所在的单元格区域。对图 5-18 中所建立的条件区域，应在"条件区域"中输入 A2:H3（或 D2:G3）。

高级筛选可以在原来的数据表中显示筛选结果，也可以在本工作表中的空白区域显示筛选结果。前者隐藏工作表中不符合条件的数据行，后者将筛选结果从原数据表中独立出来，这项功能是自动筛选所没有的。

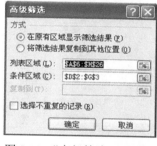

图 5-18 "高级筛选"对话框

在实际工作中，将筛选结果从数据表中独立出来的方式很有用，因为这样可对同一数据表进行多次、不同条件的筛选操作，将每次筛选的结果存放在不同的区域，便于对数据进行分析以及制作不同形式的报表。

对于上例，高级筛选的结果见图 5-17。

再次强调： 在 Excel 中进行高级筛选时，"条件区域"中同一行的条件是需要同时满足的"与条件"。例如图 5-17 中，"条件区域"中的条件相当于"(部门="运维部") AND (工资>1000) AND (奖金>500)"。

2. 条件"或"的高级筛选

条件"或"是指在众多条件中，只要有一个条件成立即可。在 Excel 的高级筛选中，条件区域中不同行的条件就是或条件。

【例5.8】 对于图 5-10，现要找出其中奖金大于 500 元或已经结婚的工作人员。

这是一个条件"或"的筛选，应在条件区域的不同行中建立条件。如图 5-19 的 G2:H4 所示，该条件区域表达的条件相当于"(奖金>500) OR (婚否="已婚")"。

某公司在职员工档案

编号	姓名	学历	部门	年龄	工资	奖金	婚否
						>500	
							已婚

编号	姓名	学历	部门	年龄	工资	奖金	婚否
zk001	王光培	大学本科	运维部	32	2270	618	未婚
zk003	叶开钱	大专	市场部	45	3014	309	已婚
zk004	王立新	中专	信息资源部	58	1481	814	未婚
zk005	张包	大学本科	运维部	23	2831	448	已婚

（A2:H3是条件区域）

图 5-19　用或条件筛选出的职工档案表

3．"与"条件同"或"条件的组合应用

在同一条件中既有"或"条件，又有"与"条件的应用场合较多，这样的条件区域需要在多行建立，但总的原则不变：同一行中的条件表示"与"，不同行中的条件表示"或"。

【例 5.9】　对于前面讨论的职工档案数据表，现要查找运维部和信息资源部中工资高于1000 元且奖金高于 500 的人员档案。

这样的筛选条件应在不同的行建立。条件区域及筛选结果如图 5-20 所示，"条件区域"的条件表达的含义是 "((部门="运维部") AND (工资>1000) AND (奖金>500)) OR ((部门="信息资源部") AND (工资>1000) AND (奖金>500))"。

图 5-20　"或"和"与"条件组合的筛选

4．使用计算条件

前面的筛选能够满足大多数需要，但有一类筛选没有实现。例如，找出学生考试成绩表中高于平均分的学生记录，找出工资表中高于或低于平均收入的职工档案，因为平均成绩、平均收入不是一个已知数据，需要根据工作表进行计算。

对于这类数据查找，可以建立计算条件区域，然后通过高级筛选实现。计算条件指需要通过公式计算出条件值，而不是一个简单的列值同常量相比较的条件。

【例 5.10】　某商场 2018 年 2 月 1 日到 8 日的销售记录如图 5-21 的单元格区域 A2:F10 所示，找出其中销售额高于中间值的销售记录。

仔细分析所需数据记录的要求可以发现，前面几种筛选方式都不能完成这项工作，因为筛选条件"中间值"是一个不确定因素。假如先计算出中间值，再用计算结果进行筛选，这样当然可以完成工作，若数据表发生了变化（如增加记录行、修改某人的销售额等），这个筛选结果就不准确了。

是否可以在筛选条件中包含一个中间值计算公式？答案是肯定的，这就是计算条件。使用计算条件进行高级筛选要遵守以下规则：

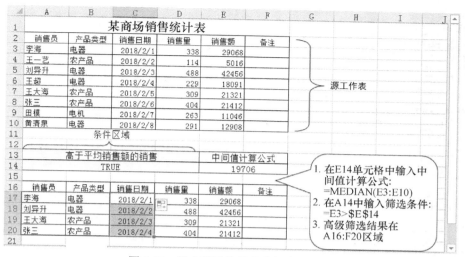

图 5-21 建立基于计算条件的高级筛选

❖ 计算条件中的列标题可以是任何文本，但不能与数据表中的任一列标题相同，这一点正好与前面讨论的条件区域相反。
❖ 必须以绝对引用的方式引用数据表之外的单元格。
❖ 必须以相对引用的方式引用数据表之内的单元格。

现在来解决上面提出的问题。先建立计算条件，方法如下。

<1> 在单元格 E14 中输入中间值计算公式 "=MEDIAN(E3:E10)"，计算结果是 19 706。

<2> 在单元格 A13 中输入计算条件的列标题，可以是任何文本，也可以什么都不输入，但不能与源数据表中任一列标题相同，即不能是 A2:F2 中任何单元格中的文本。

<3> 在单元格 A14 中输入计算条件公式 "=E3>$E$14"。

说明：E14、A13、A14 都是合并单元格。A14 中的公式至关重要，E3 是源数据区域之内的单元格，根据计算条件的建立原则，只能用相对引用的方式。E14 包含一个平均值公式，是源数据表之外的单元格，根据计算条件的建立原则，只能采用绝对引用的方式。

计算条件建立后，可根据前面介绍的步骤进行高级筛选，高级筛选的数据区域是 A2:F10，条件区域是 A13:A14。筛选的结果是 A16:F20。

5.2.4 使用高级筛选提取无重复的数据行

在实际工作中，有时需要从具有大量重复数据行的工作表中提取数据，得到数据不重复的报表，利用高级筛选可以完成这一任务。

【例 5.11】 某地区某次竞赛报名学生情况如图 5-22 中的 A2:B500 所示，每位报名学生有一行数据记录。该表是从其他数据库系统中提取而来的，信息不全，只有报名学生的学校和参赛类型。由于一个学校可能有多位同学参加同类竞赛项目，因此有许多重复数据行。现在需要从中提取一份参赛学校及参赛类别的不重复报表。

使用高级筛选可以方便地得到这份不重复的学校参赛项目报表，方法如下。

<1> 单击 A、B 列中的任一非空单元格，再单击 "数据" → "排序和筛选" → 高级按钮，弹出 "高级筛选" 对话框，见图 5-22。

<2> 在列表区域中输入原始数据所在区域 A2:B497，不需要条件。

图 5-22 用高级筛选提取不重复记录

<3> 选中"选择不重复的记录"复选框。单击"确定"按钮后，将筛选得到数据行不重复的数据。图 5-22 中指定了"将筛选结果复制到其他位置"，E2:E48 即筛选结果。

注意，高级筛选在生成不重复数据行时是以整行数据为依据的。即，如果两行数据对应单元格的数据都相同，才视为重复数据，只保留一行；两行数据中，只要某个对应位置单元格中的数据不同，其他的都相同，也是不重复的数据。

例如，在图 5-22 中，如果要筛选出一份不重复的参赛学校名单，就应该在"高级筛选"对话框的"列表区域"中仅指定 A 列对应数据区域，即 A1:A497。

此外，高级筛选提取不重数据是按行进行分析的，能够区分出不同行中的重复数据，但不能区分出同行不同列中的重复数据，在组织表中的数据时尤其要注意。

5.3 数据分类与汇总

5.3.1 分类汇总概述

数据的分类与汇总统计在日常工作中极其普遍，应用 IF、SUMIF、SUMIFS、AVERAGE、AVERAGEIFS、COUNT 等条件和汇总函数，有时与数组公式结合使用，可以制作出灵活多样的各类汇总报表。但是，在许多情况下可以利用 Excel 的分类汇总功能简化汇总表的制作过程。分类汇总能够对工作表中的数据按不同类别进行汇总统计（求总和、平均值、最大值、最小值、统计个数等）。分类汇总采用分级显示的方式展示工作表数据，可以折叠或展开工作表，允许多达 8 层的分级显示。

【例 5.12】某公司在职员工的档案如图 5-23 所示。现在需要从该数据表中统计以下信息：每个部门的平均工资和平均年龄是多少。

	A	B	C	D	E	F	G	H
1			某公司在职员工档案					
2	职工编号	姓名	学历	部门	年龄	工资	奖金	婚否
3	ZG001	王光培	大学本科	运维部	32	2270	618	未婚
4	ZG002	李立	中专	人力资源部	56	2091	496	未婚
5	ZG003	叶开钱	大专	市场部	45	3014	309	已婚
6	ZG004	王立新	中专	信息资源部	58	1481	814	未婚
7	ZG005	张包	大学本科	运维部	23	2831	448	已婚
8	ZG006	关冰	硕士	信息资源部	29	730	1088	已婚
9	ZG007	江三	大专	运维部	63	3041	639	未婚

图 5-23 某公司的职工档案表

上述数据需要通过统计计算后才能知道，Excel 的分类汇总功能提供了相应的计算能力，可以便捷地计算出这样的数据。

5.3.2 建立分类汇总

分类汇总提供了灵活多样的数据统计和汇总功能，可以完成以下事情：

❖ 在数据表中显示一组数据的分类汇总及总和。
❖ 在数据表中显示多组数据的分类汇总及总和。
❖ 在分组数据上完成不同的计算，如求和、统计个数、求平均数、求最大（最小值）、求总体方差等。

1．分类汇总的准备工作

在进行分类汇总前，要确定以下两件事情已经做好：① 要进行分类汇总的数据表的各列必须有列标题；② 必须对要进行分类汇总的数据列排序。这个排序的列标题称为分类汇总关键字，在进行分类汇总时，只能指定已经排序的列标题作为汇总关键字。

例如，要完成图 5-23 所示档案表中各部门的年龄和工资的分类汇总，应先按部门排序。

2．建立分类汇总

在对分类汇总字段排序后，就可以插入 Excel 的自动分类汇总了。

<1> 选中数据表的任一非空单元格，再单击"数据"→"分级显示"→"分类汇总"按钮，弹出如图 5-24(a)所示的"分类汇总"对话框。

(a) 分类汇总设置   (b) 分类汇总结果

图 5-24 "分类汇总"对话框及汇总统计结果

<2> 在"分类字段"下拉列表中选择要进行分类的字段，该下拉列表中汇集了数据表中的所有列标题，分类字段必须是已经排序的字段。如果选择没有排序的列标题作为分类字段，最后的分类结果是不准确的。本例应选择"部门"作为分类字段。

<3> "汇总方式"的下拉列表中列出了 Excel 提供的所有汇总方式（如求总和、求平均数、统计个数、求乘积等），从中选择需要的汇总方式。本例应选择"平均值"汇总方式。

<4> "选定汇总项"列出了数据表中的所有列标题，从中选择需要汇总的列标题。本例中选择"年龄"和"工资"列作为汇总项。

> **注意**
>
> 选择的数据类型一定要与汇总方式相符合。例如，选择的汇总方式是"平均值"，但选择"姓名"作为汇总项，这会产生错误。因为"姓名"列的数据是汉字或字符，不能求它的平均值。

<5> 选择汇总数据的保存方式，有以下 3 种方式。

❖ 替换当前分类汇总——最后一次的汇总会取代以前的分类汇总结果。
❖ 汇总结果显示在数据下方——原数据的下方会显示汇总计算的结果。
❖ 每组数据分页——各种不同的分类汇总数据将分页保存。

上述 3 种方式可同时选中，Excel 的默认选择是前两项。

本例最后的汇总结果如图 5-24(b)所示，清晰地展示了各部门的平均工资和平均奖金。

在图 5-24(b)的左边可以看到一些分级按钮，它们的用法如下：

❖ 隐藏明细按钮 ▬——单击它将折叠数据行，隐藏全部明细数据。如在图 5-24(b)中，若要隐藏"办公室"的明细数据，只需单击行号 6 前面的 ▬ 即可。

❖ 显示明细按钮 ✚——单击它将展开数据行，显示本级的全部明细数据。

❖ 行分级按钮 1 2 3——指定明细级别。例如，单击 1 就只显示 1 级明细数据，整个表的汇总数据是一级明细数据，按分类汇总的数据是 2 级数据，其余以此类推。

5.3.3　高级分类汇总

在同一分类汇总级上可能不只进行一种汇总运算，前面的问题还有一半没有解决：各部门的工资总额和奖金总额没有反映在图 5-24 所示的分类汇总表中。

Excel 可对同一分类关键字进行多重汇总，若要在同一汇总表中显示两个以上汇总数据时，只需对数据表进行两次不同的汇总计算。第二次分类汇总在第一次的汇总结果上进行。

【例 5.13】 对于图 5-24，除了查看各部门的平均年龄和平均工资，还要查看各部门的工资总额和奖金总额。

要取得包括上述数据的工作表，只需在第一次分类汇总的基础上，再次进行分类汇总（因为两次的汇总关键字相同），方法如下。

<1> 选中第一次汇总表的任一非空单元格，单击"数据"→"分级显示"→"分类汇总"按钮，弹出如图 5-25(a)所示的对话框。

<2> 再次设置"分类汇总"对话框："分类字段"与第一次相同，设置为"部门"，"汇总方式"设置为"求和"，"选定汇总项"设置为"工资"和"奖金"。

<3> 取消"替换当前分类汇总"复选框中的勾选。

经过上述分类汇总设置之后，最后的分类汇总表如图 5-25(b)所示。

(a) 分类汇总设置　　　　　　(b) 对同一工作表按同一关键字进行两次分类汇总的结果

图 5-25　二次分类汇总的设置及汇总结果

5.3.4　嵌套分类汇总

在一个已经建立了分类汇总的汇总表中再进行另一种分类汇总，两次的分类汇总关键字不同，这种分类汇总方式称为嵌套分类汇总。多重分类汇总每次的汇总关键字都相同，而嵌套分类汇总每次的分类汇总关键字却不一样。

建立嵌套分类汇总的前提仍然是要对每个分类汇总关键字排序。第一级汇总关键字应该是排序的第一关键字，第二级汇总关键字应该是第二排序关键字，其余以此类推。有几层嵌套汇总就需要进行几次分类汇总操作，第二次汇总在第一次的结果集上操作，第三次在第二次的结果上操作，其余以此类推。

【例 5.14】 对于图 5-25 中的人员档案，统计各部门的平均工资和人均奖金，以及每个部门中“已婚”和“未婚”人员的“工资”“奖金”平均值。

由于这次的分类汇总关键字是“婚否”，因此原工作表应以“部门”为第一排序关键字，以“婚否”为第二排序关键字进行排序。方法如下：

<1> 以“部门”为第一关键字，“婚否”为第二关键字对数据表进行排序。

<2> 以“部门”为分类汇总关键字，“平均值”为汇总方式，汇总字段为“工资”和“奖金”对数据表进行第一次分类汇总。

<3> 以“婚否”为分类汇总关键字，“平均值”为汇总方式，汇总字段为“工资”和“奖金”对数据表进行第二次分类汇总。在本次设置“分类汇总”对话框时，要取消对话框中“替换当前分类汇总”复选框的设置，请参考图 5-25(a)。

嵌套分类汇总的最后结果如图 5-26 所示（对结果工作表进行了简易的格式化）。

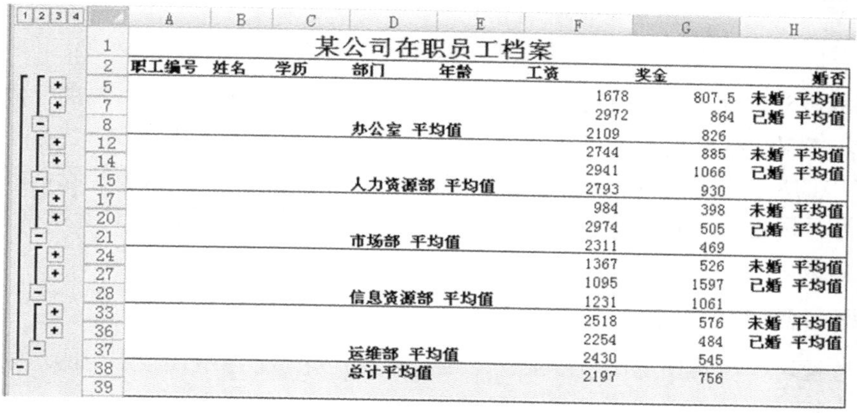

	职工编号	姓名	学历	部门	年龄	工资	奖金	婚否
1	某公司在职员工档案							
5						1678	807.5	未婚 平均值
7						2972	864	已婚 平均值
8				办公室 平均值		2109	826	
12						2744	885	未婚 平均值
14						2941	1066	已婚 平均值
15				人力资源部 平均值		2793	930	
17						984	398	未婚 平均值
20						2974	505	已婚 平均值
21				市场部 平均值		2311	469	
24						1367	526	未婚 平均值
27						1095	1597	已婚 平均值
28				信息资源部 平均值		1231	1061	
33						2518	576	未婚 平均值
36						2254	484	已婚 平均值
37				运维部 平均值		2430	545	
38				总计平均值		2197	756	
39								

图 5-26　嵌套分类汇总

5.3.5　删除分类汇总

要删除数据表中的分类汇总，将数据表恢复到分类汇总之前的状态，方法如下：选中分类汇总表中的任一单元格，再单击“数据”→“分级显示”→“分类汇总”按钮，显示如图 5-25(a) 所示的“分类汇总”对话框，单击其中的“全部删除”按钮。

经过上述操作步骤后，数据表的分类汇总就被删除，汇总表恢复成为汇总前的数据表。请放心，“全部删除”只删除分类汇总，不会删除数据表中的原始数据。

5.4　数据透视表

数据透视表是一种快速汇总大量数据的交互式方法，用户可以深入分析数字数据，对数据表进行汇总、分析、浏览和提供摘要数据。

5.4.1 数据透视表概述

数据透视表具有以下常用功能：① 对数值数据进行分类汇总和聚合，按分类和子分类对数据进行汇总，创建自定义计算和公式；② 展开或折叠要关注结果的数据级别，查看感兴趣区域摘要数据的明细；③ 将行移动到列或将列移动到行（即"透视"），以查看源数据不同组合与汇总的结果；④ 对最有用和最关注的数据子集进行筛选、排序、分组和有条件地设置格式，突出显示重要信息；⑤ 提供简明、带有批注的联机报表或打印报表。

图 5-27 是 Excel 帮助系统中的一个数据透视表样例，在该图的左边有一个数据表，包括三个数据字段：运动、季度和销售。这三列数据就构成了源数据，是一个简单的体育用品销售记录表。

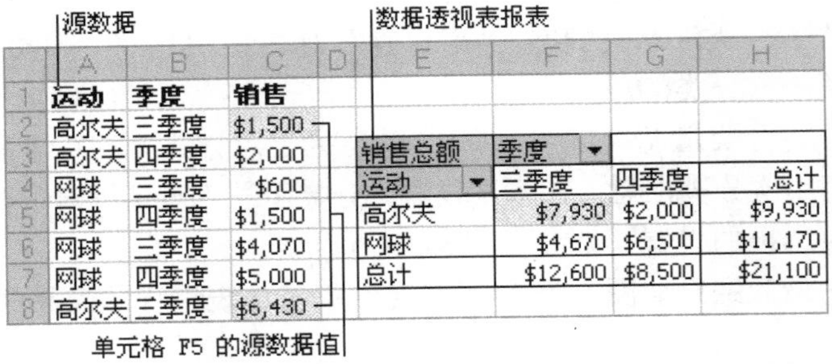

图 5-27 数据透视表示例

对于图 5-27 源数据表（A1:C8）中的销售记录，在月末、季度末或年末进行数据统计、结账或汇总时，运用数据透视表可以非常简单地制作出需要的报表。

图 5-27 中的单元格区域 E3:H7 是基于 A1:C8 的源数据建立的数据透视表，该透视表把 A 列源数据作为行标题，把 B 列源数据作为新的列标题，然后在此基础上对源数据表的"销售"列数据（即 C 列）进行汇总统计。

1．数据透视表常用术语

在数据透视表中经常使用比较专业的术语，表 5-1 列出了其中几个常用的术语，可参考图 5-27 来理解它们。

表 5-1 数据透视表常用术语

术 语	说 明
坐标轴	数据透视表的维数，如行、列和页
数据源	即一个有列标题的工作表（必须是有列标题的工作表），从数据源表中可以导出数据透视表
字段	源数据表（工作表）中的每列的标题称为一个字段名，字段名描述了对应列数据的特性。在数据透视表中可以通过拖曳字段名来修改、设置数据透视表
项	源数据表中字段的成员，即某列中的内容
汇总函数	数据透视表使用的函数，这些函数包括：SUM，COUNT，AVERAGE 等
透视	通过重新定位一个或多个字段来重新排列数据透视表

2．何时使用数据透视表

如果对工作表的数据进行行、列变换，或者在数据量较大的工作表中进行数据的各种汇总统计和对比分析，就应该使用数据透视表。数据透视表还具有排序、分类汇总和计数统计等功能。例如，在图 5-28 所示的学生档案表中，应用数据透视表功能，可以方便地统计出统招、委培和自费三种类型学生的人数及其来源情况。

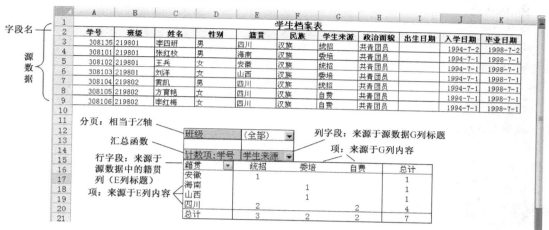

图 5-28   数据透视表的术语

3. 数据透视表报表的类型

默认数据透视表报表如图 5-28 中的单元格区域 D12:I21 所示。也可以按缩进格式显示数据透视表报表，以便在一列中查看所有相同类型的汇总数据，还可以创建数据透视图报表以图形方式查看数据。

5.4.2   建立数据透视表

现在通过具体实例来理解数据透视表的功能，掌握数据透视表的建立方法。

【例 5.15】 某商场有 6 位职工，分别是劳得诺、令狐冲、陆大安、任我行、韦小宝、向问天，销售的电视产品有 TCL、长虹、康佳、创维、熊猫几种品牌。每天的销售数据都记录在 Excel 的一个工作表中，如图 5-29 所示，该数据表有 300 多行数据。

序号	日期	销售员姓名	产品名称	单价	数量	总价	运输方式
09701	2018年3月1日	劳得诺	创为	3,080	5	15,400	汽车
09702	2018年3月1日	向问天	创为	3,600	7	25,200	轮船
09703	2018年3月1日	劳得诺	创为	3,080	1	3,080	火车
09704	2018年3月1日	陆大安	TCL	3,200	6	19,200	轮船
09705	2018年3月1日	劳得诺	熊猫	3,080	2	6,160	汽车
09706	2018年3月1日	韦小宝	熊猫	3,300	5	16,500	汽车
09708	2018年3月1日	韦小宝	TCL	3,300	4	13,200	轮船
09709	2018年3月1日	令狐冲	康佳	2,980	3	8,940	轮船
09710	2018年3月1日	陆大安	TCL	3,200	7	22,400	汽车

图 5-29   某商城的电视销售记录

到了月末、年终、季度末，商场要对该数据表进行以下汇总分析。

❖ 统计各销售员销售各种品牌电视机的总量。

❖ 统计每个月或季度各种品牌电视机的销售总量

❖ 统计各种品牌的总销售额。

❖ 统计每位职工的总销售额。

❖ 统计每位职工每个月或季度销售的各种品牌电视机的销售额。

❖ 统计各种运输方式下的总销售额。

❖ ……

可以使用 Excel 的排序、分类汇总及统计函数相结合的方法解决上述问题，但使用数据透视表更加简便。现以统计每位职工销售各种产品的数量为例，说明数据透视表的建立过程。

<1> 保证源数据表的每列都有列标题。如果某列数据没有列标题，应加上列标题。

<2> 选中源数据表中任一非空单元格，单击"插入"→"表格"→"数据透视表"按钮，弹出如图 5-30(a)所示的"创建数据透视表"对话框。

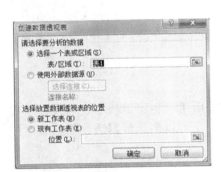

(a) 设置数据透视表的数据源和保存位置　　　　(b) 设置数据透视表的页、行、列和概要函数

图 5-30　数据透视表的创建

图 5-30(a)主要用于指定数据透视表的数据源。可以看出，数据透视表的数据来源主要有 Excel 的表/区域（表是一种具有特定结构和功能的工作表区域）或者外部数据源，即其他程序创建的文件或表格，如 dBASE、Access、SQL 等。

在默认情况下，Excel 会将活动单元格所在的整个数据区域设置为数据透视表的数据源，如果此区域不准确，可以修改它。此外，Excel 会指定将数据透视表建立在一个新工作表中，很多时候都需要这样做，如果选择图 5-30(a)的"现有工作表"单选项，Excel 就会在当前工作表中插入数据透视表。

<3> 单击图 5-30(a)中的"确定"按钮后，就会显示如图 5-30(b)所示的创建数据透视表的界面，工作表的左边是数据透视表的布局式样，右边界面用于设置和调整数据透视表的内容。

其中：

❖ 选择要添加到报表的字段——列出了数据源中的所有列标题，可以拖放在"行标签" "列标签"和"报表筛选"中的字段。

❖ 行标签——拖放到"行标签"中的数据字段，其中的每个数据项将占据透视表的一行。本例中，若把"销售员姓名"字段拖放到"行"中，则数据源中每个不同的职工姓名将出现在不同的数据行中。

❖ 列标签——与"行标签"相对应，放置在"列标签"中的字段，该字段中的每个项将占一列。本例中，若把"产品名称"放在"列"中，则每个产品名将各占一列。

❖ 报表筛选——行标签相当于 X 轴，列标签相当于 Y 轴，由它们确定了一个二维表格，"报表筛选"则相当于 Z 轴。拖放在"报表筛选"中的字段，Excel 将按该字段的数据项对透视表进行分页。本例中，若把"日期"拖放在"报表筛选"中，Excel 将把透视表分为若干页，每页只显示一天的销售统计。"报表筛选"不是必需的。

❖ Σ数值——拖放到"Σ数值"中的字段，其对应列中的数据将被进行指定的计算，如计数、求总和、平均值或最大值等。

<4> 为了完成本例最初提出的要求，把"日期"拖放到了"报表筛选"下面的文本框中，把"售货员姓名"拖放在"行标签"下面的文本框中，把"产品名称"拖放在"列标签"下面的文本框中，把"数量"拖放"Σ数值"下面的文本框中。在拖放数据源字段到对应栏目的过程中，位于工作表左边的区域将会显示出数据透视表的相应内容。

当完成上述字段拖放操作后，Excel 会创建出如图 5-31 所示的数据透视表。在制作好数据透视表后，不必担心图 5-31 右边的数据透视表操作窗格的显示问题。单击透视表之外的任何空白单元格，就会隐藏此窗格，单击数据透视表区域内的任一单元格，就会显示它。

图 5-31　各职工销售各类产品量透视表

另外，通过图 5-31 右边的数据透视表操作界面，可以随时调整和修改数据透视表中的内容。如果不想在数据透视表中显示某些字段的相关数据，只需直接将该字段从报表筛选、列标签、行标签和Σ数值下面的文本框中拖放到数据透视表操作界面之外（也可以直接取消"选择要添加到报表的字段"复选框中的勾选标志）。

图 5-31 是一个非常有用的汇总分析数据表，从中可以看出每项产品的销售总数据、每位职工销售的产品总数，以及销售各种不同产品的数量，并且可以在此透视表的基础上做出各种分析图。此外，可以查看每天的销售情况，单击单元格 B1 的"全部"下拉列表，从中选择某个日期，图 5-31 就会变成选中日期的汇总统计透视表。

5.4.3　查看透视表中数据的具体来源

数据透视表中的数据是"活"的，可以轻松地查看其中每个汇总数据的具体来源。比如，从图 5-31 的单元格 B7 中可以看出陆大安销售的 TCL 电视机有 82 台。这个数据是否真实可靠？它们都是哪些日期销售的？这两个问题非常简单，只需双击单元格 B7，Excel 将会新建立一个数据表，该数据表中显示这 82 个数据的具体来源，如图 5-32 所示。

5.4.4　利用报表筛选创建分页显示

数据透视表中的报表筛选可以分页显示透视表中的数据，这对于数据的分类汇总统计大有

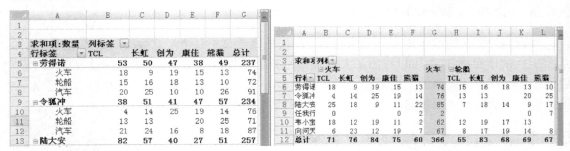

序号	日期	销售员姓名	产品名称	单价	数量	总价	运输方式
9977	2018/3/12	陆大安	TCL	3200	3	9600	汽车
9951	2018/3/17	陆大安	TCL	3200	2	6400	火车
9915	2018/3/12	陆大安	TCL	3200	4	12800	火车
9704	2018/3/1	陆大安	TCL	3200	6	19200	轮船
9900	2018/2/25	陆大安	TCL	3200	2	6400	火车
9890	2018/3/1	陆大安	TCL	3200	5	16000	汽车
9886	2018/6/17	陆大安	TCL	3200	4	12800	火车
9880	2018/6/11	陆大安	TCL	3200	4	12800	汽车
9710	2018/3/1	陆大安	TCL	3200	7	22400	汽车

陆大安TCL销售记录　2018年7月3日的销售情况

图 5-32　查看数据透视表的数据来源

用处，便于制作各种分类报告。例如，单击图 5-31 中单元格 B1 右边的下拉列表，然后从列表中选择“2018 年 3 月 1 日”，就能统计这个月各销售员的销售汇总数据，如图 5-33 所示。

日期	3月					
求和项:数量	**列标签**					
行标签	**TCL**	**长虹**	**创为**	**康佳**	**熊猫**	**总计**
劳得诺	23	31	24	22	29	129
令狐冲	19	23	34	18	44	138
陆大安	57	13	31	19	37	157
韦小宝	35	34	36	24	12	141
向问天	15	28	25	35	9	112
总计	**149**	**129**	**150**	**118**	**131**	**677**

各位职工销售各种品牌电视的情况　陆大安的销售汇 ...

图 5-33　利用“报表筛选”建立分页透视表

5.4.5　建立多字段的数据透视表

在前面的例子中，行、列标签都只有一个数据字段，所以建立的数据透视表比较简单。有时需要建立更为复杂的数据透视表。

【例 5.16】 *在前面所讨论的电视销售数据表中，要查看每位职工销售了多少种产品，每种产品的数量各是多少，还要查看其销售的产品中，每种运输方式各运输了多少数量。*

这是一个较复杂的数据透视表，可以在“行标签”或“列标签”中设置两个字段来完成该数据透视表。其操作方法与前面的单个数据字段的透视表相同，只是需要将更多的字段都拖到“行标签”或“列标签”文本框中。

图 5-34(a)是把“运输方式”和“售货员姓名”字段拖放到“行标签”中，把“产品名称”字段拖放到“列标签”中所创建的数据透视表。图 5-34(b)是把“售货员姓名”字段拖放到“行标签”中，把“运输方式”和“产品名称”字段拖放到“列标签”中所创建的数据透视表。

求和项:数量	**列标签**					
行标签	**TCL**	**长虹**	**创为**	**康佳**	**熊猫**	**总计**
⊟劳得诺	**53**	**50**	**47**	**38**	**49**	**237**
火车	18	9	19	15	13	74
轮船	15	16	18	13	10	72
汽车	20	25	10	10	26	91
⊟令狐冲	**38**	**51**	**41**	**47**	**57**	**234**
火车	4	14	25	19	14	76
轮船	13	13		20	25	71
汽车	21	24	16	8	18	87
⊟陆大安	**82**	**57**	**40**	**27**	**51**	**257**

(a) 在行标签中放置了“销售员姓名”和“运输方式”

求和项列标										
	⊟火车					**火车**	**⊟轮船**			
行标	**TCL**	**长虹**	**创为**	**康佳**	**熊猫**		**TCL**	**长虹**	**创为**	**康佳**	**熊猫**
劳得诺	18	9	19	15	13	74	15	16	18	13	10
令狐冲	4	14	25	19	14	76	13	13		20	25
陆大安	25	18	9	11	22	85	7	18	14	9	17
任我行	0			0	2	2				0	7
韦小宝	18	12	19	11	2	62	12	19	17	13	
向问天	6	23	12	19	7	67	8	17	19	14	8
总计	**71**	**76**	**84**	**75**	**60**	**366**	**55**	**83**	**68**	**69**	**67**

(b) 在行标签中放置了“运输方式”和“产品名称”

图 5-34　多重行、列标签字段的数据透视表

5.4.6 修改汇总函数并多次透视同一字段

数据透视表中"Σ数值"位置的字段会被函数计算，这些计算函数统称汇总函数。在默认情况下，数据透视表采用 SUM 函数对其中的数值项进行汇总，用 COUNT 函数对表中的文本类型字段项进行计数。

事实上，Excel 为数据透视表提供了以下汇总函数，在数据透视表中可以应用它们进行汇总计算：SUM、COUNT、AVERAGE、MAX、MIN、PRODUCT（求数值的乘积）、STDEV（估算总体的标准偏差，样本为总体的子集）、STDEVP（计算总体的标准偏差，其中的总体是指要汇总的所有数值）、VAR（估计总体方差，样本为总体的子集）、VARP（计算总体的方差，其中的总体是指要汇总的所有数值）。

在数据透视表中，对于同一字段可以多次应用最大值、最小值、总和、平均值等汇总函数从多角度透视分析。

【例 5.17】 对于前面的电视销售数据表（见图 5-29），现要查看各销售员的最低日销售台数、最高日销售台数、平均日销售台数、总销售台数，如图 5-35(a)所示。

(a) 应用不同汇总函数多次重复分析同一字段　　　(b) 汇总函数可以修改　　　(c) 修改汇总函数的字段

图 5-35　数据透视表汇总函数设置

要制作这样的分析报表，需要应用最大值、最小值、平均值等汇总函数，分别对每天的销售记录进行计算，这就要对数据表中的"数量"字段重复操作。

<1> 对销售数据表（见图 5-29）选择"插入"→"数据透视表"，如图 5-35(b)所示。将"销售员姓名"字段拖到"行"标签区域中，"筛选"和"列"标签区域中都不放置任何字段。

<2> 将"数量"字段拖放"Σ值"下面的文本框中，出现"求和项：数量"，单击它，然后从弹出的菜单中选择"值字段设置"命令，弹出如图 5-35(c)所示的对话框。

<3> 将"自定义名称"中的内容修改为"最低日销售量"，从"值字段汇总方式"中选择"最小值"，然后单击"确定"按钮。

<4> 再次将"数量"字段拖放"Σ值"下面的文本框中，并按照上面的方法将"自定义名称"改为"最高日销售量"，选择"最大值"汇总函数。

<5> 重复第<4>步，完成"平均日销售量"和"销售总量"的汇总透视设置。

5.4.7 修改透视表数据的显示方式

在默认情况下，数据透视表中的数据总是以数字形式显示，可以根据需要，将它们修改成需要的形式，如显示为小数、百分数或其他需要的形式。

【例 5.18】 在图 5-35(a)所示的数据透视表中列出了每个销售员的各种销售数据。但这些数据不能直观地反映各位销售员的销售业绩，希望能以百分比显示这些数据，如图 5-36(a)所示，以便查看各销售员的销售业绩。

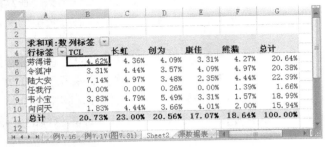

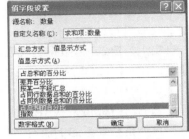

(a) 按百分比形式显示数据　　　　　　　　(b) 设置汇总数据的显示方式

图 5-36　修改数据透视表的数据显示形式

将图 5-35 所示透视表的数据更改为图 5-36(a)的过程是：按照上面的方法显示如图 5-36(b)所示的"值字段设置"对话框，单击"值显示方式"标签项，然后从"值显示方式"的下拉列表中选择"占总和的百分比"。

说明：在图 5-36(b)中，"值显示方式"下拉列表列出了透视表中数据的所有显示方式，其中各列表项的值及意义如表 5-2 所示。

表 5-2　透视表数据显示方式

列表项的值	意　　义
普通	按一般的数据形式显示数据
差异	结果与基本字段和基本项对话框中指定的字段和项之间的差
百分比	结果除以指定的基本字段和项，表示成百分比
差异百分比	结果与指定的字段和项之间的差，除以基本字段和项的百分比
占同列数据总和的百分比	透视表的结果数据除以同列数据总和的百分比
占同行数据总和的百分比	透视表的结果数据除以同行数据总和的百分比
占总数的百分比	结果与所有数据总和的百分比
指数	用公式"结果×总和/行总和×列总和"计算数据

5.4.8　显示数据项的明细数据

数据透视表中的数据项可以被删除，也可以表示为更详细的数据形式。例如在图 5-36(a)所示的数据透视表中，想进一步了解这些百分比的来源，如每月销售的百分比或各种运输工具所运送电视机的百分比等。这类问题非常简单，只需格式化相关数据项即可。

【例 5.19】　查看图 5-36(a)中某电视各种运输方式明细数据的百分比，如图 5-37(a)所示。方法如下。

<1> 右击列标签中任一电视品牌名称（如长虹），从弹出的快捷菜单中选择"展开/折叠"→"展开"命令，弹出"显示明细数据"对话框，如图 5-37(b)所示。

<2> "显示明细数据"对话框中列出了数据透视表中所有可用的数据字段，从中选择需要明细显示的数据字段。本例选择"运输方式"。

<3> 单击"确定"按钮后，图 5-36(a)就变成图 5-37(a)所示的情形。

第一个数据项的明细化设置好后，如果明细化其他数据项，只需双击相应的数据项即可。如在图 5-36(a)中，要查看 TCL 产品的明细数据，只需双击数据项"TCL"，即单元格 B4。

(a) 按百分比形式显示数据　　　　　　　　　　(b) 设置汇总数据的显示方式

图 5-37　数据项的明细化

在已经设置好数据项明细化的透视表中，双击某数据项的名称，就会隐藏该数据项的明细化数据。例如，双击图 5-37(a)中的数据项名称"长虹"（单元格 C4），则 C、D、E 列的明细数据就会被隐藏起来，该数据透视表就恢复成为图 5-36(a)的形式了。

5.4.9　对时间按年、季、月进行分组透视

在日常工作中，常常需要制作月报表、季度报表或年度报表之类与日期密切相关的报表，这类报表的制作往往需要对源数据表中的日期和时间进行分组计算，才能制作出来。

1．制作销售月报

【例 5.20】　对前面的电视销售记录，制作每个员工每种产品的销售月报，如图 5-38 所示。

图 5-38　对日期进行分组格式化前后的产品销售报表

制作方法：把源数据中的产品名称字段放在数据透视表的"报表筛选"中，把销售员姓名字段放在"行标签"中，把日期字段放在"列标签"中，就能制作出图 5-38 所示的月销售报表，单击月份前面的⊞可以展开该月的每天销售数据，图 5-38 展开了 6 月的销售明细。

如果上述操作步骤制作的透视表并未对日期进行按月组合，而是制作了如图 5-39 所示的数据透视表，就需要对日期进行组合，才能制作出图 5-38 所示的销售月报。

<1> 右击列字段中的任一个日期，如 D4 单元格，从弹出的下拉列表中选择"组合"，弹出"组合"设置对话框（见图 5-39）。

<2> 在"步长"列表中选中月，就会按月对图 5-39 的日期列字段进行组合，转换为图 5-38 所示的按月份对销售数据进行统计的透视表。

2．制作年、季、月的数据透视报告

如果要制作以季度、年度、日期为统计依据的数据透视表，方法与前面的月销售透视表的

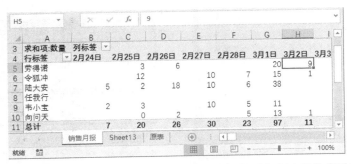

图 5-39　未对日期进行组合的数据透视表

制作过程相同，只需在"组合"设置对话框中选中透视的时间步长即可。还可以在"组合"对话框中同时选中日、月、年、季多个步长，在一张数据表中完成对年、季、月、日的透视，如图 5-40 所示。在图 5-40 中，单击左图中的列标签"2018 年"前面的+就会展开为中间的季度透视表，单击季度前面的"+"，就会展开为右图的月透视表……

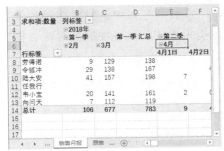

图 5-40　年、季、月、日多重透视数据表

5.4.10　筛选器在数据透视表和透视图的应用

在早期版本的 Excel 中，需要使用报表筛选器来筛选数据透视表，但在对多个项目进行筛选时，很难看到当前的筛选状态。在 Excel 2016 中，可以使用筛选器来进行数据筛选。

筛选器是易于使用的筛选组件，包含一组按钮，能够快速地筛选数据透视表中的数据，不需打开下拉列表就可以查找要筛选的项目。除了快速筛选，筛选器还会指示当前筛选状态，以便轻松、准确地了解已筛选的数据透视表中所显示的内容。

Excel 2016 的筛选器分为切片器和日程表两种。日程表主要用于按年、季、月、日对日期类型数据进行筛选，切片器主要用于筛选非日期类型的数据（没有对日期按年、季、月进行组合的功能）。透视表中可以建立一个或多个筛选器，以便从多角度查看数据。在有筛选器的透视表中，单击切片器提供的按钮或日程表中的时间，可以对透视表中的数据进行筛选。

【例 5.21】　在前面的电器销售数据表中，制作了如图 5-41 中 A1:F12 区域所示的数据透视表。为了随时查询各位员工每天（每月、每季或每年）销售某种品牌电器的运输情况，可以为此透视表建立一个日程表，以及产品名称和运输方式两个切片器。

现以建立产品名称切片器为例，说明建立切片器的方法。

<1> 选择透视表中的任一单元格，激活透视表，再单击"插入"→"筛选器"→"切片器"按钮。

<2> 弹出的"插入切片器"对话框中列出了透视表数据源中的全部字段。勾选"产品名

图 5-41　在透视表中使用切片器和日程表筛选数据

称"复选框，"确定"后就插入了产品名称切片器，如图 5-41 的 D:E 区域所示。以同样的方法建立"运输方式"切片器。

日程表的建立方法相同，方法如下。

<1> 选择透视表中的任一单元格，激活透视表，再单击"插入"→"筛选器"→"日程表"按钮。

<2> 弹出的"插入日程表"对话框中列出了源数据表中的全部日期类型字段，选中要建立日期表的日期列，"确定"后就插入了日程表，如图 5-41 的 H:K 区域所示。

<3> 单击日程表"季度"（也可能是年或月）右边的下拉箭头，可以在年、季、日、月之间更换日程表的数据筛选方式。

切片器和日程表建立后，Excel 会以当前各切片器和日程表中选中的数据项为依据，对透视表进行筛选，然后在透视表中显示筛选结果。

例如在图 5-41 中，单击"运输方式"切片器中的"轮船"，数据透视表的数据就是第 2 季度每个员工销售的用轮船运送的电视机数据，再单击"产品名称"切片器中的"TCL"，并单击日程表的第 3 季度，则数据透视表就将筛选出第 3 季度用轮船运输的 TCL 电视销售数据。

如果单击切片器和日程表名称右上角的 按钮，就会取消切片器或日程表当前的筛选功能。被取消筛选功能的切片器或日程表随时可以再被使用。当单击其中的某个筛选项时，又会以选中项为依据对透视表进行筛选。

5.5　数据链接与多工作簿汇总

在一个工作簿中引用另一个工作簿内的单元格或单元格区域，或引用另一个工作簿中的已定义名称就称为外部引用，或称为链接。前者称为目标工作簿，后者称为源工作簿。例如，工作簿 A 引用了工作簿 B 的单元格，则 A 称为目标工作簿，B 称为源工作簿。

链接使一个工作簿可以共享另一个工作簿中的数据。在打开目标工作簿的时候，源工作簿可以是打开的，也可以是关闭的。如果先打开源工作簿，后打开目标工作簿，则源工作簿中的数据会自动更新目标工作簿中的数据。

当修改源工作簿中的单元格数据时，通过链接关系，会自动修改链接工作簿中对应单元格内的数据。链接使工作表或工作簿的合并计算更简单，可以先把多个工作表中的数据链接到同一个工作表中，然后就能方便地对它们进行计算。

链接在跨地域的大公司或同一公司内部各部门之间的数据管理方面非常适用。例如，一个大公司的产品销售遍布全国各地，在一个大工作簿中处理所有的数据是不现实的。一方面，收集这些数据可能要花费很大的代价；另一方面，一个工作簿中的工作表太多可能出现许多问题。如果把各地区的销售数据分别保存在不同的工作簿中，而各地区工作簿数据的收集可由各地区的销售代理完成，最后通过工作表或工作簿的链接，把不同工作簿中的数据汇总在一起进行分析。这样数据收集就简单了。总之，链接具有以下优点：

❖ 在不同的工作簿和工作表之间进行数据共享。
❖ 把大工作簿分散为小工作簿，再链接整合成大工作簿，运行效率更高。
❖ 分布在不同地域的数据管理可以在不同的工作簿中完成，通过超链接可以进行远程数据采集、更新和汇总。
❖ 可以在不同的工作簿中修改、更新数据，协同工作。

【例 5.22】 某茶厂生产的茶叶销售于西南地区，每个季度的销售统计分别保存在不同的工作簿中，如图 5-42(b)所示，现要制作年度统计报表。

(a) 将所有销售工作簿复制到同一文件夹中　(b) 打开所有销售工作簿并计算其汇总项　(c) 将各季度销售汇总项量链接到汇总表中

图 5-42　链接不同工作簿中的单元格数据

在日常工作中，这类问题很普遍，解决方法也很多。例如，可以先把各季度的汇总数据从各工作簿中复制到汇总工作表中，再进行汇总统计。但是，这种方法的缺点是当各季度工作簿中的数据发生变化时，复制的数据可能出现问题。假设第一季度四川的销售数据最初计算为277 元，但在最后核查季度销售额时，查出四川的销售额不是 277 元，而是 1277 元，这就需要重新输入或再次复制四川第一季度的销售额。

先将各工作簿中的汇总数据链接到汇总工作表中，再进行年度汇总，或许是较好的方法。在上面的问题中，若用链接方法将各季度的汇总数据链接到年度汇总工作簿中，就不会有数据不一致的问题了。当把第一季度工作簿中四川的销售额从 277 更改为 1277 时，链接数据会自动把四川的销售额更改为 1277。建立链接的方法如下。

<1> 新建一文件夹，把各季度的销售工作簿复制到此文件夹中，如图 5-42(a)所示。

<2> 同时打开源工作簿和目标工作簿，并选择工作表中要作为链接内容的单元格或单元格区域，再单击"开始"→"剪贴板"→复制按钮 📋。本例中，当打开各季度的销售工作簿和年度汇总工作簿后，单击第一季度工作簿的季度汇总表"第一季度"，并选择单元格区域E3:E7（见图 5-42(b)），再单击"开始"→"剪贴板"→复制按钮 📋。

<3> 激活目标工作簿中的工作表，单击存放数据的单元格区域中的左上角的第一个单元格。本例先激活"茶叶汇总工作簿"，再单击该工作簿中的汇总工作表标签"年度汇总表"中的单元格 B3（如图 5-42(c)）见，再单击"剪贴板"→"粘贴"按钮，从弹出的快捷菜单中选择"粘贴链接"。经过上述操作后，就建立了两个工作簿中的单元格链接，对比图 5-42(b)中的单元格区域 E3:E7 与图 5-42(c)中单元格区域 B3:B7 中的数据可以看出，它们完全相同。

<4> 用同样的方法对第二季度、第三季度、第四季度进行链接。

用链接方法建立的年度汇总表，当修改各季度工作簿中的数据时，年度汇总表中的数据都会自动更新，它与各季度的工作表数据始终一致。

事实上，除了在 Excel 工作簿之间建立链接，还可以将其他应用程序建立的文档、图形、图像作为数据源链接到 Excel 工作表中，也可以将 Excel 建立的工作表、图表、单元格或单元格区域作为数据源，链接其他应用程序所建立的文档中。

5.6 合并计算与多工作簿、工作表汇总

合并计算是将源于相同或不同工作簿的多个工作表数据收集到一个主工作表中，再进行各种计算，这些工作表的结构可以完全相同、部分相同、表格字段相同但行列次序不同、完全不同（这种情况可以合并出包括全部表格数据的大表）。例如，假设把公司各部门的财务信息存放到不同工作簿中，可以采用合并方式，把各工作簿中的信息合并到主工作簿中。

Excel 的工作表本身是一种二维结构，多个工作表是一种三维结构。因此，多工作表合并又称为三维合并。图 5-43 展示了三维合并计算的概念，即参与合并计算的数据来源于多个不同的工作表（这些工作表可以来源于相同或不同的工作簿）。

合并计算并不意味着只是简单的求和汇总，而是包括求和、求平均数、计数、求标准差等运算。表 5-3 列出了 Excel 可用的合并计算函数。

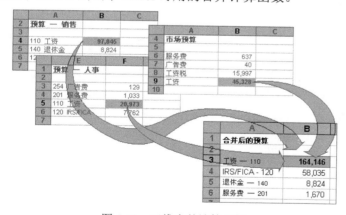

图 5-43 三维合并计算示例

表 5-3 Excel 的合并计算函数

函 数	含 义
SUM	求和
AVERAGE	求平均值
MAX，MIN	求最大、最小值
PRODUCT	求对应单元格的乘积
COUNT	计数
STDDEV	求标准偏差
STDDEVP	求总体标准偏差
VAR	求方差
VARP	总体方差

5.6.1 多工作簿内表格结构不同的合并计算

被合并工作表中的数据可能有相同或不同的表格结构，如果工作表结构不同，Excel 就会对具有相同行、列标题的交叉点位置的单元格进行合并计算，那些仅一个工作表才有的数据行或数据列则会被添加到合并工作表中。如果参与合并计算的表格结构相同，就会按照单元格的

引用位置进行合并计算，即各表对应位置的单元格进行合并计算。

【例 5.23】 某电视机厂生产的电视产品有 21 英寸、25 英寸、29 英寸、34 英寸、42 英寸几种规格，主要销售于西南地区。每个季度进行一次销售统计，每次统计的数据保存在一个独立的工作簿中。各季度的统计情况如图 5-44 所示，其中第一、二季度的表格结构完全相同，第三、四季度添加了广西的销售记录，第四季度才推出 42 英寸电视，且第四季度的 D、E 列和第 3、4 行不同于前三个季度。

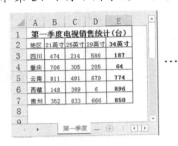 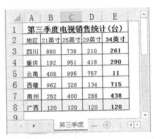 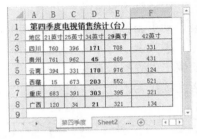

图 5-44　各季度的电视销售统计表

现在统计各地区的年度销售总额，并制作统计分析的柱形图。这个问题有很多解决方案，如可以把每个季度的销售数据复制到同一工作表中，再进行汇总统计；也可以把各季度的销售数据链接到同一工作表中，再进行汇总统计……但是，较好的方法是通过数据合并计算来完成。

<1> 打开四个季度的电视销售数据工作簿。

<2> 打开或建立年度汇总工作表，选中合并数据的存储区域 A2:E7，如图 5-45 所示。

说明：如果没有建立汇总表的结构，而想让 Excel 创建，只需单击存放汇总数据的第一单元格，即数据区域中左上角的第一个单元格（当然，可以选中要存放合并数据的单元格区域）。本例选中单元格 A2（或单元格区域 A2:F7）。

<3> 单击"数据"→"数据工具"→"合并计算"按钮，弹出如图 5-46 所示的对话框。

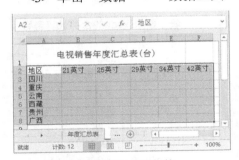 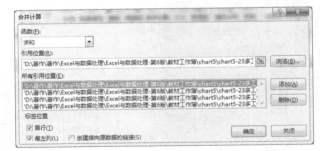

图 5-45　年度汇总工作簿　　　　　图 5-46　设置参与合并计算的工作簿

<4> 从"函数"下拉列表中选择用于合并计算的函数。Excel 合并计算允许使用的函数见表 5-3。选中"标签位置"的"首行"和"最左列"复选框。

<5> 单击"引用位置"编辑框右边的 图标，弹出"合并计算—引用位置"编辑框（如图 5-47 所示），输入合并计算的第一个工作簿中的数据区域，最好用鼠标点击的方法输入。

[电视销售第一季度.xlsx]第一季度!$A$2:$E$7

图 5-47　引用位置编辑框

方法如下：单击工作簿"电视销售第一季度.xlsx"中的工作表"第一季度"，然后选择该工作表的单元格区域 A2:E7，因为这个区域中的数据是第一季度的销售汇总数据。

<6> 单击"合并计算-引用位置"编辑框右边的按钮 ，返回到图 5-46 所示的对话框。

<7> 单击对话框中的"添加"按钮，第<5>步中输入的工作表单元格区域就会加入到"所有引用位置"列表框中。

<8> 重复步骤<5>～<7>，把四个季度的数据区域都添加到"所有引用位置"列表框中。

<9> 单击"确定"按钮，年度汇总合并计算结果如图 5-48(a)所示。

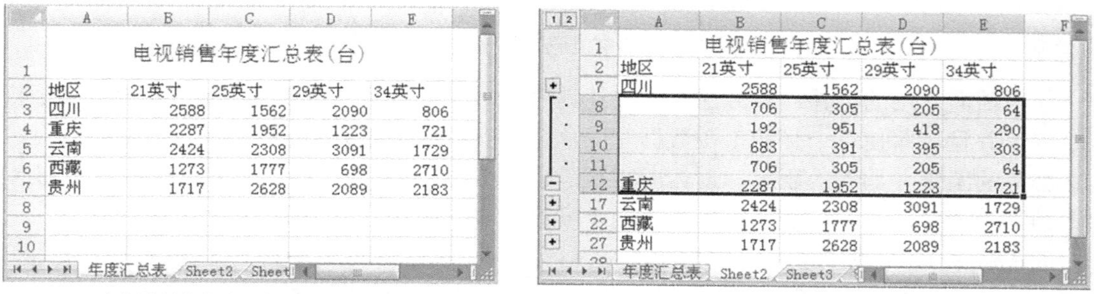

(a) 未创建链接的多工作簿合并计算结果　　　　(b) 创建了链接源数据的合并计算结果

图 5-48　合并计算的结果

图 5-48(a)中只有最终的汇总数据。如果想查看这些数据的来源，就不得不再次打开所有的季度总结工作表。这个问题可以通过建立合并数据与源数据的链接解决，方法是勾选图 5-46 所示对话框中的"创建指向源数据的链接"复选框。上例中，如果选中了该项，则最后的"年度汇总"工作表如图 5-48(b)所示，可以单击图中的"+"，显示参与合并计算的明细数据，若不想显示明细数据，可以单击相关行前的"-"。

如果合并计算涉及工作表的结构相同，合并计算会对各工作表中对应位置的单元格数据进行合并，操作过程同上，但不用勾选图 5-46 中"标签位置"处"首行""首列"的复选框。

5.6.2　同一工作簿内结构相同的多工作表汇总

上面介绍了应用 Excel 的合并计算功能对多个不同工作簿数据进行合并的方法，该方法也适合同一工作簿内多个工作表的合并。这里补充一种在函数中通过三维引用对同一工作簿内多个结构完全相同的工作表进行合并计算的方法。

【例 5.24】　某单位将每个月的工资数据存放在结构相同的工作表中，如图 5-49 所示。现在要统计每个职工的年度汇总工资表，汇总表的结构与每个月的结构相同，如图 5-50 所示。

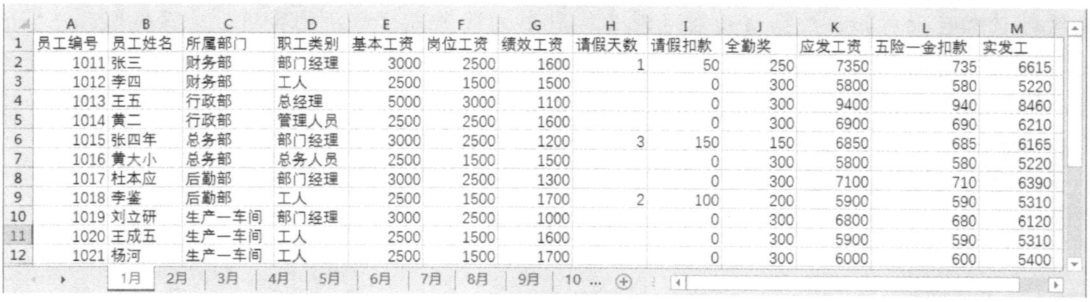

图 5-49　某单位职工每月工资表

	A	B	C	D	E	F	G	H	I	J	K	L	M	N
1	员工编号	员工姓名	所属部门	职工类别	基本工资	岗位工资	绩效工资	请假天数	请假扣款	全勤奖	应发工资	五险一金扣	实发工	
2	1011	张三	财务部	部门经理	36000	30000	18700	22	1100	2500	87200	8720	78480	
3	1012	李四	财务部	工人	30000	18000	18100	0	0	3600	69700	6970	62730	
4	1013	王五	行政部	总经理	60000	36000	18300	0	0	3600	117900	11790	106110	
5	1014	黄二	行政部	管理人员	36000	30000	17500	0	0	3600	81100	8110	72990	
6	1015	张四年	总务部	部门经理	36000	30000	18500	29	1450	2150	86650	8665	77985	
7	1016	黄大小	总务部	总务人员	30000	18000	20000	0	0	3600	71600	7160	64440	
8	1017	杜本应	后勤部	部门经理	36000	30000	19400	0	0	3600	89000	8900	80100	
9	1018	李鉴	后勤部	工人	30000	18000	18600	25	1250	2350	68950	6895	62055	
10	1019	刘立研	生产一车间	部门经理	36000	30000	17500	0	0	3600	87100	8710	78390	
11	1020	王成五	生产一车间	工人	30000	18000	17700	0	0	3600	69300	6930	62370	
12	1021	杨河	生产一车间	工人	30000	18000	16700	0	0	3600	68300	6830	61470	

图 5-50　某单位职工年度汇总工资表

应用前面介绍的合并计算方法可以快速地对 12 个月的工资表进行汇总计算，制作出年度汇总表。并且，即使每个月的工资数据有变化，如有些职工只有 10 个月的工资，有些职工只有 2 个月的工资（如新进职工、退休职工或辞职职工），或者同一职工在各月表中的排列次序并不相同，合并计算都能够计算出正确的年度汇总表。

现在讨论 12 个月工资表结构相同的情况，即每个表中的职工及其在各表中出现的次序完全相同，可以用 SUM 函数按照单元格位置进行三维引用制作出图 5-50 所示的年度汇总表。

<1> 在图 5-50 所示的年度汇总表的 E2 单元格中，输入计算张三全年基本工资总和的公式 "=SUM('1 月:12 月'!E2)"，其中 "'1 月:12 月'!E2" 是 1～12 月共 12 个工作表的 E2 单元格的三维引用。

<2> 将此公式向右填充到单元格 M2，再将单元格区域 A2:M2 中的公式向下填充到 A15:M15 区域，即可完所有人的年度汇总表计算。

说明：在实际工作中，像这类具有相同表结构的多工作表汇总很常见，在公式中应用三维引用对它进行各类计算是一种可行的方法。只要其中有一个表的结构不同，就应采用前面的合并计算完成，或者组合应用汇总函数、IF 函数和 VLOOKUP 查找函数完成计算，否则计算结果就会出现错误。

小　结

Excel 具有强大的数据组织、管理和分析功能，充分利用这些功能可以高效地解决日常工作中的一些数据管理问题。排序可以使工作表中的数据按一定次序重组，Excel 可以进行多关键字排序，在第一排序关键字相同的情况下，再按第二关键字进行排序，其余以此类推。筛选可以从一个工作表中过滤出需要的数据，而且不会对原工作表中的数据产生破坏作用，筛选分为高级筛选和自动筛选。数据透视表可对工作表中的数据进行全新的重组，从而提取、分析出有用的数据，透视表还具有统计分析的功能，可对工作表中的数据进行汇总、计数和平均值等处理，切片器使数据透视表的筛选更加便捷。链接功能可以把不同工作表、不同工作簿，合成一个整体，这对于汇总或分析不同工作簿中的数据有较大的应用价值。

习　题　5

【5.1】　排序有哪两种方式？汉字排序的规则有哪些？

【5.2】　Excel 的筛选方式有哪几种？怎样进行高级筛选？怎样构造"与条件"和"或条件"？

【5.3】 数据透视表有哪些用途？

【5.4】 某公司在职员工档案如图 5-51 所示，按要求完成下面的操作。

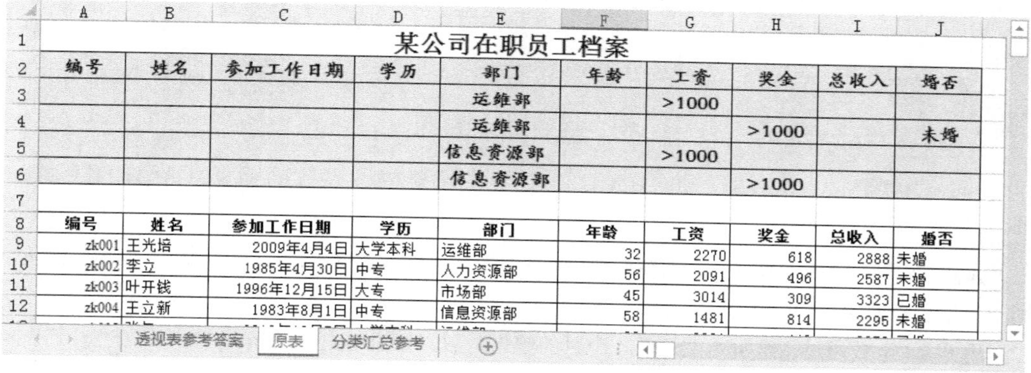

图 5-51　习题 5.4 图

（1）建立职工档案表，其中"编号"用自定义格式"zk000"生成，"部门"和"婚否"用下拉列表方式选择，"年龄""工资"和"奖金"用 RANDBETWEEN 函数产生。

（2）回答表中的条件区域表示的含义。

（3）以"部门"为第一关键字、"婚否"为第二关键字、"年龄"为第三关键字进行排序，排序结果显示在另一数据区域。

（4）筛选出"奖金"高于 1000 元的员工档案数据。

（5）找出姓王的职工档案数据。

（6）找出运维部中"奖金"和"工资"都高于 1000 元的员工档案。

（7）对员工档案进行分类汇总，统计以下数据：

① 每个部门有多少人？

② 每个部门的平均工资是多少？

③ 哪个部门的总评奖金最高？

④ 应分发给各部门的总金额各是多少？

（8）利用数据透视表完成图 5-52 所示的部门统计和筛选器。

图 5-52　习题 5.4（8）图

① 统计各部门的职工总人数。

② 统计各部门的工资总额、平均工资。

③ 统计各部门的奖金总额、最高奖金、最低奖金。

④ 建立学历和婚否的切片器，并查看已婚和未婚的各种学历人员在各部门人数与工资状况。

⑤ 建立参加工作日期的日程表，查看各年参加工作人员的情况。

【5.5】 某超市销售红酒等 16 种商品，将每月的销售额记录中一个独立的工作簿中，如图 5-53(a)所示，现有 1～4 月的销售记录工作簿，按要求完成下面的操作。

(a) 一月销售额

(b) 链接到汇总工作簿中的月销售额

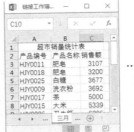

(c) 用 SUM 函数统计销售总额

图 5-53　习题 5.5 图

（1）建立一汇总工作簿，将 1～4 月的销售表链接到该工作簿中，每个月单独链接为一个与原销售记录结构相同的工作表，如图 5-53(b)所示。

（2）用 SUM 函数通过三维引用汇总前 4 个月的销售总额，如图 5-53(c)所示。

【5.6】 某超市将每月销售额记录在同一个 Excel 工作簿中，每个月的记录在独立的工作表中，每个月销售的产品不一定相同，而且记录的次序也不尽相同，如图 5-54(a)～(c)所示。用合并计算统计各类产品所有月份的销售总额，并按"产品编号"升序排列，如图 5-54(d)所示。

(a) 一月销售记录　　　(b) 二月销售记录　　　(c) 三月销售记录　　　(d) 合并计算结果

图 5-54　习题 5.6 图

第6章　Excel 与外部数据交换

　　企业数据常常以多种形式存在，如以数据库或某些特殊文件（如 XML、TXT 文件）形式存储在服务器、网站或办公室的某些计算机中，如果对它们进行诸如数据透视或图表分析之类的处理并不方便。但是，将这些数据导入 Excel 中，利用 Excel 的数据处理和图表分析功能，就能够轻松制作出各类报表。此外，Excel 还是一个高效的数据输入工具，将它与专业数据库应用系统相结合，作为数据的采集工具，能够提高批量数据输入的效率。

6.1　Excel 与数据库概述

　　在众多的计算机软件系统中，有一类软件是专门用来管理数据的，称为数据库管理系统，它能够把企业的各种数据组织在一起，进行集中管理，这些由它集中管理起来的数据称为数据库。

　　数据库管理系统是当今社会最重要的软件工具，是信息化发展的关键技术，管理着国家和企业最重要的信息资源——数据库。数据库管理系统不仅实现了对数据的集中保存，还能够从中快速找到需要的数据，为企事业单位的人员分配、财务管理、生产管理、档案管理等日常工作提供信息，并对企业的决策提供重要依据。

　　同 Excel 一样，数据库管理系统也以表格方式管理数据，将数据存放在表格中，称为数据表。图 6-1 是用 Access 数据库建立的图书借阅管理系统中的一个数据表：读者数据表。

　　数据表的第一行是标题行，其余行是数据行。标题行中的每个标题称为字段，它定义了对应列的数据类型和取值范围。事实上，字段用于描述事物的一个特征，如在图 6-1 中，学号、姓名、专业等字段分别描述了读者的某项特征数据。一个数据行则称为一条记录，对应现实中的一个客观事物，如图 6-1 中的每行数据都描述了一个特定的读者。

　　数据库系统有一套完善而科学的技术理论用于数据表的建立、管理和维护，其设计与实施必须按照一定的规范进行，否则可能导致系统中的数据混乱，甚至产生错误的数据信息。一般说来，数据库的建立和维护由专门的数据库开发工具和专业人员来完成。

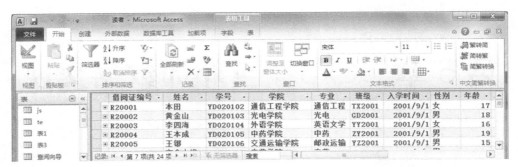

图 6-1　Access 数据库中的一个数据表

Excel 中也有所谓的数据库，常以"表格"的形式出现，在形式上同数据库中的数据表没有多大区别。换句话说，表格就是 Excel 的数据库。从外部数据库中查询到 Excel 中的数据都会存储在表格中，也可以将表格中的数据导入到各种外部数据库的对应数据表中。

但是，与 Excel 的数据库相比较，常规数据库系统的数据管理能力有着本质的区别：

① 数据存储的量级不同。大型数据库系统可以保存亿万行数据记录，而一个 Excel 工作表只有 1 048 576 行数据，虽然对于一般的表格而言，100 万行数据已经非常大了，但对于大型企业的数据库而言，100 万条记录仍然太少。

② 数据完整性和安全性保护措施不同。Excel 不具备数据的完整性约束机制，数据的安全性控制和并行事务处理方面的能力也非常薄弱，这些却是数据库系统的必备基础。

③ 数据之间的联系方式不同。从结构上讲，同一数据库中的各数据表具有联系和约束关系，在逻辑结构上是一个整体结构，相当于只有一张大表，可以随时从这张大表中抽取相应数据，组合成需要的各类报表。而 Excel 的工作表则彼此独立，各工作表之间缺乏约束和联系，要从多个表中提取部分数据生成新表的难度较大。

④ 运算速度差异大。当数据表的记录较多时，比如同一张具有几万行的数据表分别在 Excel 和 Access 中执行相同的查询或筛选操作，Excel 的计算速度极其缓慢，Access 则非常快速。因此，在日常工作中，可以先把 Excel 大工作表导入数据库中，执行类似查询、分类汇总之类的操作，再将结果返回 Excel 中制成报表。

总之，Excel 不具备数据库系统的某些功能特征，在数据库的安全维护、数据备份、数据容量、运算速度和并行处理等方面的功能相当薄弱，远未达到数据库系统的要求，难以管理量大而关系复杂的数据，不能取代真正意义上的数据库系统。但 Excel 工作表中的数据形象直观，操作简便，具有高效的批量数据输入能力。同时，它提供了许多实用函数和分析工具，具有强大的数据计算和分析功能。

因此，把 Excel 与数据库相结合，从数据库中提取数据到 Excel 的工作表中进行分析，制作各种数据报表和分析图表，或者利用 Excel 高效的数据输入能力，把业务数据输入到工作表中，再将这些数据从 Excel 导入到数据库的数据表中，能够极大地提高工作效率。

6.2　Microsoft Query 与外部数据库访问

6.2.1　外部数据库与 Microsoft Query 概述

外部数据库是指 Excel 之外的数据库应用系统，它们绝大多数都是用诸如 Oracle、Sybase、

SQL Server、Access 等专业数据库管理软件建立的应用系统，其中保存着各企业、机关、学校或组织机构的重要数据。绝大多数数据库系统提供了与 Excel 进行数据交换的接口，能够同 Excel 进行数据交换与互访。

　　某些数据库系统与 Excel 的数据交换很简单，甚至可以直接读取对方的数据表，如 Excel 能够直接打开 Access 和 FoxPro 的数据表。另一些数据库系统需要通过类似 ODBC 和 ADO 的接口程序，利用 Microsoft Query 才能与 Excel 进行数据互访。

　　Microsoft Query 是微软公司提供的一款功能强大的数据库查询软件，可以检索外部数据库中的数据。Microsoft Query 既可以作为一个独立的工具单独运行，用于查询各种数据库中的数据，也可以在 Excel 中调用它，用于将外部数据导入到 Excel 的工作表中。

　　用 Microsoft Query 将外部数据导入 Excel 中能够减少数据输入的工作量，提高工作效率。特别是在以下情况下非常有用：① 当数据库文件非常庞大时，通过 Microsoft Query 可以只把文件中符合给定条件的数据读入工作表中；② 当数据文件被共享或可能被其他数据文件更新时，Microsoft Query 可以更新工作表中的数据，使工作表与数据源中的数据保持同步；③ 当需要从两个或多个数据表中提取数据时，Microsoft Query 可以通过相同的字段把这些表连接成一个临时的大数据表，从中获取需要的数据；④ 在大表中进行数据的查询、分类汇总或筛选操作时，速度慢，可以先通过 Microsoft Query 执行相关运算，再将结果返回 Excel 中分析，从而提高工作效率。

　　图 6-2 是在 Excel 中用 Query 查询外部数据库的过程，图中箭头表示数据的流动方向。可以看出，Microsoft Query 通过数据源从外部数据库中提取数据，并转存到 Excel 工作表中。实际上，在这个数据访问的过程中还要涉及 ODBC。

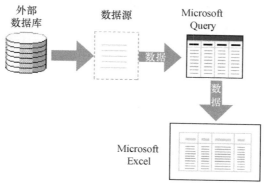

图 6-2　Microsoft Query 查询数据的过程①

1. 数据源

　　数据源就是数据的来源，实际上是其他软件访问数据库的一组存储信息，包括数据源名称、对应的数据库或服务器的名称和位置、数据库的类型以及登录名称和登录密码。

　　此外，数据源包括所使用的 ODBC 驱动程序或数据源驱动程序的名称，驱动程序是用于连接特定数据库的程序。通过数据源，可以连接到各种关系型数据库（如 Microsoft Access 和 SQL Server）、联机分析处理（OLAP）数据库（如 Microsoft SQL Server OLAP Services）、文本文件和 Excel 工作表。

---

① 图 6-2 引自 Excel 的帮助文件，读者可在帮助文件中了解到 Microsoft Query 更详细的应用说明。

Microsoft Query 能够与数据源连接，从数据源中提取各种数据，并将获得的数据返回到 Excel 工作表中。

2．ODBC（Open DataBase Connectivity）

ODBC 即"开放式数据库互连"，实际上是多种数据库互连的一个标准协议，一种数据库与其他应用程序之间的接口技术，用于连接数据库与应用程序，使应用程序通过它能够访问数据库中的数据。

ODBC 中包含了许多用于连接不同数据库系统的应用程序，称为 ODBC 驱动程序，应用程序通过它可以连接和访问数据库。不同数据库系统需要通过对应的 ODBC 驱动程序才能够被应用程序所访问。例如，通过 ODBC 提供的 Access 驱动程序，可以直接在 Excel 中访问 Access 数据库中的数据。

从图 6-2 中可以看出，要在 Excel 中用 Microsoft Query 访问外部数据库，首先需要创建数据源。因为 Microsoft Query 并不直接与外部数据库连接，而是通过数据源与外部数据库进行连接。

6.2.2 建立或指定 Microsoft Query 的数据源

Microsoft Query 要通过 ODBC 提供的数据源才能进行外部数据访问，所以在查询外部数据库之前要先建立数据源。

【例 6.1】 在 Access 中建立的一个学生成绩管理数据库系统存放在目录 C:\ExcelDB 下，名称是"学生成绩管理.mdb"。其中有学生、教师、选课及成绩等数据表，课程表、学生表和选修表如图 6-3 所示。将此数据库中的学生表提取到 Excel 中进行分析。

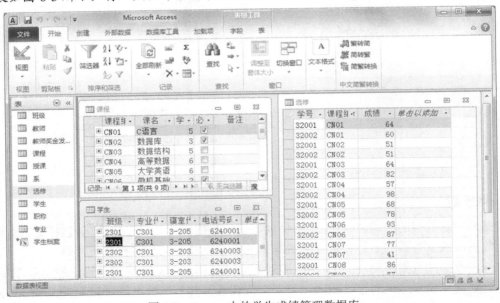

图 6-3　Access 中的学生成绩管理数据库

Excel 可以直接与 Access 交换数据，这里用 Microsoft Query 来完成此操作。为此，首先要在 Excel 中建立此数据库的数据源，方法如下。

<1> 单击"数据"→"获取外部数据"→"自其他来源"→"来自 Microsoft Query"命

令，弹出"选择数据源"对话框，如图 6-4 所示。

<2> "选择数据源"对话框的"数据库"标签中列出了已建立的数据源名称。如果查询的数据源已经在该列表中显示，就可从中选择，否则选择"〈新数据源〉"，然后单击"确定"按钮，弹出"创建新数据源"对话框，如图 6-5 所示。

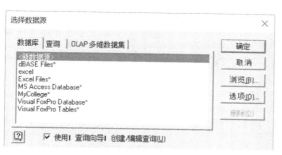

图 6-4　选择数据源

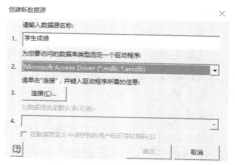

图 6-5　创建新数据源

说明：数据源不等于外部数据库，不要以为有了外部数据库后，它的名字就会出现在"选择数据源"对话框中，必须建立数据源，Microsoft Query 才能连接需要的外部数据库。

<3> 在图 6-5 的"请输入数据源名称"文本框中输入新数据源的名称，这个名称不一定与外部数据库同名，可以任意命名，本例为"学生成绩"。

<4> 单击"为您要访问的数据库类型选定一个驱动程序"下拉列表，从中选择与要访问数据库相一致的数据库驱动程序"Microsoft Access Driver(*.mdb,*.accdb)"，这是 Access 2007 之后的驱动程序，此前老版本的驱动程序为"Microsoft Access Driver(.mdb)"。

说明：数据源驱动程序不能随意选择，要根据所查询的外部数据库来确定。例如，要查询 dBASE 数据库，就应选择"Microsoft dBASE Driver(*.dbf)"；要查询 Visual FoxPro 数据库，就应选择"Microsoft Foxpro Driver(*.dbf)"。

<5> 单击"连接"按钮，弹出如图 6-6 所示的对话框。单击"选择"按钮，弹出打开文件的对话框，从中找到并选择要查询的外部数据库文件"C:\ExcelDB\学生成绩管理.mdb"，就是前面曾提到的用 Access 建立的学生档案数据库（见图 6-3）。

<6> 单击"确定"按钮，返回到"选择数据源"对话框，如图 6-7 所示。对比图 6-4 会发现，此对话框的数据源列表中增加了"学生成绩"数据源，这就是新建的数据源。此后，Microsoft Query 就可以通过此数据源查询 Access 中的学生成绩管理库中的数据了。

图 6-6　为数据源指定外部数据库

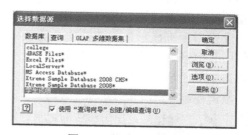

图 6-7　新建立的数据源

说明：① 本例执行到此，Excel 通过 ODBC 提供的 Microsoft Access 驱动程序把选中的外部数据库"学生成绩管理.mdb"与"学生成绩"数据源连接起来。以后对"学生成绩"数据源的访问实质上就是对"学生成绩管理.mdb"数据库的访问。

②　如果对数据源进行安全防范，可以单击图 6-6 中的"高级"按钮，在弹出的"设置高级选项"对话框中设置用户的"登录名称"和"密码"。

6.2.3　操作 Microsoft Query

Microsoft Query 只能访问数据源，由于数据源与其对应的外部数据库建立了一一对应的关系，对数据源的访问其实就是对外部数据库的间接访问。

【例6.2】　通过例 6.1 建立的数据源，利用 Microsoft Query 从学生成绩管理数据库中把"学生"表中的数据查询到 Excel 中。

方法如下。

<1>　单击"数据"→"获取外部数据"→"自其他来源"→"来自 Microsoft Query"命令，从弹出的"选择数据源"对话框中选择例 6.1 建立的"学生成绩"数据源（见图 6-7）。单击"确定"按钮，弹出如图 6-8 所示的对话框。

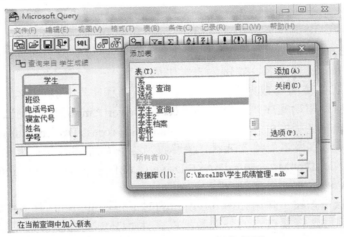

图 6-8　Microsoft Query 操作界面

<2>　"添加表"对话框的"表"中列出了所选数据源中的全部数据表。选中表名称后，再单击"添加"按钮，就可以将表添加到 Microsoft Query 操作界面的表窗口中。

通过 Microsoft Query 操作界面可以方便地对外部数据库进行各类查询。现在来认识该操作界面并熟悉它的使用方法。图 6-9 所示的程序界面中包括菜单、工具栏、表窗口、条件窗口、数据视窗和状态栏等。

表窗口用来显示外部数据库中的数据表，可以显示出与当前数据源相连接的外部数据库中的所有数据表，也可以只显示其中的一部分。如果按照前面介绍的方法启动 Microsoft Query，表窗口中将显示出选中的数据表。

数据视窗显示出当前从外部数据库中查得的数据，数据视窗的行列操作方法与 Excel 工作表的操作方法大致相同。单击左边的记录选定按钮可以选定一行数据，单击列标题可以选中一列，双击列标题的右边框线可以自动调整该列的宽度，双击列标题就可以对它进行改名等。

1. 添加、删除查询结果中的列字段

在 Microsoft Query 中可以随时对查询的结果进行修改。也就是说，可以对图 6-9 数据视

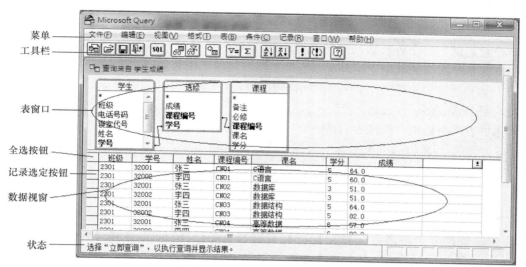

图 6-9　Microsoft Query 操作界面

窗中的数据进行修改，如增加或删除某列数据、调整行列次序等。添加列的方法如下。

<1> 显示表窗口。若表窗口没有显示出来，可单击工具栏中的"显示/隐藏表"按钮🔲。

<2> 在表窗口列出的某个数据表中找到要添加到数据视窗中的字段，用鼠标将它拖放到数据视窗中的合适位置，Microsoft Query 就会在相应位置添加该列字段。

<3> 如果把表窗口中的"*"拖放到数据视窗中，Microsoft Query 会把该数据表的所有字段都添加到数据视窗中。

删除数据视窗中的某列数据：单击数据视窗中要删除的列表题，当要删除的列被选中后，按 Delete 键，Microsoft Query 就会删除被选中的列。

2. 修改列标题名、调整列位置

外部数据库按照数据库原理组织和存储数据，各表中的数据较为规范，列标题也不例外，多数时候会采用英文字母组合的编码表示，意义可能不很明确。为了让列标题的意义更加明确，让人一看就知该列数据的含义，可以在 Excel 工作表或 Microsoft Query 中修改列标题的名称。修改方法如下。

<1> 双击数据视窗中要修改的列标题名，弹出如图 6-10 所示的"编辑列"对话框。

<2> 从"字段"的下拉列表中选择需要修改的列标题名称，在"列标（H）"的文本框中输入新的标题名称，然后单击"确定"按钮，Microsoft Query 会把数据视窗中与之相对应的列标题更改为新的名称。

在 Microsoft Query 中还可以随意调整数据列的次序，其调整方法如下。

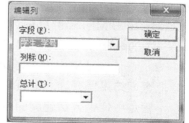

图 6-10　"编辑列"对话框

<1> 单击要移动次序的列标题，Microsoft Query 会选中该列数据。

<2> 把鼠标指向被选中的列标题，这时鼠标指针应为👆。

<3> 按下并拖动鼠标，在拖动的过程中，鼠标指针的形状为👆，把鼠标拖动到适当的位置，Microsoft Query 会把被拖动的数据列移到新的位置。该位置原来的列将顺次向后移动。

3．添加或删除表窗口中的数据表

一个数据源与一个外部数据库相连接，外部数据库中可能包括许多数据表，如果在数据视窗中没有发现需要的数据字段，可以通过表窗口将该字段添加到数据视窗中，方法如下：

<1> 如果表窗口被隐藏了，首先显示出表窗口。

<2> 选择 Microsoft Query "表"→"添加表"菜单命令，或单击工具条中的添加表按钮 🔳，弹出"添加表"对话框，如图 6-11 所示。

<3> "表"列表框中列出了外部数据库中的全部数据表，从中选择要查询的表名，然后单击"添加"按钮，Microsoft Query 就会把该表显示在表窗口中。

4．查询结果处理

在 Microsoft Query 中设置好数据视窗中的查询字段后，单击工具栏中的 ⬆️，就会执行查询，从外部数据库中将需要的数据提取到数据视窗中。图 6-12 就是 Microsoft Query 从 "C:\ExcelDB\学生成绩管理.mdb" 中将学生档案表中的数据提取到 Query 中的情况。

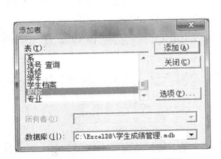

图 6-11 "添加表"对话框

图 6-12 Microsoft Query 中的查询结果

可以把查询结果直接返回到 Excel 工作表中，也可以把它保存为查询文件。把查询结果保存为查询文件的方法如下。

<1> 单击 Microsoft Query "文件"→"保存"或"另存为"命令，或单击 Microsoft Query 工具条上的 🔳 按钮，会弹出保存文件的对话框。

<2> 在该对话框中设置好查询文件的存盘位置和文件名，然后单击"保存"按钮，Excel 就会把查询结果保存为一个查询文件。

不管是用什么方法建立的查询文件（扩展名为 .qry 的文件），Microsoft Query 都能操作它。其方法如下：单击 Microsoft Query "文件"→"打开"命令，在弹出的"打开查询"对话框中选择要打开的查询文件。

如果将查询结果返回 Excel 工作表中，可以选择 Microsoft Query 的"文件"→"将数据返回 Microsoft Excel"命令，然后通过弹出的对话框指定保存结果数据的工作表区域即可。图 6-13 是将学生档案数据表提取到 Excel 工作表中的情况。

说明：若 Microsoft Query 的数据视窗中没有显示查询数据，单击工具条中的立即查询命令按钮 ❗，或选择"记录"菜单的"立即查询"命令，就能看到查询结果。

学号	姓名	班级	专业代号	寝室代号	课程编号	电话号码	课名	成绩
32001	张三	2301	C301	3-205	CN01	6240001	C语言	64
32002	李四	2301	C301	3-205	CN01	6240001	C语言	60
32001	张三	2301	C301	3-205	CN02	6240001	数据库	51
32002	李四	2301	C301	3-205	CN02	6240001	数据库	51
32001	张三	2301	C301	3-205	CN03	6240001	数据结构	64
32002	李四	2301	C301	3-205	CN03	6240001	数据结构	82
32001	张三	2301	C301	3-205	CN04	6240001	高等数据	57

图 6-13　将 Microsoft Query 中的查询结果返回 Excel

6.2.4　在 Microsoft Query 中进行多表查询

如果需要查询的数据分布在外部数据库的多个数据表中，就要进行多表查询。多表查询可通过以下两个步骤完成。

1. 建立多表连接字段

在数据库中，各数据表之间的数据是通过某个字段进行连接的。如果外部数据库没有建立各表之间的连接关系，在用 Microsoft Query 查询前，需要建立数据表之间的连接关系。图 6-14 是两个数据表通过一个字段进行连接的示意，表示在一个数据库中有两个数据表："学生"表和"选修"表，都有相同的"学号"字段，该字段在两个数据表之间起到了数据连接的作用。两个表中"学号"相同的数据代表同一学生记录，通过这种连接关系可以从两个表中查询数据。例如，在"选修"表中可以发现，"学号"为 32001 的学生成绩为 64 分，却不知道这个学生的姓名是什么，但通过学号从"学生"表中可以发现他就是 2301 班的"张三"。

图 6-14　数据表的连接关系

图 6-14 中的"成绩"表在外部数据库中并不存在，是 Microsoft Query 从"学生"表和"选修"表中查询的，其中的学号、姓名、班级来自学生表，课程编号、成绩来自"选修"表。

2. 从多表中选择需要的数据字段

在表窗口中显示多个数据表且建立了各表之间的连接关系后，就可从多个数据表中查询需要的数据，形成需要的数据表。

【例 6.3】 在前面建立的"学生成绩"数据源对应的数据库中有学生、班级、选修、教师、课程等表。现要从各表中查询具有以下字段的数据表：学号、姓名、课名、成绩、任课教师、教师职称。其中，"学号""姓名"来自"学生"表，"课名"来自"课程"表，"成绩"来自"选修"表，"任课教师"和"职称"来自"教师"表。

这个多表查询的方法如下。

<1> 以"学生成绩"为数据源，进入 Microsoft Query 数据查询。在 Microsoft Query 的表窗口中显示所要查询的表，如图 6-15 所示。

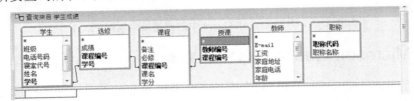

图 6-15　多表操作

<2> 如果在外部数据库中已经建立了各数据表之间的连接关系，则选中这些表之后，Microsoft Query 会自动显示各表之间的联系。例如在图 6-15 中，"学生"表和"选修"表的两个"学号"之间有连线，表示"学生"表和"选修"表是通过"学号"进行连接的。

<3> 如果在外部数据库中没有指定各数据表之间的连接字段，就需要先建立它们之间的连接关系，然后才能进行数据查询，否则查询结果有误。指定表间的连接关系非常简单，从一个表中把连接字段直接拖放到另一个表中的连接字段上，然后释放鼠标即可。

从图 6-15 中可以看出，"教师"表和"授课"表没有联系，假设"教师"表中的职工号和授课表中的教师编号具有相同的含义。即如果"授课"表中的"教师编号"与"教师"表中的"职工号"相同，说明这门课程是该教师讲授的，应该在他们之间建立连接关系。方法是：把"授课"表中的"教师编号"拖放到"教师"表中的"职工号"上释放，Microsoft Query 会在这两个字段之间建立一种连接关系。当然，也可以把"教师"表中的"职工号"拖放到"授课"表中的"教师编号"上，两者结果一样。

按同样的方法建立"教师"表和"职称"表的连接关系，连接字段是两表中的"职称"。

<4> 建立两表连接关系的另一种方法是：选择 Microsoft Query 的"表"→"连接"命令，弹出一个建立关系的对话框，如图 6-16 所示。

<5> 在"连接"对话框中的"左（L）"和"右（I）"的下拉列表中分别指定两表的连接字段，从中间的"运算符"列表中选择需要的连接关系。选择"="，表示如果两个表指定的字段相同，它们将被连接成一个数据行。

<6> 如果某个连接关系不正确，可以通过该对话框删除它。方法是：从"查询中的连接"中选择要删除的连接，然后单击"删除"按钮。

<7> 当所有的连接都建立好后，直接把需要的数据字段从各表中拖放到数据视窗中。在本例中，分别把"学生"表中的学号、姓名，"课程"表中的课名，"选修"表中的成绩，"教师"表中的姓名，"职称"表中的职称名称字段拖到数据视窗中。结果如图 6-17 所示。

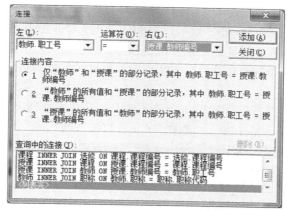

图 6-16　建立两表的"连接"关系

图 6-17　多表查询的结果（仅显示了部分数据）

6.2.5　条件查询

在 Microsoft Query 中可以使用条件查询寻找符合要求的数据，如查找有补考的同学名单和补考的课程，或查找某一个班的学生成绩，或查找某一位教师讲授的全部课程。

【例 6.4】　在前面建立的"学生成绩"数据源对应的数据库（即"C:\ExcelDB\学生成绩管理.mdb"）中找出"数据库"课程不及格的学生。

利用 Microsoft Query 的条件查询，方法如下。

<1> 启动 Microsoft Query，建立如图 6-18 所示的条件查询。

图 6-18　条件查询

<2> 单击工具条的 按钮，或选择"视图" → "条件"命令，Microsoft Query 会在表窗口与数据视窗之间增加一个条件窗口，见图 6-18。

<3> 单击条件窗口中的"条件字段"行中的任一单元格，会显示一个下拉列表，列出数据表中的所有字段，从中选择需要建立条件的字段名，并根据具体情况在对应的条件单元格输入条件值（也可以在选定条件字段后，双击要建立条件的单元格，然后通过弹出的对话框设置查询条件）。

本例中，单击"条件字段"行的第 1 个单元格，并从其下拉列表中选择"课程.课名"，然后在该列"值"的对应单元格中输入"数据库"（直接输入数据库三字，不加""）；单击"条件字段"行的第 2 个单元格，从下拉列表中选择"选修.成绩"，然后在该列的"值"对应的单元格中输入条件"<60"（直接输入<60，不需要引号）。最后建立的条件如图 6-18 的条件窗口所示。

<4> 建立好条件后，单击工具栏中的立即查询命令按钮 ，Microsoft Query 就从外部数据库中查询满足该条件的数据。

本例的执行结果如图 6-18 所示，从数据视窗中可以看出有 2 人的数据库成绩不及格。

说明：Microsoft Query 的条件建立方法与 Excel 高级筛选的条件区域的建立方法相同，即在 Microsoft Query 条件窗口中，写在同一行的条件是与条件，写在不同行的条件是或条件。

Microsoft Query 还允许建立参数查询，在查询执行时才接受查询条件。例如，在上面的成绩表查询中，如果需要经常查找不同学生的各科成绩，就可以设计一个参数查询，每次在查询时输入学生的名字，这样能够利用同一查询获得多种查询结果。建立参数查询的方法如下。

<1> 在 Microsoft Query 的条件窗口中，单击"条件字段"行中的第一个单元格，然后单击单元格中的箭头，从字段列表中选择要作为查询参数的字段。

<2> 单击与"条件字段"对应的"值"行中的单元格，输入"["（左方括号），接着输入运行 Microsoft Query 要显示在参数输入对话框中的提示信息，然后输入"]"（右方括号）。请看图 6-19 的示例。

说明：要显示的提示文本尽管可包含字段名，但必须不同于字段名。

建立了如图 6-19 所示的参数查询后，当要查询某科成绩时，只需单击工具栏中的更新按钮 ，弹出"输入参数值"对话框，提示输入要查询的课程名称，如图 6-20 所示。在此对话框中输入不同的课程名称，就能查询出相应课程的成绩表。如输入"C 语言"就能查得 C 语言课程的成绩表，输入"数据库"就能查到数据库课程的成绩表。

图 6-19　参数查询

图 6-20　在查询执行时显示的提示框

6.3　Excel 与其他文件类型的相互转换

除了通过 Microsoft Query 查询外部数据，Excel 还可以直接打开多种不同类型的文件，如文本文件、dBASE 文件、Web 网页、Excel 模板文件、Microsoft Query 建立的查询文件、Lotus 1-2-3 文件等，并能够把这些文件转换成为 Excel 工作簿文件。此外，Excel 也可以把工作表保存为其他类型的文件，如文本文件、Web 页、DBF 或 Lotus 1-2-3 文件等。

6.3.1 Excel 和 Web 页之间的转换

Excel 的工作表可以转换成 Web 页，也可以将 Web 页的数据表转换成 Excel 工作表。

1. Excel 工作表转换成 Web 页

【例 6.5】 某次期末考试成绩表如图 6-21 所示，现在要把它转换成 Web 页，并发布到学校的网站上，以便学生能够上网查询成绩。

	A	B	C	D	E	F	G	H
1	姓名	学号	学院	课程编号	课名	学分	成绩	
2	张三	YD020101	CH003	C030201	C语言	4	100	
3	本田	YD020102	CH004	C030201	C语言	4	31	
4	黄金山	YD020103	CH001	C030201	C语言	4	81	
5	李四海	YD020104	CH005	C030201	C语言	4	72	
6	王本成	YD020105	CH006	C030201	C语言	4	75	
7	王铹	YD020106	CH002	C030201	C语言	4	97	
8	高金山峰	YD020107	CH006	C030201	C语言	4	66	
9	张为	YD020108	CH003	C030201	C语言	4	64	
10	李四	YD020109	CH004	C030201	C语言	4	90	

图 6-21 学生成绩表

在 Excel 中，将工作表转换成 Web 页的方法如下。

<1> 建立工作表，如图 6-21 所示。选择"文件"→"另存为"命令，弹出"另存为"对话框"，单击"保存类型"的下拉列表，并选择列表中的"单个文件网页（*.mht *.mhtml）"或"网页（*.htm;*.html）"，在"文件名"中输入网页的文件名（如图 6-22 所示）。

<2> 单击"保存"按钮，将按指定的目录和文件名保存网页（然后可以随时将此网页发布）。单击"发布"按钮，出现如图 6-23 所示的对话框。

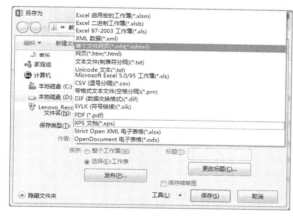

图 6-22 Excel 的"另存为"对话框

图 6-23 Excel 的"发布为网页"对话框

<3> 如果每次修改工作簿时需要更新网页数据，就选中"在每次保存工作簿时自动重新发布"；若需要在浏览器中查看网页，选中"在浏览器中打开已发布网页"。最后单击"发布"按钮，Excel 就会保存转换的 Web 页，同时启动 IE 浏览器，并在其中显示转换的网页。结果如图 6-24 所示。

说明：① 从图 6-24 可以看出，转换之后的网页没有表格的边框线。如果需要表格边框线，应在 Excel 中设置工作表的边框。② 将 Excel 工作表转换成其他类型文件的方法与转换成 Web 网页的方法完全相同，即在 Excel 的"另存为"对话框（见图 6-22）中指定要转换的文件类型。

图 6-24 从 Excel 中生成的网页

2．将 Web 页转换成 Excel 工作表

Excel 能够打开多种类型的文件，Web 页也不例外。将 Web 页转换成 Excel 工作表的方法很多，可以直接打开，也可以复制网页的内容，然后将它粘贴到 Excel 工作表中。

【例 6.6】 某次学生成绩网页见图 6-24，现在要分班建立学生档案表，并统计各班人数。

在工作中类似这样的实例很多，如果知道该网页的名称和保存的位置，则可以直接在 Excel 中打开该网页。方法如下：选择"文件"→"打开"命令，在弹出的"打开文件"对话框的"文件类型"列表中选择"所有网页"，找到要打开的网页所在的目录和文件名，然后单击"打开"按钮，Excel 就会将指定网页显示在工作表中。

图 6-25 就是通过此方法打开的学生档案网页。显然，在此工作表中通过分类汇总能够统计各班的人数，通过排序或筛选能够方便地分离出各班档案表。

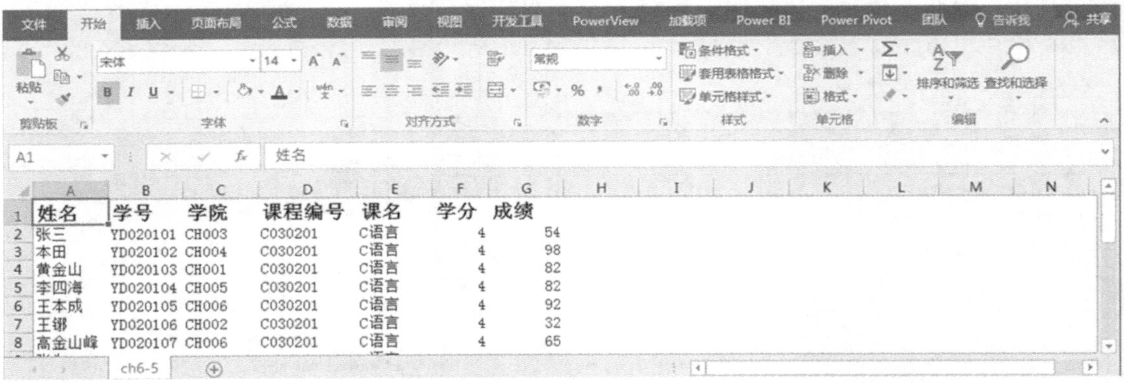

图 6-25 在 Excel 工作表中打开的学生档案网页

说明：如果要在 Excel 中直接打开网页，需要知道网页的名字和网页文件所在的磁盘目录。最简单也是最常用的方法是复制网页中的数据，直接把它粘贴到 Excel 的工作表中。

3．从网站提取数据到 Excel 中

在 Excel 2016 中，可以方便地将网站上的数据导入到工作表中分析，方法如下。

<1> 选择"数据"→"获取外部数据"→"自网站"命令，弹出如图 6-26 所示的"新建 Web 查询"对话框。

<2> 在"地址"栏中输入网站地址，该对话框中就会显示网页内容，并在网页的各栏目中显示一个右箭头符号 ➡，如果要将某栏目内容导入 Excel 中，就单击该栏目的 ➡。

<3> 选择好要导入 Excel 的网站内容后，单击"导入"按钮，所选内容就会被导入 Excel 中。

图 6-27 是从中国统计网 "http://www.stats.gov.cn/tjfx/jdfx/t20130809_402918216.htm/" 导入数据后的 Excel 工作表。

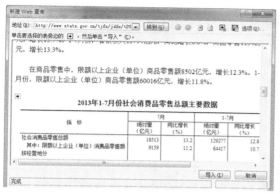

图 6-26　建立 Web 查询

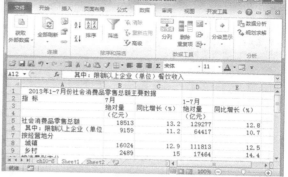

图 6-27　从网站导入数据到 Excel 中

6.3.2　Excel 与 Access 数据交换

Access 是 Microsoft 开发的小型数据库管理系统，在数据库管理方面的功能齐全，操作简便，开发人员只需通过少量的学习就能够用它开发出简单实用的数据库应用系统。例如，用 Access 开发学校的学生档案管理系统，一个拥有几百人的单位的人事档案管理系统，中小型百货公司的销售服务系统等。

同任何数据库管理系统软件一样，Access 具有较强的数据组织、管理和安全控制能力。但同 Excel 相比，它的数据处理和图表分析能力还是相对较弱。如果能把两者结合起来，用 Access 组织、管理数据，用 Excel 分析数据、制作图表或输入大批量有一定规律的数据，将会极大地提高工作效率。

Access 与 Excel 同是 Office 软件系统中的组成成员，它们之间的数据交换比较简单。

1. 从 Access 数据库导出数据到 Excel 工作表中

前面就是以 "学生成绩管理.mdb" Access 数据库为例，介绍了 Microsoft Query 与外部数据库的关系，以及查询过程和工作原理的。实际上，在 Excel 中应用 Microsoft Query 通过数据源可以查询任何外部数据库中的数据，如 Oracle、Sybase、Informix、DB2 等。

但 Access 与 Excel 关系更密切，除了使用 Microsoft Query 进行两者的数据传递，还有更直接的数据传递方法。

【例 6.7】　用 Access 开发了一个学生管理系统 "学生成绩管理.mdb"，其中 "学生档案" 的结构和部分数据如图 6-28 所示。

该学生档案表约有 430 名学生的档案，表中的字段较多，共 18 个，表示各学生的相关信息。假设要从该表获取如下信息：

❖ 统计每班各有多少人，全系共有多少学生。
❖ 统计各班各民族各有多少人，全系各民族各有多少人。
❖ 统计各省各有多少学生在系里，各省各有多少学生在各班里。
❖ 统计各省各有多少个不同民族的学生在系里，在各班里的情况又是怎么样。
❖ 统计出全系以及各班的生源分布情况。

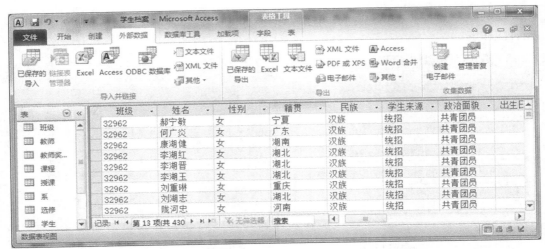

图 6-28　Access 数据库中一个学生档案表的部分数据

　　显然，在 Access 数据库中要制作上述 6 种类型的报表，要花费不少的工夫。但在 Excel 中很容易做到，因为只需通过 Excel 的分类、汇总及数据透视功能就能够制作出这些报表。

　　在 Excel 中可以通过"获取外部数据"，利用 Microsoft Query 把"学生档案"表查询到 Excel 中，这在前面已经介绍了。这里介绍一种更简便的方法：在 Access 数据库中直接把数据表发布到 Excel 的工作表中。

　　<1> 在 Access 中打开数据表。本例打开"学生成绩管理.mdb"中的"学生档案"表。

　　<2> 如果是 Access 2003 版本，选择 Access 的"工具"→"Office 链接"→"用 Microsoft Office Excel 分析"命令，Access 就会自动启动 Excel，并建立一个与打开的数据表同名的工作簿，然后把数据表的内容直接传递到该工作簿的一个工作表中。在 Access 2007 及更高的版本中，则选择"外部数据"→"导出"→"Excel"（见图 6-28）。

　　Access 将建立一个名为"学生档案.xlsx"的工作表，并把 Access 数据库中的"学生"表送到该工作簿的一个工作表中，如图 6-29 所示。显然，在 Excel 的学生档案表中分析数据，比在 Access 中分析数据要方便许多。

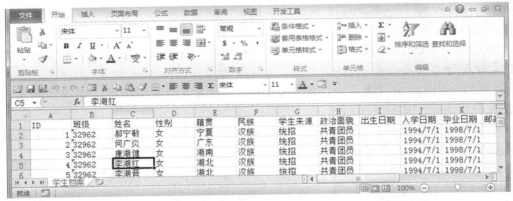

图 6-29　Access 直接发布到 Excel 中的学生档案表

　　图 6-30 就是利用 Excel 的数据透视功能得出的一个分析表。在学生档案管理中，许多学校的教务处或学院都需要这样的学生分布表。若用人工方式做出这个统计表，势必非常麻烦。

但在 Excel 中，只需要对学生档案表进行简单的透视就可做出这样的分析表。

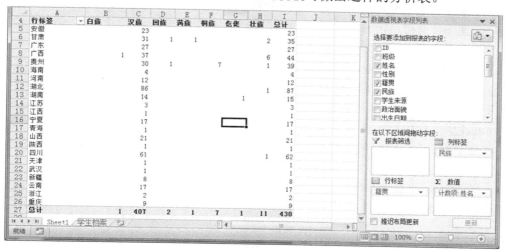

图 6-30　学生分布表

当然，导入到 Excel 中的学生档案表还有许多用途。比如，本例前面提到的 5 个学生档案统计分析表在 Excel 中就很容易制作出来。

2. 从 Excel 中直接导入 Access 数据表

在 Excel 2016 中可以直接导入 Access 数据表，方法如下：

<1> 单击 Excel 的"数据"→"获取外部数据"→"自 Access"按钮，在弹出的"选择数据源"对话框中找到要从其中导出数据的 Access 文件，本例中为"C:\Exceldb\学生档案.mdb"文件。

<2> 在接下来的向导中按默认操作处理，出现如图 6-31 所示的"选择表格"对话框，从中选择要导入到 Excel 的数据表。

<3> 从 Access 导入的数据表被自动转换成表，如图 6-32 所示。

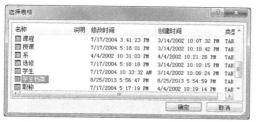

图 6-31　指定从 Access 导入到 Excel 中的数据表

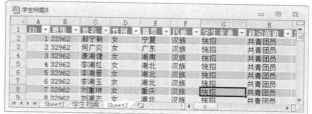

图 6-32　从 Access 中导入到 Excel 中的数据表

3. 传递 Excel 工作表到 Access 数据库中

Access 具有较强的数据管理功能，但数据输入的功能并不强大。例如，在前面的学生档案管理数据库应用系统中，如果在 Access 系统中输入"学生"表中的数据就比较麻烦，因为这个表有 18 个数据列、400 多行数据，输入量较大。更麻烦的是那些数字编号，在输入时很容易出错，如学生表中的学号、班级、入学日期、毕业日期等就难以输入。

但这些数据在 Excel 工作表中却容易输入，学号可以用 Excel 的自动填充功能产生，班级、入学日期、毕业日期等可以用 Excel 的填充功能产生。至于表中的政治面貌、民族、学生来源等，也能够快速输入。也就是说，如果先在 Excel 中建立数据表，然后传入到 Access 数据库的数据表中，将会使工作变得轻松易行。

把 Excel 工作表中的数据导入到 Access 的数据表中有许多方法。假设已在 Excel 中建立了图 6-32 所示的工作表，存放在"C:\My Documents\学生.xlsx"的 Sheet1 工作表中；在 Access 中建立的"学生档案.mdb"数据库中已经定义好空学生表，该表与 Excel 的数据表结构相同（即各数据字段的名称和次序完全相同，每列的数据类型也相同）。现用 Access 2016 的"导入"功能将 Excel 中的学生档案表引入 Access 数据库的档案表中，方法如下。

<1> 在 Excel 中创建好图 6-32 所示的学生表后，保存该工作簿并关闭学生工作表。

<2> 启动 Access 2016，并打开学生档案管理数据库。

<3> 单击 Access 的"外部数据"→"导入"→"Excel"按钮，弹出如图 6-33 所示的"获取外部数据"对话框。

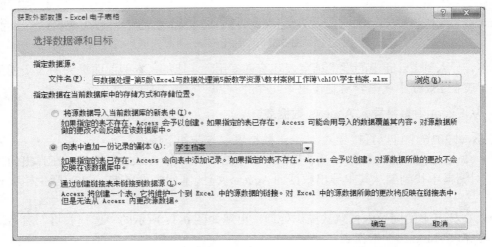

图 6-33　为 Access 数据库指定导入的 Excel 工作表

<4> 在"指定数据源"的"文件名"文本框中指定要导入的 Excel 文件，然后在"指定数据在当前数据库中的存储方式和存储位置"列表中选中"向表中追加一份记录的副本"，并从其下拉列表中选择要导入 Excel 数据的数据表。单击"确定"按钮，出现如图 6-34 所示的对话框。

<5> 从中选择要导入的工作表，再单击"下一步"按钮，弹出如图 6-35 所示的对话框。

<6> 在导入工作表中，如果第一行不是要导入的数据，而是列标题，则应勾选"第一行包含列标题"复选框。在本例中，第一行包含标题，所以应勾选"第一行包含列标题"复选框，然后单击"下一步"按钮。

<7> 按照默认操作完成导入向导的余下操作，就能将 Excel 数据导入到 Access 数据表中。

说明：① 在导入数据时，Excel 工作表中各列数据的类型应与 Access 数据表各对应字段的数据类型严格一致，并且数据的宽度不能超过 Access 数据表中各字段的定义。② 如果已经建立好了包含数据的工作表，但没有建立 Access 的数据表，则可在导入向导第三步的对话框中指定"新表中"，Access 会利用导入的 Excel 工作表自动建立一个新的 Access 数据表。此后，通过 Access 的数据表设计视图对导入的数据进行简要的修改，就可以较快地建立一个 Access 数据表。

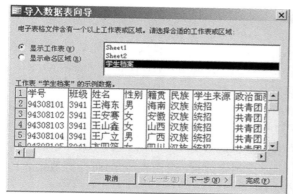

图 6-34　选择导入的工作表

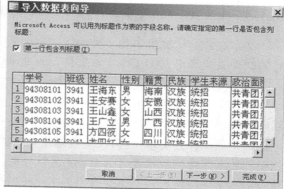

图 6-35　确定标题行

4．建立 Access 数据表与 Excel 工作表的链接

链接是指把 Access 数据库中的某个数据表与 Excel 中的某个工作表连接起来。链接建立之后，真正的数据表实际上存储在 Excel 的工作表中，Access 中的链接表只不过是一个虚表（实际上并不存在的表，在需要时它才从 Excel 数据表中读取数据），但 Access 可以像正常表格一样操作它。整个 Access 数据库都可以访问链接表，从中读取数据，或把数据写入到链接表中。这就可把 Excel 作为 Access 数据库中数据输入的一个前台，在 Excel 中输入数据，Access 则通过链接表访问这些数据。当然，通过 Access 设计的数据库应用程序，也可以将数据输入到 Excel 的工作表中。

【例 6.8】　对例 6.7 中的数据库"学生档案.mdb"，假设在 Excel 中已建立了图 6-32 所示的学生档案表。现将此工作表链接到 Access 2016 建立的学生档案管理数据库中。

方法如下：

<1> 启动 Access，打开要建立链接的数据库文件"学生档案管理.mdb"。

<2> 单击 Access 的"外部数据"→"导入"→"Excel"按钮，弹出"获取外部数据"对话框（见图 6-33）。

<3> 选中"通过创建链接表来链接到数据源"单选项，接下来的操作步骤与导入数据到 Access 数据表完全相同，按向导提示，完成接下来的链接设置。

链接完成后的 Access 数据库窗口中，其中数据表名称前面有 ⇥▦ 标记的就是建立的 Excel 链接表。双击它，就可以打开对应的链接表，该表的操作方法与在 Access 中建立的数据表完全相同。

说明：链接表建立完成后，在 Access 中就可以直接使用了。其操作方法与在 Access 中建立的数据表完全相同，好像它就是 Access 中建立的一样。但不同的是，在 Excel 中修改对应数据表的值会直接导致 Access 中链接表中相应数据的修改。

建立 Access 数据表与 Excel 工作表之间的链接，有利于充分发挥数据库与电子表格的优点：利用数据库分析、组织和管理数据，利用电子表格输入大批量有规律的数据和分析数据。这样可同时获得数据管理和数据分析两方面的效益。

在工作中，当 Excel 工作表的数据达到几千行时，执行筛选和分类汇总之类的操作非常缓慢，可以在 Access 中建立该工作表的链接，并在 Access 中执行计算，再将结果返回 Excel 中制作报表，可以提高工作效率。

6.3.3 Excel 与文本文件的数据转换

文本文件是计算机中的一种通用数据格式文件，可以在各软件系统之间传递数据。几乎所有的软件系统都可直接操作文本文件，如 Word、Excel、Access、PowerPoint、Sybase、Oracle、C 语言编辑器等，都能建立、修改或读入文本文件。

文本文件的常用扩展名为 .txt。除了通过 Microsoft Query 查询数据，Excel 与外部数据库系统之间还可以通过文本文件传递数据。如果把 Excel 工作表中的数据导入数据库中，则可先把该工作表保存为文本文件，再用数据库系统的相关命令把该文本文件导入到数据库中。反之，如果把数据库中的数据表导入 Excel 进行分析，可以先利用数据库系统提供的命令把数据表转换成文本文件，再把该文本文件导入 Excel 工作表中。

1. 把 Excel 工作表保存为文本文件

Excel 工作表中的数据可以直接保存为文本文件。

【例 6.9】 学生档案工作表如图 6-36 所示，把它保存为一个文本文件，如图 6-37 所示。

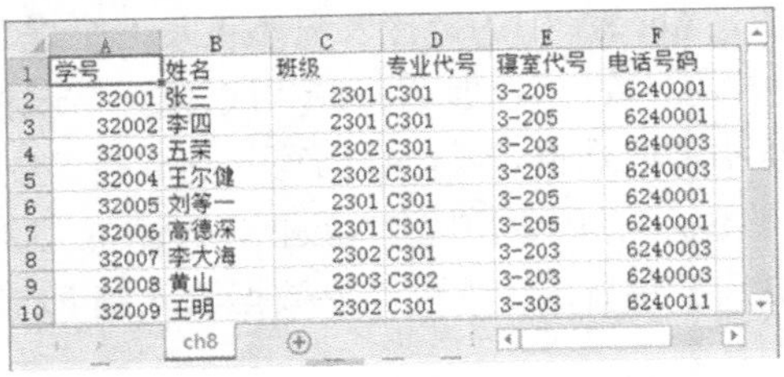

	A	B	C	D	E	F
1	学号	姓名	班级	专业代号	寝室代号	电话号码
2	32001	张三	2301	C301	3-205	6240001
3	32002	李四	2301	C301	3-205	6240001
4	32003	五荣	2302	C301	3-203	6240003
5	32004	王尔健	2302	C301	3-203	6240003
6	32005	刘等一	2301	C301	3-205	6240001
7	32006	高德深	2301	C301	3-205	6240001
8	32007	李大海	2302	C301	3-203	6240003
9	32008	黄山	2303	C302	3-203	6240003
10	32009	王明	2302	C301	3-303	6240011

图 6-36　Excel 中的学生档案工作表

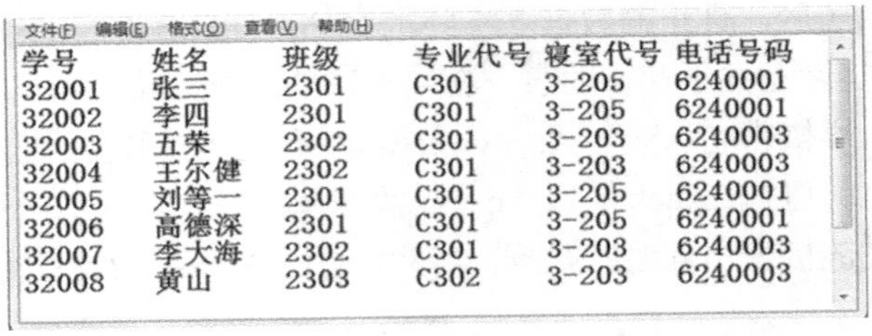

学号	姓名	班级	专业代号	寝室代号	电话号码
32001	张三	2301	C301	3-205	6240001
32002	李四	2301	C301	3-205	6240001
32003	五荣	2302	C301	3-203	6240003
32004	王尔健	2302	C301	3-203	6240003
32005	刘等一	2301	C301	3-205	6240001
32006	高德深	2301	C301	3-205	6240001
32007	李大海	2302	C301	3-203	6240003
32008	黄山	2303	C302	3-203	6240003

图 6-37　从 Excel 工作表中转换出的文本文件

将 Excel 工作表转换成文本文件的方法如下：

<1> 在 Excel 中建立好工作表（见图 6-36）后，选择“文件”→“另存为”命令。

<2> 在出现的“另存为”对话框中，从“文件类型”中选择“文本文件（制表符分隔）(*.txt)”，或指定为“带格式文本文件（空格分隔）”。这两种都是文本文件，只是存放在文件中各数据之间的分隔符号不同而已。

<3> 指定文本文件的存放目录和文件名后，单击“保存”按钮。

经过上述操作后，指定的工作表就被转换成了文本文件，该文本文件可在多种软件中打开，也可利用各数据库系统的相关命令把它添加到相应的数据库中。图 6-37 是在 Windows 附件中的“记事本”程序中打开该文本文件的结果。

2. 导入文本文件到 Excel 工作表中

在实际工作中，企业信息中心的管理员常把数据库文件转换成为文本文件保存在磁盘上，再交给经营分析人员分析用。在这种情况下，通常需要把文本数据导入 Excel 进行分析。

【例 6.10】 假设一个文本文件见图 6-37，该文件可能是从 DBF 文件导出的，也可能是从 Access 系统中的一个 MDB 数据库导出的，还有可能是直接用 Word、C 语言或 Windows 附件中的“记事本”程序建立的，各数据之间用制表符（即键盘上的 Tab 键）分隔。现在要统计各班的人数，列出各班同学的名单。

显然，在 Excel 中能够轻松地统计出各班人数，列出各班同学的名单。将文本文件导入 Excel 工作表的方法如下。

<1> 启动 Excel，选择一个新的工作表。

<2> 单击"数据"→"获取外部数据"→"自文本"按钮，出现"导入文本文件"对话框，从中找到要导入的文本文件名。

<3> Excel 接下来会显示导入向导第一步对话框，如图 6-38 所示。

<4> 导入向导第一步用于指定文本文件列数据的分割方式。这与要导入的文件有关，如果在文本文件中各列数据的宽度不同，则应当选择"分隔符号"，如果各列数据可以用宽度区别，则可选择其中的"固定宽度"。

本例中，选择"分隔符号"，并在导入起始行中输入 1，即导入标题行到 Excel 工作表中。指定文本分隔类型及导入行后，单击"下一步"按钮，出现文本导入向导第二步对话框，如图 6-39 所示。

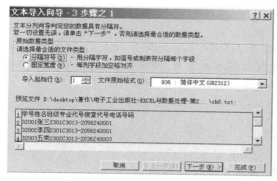

图 6-38　指定分割列的方式

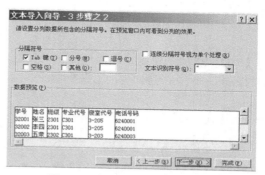

图 6-39　指定数据之间的间隔符

<5> 选择"分隔符号"，指定用作分隔各数据字段之间的符号。本例选择"Tab 键"，然后单击"下一步"按钮，出现文本导入向导第三步对话框，如图 6-40 所示。

<6> 从中指定各列数据的类型。如果设置数字的小数点和千位分节显示，可单击"高级"按钮，出现如图 6-41 所示的对话框。当所有的设置完成后，单击"确定"按钮。

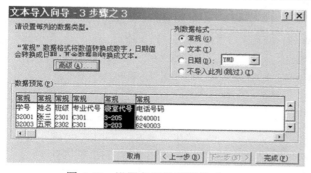

图 6-40　设置各列数据的格式

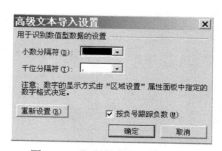

图 6-41　指定数字的高级格式

经过上述操作步骤后，Excel 会把指定的文本文件导入到当前工作表中，此后就可以充分利用 Excel 的数据分析功能对导入的数据进行各项加工处理了。

小　结

Excel 与许多专业数据库管理系统在某些功能上可以互补。复杂数据的组织和管理是专业数据库的主要功能，Excel 在这方面的能力较为薄弱。数据分析、图表分析是 Excel 的主要功能，但专业数据库在这方面的功能并不强大。Microsoft Query 可以在 Excel 与外部数据库之间传递数据，能够把各种外部数据库中的数据查询到工作表中，在 Excel 中进行数据的分析，并制作各种图表。另外，利用数据库的数据导入功能，可把 Excel 工作表中的数据导入到各种专业数据库应用系统中，这就可把 Excel 作为数据库系统的一个输入工具，因为在 Excel 中输入具有一定规律的数据时相当快捷、简便，而数据库系统难以实现这些功能。文本文件是一种通用的文件格式，可在不同的应用程序之间传递数据，Excel 具有创建和打开文本文件的功能。

习 题 6

【6.1】 同专业数据库管理系统相比较，Excel 的数据库存在哪些局限性？

【6.2】 解释以下概念：

ODBC　　数据源　　ODBC 驱动程序　链接文件

【6.3】 HYJD 公司 2018 年 3 月和 4 月的职工工资数据如图 6-42 所示，将此文本文件导入 Excel 进行工资结构分析，制作 3 月和 4 月的工资涨幅报告，如图 6-43 所示。

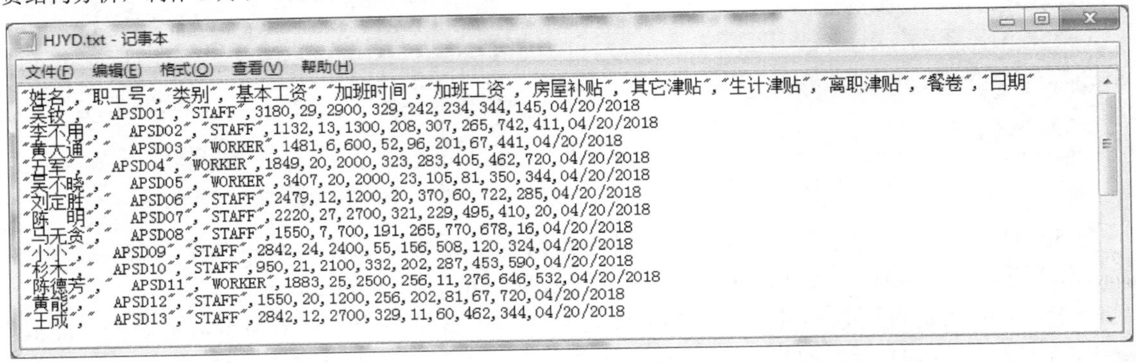
HJYD.txt - 记事本
文件(F) 编辑(E) 格式(O) 查看(V) 帮助(H)

```
"姓名","职工号","类别","基本工资","加班时间","加班工资","房屋补贴","其它津贴","生计津贴","离职津贴","餐卷","日期"
"吴钕","  APSD01","STAFF",3180,29,2900,329,242,234,344,145,04/20/2018
"李不用","   APSD02","STAFF",1132,13,1300,208,307,265,742,411,04/20/2018
"黄大通","   APSD03","WORKER",1481,6,600,52,96,201,67,441,04/20/2018
"五军","  APSD04","WORKER",1849,20,2000,323,283,405,462,720,04/20/2018
"吴不晓","   APSD05","WORKER",3407,20,2000,23,105,81,350,344,04/20/2018
"刘定胜","   APSD06","STAFF",2479,12,1200,20,370,60,722,285,04/20/2018
"陈  明","   APSD07","STAFF",2220,27,2700,321,229,495,410,20,04/20/2018
"马无贪","   APSD08","STAFF",1550,7,700,191,265,770,678,16,04/20/2018
"小小","  APSD09","STAFF",2842,24,2400,55,156,508,120,324,04/20/2018
"杉木","  APSD10","STAFF",950,21,2100,332,202,287,453,590,04/20/2018
"陈德芳","   APSD11","WORKER",1883,25,2500,256,11,276,646,532,04/20/2018
"黄能","  APSD12","STAFF",1550,20,1200,256,202,81,67,720,04/20/2018
"王成","  APSD13","STAFF",2842,12,2700,329,11,60,462,344,04/20/2018
```

图 6-42　习题 6.3 图一

	A	B	C	D	E	F	G	H	I	J
1	HJYD 2018年3月--4月工资结构对比分析 制表人：张三还　2018年5月1日									
2	项目 / 月份		加班时间	基本工资	加班工资	房屋补贴	其它津贴	生计津贴	离职津贴	餐卷
3	3月	STAFF	14353	133	13300	1456	1771	2619	3469	1791
4		WORKWER	8620	71	7100	654	495	963	1525	2037
5		TOTAL	22973	204	20400	2110	2266	3582	4994	3828
6	四月	STAFF	22501	185	21700	2416	2387	4038	5130	2891
7		WORKWER	9570	98	7800	862	737	1458	1875	2322
8		TOTAL	32071	283	29500	3278	3124	5496	7005	5213
9	STAFF up %		36%	28%	39%	40%	26%	35%	32%	38%
10	WORKER up %		10%	28%	9%	24%	33%	34%	19%	12%
11	TOTAL up %		28%	28%	31%	36%	27%	35%	29%	27%

图 6-43　习题 6.3 图二

【6.4】 Access 数据库文件“学生管理.mdb”中有 3 个数据表，分别是：学生、课程和选课，如图 6-44 所示。完成下面的任务：

（1）在 Access 中选择“创建”→“查询设计”，将学生、选修、课程三表添加到查询类型窗口中，建立三表联系，然后将学生表中的学号、姓名、班级，课程表中的课名、学分，选修表中的成绩拖放到下面的字段选择查询窗口中，如图 6-45 所示，单击 ! 按钮，查询如图 6-46 所示的学生成绩表，然后将查询结果发布到 Excel 中。

图 6-44　习题 6.4 图一

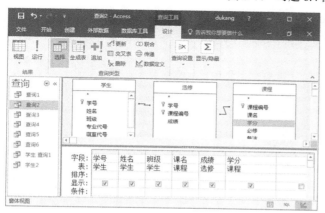

图 6-45　习题 6.4 图二

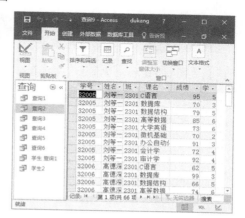

图 6-46　习题 6.4 图三

（2）在 Excel 中通过 Microsoft Query 查询出图 6-46 所示的成绩表，体会与在 Access 中查询的异同。

（3）计算每门课程的各同学的选课门数、总成绩、平均成绩、总学分（不及格课程的无学分），如图 6-47 所示。

图 6-47　习题 6.4 图四

（4）计算每门课程的平均成绩、最高分、最低分和选课人数，见图 6-47。

说明：① 在"个人分析成绩表"中，总学分列数据不能用数据透视表完成，它会把不及格课程的学分也统计在内。图中是用 SUMIFS 函数完成计算的。② 在图 6-47 中，第 14 行的总计行没有意义，可以通过单击"数据透视表"→"设计"→"布局"→"总计"→"仅对行启用（R）"，取消列总计的显示。

【6.5】 Excel 中的学生档案表如图 6-48 所示，完成以下任务。

	A	B	C	D	E	F	G	H	I	J	K	L
1	学号	班级	姓名	性别	籍贯	民族	学生来源	政治面貌	出生日期	入学日期	毕业日期	备注
2	93308135	HJY18941	黄四道	男	四川	汉族	统招	共青团员		2014/7/2	2018/7/2	
3	94308101	HJY18941	王海东	男	海南	汉族	统招	共青团员		2014/7/1	2018/7/1	
4	94308102	HJY18941	王安赛	女	安徽	汉族	统招	共青团员		2014/7/1	2018/7/1	
5	94308103	HJY18941	王山鑫	女	山西	汉族	统招	共青团员		2014/7/1	2018/7/1	
6	94308104	HJY18941	王广立	男	广西	汉族	统招	共青团员		2014/7/1	2018/7/1	
7	94308105	HJY18941	方四筱	女	四川	汉族	统招	共青团员		2014/7/1	2018/7/1	

学生档案表 Sheet2 Sheet3 （+）

图 6-48   习题 6.5 图

（1）把学生档案工作表保存为文本文件，然后导入到 Access 数据库中。

（2）在 Access 中创建"学生档案.mdb"数据库，把此工作表链接到 Access 数据库中。

（3）在 Access 中查询"四川"的"男"共青团员。

第 7 章　动态报表与数据查找

动态报表是指针对数据区域大小随时可能会发生变化的数据表而制作的统计分析表,数据查找是指从工作表或工作簿中查找特定数据的工作。

本章主要介绍表格、数据库函数、查找引用类函数、SQL 等内容,以及应用它们制作动态报表,查找数据或进行工作表重组与数据提取的技术和方法。

7.1　表格与动态报表

人们常把工作过程中产生的数据记录在 Excel 工作表中,这类工作表的最大特点就是数据行的不确定性,会随着时间的变化而增减,暂且将它们称为动态表,基于这类数据表而制作的统计报表则称为动态报表。有时,动态报表中的数据统计比较困难。

【例 7.1】 某商店在 Excel 工作表中保存销售记录,将每个销售员每天的销售数据保存在工作表的一行中,如图 7-1 所示。

由于销售记录会随着时间的推移而不断增加,采用前面的方法用 COUNT 和 SUM 等函数统计工作表中各类商品的运输方式、数量、总价等存在一定困难,因为数据行是不确定的,当数据行发生变化后,计算结果就不准确了。

Excel 2016 可以通过表格来解决上述问题,当表格中的数据行发生变化后,针对表格的各种计算公式会以表格中的最新数据为依据进行自动调整,重新计算出正确的结果。

▲	A	B	C	D	E	F	G	H	I	J
1	序号	日期	销售员姓名	产品名称	运输方式	单价	数量	总价		
2	9701	2018/3/1	劳得诺	创为	汽车	3080	5	15400		
3	9702	2018/3/1	向问天	创为	轮船	3600	7	25200		
4	9703	2018/3/5	劳得诺	创为	火车	3080	1	3080		
5	9704	2018/3/8	陆大安	TCL	轮船	3200	6	19200		
6	9705	2018/3/8	劳得诺	熊猫	汽车	3080	2	6160		
7	9714	2018/4/27	令狐冲	长虹	汽车	2980	6	17880		

普通工作表　表　Sheet3　⊕

图 7-1　商店销售记录

7.1.1　表格

表格也称为表（本章后面统称表），是一系列包含相关数据的行和列，它们与工作表中其他行和列中的数据分开管理。表是一种特殊对象，包含格式化功能以外的许多特性，包括表格区域、表数据区域、汇总行、标题行、列标题、调整大小控制点等，如图 7-2 所示。

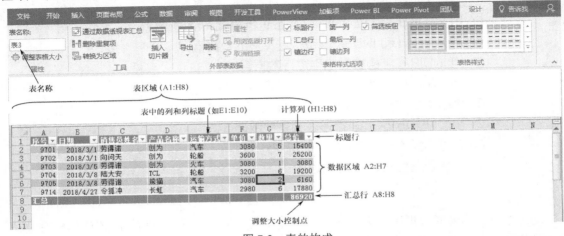

图 7-2　表的构成

可以根据已有的数据区域建立表，也可以将没有数据的单元格区域建立为表。图 7-2 是根据例 7.1 的销售记录建立的表，方法如下：选中要建立表的数据区域（也可以是空白单元格区域），单击"插入"→"表格"→"表格"按钮，弹出"创建表"对话框，可以从中设置表对应的数据区域。由于已经选定了表的数据区域，因此该区域会出现在此对话框中。核定无误后，单击"确定"按钮，Excel 会将选中区域转换为表。

1. 表格的结构

从图 7-2 可以看出，表格的基本结构包括以下部分。

表：指包括标题和汇总行在内的整个区域，即 A1:H8。

表名称：每个表都有一个名称，应用表名称可以引用表中的数据。在同一个工作簿或工作表中可以同时建立多个表。在默认情况下，第一个表的名称为"表 1"，第二个的名称为"表 2"……表的名称可以修改，方法是在图 7-2 中"表名称"下面的文本框中输入表的新名称。

标题行：表区域的第一行，常用描述性文字表示。在默认情况下，表中每列都在标题行中启用了筛选功能，从而可以快速筛选表中的数据或对表进行排序。

数据区域：除表标题和汇总行之外的区域，是表存放数据的单元格区域。

汇总行：位于表的最下方，在最后一个数据行下面。在默认情况下，汇总行是不显示的，通过设置（或取消）图 7-2"表格样式选项"组中"汇总行"复选框的勾选标识，可以显示或隐藏汇总行。在汇总行中，可以对相应列中的表数据进行各种类型的汇总计算，如计数、求平均数、求总和（单元格 H8）等。

计算列：当表构造完成后，若在表右边第 1 个空列中输入计算公式，Excel 会以此公式自动填充该列，称为计算列。例如，在图 7-2 的单元格 H2 中输入一个公式时，就会在单元格区域 H2:H7 中自动生成计算公式。

大小调整控制点：在表的右下角，用鼠标上下左右拖动它，可以扩大或缩小表的范围。

2. 表格的功能

概言之，表具有下述功能。

① 排序和筛选：Excel 会自动将筛选器下拉列表添加在表的标题行中，可以实现数据筛选。另外，可以将标题行中的列标题作为排序关键字，对表中的数据进行排序。

② 快速格式化报表：表预定义了许多样式，可以快速进行表数据的格式化；还可以通过"表格样式选项"各复选控件（见图 7-2），设置带与不带标题或汇总行的表，应用行或列镶边可以使表更易于阅读，或者将表的第一列或最后一列与其他列区分开。

③ 使用计算列：要使用一个适用于表中每一行的公式，可以创建计算列。计算列会自动扩展以包含其他行，从而使公式可以立即扩展到表中每一行。

④ 显示和计算表数据总计：可以快速地对表中的数据进行汇总，方法为在表的末尾显示出总计行，然后使用在每个总计行单元格的下拉列表中提供的函数。

⑤ 结构化引用：在公式中可以对表进行结构化引用（也可以使用单元格引用），结构化引用比单元格引用更具灵活性。

⑥ 数据共享：可以将表导出到 SharePoint 列表，以便他人查看、编辑和更新表数据。

⑦ 动态扩展：表中的行、列具有自动扩展的特征。当在表下边相邻的空行或表右边相邻的空列中输入数据时，Excel 会自动对表进行扩展，将输入了数据的相邻行或列添加到表中；当删除表的数据行或列时，表会自动缩减。拖动表的大小控制点，让它包括相邻的工作表行或工作表列，这些被包括的行或列就会被添加到表中；在表中任意位置插入行或列，插入的行和列就会成为表的有效组成部分。

⑧ 删除冗余数据：根据需要随时删除表的行和列或从表中快速删除包含重复数据的行。

> **注意**
> 当表的区域发生改变后，基于表区域的计算公式会自动更新！

3. 表格动态扩展方法

如果在表中最后一行的下面添加新行，且需要新行自动成为表的数据行时，就需要隐藏汇总行。也就是说，在汇总行下面输入的数据行不会被添加到表中。例如，在图 7-2 所示的表中，如果直接在第 9 行（A9:H9）输入数据时，输入的数据不会成为表中的数据行。取消"表格样式选项"→"汇总行"复选框的勾选后，当在单元格区域 A8:H8 的任一单元格中输入数据时，表就会自动进行扩展，将 A8:H8 加到表中。

如果在表右边相邻空列的某个单元格中输入一个数据或公式时，该列会被自动扩展到表中（即计算列）。当输入的是数据时，只会在对应单元中出现输入的数据；但当输入公式时，Excel会用此公式填充该列。

例如，在图 7-2 中，取消"汇总行"的显示后，在单元格 C8 中输入"向问天"（在 A8:H8 区域的任一单元格中输入数据都一样）时，会自动将 A8:H8 区域添加到表中。在单元格 I2 中输入 21（可以在 I1:I8 区域的任一单元格中输入数据）时，I 列被自动添加到表中；在 J3 中输入公式"=2"时，J 列被添加到表中，而且公式"=2"会被填充到该列的其他单元格中；在 K2 中输入公式"=H2*2"时，K 列会被添加到表中，而且公式会被填充到该列其他单元格中，相当于在 K3 中输入公式"=H3*2"，在 K4 中输入公式"=H4*2"……如图 7-3 所示，其中 I、J、K 列都是计算列。

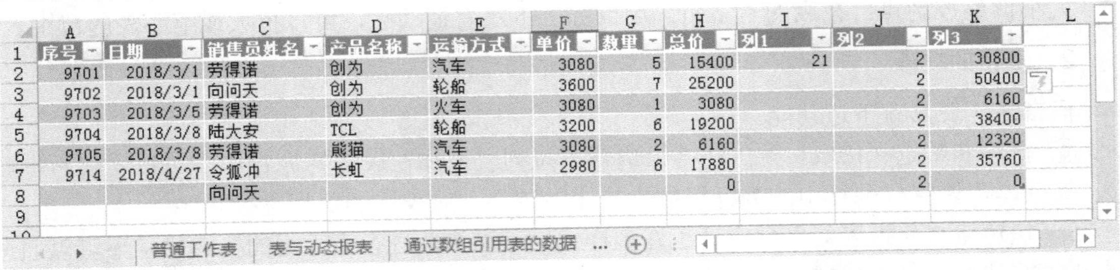

	A	B	C	D	E	F	G	H	I	J	K	L
1	序号	日期	销售员姓名	产品名称	运输方式	单价	数量	总价	列1	列2	列3	
2	9701	2018/3/1	劳得诺	创为	汽车	3080	5	15400	21	2	30800	
3	9702	2018/3/1	向问天	创为	轮船	3600	7	25200		2	50400	
4	9703	2018/3/5	劳得诺	创为	火车	3080	1	3080		2	6160	
5	9704	2018/3/8	陆大安	TCL	轮船	3200	6	19200		2	38400	
6	9705	2018/3/8	劳得诺	熊猫	汽车	3080	2	6160		2	12320	
7	9714	2018/4/27	令狐冲	长虹	汽车	2980	6	17880		2	35760	
8			向问天					0		2	0	
9												

普通工作表　表与动态报表　通过数组引用表的数据 …

图 7-3　在表下边相邻空行或右边相邻空列中输入数据时表的自动扩展情况

7.1.2　结构化引用和动态报表

表是一个自包含对象，具有完整的结构，该结构由表区域、数据区域、汇总行、标题行、列标题、数据行和数据列等部分组成，在公式中可以直接引用这些表结构，称为结构化引用。当然，在对表进行计算的公式中，也可以引用表中的单元格。

结构化引用最大的优点是对动态报表的自动识别，无论表的数据区域怎样变化，结构化引用的单元格区域都能够随之进行自动调整。这样便在最大程度上减少了在表中添加和删除行或列时重写公式的麻烦。

在对表进行结构化引用时，必须遵守一定的语法规则。引用不同结构的语法规则大同小异，下面的例子说明表结构化引用的规则，以及通过结构化引用构造动态报表的方法。

【例 7.2】　在例 7.1 的销售工作表中建立统计报表，计算以下数据：每个销售员销售各种品牌电视机的总数量、总的销售记录数、所有电视机的平均销售价格、所有产品的销售总数量以及商店工作人员的名单。

图 7-4 是统计报表的建立情况，其中单元格区域 A1:H11 是销售统计的表区域，J1:M7 是各位职工销售各种品牌电视机的数量统计表，J10:M12 是销售记录、平均单价和各种产品的总数量的统计表，Q1:Q5 是商店的销售人员名单。

J1:M12 区域中的统计报表的最大特征是具有动态计算能力，当在表区域的下边不断输入新的销售记录（无论输入多少行）时，J1:M12 中的公式都能根据表区域中的数据重新计算各种统计数据。下面以图 7-4 中各统计公式的建立为例，说明结构化引用的语法规则和各类不同结构的引用方法。

1．结构化引用语法

在图 7-4 的编辑框中，可以看到图 7-5 所示的公式编辑栏中的数组公式。

公式中的①是表名称，表名称实际上相当于表数据区域（若有标题行和汇总行，将不包括它们）名称。公式中的"表 3"是默认的表名称，此名称可以修改。

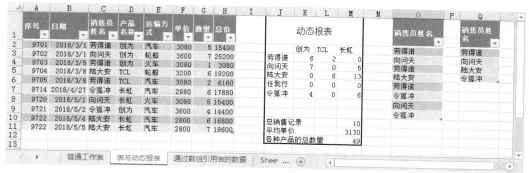

图 7-4　应用结构化引用构造动态报表

图 7-5　统计各职工销售各产品的数组公式

②是列说明符，从列标题演化而来，由"[]"括起，并引用列数据（若有列标题和汇总行，将不包括它们），公式中的"[销售员姓名]""[产品名称]"和"[数量]"都是列说明符，分别代表 C2:C11、D2:D11 和 G2:G11 区域中的数据。

③是特殊项目说明符，是一种引用表中的特定部分（如汇总行）的方法。公式中的"[#数据]"是指表的整个数据区域，即 A2:H11。"[[#数据],[产品名称]]"表示引用数据区域中"产品名称"列对应的数据（即 D2:D11）。

除了"#数据"，表中还有"#全部""#标题""#汇总""@-此行"等特殊项目说明符，其中"#全部"表示表对应的全部单元格区域（A1:H11），"#标题"表示表的标题行（A1:H1），"#汇总"表示汇总行（A12:H12，处于隐藏状态）。

"@-此行"与结构化引用的公式所在单元格的行相对应，有两种方法。其一是直接用"[@]"表示表中的一行数据。例如，若在单元格 I2 中输入公式"=SUM(表 3[@])"，则其中的@代表 A2:H2 区域。其二是"[@列标题]"，表示由指定标题列中与公式所在行交叉处的单元格。例如，若在单元格 I2 中输入公式"=表 3[@单价]"，表示表 3 中第 2 行"单价"列的数据，即单元格 F2 的值 3080。

④是表说明符，即"[]"，是结构化引用的外层部分，跟在表名称之后。

⑤是结构化引用，是以表名称开始、以表说明符结尾的整个字符串。

图 7-5 所示数组公式的含义是：在表 3（即 A1:H11 区域）中，如果"销售员姓名"列（C1:C11）的姓名与 J3 中的名字（即"劳得诺"）相同，而且数据区域（A2:H11）中"产品名称"列（D2:D11）与 K2 中的（即创为）相同，就计算同行"数量"列（即 G2:G11）的总和。

2．常用的结构化引用

对表的结构化引用与普通单元格引用没有什么区别，凡是在公式中可以出现单元格引用的地方都可以使用结构化引用。结构化引用中的各列标题、#汇总行、#数据、@-此行等项目，实质上与单元格区域的名称相似，它们都代表了一个特定的单元格区域，只不过表中的这些名称所代表的单元格区域是可动态扩展的。

图 7-4 的 J1:M12 区域是针对表 3（A1:H10）建立的动态统计报表，当在表 3 下边相邻的空行中输入数据时，输入的数据就会被自动添加到表 3 中，J1:M12 报表区域中的结构化引用公式就会根据表中的新数据行重新计算报表中的数据。其中，J1:M7 区域计算各销售员销售各种产品的总数量，计算公式的建立过程如下：

<1> 输入 J3:J7 区域中的销售员姓名，输入 K2:M2 区域中的产品名称。

<2> 在单元格 K3 中输入计算某销售员（J3）销售某产品（K2）总数量的数组计算公式：
=SUM(IF(表 3[销售员姓名]=$J3,IF(表 3[[#数据],[产品名称]]=K$2,表 3[数量])))

<3> 按 Ctrl+Shift+Enter 组合键。

<4> 向下、向右填充此公式到 K3:M7 区域，就能计算出销售员销售各种产品的总数量。

公式中，第 2 个嵌套 IF 函数中的"[#数据]"可以省略，因为"[[#数据],[产品名称]]"的含义是引用数据区域中"产品名称"列的数据（即 D2:D11），与数据列"[产品名称]"的意思完全相同。之所以在图 7-4 中用这样"复杂"的方式引用产品名称列的数据，是想借此说明表中特殊项目（如#汇总、@-此行等）的引用方法。

图 7-4 的 J10:M12 区域引用了表中的数据列来计算相应列的平均数、总和、数据行总数。其中，单元格 M10 中的公式为"=COUNTA(表 3[序号])"，其含义是对表中"序号"列（A2:A11）中的数据进行计数，其结果为"10"，表示有 10 行销售记录。

单元格 M11 中的公式计算所有产品的销售均价，M12 中的公式计算所有产品的销售总数量，其公式分别为"=AVERAGE(表 3[单价])"和"=SUM(表 3[数量])"。此外，图 7-4 中的 H 列是通过计算公式生成的，该公式的创建过程如下：在单元格 H2 中输入"="，然后单击单元格 F2，输入"*"，再单击单元格 G2，最后按 Enter 键。经过上述操作后，在 H2:H11 区域中会生成计算列公式，并计算相应行的销售总数。单击单元格 H2、H3、H4……可以在编辑栏中看到公式为"=[@单价]*[@数量]"。其中，"[@单价]"和"[@数量]"与公式所在单元格的行相对应，如对于 H2 中的公式而言，"[@单价]"表示单价列的第 2 行（即 F2），"[@数量]"表示数量列的第 2 行（即 G2）；对于 H3 中的公式而言，"[@单价]"则对应单价列的第 3 行（即 F3）。

说明：只能在表区域右边的公式中对表的"@-此行"项目符进行引用，在表下边引用此项目符是没有意义的。

3. 通过结构化引用删除冗余数据行

有时需要从具有重复数据的工作表中删除冗余数据，获取具有唯一性数据的报表。在 Excel 的普通工作表中，要删除其中的重复数据行并不容易。这时可以将普通工作表转换成表，然后利用表提供的"删除重复项"功能，就能轻松地得到数据行不重复的报表。

例如在图 7-4 中，C 列包括了所有的销售员姓名，如果将它转换成表，就可以从中获取一份不重复的销售员名单。

<1> 选中 C 列数据，即单元格区域 C1:C11，将它复制到其他数据区域，如 Q1:Q11。

<2> 选中 Q1:Q11 区域，再单击"插入"→"表格"→"表格"按钮，将 Q1:Q10 区域转换成表。

<3> 选中 Q1:Q11 区域中的任一单元格，再单击"表格工具"→"设计"→"工具"→"删除重复项"命令。

经过上述操作后，Q1:Q11 区域中的重复姓名会被删除，得到一份销售人员名单，结果如

Q1:Q5 区域所示。

4. 通过数组公式引用表中的列、数据区域、汇总行或全部数据

表的名称、列标题、各种特殊项（如#全部、汇总等）实际上相当于对应区域的名称，可以通过数组公式在不同的工作表中引用它们。例如，对于图 7-4 中 A1:H11 区域中的表 3，图 7-6 就是在另一工作表中，通过数组公式引用它们的情形。

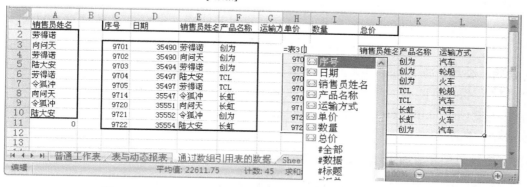

图 7-6　通过数组公式在另外的工作表中引用表中的各项内容

5. 在不同工作表中对表进行结构化引用

在日常工作中，公司的业务数据和针对它的统计报表往往位于不同的工作表中，在某些工作表中只保存业务数据，在另一些工作表中对业务数据进行各种计算和分析处理，制作各类报表和图表。表是 Excel 中制作这类报表和图表较好方法，只需要将业务数据工作表转换成表，在另外的工作表中通过结构化引用就能够方便地制作出业务数据的统计报表和图表。

【例 7.3】　某超市从多家供应商处采购各种食品，进购的情况如图 7-7(a)所示。计算超市应付给各供应商的总订货费，如图 7-7(b)所示。

本例中，计算应支付各供应商费用的难点有两处：其一是超市的进货单位于一张独立的工作表中，其中的数据行会随时增加；其二是供应商有许多，它们的名单在图 7-7(a)的 C 列。通过结构化引用，可以非常轻松地计算出应支付各供应商的商品费用。

<1> 选中图 7-7(a)中任意非空单元格，再单击"插入"→"表格"→"表格"按钮，将进货单表转换成表。

<2> 将表名称改为"进货单"。

<3> 复制图 7-7(a)中的 C 列全部数据（右键单击列标题 C，从弹出的快捷菜单中选择"复制"命令），然后将此列数据粘贴到另一个工作表（Sheet3）中，见图 7-7(b)。

<4> 单击图 7-7(b)的单元格 A1，再单击"插入"→"表格"按钮，将 A 列转换成表。

<5> 单击单元格 A1，然后单击"表工具"→"设计"→"工具"→"删除重复项"命令，删除图 7-7(b)中的重复供应商名称。

<6> 在图 7-7(b)的单元格 B2 中输入以下计算公式：

=SUM(IF(进货单[供应商]=[@供应商],进货单[单价]*(进货单[订购量]+进货单[再订购量])))

187

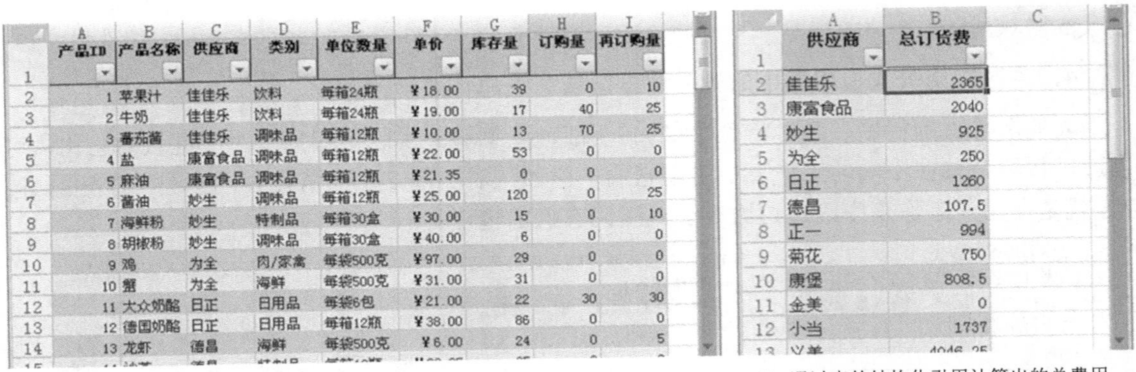

	A	B	C	D	E	F	G	H	I
1	产品ID	产品名称	供应商	类别	单位数量	单价	库存量	订购量	再订购量
2	1	苹果汁	佳佳乐	饮料	每箱24瓶	¥18.00	39	0	10
3	2	牛奶	佳佳乐	饮料	每箱24瓶	¥19.00	17	40	25
4	3	蕃茄酱	佳佳乐	调味品	每箱12瓶	¥10.00	13	70	25
5	4	盐	康富食品	调味品	每箱12瓶	¥22.00	53	0	0
6	5	麻油	康富食品	调味品	每箱12瓶	¥21.35	0	0	0
7	6	酱油	妙生	调味品	每箱12瓶	¥25.00	120	0	25
8	7	海鲜粉	妙生	特制品	每箱30盒	¥30.00	15	0	10
9	8	胡椒粉	妙生	调味品	每箱30盒	¥40.00	6	0	0
10	9	鸡	为全	肉/家禽	每袋500克	¥97.00	29	0	0
11	10	蟹	为全	海鲜	每袋500克	¥31.00	31	0	0
12	11	大众奶酪	日正	日用品	每袋6包	¥21.00	22	30	30
13	12	德国奶酪	日正	日用品	每箱12瓶	¥38.00	86	0	0
14	13	龙虾	德昌	海鲜	每袋500克	¥6.00	24	0	5

(a) 进货单表

	A	B	C
1	供应商	总订货费	
2	佳佳乐	2365	
3	康富食品	2040	
4	妙生	925	
5	为全	250	
6	日正	1260	
7	德昌	107.5	
8	正一	994	
9	菊花	750	
10	康堡	808.5	
11	金美	0	
12	小当	1737	

(b) 通过表的结构化引用计算出的总费用

图 7-7 通过表的结构化引用计算应付各供应商的订货费用

说明：公式中的“[@供应商]”是当前表中的供应商列数据，即图 7-7(b)中的 A 列数据，而“进货单[供应商]”是“进货单”表中的供应商列数据，即图 7-7(a)中的 C 列数据。

<7> 按 Ctrl+Shift+Enter 组合键，立即生成图 7-7(b)所示的列的计算结果，计算出应付给每位供应商的总费用。

6. 表的应用和普通工作表区域的转换

表是 Excel 中非常重要的概念，能够方便地构造日常工作中的动态报表，在公式中通过对表的结构化引用，不仅能够使公式含义清楚，还能够扩展公式的计算能力，实现对动态报表的各类计算。日常工作中应该大量用表来保存各种业务数据，制作工作报表。

例如，本章后面各节的数据查找都可以通过表的结构化引用来实现（非常值得推崇，但篇幅问题使本章只能介绍各类查找技术的基本方法，无法过多介绍表查找），表不仅会使数据的查找问题简化，还能够构造出满足日常工作需要的具有动态数据处理能力的各类报表。

工作表区域与表可以相互转换。例如，选择表中的任一单元格，再单击“表工具”→“设置”→“工具”→“转换为区域”命令，Excel 就会将表转换成普通工作区域。

7.2 D 函数与动态报表

7.2.1 D 函数简介

Excel 将每个数据列都有标题的数据表称为数据库，并提供了大约 12 个专用函数来简化这种数据表的统计和查找工作，这些函数都以 D 开头，所以也被称为 D 函数。表 7-1 是 D 函数的简要介绍（读者可从 Excel 的帮助文件中查到此表中的函数和应用案例）。

D 函数都有统一的形式参数表和调用形式，其语法形式如下：

```
DNAME(database, field, criteria)
```

其中，DNAME 是表 7-1 中的任何 D 函数名；database 是一个单元格区域，要求该区域中的每列数据都必须有标题；field 是 database 区域内某列数据的列标题（称为字段，出现在字符串中）；criteria 称为条件区域，与高级筛选条件区域的含义和构造方法相同。图 7-8 是应用 D 函数时经常采用的数据表构造形式，这种形式的数据表常被称为 Excel 数据库。

表 7-1　Excel 的 D 函数

函数名	功　　能
DAVERAGE	计算所选数据库列的平均值
DCOUNT	计算数据库中包含数字的单元格的数量
DCOUNTA	计算数据库中非空单元格的数量
DGET	从数据库中提取符合指定条件的一行数据
DMAX	计算所选数据库列中的最大值
DMIN	计算所选数据库列中的最小值
DPRODUCT	将数据库中符合条件的数据行的特定列中的值相乘
DSTDEV	基于选择的数据库列的样本估算标准偏差
DSTDEVP	基于所选数据库列的样本总体计算标准偏差
DSUM	对数据库中符合条件的数据行的字段列中的数字求和
DVAR	基于所选数据库列的样本估算方差
DVARP	基于所选数据库列的样本总体计算方差

	A	B	C	D	E	F	G	H	I
1	树种	高度	使用年数	产量	利润	高度			
2	苹果树	>10				<16			
3	梨树								
4							需求数据	计算公式	计算结果
5	树种	高度	使用年数	产量	利润		高度大于10的果树利润和	=DSUM(A5:E11,"利润",B1:B2)	381
6	苹果树	18	20	14	105		高度大于10的苹果树利润和	=DSUM(A5:E11,"利润",A1:B2)	180
7	梨树	12	12	10	96		高度介于10和16之间的苹果树利润和	=DSUM(A5:E11,"利润",A1:F2)	75
8	樱桃树	13	14	9	105		苹果树和梨树利润总和	=DSUM(A5:E1300,"利润",A1:A3)	397.8
9	苹果树	14	15	10	75		梨树和高度大于10的苹果树利润和	=DSUM(A5:E1300,"利润",A1:B3)	352.8
10	梨树	9	8	8	76.8				
11	苹果树	8	9	6	45				

图 7-8　Excel 数据库

在图 7-8 中，A1:F3 是为 D 函数构造的条件区域，可以在该区域中添加或删除各种条件，A5:E11 是数据库的数据区域，H5:H9 是针对 A1:F11 区域的数据库应用 DSUM 函数计算各种利润总和的公式，I5:I9 是公式的计算结果。

在构造 D 函数的数据库工作表时，最好在数据区域的上边（或左右两边）而不是下边构造条件区域，这样才便于在数据区域的下边添加新行到数据库中。

D 函数具有对动态数据表进行自动计算的能力，只要在 D 函数的第一个参数（即 database）中包括数据可能扩展到的区域就行了。例如，在图 7-8 中，当在单元格区域 A12:E1300 的任何位置输入果树的利润数据，单元格 H8 和 H9 中的公式就会根据新数据重新计算苹果树和梨树的利润和，但单元格 H5、H6 和 H7 中的 DSUM 函数不会对新输入的数据进行计算。其原因是 H8 和 H9 中 DSUM 函数的数据库区域是 A5:E1300，而 H5:H7 中 DSUM 函数的数据库区域是 A5:E11。

7.2.2　D 函数与表结合构造动态数据分析报表

D 函数对数据表进行条件统计非常方便，同时具有动态计算的能力。在数据库中应用 D 函数时，其动态计算能力依赖于第一个参数（即 database）的范围设置（参考图 7-8 中单元格 H8 和 H9 中的公式）。

表与 Excel 数据库的定义相符合（其每列都有标题），因此可以在 D 函数中对表进行访问。

通过在 D 函数中对表的结构化引用，能够方便地计算出动态表中的各项统计数据。

【例 7.4】 某商店在工作表中保存库存和进货记录，如图 7-9 中的 A:J 列所示。由于随时有可能添加进货记录，因此工作表中的数据行是不确定的。下面来计算表中各种商品的总库存量、总订购量和总再订购量，以及每类产品的平均订货费。

	B	C	D	E	F	G	H	I	J
1	产品名称	供应商	类别	单位数量	单价	库存量	订购量	再订购量	订货费
2	苹果汁	佳佳乐	饮料	每箱24瓶	¥18.00	39	0	10	180
3	牛奶	佳佳乐	饮料	每箱24瓶	¥19.00	17	40	25	1235
4	蕃茄酱	佳佳乐	调味品	每箱12瓶	¥10.00	13	70	25	950
5	盐	康富食品	调味品	每箱12瓶	¥22.00	53	0	0	0
6	麻油	康富食品	调味品	每箱12瓶	¥21.35	0	0	0	0
7	酱油	妙生	调味品	每箱12瓶	¥25.00	120	0	25	625
8	海鲜粉	妙生	特制品	每箱30盒	¥30.00	15	0	10	300
9	胡椒粉	妙生	调味品	每箱30盒	¥40.00	6	0	0	0
10	鸡	为全	肉/家禽	每袋500克	¥97.00	29	0	0	0
11	蟹	为全	海鲜	每袋500克	¥31.00	31	0	0	0
12	酪	日正	日用品	每袋6包	¥21.00	22	30	30	1260
13	酪	日正	日用品	每箱12瓶	¥38.00	86	0	0	0
14	龙虾	德昌	海鲜	每袋500克	¥6.00	24	0	5	30
15	沙茶	德昌	特制品	每箱12瓶	¥23.25	35	0	0	0

M	N	O	P	Q	R	S
	类别	类别	类别	类别	类别	类别
	饮料	调味品	特制品	肉/家禽	海鲜	日用品
总库存量	1579	603	100	165	701	39
总订购量	66	170	20	0	120	14
总再订购量	395	2236	25	30	145	11
平均订货费	852.2	2361.8	216.0	92.4	378.7	505.

	类别	类别	类别	类别	类别	类别
	饮料	调味品	特制品	肉/家禽	海鲜	日用品
总库存量	1579	603	100	165	701	39
总订购量	66	170	20	0	120	14
总再订购量	395	2236	25	30	145	11
平均订货费	852.2	2361.8	216.0	92.4	378.7	505.5

图 7-9 用 D 函数对表进行结构化引用实现动态报表的统计分析

DSUM 和 DAVERAGE 函数可以方便地统计各项汇总数据和平均订货费，图 7-9 的 M1:U6 和 M9:U14 区域中就是用 D 函数计算出来的统计数据，它们都具有动态数据分析能力，当在 A:J 列中输入或删除数据行时，这两个区域中的统计分析数据都会自动重新计算。

可以看出，M1:U6 和 M9:U14 两个区域中的对应数据完全相同，但它们的计算方式和功能不尽相同。M1:U6 的 D 函数中引用的是普通数据区域（数据库），而 M9:U14 区域的 D 函数中是对表的结构化引用。其中，M9:U14 区域具有完全自动的动态数据分析能力，而 M1:U6 区域只能对一定工作表范围内的数据进行动态计算，超出这个范围就需要重新调整 D 函数的第一个参数了。

M1:U6 区域中的统计分析公式的建立过程如下：

<1> 输入 A:J 列中的进货记录，再输入 M1:M4 中的提示信息和 N1:U2 中的内容，这个区域是 D 函数的条件区域，表示对相应食品类别进行计算。例如，N1:N2 表示对 A:J 列中类别为“饮料”的数据行进行计算，O1:O2 表示类别为“调味品”的数据行……

<2> 在单元格 N3 中输入计算饮料总库存量的公式“=DSUM($A$1:$J$83, "库存量", N1:N2)”，并向右填充此公式，计算其他食品的总库存量。

<3> 在单元格 N4 中输入计算饮料总订购量的公式“=DSUM($A$1:$J$83, "订购量", N1:N2)”，并向右填充此公式。

<4> 在单元格 N5 中输入计算饮料总再订购量的公式“=DSUM($A$1:$J$850, "再订购量", N1:N2)”，并向右填充此公式。

<5> 在单元格 N6 中输入计算平均订货费的公式“=DAVERAGE($A$1:$J$850, $J1, N1:N2)”，并向右填充此公式。公式中的$J1 可以修改为“订货费”。

从上述公式的第一个参数可以看出，当在 A1:J83 区域下边的区域中输入进货记录时，其“库存量”和“订购量”不会被 DSUM 函数计算，但其“再订购量”和“订货费”会被计算；当在 A1:J850 下边的区域中输入数据时，这些数据都不会被计算。

由此可知，在 D 函数中引用普通工作表区域时，其动态数据计算能力局限于第一个参数所设置的单元格区域，超出此区域的数据不会被 D 函数所计算，这为动态报表的统计分析带来了一定困难，因为在最初设计分析公式时，很难确定动态报表的最大范围。

在 D 函数中对表进行结构化引用，能够随时根据动态数据表中的实际数据进行统计计算，制作出真正的动态报表。图 7-9 中 M9:U14 的 D 函数就对表进行了结构化引用，具有真正的动态数据分析能力，其设计过程如下。

<1> 输入图 7-9 中 M11:M14 区域的提示信息，输入 N9:U10 条件区域中的内容。

<2> 选择 A:J 列中的任一非空单元格，再单击"插入"→"表格"→"表格"按钮，将 A:J 列的进货单转换成表，表的名称是"表 4"。

<3> 在单元格 N11 中输入公式"=DSUM(表 4[#全部], 表 4[[#标题], [库存量]], N9:N10)"。其中，"表 4"是 A:J 列中进货单数据区域转换成的表名；"表 4[#全部]"代表了全部数据区域，是动态数据区域的准确表示，当在表中输入或删除数据行时，它会随之而变化，反映出表中的真实数据；"表 4[[#标题], [库存量]]"表示库存量数据列的标题（即单元格 G1 的字段名），其实就是"库存量"字段，它在 D 函数中代表"库存量"列的全部数据（即 G 列数据）；N9:N10 是 DSUM 的条件区域，意思是"表 4"的全部数据中"类别"为"饮料"的数据行。

结合上述分析，可以知道 N11 中的 DSUM 函数的意思是：对于"表 4"中"类别"为"饮料"的数据行，计算出其中"库存量"列的数据总和。

在单元格 O11 中输入计算调味品库存量的公式"=DSUM(表 4[#全部], 表 4[[#标题], [库存量]], O9:O10)"，计算其他食品库存量的公式以此类推，只需要注意公式中最后的条件区域参数就行了。

<4> 在单元格 N12 中输入公式"=DSUM(表 4[#全部], 表 4[[#标题], [订购量]], N9:N10)"，在 N13 中输入公式"=DSUM(表 4[#全部], 表 4[[#标题], [再订购量]], N9:N10)"，在 N14 中输入公式"=DAVERAGE(表 4[#全部], 表 4[[#标题], [订货费]], N9:N10)"。

请读者结合上述分析理解这些公式的含义，并设计出 O12:U14 区域中的计算公式。

7.3　查找大工作表的特定数据行

当工作表数据行较多时，要查看其中的某行数据并非易事。Excel 提供的查找功能能够很快定位到特定数据行，实现高效的数据查找。

【例 7.5】　某单位有 600 多名职工，其医疗档案表如图 7-10 所示，查看"李大友"的医疗费用情况。

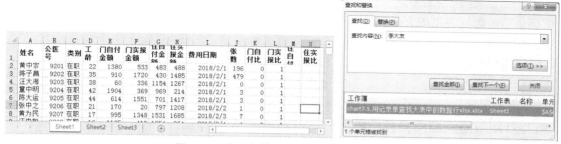

图 7-10　某单位的职工医疗档案表及查找

1．精确查找

因为数据行较多，逐行查看要花费很多时间，用 Excel 的"查找"命令能很快找到"李大友"的数据行，其方法如下。

<1> 单击"开始"→"编辑"→"查找和选择"按钮，弹出如图 7-10 中的"查找和替换"对话框。

<2> 在"查找内容"中输入要查找的内容，再单击"查找全部"或"查找下一个"按钮。

在默认情况下，Excel 将按行方式在整个工作表中查找数据。如果要按列方式查找数据，可单击对话框中的"选项"，将在对话框中增加"范围""搜索""查找范围"等项目，从"搜索"的下拉列表中选择"按列"。

如果找到，Excel 就会将光标定位到找到数据所在的单元格中。如果有多个数据满足查找条件，光标将停留在第一个找到数据的单元格。单击"查找下一个"按钮，可以查找到第二个符合条件的数据。本例中，在"查找内容"中输入"李大友"，然后单击"查找全部"按钮，Excel 就开始查找，最后将光标定位在找到的单元格 A47。

2. 模糊查找

如果对查找的内容不太清楚，或者需要查找含有相近但并不相同的文本的记录，可以使用通配符进行模糊查询。通配符查找是指用一个符号代替不能确定的内容进行查找。Excel 使用的通配符记号有"*"和"?"，"*"代表任意多个任意符号，"?"代表一个任意符号。例如，bd?cd 可以是 bdacd、bdecd、bd3cd、bc/cd 等，bd*cd 则可以是 bdee2cd、bdacd、bd9088cd 等。

在上例中，要查看所有姓李的职工的医疗信息，可以在"查找内容"中输入"李*"，单击"查找全部"按钮，结果如图 7-11 所示。

图 7-11　模糊查找

7.4　查找与引用函数

查找与引用函数不仅能够通过位置、行、列对工作表的单元格进行访问，还能从单元格的引用地址中计算出单元格所在的行、列位置，进而获得更多的信息。当需要从一个工作表查询特定的值、单元格内容、格式或选择单元格区域时，这类函数特别有用。

7.4.1　用行、列函数定位与提取数据

行、列函数能够生成有规律的自然数，在 Excel 公式中经常利用它们来确定单元格在工作表中的引用位置，构造灵活多样的数据查询。行、列函数的用法如下：

```
ROW([reference])
ROWS(array)
COLUMN([reference])
COLUMNS(array)
```

其中，ROW、COLUMN 函数计算指定单元格引用位置所在的行号/列号，如果省略参数，则计算公式所在单元格的行号、列号；ROWS、COLUMNS 函数计算指定单元格区域中的行数、列数。例如，ROW(A1)=1，ROW(B8)=8，ROWS(A1:E1)=1，ROWS(A1:E5)=5；COLUMN(C10)=3，COLUMN(E1)=5，COLUMNS(A1:E1)=5，COLUMNS(A1:E5)=5，COLUMNS(A1:A100)=1。

【例 7.6】 用函数 ROW、ROWS、COLUMN、COLUMNS 以及文本函数 MID、LEFT、RIGHT、TEXT 进行数字的按位提取与转换，如图 7-12 所示。

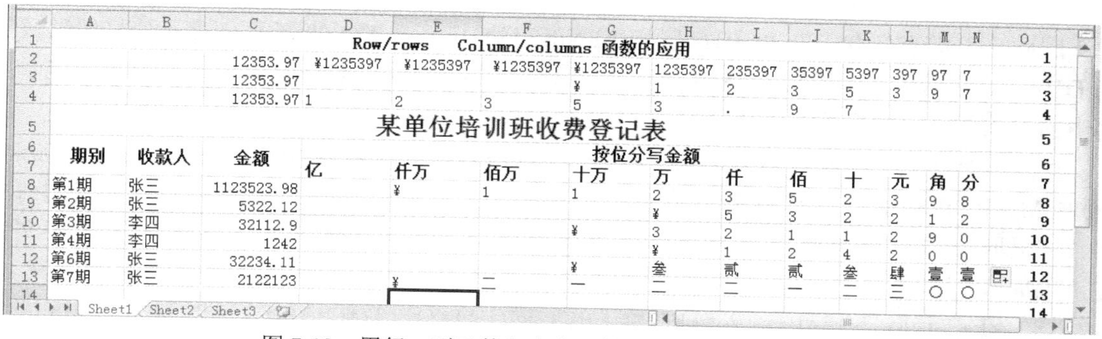

某单位培训班收费登记表 / Row/rows Column/columns 函数的应用

	A	B	C	D	E	F	G	H	I	J	K	L	M	N	O
1				Row/rows Column/columns 函数的应用											1
2			12353.97	¥1235397	¥1235397	¥1235397	¥1235397	1235397	235397	35397	5397	397	97	7	2
3			12353.97			¥	1	1	3	3	5	3	9	7	3
4			12353.97 1	2	3	5	1	3	5	3	9	7			4

某单位培训班收费登记表

期别	收款人	金额	按位分写金额										
			亿	仟万	佰万	十万	万	仟	佰	十	元	角	分
第1期	张三	1123523.98		¥	1	1	2	3	5	2	3	9	8
第2期	张三	5322.12				¥	5	3	2	2	1	2	
第3期	李四	32112.9				¥	3	2	1	1	2	9	0
第4期	李四	1242					¥	1	2	4	2		
第6期	张三	32234.11				¥	3	2	2	3	4	1	1
第7期	张三	2122123		¥	贰	壹	贰	贰	壹	贰	叁	肆	壹 壹 ○ ○

图 7-12　用行、列函数和文本函数进行数据查询与提取

在图 7-12 中，C 列是输入的原始数字，其余数字是用公式产生或转换的，情况如下：

<1> 在单元格 N2 输入公式"=RIGHT(TEXT($C2*100," ￥000;;"),COLUMNS(N:$N))"，然后将此公式向左填充复制到 D2，即可生成 D2:N2 区域中的数据。

公式首先将 C2 扩大 100 倍，以去掉小数点（若为金额，即将计量单位从元转换成分），再用 TEXT 函数格式化此数字为文本，自定义格式" ￥000;;"中的"；；"隐藏了负数和文本，即若在 C2 单元格中输入负数或文本，则本公式所在单元格不会有任何内容被显示出来。自定义格式的"" ￥"之间有空白字符，这个空白字符非常巧妙，在将公式从左向右复制时，如果数字已提取完了，它将在格式化的"￥"的左边加空白字符。

COLUMNS(N:$N)的计算结果为 1，由于区域中的起始列采用了相对引用，当将它复制到 M 列时就会变成 COLUMNS(M:$N)，其结果为 2，复制到 L 列时结果为 3……

结合上面的分析可知，单元格 N2 的公式是从 C2 扩大 100 位后的数字中提取右边 1 位数字，M2 则从中提取右边 2 位数字，L2 提取右边 3 位数字……

<2> 在单元格 N3 中输入公式"=LEFT(RIGHT(TEXT($C3*100," ￥000;;"), COLUMNS(N:$N)))"。本公式内部的 RIGHT 函数与上面分析的 N2 中的公式相同，可知本公式首先用 RIGHT 函数提取文本数字中的右子串，再用 LEFT 函数提取该子串最左边的一位数字。当从右至左提取到"￥"位置时，提取到 F3、E3、D3 中的是空白字符。

<3> 在单元格 D4 中输入公式"=MID($C4, COLUMN(A1), 1)"。其中的 COLUMN(A1)结果为 1，MID 将中 C1 的第 1 位开始提取 1 位数字；将公式复制到 D5 时，将变成"=MID($C4, COLUMN(B1), 1)"，COLUMN(B1)的结果为 2，因此公式将提取 C4 中的第 2 位数字……

<4> 在单元格 A8 中输入公式"="第"&ROW(A1)&"期""，并向下复制，生成 A8:A13 区域中的数据。公式利用 ROW 函数分别生成了数字 1～7。

<5> 在单元格 N8 中输入公式"=LEFT(RIGHT(TEXT($C8*100," ￥000;;"),COLUMNS(N:$N)))"，并向下复制到 N9，再将 N8:N9 区域中的公式向左复制到 D8:D9，即可生成 D8:N9 区域中的数字。

<6> 在单元格 D10 中输入公式"=MID(TEXT($C10*100, REPT(" ", 10-LEN($C10*100))&" ￥000"), COLUMNS($A:A), 1)"，并向下复制到 D11，向右复制到 N10:N11 区域。

D10:N10 区域共 11 个单元格，LEN($C10*100)计算数字本身要占据其中的单元格个数，还有 11-LEN($C10*100)个单元格没有数字填写，其中一个单元格需要填写"￥"符号，因此还有 10-LEN($C10*100)个单元格需要填写空白字符，"REPT(" ", 10-LEN($C10*100))"重复生成需要填在数字前面的空白字符。

因此，TEXT($C10*100, REPT(" ", 10-LEN($C10*100))&"￥000")函数创建了恰好能够填充满 D10:N10 区域的 11 个字符，MID 函数则应用 COLUMNS 函数计算出每次提取到相应单元格中的起始位置，提取恰当的字符并填写到对应单元格中。

<7> 在单元格 N12 中输入公式 "=LEFT(RIGHT(TEXT($C12*100, "[dbnum2] ￥000;;"), COLUMNS(N:$N)))"，并向左复制到 D12，即可生成 D12:N12 区域中的数字。本公式与前面的数字提取公式含义相同，只是在提取前首先用自定义格式 "[dbnum2]" 将数字转换为中文大写，再提取。

<8> 在单元格 N13 中输入公式 "=LEFT(RIGHT(TEXT($C13*100,"[dbnum1] ￥000;;"), COLUMNS(N:$N)))"，再将其向左复制到 D13，即可计算出 D13:N13 的数据。

<9> 在单元格 O1 中输入公式 "=ROWS($A$1:A1)"，并向下复制，即可生成 O 列的编号。本公式利用 ROWS 函数计算参数单元格区域中的行数，由于区域中结束单元格位置采用了相对应用，因此将它向下复制时会自动扩展，产生连续的数字编号。其特点是：如果删除表区域中的数据行，编号会自动更新。

7.4.2 用 INDIRECT 函数和名称查询其他工作表中的数据

INDIRECT 函数返回由文字串指定的引用，能够对引用进行计算，并显示引用的内容。当需要更改公式中单元格的引用，而不更改公式本身时，可使用该函数。其语法如下：

> INDIRECT(ref , A1)

其中，ref 为对单元格的引用，可以是单元格的名称、引用或字符串（字符串内容为单元格引用，如"G2"、"$B$2"）。如果 ref 不是合法的单元格引用，返回错误值 "#REF!"。

A1 为一逻辑值，指明包含在单元格 ref 中的引用类型。如果 A1 为 TRUE 或省略，ref 被解释为 A1 样式的引用，否则被解释为 R1C1 样式的引用。例如，若单元格 A1 包含文本 "B2" 且单元格 B2 中包含数值 1.333，则 INDIRECT($A$1)=1.333；如果将单元格 A1 中的文本改为 "C5"，而单元格 C5 中包含数值 45，则 INDIRECT($A$1)=45；如果 B3 包含文本 "George"，而名称为 George 的单元格包含数值 10，则 INDIRECT($B$3)=10。

INDIRECT 函数可以构造灵活而高效的查询，用名称作为它的参数，还能使问题简化。

【例 7.7】 某单位职称工资如图 7-13(a)所示，职工档案如图 7-13(b)所示。若图 7-13(b) 中除了 E 列，其他数据都已建立完毕，现在要输入每位职工的 "职称工资"。

(a) 职称工资表

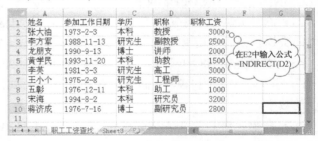
(b) 职工档案表

图 7-13 用名称和 INDIRECT 函数查找职称工资

用名称和 INDIRECT 函数相结合，可以方便地完成 "职称工资" 的查询。方法如下：

指定图 7-13(a)中单元格区域 A2:B11 的最左列为名称，在单元格 E2 中输入公式

“=INDIRECT(D2)”，并向下复制。该公式的含义是计算出 D2 中的引用单元格的值。由于单元格 D2 中的“教授”是图 7-13(a)中 B4 的名字，因此 INDIRECT(D2)将返回单元格 B4 中的值。将图 7-13(b)转换成表，则当在第 10 行下边接着输入新职工时，Excel 会自动为该职工查找职称工资，并在 E 列同行的单元格中填写查询结果。

说明：① 如果 ref 是对另一个工作簿的引用（外部引用），则该工作簿必须被打开，否则返回错误值“#REF!”。

② 如果在公式中对某个特定单元格进行了引用，然后插入或删除行或列，使公式中引用的单元格发生了移动，公式将被重新计算。如果需要使得无论单元格上方的行是否被删除或者单元格是否移动，都在公式保持相同的单元格引用，则可用 INDIRECT 函数。如果需要始终对单元格 A10 进行引用，可输入函数 INDIRECT("A10")，这样不管工作表的单元格怎样变化，该函数始终引用单元格 A10。

7.4.3 用 ADDRESS 和 OFFSET 函数进行定位查找与数据提取

1. ADDRESS

ADDRESS 函数用指定的行号和列标题，建立文本类型的单元格地址。其用法如下。

ADDRESS(r, c, abs_num, a1, sheet_text)

其中，r 是在单元格引用中使用的行号；c 是在单元格引用中使用的列标题；abs_num 指明返回的单元格引用类型。可能返回的引用类型如表 7-2 所示。

表 7-2 ADDRESS 返回的引用类型

abs_num	返回的引用类型
1（或省略）	绝对引用
2	绝对行号，相对列标
3	相对行号，绝对列标
4	相对引用

a1 用以指明 A1 或 R1C1 引用样式的逻辑值。如果 a1 为 true 或省略，函数 ADDRESS 返回 A1 样式的引用；如果 A1 为 false，函数 ADDRESS 返回 R1C1 样式的引用。

sheet_text 为一文本，指明作为外部引用的工作表的名称，如果省略 sheet_text，则不使用任何工作表名。

例如，ADDRESS(6, 3) = $C$6，ADDRESS(6, 1, 2) = A$6，ADDRESS(2, 3, 1, false, "[Book1]Sheet1") = [Book1]Sheet1!R2C3, ADDRESS(2,3,1,true, "[Book1]Sheet1")=[Book1] Sheet1!$C$2。

【例 7.8】 银行存折信息如图 7-14 所示，其中 A 列是存款或取款的日期，B 列是存款信息，C 列是取款信息，D 列是每发生一笔存取款信息后存折上的存款余额。

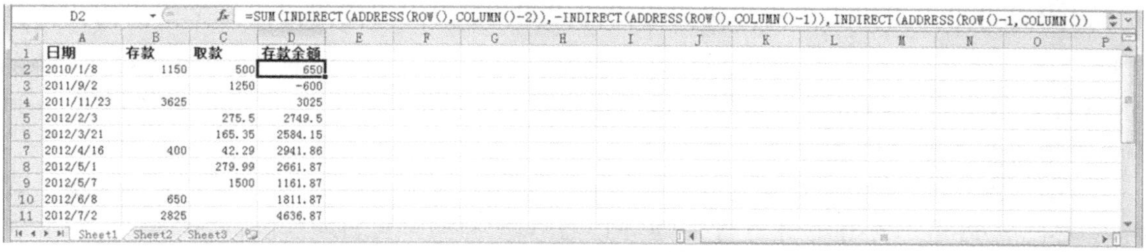
D2 =SUM(INDIRECT(ADDRESS(ROW(),COLUMN()-2)),-INDIRECT(ADDRESS(ROW(),COLUMN()-1)),INDIRECT(ADDRESS(ROW()-1,COLUMN())

	A	B	C	D
1	日期	存款	取款	存款余额
2	2010/1/8	1150	500	650
3	2011/9/2		1250	-600
4	2011/11/23	3625		3025
5	2012/2/3		275.5	2749.5
6	2012/3/21		165.35	2584.15
7	2012/4/16	400	42.29	2941.86
8	2012/5/1		279.99	2661.87
9	2012/5/7		1500	1161.87
10	2012/6/8	650		1811.87
11	2012/7/2	2825		4636.87

图 7-14 用名字和 INDIRECT 函数查找职称工资

存款余额的计算公式为：

存款余额 = 本期存款 – 本期取款 + 前期余额

有许多方法都可以计算 D 列的数值，如在单元格 D2 中输入公式“==SUM(B2, -C2, D1)”，然后将此公式向下填充，即可计算出 D 列的数据。

在此综合应用 SUM、INDIRECT、ADDRESS 函数及行列计数函数计算存折余额。从图 7-14 的编辑栏可以看出，单元格 D2 中的公式为 "=SUM(INDIRECT(ADDRESS(ROW(), COLUMN()-2)), -INDIRECT(ADDRESS(ROW(), COLUMN()-1)), INDIRECT(ADDRESS(ROW() -1, COLUMN())))"。公式看上去很长，但其实质为 "=SUM(B2,-C2,D1)"，其中：

INDIRECT(ADDRESS(ROW(), COLUMN()-2))确定公式所在单元格左偏 2 列同行的单元格，即单元格 B2；INDIRECT(ADDRESS(ROW(), COLUMN()-1))确定公式所在单元格左偏 1 列同行的单元格，即单元格 C2；INDIRECT(ADDRESS(ROW()-1, COLUMN()))确定公式所在单元格上面 1 行的单元格，即单元格 D1。由于公式中采用了单元格的相对引用方式，当将此公式向下复制到其他单元格时，就能正确计算出各期银行业务发生后的存款余额。

本例并非想把简单问题复杂化，而是想通过对比，希望读者能够掌握用 ADDRESS、ROW、COLUMN 函数在公式中实现对单元格引用的方法。因为在实际工作中，许多时候要根据工作表中单元格行、列位置动态引用单元格，采用类似本例的方法，应用 ADDRESS 函数和行列计算函数制作这类报表是比较方便的。

2．OFFSET

OFFSET 函数以指定的引用位置为参照点，再根据指定的偏移量计算出新的引用位置，该引用位置可以是一个单元格或单元格区域。同时，该函数可以指定返回的行、列区域。其用法如下：

> OFFSET(reference, rows, cols, [height], [width])

其中，reference 是一个引用区域，可以是一个单元格或连续单元格区域的引用，否则函数返回错误值#VALUE!。

rows 和 cols 用于确定新引用位置偏离 reference 左上角单元格（reference 若为单元格，则指此单元格，若为单元格区域，则指该区域左上角单元格）的行数和列数。rows 为正数时，表示新位置在 reference 下方的第 rows 行，为负数时，表示新位置在 reference 上方的第 rows 行。cols 为正数时，表示新位置在 reference 右边的第 cols 列，为负数时，表示在 reference 左边的第 cols 列。

height 和 width 必须为正数。height 用于指定要返回的引用区域的行数，width 用于指定要返回的引用区域的列数。如果省略 height 或 width，则假设其高度或宽度与 reference 相同。如果行数和列数偏移量超出工作表边缘，函数 OFFSET 返回错误值#REF!。

函数 OFFSET 实际上并不移动任何单元格或更改选定区域，只是返回一个引用。OFFSET 可用于任何需要将引用作为参数的函数。例如，公式 "=SUM(OFFSET(C2,1,2,3,1))" 中的 OFFSET(C2,1,2,3,1)将确定单元格 C2 向下 1 行并向右 2 列的 3 行 1 列的区域，即 E3:E5，所以原公式相当于 "=SUM(E3:E5)"。

再如，OFFSET(A8,4,5)结果为 F12，OFFSET(A8,-4,5)的结果为 F4，OFFSET(E8,-4,-2)结果为 C4，OFFSET(A8:D12,4,5)结果为 F12:I16，OFFSET(A8:D12,-4,5)的结果为 F4:I8，OFFSET(E8:F11,-4,-2)结果为 C4:D7，OFFSET(A1,,)等效于 OFFSET(A1,0,0)，结果为 A1。

【例 7.9】某单位进行职工技能测试，分为 4 组，每组 6 个人，每人进行 2 次测试，技能测试达标率情况如图 7-15 中的区域 A1:H13 所示。计算每组的平均达标率，如 B15:C18 区域所示；对数据进行规范化处理，如 K1:Q13 区域所示；提取每组的参赛职工名单，如 K15:Q18 区域所示。

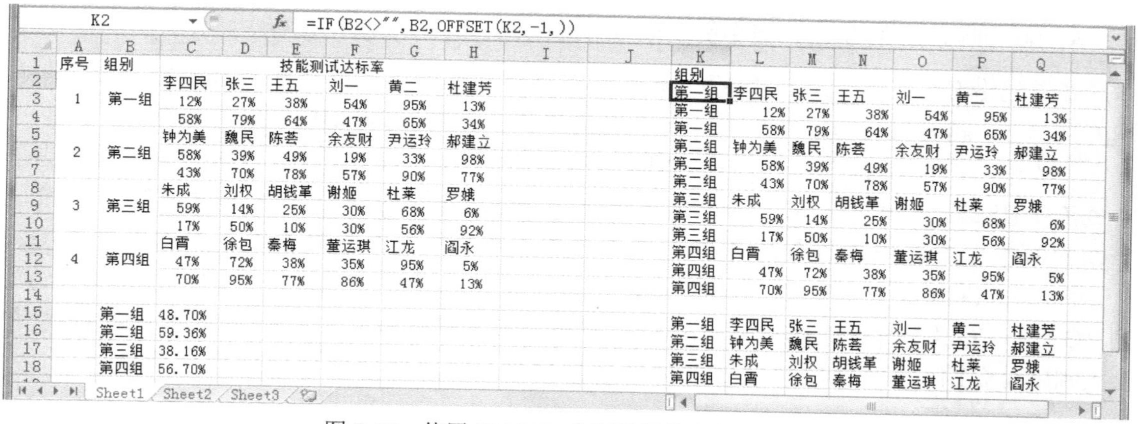

序号	组别	技能测试达标率							组别						
		李四民	张三	王五	刘一	黄二	杜建芳		第一组	李四民	张三	王五	刘一	黄二	杜建芳
1	第一组	12%	27%	38%	54%	95%	13%			12%	27%	38%	54%	95%	13%
		58%	79%	64%	47%	65%	34%		第一组	58%	79%	64%	47%	65%	34%
2	第二组	钟为美	魏民	陈荟	余友财	尹运玲	郝建立		第二组	钟为美	魏民	陈荟	余友财	尹运玲	郝建立
		58%	39%	49%	19%	33%	98%			58%	39%	49%	19%	33%	98%
		43%	70%	78%	57%	90%	77%		第二组	43%	70%	78%	57%	90%	77%
3	第三组	朱成	刘权	胡钱革	谢姬	杜莱	罗娥		第三组	朱成	刘权	胡钱革	谢姬	杜莱	罗娥
		59%	14%	25%	30%	68%	6%			59%	14%	25%	30%	68%	6%
		17%	50%	10%	30%	56%	92%		第三组	17%	50%	10%	30%	56%	92%
4	第四组	白霄	徐包	秦梅	董运琪	江龙	阎永		第四组	白霄	徐包	秦梅	董运琪	江龙	阎永
		47%	72%	38%	35%	95%	5%			47%	72%	38%	35%	95%	5%
		70%	95%	77%	86%	47%	13%		第四组	70%	95%	77%	86%	47%	13%
	第一组	48.70%							第一组	李四民	张三	王五	刘一	黄二	杜建芳
	第二组	59.36%							第二组	钟为美	魏民	陈荟	余友财	尹运玲	郝建立
	第三组	38.16%							第三组	朱成	刘权	胡钱革	谢姬	杜莱	罗娥
	第四组	56.70%							第四组	白霄	徐包	秦梅	董运琪	江龙	阎永

K2 =IF(B2<>"", B2, OFFSET(K2,-1,))

图 7-15　使用 OFFSET 实现数据的定位和提取

1. 用 COUNT 和 OFFSET 函数在合并单元格生成连续序号

如果需要在大小不同的合并单元格中生成连续的序号，可以使用 OFFSET 函数计算单元格位置，再用 COUNT 函数对偏移的单元格进行计数，则可生成连续的编号。

<1> 选中具有合并单元格的区域，本例中选中 A2:A13 区域。

<2> 输入公式 "=1+COUNT(OFFSET($A$1,,,ROW()-1,))"，然后按 Ctrl+Enter 组合键。

本公式通过 OFFSET 函数动态计算合并单元格的位置，再用 COUNT 函数进行计算。如果要编号的合并单元格大小不一，如有的由两个单元格合并而成，有的由三个或四个合并而成，则需要严格按上述两步骤操作。如果每个合并单元格大小相同，也可以在第一个合并单元格中输入上述公式后，再将其填充到其他单元格，生成需要的序号。

2. 应用 OFFSET 从合并单元格提取数据和计算动态数据区域

在单元格 B15 中输入公式 "=OFFSET($B$1,ROW(B1)*3-2,)"，并将它向下填充到单元格 B18，即可将 B2:B13 区域中的组别提取到 B15:B18 中。OFFSET 函数从单元格 B2 开始，通过 ROW(B1)*3-2 中的相对引用单元格的变化，每间隔 3 行提取 B 列对应单元格的数据，即 B2、B5、B8、B11，正好将各分组提取完毕。

在单元格 C15 中输入公式 "=TEXT(AVERAGE(OFFSET($C$1,ROW(C1)*3-1,0,2,6)), "0.00%")"，公式中的 "OFFSET($C$1,ROW(C1)*3-1,0,2,6)" 计算的结果为单元格 C1 向下偏移 2 行右移 0 列，取 2 行高 6 列宽的区域，即 C3:H4；用 AVERAGE 函数计算此区域的平均数，其结果为小数；再用 TEXT 函数将此小数格式化为小数点后面保留 2 位小数的百分数。

将单元格 C15 中的公式向下填充到 C18，在填充过程中，ROW 中的单元格 C1 引用分别变成 C2、C3、C4，即可计算出每组的测试平均数，请读者思考其原因。

3. 用 OFFSET 重复合并单元格中的数据

在单元格 K2 中输入公式 "=IF(B2<>"", B2, OFFSET(K2, -1,))" 并将其向下填充到 K13，即可生成 K2:K13 区域中的组别。本公式先判断 B2 非空，计算结果即为 B2，K2 由此变为"第一组"，当将此公式填充到 B3 时，即变为 "=IF(B3<>"", B3, OFFSET(K3, -1,))"，由于 B3 为空，因此公式的结果为 OFFSET(K3, -1,)，即单元格 K2 中的值。

将 K2:K13 区域中的公式向右填充到 Q2:Q13，即可生成 K2:Q13 区域的全部数据。

4. 用 OFFSET 提取工作表中固定间隔行的数据

在单元格 K15 中输入公式“=OFFSET($B$1, ROW(B1)*3-2, COLUMN(B2)-2)”，然后向右填充到 Q15，再将 K15:Q15 中的公式向下填充到 K18:Q18，即可生成每组的测试职工名单。

公式中，ROW(B1)*3-2 的结果为 1，COLUMN(B2)-2 为 0，因此原公式的结果相当于“=OFFSET($B$1, 1, 0)”，结果为 B2 单元格；当将此公式向右填充到单元格 L15 时，即变成“=OFFSET($B$1, ROW(C1)*3-2, COLUMN(C2)-2)”，相当于“=OFFSET($B$1, 1, 1)”，结果为 C2。

将此公式向下填充到单元格 K16 时，即“=OFFSET($B$1, ROW(B2)*3-2, COLUMN(B3)-2)”，则 ROW 和 COLUMN 函数计算后的结果为“=OFFSET($B$1, 4, 0)”，即 B5 单元格；若向右填充公式到单元格 L16，其结果为 B5，请读者分析其原因。

7.4.4 用 CHOOSE 函数进行值查询

CHOOSE 函数利用索引从参数清单中选择需要的数值，语法如下：

```
CHOOSE(n, v1, v2,…, v254)
```

其中，n 是一个整数值，用以指明待选参数的序号，必须为 1～254 之间的数字或者包含数字 1～254 的公式或单元格引用。如果 n 为 1，函数的值就为 v1；如果为 2，函数返回 v2，以此类推。如果 n 小于 1 或大于参数列表中最后一个值的序号，则函数返回错误值“#VALUE!”。如果 n 为小数，则在使用前将被截尾取整。

v1，v2，…，v254 为数值参数，可以是数字、单元格引用，或者已定义的名称、公式、函数或文本。

说明：CHOOSE 函数的数值参数不仅可以为单个数值，也可以为区域引用。例如，函数 SUM(CHOOSE (2,A1:A10,B1:B10,C1:C10))相当于函数 SUM(B1:B10)，因为 CHOOSE 函数先被计算，返回引用 B1:B10，然后 SUM 函数用 B1:B10 进行求和计算，即 CHOOSE 函数的结果是 SUM 函数的参数。

CHOOSE 函数常被用于分情况的数据查询，能够起到多层 IF 函数的作用，但能够处理比 IF 函数更多的情况（IF 函数只能嵌套 7 层）。

【例 7.10】 某学校为了提高教学质量，让学生对教师的授课情况进行评价。评价采用百分制，如图 7-16 的 E 列所示。现要将学生评价转换成等级制。

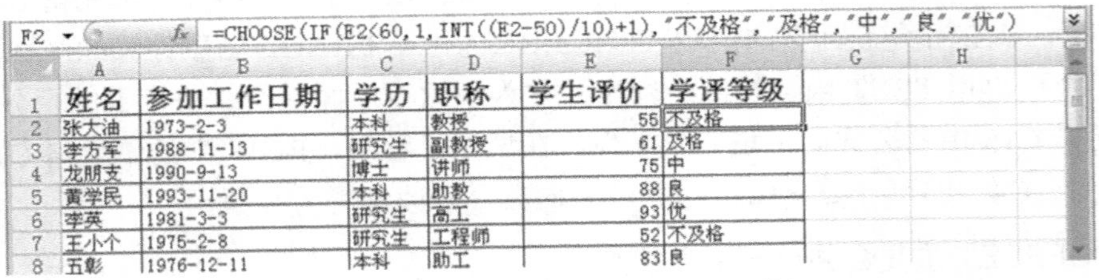
F2 =CHOOSE(IF(E2<60,1,INT((E2-50)/10)+1),"不及格","及格","中","良","优")

	A	B	C	D	E	F	G	H
1	姓名	参加工作日期	学历	职称	学生评价	学评等级		
2	张大油	1973-2-3	本科	教授	55	不及格		
3	李方军	1988-11-13	研究生	副教授	61	及格		
4	龙朋支	1990-9-13	博士	讲师	75	中		
5	黄学民	1993-11-20	本科	助教	88	良		
6	李英	1981-3-3	研究生	高工	93	优		
7	王小个	1975-2-8	研究生	工程师	52	不及格		
8	五彰	1976-12-11	本科	助工	83	良		

图 7-16　用 CHOOSE 函数查找评价等级

评价的转换规则是：0～59 为不及格，60～69 为及格，70～79 为中，80～89 为良，90～100 为优。在本例中，用 CHOOSE 函数进行转换的方法是，在单元格 F2 中输入公式“=CHOOSE(IF(E2<60, 1, INT((E2-50)/10)+1), "不及格", "及格", "中", "良", "优")”，然后向下填充到 F 列的其他单元格中，就能计算出所有教师的学评教等级。公式比较简单，请读者分析其含义，主要是对于“IF(E2<60, 1, INT((E2-50)/10)+1)”的理解。

7.4.5 用 MATCH 和 INDEX 函数构造灵活多样的查询

1. MATCH

MATCH 函数在数组中查找某个数据是否存在，如果存在，就返回该数据在数组中的元素位置，否则返回"#N/A"。语法如下：

MATCH(value, array, type)

其中，array 是一组数，可以是连续单元格区域、数组或数组引用；value 是要在 array 中查找的数值，可以是数字、文本、逻辑值，或单元格引用；type 为数字-1、0 或 1，表 7-3 给出了这几个取值的含义。

表 7-3　MATCH 函数的查找方式

取　值	函　数　功　能
-1	array 必须按降序排列，查找大于或等于 x 的最小数值
0	array 不必排序，查找等于 x 的第一个数值
1	array 必须按升序排列，查找小于或等于 x 的最大数值

MATCH(x, array, f)在数组或连续的单元格区域 array 中查找 x，并返回 x 在 array 中的位置编号，当 f 为 0 时，进行精确查找，为 1（或-1）时，进行模糊查找。

说明：① MATCH 函数返回 x 在 r 中的位置，而不是数值本身。例如，MATCH("b", {"a", "b", "c"}, 0)返回 2，即"b"在数组{"a", "b", "c"}中的相应位置 2。② 查找文本值时，MATCH 函数不区分大小写字母。③ 如果 MATCH 函数查找不成功，则返回错误值"#N/A"。④ 如果 f=0 且 x 为文本，x 可以包含通配符"*"和"?"。

2. INDEX 函数

INDEX 函数用于在指定的数组或单元格区域中，返回指定行、列位置的单元格内容。语法如下：

INDEX(array, r, c)

其中，array 是一个单元格区域或数组常量。r 是 array 中某行的行号，c 是某列的列号。如果 array 是一个单元格区域，则 INDEX 函数返回 array 中第 r 行、第 c 列交叉处的单元格引用。

如果 array 只包含一行或一列，则相对应的参数 r 或 c 为可选。如果 array 有多行和多列，但只使用了行号 r 或列号 c，函数 INDEX 返回数组中的整行或整列，且返回值也为数组。

例如，INDEX({1,2;3,4},2,1)返回二维数组第 2 行第 1 列位置的数据 3；INDEX({1,2;3,4},1)结果为数组第 1 行{1, 2}；INDEX({1,2;3,4},,2)省略了行号，返回数组第 2 列{2, 4}；INDEX(A2:D5, 2, 3)返回 A2:D5 中的第 2 行、第 3 列的单元格引用，即 C3 单元格的内容。注意，结果应是 A2:D5 区域内的第 2 行、第 3 列，不是整个工作表的第 2 行、第 3 列。

3. 用 INDEX 和 MATCH 进行精确查找

【例 7.11】蔬菜单价如图 7-17 的单元格区域 A4:J18 所示，希望快捷地查找到各地某蔬菜的单价。最好输入地名和蔬菜名，就能看到对应的蔬菜单价，如单元格区域 B1:D3 所示。

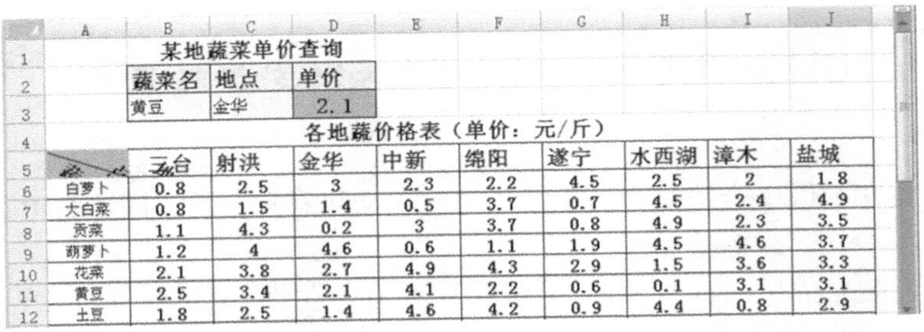

	A	B	C	D	E	F	G	H	I	J
1		某地蔬菜单价查询								
2		蔬菜名	地点	单价						
3		黄豆	金华	2.1						
4				各地蔬价格表（单价：元/斤）						
5		三台	射洪	金华	中新	绵阳	遂宁	水西湖	漳木	盐城
6	白萝卜	0.8	2.5	3	2.3	2.2	4.5	2.5	2	1.8
7	大白菜	0.8	1.5	1.4	0.5	3.7	0.7	4.5	2.4	4.9
8	贡菜	1.1	4.3	0.2	3	3.7	0.8	4.9	2.3	3.5
9	胡萝卜	1.2	4	4.6	0.6	1.1	1.9	4.5	4.6	3.7
10	花菜	2.1	3.8	2.7	4.9	4.3	2.9	1.5	3.6	3.3
11	黄豆	2.5	3.4	2.1	4.1	2.2	0.6	0.1	3.1	3.1
12	土豆	1.8	2.5	1.4	4.6	4.2	0.9	4.4	0.8	2.9

图 7-17　用 INDEX 和 MATCH 函数查询各地的蔬菜单价

利用 MATCH 和 INDEX 函数，能够实现单元格区域 B1:D3 中的数据查询，方法如下：输入 B1:D2 中的文本，在单元格 D3 中输入公式“=INDEX(A5:J18, MATCH(B3,A5:A18,0), MATCH(C3,A5:J5,0))”。公式先利用 MATCH(B3,A5:A18,0)精确查找单元格 B3 的值在 A5:A18 中的行号，再利用 MATCH(C3,A5:J5,0)精确查找单元格 C3 中的值在 A5:J5 中的列号，最后利用找到的行号和列号，用 INDEX 函数从 A5:J18 中找到相应的蔬菜单价。

该公式尽管简单，但非常灵活。只要在单元格 B3 中输入蔬菜的名称，在 C3 中输入一个地名后，INDEX 函数立即把对应的单价显示在单元格 D3 中。

4．用 INDEX 和 MATCH 函数进行模糊查询

INDEX 和 MATCH 函数可以查找指定范围内的数据，即模糊查找。

【例 7.12】 某单位的职工收入表如图 7-18 的 D～F 列所示，现要计算每个职工应纳的个人所得税税率。为了便于数据对比，将各种收入所对应的个人所得税税率列于图 7-18 的 A2:B10 单元格区域内（若这些数据处于另一个独立的工作表中，查找方法完全相同）。

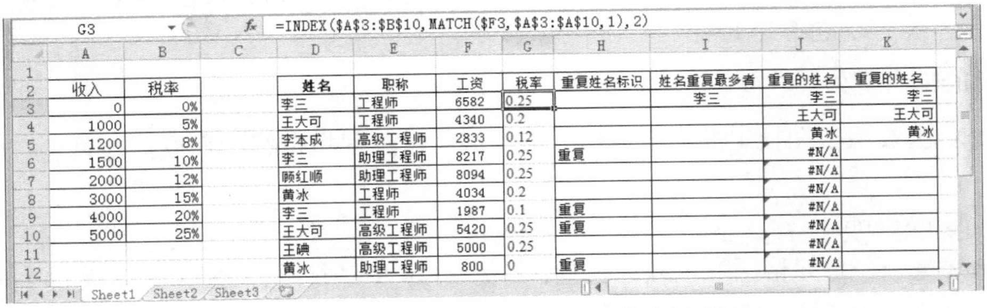

G3　=INDEX($A$3:$B$10,MATCH($F3,$A$3:$A$10,1),2)

	A	B	C	D	E	F	G	H	I	J	K
1											
2	收入	税率		姓名	职称	工资	税率	重复姓名标识	姓名重复最多者	重复的姓名	重复的姓名
3	0	0%		李三	工程师	6582	0.25		李三	李三	李三
4	1000	5%		王大可	工程师	4340	0.2			王大可	王大可
5	1200	8%		李本成	高级工程师	2833	0.12			黄冰	黄冰
6	1500	10%		李三	助理工程师	8217	0.25	重复		#N/A	
7	2000	12%		顾红顺	助理工程师	8094	0.25			#N/A	
8	3000	15%		黄冰	工程师	4034	0.2			#N/A	
9	4000	20%		李三	工程师	1987	0.1	重复		#N/A	
10	5000	25%		王大可	高级工程师	5420	0.25	重复		#N/A	
11				王碘	高级工程师	5000	0.25			#N/A	
12				黄冰	助理工程师	800	0	重复		#N/A	

Sheet1 / Sheet2 / Sheet3

图 7-18　用 INDEX 和 MATCH 函数查找税率

为了查到每个职工的适用税率，应该使用模糊查找，如“王大可”的工资为 4340（对比 F4 单元格），该工资“≥4000”，则他的所得税税率应为 20%（图中的第 9 行）。为了在 A、B 列中找到这个税率（B9 单元格），可以首先用 MATCH 函数找到该行，再用 INDEX 函数返回找到行的第 2 列（即对应行的 B 列）中的数据。

<1> 选中 A2:B10 单元格区域，单击“数据”→“排序和筛选”→“排序”按钮，并以“收入”为第一关键字进行升序排序。

说明：用 MATCH 进行模糊查询时，查询的数据区域必须排序。

<2> 单击 G3 单元格，输入公式“=INDEX($A$3:$B$10,MATCH($F3,$A$3:$A$10,1),2)”，并向下填充，这样能够查找到每个职工应缴的所得税税率。公式中的含义如下。

MATCH($F3,$A$3:$A$10,1)是指在 A3:A10 区域中找到最大的小于等于 F3 的单元格位置。单元格 F3 的内容为 6582，A3:A10 中小于 6582 的最大的数是 5000，位于 A3:A10 区域内的第

8 个位置，所以 MATCH($F3,$A$3:$A$10,1) 的结果是 8。原公式相当于 INDEX($A$3: $B$10, 8, 2)，则该函数将返回 A3:B10 区域内的第 8 行、第 2 列所对应的单元格引用，即单元格 B10。从图 7-18 可知，B10 中的税率为 25%，这正好是工资 6582 对应的个人所得税税率。

说明： MATCH 函数中的第 3 个参数 "1" 表示查找小于或等于 $F3 的最大数值，当此参数为 1 时，查找区域必须按升序排序。

5. 用 INDEX 和 MATCH 函数进行重复数据判断

应用 INDEX、MATCH 和其他统计函数，可以查找或标识出工作表中的重复数据。例如，在图 7-18 中，要判断 D 列哪些姓名重复了，重复最多的是哪个姓名。

（1）标识重复出现的姓名

在单元格 H3 中输入公式 "=IF(MATCH(D3,D$3:D$12,0)=ROW(A1),"","重复")"，并向下填充到 H12，它将标识出重复的姓名。公式的原理很简单：

ROW(A1)=1，如果 D3 中的姓名在 D3:D12 区域中只出现一次；MATCH(D3,D$3:D$12,0) 的结果为 1，IF 函数的结果为空白串 ""，在 H3 中就不会有显示；如果 D3 中的姓名在 D3:D12 中重复了，MATCH 函数将返回该姓名最后一次出现的位置，这个位置一定不等于 ROW(A1)，IF 条件不成立，函数结果为 "重复"。

单元格 H3 中的公式复制到 H4，即 "=IF(MATCH(D4, D$3:D$12, 0)=ROW(A2), "","重复")"，这时 ROW(A2)=2，如果 H4 中的姓名只在 D$3:D$12 区域中出现一次，MATCH 函数的结果必定为 2，这时 IF 函数值为空白串；如果 H4 中的姓名重复出现，MATCH 的结果一定不是 2，则 IF 函数的结果为 "重复"。

（2）找出重复出现次数最多的姓名

在单元格 I3 中输入公式 "=INDEX(D3:D12, MODE(MATCH(D3:D12, D3:D12,0)))"，即可找出 D3:D12 区域中出现次数最多的姓名，结果为 "李三"。

MATCH(D3:D12,D3:D12,0) 逐个查找 D3:D12 区域中每个姓名在 D3:D12 区域中出现的位置，重复最多的姓名，MATCH 函数返回它的位置就最多。MODE 是取众数的函数，返回一组数中出现次数最多的数字。MODE 函数在这里会返回出现重复次数最多的姓名在 D3:D12 区域中第一次出现的位置，INDEX 函数再据此位置查询到重复最多的姓名。

（3）按重复次数从高到低的次序提取重复的姓名

在单元格 J3 中输入公式 "=INDEX(D$3:D$12, MODE(IF(COUNTIF(J$2:J2, $D$3:$D$12)=0, MATCH($D$3:$D$12, $D$3:$D$12, 0))))"，并按 Ctrl+Shift+Enter 组合键，向下填充，可得到 J 列的重复姓名。

本公式的原理与上面找出重复次数最多的姓名相同。公式利用单元格 J2，通过 COUNTIF 函数判断 D3:D12 区域中的姓名在 J$2:J2 区域的出现次数，如果为 0，则表示没有出现，就通过 MATCH 函数计算该函数在 $D$3:$D$12 中的位置，再用 MODE 函数取众数，然后通过 INDEX 函数从将其 $D$3:$D$12 中提取姓名，放入 J$2:J2 区域。当公式向下复制时，再取第二多的众数、第三多的众数。如果姓名只出现一次，则 MODE 函数将返回错误值 "#N/A"。

K 列用 IFERROR 函数屏蔽了错误值 "N/A" 的显示，如是查 "#N/A"，就显示空白字符串，在单元格 K3 中输入公式 "=IFERROR(INDEX($D$3:$D$12, MODE(IF(COUNTIF(K$2: K2, $D$3:D$12)=0, MATCH($D$3:$D$12,$D$3:$D$12,0)))),"")"，然后按 Ctrl+Shift+Enter 组合键，结果如 K 列所示。

7.4.6 用 LOOKUP 函数查找不同工作表中的数据

在日常工作中，通常会在一个大表中查询特定数据，然后在其他工作表中引用查找结果。LOOKUP 函数为这样的查询需求提供了极大的方便，能够从给定的向量（单行或单列单元格区域）或数组中查询出需要的数据，其用法如下：

LOOKUP(x, r1, r2)

其中，x 是要查找的内容，可以是数字、文本、逻辑值或包含数值的名称或引用；r1 和 r2 都是只包含一行或一列的单元格区域，其值可以是文本、数字或逻辑值。r2 区域的大小必须与 r1 的相同。

LOOKUP 函数在 r1 所在的行或列中查找值为 x 的单元格，找到后，返回 r2 中与 r1 同行或同列的单元格中的值。

说明：① 查找的字符文本不区分大小写，要求 r1 中的内容必须按升序排序，否则 LOOKUP 函数不能返回正确的结果。② 如果 LOOKUP 函数找不到 x，则查找 r1 中小于或等于 x 的最大数值；如果 x 小于 r1 中的最小值，则 LOOKUP 函数返回错误值 "#N/A"。③ x、r1、r2 也可以是表中的数据列。

【例 7.13】 某蔬菜商在一个工作表中保存蔬菜的单价和产地，如图 7-19(a)所示。在另一工作表中保存销售记录，如图 7-19(b)所示。在图 7-19(b)中，蔬菜名和数量是实际输入的数据，产地和单价需要根据蔬菜名从图 7-19(a)所示的蔬菜单价表中查询输入。

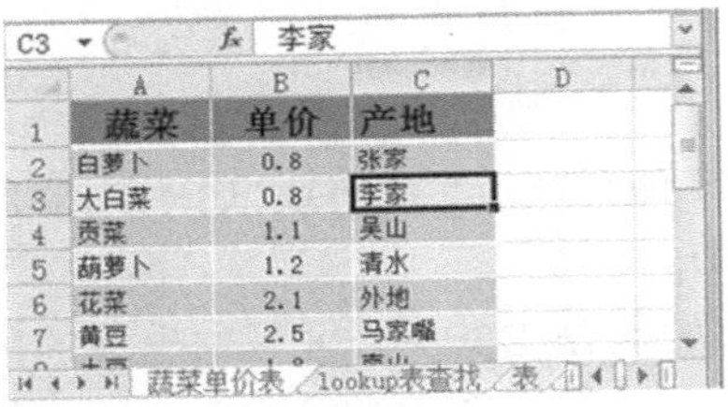

(a) 蔬菜单价表 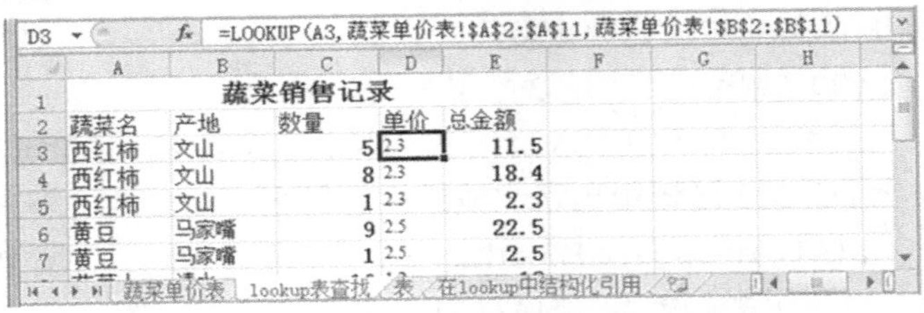　　　　　　　　　　　　(b) 从(a)表中查询蔬菜单价

图 7-19　用 LOOKUP 函数查找工作表中的数据

1. 用 LOOKUP 函数在普通工作表中查找数据

在图 7-19 中，用 LOOKUP 函数查找蔬菜产地的方法如下。

<1> 建立如图 7-19(a)所示的蔬菜单价表，并按"蔬菜"升序对该工作表进行排序。

<2> 输入图 7-19(b)中 A 列的数据和第 1、2 行的标题。在单元格 B3 中输入查找公式 "=LOOKUP(A3, 蔬菜单价表!$A$2:$A$11, 蔬菜单价表!$C$2:$C$11)"，并向下填充，就可找出各蔬菜的产地。该公式的含义是：在蔬菜单价表的区域 A2:A11 中查找单元格 A3 内容（即西红柿）所在的数据行（即图 7-19(a)的第 9 行），然后返回蔬菜单价表区域 C2:C11 中与找到的数据位于同一行的单元格（即 C9 的内容）。

查找蔬菜单价的方法类似，只需在图 7-19(b)的单元格 D3 中输入公式 "=LOOKUP(A3, 蔬菜单价表!$A$2:$A$11, 蔬菜单价表!$B$2:$B$11)"，并向下填充即可。

2. 在 LOOKUP 函数中通过对表的结构化引用查找数据

对例 7.13 中的数据查找问题，较好的方法是将蔬菜单价表保存在表中，然后在 LOOKUP 函数中通过表的结构化引用查找蔬菜单价，其优点是在表中添加新的蔬菜品种时，LOOKUP

函数不用修改就可以对新增加的蔬菜进行单价查询，而且意义更清楚。方法如下：

<1> 选中图 7-20(a)的单元格 A1（任一非空单元格），再单击“插入”→“表格”→“表格”按钮，将蔬菜单价表转换成表，并将表的名称改为“菜价表”。

<2> 在图 7-20(b)的单元格 B1 中输入查找“菜价表”中的“西红柿”产地的公式“=LOOKUP(A3, 菜价表[蔬菜], 菜价表[产地])”。

（a）保存的蔬菜表　　　　　（b）利用 LOOKUP 函数查找蔬菜单价

图 7-20　用 LOOKUP 函数对“表”进行结构化引用查找蔬菜单价

<3> 向下填充此公式到 B12，查找出其他蔬菜的产地。

请参照图 7-20 中的说明理解 D 列和 H 列的蔬菜单价的查找公式。

虽然 D 列和 H 列都用 LOOKUP 函数，通过对“菜价表”的结构化引用查找出了各种蔬菜的单价，但它们是不一样的。因为 G 列事先被转换成了表（名称为表 5），所以当在其右边的空列（H 列）输入公式时，会立即生成计算列。计算列具有公式的动态扩展能力，因此在 G 列下边相邻行的单元格（即 G13）输入“菜价表”中已有的任一蔬菜名称时，Excel 会自动在 H13 中扩展计算列公式，其单价就会被立即显示在 H13 中。

A1:E12 是普通单元格区域，D 列中的 LOOKUP 查找公式不具有自动扩展的能力，因此在单元格 A13 中输入“菜价表”中已有的任一蔬菜名称时，除非复制 D12 中的公式到 D13 中，否则该蔬菜的单价不会出现在 D13 中。

7.4.7　用 VLOOKUP 函数进行表查找

VLOOKUP 按列查找的方式从指定数据表区域的最左列查找特定数据，能够返回查找区域中与找到单元格位于相同行不同列的单元格内容。该函数的用法如下：

VLOOKUP (x, table, n, f)

其中，x 是要查找的值，table 是一个单元格区域，n 是 table 区域中要返回的数据所在列的序号。n=1 时，返回 table 第 1 列中的数据；n=2 时，返回 table 第 2 列中的数据；以此类推。f 是一个逻辑值，表示查找的方式，可取 true 或 false（也可以是 1 或 0）。当其为 true（或 1）时，表示模糊查找；为 false（或 0）时，表示精确查找。

VLOOKUP 函数在 table 区域的第 1 列中查找值为 x 的数据，如果找到，就返回 table 区域中与找到的数据同行第 n 列单元格中的数据。当 f 为 true 时，table 的第 1 列数据必须按升序

· 203 ·

排列，否则找不到正确的结果；当 f 为 false 时，table 的第 1 列数据不需要排序。

说明：① 如果 VLOOKUP 函数找不到 x，且 f=true，则返回小于等于 x 的最大值；② 如果 x 小于 table 第 1 列中的最小值，VLOOKUP 函数返回错误值“#N/A”；③ 如果 VLOOKUP 函数找不到 x 且 f=false，VLOOKUP 函数返回错误值“#N/A”。

1. 用 VLOOKUP 函数进行模糊查找

模糊查找就是人们常说的近似查找，常用于数据转换或数据对照表中的数据查找。

【例 7.14】 假设所得税的税率如图 7-21 的 A1:B10 区域所示，0～500 的税率为 0%，500～1000 的税率为 1%，1000～1500 的税率为 3%……4000 以上的税率为 20%。某公司的职工收入数据如区域 D1:H11 所示，现在要计算每位职工应缴的所得税。

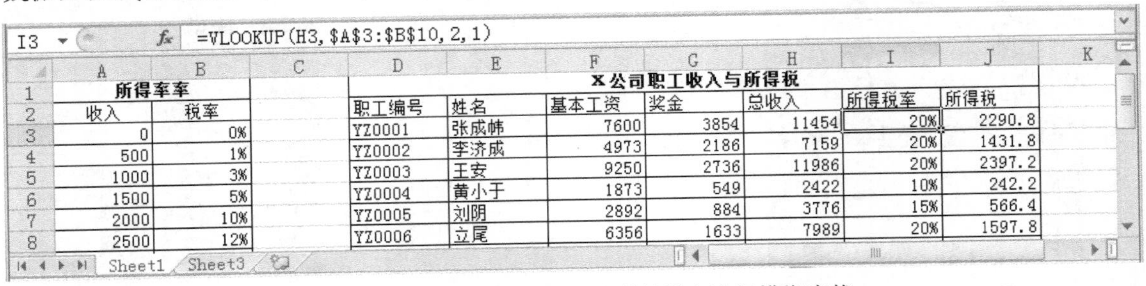
I3　=VLOOKUP(H3,$A$3:$B$10,2,1)

	A	B	C	D	E	F	G	H	I	J
1	所得率率			X公司职工收入与所得税						
2	收入	税率		职工编号	姓名	基本工资	奖金	总收入	所得税率	所得税
3	0	0%		YZ0001	张成帏	7600	3854	11454	20%	2290.8
4	500	1%		YZ0002	李济成	4973	2186	7159	20%	1431.8
5	1000	3%		YZ0003	王安	9250	2736	11986	20%	2397.2
6	1500	5%		YZ0004	黄小于	1873	549	2422	10%	242.2
7	2000	10%		YZ0005	刘阴	2892	884	3776	15%	566.4
8	2500	12%		YZ0006	立尾	6356	1633	7989	20%	1597.8

Sheet1　Sheet3

图 7-21　用 VLOOKUP 函数对所得税率进行模糊查找

I 列所得税率的计算方法为：在单元格 I3 中输入“=VLOOKUP(H3, $A$3:$B$10, 2, 1)”并向下填充，计算所得税税率。公式中的 H3 表示要查找的值，$A$3:$B$10 是要查找的区域，“2”表示返回查找区域第 2 列的数据，最后的“1”表示模糊查找。该公式的含义是：在 A3:B10 区域中的第 1 列数据（即 A3:A10）中查找与单元格 H3 内容（即 11454）最接近的单元格，然后返回 A3:B10 区域第 2 列（即 B 列）与找到的单元格（即 A10）同行单元格的内容（即 B10）。

> **注意**
>
> 在实际应用中，类似所得税税率的数据表常位于不同的工作表中，但查找方法完全相同。查找区域的第 1 列（即 A 列）必须升序排列，否则结果很有可能是不正确的。

2. 用 VLOOKUP 函数精确查找

精确查找是指数据完全匹配的查找。在表中精确查找特定数据，或查找不同工作表中的数据，特别是工作表数据较多时，VLOOKUP 函数显得非常高效。

【例 7.15】 某学校职工收入由基本工资、奖金、课时费等部分组成，分别保存在同名的基本工资、奖金和课时费表中，如图 7-22(b)～(d)所示。现在要形成图 7-22(a)所示的汇总表，并计算职工的总收入。

图 7-22 中只有职工收入表和基本工资表的数据包括了全部职工，有些职工没有奖金，有些职工没有课时费，所以奖金表和课时费表中只有部分职工信息。由于每张数据表的第一列都是职工编号，编号相同的数据一定是同一职工的数据，使用 VLOOKUP 函数，则可以方便地从其他表中将每个职工的基本工资、奖金和课时费提取到职工收入表中。

（1）用 VLOOKUP 精确查找基本工资、奖金和课时费

由于基本工资表中包括了全部职工的信息，因此图 7-22(a)中的“单位”可以从基本工资表中查询而来，方法如下。

(a) 职工收入表

(b) 基本工资表

(c) 奖金表

(d) 课时费表

图 7-22　某学校的职工收入数据

在图 7-22(a)"单位"列的 C2 单元格中输入公式"=VLOOKUP(A2,基本工资!\$A\$1:\$D\$279, 3, 0)",并向下填充,即可查询每位职工的单位。公式中的第 1 个参数"A2"表示职工编号;第 2 个参数"基本工资!\$A\$1:\$D\$279"是基本工资表中全部职工的数据区域;第 3 个参数表示返回值所在的数据列,"3"为"基本工资!\$A\$1:\$D\$279"区域中的第 3 列,即"单位"列;第 4 个参数"0"表示精确查找,指在"基本工资!\$A\$1:\$D\$279"区域中查找与 A2 内容(GX0001)完全相同的数值。

其他数据的查找方法相同。例如,查询"奖金"的方法为,在单元格 E2 中输入公式"=VLOOKUP(A2, 奖金!\$A\$1:\$D\$279, 4, 0)"并向下填充,结果如图 7-23 所示。

D2	▼	f_x	=VLOOKUP(\$A2,INDIRECT(D\$1&"!\$A\$1:\$D\$500"),4,0)					
	A	B	C	D	E	F	G	H	I
1	职工编号	姓名	单位	基本工资	奖金	课时费	收入总计	处理错误后的课时费	
2	GX0001	侯运	外国语学院	2348	3699	1277	7324	1277	
3	GX0002	郭乡	教务处	3230	2530	#N/A	#N/A	0	
4	GX0003	薛劳	经济管理学院	2089	5028	4876	11993	4876	
5	GX0004	高恩财	外国语学院	1801	5312	4700	11813	4700	
6	GX0005	任学红	社科处	1521	5896	#N/A	#N/A	0	
7	GX0006	石周	生物信息学院	1635	2169	1191	4995	1191	
8	GX0007	史正	计算机科学与技术学院	1737	3227	1661	6625	1661	
9	GX0008	余霄	光电工程学院	1939	4102	4101	10142	4101	
10	GX0009	孙茂苗	资产管理处	1798	6450	#N/A	#N/A	0	
11	GX0010	林雨大	通信与信息工程学院	2124	2377	3201	7702	3201	
12	GX0011	戴雪	通信与信息工程学院	2122	3648	1290	7060	1290	

基本工资 / 奖金 / 课时费 / 职工收入 / Sheet6

图 7-23　VLOOKUP 函数提取不同表中的数据

（2）处理 VLOOKUP 错误

如果没有找到相应的数据,VLOOKUP 函数将返回"#N/A"错误信息,如果不处理这些错误数据,还会导致其他计算错误。例如,图 7-23 中 G 列通过 SUM 函数计算 D、E、C 三列数据的总和,可以看出 F 列的错误也导致了 G 列的"#N/A"错误,无法计算职工的总收入。

ISNA 函数用于对 VLOOKUP 函数的查询结果进行判断,如果产生"#N/A"错误,就返回 0，否则返回查找结果，如 H 列所示。在单元格 H2 中输入公式 "=IF(ISNA(VLOOKUP($A2, INDIRECT(F$1&"!$A$1:$D$500"), 4,0)), 0, VLOOKUP($A2, INDIRECT(F$1&"!$A$1:$D$500"), 4,0))"。双击 H2 的填充句柄，即可将此公式填充到 H 列的对应单元格，结果如 H 列所示。

（3）VLOOKUP 和 INDIRECT 函数相结合构造通用查询

由于基本工资、奖金和课时费三张数据表的结构完全相同（见图 7-22(b)~(d)），这些表的第 4 列数据是要查询提取的数据。此外，图 7-22(a)中 D1:F1 对应列的标题名称与其数据所在的工作表名称对应相同，可用 INDIRECT 函数将此区域中的列标题取出，来构造要查询出的工作表名称和区域，创建通用的数据表查询公式。因此，图 7-23 中基本工资、奖金和课时费的查询和提取，可用下面的方法实现。在单元格 D2 中输入公式 "=VLOOKUP($A2, INDIRECT(D$1&"!$A$1: $D$500"), 4, 0)"，并向右填充到 F2，向下填充到最后一个职工的数据行，即可查询出所有职工的基本工资、奖金和课时费。

公式中的 "INDIRECT(D$1&"!$A$1:$D$500")" 的计算结果为 "基本工资!$A$1:$D$500"，由此可知其对应的查询函数为 "=VLOOKUP($A2, 基本工资!$A$1:$D$500, 4, 0)"。

公式复制到单元格 E2 时变成了 "=VLOOKUP($A2, INDIRECT(E$1&"!$A$1:$D$500"), 4, 0)"，经 INDIRECT 函数计算后，公式变为 "=VLOOKUP($A2, 奖金!$A$1:$D$500, 4, 0)"。公式中的 $A$1:$D$500 是一个包含了实际查询数据区域的更大区域，在 VLOOKUP 函数中是允许的，可用列标题表示更大的区域。上面的公式还可以写成更简短的，即 "=VLOOKUP($A2, INDIRECT(E$1&"!$A:$D"),4,0)"。

（4）VLOOKUP、MATCH 函数相结合构造动态列次序的查询

有时需要从原数据表中查询多列数据，形成报表或构造综合信息查询。如果查询结果数据的次序与原始数据表中的顺序相同，则可以通过查询公式的复制快速完成；如果次序不同，则需要对复制后的查询公式进行修改。

【例 7.16】 某学校职工收入数据如图 7-24 中的 A11:G289 区域所示。由于人数太多，需要按照职工编号查询该职工的各项收入明细。如 A2:G4 区域所示。要求在单元格 C2 中输入职工的编号后，就显示该职工的姓名、单位、资金、基本工资等数据。

图 7-24 VLOOKUP、MATCH、INDIRECT、CHOOSE 函数综合应用查询

对本例中的数据排列方式而言，"姓名"列的查询要采用特殊的方法，后面再介绍。现在先查询单位、奖金等数据。

对比图 7-24 中 B3:G3 和 B11:G11 中的标题，可以发现，查询结果的列次序与原数据表的不同，但需要的数据字段是原数据表中都有的，对于这样的数据查询，可以用 MATCH 函数

定位，用 VLOOKUP 函数提取数据列，构造通用查询公式。在单元格 C4 中输入公式"=VLOOKUP($C2, $B$11:$G289, MATCH(C3, $B$11:$G$11, 0), 0)"，并从单元格 C4 向右填充到 G4，即可查询出 C2 中职工编号对应的单位、奖金、基本工资、课时费和收入总计。

公式中，MATCH(C3,$B$11:$G$11,0)的结果为 2，观察对应单元格的数据，可以发现其实际内容为"MATCH("单位"，{"职工编号"，"单位"，"基本工资"，"奖金"，"收入总计"}，0)"。请读者分析单元格 C4 中的公式向右填充到 G4 时，能够正确查询提取数据的原因。而且，为什么任意交换 C4:G4 区域中的字段次序，也能查询到正确的数据。

（5）VLOOKUP 和 CHOOSE 结合构造向左的列查询

现在完成根据职工编号查询姓名的工作。VLOOUP 函数只能在查询数据区域的第 1 列（最左列）查找指定的数据，但在图 7-24 的原数据 A11:G289 区域中，"姓名"位于"职工编号"的左边，不能用 VLOOKUP 函数直接查询。这种情况可以用 CHOOSE 函数通过数组的方式，对原数据表的列进行交换，构造出符合 VLOOKUP 函数查询需求的内存数组，再用 VLOOKUP函数从此数组中查询。

在单元格 B4 中输入公式"=VLOOKUP(C2, CHOOSE({1,2}, B11:B289, A11:A289), 2, 0)"，即可根据 C2 中的职工编号查询出对应的姓名，先执行 CHOOSE 函数。CHOOSE 函数先用数组{1, 2}中的第一个元素 1 选取了 B11:B289 数据区域，再用数组元素 2 选取 A11:A289，构造了一个 B 列在前 A 列在后的内存数组。VLOOKUP 函数在此数组中查询 C2 中的职工编号对应的姓名，显然符合 VLOOKUP 函数要求查找数据列必须位于数据区域第一列的要求。

公式中 CHOOSE 函数的功能相当于交换图 7-24 中第 10 行之后的 A、B 两列数据的次序，构造了第一列为"职工编号"、第二列为"姓名"的数据区域，使之符合 VLOOKUP 函数的查找需求。CHOOSE 函数和数组相结合能够交换工作表数据列次序的这一功能，可以构造灵活、通用的 VLOOKUP 查询公式。例如，在图 7-24 的单元格 B6 中输入公式"=VLOOKUP($C$2, CHOOSE({1, 2, 3, 4, 5, 6, 7}, $B11:$B400, $A11:$A400, $C11:$C400, $E11:$E400, $D11:$D400, $F11:$F400, $G11:$G400), COLUMN(B1), 0)"，并将其向右填充到 G6，即可查询出 B6:G6 区域中的数据。请读者分析其中的原理。

（6）用数组公式构造多列组合查询

有时需要根据多个组合字段查询其他信息。例如，图 7-24 所示的工作表中要根据职工的姓名和单位信息才能查询职工编号和奖金（不同单位有同名职工，所以不能根据姓名查编号）。要求，在图 7-24 的单元格 B9 输入职工姓名，在 C9 中输入职工的单位后，则在 D9 中显示他的职工编号，在 E9 中显示他的奖金。

这个查询需求有两个问题：其一是查询关键字由两个字段组成，其二是查询列不在数据区域的第一列。应用 CHOOSE 函数进行数据列交换的技术和数组公式，能够轻易完成查询要求。在单元格 D9 中输入公式"=VLOOKUP($B9&$C9, CHOOSE({1,2,3}, $A11:$A400&$C11:$C400, $B11:B400, $E11:$E400), COLUMN(B2), 0)"，然后按 Ctrl+Shift+Enter 组合键，再将此公式复制到单元格 E9，就能够查询出需要的数据，如图 7-24 中的 A8:E9 区域所示。

CHOOSE 函数构造了一个次序为 A11:A400&C11:C400、B11:B400、E11:E400 三列组成的数组，其中第一列由原数据表中第 10 行以后的 A、B 两列数据合并而成，与查询值 B9&C9 形成的合并值的类型相符合。公式中 COLUMN(B2)的值为 2，表示从第 2 列即 B11:B400 中提取数据。当将单元格 D9 中的公式复制到 E9 后，就变成了 COLUMN(C2)，结果为 3，VLOOKUP 函数将从第 3 列 E11:E400 中提取数据，即奖金。

Excel 中还有一个常用的查找函数 HLOOKUP，其用法与 VLOOKUP 函数完全相同，只是它按行方式进行数据查找。在此不介绍，读者可从 Excel 的帮助信息中查找该函数的用法。

7.5 用数据库函数进行查找统计

D 函数（见 7.2 节的表 7.1）为工作表数据统计和数据查找提供了许多方便。下面的例子说明利用 D 函数进行数据查找和统计的方法。

【例 7.17】 某专业有 200 多名学生，"数据库系统应用"的成绩如图 7-25 所示。现在要查找每位学生的成绩，希望输入学号后能够得到他的各种详细数据，如图 7-25 的区域 J1:M8 所示。此外，希望对各班的考试情况进行简单的统计分析，能够随时查看各班的考试人数、最高分、最低分及缺考人数等，如区域 J10:N17 所示。

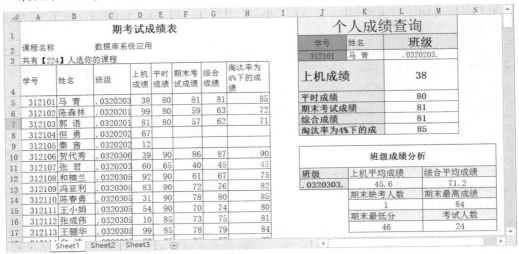

图 7-25 利用 D 函数进行数据的统计和查找

建立个人成绩查询的方法如下：

<1> 输入并格式化单元格区域 J1:M2 和 J4:J8 中单元格的文字（都是合并单元格）。

<2> 在单元格 K3 中输入查找姓名的公式 "=DGET(A4:H227, "姓名", J2:J3)"。

<3> 在单元格 L3 中输入查找班级的公式 "=DGET(A4:H227, "班级", J2:J3)"。

<4> 在单元格 L4 中输入查找上机成绩的公式 "=DGET(A4:H227,"上机成绩", J2:J3)"。

<5> 在单元格 L5 中输入查找平时成绩的公式 "=DGET(A4:H227,"平时成绩", J2:J3)"。

<6> 在单元格 L6 中输入查找期末考试成绩的公式 "=DGET(A4:H227,"期末考试成绩", J2:J3)"。

<7> 在单元格 L7 中输入查找综合成绩的公式 "=DGET(A4:H227,"综合成绩", J2:J3)"。

<8> 在单元格 L8 中输入查找淘汰率 4% 下的成绩的公式 "=DGET(A4:H227, "淘汰率为 4% 下的成绩", J2:J3)"。

说明：① DGET 函数的功能是从数据表中查找满足条件的数据行，当查找结果有多行数据时，将显示出错信息。② 上述公式中的第 1 个参数表示要查找的数据库区域，第 3 个参数是查找的条件。③ 上述公式中的第 2 个参数必须是某个列标题，或列标题所在的单元格引用，如 "=DGET(A4:H227, "姓名", J2:J3)"，也可以写成 "=DGET(A4:H227, B4, J2:J3)"。如果指定了数据表的首行为名字，则字段名不需要用引号界定，如本例第 4 行为数据表的名字，则公式

“=DGET(A4:H227, "姓名", J2:J3)” 就应该是 “=DGET(A4:H227, 姓名, J2:J3)”。

用 D 函数建立图 7-25 中的班级成绩分析数据表的方法如下。

<1> 输入单元格区域 J10:N17 中的全部文字（数字是公式计算结果）。

<2> 建立单元格 J13 中班级的数据有效性列表输入。

<3> 在单元格 K13 中输入计算“上机平均成绩”的公式“=DAVERAGE(A4:H227, "上机成绩", J12:J13) ”。

<4> 在单元格 M13 中输入计算“综合平均成绩”的公式“=DAVERAGE(A4:H227, "综合成绩", J12:J13) ”。

<5> 在单元格 K15 中输入计算“缺考人数”的公式“=DCOUNTA(A4:H227, "期末考试成绩", J12:J13)-DCOUNT(A4:H227, "期末考试成绩", J12:J13) ”。

<6> 在单元格 M15 中输入计算“最高分”的公式“=DMAX(A4:H227,"期末考试成绩", J12:J13)”。

<7> 在单元格 K17 中输入计算“最低分”的公式“=DMIN(A4:H227,"期末考试成绩", J12:J13)”。

<8> 在单元格 M17 中输入计算“考试人数”的公式“=DCOUNT(A4:H227, "淘汰率为 4%下的成绩", J12:J13)”。

说明：将区域 A4:H227 转换成表，在区域 J1:M17 的 D 函数中通过对表的结构化引用，再进行各项数据的查询和统计分析，会使工作表具有数据的动态扩展能力，更加灵活、实用。

7.6 用数组公式进行数据查找和汇总统计

数组公式在数据统计和查询方面有着较强的实用效能，能解决工作中的许多实际问题。

【例 7.18】某经销商将每天的销售数据记录在 Excel 的工作表中，如图 7-26 的区域 A1:E18 所示。他希望随时查看各配件的累计汇总数据，以便为采购做出调整。累计汇总数据表如 G1:I10 所示，希望在 I3 中输入月份的数字时，就汇总出从 1 月到该月的各种计算机配件的累计总销售数量和销售金额。

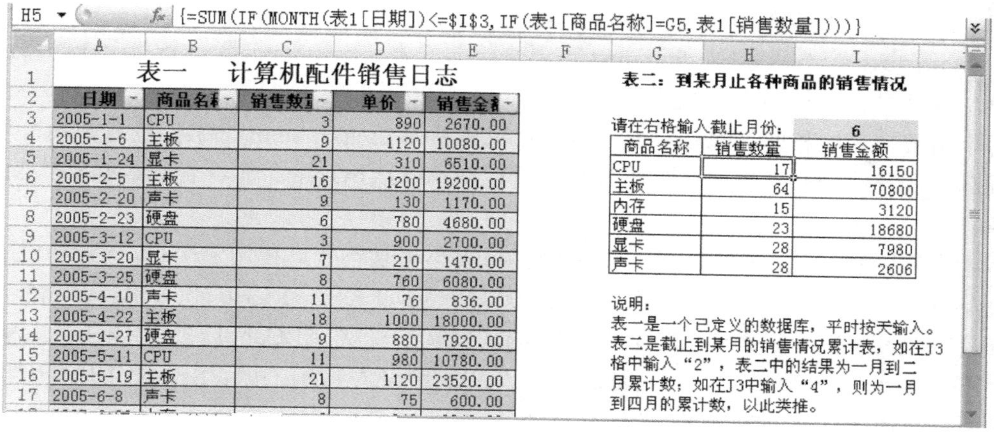

日期	商品名称	销售数量	单价	销售金额
2005-1-1	CPU	3	890	2670.00
2005-1-6	主板	9	1120	10080.00
2005-1-24	显卡	21	310	6510.00
2005-2-5	主板	16	1200	19200.00
2005-2-20	声卡	9	130	1170.00
2005-2-23	硬盘	6	780	4680.00
2005-3-12	CPU	3	900	2700.00
2005-3-20	显卡	7	210	1470.00
2005-3-25	硬盘	8	760	6080.00
2005-4-10	声卡	11	76	836.00
2005-4-22	主板	18	1000	18000.00
2005-4-27	硬盘	9	880	7920.00
2005-5-11	CPU	11	980	10780.00
2005-5-19	主板	21	1120	23520.00
2005-6-8	声卡	8	75	600.00

商品名称	销售数量	销售金额
CPU	17	16150
主板	64	70800
内存	15	3120
硬盘	23	18680
显卡	28	7980
声卡	28	2606

图 7-26 利用数组公式进行汇总查询

当然，设计出这样的累计汇总表的方法很多，如用 DSUM 函数就能计算。这里介绍用 IF、SUM 和数组公式相结合的方式建立这类汇总查询的方法。

考虑到 A:E 区域销售记录的动态特性（需要随时向此区域添加新的销售记录），为了使工作表的数据统计更具实际意义，将销售记录存放在表中，然后在 H5:I10 区域中通过表的结构化引用进行数据统计。方法如下：

　　<1> 为了简化输入，可建立单元格 I3 的"有效性"列表，从列表中选择月份。

　　<2> 输入图 7-26 中 G3:G10 区域和单元格 H4、I4 中的内容。

　　<3> 选中 A:E 列第二行到最后一行数据所在的区域，选择"插入"→"表格"→"表格"命令，将销售记录区域转换成表，名称为"表 1"。

　　<4> 在单元格 H5 中输入 CPU 累计销售数量的数组公式"=SUM(IF(MONTH(表 1[日期])<= \$I\$3, IF(表 1[商品名称]=G5, 表 1[销售数量])))"，然后按 Ctrl+Shift+Enter 组合键。

　　该公式利用嵌套条件公式"IF(MONTH(表 1[日期])<=\$I\$3, IF(表 1[商品名称]=G5"，先找出销售记录中从 1 月到指定月份（见 I3 中的数据）的所有销售记录数据行，其中的 MONTH 函数从销售日期中取出月份数字，再从找到的满足月份条件的销售记录行中找出商品名称为 CPU（见单元格 G5）的数据行，然后将区域"表 1[销售数量]"中满足以上两个条件的销售记录行中的数据返回给 SUM 函数计算。

　　<5> 将单元格 H5 中的公式向下填充到 H10。

　　经过上述步骤后，就可以查询出各计算机配件销售数量的累计汇总数据。

　　销售金额的累计汇总查询与此相似，在 I5 中输入数组公式"=SUM(IF(MONTH(表 1[日期])<=\$I\$3, IF(表 1[商品名称]=G5, 表 1[销售金额])))"，然后按 Ctrl+Shift+Enter 组合键，并向下填充。本例若用 SUMIFS 函数，可使公式更简洁。

7.7　文本比对和查找

　　在实际工作中，常常需要对报表中特定内容的文本进行查找、替换和提取等操作，Excel 提供了 FIND 和 SEARCH 等文本查找函数，用于在指定文本中查找定位特定的字符串，为文本替换和提取提供依据。它们的用法如下：

```
FIND(find_text, within_text, [start_num])
SEARCH(find_text, within_text, [start_num])
```

其中，within_text 是一段文本，find_text 是要查找的文本，start_num 是一个表示查找起始位置的数字，省略时表示从第 1 个位置开始。

　　两个函数的功能相同，都是在 within_text 文本中从第 start_num 个字符位置开始，从左向右查找有无 within_text 字符串，如果找到，就返回第一次出现的位置，否则返回"#VALUE!"错误值。

　　两函数的区别在于：FIND 函数要区分字符大小写且不允许使用通配符，但是 SEARCH 函数不区分字符大小写，而且可以使用通配符。例如，SEARCH("abc","俺从来就不喜欢 ABCabc123 哈!")的结果为 8，FIND("abc","俺从来就不喜欢 ABCabc123 哈!")的结果为 11，FIND("ABC","俺从来就不喜欢 ABCabc123 哈!",9)的结果为#VALUE!，SEARCH("ABC","俺从来就不喜欢 ABCabc123 哈!",9)的结果为 11。

　　FIND 和 SEARCH 函数始终将每个字符（不管是单字节还是双字节）按 1 计数，但它们都有一个可以区分单字节和双字节字符的版本，分别为 FINDB 和 SEARCHB，这两个函数将按字符的实际长度计算。例如，SEARCHB("abc","俺从来就不喜欢 ABCabc123 哈!")的结果为

15，FINDB("abc","俺从来就不喜欢 ABCabc123 哈!")的结果为 18。

【例7.19】 某单位的会计凭证如图 7-27 所示，现要判断摘要中的单位和销售单位是否一致。判断方法是从 F 列的销售单位中取出中文子串，然后查看此子串是否能够在 C 列的摘要中找到。如果找到，就在 G 列同行显示"相同"，否则显示"不同"。

	A	B	C	D	E	F	G	H	I	J	K	L	M	N
1	制单日期	凭证号	摘要	销售日期	销售单号	销售单位	比较	销售单位中空白位置	销售单位的文字个数	用Right函数取出的单位名字	Find函数查找J列数据在C列的结果	用IF和IsErr处理K列数据的结果	一次性公式查找结果	
2	2018/4/2	5	收四川飞哥铝业货款	2018/4/2	39	SCFG 四川飞哥	相同	5	9	四川飞哥	2	相同	相同	
3	2018/4/2	5	收四川沱江渔业货款	2018/4/2	39	SCFG 四川飞哥	不同	5	9	四川飞哥		相同	相同	
4	2018/4/6	73	收四川飞哥铝业货款	2018/4/6	215	SCFG 四川飞哥	相同	5	9	四川飞哥	#VALUE!	不同	不同	
5	2018/4/6	73	收四川金胜实业货款	2018/4/6	215	SCJSSY 四川金胜实业	相同	7	13	四川金胜实业	2	相同	相同	
6	2018/4/7	81	收重庆南山文峰酒业货款	2018/4/7	270	CQNSWFJE 重庆南山文峰	相同	9	15	重庆南山文峰	2	相同	相同	
7	2018/4/7	81	收重庆南山文峰酒业货款	2018/4/7	270	CQNSWFJE 重庆南山文峰	相同	9	15	重庆南山文峰	2	相同	相同	
8	2018/4/7	101	收重庆南山旅游管理局货款	2018/4/7	291	CQNSWFJE 重庆南山文峰	不同	9	15	重庆南山文峰	#VALUE!	不同	不同	
9	2018/4/7	101	收重庆南山旅游管理局货款	2018/4/7	291	CQNSWFJE 重庆南山文峰	不同	9	15	重庆南山文峰	#VALUE!	不同	不同	

Sheet1 Sheet2 Sheet3 ⊕

图 7-27　文本查找

例如，单元格 F2 中的销售单位是"SCFG 四川飞哥"，中文字符串是"四川飞哥"，而在 C2 的摘要中正好包括"四川飞哥"，所以应在 G2 中填写"相同"。

要解决这个问题，首先从 F 列的销售单位中取出各单位的名称，然后查看取出的单位名称是否能够在摘要（即 C 列）中找到。

由于销售单位中的单位名称长度不定，而且起始位置又不确定，因此无法用 RIGHT、LEFT、MID 等文本函数直接查找到单位名称。但观察 F 列数据可以看出，所有单位的名称前面都有一个空白字符，利用 FIND 或 SEARCH 函数可以找到这个空白字符的位置。

在图 7-28 的单元格 H2 中输入公式"=FIND(" ", F2, 1)"，然后向下复制，就能得出 F 列中空白符号的位置，结果如 H 列所示。

公式中的" "是要查找的字符，F2 是被查找的文本所在的单元格，1 表示查找起始位置。该公式的含义是从单元格 F2 左边第 1 个字符开始，查找空白符号（即" "）的位置。

	A	B	C	D	E	F	G	H	I	J	K	L	M	N
1	制单日期	凭证号	摘要	销售日期	销售单号	销售单位	比较	销售单位中空白位置	销售单位的文字个数	用Right函数查找J列数据在C列的结果	Find函数查找J列数据在C列的结果	用IF和IsErr处理K列数据的结果	一次性公式查找结果	
2	2018/4/2	5	收四川飞哥铝业货款	2018/4/2	39	SCFG 四川飞哥	相同	5	9	四川飞哥	2	相同	相同	
3	2018/4/2	5	收四川沱江渔业货款	2018/4/2	39	SCFG 四川飞哥	不同	5	9	四川飞哥		相同	相同	
4	2018/4/6	73	收四川飞哥铝业货款	2018/4/6	215	SCFG 四川飞哥	相同	5	9	四川飞哥	#VALUE!	不同	不同	
5	2018/4/6	73	收四川金胜实业货款	2018/4/6	215	SCJSSY 四川金胜实业	相同	7	13	四川金胜实业	2	相同	相同	
6	2018/4/7	81	收重庆南山文峰酒业货款	2018/4/7	270	CQNSWFJE 重庆南山文峰	相同	9	15	重庆南山文峰	2	相同	相同	
7	2018/4/7	81	收重庆南山文峰酒业货款	2018/4/7	270	CQNSWFJE 重庆南山文峰	相同	9	15	重庆南山文峰	2	相同	相同	
8	2018/4/7	101	收重庆南山旅游管理局货款	2018/4/7	291	CQNSWFJE 重庆南山文峰	不同	9	15	重庆南山文峰	#VALUE!	不同	不同	
9	2018/4/7	101	收重庆南山旅游管理局货款	2018/4/7	291	CQNSWFJE 重庆南山文峰	不同	9	15	重庆南山文峰	#VALUE!	不同	不同	
10														
11		在H2中的公式				=FIND(" ", F2, 1)								
12		在I2中的公式				=LEN(F2)								
13		在J2中的公式				=RIGHT(F2, I2-H2)								
14		在K2中的公式				=FIND(J2, C2, 1)								
15		在L2中的公式				=IF(ISERR(K2), "不同", "相同")								
16		在M2中的公式				=IF(ISERR(FIND(RIGHT(F2,LEN(F2)-FIND(" ",F2)),C2)), "不同", "相同")								

Sheet1 Sheet2 Sheet3 ⊕

图 7-28　文本子串查找

在 F 列中，如果能求出从空白位置到最右边文本中的字符个数，就能用 RIGHT 函数截取出销售单位的名称。为此，先用 LEN 函数计算出 F 列销售单位的总字符个数，方法是在单元格 I2 中输入公式"=LEN(F2)"，然后向下填充即可。结果就是销售单位的文字个数。

有了销售单位字符的数值，同时知道了销售单位中空白的起始位置，用字符数值减去空白字符的位置，就能计算出销售单位的中文字符数了。有了字符数，就能用 RIGHT 函数求出 F 列中的单位名字，方法是在单元格 J2 中输入公式"=RIGHT(F2, I2-H2)"，然后向下填充，就得到 J 列数据。

现在用 FIND 函数查看 J 列数据是否能在 C 列的同行中找到。方法是在单元格 K2 中输入公式 "=FIND(J2, C2, 1)"，然后向下填充，就能得到 K 列的结果。其中的 "#VALUE" 表示没有找到，数字则表示找到了（数字是 J 列文本在 C 列同行文本中的起始位置）。

K 列的结果并不友好，在报表中并不需要 "#VALUE" 或数字，而需要一个结果，如 "相同"（对应数字）或 "不同"（对应 "#VALUE"）。可以用 ISERR 和 IF 函数实现，ISERR 用于判定错误，如有错误（如 "#VALUE"）就返回 TRUE，否则返回 False，然后用 IF 函数，将 ISERR 函数的返回结果转换成 "相同" 或 "不同"，如 L 列所示。在单元格 L2 中输入公式 "=IF(ISERR(K2), "不同", "相同")"，然后向下填充，就能得到 L 列的结果。该结果与 G 列的人工处理结果相同。

上述过程可以用公式一次性得到最终结果，如 M 列所示。在单元格 M2 中输入公式 "=IF(ISERR(FIND(RIGHT(F2, LEN(F2)-FIND(" ", F2)), C2)),"不同","相同")"。这个公式是 H 到 L 列所有公式的复合，将它向下填充，就能求出 M 列的全部数据。

7.8　用 SQL 查询工作表数据

SQL（Structured Query Language）即结构化查询语言，是关系型数据库系统中的通用查询语言，适用于 Oracle、SQL Server、Access、DB2 等关系型数据库。SQL 具有定义数据表，在数据表中查询、修改、添加、删除数据，以及对数据库、表进行安全性控制等功能。

SQL 先前只用于关系型数据库中，但自 Excel 2010 开始，微软公司将其引入了 Excel 中，这或许称得上是 Excel 发展史上的一个里程碑。以前在 Excel 中应用 VLOOKUP、LOOKUP 等查找引用类函数难以解决的多表合并查询、跨表数据统计与汇总、数据唯一性查询等问题，现在应用 SQL 能够轻松求解。这里仅介绍几类在 Excel 中有一定难度的数据查询问题的 SQL 解决方法，关于 SQL 的详细介绍，请参考相关数据库书籍。

【例 7.20】某图书馆将读者及其借阅信息保存在 Excel 工作表中，包括读者、借阅登记和图书数据表，如图 7-29 左所示。现在需要制作读者借书信息的汇总表，如图 7-29 右所示。

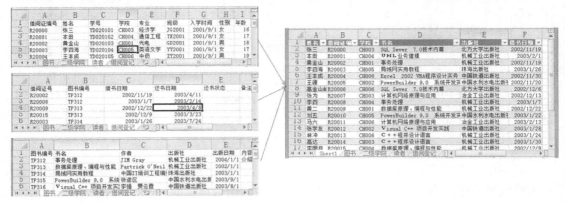

图 7-29　某图书馆借书管理

根据图 7-29 中的读者、图书和图书借阅建立读者借书信息汇总表，在数据库中可以应用 SQL 命令轻易实现。但在 Excel 中建立这样的汇总表并非易事，虽然可以应用 VLOOLUP 之类的查找引用类函数实现，过程却很复杂。现以此数据表的查询为例，介绍在 Excel 中应用

SQL 查询的基本方法。

7.8.1 Excel SQL 查询基础

Excel 2016 可以通过 Microsoft Query 和 OLE DB 导入外部数据，也可以通过它们执行 SQL 查询。这里仅介绍在 Excel 中通过 OLE DB 直接查询工作表数据的方法。

对于需要执行 SQL 查询的数据表，必须满足以下基本要求：① 数据表必须满足最基本的规范化，每列数据不能包括合并数据，即不能够有合并单元格；② 数据表必须有标题行，即数据表的第一行各单元格是对应列的标题。

1. SQL 查询语句

SQL 中用于查询数据的命令是 SELECT，能够从一个或多个不同的数据表中查询数据，并且能够进行数据的分类、统计、排序和筛选，制作各种查询报表和分析报表，功能强大，用法多样。对 SELECT 的详细介绍超出了本书的范围，感兴趣的读者可以参考数据库或 SQL 相关书籍。在此，仅对其最基本的用法进行简要介绍。SELECT 的语法如下：

```
SELECT    A₁, A₂, …, Aₙ
FROM      T
```

其中，T 是数据表的名称，A_1，A_2，…，A_n 是来源于此数据表的字段名称。如果 T 是 Excel 的工作表，则其名称为"工作表标签名+$"构成，字段名称则为工作表中数据区域的列标题。

2. 通过 OLE DB 用 SQL 查询 Excel 工作表数据

OLE DB 是微软公司提供的用于连接不同数据源的接口软件，其中包括标准数据库接口 ODBC 的 SQL 功能，以及面向其他非 SQL 数据类型的连接程序。OLE DB 提供了一组读写数据的方法，为用户提供了一种统一的方法来访问不同种类的数据源。

Excel 2016 可以通过 OLE DB 执行 SQL 语句，从 Excel 工作表中查询数据。

【例 7.20-1】 在例 7.20 建立的工作簿中，通过 OLE DB 查询读者工作表中的全部数据到 Excel 工作表中。

<1> 在要导入数据的工作表中，单击"数据"→"获取外部数据"→"现有连接"按钮。

<2> 在弹出的"现有连接"对话框中，单击左下角的"浏览更多"按钮，弹出"选择数据"对话框，从中选择要查询数据的工作簿"ch11-20.xlsx"。

<3> 在弹出的"选择表格"对话框中列出了第<2>步所选择工作簿中的全部工作表，如图 7-30 所示。选中要从中查询数据的工作表"读者$"，并单击"确定"按钮。

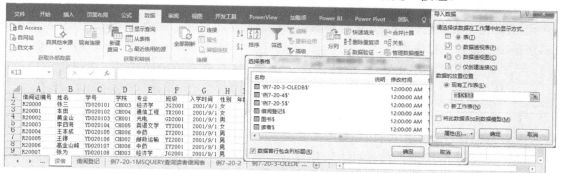

图 7-30　在 Excel 中通过 OLE DB 查询数据

图 7-31　在 OLE DB 中用 SQL 查询数据

<4> 在弹出的"导入数据"对话框中，指定要保存导入数据的工作表及位置，单击"确定"按钮后，OLE DB 会将数据导入指定的工作表中。图 7-30 中工作表中的数据即是通过 OLE DB 导入的数据。

上面是直接通过 OLE DB 从 Excel 工作表中查询数据的方法，下面介绍在 OLE DB 中通过 SQL 命令查询工作表数据的方法。

<1> 采用前面相同的方法选择要查询数据的工作簿，出现"导入数据"对话框后，单击 "属性"按钮，显示如图 7-31 所示的"连接属性"对话框。

<2> 单击"连接属性"对话框中的"定义"标签，并从"命令类型"下接列表中选择"SQL"项，然后在"命令文本"编辑框中输入下面的 SQL 语句：

> SELECT　借阅证编号, 姓名, 学号, 学院, 专业, 班级, 入学时间, 性别, 年龄
> FROM　[读者$]

说明：因为 SQL 语句不区分大小写，同时 Excel 显示的原因，输入的 SQL 语句与显示的大小写可能不会完全一致，在不影响阅读和理解的情况下，本书不再区分和说明。

在 OLE DB 中，Excel 数据表名称的标识方法与 Microsoft Query 中有所区别，需要将数据表名称放入到"[]"中。

<3> 单击"确定"按钮后，OLE DB 会执行此 SELECT 语句，从指定工作簿的读者工作表中查询提取数据，并返回到指定工作表中。

如果用 SELECT 语句查询提取指定工作表的全部数据，可用"*"取代 SELECT 后面的全部字段列表，将得到与原数据表完全相同的一个数据表。本例中的 SELECT 语句即从读者表中查询提取了全部数据，可以简写为下面的形式，结果完全一样。

> SELECT　*
> FROM　[读者$]

说明：在通过 SQL 查询到 Excel 的工作表中，单击某一非空单元格，然后单击"数据"→"连接"→ 全部刷新 的下拉箭头，从弹出的下拉列表中选择"连接属性"项，可以再次弹出图 7-31 所示的"连接属性"对话框，从中可以修改 SQL 语句。

7.8.2　SQL 条件查询和多表数据查询

用 SELECT 命令进行多表查询和单表查询的方法基本相同，但必须使用 WHERE 子句指定多表连接的条件，语法如下：

> SELECT　$A_1, A_2, \cdots, A_n$
> FROM　$T_1, T_2, \cdots, T_m$
> WHERE　P

其中，T_1、T_2、$\cdots$、T_m 为要从中提取数据的一个或多个数表，A_1、A_2、$\cdots$、A_n 为来源于各数据表中的字段，其中 P 为查询条件，可以是关系型表达式或逻辑表达式。

注意：若 SELECT 后面的字段（列标题）列表中或 WHERE 后面的条件中引用了不同数据表的同名字段（列标题），则必须用"表名称.字段名称"指明该同名字段来源哪个数据表。

【例 7.20-2】 在例 7.20 建立的工作表中查询电子工业出版社出版的全部图书信息。

按照例 7.20-1 的方法通过 OLE DB 选择数源工作簿 "ch11-20.xlsx"，进入图 7-31 所示的 "连接属性" 对话框后，在其中的 "命令文本" 编辑框中输入下面的 SELECT 命令：

```
SELECT   *
FROM     [图书$]
WHERE    出版社="电子工业出版社"
```

执行该 SQL 命令后，从图书工作表中提取到 Excel 工作表中的数据如图 7-32 所示。

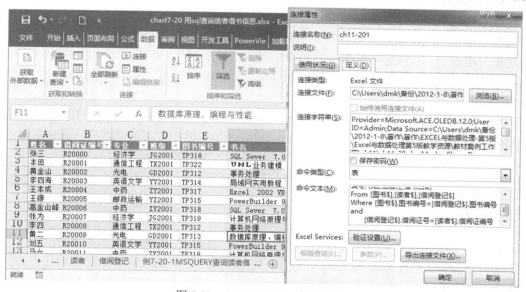

	A	B	C	D	E	F
1						
2	图书编号	书名	作者	出版社	出版日期	内容简介
3	TP312	事务处理	JIM Gray	电子工业出版社	2004/1/1	介绍大型的、分布的、异构的计算机系统如何可靠地进
4	TP313	数据库原理、编程与性能	Partrick O'Neil	电子工业出版社	2002/1/1	
5	TP320	C++程序设计语言	Bjarne Stroustrup	电子工业出版社	2002/7/1	
6	TP322	UML业务建模	Hans-Erik	电子工业出版社	2004/3/2	

图 7-32　OLE DB SQL 条件查询结果

【例 7.20-3】 在例 7.20 建立的工作表中，通过 OLE DB SQL 查询读者借书信息表，包括读者的姓名、借阅证编号、专业、班级、图书编号、书名、出版社、借书日期。

本查询需要从图书、读者、借阅登记三张数据表中提取数据，必须在 SELECT 命令的 WHERE 子句中指明各数据表的连接字段，如果查询的字段名在两个数据表中同名，则需要用数据表名加以限定。

按照例 7.20-2 的方法进入 "连接属性" 对话框后，在其中的命令文本编辑框中输入下面的 SELECT 查询命令：

```
SELECT   姓名, 借阅证编号, 专业, 班级, [图书$].图书编号, 书名, 出版社, 借书日期
FROM     [图书$], [读者$], [借阅登记$]
WHERE    [图书$].图书编号=[借阅登记$].图书编号 AND [借阅登记$].借阅证编号=[读者$].借阅证编号
```

执行结果如图 7-33 所示。由于图书编号、借阅证编号等字段在不同数据表中都有，因此在 SELECT 命令中，用表名加以指定。如 "[图书$].图书编号" 使用 "图书" 表中的图书编号。

图 7-33　OLE DB SQL 多表查询

7.8.3　使用 SQL 进行分组统计查询

在日常工作中，对表格中的数据进行类似求总和、平均值、最大/最小值之类的汇总统计非常普遍。利用 Excel 分类汇总及查找引用类函数可以制作这类报表，假如需要从多张数据表中提取数据进行汇总统计时，操作过程可能很麻烦。但用 SELECT 命令非常简单。

【例 7.21】 某学校职工的收入由基本工资、奖金和每月收入等组成，如图 7-34(a)～(c)所示。现在要统计每个部门的奖金（或基本工资，或月收入总计）总额、平均额、最高额和最低额等数据，如图 7-34(d)所示。

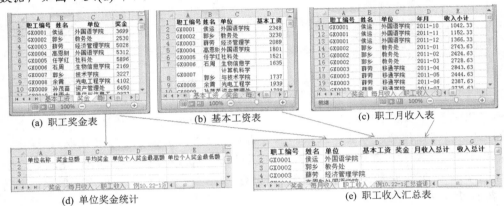

(a) 职工奖金表　　　(b) 基本工资表　　　(c) 职工月收入表

(d) 单位奖金统计　　　(e) 职工收入汇总表

图 7-34　SQL 汇总统计查询

应用 Excel 的分类汇总功能，可以快捷地制作出图 7-34(d)所示的报表。但是，如果要制作图 7-34(e)所示的报表，则有一定难度，过程较为复杂。采用 VLOOKUP 或 LOOKUP、SUM 和 IF 之类的查找引用和求和函数，完成基本工资和奖金统计数据没有太大的问题，但要完成月收入则有一定的难度，因为每个职工有不同的月收入数据，有的是 12 行，有的是 10 行，有的是 8 行，因为每个月一行数据。

应用 Excel 的分类汇总功能，可以制作出图 7-34(d)和(e)所示的报表。但采用 SELECT 命令的分组查询功能更方便，根据原工作表数据可以快速完成统计，生成需要的报表。当统计的数据来源于多个不同的数据表时，效率更高。

所谓分组查询，是指定数据表中的某个字段为分组关键字，分组关键字所在列上的值相同的数据行就是一组，SELECT 语句可以对同一组内的数据进行求总和、求平均数、求最大值及最小值等统计运算。

例如，在图 7-34(a)所示的职工奖金表中，如果指定单位为分组关键字，则具有相同单位的数据行为一组。因此，外国语学院是一组，教务处是一组，科技处又是另一组……SELECT 语句可以对每组分别统计最高、最低及平均值等数据，使用方法如下：

SELECT	A,统计函数(字段名 1) ⋯ 统计函数(字段名 N)
FROM	T_1, T_2, ⋯, T_m
WHERE	P
GROUP BY	A

其中，T_1、⋯、T_m 是要进行统计的数据表，可以是一个或多个，如果是多个数据表，则必须通过条件 P 指定各个数据表连接的关联字段，以及其他数据筛选条件。

A 是来源于 T_1、⋯、T_m 中某个数据表的列标题名称，称为分组关键字。在数据表中，列 A 中值相同的数据则为一组。

　　在 SELECT 关键字后面，除了分组关键字 A，出现的所有其他列标题必须使用统计函数进行计算，不允许出现没有使用统计函数的列标题。

　　这里所说的统计函数在数据库中有更专业的术语，称为聚集函数，可以是 SUM（总和）、AVG（平均数）、MAX（最大值）、MIN（最小值）、COUNT（计数）等。

　　【例 7.21-1】在例 7.21 建立的工作表中，利用 OLE DB SQL 统计查询各部门的奖金总额、部门平均奖金、最高奖金和最低奖金等数据。

　　在例 7.21 建立的工作簿中，通过 OLE DB 的"连接属性"对话框，输入下面的 SELECT 语句：

```
SELECT   单位, SUM(奖金) AS 总额, MAX(奖金) AS 最高, MIN(奖金) AS 最低, AVG(奖金)
FROM    [奖金$]
GROUP BY   单位
```

　　执行该查询语句，结果将以单位为分组进行统计计算，结果如图 7-35(a)所示。语句中的 AS 用于为统计函数计算出的数据列指定一个有意义的别名，如果不指定别名，其含义不一定清楚。例如，"AVG(奖金)"没有指定别名，结果如 7.35(a)中 E 列所示。

　　说明：SELECT 子句中的 AS 用于修改对应查询列的标题。例如，"SUM(奖金) AS 总额"就是设置查询结果表中奖金总和列的标题为"总额"。

　　【例 7.21-2】在例 7.21 建立的工作簿各数据表基础上，统计每个单位的基本工资和奖金的总金额，以及各部门的各职工这两项收入总计的最高值、最低值和平均值。

　　在例 7.21 建立的工作簿中，通过 OLE DB 的连接属性对话框，输入并执行下面的 SELECT 语句，将得到图 7-35(b)所示的汇总查询数据表，其中的汇总统计数据是从基本工资和奖金两个数据表统计得到的。

```
SELECT   [基本工资$].单位, SUM(奖金+基本工资) AS 总额, MAX(奖金+基本工资) AS 最高,
                 MIN(奖金+基本工资) AS 最低, AVG(奖金+基本工资) AS 平均值
FROM    [奖金$], [基本工资$]
WHERE   [基本工资$].职工编号=[奖金$].职工编号
GROUP BY   [基本工资$].单位
```

(a) 从一张表查询汇总数据　　　　(b) 从两张表查询汇总数据　　　　(a) 查询汇总多项数据

图 7-35　应用 SELECT 进行分类汇总统计

　　【例 7.21-3】在例 7.21 建立的工作簿各数据表基础上，统计每位职工的月收入汇总数据，如图 7-35(c)所示。实现职工月收入总计的 SELECT 语句如下：

```
SELECT   职工编号, 姓名, 单位, SUM(收入小计)   AS 月收入总计
FROM    [每月收入$]
GROUP BY   职工编号, 姓名, 单位
```

　　GROUP BY 同时使用职工编号、姓名、单位三个列标题，原因是查询报表最后需要显示这些内容，它们需要在 SELECT 命令的后面出现，但没有使用聚集函数，因此必须这样写。

7.8.4 用 SQL 从重复数据中提取不重复数据

如何从具有重复数据的表格中提取一份不重复的数据，找出哪些是重复数据，哪些数据没有重复，这样的问题在各类报表的处理过程中经常遇到。用 SELECT 语句来处理它比较便捷。

【例 7.21-4】 在图 7-34(b)的基本工资数据表中找出一份不重复的职工名单，并找出重复的姓名，如图 7-36 所示。

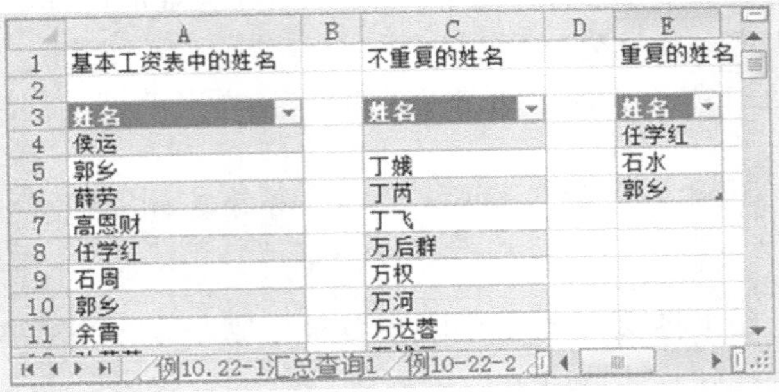

图 7-36 应用 SELECT 语句提出不重复的数据

图 7-36 中 A 列是从基本工资表中提取得到的职工名单，对应的 SELECT 语句为：

```
SELECT    姓名
FROM     [基本工资$]
```

图 7-36 中 C 列是从基本工资表中提取的不重复职工名单，对应的 SELECT 语句为：

```
SELECT    DISTINCT(姓名)
FROM     [基本工资$]
```

关键字 DISTINCT 指示 SELECT 命令提取唯一性数据，如果数据有重复，只提取一次。图 7-36 中 E 列是从基本工资表中提取得到的有重复的职工名单，对应的 SELECT 语句为：

```
SELECT    姓名
FROM     [基本工资$]
GROUP BY   姓名  HAVING COUNT(姓名)>1
```

其中，HAVING 是特定用于 GROUP BY 关键字的条件，如果使用条件，就只能使用 HAVING 作为它与后面的条件连接的关键字。COUNT 函数用于计算姓名的个数，如果姓名重复了，COUNT 计算的个数一定大于 1，这里就是利用这一原理查询出重复姓名的。

7.9   数据提取与表格结构变换

在平常工作中常会遇到表格结构调整，或者从表格中查找提取数据填充到其他表格中的情况。例如，对表格进行列转换，将一列数据分离为多列数据，间隔一定数据行提取或汇总数据，在间隔固定行数的数据区域之间插入空行以生成打印报表，等等。

应用查找引用类函数，并结合 ROW 和 COLUMN 等行、列计算函数生成的自然数，可以灵活地解决这类问题中的大多数。

7.9.1 随机编排座次表问题

座次表编排是生活中的常见问题，每个人从小学到大学经历的无数次考试都要编排座次表，坐飞机、坐火车都会与座次表打交道。

【例7.22】 某班有 40 名学生参加期末考试若干场，考场有大有小，要求按照不同考场的不同排数和列数，随机编排 40 考生的座次表。

利用 Excel 的随机函数、行/列计算函数以及查找引用类函数，可以解决这类随机排序问题。方法是：为每个学生生成一个 1～40 之间的不重复随机数作为他的座位编号，将考场的座位也按照行或列方式顺序编号。这样，每个座位号与考号对应了，然后利用 INDEX 函数，根据座位编号查询学生的随机座位号，将其姓名提取到对应座位即可。教室的大小用排数和列数确定，如图 7-37 所示，在单元格 H2 和 H3 中输入考场的排数和列数可改变考场的大小，左图是 8 排 5 列大小考场的随机座次表，右图是 7 排 6 列考场的随机座位表。

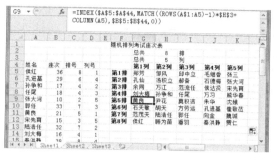

图 7-37　随机编排考试座位表

图 7-37 中随机排座次表的方法如下。

<1> 在 A4:A44 区域输入考生姓名以及 A4:D4、G2:I3 区域中的文本或数字。

<2> 在单元格 B5 中输入数组公式 "=LARGE(IF(COUNTIF(B$4:B4, ROW($1:$40))=0, ROW($1: $40)), RANDBETWEEN(1, 45-ROW()))"，然后按 Ctrl+Shift+Enter 组合键。

公式中的 B4 是起始辅助单元格，其中不能输入数字，但可以为空白或文本。公式先计算 B$4:B4（即 B4）单元格中的数字在 1～40 之间的个数，如果个数为 0，即用 ROW($1:$40)生成{1, …, 40}的数组常量，然后通过 LARGE 和 RANDBETWEEN 函数从数组中随机选择一个数字；COUNTIF 函数计算出的个数不为 0（则为 1），表明此单元格中已有 1～40 之间的某个数，就忽略，即不为其指定随机数。

将此公式向下填充时，就变成了 B$4:B5……B$4:B44。COUNTIF 函数计算出的个数不为 0 的单元格，Excel 将自动忽略其中已出现的数字，因此不会产生重复数字。

<3> 在单元格 H2 中输入考场的排数，在 H3 中输入考场的列数。

<4> 在单元格 G4 中输入公式 "=IF(COLUMNS($G1:G1)<=$H$3, "第"&COLUMNS($G1: G1)&"列", "")" 并向右填充若干列，最好是比列数最多的考场的列数还多。例如，如果列数最多的考场有 13 列，则将此公式向右填充至少 13 列。

<5> 在单元格 F5 中输入公式 "=IF(ROWS($F$1:F1)<=$H$2, "第"&ROWS($F$1:F1)&"排", "")" 并向下填充若干行，最好是比排数最多的考场的排数还多。

<6> 以上公式将根据单元格 H2、H3 中的考场的行列数，动态显示第 4 排 G 列右边的考场的列编号，以及 F 列第 5 排之后的考场的排号。

<7> 在单元格 G5 中输入公式 "=INDEX($A$5:$A$44, MATCH((ROWS(A$1:A1)-1)*$H$3 +COLUMN(A1), $B$5:$B$44, 0))"，来提取 1 号位考生的姓名。

将此公式向右向下填充到整个考场每个座位对应的单元格，如图 7-37 所示。右图中实际

上不应该在 K11 和 L11 两个单元格中填充公式，因为姓名已提取完了，因此产生错误。

公式中的“ROWS(A$1:A1)-1)*$H$3+COLUMN(A1)”将考场中的座位按照从第 1 排、第 2 排……最后一排的方式进行编号，即第 1 排第 1 列编号为 1，第 1 排第 2 列编号为 2……第 1 排完后，接着编号的是第 2 排第 1 列……MATCH 函数则根据考场座位上的编号从找到 B 列相同的编号，INDEX 函数用 MATCH 函数匹配到的数据行提取 A 列同行的姓名，并将此姓名填写到考场座位对应的单元格中。

图 7-37 的 C、D 列与随机座位表没有关系，是为了让考生及时知道他在考场的第几排、第几列而提供的实时信息。

在单元格 C8 中输入公式“=IF(B5/$H$3-INT(B5/$H$3)>0, INT(B5/$H$3)+1, INT(B5/$H$3))”在单元格 D8 中输入公式“=IF(MOD(B5,$H$3)=0,$H$3,MOD(B5,$H$3))”。将这两个公式向下填充，就可以确定同排座位编号在考场的第几排、第几列。

本例以 40 名考生为例进行随机座位号，修改 B5 单元格公式中的数字 40 为其他数字，同时注意随机函数 RANDBETWEEN(1, 45-ROW())中数字 45 的处理（由于第一个姓名在 B5 单元格，即第 5 行开始保存的），可实现任意多名考生座位表的随机编排。

7.9.2 提取间隔数据行问题

在不同的应用场景，表格的数据内容可能相同但结构布局存在很大的差异，其中的某些场合可以通过数据提取完成表格的结构转换，从而减少数据重新输入或重制报表的麻烦。

【例 7.23】 某考试成绩如图 7-38 的 A1:H225 区域所示，为了让每位同学知道自己的各科成绩，辅导员要给每位同学寄成绩单，如图中 J:Q 列所示。

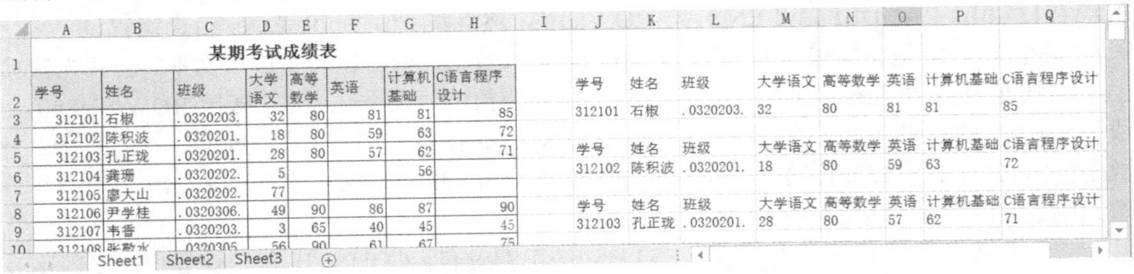

某期考试成绩表

学号	姓名	班级	大学语文	高等数学	英语	计算机基础	C语言程序设计
312101	石椒	.0320203.	32	80	81	81	85
312102	陈积波	.0320201.	18	80	59	63	72
312103	孔正珑	.0320201.	28	80	57	62	71
312104	龚珊	.0320202.	5			56	
312105	廖大山	.0320202.	77				
312106	尹学桂	.0320306.	49	90	86	87	90
312107	韦香	.0320203.	3	65	40	45	45
312108	张散水	.0320305	56	90	61	67	75

学号	姓名	班级	大学语文	高等数学	英语	计算机基础	C语言程序设计
312101	石椒	.0320203.	32	80	81	81	85
学号	姓名	班级	大学语文	高等数学	英语	计算机基础	C语言程序设计
312102	陈积波	.0320201.	18	80	59	63	72
学号	姓名	班级	大学语文	高等数学	英语	计算机基础	C语言程序设计
312103	孔正珑	.0320201.	28	80	57	62	71

图 7-38　提取固定间隔的数据行进行数据表拆分

日常工作中类似的表格数据提取和结构调整的情况很多，许多单位为职工打印工资条的情形也与此相似。仔细对比表格的结构，可以发现每位同学的成绩单包括 3 行数据：第 1 行固定为原表的 A2:H2 标题行，第 2 行为该同学在原表中的实际数据行，第 3 行为空白。

也就是说，原表中的每行数据都变成新表中的 3 行数据。由于数据都是从原表中提取出来的，可以根据提取数据的特征，以原表起始单元格 A2 为参考点，用求余函数 MOD 和行、列计算函数 ROW、COLUMN 计算单元格距离参考点单元格的行、列偏移量，再用 OFFSET 函数提取指定偏移位置的单元格数据，即可完成新表数据的提取。

在单元格 J2 中输入公式“=OFFSET($A$2, CHOOSE(MOD(ROW(A1)-1, 3)+1, 0, (ROW(A2)-1)/3+1, 10000), COLUMN(A2)-1)&""”，并向右向下填充，即可生成 J:Q 区域的学生成绩单。现在分析此公式的工作原理。

1. 提取 A2:H2 中的标题行

公式中的 A2 为 OFFSET 提取数据的起始参照点，其中 ROW 和 COLUMN 函数中的 A1、A2 没有任何特别意义，作为这两个函数的参数，是为了生成需要的自然数。求出公式中有关函数的结果后，单元格 J2 中的公式为"=OFFSET($A$2, CHOOSE(1, 0, 2, 10000), 0)&"""，计算 CHOOSE 的结果后为"=OFFSET($A$2, 0, 0)&"""，则结果为 A2 单元格。

将单元格 J2 中的公式向右填充到 K2 中时，其中的相对引用单元格会发生变化，即 K2 中的公式为"=OFFSET($A$2, CHOOSE(MOD(ROW(B1)-1, 3)+1, 0, (ROW(B2)-1)/3+1, 10000), COLUMN(B2)-1)&"""，计算其中 ROW、COLUMN 和 MOD 函数的值后，变为"=OFFSET($A$2, CHOOSE(1,0,1,10000),1)&"""。计算出 CHOOSE 的结果后，变为"=OFFSET($A$2,0,1) &"""，则结果为 B2 单元格。

由上分析可知，向右填充 J2 中的公式时，OFFSET 偏离 A2 单元格的行号不变，列号由 COLUMN 函数的计算而相对递增，将依次提取 B2、C2、D2······

2. 提取成绩行

J2 中的公式复制到 J3 时，J3 中公式为"=OFFSET($A$2, CHOOSE(MOD(ROW(A2)-1, 3)+1, 0, (ROW(A3)-1)/3+1, 10000), COLUMN(A3)-1)&"""，计算出其中 ROW、COLUMN 函数的值后，公式变为"=OFFSET($A$2, CHOOSE(2, 0, 1, 10000), 0)&"""。计算出 CHOOSE 的值后，公式变为"=OFFSET($A$2, 1, 0)&"""，结果为 A3 单元格。向右填充单元格 J3 中的公式，将依次提取 B3、D3······即第一个学生的成绩单。

3. 提取空白行

J3 的公式复制到 J4 时，J4 中的公式变为"=OFFSET($A$2, CHOOSE(MOD(ROW(A3)-1, 3)+1, 0, (ROW(A4)-1)/3+1, 10000), COLUMN(A4)-1)&"""，计算出 MOD、ROW 和 COLUMN 函数的值后，公式变为"=OFFSET($A$2, CHOOSE(3, 0, 2, 10000), 0)&"""。

CHOOSE 执行后，公式变为"=OFFSET($A$2, 10000, 0)&"""，结果为偏离 A2 单元格 10000 行 0 列的单元格，即 A10002，那里的单元格没有任何内容。由此可知，被输入在单元格 J2 公式中的 10000 实际上可以改写为其他数字，只要对应工作表中不会有数据的空白行即可。在实际应用中，常常用工作表最后的数据行编号来表示。因为实际工作表基本上不可能将数据保存到最后数据行，很少有那样大的数据表。

4. MOD 函数确定数据转换的行数

将单元格 J4 的公式复制到 J5 中后，引用单元格位置变化，公式变为"=OFFSET($A$2, CHOOSE(MOD(ROW(A4)-1, 3)+1, 0, (ROW(A5)-1)/3+1, 10000), COLUMN(A5)-1) &"""。求出公式中有关函数的结果后，J5 中的公式等效为"=OFFSET($A$2, CHOOSE(1, 0, 2, 10000), 0) &"""。可以发现，这个公式与单元格 J2 中的公式相同。因为只要 ROW 函数计算出的行号减 1 为 3 的倍数，表示一个学生的成绩单生成了，MOD 函数将 OFFSET 中的行偏移量设置为 0。由此可知，每个学生的成绩单如果需要 4 行，则 MOD 应模除 4；如果需要 5 行，则模除 5······

上面介绍了从数据表中提取数据，将原数据表拆分成许多小数据表的方法。反过来，也有许多时候需要从原数据表中提取被分离的数据，将数据重新集中在一起。

【例 7.24】 学生成绩如图 7-39 中的 A1:F23 所示，现需要将其中的数据整理成一份完整的学生成绩表，以便进行各科成绩的统计和分析，如 I1:N8 区域所示。

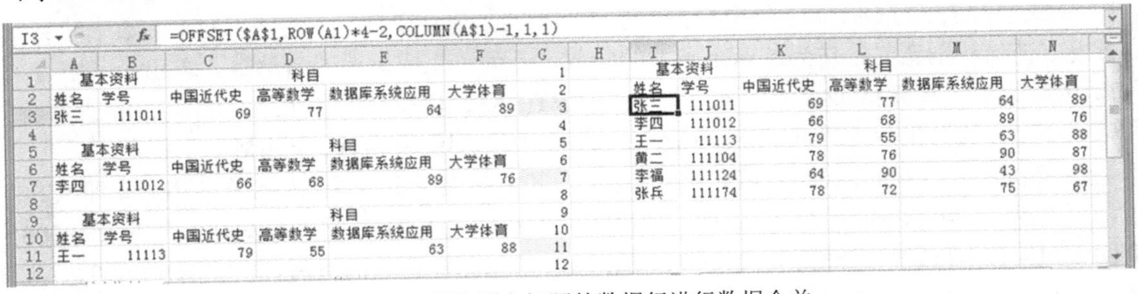

图 7-39 提取固定间隔的数据行进行数据合并

　　无论合并还是拆分表中的数据，其基本原理相同。本例的表格结构非常简单，因此数据提取也比较简单。从 H 列的行编号可以知道，要提取的数据行为 3、7、11，即间隔 4 行提取。如果以 A1 作为 OFFSET 函数的参照点提取数据，可以用 ROW(A1)*4-2 作为 OFFSET 偏离 A1 的行数，再用 COLUMN 函数计算偏离的列数，可以方便地实现数据的提取操作。

　　在单元格 I3 中输入公式"=OFFSET($A$1, ROW(A1)*4-2, COLUMN(A$1)-1, 1, 1)"，并向右、向下填充，即可提取各同学的资料和成绩数据，如图 7-39 中的 I3:N8 区域所示。该公式非常简单，请读者分析其提取数据的原理。

7.9.3 数据表行列转换问题

　　不同办公场合，不同工作人员，不同软件系统对表格数据有不同的格式要求，在不同应用场合，以及不同应用软件之间传递数据时，常常需要进行表格的格式转换，表格的行列变换就是其中的常见问题之一。

1. 将表格行转换为列

　　实际工作中的某些报表可能按行方式组织数据，但一些软件系统，如数据库，需要按列方式组织数据。某些时候需要将行方式的数据转换成列方式，以实现数据交换。

　　【例 7.25】 某次考试的成绩如图 7-40 的 A1:F7 区域所示，现需要将此表中的数据转换成 I:L 列区域中的格式，以便将其导入学生成绩管理数据库中。

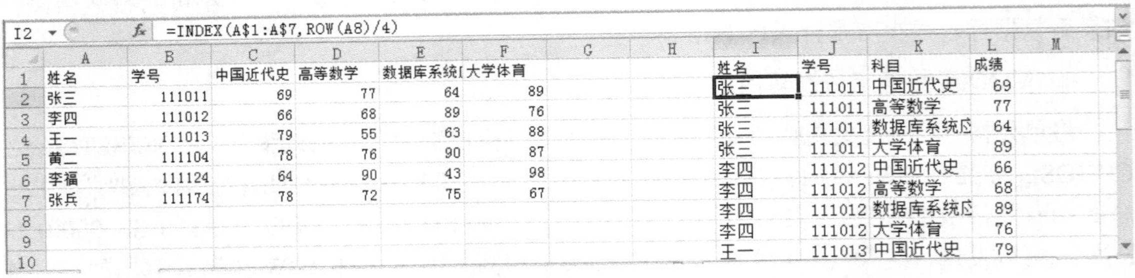

图 7-40 将表格的行数据转换成列数据

　　用 INDEX、OFFSET、MATCH 等查找引用类函数，结合 ROW、COLUMN 等行、列计数函数，可以方便地实现表格的行列转换。

　　从图 7-40 中可以看出，每位同学有 4 科成绩，则转换后，每个同学的数据将从原表的 1 行转换成 4 行。其中姓名和学号由原表的 1 行重复为 4 行，用 INDEX 或 OFFSET 函数都容易实现这样的转换，本例采用 INDEX 函数完成它们的转换。方法如下：

在单元格 I2 中输入公式"=INDEX(A\$1:A\$7, ROW(A8)/4)"并向下填充，则可生成 I 列的学生姓名。其中，ROW(A8)的结果为 8，因此公式实际为"=INDEX(A\$1:A\$7, 2)"，结果为A2；将公式复制到单元格 I3、I4、I5 时，其中的 ROW 函数会分别变成 ROW(A9)、ROW(A10)、ROW(A11)，结果为 9、10、11，它们除以 4 均为小于 2 大于 1 的小数。INDEX 函数中的索引值如果为小数时，INDEX 函数将忽略小数部分。因此，单元格 I2、I3、I4、I5 中的公式都是"=INDEX(A\$1:A\$7, 2)"，这样就实现了姓名的 4 次重复提取。

将单元格 I2 中的公式向右复制到 J2，然后向下填充，即可生成 J 列的全部数据。

在单元格 K2 中输入公式"=OFFSET(C\$1, 0, MOD(ROW(A1)-1, 4))"并向下填充，提取每位同学的科目名称，产生 K 列数据。其中的 0 将 OFFSET 固定在偏离 C1 单元格 0 行（即第 1行），MOD 函数计算列偏移量，ROW(A1)结果为 1，向下填充时变成 ROW(A2)、ROW(A3)……其值将为 2、3、…MOD 函数计算后，将循环取值 0、1、2、3，这样依次反复提取 C1:F1 区域中的数据。

科目和每位同学成绩提取的道理相同，就是连续提取一行相邻 4 个单元格的内容。只是科目名称固定在一行中提取，而成绩在不同行中提取，这可以应用 ROW 函数计算数据行。在单元格 L2 中输入公式"=OFFSET(C\$1, ROW(A4)/4, MOD(ROW(B1)-1, 4))"，每位同学的 1 行数据将变成 4 行，通过函数中的 ROW(A4)/4 实现，向下复制此公式时，ROW 函数中的引用依次变成 ROW(A5)、ROW(A6)、ROW(A7)……其值为 4，5，6，7，除以 4 后都为大于 1 小于 2 的数值。OFFSET 函数将使用其整数部分（即 1）作为行偏移量，即向下偏离 C1 单元一行（C2 所在的行）提取数据。

同时，在向下填充单元格 L2 中的公式时，列偏移量计算公式 MOD(ROW(B1)-1, 4)将变为 MOD(ROW(B2)-1, 4)、MOD(ROW(B3)-1, 4)、MOD(ROW(B4)-1, 4)……其值为 0、1、2、3 的循环，因此将把每个同学的成绩从 1 行变成 4 行。

2. 将表格列转换为行

有时需要将一列数据转换成多列数据，经常是将列向连续若干单元格转换成一行，因此暂称之为将表格列转换成行。采用 OFFSET、INDEX 结合求余函数 MOD 和行、列数计算函数ROW、COLUMN 等，可以实现数据从列向行的结构调整。

【例 7.26】 通讯录如图 7-41(a)中的 A1:B13 和图 7-41(b)中的 A 列所示，将它转换为图7-41(a)中的 D1:G5 及图 7-41(b)中的 D1:G8 区域所示的行数据格式。

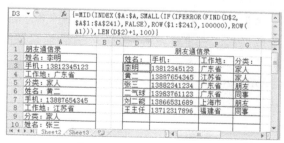

(a) 用 OFFSET 函数实现列到行的转换　　　　　　(b) 用 INDEX 函数实现列到行的转换

图 7-41　将表格的列转换成行

用 OFFSET 函数实现图 7-41(a)中数据格式的转换，在单元格 D3 中输入公式"=OFFSET

($A$1, (ROW(A1)-1)*4+COLUMN(A1), 1)&""",并向右填充到 G3,再将 D3:G3 中的公式向下填充,即可生成 D3:G13 区域中的数据。

公式以单元格 A1 为 OFFSET 函数的起始参照点,利用 ROW 和 COLUMN 函数的混合应用,确定各列数据在原数据区域中距离 A1 参考点的偏移量,提取适当的数据。公式最后的""""是防止当 OFFSET 函数定位到没有数据的单元格时返回 0 值,如图 7-41 中的 G6:G16 所示。

在 G 列中,有意去掉 OFFSET 公式,就去掉了"&""",因此在没有从 B 列提取到数据的单元格中出现了许多 0。

INDEX 函数也能方便地从列中提取数据,实现从数据列到行的转换。图 7-41(b)就是应用 INDEX 函数实现数据从列到行转换的例子。实现方法为:在单元格 D3 中输入公式 "=MID(INDEX($A:$A, SMALL(IF(IFERROR(FIND(D$2, $A$1:$A$241), FALSE), ROW($1:$241), 100000), ROW(A1))), LEN(D$2)+1, 100)",然后按 Ctrl+Shift+Enter 组合键,再将此公式向右填充到 G3,将 D3:G3 中的公式向下填充,即可生成 D3:G8 区域中的数据。

公式利用 FIND 函数在 A 列查找单元格 D2 中的内容("姓名:"),并用 IFERROR 函数处理查询失败的错误值,再用 IF 和 ROW 函数结合处理 FIND 的结果。如果找到,就返回 ROW($1:$241)产生的数组,其中一定包括找到数据的位置(241 是最后一行数据),否则返回 100000,这是个虚数,可以改成其他数字,只要对应的行中没有数据即可。实现此思想的公式为 "IF(IFERROR(FIND(D$2, $A$1:$A$241), FALSE), ROW($1:$241), 100000)"。

再通过 SMALL(XX, ROW(A1))逐个返回找到的数据在 A 列中位置,其中的 XX 代表 IF 函数的结果,最后通过 MID 函数提取实际姓名。MID 函数中的 100 是个虚数,只要是个比任何姓名的字符数大的数字都可以。

小　结

本章只是以案例方式介绍了几类在工作中经常遇到的动态报表、数据查找和表格结构重组问题的解决方案,大部分案例是从办公实例中抽象出来的(其中有不少案例来源于本书前几版读者的反馈),应仔细体会并理解这些动态报表的构建和数据查找方法,并在实际工作中应用它们。事实上,Excel 2016 中的 SQL 查询、表、查找引用类函数及数据库函数的功能远比本章介绍的要复杂和强大得多。在实际工作中应加强表的应用,用表建立的报表不仅具有动态扩展的能力,还会为报表的统计分析带来一些智能特性。在对工作表数据进行查找时,应注意查找方法的选择。总之,在进行常规的数据查找时,查找引用类函数比较实用和高效;在进行统计类型(如求平均值、求总和、统计个数、求最大数或最小数等)的数据查找时,数据库函数比较实用;在进行多条件的统计查询时,数组公式、IF 函数和统计函数的相互结合会有超强的功效,在多表查询、汇总统计和重复数据的提取与分辨时,适合用 SQL 查询;应用 OFFSET、INDEX 和行、列计算函数,可以灵活地实现表格结构的重组和数据提取。

习　题　7

【7.1】 某公司进行人员招聘,招聘的部门有市场部、运维部、人力资源部、办公室、信息资源部。他们将招聘的部门信息存放在一张工作表中,如图 7-42 所示。

某公司员工招聘表				
招聘部基本要求				
市场部	4	专科以上	25岁以下	2000
运维部	5	专科以上	35岁以下	2300
人力资源部	3	本科以上	27岁以下	1500
办公室	3	高中以上	28岁以下	1000
信息资源部	7	硕士以上	29岁以下	2500

图 7-42　习题 7.1 图（一）

应聘人员在报名时提供的信息保存在一个名为“应聘人员登记表”中，如图 7-43 所示。为了简化数据输入，将该表单元格 A4 开始以下的编号定义为自定义格式“"zk"000”，在输入时只需输入编号的数字部分；定义“学历”“应聘部门”为数据有效性的下拉列表输入。为方便后面各表的数据查询，定义应聘人员工作表的数据区域名字为“da”，即把图 7-43 中 A3:G100 区域的名字定义为“da”，设最后一行数据是第 100 行。

某公司员工招聘表						
表一、应聘人员登记表						
编号	姓名	学历	应聘部门	现工作单位	联系电话	期望工资
zk001	王光培	大学本科	运维部			
zk002	李立	中专	人力资源部			
zk003	叶开钱	大专	市场部			
zk004	王立新	中专	信息资源部			
zk005	张包	大学本科	运维部			
zk006	关冰	硕士	运维部			

图 7-43　习题 7.1 图（二）

应聘人员要通过 5 轮测试，每个测试表的结构基本相同。其中“心理素质测试成绩一览表”如图 7-44 所示。设计“心理素质测试成绩一览表”，使其输入数据最少、最快。可采用如下设计思想：当有人来参加应聘时，只需输入编号中的数字，Excel 会自动把输入的数据转换成编号，并自动从“应聘人员应试表”中把该应聘人员的“姓名”和“应聘部门”查询到对应的工作表中。例如，在单元格 A6 中输入“1”，则自动把“1”转换成“zk001”，并从“应聘人员登记表”中把“zk001”对应的“姓名”和“应聘部门”（即王光培、运维部）填写在单元格 B6 和 C6 中。

某公司员工招聘表												
表二、心理素质测试成绩一览表												
								测试日期				
编号	姓名	应聘部门	智力				创造力				总分	备注
			抽象思维能力	文字掌握能力	分析判断能力	综合能力	快捷联想能力	发散思维能力	独特构想能力	综合能力		
zk001	王光培	运维部	16	1	10	17	8	4	1	23	80	
zk002	李立	人力资源部	8	11	12	16	7	19	3	10	86	
zk003	叶开钱	市场部	6	13	12	21	13	5	7	22	99	
zk004	王立新	信息资源部	24	14	12	2	16	8	19	18	113	
zk005	张包	运维部	16	6	0	19	19	6	16	3	85	
zk006	关冰	运维部	15	2	14	20	10	18	4	9	92	

图 7-44　习题 7.1 图（三）

上述思想的实现方法如下：

（1）设置要填写“编号”的单元格的自定义格式为“"zk"000”。

（2）用 IF 函数和 VLOOKUP 函数设置“姓名”和“应聘部门”的数据查询，可实现如下，在单元格 B6 中输入公式“=IF(A6<>0, VLOOKUP(A6, da, 2, 0), "")”。

（3）把该公式向下填充到适当的单元格（可以是任意多单元格）。

IF 函数的目的是当 A 列单元格中没有输入数据时，B 列的对应单元格就不显示任何数据。去掉 IF 函数，可把该公式输入为“VLOOKUP(A6, da, 2, 0)”，但这个公式存在一个小问题：当 A 列的单元格中没有输入数据时，B 列的单元格中会显示“#N/A”错误信息。该公式中的“da”是应聘人员应试表中定义的数据区域名称，这是名称的典型用法。

（4）在单元格 C6 中输入公式“=IF(A6<>0, VLOOKUP(A6, da, 4, 0)," ")”。

（5）把该公式向下填充到适当的位置。

（6）用汇总函数求出“总分”的总分。

（7）用“数据”菜单中的“排序”对“编号”进行排序。

用上面的方法设计的“人才招聘”工作簿具有很强的实际意义，把应聘人员的所有测试工作数据都以这种方法设计出来，有利于数据统计、择优录取。

【7.2】 某公司员工档案表如图 7-45 的 A1:G22 所示。将区域 A2:G22 转换成表（假设表名称为“表 1”），然后在各统计函数中对表进行结构化引用，按下面的要求建立 I2:K22 所示的三类查询。

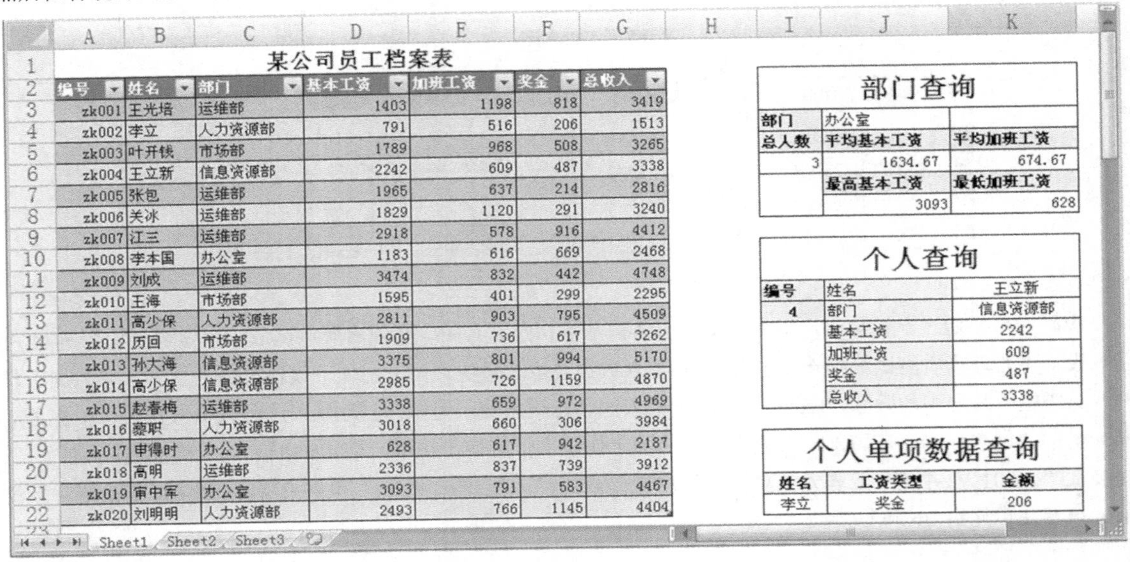

某公司员工档案表

编号	姓名	部门	基本工资	加班工资	奖金	总收入
zk001	王光培	运维部	1403	1198	818	3419
zk002	李立	人力资源部	791	516	206	1513
zk003	叶开铁	市场部	1789	968	508	3265
zk004	王立新	信息资源部	2242	609	487	3338
zk005	张包	运维部	1965	637	214	2816
zk006	关冰	运维部	1829	1120	291	3240
zk007	江三	运维部	2918	578	916	4412
zk008	李本国	办公室	1183	616	669	2468
zk009	刘成	运维部	3474	832	442	4748
zk010	王海	市场部	1595	401	299	2295
zk011	高少保	人力资源部	2811	903	795	4509
zk012	历回	市场部	1909	736	617	3262
zk013	孙大海	信息资源部	3375	801	994	5170
zk014	高少保	信息资源部	2985	726	1159	4870
zk015	赵春梅	运维部	3338	659	972	4969
zk016	蔡职	人力资源部	3018	660	306	3984
zk017	申得时	办公室	628	617	942	2187
zk018	高明	运维部	2336	837	739	3912
zk019	审中军	办公室	3093	791	583	4467
zk020	刘明明	人力资源部	2493	766	1145	4404

部门查询

部门	办公室	
总人数	平均基本工资	平均加班工资
3	1634.67	674.67
	最高基本工资	最低加班工资
	3093	628

个人查询

编号	姓名	王立新
4	部门	信息资源部
	基本工资	2242
	加班工资	609
	奖金	487
	总收入	3338

个人单项数据查询

姓名	工资类型	金额
李立	奖金	206

图 7-45　习题 7.2 图

（1）部门查询。要求：在单元格 J2 中建立部门的下拉列表，当选择某部门名称后，就能查询出该部门的总人数、平均基本工资、平均加班工资、最高基本工资、最低加班工资。

提示：采用 IF 函数和 COUNT、AVERAGE、MAX、MIN 等函数结合的数组统计查询方法，在函数对员工档案对应的表进行结构化引用。例如，单元格 I6 的数组公式为“=AVERAGE(IF(表 1[部门]=$J$4, 表 1[基本工资]))”，J6 中的数组公式为“=AVERAGE(IF(表 1[部门]=$J$4, 表 1[基本工资]))”。

（2）个人查询。要求：当在单元格 I13 中输入员工的编号后，Excel 会自动将该编号的员工姓名、部门、基本工资、加班工资、奖金和总收入查询出来。

提示：简单方法是采用 DGET 函数，I12:I13 为条件区域。如 K12 中的公式为“=DGET(表 1[#全部], 表 1[[#标题], [姓名]], I$12:I$13)”，K13 中的公式为“=DGET(表 1[#全部], 表 1[[#标题], [部门]], I$12:I$13)”。

（3）个人单项数据查询。要求：当在单元格 I22 中输入某员工的姓名，在单元格 J22 中输入某类型的工资（如基本工资或奖金）后，Excel 就将该员工的相应金额显示在单元格 K22 中。

提示：宜采用 MATCH 和 INDEX 函数，通过对表的结构化引用进行查找，单元格 K22 中的公式为

"=INDEX(表 1, MATCH(I22, 表 1[姓名], 0), MATCH(J22, 表 1[#标题], 0))"。

① 用 SQL 语句查询每个部门的总收入、人均收入、最高收入和最低收入。

② 查询总收入低于 3000 的职工姓名和所在部门。

③ 查询运维部基本工资高于 2000 的职工姓名。

【7.3】 某函授站的学生记录如图 7-46 中的 A1:C10 区域所示，按以下要求完成成绩转换和数据列拆分。

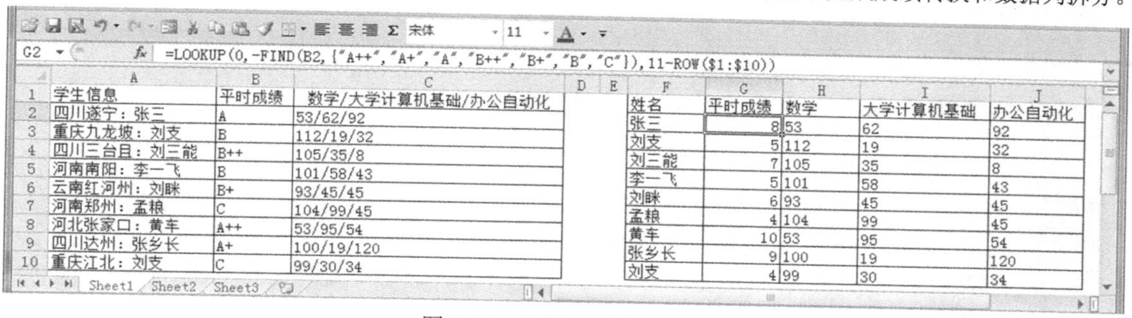

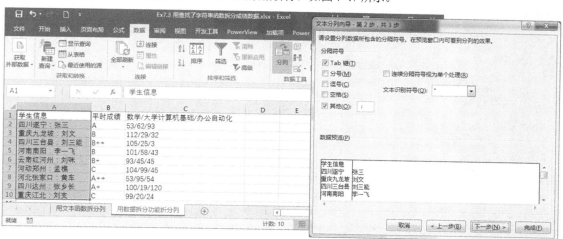

图 7-46 习题 7.3 图（一）

（1）将平时成绩转换成 10 分制，A++为 10 分，A+为 9 分，A 为 8 分，B++为 7 分，B+为 6 分，B 为 5 分，C 为 4 分，结果如图 7-46 中的 G2:G10 区域所示。

（2）用字符串查找函数、LOOKUP 查询函数和 ROW 函数从 A 列提取学生名单，将 C 列拆分为 3 列，使每科成绩独占 1 列，如图 7-46 的 F、H、I、J 列所示。

提示：① 在单元格 F2 中可用公式 "=RIGHT(A2, LEN(A2)-FIND("：", A2))" 提取姓名；在 G2 中可用公式 "=LOOKUP(0, -FIND(B2, {"A++","A+","A","B++","B+","B","C"}), 11-ROW($1:$10))" 转换成绩。

② 在单元格 H1 中可用公式 "=LEFT(C1, SEARCH("/", C1)-1)" 提取第一科成绩。

③ 在单元格 I1 中可用公式 "=MID(C1, FIND("/", C1)+1, FIND("/", C1, FIND("/", C1)+1)-FIND("/", C1)-1)" 提取第二科成绩，在 J1 中可用公式 "=RIGHT(C1, LEN(C1)-FIND("/", C1, FIND("/", C1)+1))" 提取第三科成绩。

（3）用 Excel 的列拆分功能实现 A、C 列的数据拆分，如图 7-47 所示。

图 7-47 习题 7.3 图（二）

提示：对于像图 7-47 中 A、C 列这类在列拆分位置有明确而统一分隔符的数据表，进行列拆分的最佳方法是应用 Excel 的拆分工具。方法如下：选中要拆分的列，如 A1:A10，选择 "数据" → "数据工具" → "分列"，在弹出的 "文本分列向导-第 1 步" 对话框中，选择 "分隔符号" → "下一步"，进入图 7-47 所示的 "文本分列向导-第 2 步"对话框,选中"其它"并输入拆分间隔符(:)。用同样的方法拆分 C 列。

【7.4】 有学生选课成绩管理工作簿如图 7-48 所示,其中包括学生、课程、选课 3 个工作表,利用 OLE DB 环境中的 SQL 从这 3 个表中查询以下报表。

(1)学生成绩表,包括学号、姓名、课名、成绩。

(2)各门课程的成绩分析表,包括课号、课名、选课人数、最高分、最低分、平均分。

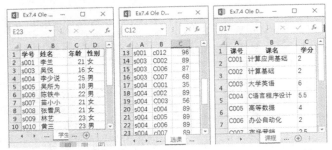
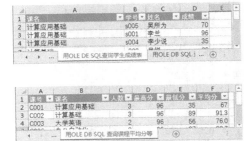

图 7-48 习题 7.4 图

【7.5】 通讯录如图 7-49 的 A:B 列所示,将它转换成 D:I 列的数据格式。

图 7-49 习题 7.5 图

第8章 图表处理

　　大数据时代，数据以几何级数的速度快速增长，按传统方式分析和呈现"数据海洋"的信息越来越困难，大量图表技术已被越来越多地应用到了数据分析领域，频繁地出现在企业的商业计划和分析报告中，数据可视化已是不可避免的潮流。Excel 2016 显然注意到了数据领域的这一重大变革，对之前的图表技术进行了补强，引入了瀑布图、旭日图、漏斗图及树状图等适应电商数据分析的新型图表，其强大的图表功能已不逊色于某些专业图表软件，图表类型丰富，功能强大。通过修饰和美化，用户完全能够制作出具有专业水准的图表。

8.1 Excel 图表基础

8.1.1 认识 Excel 图表

　　图表其实是先有表后有图，图是根据表中数据绘制的图形，是表内数据的可视化形式。

　　【例 8.1】 2018 年某书店的图书销售数据如图 8-1 的 A1:M4 区域所示，据此数据制作出了销售折线图。

　　现在以此折线图为参考来认识 Excel 图表的组成元素和基本术语。图表包括表和图两部分，二者具有密切的对应关系。表是源，图是结果，修改表中的数据时（如增加、删除或修改数据），图形就会自动更新，实时反应数据的变化情况。在通常情况下，表的标题常作为图的标题，表的行、列标题常作为图中的 X、Y 轴标记（称为分类轴标记，如一月、二月……），或数据系列名称（如计算机、管理）；表中的数字范围是定义图中数值坐标轴刻度的依据。

　　Excel 图表有折线图、饼图、柱形图等类型，不同类型图表的组成元素不尽相同，但都具有图表区、绘图区等基本元素，见图 8-1。

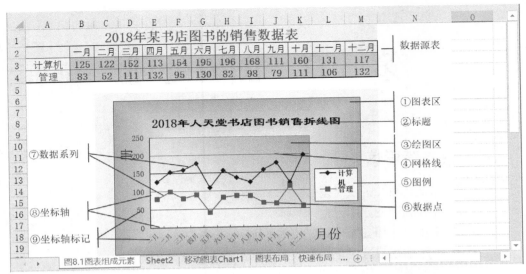

2018年某书店图书的销售数据表													
	一月	二月	三月	四月	五月	六月	七月	八月	九月	十月	十一月	十二月
计算机	125	122	152	113	154	195	196	168	111	160	131	117
管理	83	52	111	132	95	130	82	98	79	111	106	132

图 8-1　Excel 图表介绍

① 图表区：图表的全部区域，包容了图表的一切元素，图表的全部构成对象都绘制在这个区域内（包括添加到图表中的其他对象，如插入的说明文本或图片），可以缩放、移动、删除、复制整个图表。

② 标题：图表的主题，默认名称为"图表标题"，可以修改为反映图表主题的文本。

③ 绘图区：数据源表中数据的图形化区域，其中的图形是根据表中的数据绘制的。

④ 网格线：指 X、Y 坐标轴刻度的延长线，图 8-1 的坐标轴原点在左下角，称为主轴。一些复杂图表还会以右下角为坐标原点绘制第 2 条 X、Y 轴，以标注其他数据，称为次轴。

⑤ 图例：对数据系列所用图形的一种标识，说明某数据系列在图中对应哪种图形。

⑥ 数据点：根据数据源表中一个单元格中的数据所绘制的图形。

⑦ 数据系列：根据数据源表中一组相关（同一行或列）数据绘制出的图形，由若干数据点组合而成。数据系列是数据源表中一行（列）数据的图形化，该行（列）的标题就是该系列的名称，也是图例的名称。

⑧ 坐标轴：包括 X 轴和 Y 轴，具有与数学中坐标轴的等同意义，上面有刻度标记，用来度量数据源表中的数据在图形中的位置和形状大小。坐标轴又称为分类轴。

⑨ 坐标轴标记：X、Y 轴的刻度线标识，又称为**分类轴标记**。X 分类轴标记常来源于数据源表的列标题；Y 分类轴标记则以数据源表中的数字范围为依据等分所得，对应刻度大小。

各图表构成元素都是独立的对象，可以单独对其中的元素进行位置移动、删除、显示、隐藏或格式化等操作。

8.1.2　图表设计功能简介

图表设计和格式化是 Excel 图表制作过程中的两项基本功能，一般都会用到。Excel 2016 的图表设计功能整合了前期版本的图表布局功能，提供了图表数据变换、类型更改、图表样式引用、颜色调整和图表布局等功能，能够对标题、数据系列、图例、图表类型、坐标轴、颜色、字体、图表标签等图表元素进行设置。此外，图表设计功能提供了不少设计良好的图表样板，可用于图表的快速设计和格式化，如图 8-2 所示。

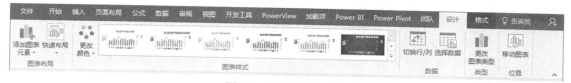

图 8-2 "设计"选项卡

1. 图表样式

图表设计是一项复杂工作，包括标题制作、坐标轴设置、颜色调整、图形美化、各图形元素的色彩填充，需要使用图表的格式化功能。图表样式针对当前的图表类型提供了许多设计良好的样板，可以将图表设置成与选择样式相同的形式。图 8-3 中的直方图选择了样式库中的"样式 5"。

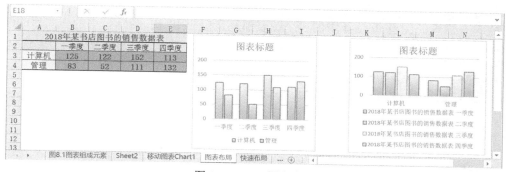

图 8-3 Excel 图表介绍

2. 数据

数据提供了"切换行/列"和"选择数据"两项功能。其中，"选择数据"用于指定创建图表的数据系列（当数据系列较多时，可只为选定系列建立图表）；"切换行/列"用于改变数据系列的组织方式，将数据系列的组织方式由行方式改为列方式，或列方式改为行方式，实际上提供了从不同视角分析数据的方法。例如，在图 8-3 中，左图以行方式组织数据系列（即每行数据是一个系列），提供了各季度两种图书的销售对比情况；右图以列方式（每列为一个数据系列）组织数据系列，提供了两种图书各季度的销售情况。单击图 8-2 中的"切换行/列"图标，可以在两图之间进行转换。

3. 更改图表类型

Excel 提供了柱形图、折线图、饼图、散点图等 16 种类型，某些类型还包括若干子类型。例如，散点图包括带平滑线和数据标记的散点图、带平滑线的散点图、气泡图等 7 个子类。"更改图表类型"功能提供了将当前图表类型转换成其他类型的简便方法。单击图 8-2 中的"更改图表类型"，Excel 将列出所有的图表类型，从中选择某类型的子类型后，当前图表就会转换成选定的图形类型。

4. 移动图表

移动图表功能用于将选定图表移动到独立的一幅图中，建立一个只有图没有表的图表。移动图表不同于将图表复制到另一个工作表中。因为复制后的图表背景仍然是一个工作表，而移动图表是图表区的放大，其背景是图表区的背景而非工作表。此项功能适用于需要将图表独立保存和展示的场合。

5. 更改颜色

色彩配置是图表设计的一项基本工作，每个图表元素都可以独立进行颜色设置。"更改颜色"功能中陈列了一些配色方案，兼顾了图表各组成部分的色彩搭配和协调统一，可用于快速设置图表的颜色。

6. 图表布局

图表布局是指影响图表标题、图例、坐标轴、坐标轴标题、网格表、背景、图表标注和误差线等图表元素的选项组合，合理布局可使图表表达的信息准确、完善和美观，并能突出显示某些重要信息。

从图 8-2 可以看出，图表布局包括"快速布局"和"添加图表元素"。"快速布局"中提供了一些设计良好的样式，可以用来对图表进行初步布局，然后在此基础上进行适当调整，就能够设计出符合需求的图表。图 8-4 中的 3 个图表都是直接应用"快速布局"中的样式后的情形。

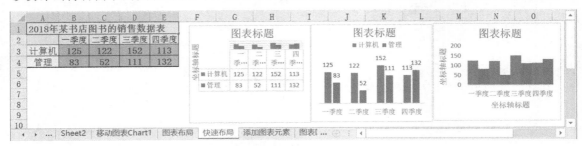

图 8-4 "快速布局"功能的应用

7. 添加图表元素

"添加图表元素"用于实现向图表中添加、删除、设置诸如图例、坐标轴标题、网格线、趋势线等图表元素的操作，是图表设计过程中应用最多的功能，其中的项目如图 8-5 所示。

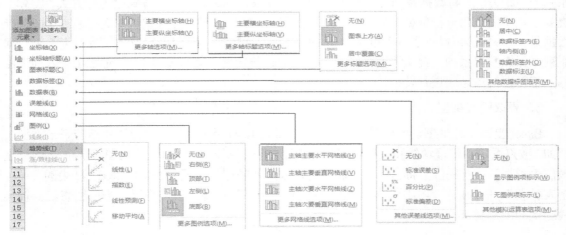

图 8-5 "添加图表元素"功能列表

各项目设置列表中的"无"用于取消对应条目的设置。例如，在"图例"列表中选中"无"，就不会在图表中显示图例；选择"右侧"时，就会在图表的右边显示图例（即使之前没有显示图例）。

（1）坐标轴、坐标轴标题、网格线

"坐标轴"用于设置与取消坐标轴的显示。图 8-6(a)设置了"主要纵坐标轴"，取消了"主要横坐标"，图 8-6(b)的设置正好相反。

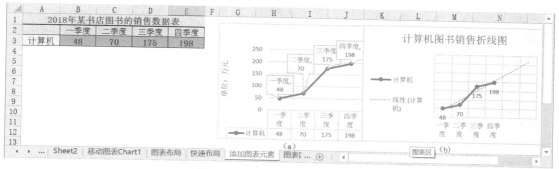

图 8-6　添加了图表元素的图表

"坐标轴标题"用于设置与取消坐标轴标题的显示。图 8-6(a)设置了"主要纵坐标轴"的标题为"单位：万元"，横坐标则没有设置标题。

网格线是水平和垂直坐标轴刻度的延长线形成的网格，有着定位和标记数据大小的作用，在图表中可以隐藏或显示它们。图 8-6(a)中设置了"主轴主要水平网格线"，图 8-6(b)中设置了"主轴主要水平网格线"和"主轴主要垂直网格线"。

（2）图表标题、数据表

"图表标题"用于设置与取消图表标题的显示，"数据表"用于设置是否在图中显示表。图 8-6(a)中取消了图表标题，设置了数据表，图 8-6(b)则正好相反。

（3）图例

图例用于设置在表中是否显示图例及其在表中的位置。图 8-6(a)设置图例选项为"无"，图 8-6(b)则将图例设置在图表的"左侧"。

（4）误差线和趋势线

这两类图表元素多用于管理领域的数据分析。误差线主要显示系列中每个数据点相对于指定误差量的误差范围。趋势线则用于时间序列的图表，根据现有数值按照统计学的方法（如移动平均、线性预测、指数法等）预测未来一段时间的数值。图 8-6(b)中的虚线就是根据现有 4 个季度制作的线性趋势线，有助于了解图书未来一段时间内的销售量是否增加。

（5）数据标签

数据标签包括标注和标签，两者的内容基本相同（通过格式化设置其内容），但标注是图形方式，标签是文本方式。"数据标签"功能用于在图表中设置标签的显示与隐藏，以及标签的位置。图 8-6(a)中添加了标注（各数据点上方的标注框），图 8-6(b)添加的是标签（数据点下方的数字）。

8.1.3　图表格式化

图表格式化是另一项常用图表处理技术，用于对各图表元素进行填充、色彩处理、字体设置、类型调整等操作，许多功能与图表设计大同小异，多数能通过前面介绍的图表设计方法实现，但某些功能只能通过图表格式化功能才能完成。不同图表元素的格式化过程相同，内容方面存在一定的差异，但基本上包括"填充与线条"和"效果"两项功能，另一些内容则与图表元素有关系，如坐标轴有"坐标轴选项"条目，其他图表元素没有这项功能。

图表格式化功能是针对每个图表元素的。在 Excel 2016 中，当格式化某个图表元素时，双击该图表元素就能显示它的格式化功能任务窗格。另外，右击要格式化的图表元素，再从弹出的快捷菜单中选择"设置 XX 格式"（XX 是图表元素的名称），也能够显示出格式化功能任务窗格。当已经显示出格式化任务窗格时，单击任一图表元素，任务窗格的设置就对该图表元素有效。

1．填充和线条

填充和线条 ⬥ 改变的是图表元素的内部颜色和边框，如图 8-7(b)所示。

"填充"用于设置图表元素内部区域的格式，主要用色彩、图片、纹理或渐变色对图表元素进行背景填充。渐变是颜色或纹理的逐渐过渡，通常是从一种颜色过渡到另一种颜色，或者从一种底纹过渡到同一颜色的另一种底纹。

边框用于对图表元素的轮廓进行填充，包括采用的线条类型（如实线、无框线、虚线等），以及端线和末端线条的类型、颜色、透明度等设置。

在图 8-7(a)中，上面的折线图采用了"浅蓝色"对图表区进行了"填充"格式化，下面的折线图对图表区域实施了"无填充"格式化，整个折线图好像是直接画在工作表中一样。通过两者的比较，可以看出填充格式化对于图表的重要性。

2．效果

填充只影响图表元素的内部或正面，效果 ⬠ 则可更改图表元素的外观，在 Excel 2016 中可以向图表元素添加单个效果，也可添加三维效果的组合。图 8-7(c)是图表区域的效果格式化任务窗格，包括：阴影、发光、柔化边缘、三维格式。在图 8-7(a)中，上面的图表区域采用了黄色的阴影，并运用了发光效果。

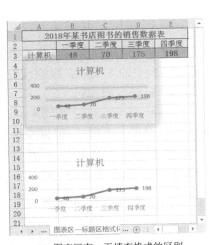

(a) 图表区有、无填充格式的区别

(b) 填充与线条格式　　(c) 效果格式

图 8-7　填充和效果格式化功能

3．图表区格式

图表区是图表的全部区域，整个图表的全部元素都包含在其中。图 8-7(b)和(c)显示的是图表区的格式化功能。可以看出，图表区域格式化的主要包括如下内容。

① 图表选项：用于对图表区域内的图形进行格式化。其内容有 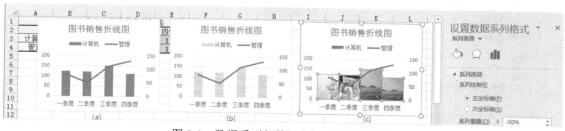、□ 和 ▥（属性）。填充和效果的功能如上所述。属性用于设置图表的大小、位置和单元格的对应关系。

② 文本选项：用来对图表内的文本（如标题、标签等）进行格式化，其中包括 ▲（文本填充）、 Ⓐ（文本效果）、 ▤（文本框，用于设置文本横排、竖排等）三项格式化功能。通常会使用包括文本的实际元素（如标题）的格式化功能，而很少使用"文本选项"格式化功能。

4．标题区格式

图表标题的格式化易被忽略，实际上非常重要，设计良好的标题能够凸显图表意义。在默认情况下，插入的图表标题内容通常不正确，标题大小、位置、所占图表区域大小都有问题。图表标题的格式化任务窗格内容与图表区域格式化任务窗格完全相同，此处不再赘述。

5．绘图区格式

只有 □ 和 □ 两项功能，用来对绘图区域的背景和边框进行填充和效果设置。

6．图例格式化

图例格式化具有图例填充、效果、文本选项和图例选项格式化标签，其中前三项与图表区格式化的任务相同，图例选项用于设置图例在图表中的位置。

7．数据系列、数据点格式

数据系列和数据点使用同一套格式化功能，包括 □ □ ▥，如图 8-8 所示。其中，填充、效果的功能与前面各图表元素相同，系列选项用来设置系列绘制的坐标轴选项（主轴或次轴）和系列图形之间的距离（影响图形的大小）。图 8-8(a)是插入的原始图表，图 8-8(b)用纹理填充了柱形数据系列，图 8-8(c)用不同的图片分别填充了柱形系列的数据点，并设置了柱形数据系列的"分类间距"为 0，各柱形显得较"宽"，因为各柱形之间的间隔为 0。

图 8-8　数据系列与数据点格式化功能应用

8．坐标轴格式化

坐标轴对图表影响很大，是图表中各数据点图形大小和位置绘制的依据，设计不当，可能使图表信息失真。坐标轴格式化功能如图 8-9 所示，其中"文本选项"和坐标轴选项中的 □ □ ▥ 与其他图表元素相同。而 ▥（坐标轴选项）包括如下功能。

① 坐标轴选项：设置坐标轴刻度值的大小范围、单位大小、是否显示单位，以及与另一条坐标轴的交叉位置。

② 刻度线：设置是否在坐标轴上显示刻度标记，以及标记的位置（标尺外或内，靠近绘图区为内，另一个方向则为外）。

③ 标签：设置坐标轴的标记（如图 8-9 纵轴上的数字）的位置。

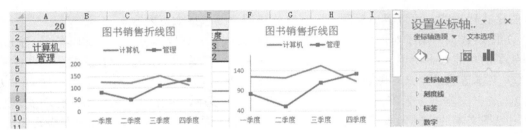

图 8-9　坐标轴格式化功能应用

④ 数字：设置标记数字的格式。

某些图形功能只能通过坐标轴格式化功能才能实现。例如在图 8-9 中，左图是 Excel 2016 中插入的原始折线图，没有 Y 轴，第一个数据点没有落在 Y 轴上，且 Y 轴刻度范围较大，使得折线被"压扁了"。右图则通过"坐标轴选项"设置了 Y 轴"边界"的"最小值"为 40，"最大值"为 140，设置了 X 轴的"坐标轴位置"为"在刻度线上"（原为"刻度线之间"）。

8.2　图表建立的一般过程

创建 Excel 图表的一般过程为：对原始数据表进行分析，提炼出需要通过图表表达的主题，再根据主题选择恰当的图表类型，然后概括图表类型的要求制作用于绘图的数据源表，最后用数据源表插入图表，并对图表进行格式化和美化。例如，某商场要分析商品的周、月、季的销售情况，需要先从商品每天的销售记录日志中，通过分类、汇总、筛选等方式，提炼出周、月、季或年的销售统计表；如果分析每个月的销售总额，并确定用柱形图进行对比，就需要对销售日志进行汇总统计，制作每月商品销售总额的数据源表，再据此数据表插入柱形图，最后对柱形图进行格式化和美化设计。

图表设计各步骤的复杂程度取决于图表的类型、复杂度、精美度要求等诸多因素。现以下面的图表创建为例，简要介绍在 Excel 中创建图表的基本步骤和需要注意的主要事项。

【例 8.2】　某地产公司 2018 年销售数量及平均房价如图 8-10 的单元格区域 A1:M4 所示。建立图表，对各月的房价和销量进行分析。

8.2.1　插入初始图表

图表是根据数据源表自动生成的，建立图表的首要任务是设计并建立数据源表。数据源表的建立并非总是很简单，有时需要精心设计。图 8-10(a)中柱形图的建立过程如下。

<1> 输入图 8-10 中 A1:M4 区域的数据，并对它进行格式化处理。

<2> 选中该区域，或单击其中任一非空单元格，单击"插入"→"图表"→ ▮▮▪ ，并从弹出的列表中选择"二维柱形图"→"簇状柱形图"，则根据 A1:M4 数据源表生成图 8-10(a)所示的柱形图。

8.2.2　图表设计

由 Excel 根据数据表生成的图 8-10(a)非常粗糙，几乎没有什么用途。存在的主要问题如下：
① 标题不对；② 布局不合理，如绘图区、图例、坐标轴等大小不当、比例失调，位置欠妥；
③ 坐标轴与整个图表不协调；④ 信息失真，由于销售数量与销售均价的计算方式不同，数值

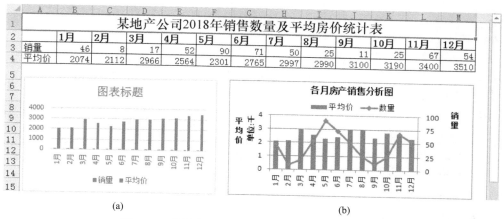

<table>
<tr><td colspan="13" align="center">某地产公司2018年销售数量及平均房价统计表</td></tr>
<tr><td></td><td>1月</td><td>2月</td><td>3月</td><td>4月</td><td>5月</td><td>6月</td><td>7月</td><td>8月</td><td>9月</td><td>10月</td><td>11月</td><td>12月</td></tr>
<tr><td>销量</td><td>46</td><td>8</td><td>17</td><td>52</td><td>90</td><td>71</td><td>50</td><td>25</td><td>11</td><td>25</td><td>67</td><td>54</td></tr>
<tr><td>平均价</td><td>2074</td><td>2112</td><td>2966</td><td>2564</td><td>2301</td><td>2765</td><td>2997</td><td>2990</td><td>3100</td><td>3190</td><td>3400</td><td>3510</td></tr>
</table>

图 8-10　某地产公司 2018 年销售数量及平均房价

差别太大，销量的"柱子"太短，在图中几乎看不到；⑤ 标题及分类轴的字体不美观……

处理这些问题是图表设计的任务，需要通过 Excel 的图表设计或图表格式化功能才能解决。图 8-10(b)是对图 8-10(a)进行设计和格式化处理后的图表，能够更准确、直观地表达 2018 年房产销售数量和销售均价的信息，其设计过程如下。

1．确定图表类型

图表设计的首要任务是选择正确的图表类型，如果类型选择不恰当，不但不能准确地反映数据之间的关系，甚至会提供虚假或错误的信息。对于像图 8-10(a)这类包含两个以上的数据系列，并且不同系列之间的度量单位不同，数值差距大的图表，适宜采用双轴图表。其中有巨大差距的数据系列绘制在次坐标系中，并用不同的图形表示。

图 8-10(b)是由图 8-10(a)转换而成的双轴图，主轴 Y（左边）用于标记平均价，次轴 Y（右边）用于标记销售数量。显然，图 8-10(b)更能够反映各月销量和平均价的对比情况。其实现过程如下。

<1> 单击图 8-10(a)的图形区域，显示图表的"设计"选项卡（平时隐藏，当图表被激活时才显现出来），单击其中的"更改图表类型"；或右击图表区域，从弹出的快捷菜单中选择"更改图表类型"，显示如图 8-11 所示的对话框。

<2> 在"数量"下拉列表中选择"带数据标记的折线图"，并勾选"次坐标轴"复选框，即用右边的 Y 轴度量和绘制该折线图。

<3> 在"平均价"下拉列表中选择"簇状柱形图"，不勾选"次坐标轴"复选框，Excel 将用左边的 Y 轴度量和绘制该柱形图。

2．设置图表标题

在默认情况下，图表的标题为"图表标题"，如图 8-12 所示。可以将它修改为需要的文字，双击该区域，将其中的文字修改为"各月房屋销售分析图"，作为图表的标题。

3．设计图例

图例是一种重要的图表元素，不仅是图表数据系列所用图形的一种标注，还可以通过修改它来改变对应数据系列的图形大小、颜色、三维显示方式和填充形式。可以说，每个数据系列的形状和大小是根据图例绘制的。

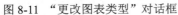

图 8-11 "更改图表类型"对话框

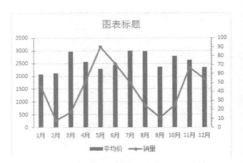

图 8-12 房屋销售双轴图

图例设计包括图例标注的位置调整和数据系列图形大小、颜色、填充方式、三维特征设计等内容。对比图 8-13 中的两个图表，差异似乎很大。实际上，右图只对左图图例的位置和图例特征进行了下面的简单处理，其他方面未进行任何修改。

<1> 激活图表（单击图表区），选择"设计"→"图表布局"→"图例"→"顶部"，将图例的位置调整到图表上边。

<2> 增加"平均价"柱形图的宽度并修改颜色。

双击图例，显示如图 8-13 右侧的"设置图例项格式"任务窗格。在这种情况下，任务窗格可能针对整个图例对象（包括平均价和销量），即其中的设置对这两个数据系列都有效。再次单击图例中的"平均价"，有 4 个空心圆圈围绕在它的周围就表明只选中了它，然后进行下面的操作：单击"图例项选项"→🎨，然后在"填充"列表中选中"纯色填充"，在"颜色"中选择"红色"；在"边框"列表中选中"实线"，在"颜色"中选中红色，将"宽度"设置为8磅（如图 8-13 所示）

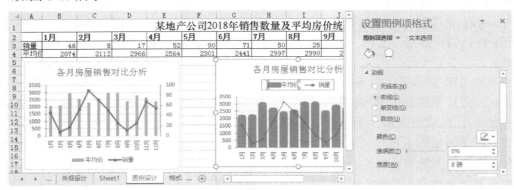

图 8-13 图例引起的图表外观变化

<3> 修改"销量"图例的宽度和线型。用上述方法将"销量"图例的"边框"设置为"实线"，"宽度"设置为 3 磅，"箭头末端类型"设置为➡。

4. 设计坐标轴

坐标轴对于图表的外观显示和意义表达的清晰性起着决定性作用,设计良好的坐标轴能够控制数据系列的数字显示范围,通过坐标轴原点设置或刻度值的变化来改变系列的图形外观。坐标轴设计的内容包括：刻度大小和范围设置，对齐方式，起点设置等。在图 8-14 中，左图是原始的双轴图，其问题有：主、次 Y 轴与数据系列的对应关系不明确，左、右 Y 轴刻度的标记位置不同，左轴的标记数字太大……整个图表较为杂乱，没有右图简明清晰。

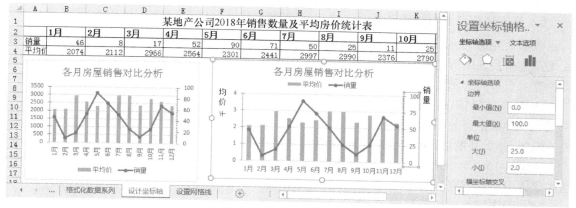

	A	B	C	D	E	F	G	H	I	J	K
1					某地产公司2018年销售数量及平均房价统计表						
2		1月	2月	3月	4月	5月	6月	7月	8月	9月	10月
3	销量	46	8	17	52	90	71	50	25	11	25
4	平均价	2074	2112	2966	2564	2301	2441	2997	2990	2376	2790

图 8-14　图表坐标轴设置

图 8-14 右图仅对左图进行了两处修改：① 把图例位置设置为顶部；② 对 Y 轴进行了格式化。Y 轴格式化的方法如下。

<1> 双击左边的 Y 轴（主轴），出现"设置坐标轴格式"任务窗格（见图 8-14）。

<2> 修改 Y 轴的刻度单位为千。单击 坐标轴选项 ▼ → ▐▌▌，然后在"显示单位"列表中选择"千"，同时勾选"在图表上显示刻度单位标签"复选框。

<3> 设置主（左）、次（右）Y 轴的刻度线齐平。原理是：在左、右 Y 轴表示的刻度值范围内，两轴具有相同的刻度个数。实现过程如下。

① 设置刻度数值范围。在显示"设置坐标轴格式"任务窗格后，单击右 Y 轴（此后任务窗格的设置就针对右 Y 轴了），展开"坐标轴选项"，在"边界"列表中有"最小值"和"最大值"文本框，分别对应 Y 轴的起点和终点刻度值，即确定了 Y 轴刻度值的范围。在图 8-14 中，右轴表示销售数量，表中最大销售数据为 90。因此，可以在"最小值"中输入 0，在"最大值"中输入 90。但是，为了让最大值的数据点不落在绘图区的边线上，可以输入比实际值略大的一个数字，这里输入 100。

② 设置刻度值单位。在"单位"→"主要"中输入 25，"次要"中的单位数字可忽略。

③ 按照同样的方法设置左 Y 轴（主轴）的"最小值"为 0，"最大值"为 4000，"单位"中的"主要"为 1000。

注意：坐标轴的数值范围和主要刻度单位设置好后，该轴的刻度个数就确定了。在本例中，次轴的刻度范围为 0～100，在 25 的倍数处有刻度，共有(100-0)/25=4 个刻度（不包括起点刻度 0）。因此，若使主、次轴上的刻度对齐，主轴（左边的 Y 轴）上也应该有 4 个刻度。若指定其刻度值范围为 0～4000，主要刻度值=(最大值-最小值)/刻度数=4000/4=1000，则主要刻度单位应该为 1000；同理，若其刻度范围为 200～3400，则主要刻度单位=(3400-200)/4=800。

当然，在双轴图中，先确定主轴的刻度个数，再将次轴的刻度个数设置为相同数字，也能够使双轴图的刻度线齐平。

<4> 为主、次坐标轴添加说明文字。在图 8-14 中，主、次 Y 轴旁的标注"平均价"和"销量"是插入的文本说明，使坐标轴意义明确。其添加方法是：图表激活后，单击"格式"→"插入形状"→ ▣，分别在主、次 Y 轴旁边插入一个竖排文本框，然后修改其中的文字，调整大小和位置。

5. 格式化数据系列和数据点

数据系列是 Excel 图表设计的一项重要内容，主要内容有数据系列标签的添加、隐藏和格式化，数据系列图形的类型更改、大小和间距设置、美化（用图片、纹理、背景、三维技术、彩色等填充系列的图形及边框）。

此外，可以只对构成系列的单个数据点进行格式化。比如，具有特殊意义的数据点可以采用大小或形状不同的图形表示，也可以用不同的图案填充，设置数据标签等，使之在图表中"独树一帜"，异于其他数据点，便于人们获取其中信息。

在图 8-15 中，通过数据系列格式化，用销售的楼盘图像对其中的柱形进行了填充，同时增加了图中柱形的宽度，对最大销量进行单独处理。

（1）用图像填充数据系列

在画笔中打开填充图像，选择图像区域并复制，如图 8-16 所示。然后单击 Excel 图表中要填充的数据系列（本例单击图 8-15 中"平均价"系列对应的柱形），按 Ctrl+V 组合键，或者选择"开始"→"剪贴板"→"粘贴"。

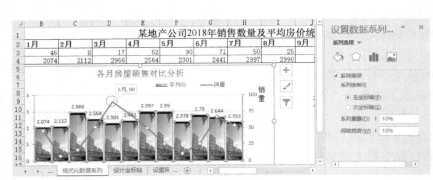

图 8-15　格式化数据系列　　　　　　　　图 8-16　填充原图

此外，可以通过格式化功能直接用图片文件填充数据系列，方法如下。

<1> 显示"设置数据系列格式"任务窗格，见图 8-15。

<2> 选中要用图片填充的数据系列（单击它即可），单击"设置数据系列格式"→  →"文件"，在弹出的"插入图片"对话框中选择填充的图片文件。

（2）设置数据系列图形的宽度

图 8-13 介绍了通过图例增加数据系列图形宽度的方法，实际上采用数据系列的格式化功能实现此操作更简便。

<1> 单击图 8-15 中"平均价"系列的柱形（选中该系列）。

<2> 单击"设置数据系列格式"→ ▮▮ → ◢ 系列选项 ，然后在"分类间距"文本框中输入 0～500 之间的一个数字（会被自动转换为百分比），见图 8-15。数字越小，相邻数据点的图形就挨得越近，其图形就越宽；分类间距为 0 时，相邻图形就连接在一起了。

（3）改变数据系列的颜色

数据系列图形的边框和内部的颜色都可以修改，而且可以设置为不同的颜色，方法是：单击"设置数据系列格式"→ ◇ → ◢ 填充 → ○ 纯色填充(S) （或 ○ 渐变填充(G) ）→ 颜色(C) ，然后在"颜色"的下拉列表中选择需要的颜色。

对于点线结合的数据系列图形（如带标记的折线图），还可以分别对数据点标记和连线进行格式化，如设置不同的颜色和填充图形。在图 8-15 中，将销售量折线图中的线设置为红色，并修改了数据点标记的颜色和形状。

<1> 显示"设置数据系列格式"任务窗格，再单击图 8-15 中的折线（即选中该系列）。

<2> 单击 ⬧ → ∿ 线条 → 线条 → ⊙ 实线(S)，然后在"颜色"的列表中选择红色。

<3> 单击 ⬧ → ∿ 标记 → ◢ 数据标记选项 → ⊙ 内置，然后在"类型"的列表中选择"棱形"，在"大小"中输入"8"。

（4）数据点的个性化设计

对于具有特别意义的数据点，如最大值、最小值、异常值等，可以从颜色、形状、大小、填充图案等方面进行单独设置，使之与其他数据点形成鲜明的对比，易被人们识别。如图 8-15 中对最大销量数据点进行了独立格式化，其设置过程如下。

<1> 显示"设置数据系列格式"任务窗格后，单击销量折线图，再单击数值是大的数据点（五月），即只选中该数据点。

<2> 单击 ⬧ → ∿ 标记 → ◢ 数据标记选项 → ⊙ 内置，然后在"类型"的列表中选择"圆"，在"大小"中输入"18"，并在"填充"列表中选择"无填充"。

（5）设置数据点标签

在某些类型的图表中，为数据系列或数据点添加标签会使图表意义更加清晰。标签主要包括标签和标注两类。在图 8-15 中，为"平均价"系列（柱形图）添加了标签，为折线图的五月销售数据点添加了标注。可以看出，标注使用了图形，而标签是文本形式的。两者包括的内容则没有什么区别，通常包括：数据系列名称，数据点对应的分类名称，数据点值，可以是其中的某项，或者三者的任意组合。图 8-15 中数据标签的设置方法如下：

<1> 右击任一柱形（选中该系列），然后选择"添加数据标签"→"添加数据标签"。

<2> 双击折线图中的五月数据点（只选中该数据点），再右击该数据点，从弹出的快捷菜单中选择"添加数据标签"→"添加数据标注"。

注意：通过标签的格式化功能可以增加或减少标签中的内容，更改标注的图形。

6．设置网格线

网格线是坐标轴刻度线的延伸，为数据点的类别和大小起到了标记作用，易于人们在图表中定位和分析数据。但是，网格线需要根据图表类型和实际情况慎重应用，过多的网格线会使图表显得混乱，太少了又不便于人们辨别数据。在图 8-17 中，左图设置了主、次 X、Y 轴的水平和垂直方向的网格线；右图只设置了主、次 Y 轴的主要水平网格线，更为清晰合理。

网格线的设置方法是：选择图表，依次单击"设计"→"图表布局"→"添加图表元素"→"网格线"，再从弹出的列表中选择需要的网格线设置选项。

7．设计图表外观

外观设计是对前面诸步骤的综合处理，目的是使图表看上去更精美，主要任务是对图表区及其中的图表元素进行颜色搭配、字体设置、位置摆放、三维设计、阴影处理、坐标轴标记和刻度及标识设置、网格线的设置与取消、背景填充（前面提到的图例、绘图区、图表区域、标题等图表对象都可以单独进行配色美化）等处理，使图表既能准确地表达出它的含义，又能让人赏心悦目。

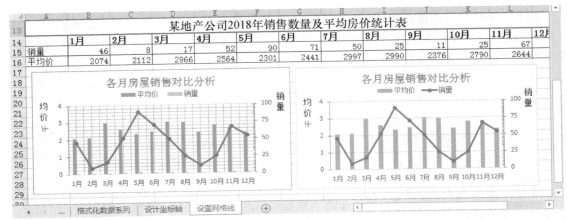

图 8-17 设置网格线

外观设计不仅是一门技术，更是一门艺术。实际上，Excel 的图表功能并不逊色于许多专业图表工具，不少人用它设计出了专业级的图表。为了提高图表外观设计的效率，Excel 为各类图表都提供了许多外观设计良好的图表样式，其中有二维样式，也有三维图形的样式，从黑白到彩色图表样式应有尽有。在图表设计过程中，可以优先应用这些样式设置图表外观，再根据需求进行适当调整，就能较快地设计出精美的图表来。

图 8-18 是房屋销售图表的外观设计对比，图(a)仅对原插入图表进行了大小调整；图(b)则运用了 Excel 提供的双轴线图表样式 5，将图例摆放在上边，并对图例使用了"格式化"功能区中的"预设"样式。

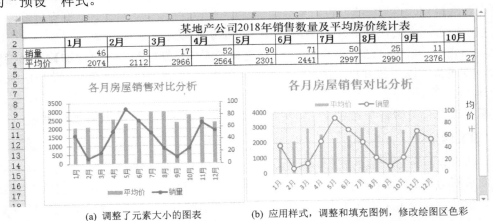

(a) 调整了元素大小的图表　　　(b) 应用样式，调整和填充图例，修改绘图区色彩

图 8-18　某公司房屋销售分析图表的外观设计

在 Excel 2016 中，图 8-18(b)的外观设计过程如下。

<1> 单击要应用图表样式的图表，显示出"设计"选项卡。

<2> 在"图表样式"组中单击"样式 5"。如果列出的图表样式都不合适，单击"图表样式"组右边的 ▼ 按钮，显示该类图表的全部样式，再从中选择需要的样式。

<3> 选择图 8-18(b)中的图例，再单击"格式"→"形状样式"，从下拉列表中选择"预设"中的"透明-水绿色，强调颜色 5"。

在图 8-18(b)的基础上，再对图表的网格线、数据系列图形的宽度、标签、颜色，以及图例、坐标轴等进行格式化，完全可以制作出精致实用的图表。

8.3 图表类型与基本用法

Excel 提供了丰富的图表类型，包括柱形图、折线图、饼图、条形图、面积图、XY 散点图、股价图、曲面图、雷达图、树状图、旭日图、直方图、箱形图、瀑布图、漏斗图、组合图等，每种图表类型又包括多种子类型。这些图表类型已与前期版本有了不小变化，增加了一些适应当前数据分析需求的新型图表，如瀑布图、漏斗图、树状图等；一些逐渐少用的图表则被排除在外，如锥形图、蜡笔图等。

具体采用哪种类型的图表，要根据实际情况确定，因为不同的图表类型有不同的特点和用途。下面对常用的图表类型及其应用方法进行简要介绍。

【例 8.3】 某蔬菜小店在 Excel 中统计各类蔬菜的销售汇总数据，如图 8-19 的 A:B 区域所示。现以此数据为基础制作图表，借此认识与理解 Excel 的基本图表类型和制作方法。

1. 柱形图和条形图

柱形图和条形图主要用于表示各项目之间的对比分析，或者一段时间内的数据变化情况。柱形图通过高低不同的"柱子"对比数据，即直方图。条形图与柱形图没有本质的区别，只是观察数据的方向不同，通过水平方向"柱子"的长短比较数据的大小。

柱形图演化出了堆积柱形图、堆积百分比柱形图两种形式，用于单个项目与整体的比较情况；可以把不同项目之间的关系描述得更清楚。两者本质相同，区别在于前者比较的是绝对数值，后者比较的是百分比。此外，柱形图中的各类图都有三维形式。图 8-19 是柱形图和条形图的示例，其中后两图的数据系列进行了排序。

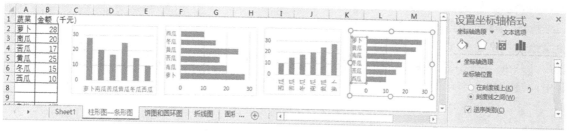

图 8-19 柱形图和条形图设计

基本设计方法：如果柱形图或条形图只是强调项目之间的大小比较，适用于数据点不多的情况，如果数据点较多就应当选用其他图形。作图前，适宜先对数据源表进行排序，然后再插入图表。当分类标签很长时适宜选用条形图，且将分类标签置于条形之间的空白处。条形图适宜将最长的条形放于上方，这样可以使图表清晰自然，不致太零乱。此外，可以通过"系列格式化"适当减少"分类间隔"，使"柱子"或"横条"不致太细而有损美观。

注意：在 Excel 中根据数据表插入条形图时，条形图的次序总是与原数据表的次序相反。双击纵坐标轴，通过"设置坐标轴格式"任务窗格，选择"坐标轴选项"→"坐标轴位置"→"逆序类别"，就能够反转条形图次序，保持图形与表中数据一致的次序。

2. 饼图和圆环图

饼图强调总体与部分的关系，常用来表示各组成部分在总体中所占的百分比，面积越大占比越多。饼图有复合饼图、复合条饼图、圆环图等子类型。图 8-20 是饼图和复合饼图的样例图。圆环图和饼图的原理相同，功能差不多，区别在于饼图只能对一个数据系列进行比较，而圆环图能够处理多个数据系列。

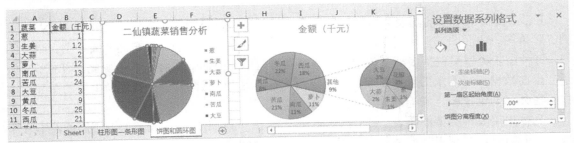

图 8-20　饼图设计

基本设计方法：在制图前先对数据系列排序，通过数据系列格式化功能将第一扇区（数据最大的扇区）的起始角置于时钟 12 点位置，同时添加数据标签，略去图例，这样可使图表清晰。同一饼图中数据点不宜过多，超过 6～7 个时，就应当选择其他图形，或者复合饼图与复合条饼图。图 8-20 中，左图的数据点较多，所以无法看清楚其中占比较少的生姜、大蒜、葱、大豆的对比情况，它们总共的占比为 9%；右图将这类占比非常小的数据点独立到子饼图，就清晰多了。

3．折线图

折线图用于表示随时间变化，数值的大小、波动及发展趋势的情况，主要描绘事物随时间推移的发展变化情况。其分类轴（X 轴）几乎总是表现为时间，如年、季度、月份、日期等，纵轴则表示数值的大小。折线图具有堆积折线图、百分比堆积折线图、带数据标记的折线图、三维折线图等子类型。堆积折线图中第一个数据系列与折线图中的对应系列相同，然后以它为参照绘制第 2 个数据系列，数据点绘制在两个系列对应数据点的总和位置，再按此方法绘制其余数据系列。图 8-21 是用折线图和堆积折线图对水果和蔬菜销售数据进行分析的情况，可以看出，蔬菜在上半年的销售呈现下降趋势，而水果则呈上升态势。

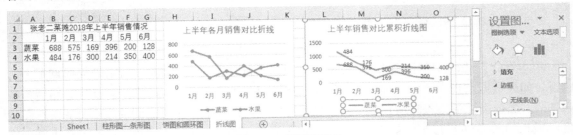

图 8-21　折线图设计

基本设计方法：在分析时间对数据变化的影响时应当考虑使用折线图，如产品销量分析、网站点击率与时间联系分析等。某些折线图应当通过坐标轴格式化将起点绘制在 Y 轴上；标签只适合添加到数据点较少的折线图中，在数据点较多的折线图中添加标签只会使图表显示混乱。堆积折线图主要用于对比多个数据系列随时间变化的整体趋势，以及在该整体趋势下各数据系列随时间点的数值变化情况。从图 8-21 中的堆积折线图（右图）可以看出，"张老二"的销售总体上（水果系列的折线）呈下降趋势。

4．面积图

面积图用于描绘随着时间的变化，数值的大小、变化波动和发展趋势等情况。面积图与折线图的功能基本相同，并且可视效果更好。面积图也具有堆积面积图、百分比堆积面积图，以及它们的三维图版本。图 8-22 是用面积图和堆积面积图表示图 8-21 销售数据的情形，图 8-22(c)是堆积面积图，可以看出它比图 8-21 中的堆积折线图效果更好。

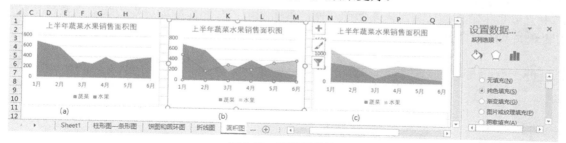

图 8-22　面积图设计

基本设计方法：面积图适合不多于两个数据系列的趋势比较，尤其用堆积面积图表对各数据系列总和的变化趋势，以及单个系列与各系列总和的趋势进行对比时，效果更佳。但是，当对多于两个的数据系列进行趋势分析时，更适宜用折线图。此外，在面积图中，前面的数据系列容易遮挡后面的数据系列，如图 8-22(a)所示；可以对前面的数据系列进行格式化，采用"纯色填充"，并设置该数据系列的"透明度"为 50%以上，就能够看清楚后面被遮挡的数据系列，如图 8-22(b)所示。

5．雷达图

雷达图形如蜘蛛网，也称为蜘蛛图，常用于一个或多个数据系列在多个类别之间进行比较，以及单个数据系列与整体之间的关系分析，特别适合数据系列之间的综合比较。在雷达图中，每个分类都有自己的数值轴，每个数值轴都从中心向外辐射。同一数据系列的数值之间用折线相连，连接数据点的折线定义了该数据系列所覆盖的区域，有雷达图、带数据标记的雷达图、填充雷达图三种。图 8-23 是表示 A、B、C 三种产品所包含的维生素含量的雷达图和填充雷达图，可以看出，A 产品的折线所包围的面积最大，所以它的营养成分最高。

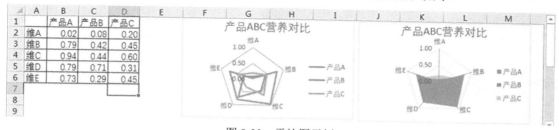

图 8-23　雷达图示例

基本设计方法：在对一个或多个数据系列的多个指标（属性）进行分析时，雷达图分析法可以找出单个系列的优势和薄弱环节，实现对多个系列的综合比较（见图 8-23）。如对企业经营情况进行系统分析，需要从企业的经营收益性、安全性、流动性、生产性、成长性等方面分析企业的经营成果，就适合用雷达分析，因为从图上就可以看出企业经营状况的全貌，找出经营的薄弱环节。当数据系列小于 3 个时，适合选用填充雷达图；多于 3 个时，则应选用雷达图。

6．散点图

散点图主要用来分析两个具有影响关系的数据系列之间的关系，描绘因变量随自变量而变化的大致趋势，是统计学中经常用来反映因变量与自变量两者是否具有相关性，以及相关程度如何的图表。因此，散点图应当包括两个数据系列，分别对应自变量和因变量，具有散点图、带平滑线的散点图、带平滑线和数据标记的散点图、带直线的散点图、气泡图等子类型。图8-24是分析年龄和脂肪含量关系的散点图，最右边的散点图还添加了趋势线，以及自变量和因变量关系的拟合公式，据此公式可以预测其他年龄的脂肪含量。

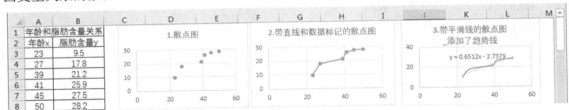

图 8-24　用散点图分析年龄和脂肪含量的关系

气泡图虽然是散点图的一种子类型，但与其他散点图存有差异。其他类型的散点图只需要 X、Y 两个数据系列，分别确定数据点在 X、Y 轴的大小。但气泡图需要 X、Y、Z 三个数据系列，Z 用于确定气泡的大小。图8-25是某饮品市场分析的气泡图。

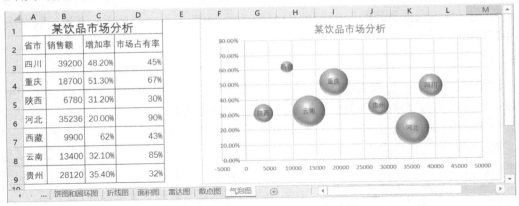

图 8-25　用气泡图进行产品市场分析

基本设计方法：分析某个产品两个属性之间的相关性，可以选用散点图，如居民收入与购车相关性研究等；分析三个属性之间的相关性，如研究产品的销售规模、增长率和市场占有率，应当选用气泡图。

7．其他图表

此外，尚未被介绍的其他 Excel 图表包括股价图、曲面图、直方图、箱形图、树状图、旭日图、瀑布图、漏斗图等，其中后几种图表是为适应当前电商及网络应用数据分析而增加的新型图表。

8.4　迷你图

迷你图是直接显示在工作表单元格中的一种微型图表，是自 Excel 2010 版才开始引入的一项新型图表技术，只提供了折线迷你图、柱型迷你图和盈亏迷你图 3 种。

迷你图比较简单，没有纵坐标轴、图表标题、图例、数据标识和网格线等图表元素。从本质上看，迷你图算不上真正的图表，仅仅是单元格中的一个背景图。在一个具有迷你图的单元格中还可以输入文字、设置填充色，以及进行填充复制等与普通单元格无异的操作。

迷你图主要用于提供数据的直观表示，进行趋势分析（如季节性增加或减少、经济周期），突出显示最大值或最小值，或进行企业的盈亏分析等。

【例8.4】 某连锁店各分店 2018 年上半年各月的销售数据如图 8-26 中的 A1:G9 所示。据此制作迷你图，分析该连锁店各月销售的发展趋势和盈亏情况。

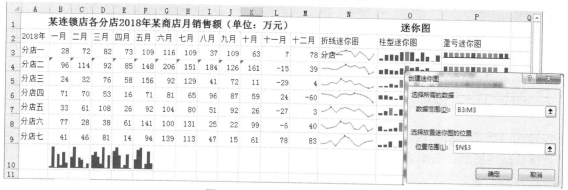

图 8-26　为数据表添加迷你图

1．创建迷你图

迷你图是单元格中的微型图表，每个单元格都可以有不同类型的迷你图。同一行或列中的迷你图还可以像公式一样被填充复制到其他单元格中。例如，在图 8-26 中，向下拖动 N3 单元格的填充柄到 N6，就可以在 N3:N6 单元格区域中插入对应行数据的迷你图。

迷你图的创建方法如下：单击"插入"→"迷你图"→ 按钮，弹出"创建迷你图"对话框（图 8-26 右）；在"数据范围"中输入源数据所在的单元格或区域，在"位置范围"中输入要插入迷你图的单元格或区域。

在图 8-26 中，N 列是插入的折线迷你图，可以发现各分店上半年的销售呈上升趋势；O 列是插入的柱形迷你图，直观显示了各商店销售额的对比情况；P 列是盈亏迷你图，水平轴上方的图标表示盈利，轴下方的图标表示亏损，可以看出，只有分店三在二月份亏损了。

2．格式化迷你图

迷你图创建后，还可以进行修改和格式化，包括：更改迷你图类型，突出显示高点和低点，修改图表样式（每种类型约有 36 种样式），设置特殊点（首点、尾点、高点、低点……）的颜色，在迷你图单元格中输入文本，进行填充等。格式化可使迷你图更加美观，信息表现力更强。

迷你图格式化的过程如下：单击迷你图的单元格，激活"迷你图工具"功能区，单击其中的"设计"选项卡，显示迷你图格式化工具按钮，如图 8-27 所示，通过这些工具按钮能够对迷你图进行各种格式化操作。

在图 8-27 中，对 N3 单元格迷你图输入了文本"分店一"，突出显示了 N 列迷你图的高点、首点、低点、尾点，对高点和低点进行了颜色设置，使之表达的信息更加清晰和直观。

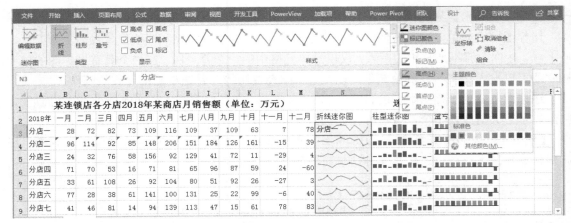

图 8-27　格式化迷你图

8.5　应用 Power Map 地图分析数据

地图是数据分析领域的一项常用技术，一般图表能够让人们看到数据之间的关系及变化趋势，而数据地图能让人们看到数据与地域之间的联系。很多时候，人们需要分析事物与地理区域之间存在的某种联系，如人口分布、动植物生长与地理环境的关系等。在 Excel 2016 中，用三维地图分析这类数据，无论在视觉上还是分析结果上，都能够取得更好的效果。

实际上，在 Excel 2003 之前的版本中具有地图功能，之后因种种原因取消了。但人们仍然通过加载各种地图插件到 Excel 中进行地图数据分析。Excel 2016 已将 Excel 2013 的 Power Map 插件内置到了系统中，可以直接用它对类似下面的问题进行地图数据分析：

- ❖ 企业产品在不同省市的销售情况分析。
- ❖ 产品收入与不同类型购买者的地域分布情况分析。
- ❖ 受地理区域改变的经济和环境因素分析。
- ❖ 流动人口影响服务地区的情况分析。

8.5.1　建立数据地图的工作表

由于数据地图是根据工作表中的数据建立的，因此要求数据表中至少有一列数据能够确定地图上的地理位置，可以是地名（如国家、省市、区县名等），也可以用地球的经度和纬度定位。当然，同一数据表中也可以有多列数据从不同角度确定地理位置，用于构造不同视角下的数据分析地图。两种常见的地图数据表结构如表 8-1 和表 8-2 所示。

表 8-1　用地名定位的地图数据表

省市名	区县名	数据列 1	数据列 1	……
地区 1	区县 1	数字 1	数字 1	……
地区 1	区县 2	数字 2	数字 2	……
地区 2	……	……	……	

表 8-2　用经度和纬度定位的地图数据表

地区名	经度	纬度	……
广州	113.23	23.16	
深圳	114.07	22.62	
……	……	……	……

在表 8-1 中，可以用"省市名"，也可以用"区县名"来确定数据在地图中的位置。地图具有自动汇总数据的能力，当用"省市名"定位数据时，它会首先对同一个省不同区县的数据

进行汇总，再用汇总数据作图。当用"区县名"在地图上定位数据时，就会直接用每个区县的数据作图。

注意，用于地图定位的地区名字必须与工作表的区县名或省市名完全相同，如新疆只能表示为"新疆维吾尔自治区"而不能表示为其他名字。例如，用于地图中的我国省市区名字包括：黑龙江省、内蒙古自治区、新疆维吾尔自治区、吉林省、甘肃省、北京市、山西省、天津市、陕西省、宁夏回族自治区、青海省、山东省、西藏自治区、河南省、安徽省、四川省、湖北省、湖南省、江西省、云南省、贵州省、福建省、广东省等。

在以县名定位的地图数据表，可以省去其中的"县"字，如"永川县"可以是"永川"。

在以经度和纬度定位地图位置的数据表中，通常也会添加"地区名"这样一列数据，这列数据不是用来确定地图上的位置，而是作为由经度、纬度确定位置的数据标签使用。

除了上面两种定位方法，Excel 2016 的三维地图还可以根据 X 和 Y 坐标、城市、街道、邮政编码、完整地址等确定数据在地图上的位置。

8.5.2　创建三维地图的一般步骤

建立好地图数据表后，就可以用它建立地图了。Excel 2016 中的地图具有三维地图（立体图）和二维地图（平面地图）两种形式，它们的制作方法和操作过程完全相同。现以某酒厂销售三维地图的创建过程为例，介绍在 Excel 2016 中创建地图的一般步骤。

【例 8.5】XX 白酒厂 2018 年各省销量和利润如图 8-28 所示，建立利润分析的三维地图。

1．建立地图数据表

根据前面的介绍，地图数据表中至少有一列是定位数据在地图上的位置的，因此可以按照图 8-28 的 A3:C23 方式建立数据表。其中，为了让 Excel 能够自动识别地图数据表区域，将第 1 行的标题和第 3 行开始的数据区域之间的第 2 行设置为空白。如果不留此空行，就应当先选中 A3:C23 区域后再插入三维地图。此外，数据表中可以包括任意多列其他数据，即使它们不被用来作图也是允许的。

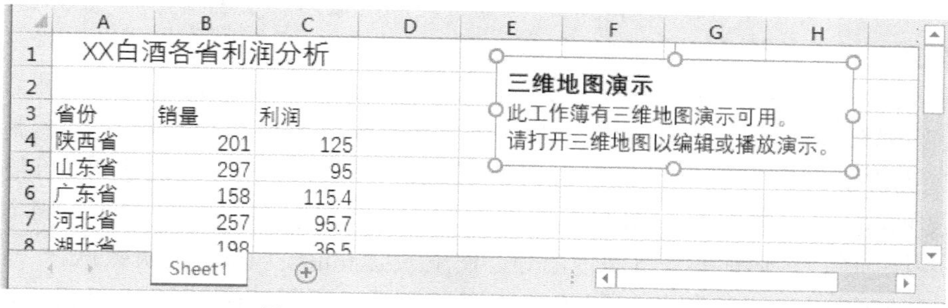

图 8-28　用省份名称定位的地图数据表

2．启动 Power Map 三维地图

建立好地图数据表，并确保地图的名称与 Power Map 中的地名一致后，就可以启动 Excel 2016 的三维地图了，过程如下。

选中 A3:C23 数据区域（或单击其中任一非空单元格），再单击"插入"→"演示"→"打开三维地图"，Excel 会启动 Power Map，进入其程序界面，如图 8-29 所示。

图 8-29　Power Map 程序界面

　　功能区下面的工作区域主要包括"添加图层""地图展示"和"地图场景列表"三部分。

　　"添加图层"任务窗格位于工作区的最右边，是地图设计的主要区域。其中 ▦ ⭢ ⬛ ● ⬜ 是 Power Map 可以创建的地图类型，分别是堆积柱形图、簇状柱形图、气泡图、热度地图（热力图）和区域图；"位置"用于设置数据在地图中的定位信息，应当是前面介绍的地名或经、纬度所在的数据列名称，"高度"应当是表示大小的数据列。

　　"地图场景列表"区域位于工作区的最左边（图中"演示 1"位置），列出在当前工作簿中建立的地图场景。一个场景就是由数据表建立的一种类型的地图或地图视频。同一数据源表可以建立柱形图、气泡图、区域图或热度图等类型的地图。

　　"地图展示"区位于工作区的中间，用于显示当前设计的地图。

　　Power Map 功能区主要提供了"演示""场景""地图"等选项卡，简要介绍如下。

　　"演示"选项卡提供了将地图制作成视频并播放的功能，视频为 MP4 格式，可以用第三方软件（如暴风影音）播放。

　　"图层"选项卡提供了数据刷新功能，当建立地图的数据表发生变化后，Power Map 不会立即更新地图，通过"刷新数据"能够更新地图。

　　"场景"选项卡提供了地图类型更改、主题修饰以及新场景创建的能力。"场景选项"可以更换地图，默认场景是世界地图，即在世界地图上定位数据表提供的地理位置并绘制地图。可以将其他地图（如中国地图、某省市的地图等）设置为场景，然后在上面绘图，以便制作出更有商业意义和实用价值的地图。"新场景"提供了用同一地图数据表建立多个不同类型地图的能力，如热力地图、柱形地图、气泡地图等，便于人们多角度观察和分析数据。

　　"地图"选项卡提供了"查找位置""自定义区域"和"平面地图"功能。单击"平面地图"能够在二维和三维地图之间进行切换，这项功能非常实用，因为某些数据在二维地图中分析要比在三维地图中更恰当，另一些则在三维地图中更有效。

　　"插入"选项卡提供了"二维图表""文本框""图例"功能，可以在三维地图中添加二维柱形图，添加文本框对某些内容提供注释，也可以添加图例。有时，在三维地图中添加二维柱形图，可以更清晰、准确地展示地图数据的意义。

　　"时间"选项卡提供了在地图中添加日程表和日期时间筛选功能。

　　"视图"选项卡提供了显示与隐藏对地图进行操作的命令，能够显示或隐藏图层任务窗格、数据表字段、演示任务窗格。在设计地图时需要显示这些内容，以便进行地图的设置，设计完成后又需要隐藏它们，否则屏幕内容太杂乱，看不清地图。

3．设置地图

需要为图层中的位置、高度和类别等项目指定来源于数据表中的数据名称，它们都在"字段列表"中列出来了，可以用鼠标把它们拖放到图层的对应栏目中。

【例8.6】 建立白酒销量和利润的柱形地图，如图8-30所示。

图8-30　创建各省份白酒销量

图8-30的建立过程如下：

<1> 单击"图层1"中的 ，选中簇状柱形图。

<2> 将"字段列表"中的"省份"拖放到"位置"下面的文本框中，然后单击"省份"右边 中的下三角形，从列表中选择"省/市/自治区"。此操作指定了通过省名称在地图上确定数据所在的地理位置。可以将多个具有在地图上定位的数据字段名称拖放到该区域，但一次只能使用一种地图定位字段，可以通过字段前面的单选按钮进行选定。

<3> 将字段列表中的"销量"和"利润"字段拖放到"高度"区域中。

<4> 通过"地图展示"区域中的 对地图进行上、下、左、右旋转，通过 进行缩放，直到满意为止。

4．增加新场景

可以在已建立的工作簿中再创建新场景，并将新场景设置为另一种类型的地图。也就是说，用同一份工作表数据可以创建多个不同类型的地图，从而达到多角度分析数据的目的。8.5.3节将为本节的数据表再创建一个带有二维柱形图的地图。

5．创建视频与播放场景

地图制作完成后，单击"演示"→"创建视频"按钮，可以将当前的地图场景制作成视频，然后在演示文稿、手机或计算机上通过播放器播放，视频格式为MP4。

此外，地图场景创建好后，单击"演示"→"播放演示"按钮，可以播放地图。在播放过程中会隐藏"数据字段""图层任务窗格"等操作对话框，全屏幕显示地图，而且可以通过鼠标操作地图。上、下滚动鼠标中间的滑轮可以放大、缩小地图，用鼠标左键向各方向拖动地图，就能够按照拖动方向旋转地图。

8.5.3　在三维地图中插入二维柱形图

有时候，因为位置和观察角度的原因，难以分辨某些三维地图中的图形数据大小（如簇状柱形图、热度地图等），甚至会将大数误会为小数。比如在图 8-31 中，很难一眼辨识清楚其中不同位置"柱形"的高低，但结合旁边的二维柱形图来辅助辨识数据就清晰多了。在三维地图中添加二维柱形图的方法如下：单击 Power Map 的"插入"→"二维图表"。

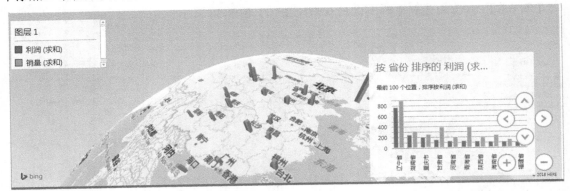

图 8-31　在三维地图中插入二维图表

8.5.4　制作气泡地图

Power Map 能够创建三维地图和二维地图，能够对地图进行缩放和旋转操作，以便人们从任意方向任意缩放地图。两类地图都具有堆积柱形图、簇状柱形图、热度地图（又称为热力地图）、区域地图和气泡图等类型。对同一数据表可以创建多个场景，每个场景用不同类型的地图，便于人们从多角度分析数据。

【例 8.7】　重庆市 2017 年各区县人口数据如图 8-32 所示，建立人口分布的气泡图，如图 8-33 所示，气泡越大表示人口越多。

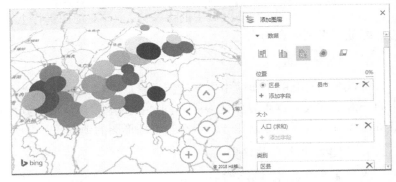

图 8-32　重庆市区县人口　　　　　　　　　　　　图 8-33　气泡地图

图 8-33 所示的气泡地图建立过程如下。

<1> 建立图 8-32 所示的重庆市区县人口数据表，其中的"区县"名称应与地图中的相同。如果不能确定是否一致，可以先启动三维地图，再对地图进行放大，找到其中的重庆市版图，查看地图中的区县名称，然后根据这些名称创建区县人口地图数据表。表中县名称中的"县"字可以省略，如"云阳县"可以是"云阳"。

<2> 选择 Excel 的"插入"→"三维地图"→"打开三维地图",启动 Power Map。

<3> 单击"图层 1"中的气泡图,将"字段列表"窗口中的"区县"字段拖放到"位置"列表框中,并选择"县市"作为地图上的定位数据。

<4> 将"人口"字段拖放到"大小"下面的列表框中。

<5> 再次将"区县"字段拖放到"类别"下面的列表框中。

<6> 对地图进行大小、方向调整,直到满意为止。然后关闭"添加图层"和"地图场景列表"区域。

8.5.5　制作热度地图

热度地图是商业领域中的一种常用图表分析技术,用颜色深浅区分数据大小,颜色越深数据越大,通常进行气温变化、资源分布、网站人流量分布、疾病传播等方面的数据分析。

【例 8.8】 某流感在某省各地传播,各地被感染人数如图 8-34 所示,制作的热度分布图如图 8-35 所示。

图 8-34　某地被感染人数

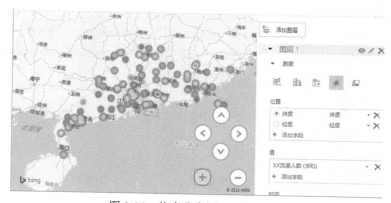

图 8-35　热度分布图

本例主要介绍用经度、纬度对数据进行定位的地图制作方法。过程如下:

<1> 建立图 8-34 所示的数据表,其中地名或经度、纬度都可以用于确定数据在地图上的位置,但本例中的某些地名不准确。因此,不能把它放置在"添加图层"的"位置"中用于确定地图上的位置,但可以用作数据标签使用。

<2> 选择 Excel 的"插入"→"三维地图"→"打开三维地图",启动 Power Map。

<3> 在"图层 1"中单击"热度地图" ,然后将"字段列表"窗口中的"经度"和"纬度"字段都拖放到"位置"列表框中,作为地图上的定位数据。

<4> 将"XX 流感人数"字段拖放到"值"下面的列表框中。调整热度地图的大小、方向,然后关闭"字段列表"等窗口,结果如图 8-35 所示。

8.5.6　区域地图和平面地图

采用不同色彩对不同地理区域进行着色,可以创建出具有强烈视觉冲击力的地图,用这种地图分析诸如政治选举、市场份额(按国家/地区)或个人收入与地区的关系时,能够收到良好的效果。

Excel 2016 中的各类地图都具有立体地图(三维)和平面地图(二维)两种形式,能够满足不同场合的应用需求，两者操作方法完全相同。立体图和平面图并无好坏之分，只是某些场合适宜用三维地图，而另一些场合用平面地图的视觉效果更好。

【例8.9】 某白酒企业2018年上半年的销售额如图8-36所示，制作该企业白酒销售的区域地图，分析市场占领情况。

图8-37是用销售数据表制作的三维区域地图，图8-38则是其平面区域地图，图中的涂色区域就是销售情况，一种颜色表示一个省份。两幅地图的制作方法如下。

<1> 按照图8-36的结构建立数据源表，然后启动Power Map三维地图。

<2> 在Power Map中，先选中区域地图  ，再将"数据字段"中的"省份"拖放到图层任务窗格中的"位置"列表中，并选中"省/市/自治区"；将"销售额（万元）"字段拖放到"值"列表中；将"销售额（万元）"字段拖放到"类别"列表中，如图8-37所示。

图8-36 白酒销售数据

<3> 通过地图旋转、缩小或放大操作，即可制作出图8-37所示的三维区域地图。

<4> 选择"地图"→"平面地图"，Power Map会将三维地图转换成二维平面地图，如图8-38所示。二维平面地图也可以用操作三维地图的相同方法进行转换和缩放操作。

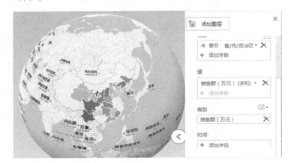

图8-37 白酒销售三维区域地图

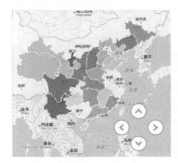

图8-38 白酒销售二维平面地图

8.6 图表设计技术基础

图表设计绝非输入数据表再插入图表就结束那样简单，而是一项具有艺术性的充满创新性的复杂工作，涉及图表制作过程中的方方面面，包括数据表设计、图表类型选择、图表元素格式化、图表美化等内容。

8.6.1 图表类型选择

Excel 2016有16个图表大类，不少大类还有多个子类以及二维图和三维图等形式。如何针对不同应用场景，选择正确的图表类型来表达自己的立场和价值观点，并不是一件简单的事情。设计不当，不但无法达到制作图表的目的，甚至会误导观众，起到相反的效果。

1. 从基本类型中选择图表

尽管类型众多，但实际工作中经常用到的只有折线图、柱形图、条形图、饼图、散点图、地图几种基本类型，其作图方法和适用范围已在8.3节进行了详细介绍。近年来，随着电商应用的发展,瀑布图、树状图和漏斗图常见于商业图表之中,在制作分析图表时,根据实际情况,首先选择这些类型的图表。

2. 根据主题选择图表

图表的应用场景不胜枚举,每个场景总是要表达一定的主题,这些主题需要用数据之间的关系来表达,而不同的数据关系可以用较为确定的几类图表进行表达。用于作图的数据关系到底有多少类型,并无确切划分。通常情况下,采用下面的分类和图表选择方法比较切合实际:① 分类比较,适宜用柱形图、条形图、地图、雷达图,如当当网某年各类图书的销量对比;② 时间序列,适宜用曲线图(折线图)、面积图或柱形图,如近 3 年长江某区域流量观测与趋势分析;③ 成分组成,适宜用饼图、瀑布图、堆积柱形图、面积图,如企业职工薪酬结构组成;④ 频数分布,适宜用直方图、散点图、曲面图,如期末成绩各分数段的人数分布;⑤ 关联关系,适宜用散点图、气泡图,如呼吸道疾病与空气污染有无关系的分析。

数据可视化专家 Andrew Abela 将图表展示的关系分为比较、分布、构成、联系 4 种,然后根据这个分类和数据的状况给出了对应的图表类型建议,如图 8-39 所示。在不知道使用什么类型的图表来表达数据时,可以应用这个指南来确定图表类型。

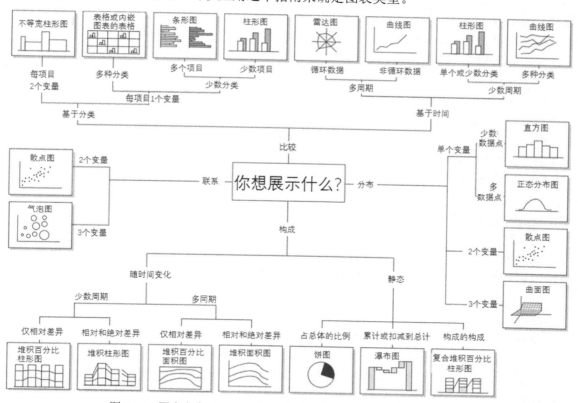

图 8-39　图表专家 Andrew Abela 的 "图表类型选择——思维指南"

3. 有多种图表类型可选时的进一步选择

某些数据关系可用多种图表类型表示,如时间序列关系可以用曲线图表示,也可以用柱形图表示;某些图表类型可以表达多种数据关系,如柱形图既可以表示分类关系,也可以表示时间序列关系。那么,当出现这类问题时,如何进一步选择恰当的图表类型呢?没有标准可言,但可以根据应用场景的图表要求、图表美化需求，甚至个人偏好确定最终的图表类型。

（1）选择用柱形图或条形图进行分类比较的建议

柱形图和条形图都可以用于分类项目的大小比较，其图表意义并无本质差别，更多人的偏好于柱形图。但是，如果分类名称太长，在柱形图中难以标注出来时，建议用条形图。

【例 8.10】 某超市 2018 上半年各类商品的利润如图 8-40 所示，制作对各类商品利润比较的图表。

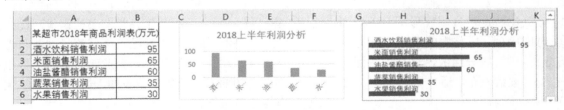

图 8-40　具有超长分类名称的柱形图和条形图

在图 8-40 中，根据 A:B 列的数据表制作了柱形图和条形图，由于各分类名称太长，在柱形图中无法显示，存在信息显示缺失的不足。条形图则比较清晰地展示了各类商品的利润对比情况。该条形图的制作用到了数据系列重复、反转坐标轴等技术，过程如下。

<1> 对 A:B 列的数据表以利润降序排序，然后插入"条形图"→"簇状条形图"。

<2> 双击纵坐标轴，显示"设置坐标轴格式"任务窗格，在"坐标轴位置"项目中，选中 ☑ 逆序类别(C)，然后删除 X、Y 坐标轴。

<3> 复制 A2:B6 数据区域，单击条形图的绘图区域（有条形图的位置），单击"开始"→"剪贴板"→"粘贴"，条形图中有两个完全相同的数据系列。

<4> 右击位于上面的数据系列，从弹出的快捷菜单中选择"添加数据标签"→"添加数据标签"，通过"设置数据标签格式"任务窗格指定"标签"为"类别名称"，"标签位置"为"轴内侧"。设置该数据系列"边框"为"无线条"，"填充"为"无填充"。

<5> 设置位于下面的数据系列的"数据标签"为"值"，然后对图表进行格式化和位置调整，就能够创建图 8-40 所示的条形图。

（2）选择用折线图或面积图进行时间序列趋势分析的建议

两者能够较好地进行时间序列的趋势分析，当数据系列不多于两个时，建议用面积图。当数据系列较多时，面积图存在前后数据系列遮挡情况，应当选择折线图。

（3）选择带线的散点图和折线图进行趋势分析的建议

散点图对于时间刻度没有什么要求，可以制作时间刻度不等长（如间隔 1 天、3 天、7 天……）的时间趋势线分析，可以作为时间间隔比较固定的折线图的补充。

（4）选择用柱形图或折线图进行时间序列趋势分析的建议

柱形图和折线图都能够反映数据序列随时间而发生的变化情况，但柱形图更强调各数据点的值和相互之间的差异比较，适用于数据点少而离散时间序列比较。在数据点较多，或者图形波动较大，以及进行连续型时间序列的趋势分析时，则应当选用折线图。

8.6.2　数据表设计

图表是根据数据表绘制出来的，因此数据表的设计对于图表的创建至关重要。简单图表可以直接使用原始数据表作图，复杂图表就需要对原始数据表进行重构,建立专门的作图数据表。

设计作图数据表可能是 Excel 图表处理中最具思想性的复杂工作，通过数据表的巧妙设计，可以设计出功能强大的精美图表。

由于设计作图数据表是一项思维创新活动，自然是仁者见仁、智者见智，方法千差万别。下面介绍几种常用的作图数据表设计方法，以供参考。

1. 用归一化方法处理不同数量单位的数据系列

当原始数据表具有多个不同数据系列，且各系列的计量单位不同，系列之间数值差异巨大，用这样的数据表制作的图表会使信息失真，数字较小的数据点甚至没有在图形上显示出来。

对于这样的原始数据表，如数据系列较少，可以用双坐标轴的组合图。如果双坐标轴不能够解决问题（数据系列太多，两个坐标轴也不能统一计量单位），就可以对各系列进行归一化处理后再作图。基本原理是将各数据系列中最大值的单位视为 1，其他数据点同比缩放为 0～1 之间的值，方法是：x_n 作图值=x_n/所在系列最大值，其中 x_n 是数据点的值。

【例 8.11】 某产品 2012 年以来的销售量和利润如图 8-41 的 A1:C7 区域所示，用柱形图分析销售量和利润的关系。

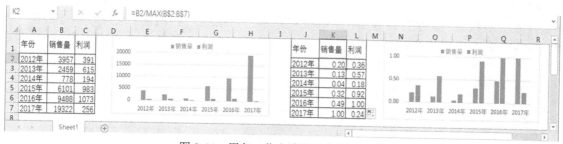

图 8-41 用归一化方法建立作图数据表

D:H 区域是直接用原始数据表制作的柱形图，由于销售量和利润的计量单位不同，数值差异巨大，两个系列的柱形反差太大，2017 年的利润甚至看不到了。N:Q 区域中是用归一化处理后的数据表制作的柱形图，各数据系列之间没有反差，2017 年的销售量和利润的对比比较清楚。K2:L7 区域中是对 B2:C7 中的原始数据进行归一化处理后的作图数据，方法是：在单元格 K2 中输入公式"=B2/MAX(B\$2:B\$7)"，再把它向右、向下复制到 K2:L7 区域中。

2. 设置辅助数据系列

在原始数据表中增加数据行、列（即辅助数据系列）来创建作图数据表，再对图表进行格式化，可以设计出新颖而主题明确的图表，具有出人意料的效果。

【例 8.12】 2018 年上半年贷款的主要科目如图 8-42 中的 A2:C6 所示，制作图表对主要贷款科目的增量和增长比例进行比较。

图 8-42 增加辅助数据系列建立数据表

图 8-42 的 I:L 列中是用 A2:C6 区域的原始数据表制作的堆积条形图，由于各贷款科目的

增量和增长比例的度量单位不同，数据系列之间的差异大，同比增长率难以辨析清楚。N:R 列中是用 E2:H6 区域中的作图数据表制作的堆积条形图，可以清楚分辨出各科目增量和同期增长比例的情况。该图的制作方法如下。

<1> 归一化处理原始数据表。在单元格 F3 中输入公式"=B3/MAX($B$3:$B$6)*0.75"，并向下填充到 F6；在 H3 中输入公式"=C3/MAX($C$3:$C$6)*0.75"。两个公式分别将增量和增长比例中最大值的长度单位统一为 0.75（当然，也可以是 0～1 之间的其他值），其他数据点的长度同比例缩小。

<2> 增加辅助系列。在单元格 G3 中输入公式"=1-F3"，并向下填充到 F6 中。

<3> 选中 E2:H6 区域，插入"堆积条形图"；将辅助系列"空白 1"，格式化为"无填充"和"无线条"。

本例中的"空白 1"辅助系列在堆积图中起到了"占位"的作用，将其在堆积图中占据的位置设置为无色（即无边框线、无填充色），就能够将其上下（堆积条形图）或两边（堆积柱形图）图形隔开。

【例 8.13】 在原始数据表中增加辅助系列实现特定的图表功能，如图 8-43 所示。图(a)在原数据表中添加了"均值"列数据，并以此制作水平均值线；图(b)在原数据表中增加了"总额"数据，并以此制作累积柱形图的标签；图(c)根据实际用户数据建立了"用户预测"列数据，并以此创建折线图，同时增加了"预测"列，并以此创建"预测"面积图。

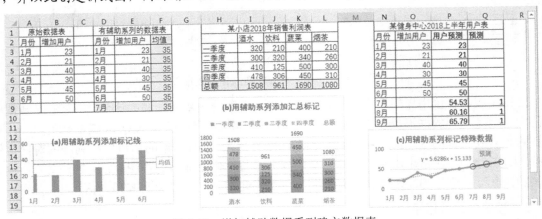

图 8-43　增加辅助数据系列建立数据表

（1）用辅助系列添加标记线

<1> 选中包括辅助数据系列的作图区域 D2:F9，插入柱形图或组合图。

<2> 右击"均值"数据列，然后在弹出的快捷菜单中选择"更改系列图表类型"，在弹出的"更改图表类型"对话框中，将"均值"改为折线图，如图 8-44 所示。

<3> 选中"均值"线上 7 月的数据点，添加"数据标注"，再通过"数据标签"为该点添加"数据标签"为"系列名称"。

（2）用辅助系列添加汇总标记

<1> 选中包括"总额"辅助数据行的数据区域 H2:L7，插入"堆积柱形图"，单击"设计" → "数据" → "切换行/列"。

<2> 为每个数据系列添加"数据标签"，"标签选项"为"值"。

<3> 格式化"总额"数据行，选择"填充"格式为"无填充"，"标签位置"为"轴内侧"。

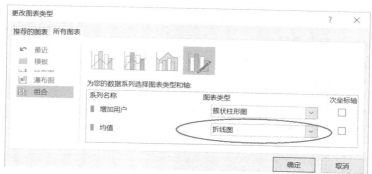

图 8-44　更改数据系列图表类型

　　<4> 格式化纵坐标轴，设置"边界"的"最小值"为 0，"最大值"为 1800，"单位"的主要刻度为"200"。

　　（3）用辅助系列建立面积图标记特殊数据点

　　<1> 选中原始数据区域 N2:O8，插入折线图，然后右击折线系列，从弹出的快捷菜单中选择"添加趋势线"。

　　<2> 双击添加的趋势线，在弹出的"设置趋势线格式"任务窗格中选中"显示公式"，可以在趋势线中看到默认的预测公式为"$y = 5.6286x + 15.133$"。

　　<3> 用预测公式计算出 7、8、9 月的用户数，并在 Q 列对应行中输入 1（也可以是其他数字，表明是预测值），如图 8-43 中的 P、Q 列所示。

　　<4> 同时选中作图数据区域 N2:N11、P2:Q11，插入"折线图"。

　　<5> 将"预测"数据系列的图表类型改为"面积图"，并选中"次坐标轴"，将此系列绘制在次轴上。

　　<6> 格式化右边的 Y 轴（次轴），在"坐标轴选项"中设置"最小值"和"最大值"都为 1，设置"坐标轴标签"为"无"。

　　<7> 为"面积图"数据系列添加"数据标签"，并通过"设置数据标签格式"面板将"标签选项"设置为"系列名称"和"值"，然后在"面积图"中删除多余的数据标签，最后只留一个标签，并删除此标签中的数字，如图 8-45 所示。

图 8-45　更改"预测"数据列为面积图

　　<8> 格式化折线上 7、8、9 月数据点，即设置"数据标记选项"为"内置" 类型 ◇ ▼ ，大小为 10，"填充"为"无"，"边框"为"实线"，"颜色"为红色。

　　用这种方法可以对图表中的特殊数据点，如对节假日销售数据、商品折扣数据、高利润或无利润数据进行标注，突显特别数据，达到分析的目的。

3．把某个数据系列拆分为多个

　　同一个数据系列使用同一种类型的图表，系列中的数据点都是具有相同大小、颜色、形状的图形，如果要突显其中某类数据点（如中间值、平均值以下），就需要单独对符合条件的数据点进行格式化，操作比较烦琐。针对这样的情况，可以按某种条件，将一个数据系列拆分为多个数据系列，问题就变得简单多了。

【例8.14】 某班2018年上学期英语成绩如图8-46中的A1:B9所示，作图分析平均成绩线上、下的学生分布情况。

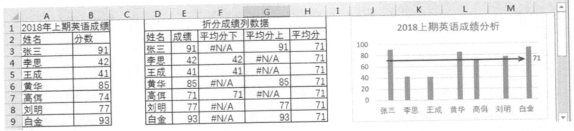

图 8-46   拆分成绩为两列数据

如果直接以A1:B9插入簇状柱形图，只有一个数据系列，要把平均分以下的同学找出来，只有单独格式化这些数据点。D1:H9是对原始成绩表进行改造后完成的作图数据表，将成绩拆分成了平均分下、平均分上两列，并增加了平均分列。在以此表作图时，就有三个数据系列，每个数据系列都可以用不同类型的图形表示。

图8-46中的成绩分析柱形图制作过程如下：

<1> 增加平均分列。在单元格H3中输入公式"=AVERAGE(E$3:E$9)"，向下填充到H9。

<2> 拆分成绩列。在单元格F3中输入公式"=IF(E3<H3, E3, NA())"，向下填充到F9；在G3中输入公式"=IF(E3>=H3, E3, NA())"，向下填充到G9。其中，NA()是错误值函数，值为#N/A。

<3> 同时选中D2:D9和F2:H9区域，插入簇状柱形图。

<4> 修改"平均分"数据系列的图表类型为折线图，并为折线图最右边的数据点添加"数据标签"。图中的箭头是通过"设置数据点格式"组来添加的。

4. 错行与留空行组织建立作图数据表

在制作类似生产计划与实际完成情况的图表，而每项计划又包括多个子项目的完成情况时，通过错行和留空行组织数据，建立作图数据表，在此基础上建立堆积柱形图或条形图，可以制作出计划与实施完美对比的簇状-堆积柱形图。

【例8.15】 某出版社2018年各类图书的年初计划、实销和预订情况如图8-47的A1:D6区域所示，作图分析各类图书的计划和完成情况。

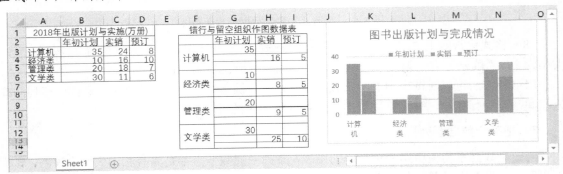

图 8-47   留空与空行组织建立作图数据表

通过对 A2:D6 区域的数据表进行留空行处理，建立 F2:I14 的作图数据表，然后用此数据表建立堆积柱形图，就可以完成题目的要求。图 8-47 中图表的制作方法如下。

<1> 按 F2:I14 的方式重构 A2:D6 的数据表，每类图书由 3 行数据组成，"年初计划"独占一行，"实销"数量和"预订"数量累加起来就是图书的实际完成数，因此它们在同一行中。

<2> 选中 F2:I14 区域，插入"堆积柱形图"，格式化数据系列的"分类间距"为 10%（让"柱子"更粗，显得更美观）。

5. 设计避免负数数据点覆盖标签的数据表

在条形图或柱形图中，负数的图形是向左或向下绘制的，正好与其所在数据系列的分类轴标签重叠，图形会遮掩标签。如果能够将负数数据点的标签放在图形反向的分类轴旁边，就能避免这一问题。但遗憾的是，分类轴标签只能够选择一个方向，作为一种变通的方法，可以通过坐标轴格式化解决这一问题。

【例 8.16】 某超市对 2018 年 3 月与 2017 年 3 月各类商品进行销售增量分析，结果如图 8-48 的 A3:B10 所示，制作各类商品增量分析的条形图。

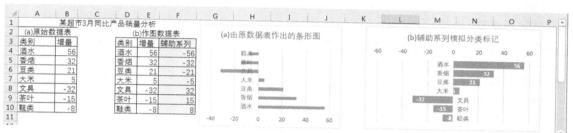

图 8-48　用辅助系列标签模拟条形图的分类轴名称

条形图（见图 8-48(a)）是用 A3:B10 的原始数据表插入的条形图，其最大问题是由负数生成的左向条形图与分类轴标签重叠在一起。图 8-48(b)是用 D3:F10 的作图数据表创建的堆积条形图，纵轴上的分类轴标签是由 F 列对应的数据系列的数据标记模拟的。该图的制作方法如下。

<1> 生成与原始数据正负相反的辅助作图数据：在单元格 F4 中输入公式"=-E4"，并向下填充到 F10。

<2> 选中 D3:F10 区域，插入"堆积条形图"，双击纵坐标轴，通过"设置坐标轴格式"任务窗格选择"逆序刻度值"，反转分类次序。

<3> 为"辅助系列"添加数据标签，设置标签格式为显示"类别名称"，"标签位置"为"轴内侧"。设置该系列的"填充"为"无填充"，"边框"为"无线条"。

说明：若设置辅助系列的"标签位置"为"轴内侧"，Y 轴左边或右边的标签位置存在问题，可以拖放到合适位置，也可以设置该数据点的"标签位置"为"数据标签内"。这可能是因 Excel 版本问题存在的 bug。

8.6.3　应用格式化添加涨/跌柱线、垂直线、系列线和高低点连线

应用图表的格式化功能可以为某些图表的数据系列添加误差线、垂直线、高低点和涨/跌柱线等，以增强数据的表现形式。

涨/跌柱线是具有两个以上数据系列的折线图中的条形柱，用于指明初始数据系列和终止数据系列中数据点之间的差别。Excel 自动用白色柱来表示终止数据系列中的数据点大于初始数据系列中的数据点，黑色柱表示终止数据系列中的数据点小于初始数据系列中的数据点，常用于在股票图表中的开盘价和收盘价之间画一个矩形，创建开盘‑最高‑最低价图表。

　　系列线是在二维堆积条形图和柱形图中，每个数据系列里连接数据标记的线条。

　　垂直线是在折线图和面积图中，从数据点到分类（X）轴的垂直线，尤其在面积图中可以清楚地表示一个数据标记结束且另一个数据标记开始的位置。

　　高低点连接线是在二维折线图里，每个分类中从最高值到最低值之间的连线可以表示数值变化的范围。

　　上述几种线型适合不同的图表类型，在二维堆积条形图和柱形图中可以添加系列线来连接数据系列。垂直线可出现在二维面积图（或三维面积图）和折线图中。高低点连线和涨/跌柱线可出现在二维折线图中。高低点连线和涨/跌柱线主要用于股价图（Excel 已经在股价图中添加了涨/跌柱线或高低点连线）。

　　【例 8.17】　图 8-49(a)是某书店 2014—2015 年图书销售的折线图，图 8-49(b)是添加了涨跌柱线的折线图。

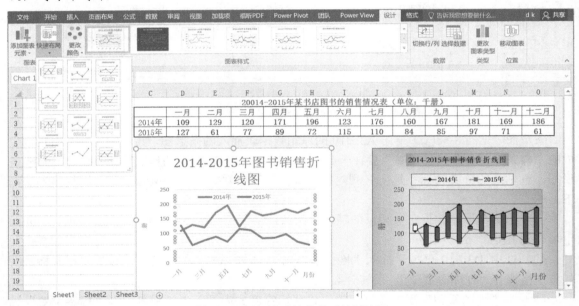

图 8-49　添加涨跌柱线前后的折线图

　　"涨/跌柱线"的添加方法如下。

　　<1> 单击图表，显示"设计"选项卡，再单击"设计"→"图表布局"→"添加图表元素"→"涨/跌柱线"→"涨/跌柱线"。

　　<2> 在"添加图表元素"中单击"线条"，可为折线图添加"垂直线"和"高低点连线"。

8.7　图表应用基础

　　图表在实际工作中的应用非常广泛，下面举几个当前数据分析中常用的图表实例。

8.7.1 用树状图和旭日图进行经营分析

树状图和旭日图提供数据的分层视图，树状图采用矩形图形，旭日图采用圆或圆环图图形。它们通过图形的面积、颜色和排列次序来显示数据关系。树状图中的树分支是矩形图，每个子分支显示为更小的矩形。树状图常用于实现对数据的层次结构分析，非常适合展示构成项目较多的结构关系，如政府财政预算、商品市场细分矩阵等，也可以对时间序列数据、畅销商品、经营利润等数据进行分析和直观展示。

在旭日图中，层次结构的每层都用一个环或圆形表示，最内层的圆表示层次结构的顶级。不含任何分层数据（只有一个类别）的旭日图实际上就是一个圆环图。但具有多个级别和类别的旭日图能够显示外环与内环的层次关系。旭日图在显示一个圆环如何被划分为多个作用片段的关系时最为有效。

【例 8.18】 某建材商 2018 年各月的门窗销量如图 8-50 的 A:D 列所示，用图表分析各季度和月份的销售情况。

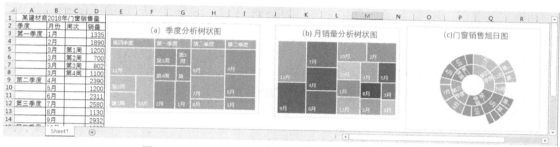

图 8-50　用树状图和旭日图分析各季、月的销售数据

树状图和旭日图都能够直观展现各季度建材销售的对比分析，也能够对各月的销量进行比较，见图 8-50。其中，图 8-50(a)季度销量分析树状图的创建方法如下。

<1> 选中 A2:D18 数据表区域，单击"插入"→"图表"→"层次结构图 　 "→"树状图"。

<2> 树状图有"重叠"和"横幅"两种展示层次结构的方法。"横幅"是将上层结构的分类名称以拉横幅的方法放置在系列上面，如图 8-50(a)所示。图表中的"第四季度"……"第一季度"就是横幅。"重叠"则是将它们放置在紧接其下的第一排矩形中。

树枝图形从左到右的面积依次减少，树枝内部的子图也是按从上到下、从左到右的次序从大到小排序。因此，从图 8-50(a)可以轻松看出第四季度销售量最好，第二季度最差。

图 8-50(b)是按月对销量进行分析的树状图，可以看出 11 月销售最好，8 月销量最差。该图只有月份一层数据，制作方法如下：同时选中 B2:B18 和 D2:D18 区域，插入"树状图"。

图 8-50(c)是对季、月、周三层结构进行分析的旭日图，可以看出第四季最强以及各月、周的数据对比情况。制作方法如下：选中 B2:D18 区域，单击"插入"→"图表"→"层次结构图 　 "→"旭日图"。

8.7.2 用漏斗图分析商业过程中的流失率

漏斗图与漏斗功能相同，即经过层层过滤，数据逐步减少，适合对业务流程周期较长、环节多、每经过一个环节数据就会减少的流程分析。通过漏斗各环节业务数据的比较，能够直观地发现和说明问题所在。例如，在电商网站分析中，常用漏斗图进行转化率比较，不仅能展示用户从进入网站时各主要路径上的流失率，还能分析客户进入网站到实现购买的最终转化率，以及每个步骤的转化率。同理,漏斗图也可以用来分析销售管道中每个阶段的销售潜在客户数，以及其他具有多个流程、每经过一个流程就会有数据减少的商业分析。漏斗图也可以用于具有类似情况的科研论文分析。

【例 8.19】 某电商企业 2018 年第 1 季度的网站注册数、浏览网站商品、网购订单的交易数据如图 8-51 所示，用图表分析从用户注册到最终购物的变化情况。

图 8-51　用漏斗图分析电商销售数据

漏斗图能够直观展示网购过程客户逐步减少的情况，制作方法如下：选中 A2:B8 数据区域，单击"插入"→"图表"→"推荐的图表"→"漏斗图"。

图 8-51 对插入的漏斗图使用了"设计"中的"图表样式 6"进行格式化。

8.7.3　用瀑布图分析成本、工资结构

瀑布图又称为阶梯图，是由麦肯锡顾问公司创立的图表类型，因为形似瀑布流水而被称为瀑布图。瀑布图采用绝对值与相对值结合的方式，适用于表达数个特定数值之间的数量变化关系，能够展示两个数据点之间数量的演变过程，可以用于对企业成本、销售等数据的变化和构成情况进行分析。例如，用瀑布图进行消费分析，就容易看出总体经费和使用支出的变化情况。

【例 8.20】 某职工 2018 年 3 月的收入与支出数据如图 8-52 所示，用图表分析该职工的收入和支出变化过程。

图 8-52　用瀑布图分析职工收支情况

瀑布图能够动态展示该职工的收入与支出逐步累加和减少的过程，制作方法如下：选中 A2:B12 数据区域，单击"插入"→"图表"→"推荐的图表"→"瀑布图"。

8.7.4 用风险矩阵图表评估项目风险

风险分析是一种通过定性分析和定量分析相结合，综合考虑风险影响和风险概率两方面因素，对项目进行风险评估的分析方法。风险矩阵是一种风险可视化的工具，它将项目发生风险的概率和风险损害后果分别划分为 5 种不同的等级，并从纵、横两个方向按照等级从低到高的方式将它们组织在直角坐标系中，有 5×5=25 种组合，横坐标表示风险的影响后果，纵坐标表示风险发生的可能性，如图 8-53 所示。

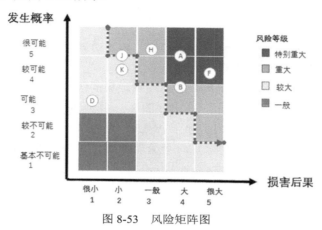

图 8-53　风险矩阵图

风险矩阵图中有一条蓝色的阶梯式虚线条，称为风险容忍度线，线上面的区域表示发生风险的可能性和影响都较大，线下的区域则相对安全，可容忍的程度要高一些。整个矩阵图被划分为绿、黄、橙、红四种颜色的区域。绿色区域是非预防性风险区域，落在该区域中的评估项目为反应型，可以等到风险发生后再采取措施；黄色区域属于预防性风险，需要采取一些合理的方法来阻止风险发生或降低风险发生后的影响；橙色区域也属于预防型风险，其发生的概率和产生的影响都高于黄色区域，要采取积极的措施，安排合理资源来阻止其发生；红色区域也属于预防型风险，发生的可能性和影响都非常大，应尽量阻止风险的发生，如果预防成本大于可接受范围，应该果断放弃该项目。

【例 8.21】　有 A、B、D、F、H、K、J 七个风险评估项目，用随机数仿真专家对评估项目风险的发生概率和风险影响进行打分，在风险矩阵中分析各项目的风险评估情况。

（1）设计作图数据表

Excel 中可用堆积柱形图和散点图相结合，制作风险矩阵图，实现对项目的评估。从作图角度上看，画风险矩阵图有三个要素：① 要画 25 个方块；② 要画出风险容忍度线；③ 要将被评估的项目放置在矩阵中。

解决的方法是：① 用数据点大小为 1 的 5 个数据系列，每个系列 5 个数据点的堆积柱形图绘制 25 个小方块，如图 8-54 中的 A3:E8 区域所示；② 项目在风险矩阵中的位置用散点图描绘，坐标点用"发生可能"和"风险影响"的评估值确定，如图 8-54 中的 G3:I10 区域所示；③ 用散点图绘制风险容忍度线，坐标点的位置是固定的，由各点在图 8-53 中的位置 X、Y 坐标值确定。如最上面的散点坐标为(1.5, 5)。X 坐标值为 1.5 的原因是使点画在第 1、2 个柱形之间的中点处，其他 X 坐标值的".5"都是这个意思。

（2）作图过程

<1> 画 25 个方块。选中 A3:E8 区域，插入"堆积柱形图"，如图 8-54 所示；再双击纵坐

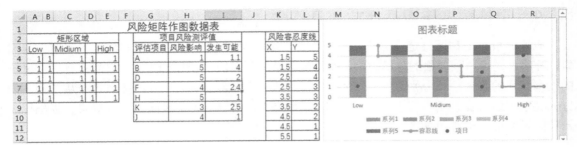

图 8-54 风险矩阵作图数据表

标轴，通过"设置坐标轴格式"→"坐标轴选项"，将"边界"的"最小值"设为 0，"最大值"设为"5"，设置"单位"中的"主要"为 1。

<2> 添加两个数据系列用于画出风险容忍线和项目的散点图。右击图 8-54 的任一柱形，在弹出的快捷菜单中选择"选择数据"，弹出如图 8-55 所示的对话框；单击"添加"按钮，弹出如图 8-56 所示的对话框，在"系列名称"中输入"项目"，不用修改"系列值"的内容，下一步再作处理。按照同样的方法，再添加一个命名为"容忍线"的数据系列。

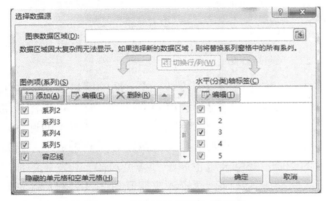

图 8-55 "选择数据源"对话框

图 8-56 "编辑数据系列"对话框

<3> 设置测评"项目"和"容忍线"的图表类型。右击图 8-54 中的任一柱形，在弹出的快捷菜单中选择"更改系列图表类型"，指定上一步添加的"项目"系列的图表类型为"散点图"，"容忍线"数据系列的图表类型设为"带直线和数据标记的散点图"。

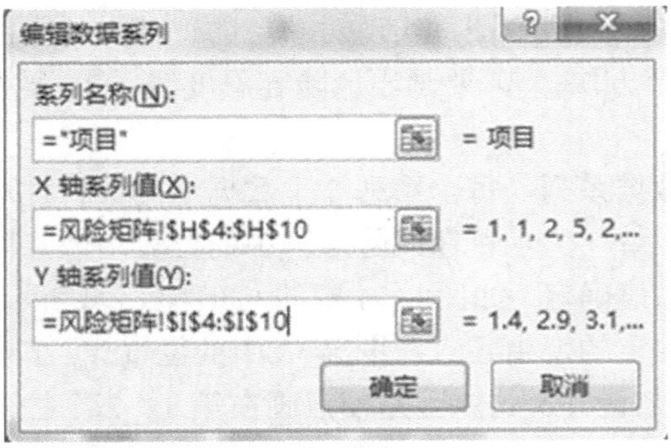

<4> 设置测评"项目"和"容忍线"的作图数据。右击图表区域，然后在弹出的快捷菜单中选择"选择数据"，再次弹出如图 8-55 所示的对话框，选中"项目"数据系列，再单击"编辑"按钮，弹出如图 8-57 所示的对话框。在"X 轴系列值"用鼠标选择图 8-54 中的"风险影响"列数据 H4:H10，"Y 轴系列值"设置为"I4:I10"。

按照同样的方法为"容忍线"指定"X 轴系列值"为"K4:K12"，"Y 轴系列值"为"L4:L12"，如图 8-58 所示。此操作完成后的风险矩阵草图如图 8-59 所示。

图 8-57 "项目"的系列设置

图 8-58 "容忍线"系列设置

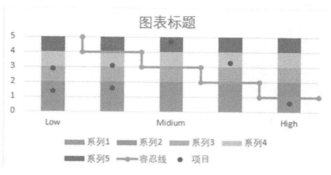

图 8-59 风险矩阵草图

（3）格式化风险矩阵图

对图 8-59 进行格式化的主要任务包括：隐藏纵坐标轴，添加必要的说明文字，减小柱形图之间的间距，为进行风险测评的"项目"添加数据标签、数据点着色等内容。

<1> 删除多余的元素。删掉 Y 轴、图例和标题（单击对应项目后按 Delete 键）。

<2> 添加必要的图表说明。

① 单击"设计"→"图表布局"→"添加图表元素"→"坐标轴标题"→"主要横坐标轴"，为 X 轴添加标题"风险影响"。用同样的方法添加 Y 轴标题"风险概率"。

② 单击"插入"→"文本"→"文本框"→ ⅡⅢ 竖排文本框(V) ，在 Y 轴旁边添加 3 个竖排文本框，内容分别是 Low、Medium、High，表示风险概率的方向。

<3> 格式化柱形数据系列（即矩阵图中的小方块）。

① 双击柱形系列，通过"设置数据系列格式"→ 分类间距(W) ┼━━ 4% ┆ ，设置分类间距为 4%，使柱形变宽。

② 单击第 1 列最上面的方块（选中第 1 行系列），通过"设置数据系列格式"任务窗格设置该系列"边框"为"实线"，"颜色"为"白色"（调色板"主题颜色"中的第 1 号颜色）。按此方法设置每行的边框。其目的是使图中"方块"的行之间显示出白色的间隔。

<4> 格式化"项目"数据系列，使项目名称显示在小白圆中央。

① 选中"项目"数据系列，通过"设置数据系列格式"任务窗格设置"标记"→"数据标记选项"→"内置"→ 类型 ● ▼ ，并将"大小"修改为 15。同时，设置"标记"→"填充"颜色为白色。

② 右击"项目"系列，在弹出的快捷菜单中选择"添加数据标签"。再右击某个添加的标签，在弹出的快捷菜单中选择"设置数据标签格式"，然后在"设置数据标签格式"任务窗格中选择"单元格中的值"，并在弹出的文本框中选择测评项目所在的区域 G4:G10（见图 8-54）。取消默认的"Y 值"选项，并选择"标签位置"→"居中"。

<5> 格式化"容忍线"。显示"容忍线"的"设置数据系列格式"任务窗格，设置"线条"→"短划线类型"为"圆点"，"端点类型"为"正方形"，"联接类型"为"斜接"，"箭头前端类型"为"圆头箭头"，"箭头末端类型"为"箭头"。

<6> 矩阵着色。显示"设置数据点格式"任务窗格后，单击左下角第一个"小方块"，设置"填充"为"绿色"。用此方法按照图 8-60 中的要求对风险矩阵中的各小方块着色。

完成着色后的最终风险矩阵如图 8-61 所示。

黄	橙	橙	红	红
黄	黄	橙	红	红
黄	黄	黄	橙	橙
绿	绿	黄	黄	橙
绿	绿	黄	黄	黄

图 8-60　风险矩阵的着色方案

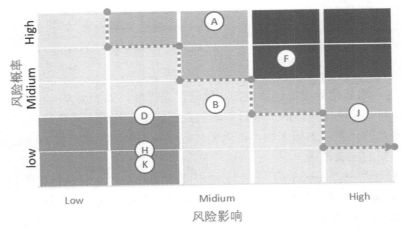

图 8-61　Excel 2106 制作的风险矩阵图

8.7.5　用分析工具库中的直方图进行质量分析

直方图又称为质量分布图，通过对收集到的貌似无序的数据进行处理，统计出产品质量的分布情况，以判断和预测产品质量的合格情况。在 Excel 中建立直方图的方法较多，常用方法是先用统计函数建立作图数据表，再组合应用柱形图和折线图建立直方图，过程较复杂。

实际上，Excel 为统计学提供了一个分析工具库，提供了包括直方图、方差分析、F-检验、t-检验、抽样、回归等常见统计分析工具，应用极其简便。下面用该工具库中的直方图进行数据分析，以此介绍分析工具库的应用方法。

【例 8.22】　某邮局随机抽取 168 天的邮件分拣处理时间，每天的分拣处理时间如图 8-62 的单元格区域 A2:L15 所示，画出这组数据的直方图。

	A	B	C	D	E	F	G	H	I	J	K	L	M	N	O	P	Q
1	邮件分拣时间表													分组边界值	组距	最短分拣时间	最长分拣时间
2	40	48	52	49	55	60	43	61	40	61	42	64		22.3	4.7	22.3	74
3	46	50	51	43	61	59	60	51	41	59	48	60		27			
4	43	62	37	63	57	54	52	39	37	60	50	58		31.7			
5	56	41	34	50	59	42	56	65	61	53	55	53		36.4			
6	48	42	35	52	54	55	68	69	39	66	57	54		41.1			
7	55	51	32	47	68	60	40	41	42	64	40	70		45.8			
8	50	33	33	45	45	42	54	48	56	67	45	48		50.5			
9	39	47	35	39	53	64	48	45	62	44	66	41		55.2			
10	46	39	44	41	68	61	40	65	60	36	47	45		59.9			
11	37	51	54	64	48	41	60	61	63	50	56	49		64.6			
12	72	62	47	46	61	48	59	47	33	53	73	48		69.3			
13	58	52	74	73	40	51	49	66	50	27	38	40		74			
14	50	53	29	43	50	70	39	34	34	53	64	70					
15	28	46	30	56	47	44	48	60	69	30	61	36					

图 8-62　源数据表及数据分组

作直方图的首要任务是对数据进行分组，并统计每个分组中的数据个数，然后根据各分组中的数据个数，画出其直方图和累计频数折线图。如果采用手工方法求出每个分组中的数据是非常麻烦的，当数据量大时更不现实。用 Excel 工具库中的直方图可以轻松完成上述问题，其处理过程如下。

（1）输入源数据表

把原始数据输入到工作表的连续区域中（一列或多列），类似图 8-62 中 A2:L15 的数据。

（2）确定分组

这 168 个数据到底分成几组，每组的边界值（即箱值）是多少，在管理科学中有其独特的计算方法，分组的方法不同，最后所做出的图表也就不同，在此不进行分组方法的讨论。本例将数据分为 10 组，每组上、下边界的计算方法如下：

组距=(最大数据值–最小数据值)/10
每组上边界值=每组下边界值+组距

假设第一组的下边界值是：最小数据值–组距。在图 8-62 中，在单元格 O2 中输入组距计算公式 "=(MAX(A2:L15)-MIN(A2:L15))/10"；在单元格 N2 中输入最小分组边界值 "=MIN(A2:L15)-O2"；在单元格 N3 中输入第 2 个分组边界计算公式 "=N2+$O$2"；将单元格 N3 的公式向下填充到 N13 中。

（3）用 Excel 的分析工具绘制频数分布直方图

如果有原始数据，并计算出了每个分组的边界值，就可以运用 Excel 的分析工具直接绘出频数分布的直方图和累计频数的折线图。直方图工具位于分析工具库中，默认安装的 Excel 功能区中并没有显示出该分析工具库，可按下述方法加载它：选择"文件"→"选项"→"Excel 选项"→"加载项"→"管理"→"Excel 加载项"，然后单击"转到"按钮，弹出如图 8-63 所示的"加载项"对话框，勾选"分析工具库"复选框。经过上述操作后，分析工具库就被加载到了 Excel 中，在功能区的"数据"选项卡中将添加一个"数据分析"按钮，通过此按钮就能够访问到分析工具库中的工具。

现在可以应用分析工具库中的直方图制作本例中的邮件分拣直方图了。

<1> 单击"数据"→"分析"→"数据分析"按钮，从弹出的"数据分析"对话框（见图 8-63）中选择"直方图"，弹出"直方图"设置对话框（如图 8-64 所示）。

<2> 在"输入区域"中输入原始数据所在的工作表区域$A$2:$L$15；在"接收区域"中输入各分组边界值所在的单元格区域$N$2:$N$13。

图 8-63　选择分析工具库

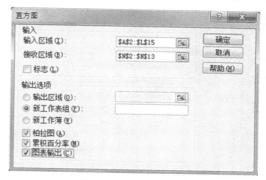

图 8-64　直方图设置

<3> 勾选"柏拉图""累积百分率"和"图表输出"复选框，最后的结果如图 8-65 所示。

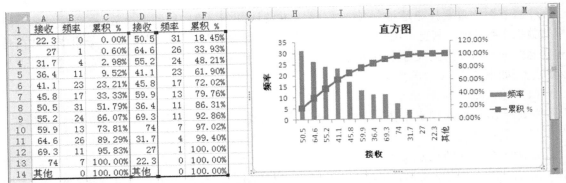

	A	B	C	D	E	F
1	接收	频率	累积 %	接收	频率	累积 %
2	22.3	0	0.00%	50.5	31	18.45%
3	27	1	0.60%	64.6	26	33.93%
4	31.7	4	2.98%	55.2	24	48.21%
5	36.4	11	9.52%	41.1	23	61.90%
6	41.1	23	23.21%	59.9	17	72.02%
7	45.8	17	33.33%	45.8	13	79.76%
8	50.5	31	51.79%	36.4	11	86.31%
9	55.2	24	66.07%	69.3	11	92.86%
10	59.9	13	73.81%	74	7	97.02%
11	64.6	26	89.29%	31.7	4	99.40%
12	69.3	11	95.83%	27	1	100.00%
13	74	7	100.00%	22.3	0	100.00%
14	其他	0	100.00%	其他	0	100.00%

图 8-65　由 Excel 分析工具产生的输出

8.7.6　用甘特图进行项目进度管理

甘特图是一种以工作任务和任务完成时间为依据的图形，横轴表示时间，纵轴表示项目，用线条表示项目在整个工作（工程）期间的计划和实际任务的完成情况，主要表示项目中的任务和进度安排。甘特图直观地表明了任务计划在什么时候开始启动，以及实际进展与计划要求的对比情况，具有简单、醒目和便于编制等特点，在工程项目管理工作中被广泛应用。

Excel 没有提供甘特图的图表模型，但可以应用二维堆积条形图制作。图 8-66 是应用 Excel 的条形堆积图制作出的甘特图。图 8-66(a)是某校期末考试进度安排的甘特图，图 8-66(b)是某高速公路修建任务的甘特图。

从图 8-66 可以看出，两个甘特图的数据源表略有区别：高速公路的任务时间包括完成时间和剩余时间，期末考试安排则只有完成时间（天数）。尽管如此，这两个甘特图的制作方法完全相同。下面以创建高速公路工程进度的甘特图为例，说明在 Excel 中制作甘特图的方法。

【例 8.23】　某高速公路工程任务的时间安排见图 8-66 中的 G2:J7 区域，制作其进度控制甘特图。

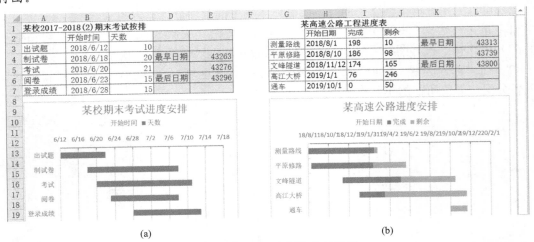

(a)　　　　　　　　　　　　(b)

图 8-66　在 Excel 中制作的甘特图

<1> 建立任务及其完成时间表，如单元格区域 G1:J7 所示。

<2> 在 Excel 中制作甘特图的主要难点是横坐标（时间轴）的格式化，在格式化时需要用到工程开始时间和结束时间的序列值，因为需要把这段时间之间的任务和时间进度绘制在甘特

图中。因此，最好在制图前就计算出整个工作项目的最早开始时间和最后结束时间的序列值。计算方法很简单，只需把最早的开始时间和整个项目的完工时间复制到某个单元格，并将它格式化为日期的序列数即可。

例如，在图 8-66(b)中，由于整个工程的最早开工时间是单元格 H3 中的 2018/8/1，完工时间是位于 H7 中的 2019/10/1，所以可将这两个时间复制到单元格 L3、L4 后，单击任一空白单元格，再单击"开始"→"剪贴板"→格式刷按钮 ，并格式化单元格 L3 和 L4，Excel 就会在 L3 中显示 2018/8/1 的序列数 43313，在 L4 中显示 2019/10/1 的序列数 43739。

从图 8-66 的 G7:J7 可以看到，2019/10/1 开始通车，通车后还需要 50 天（这 50 天进行检测）是整个工程的结束时间，因此工程的结束时间应在单元格 L4 中序列数基础上再加 50。L5中就是在 L4 的序列数中加上了一个大于 50 的数据（不一定要精确，但应大于 50，否则"通车"这一任务不能在甘特图中画完）。

<3> 选中甘特图的数据源区域 G2:J7（对于图 8-66(a)，则选中 A2:C7），然后单击"插入"→"图表"→"条形图"→"堆积条形图"命令，结果如图 8-67(a)所示。

<4> 隐藏条形图中"开始日期"数据系列的图形。方法是：右击 "开始日期"数据系列，在弹出的快捷菜单中选择"设置数据系列格式"命令，出现"设置数据系列格式"任务窗格，单击 →"填充"→"无填充"。结果如图 8-67(b)所示。

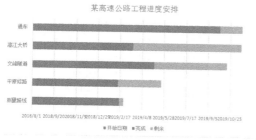

(a) 二维堆积条形图

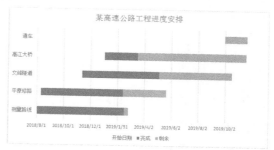

(b) 取消开始日期填充内容的二维堆积条形图

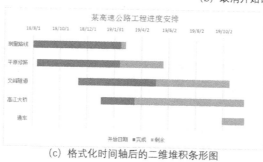

(c) 格式化时间轴后的二维堆积条形图

图 8-67　甘特图的绘制

<5> 格式化横坐标上的时间显示。

① 设置甘特图的横坐标（即各任务的时间进度）表示的时间范围。双击横坐标，显示"设置坐标轴格式"任务窗格，如图 8-68 所示，单击 坐标轴选项 ▼ → ，在"最小值"中输入项目开始时间的序列值"43313.0"，在"最大值"中输入项目完工时间的序列值"43800.0"，"主要刻度单位"用于设置坐标轴上两个时间之前的间距（天数），输入"61.0"，表示坐标轴上两个时间刻度之间隔了 61 天（两个月）；"次要刻度单位"指定为"1.0"天。

② 设置 X 轴与 Y 轴交叉位置。选中"纵坐标轴交叉"下面的"坐标轴值"单选项，并在其文本框中输入工程的开始日期 43313，这样纵坐标轴将与横坐标轴在此处相交；也可输入完工日期 43800，则项目中的子任务就会显示在甘特图的右边。

③ 设置刻度线和横坐标日期标签。在"刻度线"→"主刻度线类型"中选择"内部"，在"数字"→"类型"中选择"12/3/14"，将日期的年份缩减为 2 位，便于在横坐标中显示。

<6> 格式化纵坐标，将时间轴显示在图的上方。在纵坐标轴的"设置坐标轴格式"对话框（如图 8-69 所示）中单击"坐标轴选项"→▮▮▮，勾选"坐标轴位置"中的"逆序类别"复选框，这样 X 轴就会显示在图的上方。

图 8-68　设置甘特图横坐标轴的格式

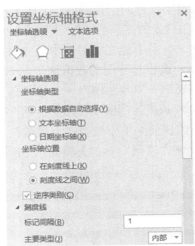

图 8-69　设置甘特图纵坐标轴的格式

上述过程代表了在 Excel 中建立甘特图的一般方法，经过上述操作后，就会建立图 8-66(b) 所示的工程进度甘特图。图 8-66(a)所示期末考试安排甘特图的建立过程与此类似。

8.7.7　用交叉柱形图进行企业销售分析

利用空行、留空、错位和数据重复的方法构建作图数据表并创建柱形图，然后利用数据系列重叠和分类轴间距控制等方法实现柱形图的交叉重叠，再用散点图仿真技术建立 X 轴，能够建立分析效果和视觉效果俱佳的交叉柱形图。

【例 8.24】某品牌手机 2016—2017 年在四川、重庆、贵州的销售情况如图 8-70 中 A2:E5 区域所示。制作交叉柱形图，分析该品牌手机在各省份各年度以及各年度各省份的销售情况。

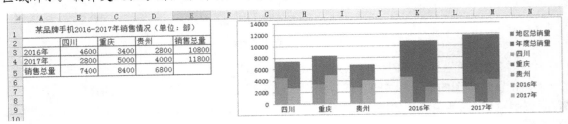

图 8-70　交叉柱形图

制作交叉柱形图的关键是设计作图数据表，其次是设置 X 轴上定位标签的坐标值。作图数据表的设计方法如图 8-71 所示。

图 8-71　交叉柱形图的数据表设计方法

　　假设交叉柱形图中有 A、B、C、…多个类型的项目，每个项目由多个子项目构成，如 A 项目包括 a1、a2 等子项目，B 项目包括 b1、b2 等子项目，其余项目以此类推。按照图 8-71 的结构建立作图数据表，表中第 1 列和第 1 行的子项目名称是对应的（即交叉），各子项目之间若有数据，就填写在对应的交叉单元格中；Σ区域中的列是对应子项目的所有行数据的汇总和，同类中的子项目之间留 1 个空行，不同类的子项目之间留 2 个空行。

　　交叉柱形图中的横坐标用散点图仿真，其作图数据表格式如图 8-71 中的 P1:Q9 所示。标签名称由所有的子项目名称组成，在 X 轴中的坐标值则由对应子项目在 A:N 中的行位置计算，如 a1 的 X 轴坐标值为 1，A 类有 3 个子类，a2 的 X 轴坐标值就是 2……则 b1、b2…的坐标就是 1+3=4，2+3=5……其中的"3"是子类个数。注意，这个方法得到的 X 轴坐标值不一定精确，可以在制作出图形后，再根据图表的实际情况进行适当调整。

　　现在用这个方法建立图 8-70 所示的交叉柱形图，方法如下。

　　<1>　按照上面的方法，对图 8-70 中 A2:E5 的原始数据表进行重构，建立图 8-72 中的 A1:H19 所示的作图数据表和 J1:K6 所示的 X 轴标签数据表。

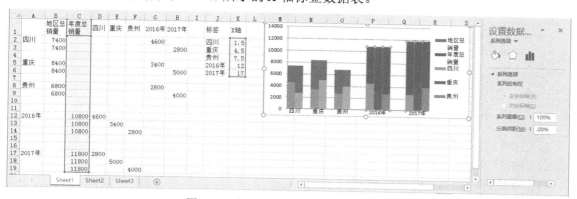

图 8-72　交叉柱形图的数据表设计方法

　　<2>　选中 A1:H19 数据区域，插入"簇状柱形图"。

　　<3>　双击某数据系列，弹出"设置数据系列格式"任务窗格，在"系列选项"中设置"系列重叠"为 100%，"分类间距"为 0。

　　<4>　右击图表区域，从弹出的快捷菜单中选择"选择数据"，再单击弹出的"选择数据源"

对话框中的"添加"按钮，新建一个名称为"标签"的数据系列，单击"确定"按钮关闭该对话框。

<5> 右击柱形数据系列，从弹出的快捷菜单中选择"更改系列图表类型"，将"标签"数据系列的图表类型改为"带直线和数据标记的散点图"。

<6> 右击图表区域，从弹出的快捷菜单中选择"选择数据"，通过"选择数据源"→"编辑"将"标签"系列的"X 轴系列值"设置为"K2:K6"，"Y 轴系列值"设置为"J2:J6"。

再对图表进行简单的格式化，如调整大小、色彩、图例位置，最后制作出图 8-70 所示的交叉柱形图。

小 结

Excel 提供了丰富的图表类型，包括柱形图、折线图、饼图、股价图、面积图、雷达图等。图表是工作表数据的图形化，运用工作表中的数据可以绘制出各种图表，当图表所对应的数据被修改后，Excel 会自动对图表进行调整、更新，以反映出数据的变化。应用 Excel 预定义的图表样式、图表布局和图表设计等工具，再结合图表格式化可以便捷地制作出具有专业水准的图表。在 Excel 中，图表类型的更改非常灵活，对已有图表进行简单的加工就可制作出另一种类型的图表。应用 Excel 的图表功能不仅可以制作出组合图、双轴线图和甘特图之类的复杂图表，还可以应用图表的趋势线进行回归分析。此外，图表还是数理统计、财务分析、证券投资分析等数据分析的有用工具，可以非常简单地制作出正弦曲线、回归分析图及股价图等。

习 题 8

【8.1】 在 Excel 中，图表与工作表有什么关系？Excel 提供了哪些图表类型？

【8.2】 Excel 的图表有哪些组成部分？

【8.3】 某电视机厂 1999 年到 2001 年的各类电视机销售数量如图 8-73 所示，按要求制作出各种图表。

	A	B	C	D	E	F
1	某电视机厂1999年至2001年各季度电视销售表					
2		19英寸	21英寸	25英寸	29英寸	34英寸
3	1999年	914	972	1057	1118	1164
4	2000年	992	1052	1079	1081	1173
5	2001年	642	1134	1209	1305	1332

图 8-73 习题 8.3 图

（1）1999 年至 2001 年的销售柱形图。

（2）1999 年各类电视机的销售折线图。

（3）2000 年各类电视机的销售饼图。

（4）2001 年各类电视机的销售折线图，并添加垂直线。

（5）2001 年电视机销售的迷你柱形图。

（6）1999 年至 2001 年的 29 英寸和 34 英寸电视机的销售折线图，并添加 34 英寸电视机的销售趋势线。

【8.4】 某水果商 2018 年 8 月上旬各类水果销售数据表如图 8-74 中的 A1:B8 所示，制作各水果销量所占百分比的半圆图表。

提示：在数据系列最后（第 9 行）添加销量总和，再以 A1:B9 作圆，通过格式化功能设置"总和"数据点为"无填充"，设置"第1扇区起始角"为270°。

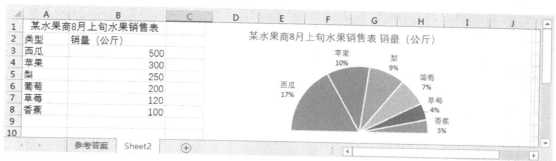

图 8-74　习题 8.4 图

【8.5】 某股票交易数据如图 8-75 所示，按要求制作图表。

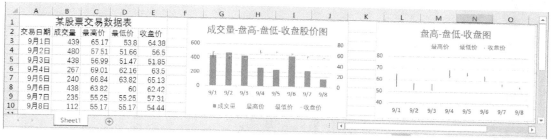

图 8-75　习题 8.5 图

（1）制作成交量—盘高—盘低—收盘股价图。

（2）制作盘高—盘低—收盘价图。

【8.6】 某公司 2015 年至 2018 年电视销售利润数据如图 8-76 的 A1:E3 区域所示，制作销售利润折线图，根据该折线图制作公司销售利润的趋势线，并估计 2019 年、2020 年利润的发展趋势。

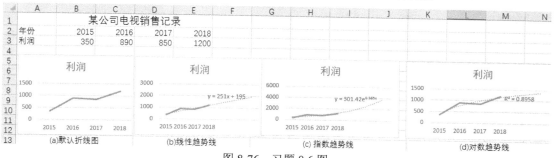

图 8-76　习题 8.6 图

【8.7】 某别墅建设工程进度表如图 8-77 中的 A1:D7 所示，制作工程进度的甘特图。

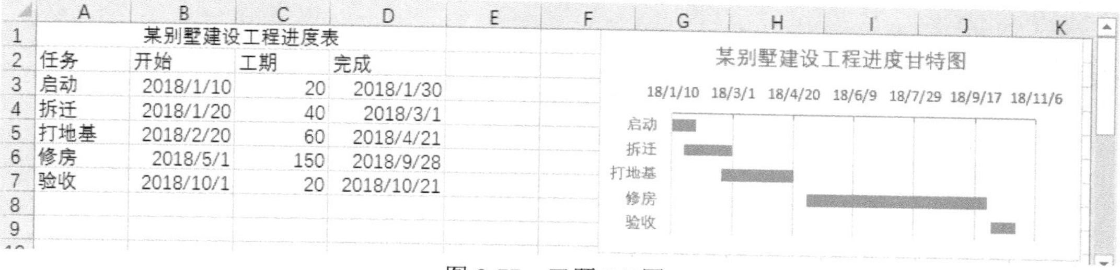

图 8-77　习题 8.7 图

【8.8】 某企业想对某产品的年产量（x）与生产成本（y）之间的关系进行分析。为此抽取了一个由 10 个企业组成的横断面样本进行调查，所得数据已输入 Excel 工作表中，如图 8-78 中的区域 A1:K4 所示。在该工作表中，其回归方程为 Yi=α+β*Xi+ui。试用图表求解这个回归方程。

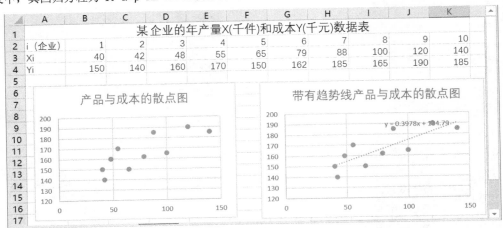

图 8-78　习题 8.8 图

【8.9】 某品牌白酒 2015—2017 年在西南各省份的销量如图 8-79 所示，制作各省份各年度销量分析的交叉柱形图。

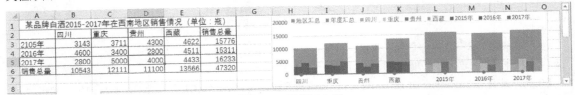

图 8-79　习题 8.9 图

第9章 数据分析工具库应用

📖 本章导读

- ⊙ 加载宏
- ⊙ 追踪从属或引用单元格
- ⊙ 数据有效性检验
- ⊙ 模拟运算表及单变量求解
- ⊙ 方案管理
- ⊙ 线性规划求解
- ⊙ 假设检验和回归分析等工具的应用

Excel 为数据审核、图表分析、经济管理、工程规划、统计预测等专业领域的数据处理提供了许多分析工具和实用函数。应用这些工具和函数来解决工程计算、金融分析、财政决算及管理决策等方面的问题，显得非常便捷。

9.1 公式审核和数据有效性检验

公式审核和数据有效性检验是查找、预防和标识错误的两种工具，用于追查公式中的错误根源，标识出不符合检验规则的单元格，阻止不合规则数据的输入。

9.1.1 追踪引用或从属单元格

如果单元格 A 中的公式引用了单元格 B，就称 A 为从属单元格，B 为引用单元格。公式审核中提供了查证两单元格之间是否存在这种关系的工具，称为追踪引用单元格或追踪从属单元格。当两者具有这种关系时，Excel 会用箭头线表示这种关系，无箭头的一端是引用单元格，箭头指向的一端是从属单元格。例如，若单元格 B3 中包含公式 "=A3+9"，则 A3 是引用单元格，B3 是 A3 的从属单元格，箭头线从 A3 指向 B3。

利用 "追踪引用单元格" "追踪从属单元格" 和 "监视窗口" 等工具，可以弄清楚单元格中的数据来源，找出引发错误的引用单元格。

【例 9.1】 某商场的销售日志和销售汇总表如图 9-1 所示，查看单元格 E3 中的 "合计" 数据来源于哪些单元格，以及 L11 中的电视销售数据影响了哪些单元格的数据计算。

1. 追踪引用单元格

对 "合计" 数据进行引用单元格追踪，可以查看它的数据来源，方法如下。

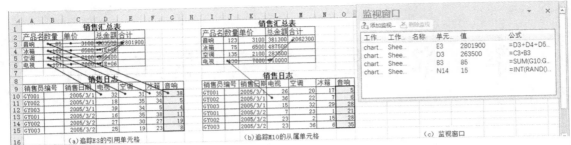

图 9-1　追踪引用单元格和从属单元格

<1> 单击要追踪引用的单元格，如单元格 E3（见图 9-1(a)）。

<2> 单击"公式"→"公式审核"→"追踪引用单元格"按钮，则出现 D 列指向单元格 E3 的追踪箭头，即从 D3、D4、D5、D6 指向单元格 E3，表明单元格 E3 中引用了单元格 D3:D6 中的内容。事实上，E3 中的公式为"=D3+D4+D5+D6"。

<3> 再次单击"追踪引用单元格"按钮，分别显示从 B3:B6 和 C3:C6 指向 D3:D6 的追踪箭头。因为单元格 D3 中的公式为"=B3*C3"，D4 中的公式为"=B4*C4"，D5 中的公式为"=B5*C5"，D6 中的公式为"=B6*C6"。

<4> 再次单击"追踪引用单元格"按钮，显示从 D10:G10 指向 B3:B6 中的箭头。因为单元格 B3 中的公式为"=SUM(G10:G15)"，B4 中的公式为"=SUM(F10:F15)"，B5 中的公式为"=SUM(E10:E15)"，B6 中的公式为"=SUM(D10:D15)"。上述系列追踪箭头显示了单元格 E10 的数据来源，如果有错误，只需对追踪箭头指出的单元格数据进行分析，就能够找出错误的根源，这对于大型工作表的公式中的错误分析很有帮助。

2. 追踪从属单元格

逐级追踪从属单元格的方式可以审核单元格 L11 中的电视销售数据被哪些单元格引用。

<1> 单击单元格 L11，再单击"公式"→"公式审核"→"追踪从属单元格"按钮，会显示 L11 指向 J6 的追踪箭头，J6 中的公式为"=SUM(L10:L15)"。

<2> 再次单击"追踪从属单元格"按钮，显示 J6 到 L6 的箭头，L6 中的公式为"=K6*J6"。

<3> 再次单击"追踪从属单元格"按钮，显示 L6 到 M3 的箭头，M3 中的公式为"=SUM(L3:L6)"。

说明：① 在追踪引用或从属单元格的过程中会出现不同颜色的箭头。蓝色箭头表示引用单元格在同一张工作表中，红色箭头表示会导致错误的引用单元格。如果选定单元格含有对其他工作表或工作簿的引用，会出现一个从工作表图标📋，指向所选单元格的黑箭头。

② 要选定箭头另一端的单元格，请双击箭头。要选定另一个工作表或工作簿中的引用单元格，则双击黑箭头，然后在"定位"列表中双击所需引用。

③ 如果引用单元格在另一个工作簿中，那么在选定引用单元格之前该工作簿必须打开。

3. 监视窗口

通过追踪引用或从属单元格，可以发现单元格之间的数据引用关系。如果想进一步了解单元格的计算公式和计算结果，可以通过监视窗口的功能来完成。图 9-1(c)中的"监视窗口"对 E3、D3 和 B3 单元格进行了监视，其中显示这些单元格的值和计算公式。

单击"公式"→"公式审核"→"监视窗口"按钮，弹出图 9-1(c)所示的"监视窗口"，单击其中的"添加监视"或"删除监视"按钮，可以设置或取消对某个单元格的监视。

9.1.2 数据有效性检验

数据有效性检验是 Excel 为减少错误、核查数据正确性而提供的检验工具：对于尚未输入的单元格数据，可以设置输入数据的受限条件；对错误的输入数据进行告警并拒不接受，把错误限制在输入阶段。这部分内容可以参考 2.7 节；对于已经输入完成的数据，可以利用数据有效性检验工具设置对应单元格的检验规则，并将不符合检验规则的单元格圈释出来。

【例 9.2】 图 9-2(a)是某成绩表，找出其中不在 0～100 之间的错误分数。

(a) 某成绩表   (b) 数据有效性设置   (c) 圈释了无效数据的成绩表

图 9-2 利用数据有效性检验圈释无效数据

利用数据有效性检验工具能够快速圈释出其中的错误分数，方法如下。

<1> 选中要进行有效性检验的数据区域 C2:E7，再单击"数据"→"数据工具"→"数据验证"，弹出如图 9-2(b)所示的对话框。

<2> 设置选中数据区域的有效性条件为"介于 0 到 100 之间的整数"。

<3> 单击"数据有效性"右边的下三角形，从下拉列表中选择"圈释无效数据"，结果如图 9-2(c)所示。

9.2 模拟运算表

模拟运算表用于对一个单元格区域中的数据进行模拟运算，测试在公式中使用变量时，变量对公式运算结果的影响。Excel 可以构造两种类型的模拟运算表：① 单变量模拟运算表，基于一个输入变量的模拟运算表，测试它对公式的影响；② 双变量模拟运算表，基于两个输入变量的模拟运算表，测试它们对公式的影响。

9.2.1 单变量模拟运算表

在单变量模拟运算表中，输入数据的值被安排在一行或一列中。同时，单变量模拟表中使用的公式必须引用"输入单元格"。在进行模拟运算时，Excel 会先为"输入单元格"输入值，再计算公式的值。

【例 9.3】 某人考虑购买一套住房，要承担一笔 25 万元的贷款，分 15 年还清。现在想查看每月的偿贷款额，并想查看在不同的利率下每月的应还贷款额。

这个问题可以用 PMT 函数求解，现用模拟运算表来解决它，方法如下。

<1> 在一个工作表中建立模拟运算表的初步结构，如图 9-3(a)所示。其中，B5:B11 区域中是不同的贷款年利息，单元格 C1 中是贷款总额，C4 中是计算贷款金额的公式。注意单元格

| (a) 单变量模拟运算表的结构 | (b) 设置模拟运算表的输入单元格 | (c) 单变量模拟运算表的计算结果 |

图 9-3 单变量模拟运算表的设计过程

C4 中的公式：第 1 个参数 "B4/12" 表示每期支付的贷款利息，因为是按月支付，所以用年利息除以 12；第 2 个参数是支付贷款的总期数，因为分 15 年付清，所以共 12×15 个月；第 3 个参数是贷款金额，也可以直接输入 "250 000"。

仔细观察，单元格 C4 中的公式有些奇怪，第 1 个参数中引用了单元格 B4，而 B4 中没有任何数据，它怎样计算 PMT 函数的值呢？这就是模拟运算，单元格 B4 就是所谓的**输入单元格**。读者很快就会发现它的用途。

<2> 选择包括公式和用于替换 "输入单元格" 的区域 B4:C11，即模拟运算表。

<3> 选择 "数据" → "预测" → "模拟分析" → "模拟运算表" 命令，弹出如图 9-3(b) 所示的对话框，在 "输入引用列的单元格" 中输入 "$B$4"，然后单击 "确定" 按钮，就出现图 9-3(c)所示的 "月支付额" 结果。

图 9-3(b)是用于设置前面提到的 "输入单元格" 的对话框。输入单元格是其值不定、需要用其他单元格的值来代替的单元格。如 C4 中引用了一个公式 "=PMT(B4/12, 12*15, C1)"，从图 9-3(a)可以发现，单元格 B4 并没有输入任何值，它是一个输入单元格，即一个变量。在实际计算时，Excel 会把其他单元格的值输入到公式中的 B4 中，再计算公式的值。

哪些单元格的值将先被输入给公式中的单元格 B4 呢？在 "模拟运算表" 对话框中有两个文本框，一个是 "输入引用行的单元格"，另一个是 "输入引用列的单元格"。对于单变量模拟运算表而言，只需填写其中的一项。如果模拟运算表是以行方式建立的，则填写 "输入引用行的单元格"；如果模拟运算表是以列方式建立的，则填写 "输入引用列的单元格"。本例中，模拟运算表是以列方式建立的，所以在 "输入引用列的单元格" 文本框中填写 "$B$4"，另一个文本框不填。

再看模拟运算的工作原理。单元格 C4 中的公式是 "=PMT(B4/12, 12*15, C1)"，B4 中没有值，系统用 0 代替，即在 C4 中计算的是利息为 0 的每期还贷金额。当计算 C5 中的值时，单元格 B5 中的值被输入到公式中的 B4 中；当计算单元格 C6 的值时，B6 中的值被输入到 B4 中……直到模拟运算表的所有值都计算出来。

模拟运算为设计或对比不同方案的运算结果带来了许多方便。例如，若在上例中需查看在同等利息下贷款 40 万元时的每月还款金额时，只需把单元格 C1 中的数额改为 "400 000"，Excel 会自动对模拟运算表中的数据进行重新计算。

另外，对于同一个输入单元格，可建立不同公式的模拟运算表。

【例 9.4】 对于例 9.3 而言，如果要查看在同等利息情况下，分别贷款 25 万元、40 万元、55 万元、80 万元的每月还贷金额，则可建立如图 9-4 所示的模拟运算表。

方法如下。

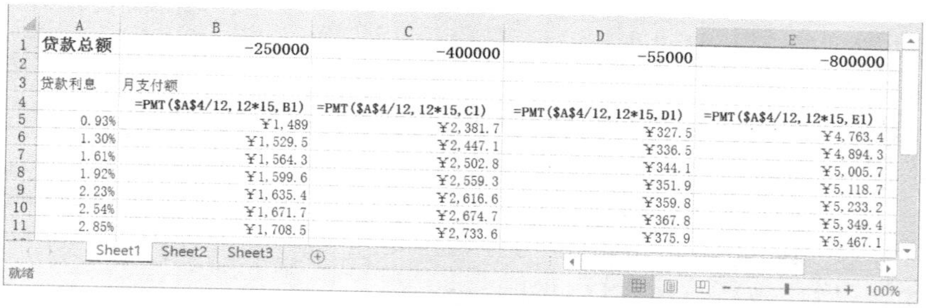

	A	B	C	D	E
1	贷款总额	-250000	-400000	-55000	-800000
2					
3	贷款利息	月支付额			
4		=PMT($A$4/12, 12*15, B1)	=PMT($A$4/12, 12*15, C1)	=PMT($A$4/12, 12*15, D1)	=PMT($A$4/12, 12*15, E1)
5	0.93%	¥1,489	¥2,381.7	¥327.5	¥4,763.4
6	1.30%	¥1,529.5	¥2,447.1	¥336.5	¥4,894.3
7	1.61%	¥1,564.3	¥2,502.8	¥344.1	¥5,005.7
8	1.92%	¥1,599.6	¥2,559.3	¥351.9	¥5,118.7
9	2.23%	¥1,635.4	¥2,616.6	¥359.8	¥5,233.2
10	2.54%	¥1,671.7	¥2,674.7	¥367.8	¥5,349.4
11	2.85%	¥1,708.5	¥2,733.6	¥375.9	¥5,467.1

图 9-4　具有多个公式的单变量模拟运算表

<1> 在区域 B1:E1 中分别输入不同的贷款总额，B4:E4 中分别输入计算月支付贷款的计算公式（这些公式中的前两个参数都完全相同，只有第三个参数不一样）。

<2> 选中单元格区域 A4:E12。

<3> 按照前述操作，弹出“模拟运算表”对话框（见图 9-3(b)），在“输入引用列的单元格”编辑框中输入“$A$4”。

该模拟运算表中输入的公式及最后的运算结果如图 9-4 所示。显然，在类似图 9-4 这样的批量数据运算中，用模拟运算表比用公式进行计算更简便。另外，在模拟运算表中，同一个输入单元格可以作为不同公式的输入变量。也就是说，在图 9-4 中，单元格 B4、C4、D4、E4 中可以采用不同的计算公式。

9.2.2　双变量模拟运算表

单变量模拟运算表只能解决一个输入变量对一个或多个公式计算结果的影响，如果查看两个变量对公式计算的影响，就需要使用双变量模拟运算表。

【例 9.5】 某人想贷款 45 万元购买一辆汽车，要查看在不同的利率和偿还年限下每个月应还的贷款金额。假设要查看贷款利率为 5%、5.5%、6.5%、7%、7.5%、8%，偿还期限为 10 年、15 年、20 年、30 年、35 年时，每月应归还的贷款金额是多少？

这个问题有两个输入变量，分别为利率和年限，单变量模拟运算表无法解决，但用双变量模拟运算表可以轻松解决。

<1> 在一个工作表中，建立模拟运算表的基本结构，如图 9-5 所示，输入除单元区域 C4:H11 之外的所有单元格数据。B3 中的公式为“=PMT(A1/12,A2*12,C1)”

说明： 在单元格 B3 中输入公式后，将出现被 0 除的错误信息“#DIV/0”或“#NUM!”，这个错误不会影响模拟运算表的计算。

双模拟变量是指公式中有两个变量。本例中，单元格 B3 的公式“PMT(A1/12, A2*12, C1)”中的 A1 作为年利率的变量，它的取值来自利率列的单元格区域 B4:B11；A2 作为偿还年限的变量，它的取值来自偿还年限所在行的单元格区域 C3:H3。

说明： 公式中两个变量所在的单元格是任取的，可以是工作表中的任意空白单元格。事实上，它只是一种形式，因为它的取值来源于输入行或输入列。

<2> 选中模拟运算表的单元格区域 B3:H11。

<3> 按照上述操作，弹出“模拟运算表”对话框，在“输入引用行的单元格”中输入“$A$2”，在“输入引用列的单元格”中输入“$A$1”，如图 9-5 所示。

说明： 在单元格 B3 中输入的公式是“=PMT(A1/12, A2*12, C1)”。其中，A1 代表年利率的变量，它的来源是区域 B4:B12，所以在图 9-5 中，应在“输入引用列的单元格”编辑框中输

	A		C	D	E	F	G	H
1		贷款总额	450000					
2								
3	月还贷款额	#NUM!	10	15	20	25	30	35
4		5.0%	-4772.9	-3558.6	-2969.8	-2630.7	-2415.7	-2271.1
5		5.5%	-4883.7	-3676.9	-3095.5	-2763.4	-2555.1	-2416.6
6	利率	6.0%	-4995.9	-3797.4	-3223.9	-2899.4	-2698.0	-2565.9
7		6.5%	-5109.7	-3920.0	-3355.1	-3038.4	-2844.3	-2718.7
8		7.0%	-5224.9	-4044.7	-3488.8	-3180.5	-2993.9	-2874.9
9		7.5%	-5341.6	-4171.6	-3625.2	-3325.5	-3146.5	-3034.1
10		8.0%	-5459.7	-4300.4	-3764.0	-3473.2	-3301.9	-3196.2
11		8.5%	-5579.4	-4431.3	-3905.2	-3623.5	-3460.1	-3360.9

图 9-5　输入双模拟变量表的初始数据

入 "$A$1"；A2 表示偿还年限的变量，它的取值是工作表的区域 C3:H3，所以在"输入引用行的单元格"编辑框中输入 "$A$2"。

9.3　单变量求解

单变量求解就是求解具有一个变量的方程，Excel 通过调整可变单元格中的数值，使之按照给定的公式来满足目标单元格中的目标值。单变量求解有助于解决一些实际工作中遇到的问题。

【例 9.6】　某公司想向银行贷款 900 万元人民币，贷款利率是 8.70%，贷款限期为 8 年，每年应偿还多少金额？如果公司每年可偿还 120 万元，该公司最多可贷款多少金额？

对于第一个问题，可以直接使用 PMT 函数进行计算，计算的公式是 "=PMT(9.70%, 8, 900)"。但后一个问题需使用单变量求解，求解的方法如下。

<1> 在工作表中输入原始数据，建立如图 9-6(a)所示的单变量求解工作表。A 列是提示信息，可有可无，不影响单变量求解。在单元格 B1 中输入贷款年利率，在 B2 中输入计算每年应偿还的贷款金额的公式 "=PMT(B1, B3, B4)"，在 B3 中输入偿还年限。

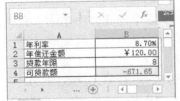

(a) 建立单变量求解工作表　　　(b) 设置单变量求解参数　　　(c) 单变量求解结果

图 9-6　单变量求解

<2> 单击"数据"→"预测"→"模拟分析"→"单变量求解"，弹出如图 9-6(b)所示的对话框。

<3> 在"目标单元格"中输入 "$B$2"，在"目标值"中输入可偿还金额，表示经过求解后，单元格 B2 中的值应是 120，目标单元格中必须包括公式；在"可变单元格"中输入保存算出的贷款总额的单元格，可以是任一空白单元格；然后单击"确定"按钮。

最后的求解结果如图 9-6(c)所示，可以看出，该公司若每年还贷款 120 万元，最多可以贷款 671.65 万元。

Excel 单变量求解是通过迭代计算来实现的，即不断修改可变单元格中的值，并对修改值逐个测试，直到求得的解是目标单元格中的目标值，或在目标值的精度许可范围内。

许多时候，不可能求得与目标值完全匹配的结果，如果不指定精确度或迭代次数，Excel很可能得出无解的结论。指定迭代次数或精确度的方法如下：

<1> 选择"文件"→"选项"，在弹出的对话框中单击"公式"类别，出现"公式"类别对话框。

<2> 在"计算选项"中勾选"启用迭代计算"复选框，在"最多迭代次数"框中输入迭代次数。迭代次数越高，Excel重新计算工作表所需的时间越长。

<3> 若要设置两次重新计算结果之间可接受的最大误差，可在"最大误差"框中输入误差值。数值越小，结果越精确，重新计算工作表所需的时间也越长。

9.4 方案分析

单变量求解和模拟运算表只能解决一个或两个变量引起的问题。如果要解决包括较多可变因素的问题，或要在几种假设分析中找出最佳执行方案，可以用方案分析来完成。

9.4.1 方案概述

Excel方案分析主要用于多变量求解问题，能够对比多种不同解决方案，从中寻求最佳的解决方案。方案是已命名的一组输入值，这组输入值可保存在工作表中，并可用来替换方案中的模型参数，得出解决方案的输出结果。对于同一解题方案的模型参数，可以创建多组不同的参数值，得到多组不同的结论，每组参数和结论都是一个方案。

【例9.7】 已知某茶厂2018年的总销售额及各种茶叶的销售成本，要在此基础上制订一个五年计划。市场不断变化，所以只能对总销售额及各种茶叶销售成本的增长率做一些估计。最好的方案当然是总销售额增长率高，各茶叶的销售成本增长率低。

最好的估计是总销售额增长13%，花茶、绿茶、乌龙茶、红茶的销售成本分别增长10%、6%、10%、7%，在这种方案下，该茶厂5年内的成本及利润估算情况如图9-7所示。

	2018年	2019年	2020年	2021年	2022年
某茶厂的五年计划					
总销售额	3000000	3390000	3830700	4328691	4891421
销售成本					
花茶	1100000	1210000	1331000	1464100	1610510
绿茶	240000	254400	269664	285844	302994
乌龙茶	240000	264000	290400	319440	351384
红茶	720000	770400	824328	882031	943773
总计	2300000	2498800	2715392	2951415	3208662
净收入	700000	891200	1115308	1377276	1682759

增长估计	
总销售额	13%
花茶	10%
绿茶	6%
乌龙茶	10%
红茶	7%

五年总净收入
5766543.432

这个工作表根据销售额和各种产品销售成本的年增长率来估计未来几年的销售情况和净收入情况，并计算这几年的总净收入情况，并计算这几年的总净收入。对此建立最好情况估计和最坏情况估计两个方案

某茶厂五年计划方案 | 方案数据透视表 | 方案摘要

图9-7 某茶厂的五年计划

图 9-7 的建立方法如下：输入 A、B 列及第 3 行前的所有数据；在单元格 C4 中输入公式 "=B4*(1+$B$16)" 并复制到 D4、E4、F4 中；在 C7 中输入公式 "=B7*(1+$B$17)" 并复制到 D7、E7、F7 中；在 C8 中输入公式 "=B8*(1+$B$18)" 并复制到 D8、E8、F8 中；在 C9 中输入公式 "=B9*(1+$B$19)" 并复制到 D9、E9、F9 中；在 C10 中输入公式 "=B10*(1+$B$20)" 并复制到 D10、E10、F10 中；第 11 行数据是第 7、8、9、10 行数据对应列之和；净收入是相应的总销售额和销售成本之差，E19 的总净收入是第 13 行数据之和。

从图 9-7 中可看出，在这种估计方案下的五年总净收入超过 576 万。但这毕竟是最好的估计方案，市场是变化的，应该做好最坏的打算。假设最坏的情况下，总销售额增长 13%，但各种茶叶的销售成本也在增加，假设花茶的销售成本的增长率为 13%、绿茶的为 10%、乌龙茶的为 12%、红茶的为 9%，则公司的五年总净收入应该是多少呢？

当然，直接修改图 9-7 中各种茶叶的销售成本增长率，也可以查看最坏的五年计划。但这种方式的缺点是：不能同时对比最好和最坏情况；经过一段时间后，或许忘记了工作表中没有保存的估计情况。

9.4.2　建立方案

对于上述问题，Excel 提供了一种较好的处理办法——方案。把最好和最坏的两组估计数据保存为方案。这样，在任何时候都可从保存的方案中取出当初制订的估计数据，对工作表进行计算。方案的建立方法如下：

<1> 激活要建立方案的工作表（单击要建立方案的工作表中的任一单元格）。

<2> 单击"数据"→"预测"→"模拟分析"的下三角形，然后选择"方案管理器"命令，弹出如图 9-8(a)所示的对话框，单击"添加"按钮，弹出如图 9-8(b)所示的对话框。

<3> 在"方案名"编辑框中输入方案的名称，可以是任何文本，本例输入"茶厂最佳五年计划"。在"可变单元格"编辑框中输入方案中可变量的单元格或单元格区域，单击"确定"按钮，弹出如图 9-8(c)所示的对话框，输入各可变量单元格的值后，单击"确定"按钮，就把方案添加到了方案管理器中。

(a) 方案管理器

(b) 添加新方案

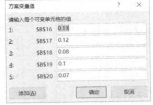

(c) 设置可变单元格

图 9-8　方案建立过程

<4> 再次单击"方案管理器"对话框中的"添加"按钮，用同样的方法添加新的方案。在本例中，当最好和最坏的两种方案都添加后，方案管理器的情况如图 9-8(a)所示。

当所有的方案都设置好后，单击"关闭"按钮，回到 Excel 工作表。这时工作表中显示的是当前方案的值。

9.4.3 显示、修改、增加或删除方案

方案制定好后，在任何时候都可以执行方案，查看不同方案的执行结果。如果希望再次看到方案中的工作表，不必复原工作表中可变单元格中的数据，只需重新执行原方案。操作方法如下：按照前述方法显示出如图 9-8(a)所示的对话框，在“方案”列表中选择要执行的方案名，最后单击“显示”按钮。

进行上述操作后，Excel 会用在方案中保存的“可变单元格”的值替换工作表中“可变单元格”中的数据，工作表的计算结果就是所选定方案的计算结果。

此外，通过如图 9-8(a)所示的对话框，可以方便地增加、删除或修改方案。

9.4.4 建立方案报告

建立好多种方案后，可以建立各方案的报告。方案报告会把各种方案采用的可变参数及方案结果都显示出来，便于对比和寻求最佳方案。

<1> 按前面介绍的方法打开“方案管理器”对话框，单击“摘要”按钮，弹出“方案总结”对话框。其中有两种报告类型：“方案总结”和“方案数据透视表”。选择其中的一种。

<2> 在“方案总结”对话框的“结果单元格”中输入保存方案执行结果的单元格或单元格区域。

对于前面的例子，制作出的方案报告如图 9-9 所示，可以看出，方案报告较为详细地列出了各种方案中可变单元格的值，以及各种方案的最大获利情况。

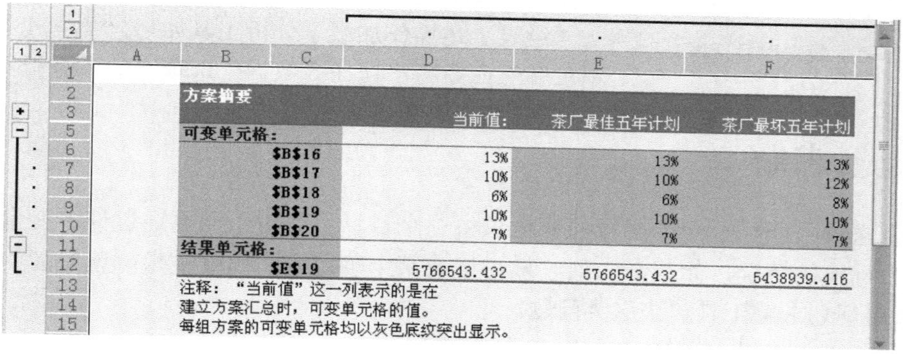

方案摘要			
	当前值:	茶厂最佳五年计划	茶厂最坏五年计划
可变单元格:			
$B$16	13%	13%	13%
$B$17	10%	10%	12%
$B$18	6%	6%	8%
$B$19	10%	10%	10%
$B$20	7%	7%	7%
结果单元格:			
$E$19	5766543.432	5766543.432	5438939.416

注释：“当前值”这一列表示的是在
建立方案汇总时，可变单元格的值。
每组方案的可变单元格均以灰色底纹突出显示。

图 9-9　方案报告

方案报告中的不足之处是，以可变单元格来标志出各种茶叶的销售成本增长率，含义不清晰。例如，从报告中可以看出“$B$17”的最佳增长率是 13%，但不了解工作表的人会问，“$B$17”到底代表什么呢？用户可以直接把单元格的引用修改为相关项的名称。

除了制作方案报告，Excel 还可以制作方案透视表，建立基于方案报告和方案透视表的各类图表。另外，如果方案保存于多个不同的工作簿中，可以把它们合并成为一个大方案，也可以制作出方案报告的图表。

9.5 加载宏工具的安装

加载宏是可以安装到计算机中的程序组件，在 Excel 2016 中通常以扩展名为 .xlam 的形式存放在磁盘文件中。Excel 不但自身附带了许多加载宏，而且允许用户编写具有特定功能的加

载宏程序。用户可以根据需要选择性地安装加载宏程序，扩展 Excel 的功能。表 9-1 列出了 Excel 自带的一些常用加载宏。

表 9-1　Excel 常用加载宏

加 载 宏	描 述
分析工具库	添加财务、统计和工程分析工具和函数
欧元工具	将数值的格式设置为欧元的格式，并提供 EUROCONVERT 函数，用于转换货币
查阅向导	创建一个公式，通过数据清单中的已知值查找所需数据
规划求解加载宏	对基于可变单元格和条件单元格的假设分析方案进行求解计算

本章后面涉及的规划求解和分析工具都由 Excel 加载宏提供。要使用这些功能，必须先安装相应的加载宏程序。当规划求解和分析工具库对应的加载宏程序被加载后，在"数据"选项卡的"分析"组中会显示"数据分析"和"规划求解"按钮。

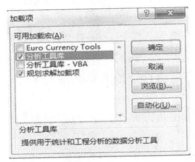

图 9-10　"加载宏"对话框

如果在"数据"选项卡中没有看到"分析"组，则说明没有加载"分析工具库"，可通过下述操作加载它。

<1> 选择"文件"→"选项"，弹出"Excel 选项"对话框。

<2> 选择"加载项"→"管理"→"Excel 加载项"→"转到"，弹出如图 9-10 所示的对话框。

<3> 勾选"分析工具库"和"规划求解加载项"复选框，然后单击"确定"按钮。

经过上述操作加载了分析工具库后，"数据分析"和"规划求解"命令将出现在"数据"选项卡的"分析"组中。

9.6　规划求解

单变量求解只能通过一个变量的变化求得一个目标值，对于需要通过许多变量的变化来找到一个目标值的情况，如找最大值、最小值或某个确定值，单变量求解就无能为力了。在 Excel 中可用规划求解工具解决这类问题。

9.6.1　规划求解概述

规划求解是一个很有用的工具，在工作中常用来解决以下问题：

❖ 人员调度，使用最小成本使职工水平达到企业指定的最满意水平。

❖ 运输线路，如怎样设置产品生产基地与销售地之间的路线或者邮政运输的路线，才能使运输成本最小。

❖ 产品比例，在生产资源有限的情况下，怎样合理搭配产品比例才能得到最大利润。

❖ 调配材料，怎样降低成本，合理搭配材料，获得最大利润。

❖ 求解由目标函数和不等式约束条件确定的方程组。

❖ 由目标函数和不等式给出的约束条件求解线性方程组。

适合规划求解的问题有如下 3 个特点：

❖ 问题有单一目标，如求运输最佳路线、生产最低成本、产品最大利润等。

❖ 问题有明确的不等式约束条件，如生产材料不能超过库存、生产周期不能超过一周等。

❖ 问题有直接或间接影响约束条件的一组输入值。

在 Excel 中，规划求解问题由以下 3 部分组成。

1．可变单元格

一个规划问题中可能有一个或多个有待于解决的未知因素，常称之为变量。在 Excel 中进行规划求解时通常用单元格来保存变量，称为可变单元格。可变单元格也称为决策变量，一组决策变量代表一个规划求解的方案。

2．目标函数

目标函数表示规划求解要达到的最终目标，如求最大利润、最短路径、最少成本、最佳产品搭配等。一般说来，目标函数应该是规划模型中可变量的函数。也就是说，在 Excel 中建立的规划求解模型里，目标函数与可变单元格有着直接或间接的联系。

目标函数是规划求解的关键，可以是线性函数，也可以是非线性函数。

3．约束条件

约束条件是实现目标的限制条件，规划求解是否有解与约束条件有着密切的关系，对可变单元格中的值起着直接的限制作用。约束条件可以是等式，也可以是不等式。

规划求解通过对与目标单元格中的公式有联系的一组单元格值进行不断调整，最终为目标单元格求得最优解。那些在求解过程中其值可以被不断修改的单元格称为可变单元格。在创建模型过程中，用户可以对规划求解模型中的可变单元格的值应用约束条件，而且约束条件可以引用其他影响目标单元格公式的单元格。

9.6.2　建立规划求解模型

现在举一个例子说明在 Excel 中进行规划求解的方法和过程。

【例 9.8】　某肥料厂专门收集有机垃圾，如青草、树枝、废弃花朵等，利用这些废物，并掺进不同比例的泥土和矿物质，来生产高质量的植物肥料。生产的肥料分为底层肥料、中层肥料、上层肥料、劣质肥料 4 种。为使问题简单，假设收集废物的劳动力是自愿的。

生产各种肥料耗用的原料以及各种肥料的单价如表 9-2 所示，是指生产一袋肥料需要各种原材料各多少单位。例如，从表 9-2 的第 2 行可以看出，生产一袋底层肥料需要 55 单位的泥土、54 单位的有机垃圾、76 单位的矿物质、23 单位的修剪物，底层肥料的单价是 105.00 元。

表 9-2　各种肥料成品的用料及其单价

产　品	泥　土	有机垃圾	矿　物　质	修　剪　物	单　价
底层肥料	55	54	76	23	105.00
中层肥料	64	32	45	20	84.00
上层肥料	43	32	98	44	105.00
劣质肥料	18	45	23	18	57.00

原材料的现有库存如表 9-3 所示，原材料的单位成本如表 9-4 所示。

问题：求出在现有情况下，即利用原材料的现有库存，应生产各种类型的肥料各多少数量才能求得最大利润？最大利润是多少？

表9-3　生产肥料的库存原材料		表9-4　单位原材料成本单价	
库存情况	现有库存	项　目	单位成本
泥　土	4100	泥　土	0.20
有机垃圾	3200	有机垃圾	0.15
矿 物 质	3500	矿 物 质	0.10
修 剪 物	1600	修 剪 物	0.23

这是一个典型的规划求解问题，它所求的是在现有原材料的情况下，应该怎样合理搭配，才能获取产品的最大利润。本题涉及的可变因素、约束条件都较多，是一个较复杂的规划求解问题，但在 Excel 中可以轻松求解。为了解决该问题，可以在一个 Excel 工作表中建立该问题的规划求解模型，如图 9-11 所示。

	A	B	C	D	E	F	G	H
1	表一：成品用料及其价格表							
2	产品	泥土	有机垃圾	矿物质	修剪物	生产数量	单价	总价值
3	底层肥料	55	54	76	23		105	=F3*G3
4	中层肥料	64	32	45	20		84	=F4*G4
5	上层肥料	43	32	98	44		105	=F5*G5
6	劣质肥料	18	45	23	18		57	=F6*G6
7								
8	表二：材料库存及使用状况表							
9	库存情况	泥土	有机垃圾	矿物质	修剪物			
10	现有库存	4100	3200	3500	1600			
11	可用库存	=SUM(B3:B6*$F$3:$F$6)	=SUM(C3:C6*$F$3:$F$6)	=SUM(D3:D6*$F$3:$F$6)	=SUM(E3:E6*$F$3:$F$6)			
12								
13	表三：成本价格表							
14	项目	泥土	有机垃圾	矿物质	修剪物			
15	单位成本	0.2	0.15	0.1	0.23			
16	单项成本	=B15*B11	=C15*C11	=D15*D11	=E15*E11			
17								
18	表四：盈余表							
19	总收入	=SUM(H3:H6)						
20	总成本	=SUM(B16:E16)						
21	总利润	=B19-B20						

规划求解模型建立　运算结果报告 1　敏感性报告 1　极限值报告 …

图 9-11　规划求解工作表原型

1．表一

表一是生产各种肥料所需要的原料单位及单价。此表的生产数量（F 列）是未知的，所以空着（或全部填 0）。总价值＝生产数量×单价，所以 H 列中输入的是计算各种肥料的总价值的公式。例如，F3 表示底层肥料生产数量，G3 是底层肥料的单价，所以 H3 中的公式"=F3*G3"表示所有底层肥料的总价值。有人说，F3=0 有什么意义呢？这仅仅是一个假设，在规划求解之后，它就不一定为 0 了，所以 H 列的公式是有意义的。

2．表二

表二是原材料的现有库存及生产肥料所用的材料。可用库存是指生产各种肥料所用的原材料总和。例如，单元格 B11 中的内容表示生产各种肥料所用的泥土总和，其中的公式为"=SUM(B3:B6*$F$3:$F$6)"。这是一个数组公式，也可以表示成"=B3*$F$3+B4*$F$4+B5*$F$5+B6*$F$6"。结合表一，可以理解该公式的含义是所有的底层肥料、上层肥料、中层肥料及劣质肥料所用泥土总和。读者可据此理解单元格 C11、D11、E11 中数组公式的意义。

3．表三

表三是各种原材料的单项成本及生产各种肥料所用的相关原材料的总成本。第 15 行表示

各种原材料的单位成本，第 16 行表示生产所用各种原材料的总成本。单元格 B16 中的公式是"=B15*B11"，B15 是泥土的单价，B11 是生产各种肥料所消耗的泥土总量，所以 B15*B11 是生产肥料时泥土的总成本。同理，C16 是耗用有机垃圾的总成本，D16 是矿物质所耗用的总成本。

4．表四

表四是总收入、总成本及利润。其中，B19 是总收入，B20 是总成本，B21＝总收入－总成本，所以它是总利润。

9.6.3 规划求解

建立好如图 9-11 所示的规划求解模型（即表一、表二和表三），就可以进行规划求解了。

<1> 单击规划模型中的任一单元格，然后选择"数据"→"分析"→"规划求解"命令，弹出"规划求解参数"对话框，如图 9-12(a)所示。

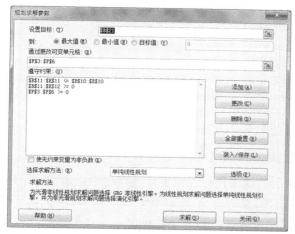

(a) 规划求解参数设置

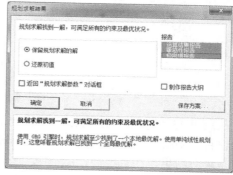

(b) 规划求解结果设置

图 9-12　规划求解

<2> 在"设置目标"编辑框中输入目标函数所在的单元格 B21，即"$B$21"。

<3> 设置目标函数：最大值、最小值或特定值的数值。本例求最大利润，选择"最大值"。

<4> 设置可变单元格。可变单元格的设置非常重要，设置错误可能导致规划求解失败。本例中，只有各种肥料的生产数量是不确定的，一旦确定，则总利润、总成本、总收入等都可以计算出来，所以可变单元格区域是存放各种肥料生产数量的单元格区域$F$3:$F$6。

<5> 在"规划求解参数"对话框（如图 9-12(a)所示）中添加约束条件。约束条件至关重要，少一个、多一个或填错了都会导致规划求解的失败。本例中的约束条件有以下 3 个：

❖ 各种肥料的生产数量不能小于 0，即"$F$3:$F$6>=0"。

❖ 在生产过程中，各种原材料的可用数量不能超过其相应的库存，即"$B$11:$E$11<= $B$10:$E$10"。

❖ 各种原材料的使用量不能小于 0，即"$B$11:$E$11>=0"。

添加约束条件的方法：单击"规划求解参数"对话框中的"添加"按钮，弹出"添加约束"对话框，在"单元格引用"文本框中输入约束条件所在单元格的引用位置，然后从条件下拉列表中选择一个比较运算符，在"约束"文本框中输入条件值。

添加完所有约束条件后，单击"添加约束"对话框中的"确定"按钮返回到"规划求解参数"对话框。本例中，规划求解参数最后的设置情况应与图 9-12(a)中的情况完全相同。

<6> 建立好如图 9-12(a)所示的规划求解参数后，从"选择求解方法"下拉列表中选择"单纯线性规划"，单击"求解"按钮，Excel 将显示如图 9-12(b)所示的对话框。

<7> 选择"规划求解结果"对话框中的"保存规划求解的解"选项，系统将把求解结果保存在原规划求解模型中。本例的求解结果如图 9-13 所示。

	A	B	C	D	E	F	G	H	I
1	表一：成品用料及其价格表								
2	产品	泥土	有机垃圾	矿物质	修剪物	生产数量	单价	总价值	
3	底层肥料	55	54	76	23	11	105	1134	
4	中层肥料	64	32	45	20	49	84	4113	
5	上层肥料	43	32	98	44	0	105	0	
6	劣质肥料	18	45	23	18	21	57	1179	
7									
8	表二：材料库存及使用状况表								
9	库存情况	泥土	有机垃圾	矿物质	修剪物				
10	现有库存	4100	3200	3500	1600				
11	可用库存	4100	3080.88	3500	1600				
12		0	0	0	0				
13	表三：成本价格表								
14	项目	泥土	有机垃圾	矿物质	修剪物				
15	单位成本	0.2	0.15	0.1	0.23				
16	单项成本	820	462.13	350	368				
17									
18	表四：盈余表								
19	总收入	6426.03							
20	总成本	2000.13							
21	总利润	4425.89							
22									

规划求解模型建立　运算结果报告 1　敏感性报… ⊕

图 9-13　设置求解结果的保存方式及求解结果

从图 9-13 可以看出，Excel 把规划求解后的结果保存在原工作表模型中。事实上，Excel 只会在目标函数单元格与可变单元格中间填写求解结果。本例中，表一的生产数量和表三的盈余额是求解结果，在求解后，Excel 会把计算结果保存在相关单元格中。其余单元格，如表一的总价值、表二的可用库存、表三的单项成本等数据，都是根据求解的生产数量，由 Excel 通过公式计算出来的。

9.6.4 修改资源和约束条件

在产品生产类规划求解问题中，原材料是比较重要的，怎样合理利用原材料本身就是一个规划问题。下面的例子说明怎样修改资源，合理规划。

肥料厂接到一个电话：只要公司肯花 10 元的运费就能得到 150 单位的矿物。这笔交易稍稍降低了矿物的平均价格，但这些矿物值 10 元吗？

显然，这个问题与前面的规划求解没有本质的区别，只需把原来的库存矿物由 3500 改为 3650，再用规划求解重新计算最大盈余，然后减去 10 元的成本后，看盈余是否增加。

方法为：把图 9-13 的单元格 D10 中的数据改为 3650，然后进行规划求解。在这次求解过程中，"规划求解参数"对话框中的目标单元格、可变单元格、约束条件等与上次完全相同，不需做任何修改。最后求出的总利润为 4483.41 元。除去成本后，还有 4473.41 元的盈利，比之前的 4425.89 元的利润有增加，表明这笔业务是可以做的。

约束条件是规划求解是否可解的关键所在，同样的规划模型，如果约束条件发生变化，求解的结果是不一样的。请看下面的例子。

肥料厂接到一个电话：一个老顾客急需 25 单位的上层肥料，公司经理在检查打印结果后，发现没有安排生产上层肥料。决定增加约束条件，为他生产上层肥料。

修改上例中的约束条件的操作方法如下：

<1> 按前述方法进入"规划求解参数"对话框（见图 9-12(a)），单击"添加"按钮。

<2> 输入新增的约束条件"$F$5>=25"。

<3> 求解。

结果发现总利润为 3246.51 元，原来的总利润为 4483.41 元（按单元格 D10 的库存矿物 3650 计算），减少的利润为 4483.41–3246.51=1236.9 元。也就是说，如果为该顾客单独生产 25 单位的上层肥料，肥料厂将损失利润 1236.9 元。

9.6.5 规划求解结果报告

规划求解不但可以在原工作表中保存求解结果，而且可以将求解的结果制成报告。报告有如下 3 种。

① 运算结果报告：列出目标单元格和可变单元格以及它们的初始值、最终结果、约束条件和有关约束条件的信息。

② 敏感性报告：在"规划求解参数"对话框的"目标单元格"文本框中指定的公式和约束条件的微小变化，对求解结果都会有一定的影响。此报告提供关于求解结果对这些微小变化的敏感性信息。含有整数约束条件的模型不能生成敏感性报告。对于非线性模型，此报告提供缩减梯度和拉格朗日乘数；对于线性模型，此报告将包含缩减成本、影子价格（机会成本）、目标系数（允许有小量增减额）以及右侧约束区域。

③ 极限报告：列出目标单元格和可变单元格以及它们的数值、上下限和目标值。含有整数约束条件的模型不能生成本报告。下限是在满足约束条件和保持其他可变单元格数值不变的情况下，某个可变单元格可以取到的最小值。上限是在这种情况下可以取到的最大值。

在图 9-12(b)中，选中需要的报告名称，再求解，将生成相应的规划求解报告。图 9-14 至图 9-16 是前面规划求解问题的 3 种报告。

9.6.6 求解不等式

规划求解是一个非常有用的工具，可以帮助用户解决大量的数学运算。但是，初次使用该工具的人往往不知道如何建立规划模型。为此再举例如下，说明如何建立规划模型。

【例9.9】 某工厂生产甲、乙两种产品，假设生产甲产品 1 吨，要消耗 9 吨煤、4 千瓦时电力、3 吨钢材，获利 0.7 万元；生产乙产品 1 吨，要消耗 4 吨煤、5 千瓦时电力、10 吨钢材，获利 1.2 万元。按计划国家能提供给该厂的煤 360 吨、电力 200 千瓦时、钢材 300 吨，问应该生产多少吨甲种产品和乙种产品，才能获得最大利润？

假设生产甲种产品 x_1 吨，生产乙种产品 x_2 吨，这个问题的数学建模如下：

$$\begin{cases} 9x_1 + 4x_2 \leqslant 360 & ① \\ 4x_1 + 5x_2 \leqslant 200 & ② \\ 3x_1 + 10x_2 \leqslant 300 & ③ \\ x_1, x_2 > 0 & ④ \end{cases}$$

图 9-14 规划求解运算结果报告

Microsoft Excel 16.0 运算结果报告
工作表: [chart9.8 规划求解肥料生产最优解.xlsx]规划求解模型建立
报告的建立: 2019/3/8 9:02:50

目标单元格 (最大值)

单元格	名称		初值	终值
$B$21	总利润	泥土	0.00	4425.89

可变单元格

单元格	名称	初值	终值	整数
$F$3:$F$6				

约束

单元格	名称		单元格值	公式	状态	型数值
$B$11:$E$11	<= $B$10:$E$10					
$B$11:$E$12	>= 0					
$F$3:$F$6	>= 0					
$F$3	底层肥料	生产数量	11	$F$3>=0	未到限制值	11
$F$4	中层肥料	生产数量	49	$F$4>=0	未到限制值	49
$F$5	上层肥料	生产数量	0	$F$5>=0	到达限制值	0
$F$6	劣质肥料	生产数量	21	$F$6>=0	未到限制值	21

图 9-14 规划求解运算结果报告

图 9-15 规划求解敏感性报告

报告的建立: 2019/3/8 9:02:51

可变单元格

单元格	名称		终值	递减梯度
$F$3:$F$6				
$F$3	底层肥料	生产数量	10.80261316	0
$F$4	中层肥料	生产数量	48.96173588	0
$F$5	上层肥料	生产数量	0	-42.51371476
$F$6	劣质肥料	生产数量	20.68362109	0

约束

单元格	名称		终值	拉格朗日乘数
$B$11:$E$11	<= $B$10:$E$10			
$B$11	可用库存	泥土	4100	0.117411303
$C$11	可用库存	有机垃圾	3080.879608	0
$D$11	可用库存	矿物质	3500	0.383457866
$E$11	可用库存	修剪物	1600	1.626503596
$B$11:$E$12	>= 0			

图 9-15 规划求解敏感性报告

图 9-16 规划求解极限报告

Microsoft Excel 16.0 极限值报告
工作表: [chart9.8 规划求解肥料生产最优解.xlsx]规划求解模型
报告的建立: 2019/3/8 9:02:51

目标式

单元格	名称	值
$B$21	总利润	##

单元格	变量名称	值	下限极限	目标式结果	上限极限	目标式结果
$F$3	底层肥	##	0	3637	11	4426
$F$4	中层肥	##	0	1620	49	4426
$F$5	上层肥	##	0	4426	0	4426
$F$6	劣质肥	##	0	3594	21	4426

图 9-16 规划求解极限报告

最大利润是求 $S=0.7x_1+1.2x_2$ 的最大值。

如果用 Excel 的规划求解来解决本题目将非常简单，建立如图 9-17 所示的工作表。可以看出，本例使用单元格 B3 保存甲产品的生产量，C3 保存乙产品的生产量，单元格 B4、B5、B6 中输入的是数学不等式中的前半部分。这种输入方式可较方便地设置规划求解的约束条件。

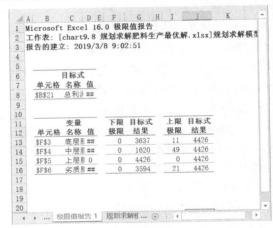

图 9-17 规划求解模型

建好如图 9-17 所示的工作表后，在"规划求解参数"对话框中填写各项参数，如图 9-18(a)所示。从"规划求解参数"对话框可以看出，这类规划求解问题其实是最简单的，只需把不等式设置为约束条件，同时指定一组可变单元格。在本例的约束条件中，可以看出多了两个约束条件"$B$3>=0"和"$C$3>=0"。因为 B3 表示甲产品的产量，C3 表示乙产品的生产量，生产量不应是负值。

最后的求解结果如图 9-18(b)所示。可以看出，在给定条件下，生产甲产品 20 吨，生产乙产品 24 吨，可获最大利润 42.8 万元。

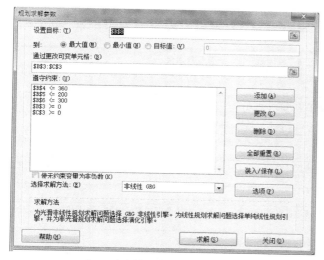

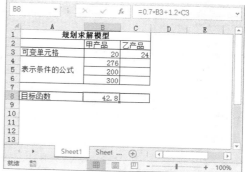

(a) 规划求解参数设置

(b) 规划求解结果

图 9-18　规划求解参数设置与求解结果

9.7　数据分析工具库

　　Excel 提供了一组数据分析工具，它们保存在一个称为"分析工具库"的加载宏中，这些工具为建立复杂的统计计算或工程分析提供了许多方便。原本非常复杂的运算过程，现在只需为某个分析工具提供必要的数据和参数，该工具会使用相应的统计或工程函数进行运算，在输出表格中显示相应的结果。有些工具在生成输出表格的同时还能够生成分析图表。

　　分析工具库由 Excel 自带的加载宏提供，如果"数据"选项卡中没有"数据分析"命令，就表明它没有被加载，可按 9.5 节介绍的方法将其加载到 Excel 中。

　　Excel 分析工具库在工程分析、数理统计、经济计量分析等实际工作中有较强的实用价值。表 9-5 列出了分析工具库中提供的数据分析、统计分析及工程分析的工具。

9.7.1　统计分析

　　分析工具库中提供了 3 种统计分析工具：指数平滑分析、移动平均分析和回归分析。

　　移动平均分析工具基于过去某特定时间段内变量的均值，对未来值进行预测，提供了由所有历史数据的简单平均值所代表的趋势信息，可以对销售、库存等数据进行趋势预测分析。

　　指数平滑分析工具基于前期预测值导出相应的新预测值，并修正前期预测值的误差。此工具使用的平滑常数 α 的大小决定了本次预测对前期预测误差的修正程度。指数平滑分析是一种时间序列的计算方法，用于预测，它的计算公式如下：

$$F_{t+1} = F_t + \alpha(A_t - F_t)$$

其中，A_t 是离散时间的检测值，检测的时间是 $t=0, 1, 2, 3, \cdots, n$，A_t 就是时间点 t 的检测值，F_t 是时间点 t 的预测值，α 是平滑常数。

　　说明：0.2～0.3 之间的数值可作为合理的平滑常数，这些数值表明本次预测需要将前期预测值的误差调整 20%～30%。平滑常数越大，系统响应就越快，但会生成不可靠的预测。小一些的平滑常数会导致预测值计算时间的延迟。

表 9-5　分析工具库中的工具

分析工具名称	说　明
方差分析	包括 3 种分析：单因素方差分析、可重复双因素分析、无重复双因素分析
相关系数分析	判断两组数据集（可以使用不同的度量单位）之间的关系。总体相关性计算的返回值为两组数据集的协方差除以它们标准偏差的乘积
协方差分析	返回各数据点的一对均值偏差之间的乘积的平均值。协方差是测量两组数据相关性的量度
描述统计分析	生成对输入区域中数据的单变值分析，提供有关数据趋中性和易变性的信息
指数平滑分析	基于前期预测值导出相应的新预测值，并修正前期预测值的误差。此工具将使用平滑常数 α，其大小决定了本次预测对前期预测误差的修正程度
傅里叶分析	解决线性系统问题，并能通过快速傅里叶变换（FFT）分析周期性的数据；也支持逆变换，即通过对变换后的数据的逆变换返回初始数据
F-检验	比较两个样本总体的方差
直方图分析	在给定工作表中数据单元格区域和接收区间的情况下，计算数据的个别和累计频率，用于统计有限集中某个数值元素的出现次数
移动平均分析	基于特定的过去某段时期中变量的均值，对未来值进行预测
t-检验分析	提供了 3 种检验：双样本等方差假设 t-检验，双样本异方差假设 t-检验，平均值的成对二样本 t-检验
随机数发生器分析	按照用户选定的分布类型，在工作表的特定区域中生成一系列独立随机数字，可以通过概率分布来表示主体的总体特征
回归分析	通过对一组观察值使用"最小二乘法"直线拟合，进行线形回归分析，可分析单个因变量是如何受一个或几个自变量影响的
抽样分析	以输入区域为总体构造总体的一个样本。当总体太大而不能进行处理或绘制时，可以选用具有代表性的样本。如果确认输入区域中的数据是周期性的，还可以对一个周期中特定时间段中的数值进行采样
z-检验	双样本平均差检验

【例 9.10】 2000—2012 年的居民消费指数如图 9-19 的 A:B 区域所示，用指数平滑分析工具进行预测对比分析，平滑常数 $\alpha=0.3$。

用指数平滑分析工具进行预测的方法如下。

<1> 单击"数据"→"分析"→"数据分析"命令，从弹出的对话框中选择"指数平滑"，单击"确定"按钮，弹出如图 9-20 所示的对话框。

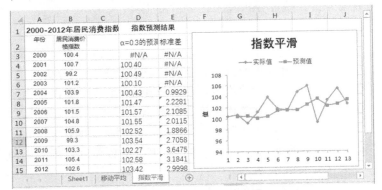

图 9-19　指数平滑分析工具的应用

图 9-20　"指数平滑"对话框

<2> 在"输入区域"中指定观察值数据所在的单元格区域$B$2:$B$15，由于 B2 是列标题，因此选中"标志"复选框。如果指定的区域为$B$3:$B$15，则不用选中"标志"复选框。1-α 为阻尼系数，在"阻尼系数"中输入 0.7。

<3> 在"输出区域"文本框中指定输出列上边的第一个单元格的引用位置 D3。

<4> 勾选"图表输出"和"标准误差"复选框。

经过上述操作后，采用指数平滑分析的结果如图 9-19 的 D:E 列所示。

9.7.2 假设分析

假设检验是根据对事物进行抽样所得的少量样本信息，判断总体分布的某个假设是否成立的一种数理统计方法。其基本思想是：先提出关于某个未知总体分布的假设结论 H_0 成立，然后分析在 H_0 成立的条件下，已知样本出现的概率。如果这个概率太小，说明一个小概率事件在总体分布的抽样中发生了，在这种情况下，对于 H_0 的假设是不成立的，否则假设成立。

在数理分析和统计中有许多假设分析理论，Excel 的分析工具库中也提供了一些假设分析工具，如 t-检验、z-检验、F-检验，可以轻松完成有关均值、方差的假设检验。

Excel 分析工具库中所有检验分析工具的使用方法基本相同。下面举一个双样本等方差 t-检验的例子，以说明这类分析工具的使用方法。

【例 9.11】 为比较两类稻种的产量，选择了 25 块条件相似的试验田，采用相同的耕种方法进行耕种试验，结果播种甲稻种的 13 块田的亩产量（单位：市斤）分别是：880，1120，980，885，828，927，924，942，766，1180，780，1063，650；播种乙稻种的 12 块试验田的亩产量分别是：940，1142，1020，785，645，780，1180，680，810，824，846，780。现想知道这两个稻种的产量有没有明显的高低之分。

运用 Excel 数据分析工具库的假设分析工具，不论有多少样本数据，只需要输入原始数据就能很快分析出假设结论成立与否。运用 Excel“数据分析”中的 t-检验解决本例的方法如下。

<1> 在一个工作表的两列中分别输入两类稻种的样本数据，如图 9-21(a)所示，在 A4:A16 中输入甲稻种的亩产量，在 B4:B15 中输入乙稻种的亩产量。

<2> 选择“数据”→“分析”→“数据分析”命令，从弹出的“数据分析”对话框中选择“t-检验：双样本等方差假设”，弹出如图 9-21(b)所示的对话框。

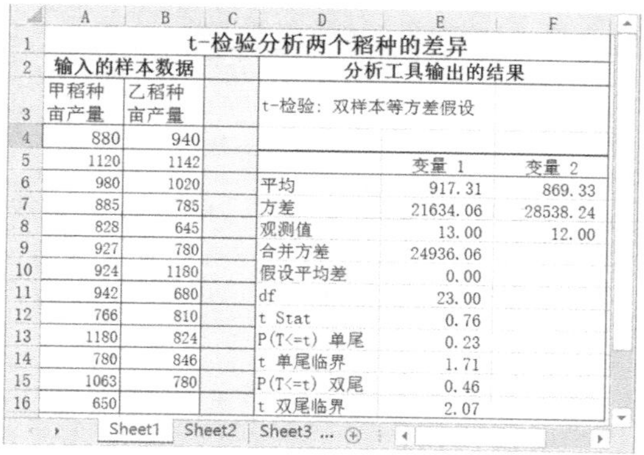

	A	B	C	D	E	F
1	t-检验分析两个稻种的差异					
2	输入的样本数据			分析工具输出的结果		
3	甲稻种亩产量	乙稻种亩产量		t-检验：双样本等方差假设		
4	880	940				
5	1120	1142			变量 1	变量 2
6	980	1020		平均	917.31	869.33
7	885	785		方差	21634.06	28538.24
8	828	645		观测值	13.00	12.00
9	927	780		合并方差	24936.06	
10	924	1180		假设平均差	0.00	
11	942	680		df	23.00	
12	766	810		t Stat	0.76	
13	1180	824		P(T<=t) 单尾	0.23	
14	780	846		t 单尾临界	1.71	
15	1063	780		P(T<=t) 双尾	0.46	
16	650			t 双尾临界	2.07	

(a) 数据源

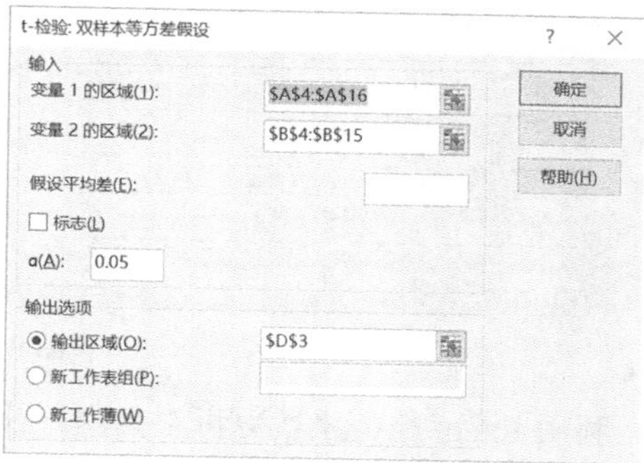

(b) 双样本等方差假设的参数设置

图 9-21　双样本等方差的 t-检验

<3> 在“变量 1 的区域”和“变量 2 的区域”中分别输入两个样本数据所在的单元格区域“$A$4:$A$16”和“$B$4:$B$15”。

<4> 指定假设检验结论。在“假设平均差”的编辑框中输入 0，α 系数取默认值 0.05，指定检验结论输出区域的左上角单元格为“D3”。

最后的检验结果输出在图 9-21(a)的单元格区域 D3:F16 中。可以看出，对于自由度为 23，α=0.05，t-检验的临界值应是 2.07。本例中，t-检验的结果值是 0.76，这个检验结果小于临界

值，因此可认为原假设即两水稻品种样本的“假设平均差为 0”成立。也就是说，这两个水稻品种的产量没有明显的高低之分。

9.7.3 相关性分析工具

在数理统计中，经常需要分析两组变量之间的相关程度，这就是相关性分析。相关性分析在回归分析过程中的意义重大：其一，相关系数说明了回归直线及其预测值的准确程度；其二，在进行回归分析之前，如果发现两组变量之间的相关性不大，则不必进行回归分析。

相关性分析的计算量较大，当参与分析的数据较多时，要计算相关系数及协方差就显得非常复杂了，而且容易出错。

Excel 的分析工具库提供了“协方差”和“相关系数”两个分析工具，进行相关分析非常简单。这两个分析工具的使用方法基本相同，现以相关系数的应用为例说明它们的使用方法。

相关系数用于判断两组数据集（可以使用不同的度量单位）之间的关系。总体相关性计算的返回值为两组数据集的协方差除以它们标准偏差的乘积，其计算公式如下：

$$\rho_{X,Y}=\frac{\operatorname{cov}(X,Y)}{\sigma_X\cdot\sigma_Y}$$

其中，$\sigma_X^2=\frac{1}{n}\sum(X_i-\mu_x)^2$，$\sigma_Y^2=\frac{1}{n}\sum(Y_i-\mu_y)^2$。

可以使用“相关系数”分析工具来确定两个区域中数据的变化是否相关：一个集合的较大数据是否与另一个集合的较大数据相对应（正相关），或者一个集合的较大数据是否与另一个集合的较小数据相对应（负相关），还是两个集合中的数据互不相关（相关性为零）。

【例 9.12】 物理实验数据如图 9-22 的单元格区域 A3:F12 所示，现在要计算各组实验之间的相关系数。

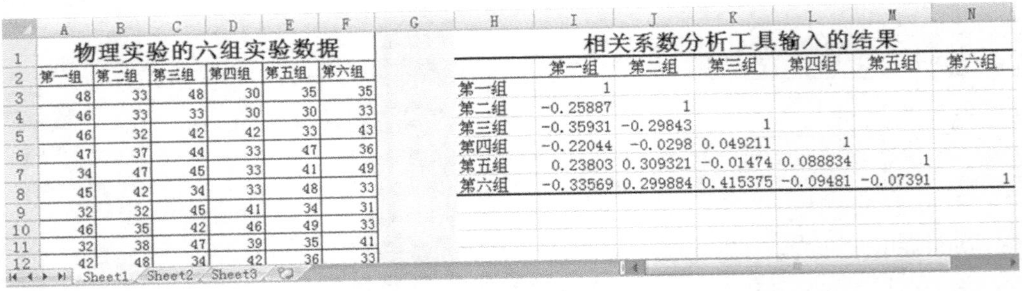

物理实验的六组实验数据

第一组	第二组	第三组	第四组	第五组	第六组
48	33	48	30	35	35
46	33	33	30	30	33
46	32	42	42	33	43
47	37	44	33	47	36
34	47	45	33	41	49
45	42	34	33	48	33
32	32	45	41	34	31
46	35	42	46	49	33
32	38	47	39	35	41
42	48	34	42	36	33

相关系数分析工具输入的结果

	第一组	第二组	第三组	第四组	第五组	第六组
第一组	1					
第二组	-0.25887	1				
第三组	-0.35931	-0.29843	1			
第四组	-0.22044	-0.0298	0.049211	1		
第五组	0.23803	0.309321	-0.01474	0.088834	1	
第六组	-0.33569	0.299884	0.415375	-0.09481	-0.07391	1

图 9-22 物理实验数据

利用 Excel 相关系数分析工具进行计算的方法如下。

<1> 输入实验的数据，如图 9-22 中的单元格区域 A1:F12。

<2> 选择“数据”→“分析”→“数据分析”命令，从弹出的“数据分析”对话框中选择“相关系数”，如图 9-23 所示。

<3> 在“输入区域”中指定要计算相关系数的数据区域，并指出数据的组织方式（按行或列），如果第一行是标题还要在其复选框中选定，则在“输出区域”的编辑框中填写输出区域左上角单元格的引用位置。

经过上述操作后，计算出的 6 组实验数据之间相关系数如图 9-22 中的单元格区域 H2:N8 所示，根据这些相关系数可以判定各组实验之间的相关性。

图 9-23　相关系数参数设置

9.7.4　回归分析

回归分析包括线性回归分析和非线性回归分析。线性回归分析是指自变量和因变量之间的数学模型呈线性关系，其一般形式为：

$$y_i = \alpha + \beta x_i + u_i$$

其中，α 和 β 是两个常数，称为回归参数；u 是一个随机变量，称为随机项或干扰项；x 是自变量，y 是因变量。在线性回归模型中，如果影响因变量的自变量只有一个，则称为一元线性回归；如果影响因变量的自变量有多个，则称为多元线性回归。

Excel 通过对一组观察值使用"最小二乘法"直线拟合，进行线性回归分析，可同时解决一元回归与多元回归问题。下面是计量经济学中的一个多元回归线性分析例子。

【例 9.13】 如图 9-24 所示的工作表中列出了美国 1956—1970 年历年的人均可支配收入 x_t 和人均可消费支出 y_t 的数据。试用这些数据拟合线性模型：$y_t = \beta_0 + \beta_1 x_t + \beta_2 t + u_t$。模型中的趋势变量 t 是为了反映除人均收入之外的所有其他因素对人均消费的影响。

在 Excel 中，利用回归分析工具求解此模型的方法如下。

<1> 建立如图 9-24 所示的原始数据表（注意：数据应按列方式输入，否则不能使用回归分析工具求解）。

<2> 选择"数据"→"分析"→"数据分析"命令，然后从弹出的"数据分析"对话框中选择"回归"命令，弹出如图 9-25 所示的对话框。

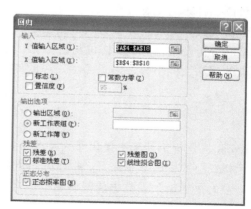

	A	B	C	D
1	\multicolumn{4}{l}{1956-1970年美国人均可支配收入和人均消费支出数据}			
2		（按1958年价格计算）		
3	人均消费支出 y_t（美元）	人均可支配收入 x_t（美元）	时间	
4	1673	1839	1	(=1956年)
5	1688	1844	2	
6	1666	1831	3	
7	1735	1881	4	
8	1749	1883	5	
9	1756	1910	6	
10	1815	1969	7	
11	1867	2016	8	
12	1948	2126	9	
13	2048	2239	10	
14	2128	2336	11	
15	2165	2404	12	
16	2257	2487	13	
17	2316	2535	14	
18	2324	2595	15	(1970年)

图 9-24　回归分析源　　　　　　　　图 9-25　回归分析参数设置

<3> 在"Y 值输入区域（Y）"编辑框中输入因变量 Y 的样本值所在的单元格区域 \$A\$4:\$A\$18，在"X 值输入区域（X）"的编辑框中输入自变量 X 所在的单元格区域 \$B\$4:\$C\$18。

<4> 如果需要线性拟合的"残差图""线性拟合图"等，则选中对话框中的相应选项。

说明： 在 Excel 中，一元线性回归与多元线性回归都采用回归模型进行求解，其差别在于上述第<3>步，一元回归输入的 X 值区域只有一列数据，多元回归则有多列数据。

本例回归分析的结果如图 9-26 所示。

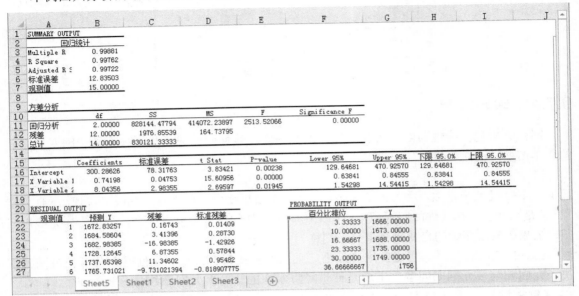

图 9-26　多元回归分析的结果

从分析结果可知，R^2 的值很高，约为 0.99762（单元格 B4 的值），在前面的线性拟合模型中，u=300.28626（单元格 B16），β_1=0.74198（单元格 B17），β_2=8.04356（单元格 B18）。由此可知，求得的线性拟合模型为：

$$\hat{y}_t = 300.28626 + 0.74198x_t + 8.04356t$$

$$R^2 = 0.99762$$

除了图 9-26 的输出，回归分析工具还可以做出各自变量的残差图、与因变量 Y 之间的线性拟合图、样本的正态分布图等。

分析工具库中还有许多分析数据的工具，如随机数据产生器、描述统计、工程分析工具中的傅里叶分析及抽样分析、排位与百分比、直方图等，这些工具的使用方法与前面所介绍的分析工具的用法大同小异，限于篇幅，在此就不再举例说明了。

小　结

Excel 的分析工具库中提供了大量非常实用的分析工具。数据审核和跟踪分析工具可以查找单元格或公式中的数据来源，并可由此分析产生错误的根源。数据的有效性检验工具可以把单元格中的数据输入或数据值限制在一个有效的范围内，以减少错误数据产生。要分析两个变量之间的因果关系，模拟运算和单变量求解是一个较佳的工具。线性规划工具可用于求解人员分配、生产计划、公路运输及生产、投资等的最佳方案。分析工具库中有许多实现统计数据分析和预测的工具，可以解决统计分析、假设检验及回归分析等复杂问题。

习 题 9

【9.1】 什么是加载宏？它有什么用途？Excel 加载宏的类型名是什么？

【9.2】 在使用 Excel 进行规划求解时，若发现 Excel "数据"选项卡中没有"规划求解"按钮，应怎样安装它？

【9.3】 某开发商想贷款 100 万元建立一个山林果园，贷款利息 8%，期限为 25 年，每月的支付额是多少？假设有不同利息、不同贷款年限可供选择，试计算出各种情况的每月支付额。利息有 5%、7%、9%、11%，这 4 种利息对应的年限分别为 10 年、15 年、20 年、30 年。用双模拟变量进行求解。

【9.4】 某茶叶商各品种茶叶的单价、成本和利润如图 9-27 所示，设定每种茶叶的总利润为 1000，用单变量进行求解各茶叶的销量。

	A	B	C	D	E	F
1	某茶叶商销售利润表					
2	产品	单价	销量	单位成本	单位利润	总利润
3	红茶	21		15	6	1000
4	花茶	15		10	5	1000
5	竹叶青	35		21	14	1000
6	铁观音	28		18	10	1000
7	大红袍	31		18	13	1000

图 9-27 习题 9.4 图

【9.5】 一线性方程如下：

$$\begin{cases} -x_1 + x_2 \leqslant 1 \\ 3x_1 + 5x_2 \leqslant 4 \\ x_1, x_2 > 0 \end{cases}$$

利用规划求解计算 x_1 和 x_2 的最优解，目标函数为 $S=x_1+x_2$ 的最大值。

【9.6】 设有两个发货点 A1 和 A2 分别有同一种货物 23 吨和 27 吨，它们供应三个收货点 B1、B2 和 B3，其需要量分别为 17 吨、18 吨和 15 吨，由发货点到收货点的每吨运价如下所示。应如何运输，才能使总运费最低？用规划求解工具计算。

运价 发货点	收货点 B1	B2	B3	发货量
A1	50	60	70	23
A2	60	110	160	27
收货量	17	18	15	

【9.7】 某地 2006 年至 2018 年间的各项统计数据如图 9-28 所示，用移动平均法对其中的"商品零售价格指数"进行预测分析。

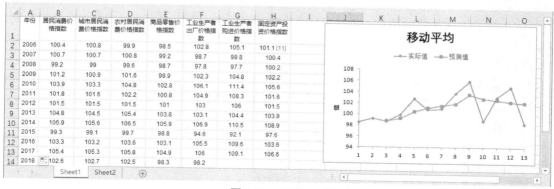

图 9-28 习题 9.7 图

第10章 数据清洗与转换Power Query

📖本章导读

⊙ Power BI 与商业智能
⊙ Power Query 与 VLOOKUP、MATCH、INDEX
⊙ 数据合并
⊙ 数据拆分
⊙ 行、列转换
⊙ 公式和函数
⊙ M 语言

Power Query 是 Excel 适应大数据时代商业智能的数据清洗与转换的工具，实现了 VLOOKUP、INDEX、MATCH 等查找引用类函数的综合功能，但远比它们强大，操作更简便，数据处理量更大，并且处理速度快一个数量级。更重要的是，Power Query 的数据处理具有一定的智能性，能够从数据库、文本文件、网页、XML、JSON 文档等数据源中查询数据，具有文件和工作表合并、数据类型调整、行列转换，以及数据提取、拆分、填补、筛选、分类汇总等能力。

10.1 商业智能数据分析

商业智能即 Business Intelligence（BI），也称为商务智能，于 1996 年首次提出，是用来将企业中现有的数据进行有效的整合，快速准确地提供各类报表和决策依据，帮助企业做出经营决策的一整套解决方案。

商业智能的关键是数据清洗，即对来自企业的财务系统、网管系统、计费系统、客户系统、门户网站等数据库，以及 Excel 表格、文本文件、JSON 文档、网页调查等类型的文件中的数据进行整合和修正，以保证数据的正确性；然后经过抽取（Extraction）、转换（Transformation）和装载（Load），即 ETL 过程，合并到一个企业级的数据仓库中；再应用查询和分析工具、数据挖掘工具、OLAP 工具等对数据仓库进行分析和处理，得出决策支持信息，提供给管理决策人员，作为决策过程中的数据支持。

近年来，互联网缩小了数据的区域和边界，随着电子商务技术的发展和应用普及，数据的产生和获取形式越来越多元化，各类自媒体、社交网络时时都在产生数据，人类进入了大数据时代。数据分析显得越来越重要，越来越普及，不只是企业产品生产、员工绩效分配、财务投资需要数据分析，个人投资理财、网上购物也需要数据分析。

但是，之前以结构化和少量异构数据分析为基础的专业级商业智能方法和技术，已经很难满足大数据时代爆炸式增加的数据分析需求了。其原因是，需要分析的数据量更大、数据结构更加多样化、数据增长更快、新类型增加更快……同时，数据分析不再是数据分析师的专职工作，普通人也需要进行数据分析。这就要求商业智能分析工具朝着更加智能化、普及化、非专业化方向发展。

为适应这一时代需求，微软适时提出了自己的商业智能产品——Power BI，可以在没有Excel、SQL Server 或者 SharePoint 的环境中运行，包括 Powe BI Desktop 版本（可以免费下载应用）、基于微软 Azure 云的 Power BI.com 版本以及为移动用户准备的 App 版本，能够实现在不同场合对数据的无缝浏览和修改。

Power BI 是基于 Power Query、Power Pivot、Power View、Power Map（地图）架构的一个独立软件，是一个功能强大、易学易用的大众化商业智能数据分析平台。构成它的 Power Query、Power Pivot 和 Power View 是该系统中协调有序而又可以独立运行的三个组成部分，对应着商业智能系统的数据源 ETL、数据仓库、数据分析与应用三大结构，分别承担着从多源异构数据库中提取和清洗数据、数据仓库的构建与数据挖掘、数据分析展示的任务，如图 10-1 所示。其中，Power Query 负责对各类数据源进行 ETL 操作，使之成为满足模型要求的数据，能够被加载到数据仓库中；Power Pivot 负责对数据仓库中的数据进行建模分析；Power View 则负责对分析结果进行可视化处理。

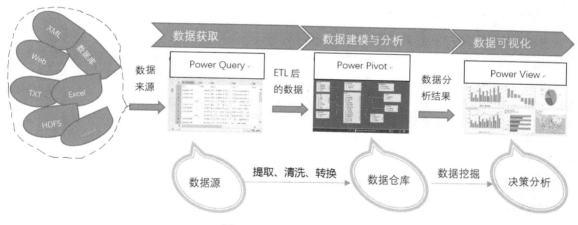

图 10-1　Power BI 的结构

Excel 作为使用人数众多的一种数据处理和分析软件，实现商业智能分析是其必然的发展方向。实际上，微软公司在 Excel 2013 版中已经通过加载宏的方式提供了 Power BI 几个组件的应用，在需要时可以方便地将其安装到 Excel 中，不少数据分析师已应用多年。在 Excel 2016 中，Power Query 和 Power Map 已经内置在 Excel 中，可以直接使用了；而 Power Pivot 和 Power View 仍是以加载项方式提供的，在需要时可以自由安装。

10.2　Power Query 概述

对于大多数以 Excel 为工具进行数据分析的人员来说，在 Excel 中进行数据处理的基本流程可以概括如下。

① 数据获取。从企业的各种运作系统和日常工作表中获取数据，数据类型多，来源广，如 Oracle、DB2、SQL Server、Access、SAP、ERP、金蝶、用友的财务系统，或者 Excel、Word、CAV 和文本文件，或者手工数据。

② 数据合并。对从不同系统获取的数据源文件，应用 VLOOKUP、INDEX、MATCH、ADDRESS、OFFSET 等查找引用类函数，尽量将它们汇总到一张大表中。

③ 数据清洗。汇总后的数据可能存在类型不匹配、内容不全、行列划分不当、数据次序有误、乱码等问题，进行诸如删除空行、去除重复项、拆分列、转置行列、特殊字符处理、数据提取等操作。

④ 数据分析。应用 Excel 数据透视表，统计汇总函数、D 函数、数据组公式对清洗后的数据进行维度分析，制作各类分析报表。

⑤ 数据可视化。运用图表工具对分析报表进行可视化处理，制作各类图表，分析数据变化的各种原因和发展趋势。

其中的主要问题是：① 有大量的重复性工作。其一，从不同数据源中提取数据到大表的过程中，输入 VLOOKUP 函数是重复性的工作；其二，不少数据分析工作是前期工作的重复。比如，对某企业产品的月销售进行分析，每个月都要进行相同的数据合并、数据清洗工作。② 效率低。当数据量不断增加时，VLOOKUP 等函数运行速度缓慢；当有数据更新时，又不能及时更新数据，如果是通过复制、粘贴方式完成数据合并工作的，问题更严重。

现在，Power Query 使某些问题变得简单了，至少下面几个问题能够轻松解决。

1. 智能合并同一文件夹内的文件

如果在同一个文件夹中有两个结构相同的文件 A 和 B，Power Query 已将文件 B 合并到文件 A 中，即文件 A 的内容由 A、B 的内容组成，那么，把具有相同结构、不同内容的文件 C、D、…添加到此文件夹后，Power Query 会自动把 C、D、…的内容合并到文件 A 中。这项功能可以把数据分析师从重复的复制、粘贴工作中解放出来。

例如，某企业的产品销售遍布世界各地，每年总公司要对从各地发回的几百张年度销售表进行汇总统计，以前需要打开每张表将数据复制到一张大表中，或者编写 VBA 程序进行汇总。现在只需用 Power Query 先对两张表进行汇总后，再将其他销售表放到同一文件夹中，就能自动将该文件夹中的所有数据表汇总在同一个工作表中。

2. 快速的异构数据源整合

Power Query 是 Power BI 中的 ETL 工具，负责将企业不同数据源中的数据整合到数据仓库的模型中，能够连接企业的各种数据源（包括各种类型的数据库和类似网页、Excel、文本文件……），并从中提取数据，包括：

❖ Microsoft Azure SQL，Azure HDinsight，AzureMarketplace，SQL Server，Access。

❖ Oracle，DB2，MySQL，PostgreSQL，Sybase 等。

❖ 网页、Excel、CSV、XML、JSON、文本文件以及文件夹、Facebook、Hadoop、Teradata、OData、ODBC 文档等。

不同数据源的整合过程比用 VLOOKUP 函数简便，可以先把相关数据源连接到 Power Query 中，再通过可视化操作，将不同数据源表中的数据查询到一张表中，不仅操作简便，速度还快。

3. 快捷方便的数据清洗和转换

Power Query 提供了对数据清洗和转换操作的可视化命令，使原本在 Excel 中需要费尽心思，综合应用 LOOKUP、SEARCH、COUNT、LEN、LEFT 等查找、引用、字符串处理和统计类函数才能完成的诸如数据合并、格式调整、拆分、去重、补缺、替换、筛选、排序、去空行、行列转换等数据清洗工作，通过简单的鼠标点击和拖曳就能够完成。

这几项功能已经能够将数据分析师从大量重复的数据清洗工作中解放出来，节省更多的时间，专注于数据建模和分析了。有人说，大多数数据分析师都在用 80%的时间进行基础的数据清洗工作，用不到 20%的时间做数据分析工作。借助 Power Query 的强大功能，他们可以回归分析师的本位，用 20%的时间进行数据整理，80%的时间进行数据分析了。

虽然 Power Query 是 Power BI 的组成部分，但它可以以"超级查询"的身份独立运行，因其功能强大，应用广泛，已经内置在 Excel 2016 中了，不仅具备 VLOOKUP、INDEX、MATCH 等诸多查找引用类函数的综合能力，还提供了统一、便捷的操作平台。更重要的是，它具有一定的智能性，能够对重复性的操作过程进行自动处理。

10.3　Power Query 应用基础

10.3.1　Power Query 查询数据到 Excel 的基本过程

在 Excel 2016 中，Power Query 已经被集成在"数据"功能区中了，具有与"获取外部数据"相似的功能选项，如图 10-2 所示[①]。

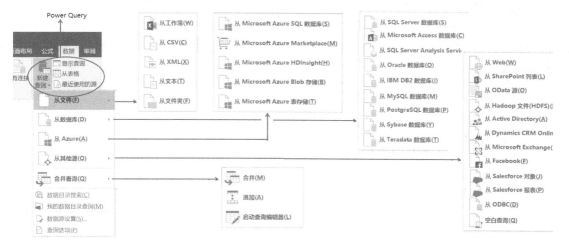

图 10-2　Power Query 数据源获取功能列表

Power Query 能够从数百种数据源中提取数据，一些常用数据源已经被集成到了"新建查询"按钮中，以便快速连接到这些数据源。图 10-2 就是"新建查询"展开的情况。

Power Query 中的数据源连接方法与"获取外部数据"相似，甚至有不少相同的功能。第 6 章比较详细地介绍了 Excel 获取外部数据的许多功能，请读者作为学习 Power Query 连接获

---

① 如果在图 10-2 圈释的"查询和链接"组中没有"新建查询""从表格"等，只有"全部刷新""查询和链接"等功能按钮，其可能的情况是在安装 Excel 2016 后，在 2019 年 3 月后进行了 Excel 在线更新，Power Query 数据源功能已与图 10-2 的"获取外部数据"整合在一起了。通过"获取外部数据"中的各功能选项，可以直接启动 PowerQuery。

取数据源的参考。注意，两者虽有相近的功能，但属于不同的软件系统。"获取外部数据"是Excel本身的组成部分，将把数据导入到Excel工作表中；而Power Query的"新建查询"将启动Power Query系统，并把数据导入其中，处理完成后，可以上载到Excel中分析，也可以上载到云端。

【例10.1】 从"上证指数"网站中提取数据，然后在Power Query中进行处理。

现在，以此例说明power Query如何获取数据，并上传到Excel进行分析的基本流程。

<1> 在Excel中选择"数据"→"获取和转换"→"新建查询"→"从其他源"→"从Web"，弹出如图10-3所示的对话框。

<2> 在URL中输入上证指数网址"http://stockpage.10jqka.com.cn/1A0001/"，单击"确定"按钮后弹出如图10-4所示的"导航器"，其中列出了指定网页中的内容，table即表格，单击其名，会显示出表中的内容。

图10-3　Power Query Web数据连接（1）　　　图10-4　Power Query Web数据连接（2）

<3> 选中"Table 1"，单击"编辑"按钮，将启动Power Query，并在其中显示"Table 1"的内容，如图10-5所示。选择"加载"按钮，将不进入Power Query界面，而是直接将数据表上传到Excel工作表中。

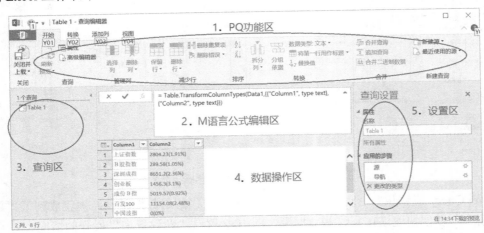

图10-5　Power Query界面

<4> 在Power Query中对查询表进行各种处理，完成后可以上传到网络或在Excel中进一步处理了。

<5> 单击"开始"→"关闭并上载"，其中有"关闭并上载"和"关闭并上载至……"两个选项。选择前者会直接将查询表返回到Excel的当前表中，选择后者会弹出如图10-6所示

的"加载到"对话框。选择其中的"表"就会将查询表上传到 Excel 中，图 10-7 就是将 Power Query 中的"上证指数"查询表上传到 Excel 中的情况。也可以选择"仅创建连接"，将在 Excel 工作簿中建立到 Power Query 查询表连接，右击"查询表连接名称"，在弹出的快捷菜单中选择"加载到…"，可以随时通过此连接将查询表加载到 Excel 中。

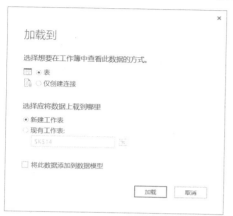

图 10-6　Power Query 上传表设置

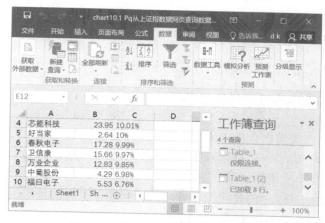

图 10-7　从 Power Query 返回的查询表

<6>　显示和隐藏"查询设置"任务窗格。当 Excel 工作簿中有到 Power Query 的连接表时，将在右边显示"查询设置"任务窗格，并在其中列出所有的 Power Query 查询表名称。如果没有显示"查询设置"任务窗格，则选择"数据"→"获取和转换"→"显示查询"命令，即可将其显示。当需要在工作表中获取查询表的数据时，只需在 Excel 中选择"数据"→"获取外部数据"→"现有连接"命令，从弹出的"现有连接"对话框中选择需要的查询表名称即可。

10.3.2　Power Query 功能界面简介

Power Query 的功能界面见图 10-5，大致可分为如下 5 个区域。

1. 功能区

功能区提供了 Power Query 的全部功能。"开始"中为常用功能，包括：将查询表上传到网络或 Excel，行、列的添加和删除，类型设置，标题管理，列拆分，新数据源选择，数据合并等功能；"转换"中提供了数据类型转换、行列转置、日期时间转换、列拆分、透视和逆透视等功能；"添加列"提供了在表中增加数据列的各种方法。

2. M 语言公式编辑区

如同 Excel 的公式编辑栏一样，Power Query 的公式编辑区用于显示和编辑**当前操作步骤**，此处的公式与"设置区"中"应用的步骤"是一致的。可以理解为：公式编辑栏中的公式就是实现当前操作步骤的命令，其运算结果就是"数据操作区"中的表。描述该命令的语言称为 M 语言。

从图 10-5 的"应用的步骤"列表中可以看出，从开始到"数据操作区"中的股票指数表共经历了"源"→"导航"→"更改的类型" 3 个步骤，每个步骤都是用 M 语言公式进行运算的。当前步骤是"更改的类型"，因此公式编辑区中显示的是实现此步骤的命令。单击"源"，将显示 "= Web.Page(Web.Contents("http://stockpage.10jqka.com.cn/1A0001/"))"。

3．查询区

查询区中显示已经连接到 Power Query 中的查询表，当有多个查询表时，可以通过鼠标单击选择要操作的表；双击查询表名称，可以修改表的名称；右击查询表名称，可以复制和粘贴查询表，从而制作查询表的备份。

4．数据操作区

数据操作区用于显示查询表数据，也是操作 Power Query 的主要场所，可以对查询表的行列进行诸如数据类型设置、格式修正、列拆分、行列转换、透视等操作，每次操作的步骤将记录在右边"应用的步骤"中。

5．设置区

设置区包括"属性"和"应用的步骤"。其中，"属性"→"名称"中列出了当前正在使用的查询表，还可以修改查询表的名称。例如，将图 10-5 中的 Table1 改为"上证指数"。

"应用的步骤"则是必须关注的一项非常强大的功能，相当于在 Excel 中录制的宏程序。虽然显示出的是操作步骤名称，但实际保存的是实现操作步骤的 M 语言公式。再次在 Power Query 中打开查询表，就会从第一步骤起重新执行所有的步骤。这样，当数据源表发生变化时就会查询到更新后的数据。每次选择"开始"→"查询"→"刷新预览"→"刷新"时，或者在 Excel 中选择"数据"→"连接"→"全部刷新"时，也会重新执行所有的步骤，从数据源中提取最新数据。

此外，"应用的步骤"是可逆的，可以逐步回查各步骤的执行结果，并且可以通过"M 语言公式编辑区"修改指定步骤的公式，还可以用鼠标拖曳的方式调整"操作的步骤"，但此操作须小心，因为某些操作步骤的先后次序不同结果就可能不同，还可能导致错误。

10.3.3　Power Query 操作基础

Power Query 是一个可视化的数据查询软件，其功能是围绕表格数据的查询、转换、计算和分析等内容进行设计的，提供了常用的表格合并、行列转换、数据列的拆分与合并、数据类型转换、分类与排序等功能，分布在"开始""转换""添加列""视图"4 个选项卡中，并且每个选项卡中的操作命令也不多，结构简单，易于学习和使用。

1．开始

Power Query 的常用功能都位于"开始"选项卡中，如图 10-8 所示。

图 10-8　Power Query 的"开始"选项卡

关闭：Power Query 只提供对查询表的各项处理功能，并不保存数据，所以没有文件保存之类的功能按钮。当在 Power Query 中完成了查询表的各项操作后，需要通过"关闭"提供的"关闭并上载"功能将查询表返回 Excel 工作表中。

查询：主要提供了查询公式的编写和数据刷新功能。在将数据源表导入到查询表后，Power Query 并不主动更新查询表的内容，单击其中的"刷新预览"时，才会从数据源中重新提取数据到查询表中。"高级编写器"提供了用 M 语言编写并执行查询程序的功能。"属性"用于修改查询表的名称。

管理列：提供了对数据列的选择和删除功能，删除列时可以删除选中列，也可以删除选中列之外的列。当在大表中要保留少数列而删除多数列时，这项功能很实用。

减少行：提供保留行和删除行的多项操作，可以保留或删除重复项、错误行、指定范围的行、首尾指定数目的行，还可以按指定的间隔数删除行，如每隔 8 行删除 1 行。

转换：提供数据列的类型转换，拆分列、分组统计、第一列与标题之间的转换功能。

合并：其中"追加查询"提供了将结构相同的数据表合并成一张大表的功能，即把一张表的数据行复制到另一张数据表的后面。"合并查询"具有统计功能和 VLOOKUP 函数的功能，对于两张结构完全相同且有数值字段的表，可以实现对数值的合并统计（求和、平均值、最大值等）功能；对于有相同字段的两表，则能够实现 VLOOKUP 函数的功能，将另一张数据表中的数据列查询到当前数据表中。

新建源：主要用于向当前的查询中添加新的数据表，当从不同类型的数据源中查询数据时，这项功能非常有用。比如，需要从 Excel 工作簿、TXT 文件、SQL Server 等不同数据源中查询数据到同一表中时，就可以通过新建源实现。

2. 转换

"转换"选项卡提供了表格行与列的转换方法（即行变列、列变行）、列拆分、列类型设置、数据类型检查、数据格式化处理等功能，分为"表""任意列""文本列""编号列""日期&时间列""结构化列"6 个逻辑分组，如图 10-9 所示。

图 10-9　Power Query 的"转换"选项卡

表："分组依据"其实是一项数据分析功能，它使用聚集函数实现数据的分类统计；"将第一行用作标题"，"开始"功能区也有这项功能，用于实现表格第 1 行与标题行的转换；"转置"将表旋转 90 度，将表行变列、列变行；"反转行"实现倒序排列表的数据行，即最后 1 行与第 1 行互换，倒数第 2 行与第 2 行互换……

任意列："数据类型"实现数据列的类型转换；"替换值"和"替换错误"用于将数据列中的指定内容替换成其他内容；"填充"实现用单元格的现值向下或向上填补同列邻近的空白单元格；"透视列"和"逆透视列"是两项常用的分析功能，"透视列"用于将列字段内容转换成行并用聚集函数进行数据的汇总分析（相当于 Excel 数据透视表的"列"设置中的字段），"逆透视列"与"透视列"正好相反，将用于标题行中的值转换成列。

文本列："拆分列"用于按指定分隔符号或字符个数将 1 列数据拆分为多列；"格式"提供字符大小写转换、单元格首尾空格清除、在同列每个单元格中添加前缀或后缀符号的功能；"提取"实现了从指定列中提取首字符、指定个数的字符串、指定范围的字符串替代原数据列的功的功能；"分析"提供从"XML"和"JSON"文档中分析数据到查询表的功能。

日期&时间："日期"用于将日期列数据转换成年份、季度、月份、周、天、小时等类型的数据；"时间"用于将日期时间型数据转换成小时、分钟、秒等类型的数据。

结构化列：用于对组合型的数据列进行处理，对符合一定条件的列进行聚合，或对组合列进行扩展。

3．添加列

"添加列"选项卡提供了从已有数据列中提取数据或添加自定义列的功能，如图 10-10 所示。

图 10-10　Power Query 的"添加列"选项卡

常规："添加索引列"用于在当前查询表中添加从 0 开始连续编号到最后一行的索引列，可用于确定数据所在的行；"重复列"用于添加一列数据，内容与光标所在列相同；"条件列"多用于对现有列进行条件计算，并用计算结果生成一列新数据；"添加自定义列"用于在查询表中添加新数据列，内容通常用表达式或 M 语言公式建立。

从文本：从图 10-9 中可以看出，"转换"选项卡也提供了同样的功能按钮，它们的区别是：这里的"格式""提取""分析"等功能会用其处理结果在查询表中添加一列新数据，而"转换"选项卡中的各按钮不会添加新数据列，处理结果直接反映在原数据列中。

从数字：对查询表中的数字型列实施各种运算后，将运算结果作为新数据列。"标准型"提供对数字的四则数学运算；"科学型"提供对数、求幂、平方根等运算。

从日期和时间：用于从日期类型的数据列中提取诸如"年""季""月""日""时""分""秒"的数据生成新增数据列。

4．视图

"视图"选项卡提供 Power Query 外观显示的设置和切换功能，如图 10-11 所示。单击"查询设置"，可以显示或隐藏 Power Query 的"查询设置"任务窗格（见图 10-5）。"高级编辑器"在"开始"选项卡中也有，且功能相同，单击它，会显示与"应用的步骤"相对应的 M 语言程序。

图 10-11　Power Query 的"视图"选项卡

10.4　数据清洗的基本操作

无论是用 VLOOKUP、MATCH 等函数查询，还是用 Power Query 从不同数据源中整合在一起的数据，都可能由于种种原因存在数据类型混乱、数据格式不正确、数据混杂、同列数据中英文混杂、数字与字母混杂等错误，需要经过数据清洗转换才能使用和分析。

【例 10.2】 某肉品店有刘四、李四等若干员工，通常从张屠夫、王屠夫等处购买鲜肉贩卖，对每次购买的肉品都在Excel工作表中进行了编号和记录，并对顾客性别和购买量进行了简要记录，如图10-12所示，便于对购买来源、顾客性别进行统计分析，也便于在肉品有问题时能够反向追责。

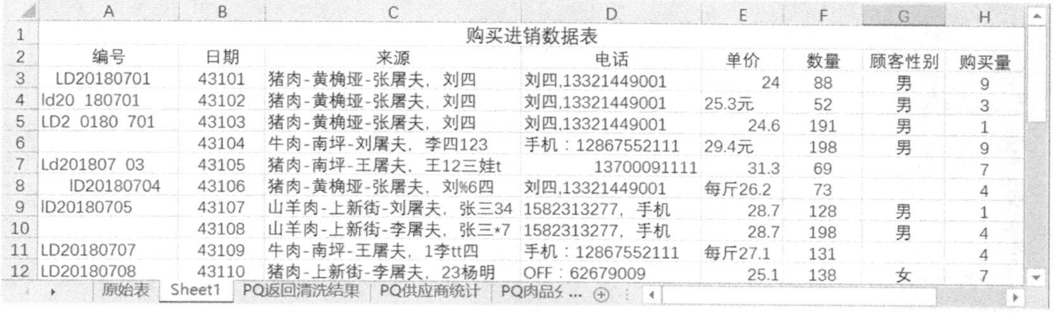

	A	B	C	D	E	F	G	H
1	购买进销数据表							
2	编号	日期	来源	电话	单价	数量	顾客性别	购买量
3	LD20180701	43101	猪肉-黄桷垭-张屠夫，刘四	刘四,13321449001	24	88	男	9
4	ld20 180701	43102	猪肉-黄桷垭-张屠夫，刘四	刘四,13321449001	25.3元	52	男	3
5	LD2 0180 701	43103	猪肉-黄桷垭-张屠夫，刘四	刘四,13321449001	24.6	191	男	1
6		43104	牛肉-南坪-刘屠夫，李四123	手机：12867552111	29.4元	198	男	9
7	Ld201807 03	43105	猪肉-南坪-王屠夫，王12三娃t	13700091111	31.3	69		7
8	lD20180704	43106	猪肉-黄桷垭-张屠夫，刘%6四	刘四,13321449001	每斤26.2	73		4
9	lD20180705	43107	山羊肉-上新街-刘屠夫，张三34	1582313277，手机	28.7	128	男	1
10		43108	山羊肉-上新街-李屠夫，张三*7	1582313277，手机	28.7	198	男	4
11	LD20180707	43109	牛肉-南坪-王屠夫，1李tt四	手机：12867552111	每斤27.1	131		4
12	LD20180708	43110	猪肉-上新街-李屠夫，23杨明	OFF：62679009	25.1	138	女	7

图10-12　混乱的数据表

图10-12的数据表非常混乱，无法用于数据分析，主要问题有：编号有缺失，编号大小写混杂，编号的前、后、中有空格，顾客性别有缺失，日期格式不正确，来源中有多种数据混杂在一起，汉字英文数字混杂，电话格式不统一，单价汉字混杂。数据清洗就是对这样的不规范数据进行整理，把它修整为符合分析要求的数据表。

虽然在Excel中也能够完成本表的清洗工作，但比起在Power Query中要困难和复杂许多。现以此表为例，介绍Power Query的基本功能和常见的数据清洗工作。

1. 将Excel工作表导入Power Query中

在Excel的工作表中单击任一非空单元格，然后选择“数据”→“获取和转换”→“从表格”，在弹出的“创建表”对话框中选中“表包含标题”复选框（如果已将数据区域转换成表格，就不会弹出此对话框），启动Power Query，并以当前Excel工作表为源，如图10-13所示。

更改查询表的名字为一个有意义的名称，在图10-13的“查询设置”任务窗格中，将属性名称中的“表7”修改为“肉品进销查询”。

2. 第一行与标题之间的转换

在Excel中，第一行是数据表标题，而分析表中的标题应当是每列数据的标题，两者有矛盾，因此需要将图10-13的第一行数据升级为标题。

在Power Query中，选择“转换”→“表”→“将第一行用作标题”，可以实现第一行与标题之间的转换。反之，单击“使用表头作为首行”，就能将标题行降级为数据表的第一行记录，如图10-14所示。

3. 英文字母大小转换

编号列中的英文字母有的大写，有的小写，有的大小写混乱，应当统一为大写或首字等大写，其余小写。

单击编号列中任一单元格，再选择“转换”→“文本列”→“格式”→“大写”（如图10-15所示），把所有字母改为大写格式。

“格式”是一项强大的功能，除了实现字母大小写转换，还能够在列中添加前后缀字符串，修改列数据（删除数据前后的空格）。表10-1是“格式”中各操作项目的功能列表。

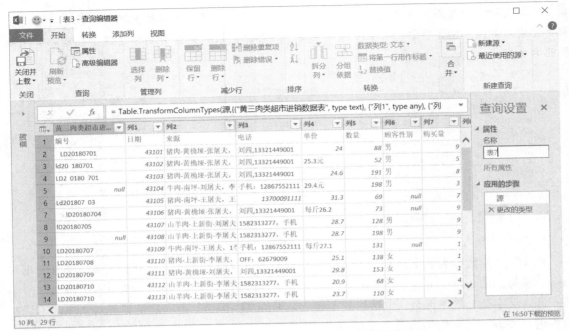

图 10-13　导入 Power Query 中的数据源表

图 10-14　首行与标题转换

图 10-15　更改大小写

表 10-1　Power Query "格式" 功能选项

项　目	功　　　能
大写	数据列所有字母转换成大写字母
小写	数据列所有字母转换成小写字母
每个字词首字母大写	数据列所有字符串首字母转换成大写
修整	清除数据列两端空格
清除	清除数据列中换行符、回车符之类非打印字符
添加前缀	在列数据前面增加前置字符串
添加后缀	在列数据后面增加后置字符串

4．删除数据前后的空白

"编号"列中有的前面有空白，有的后面有空白，有的编号中有不可见的非打印字符（网络数据源中经常出现）。这类错误可以通过"格式"中的"修整"和"清除"处理。"修整"功能用于删除数据前后的空白，相当于 Excel 的 TRIM 函数；"清除"则用于删除数据中的非打印字符。单击编号列的任一数据，再选择"转换"→"文本列"→"格式"→"修整"，即可清除编号列数据前后的空白。

5. 替换数据中间的空白

图 10-13 中第 3、4、6 等行的编号数字中间有个数不等的空白，"格式"中的"修整"功能不能处理这类错误，只能处理数据的首尾空白。可以通过"替换"方式，将空白替换掉。选择"开始"→"替换值"，在弹出的"替换值"→"要查找的值"中输入一个空白，然后单击"确定"按钮。

6. 删除重复项

从图 10-13 可以看出，前 3 行数据实际上是相同的，对类似这样的数据表要进行去除重复行的处理，才能用于数据分析。单击"开始"→"删除行"的下三角形，弹出如图 10-16 所示的列表，从中选择"删除重复项"。

7. 筛掉 null 对应的数据行

"编号"列中的 null 值对应数据源表中没有编号的数据，会影响数据分析结果，应删除。但这些 null 值在"编号"列中分布杂乱，逐个删除很费时间，可以用筛选的方法将其过滤掉。右击编号列中的任一 null，从弹出的快捷菜单中选择"文本筛选器"→"不等于"。

至此，编号列数据清洗完成。

8. 将 1 列拆分为多列

"来源"列多种信息混杂在一起，应当拆分为"肉品类型""来源""购货职工"3 列。在 Power Query 中可以按固定字符个数，或指定分隔符对列拆分。对"来源"列数据而言，应将第 1 个"-"左边的肉品类型拆分为一列，将","右边的购货职工拆分为一列，中间的街道和商户名称保持不变。单击"开始"→"转换"→"拆分列"→"按分隔符"，弹出如图 10-17 所示的对话框，从分隔符的列表中选择"自定义"，输入"-"作为拆分符号，在"拆分"列表中选中"在最左侧的分隔符处"。单击"确定"，就将"来源"分成了两列。

图 10-16 去重命令

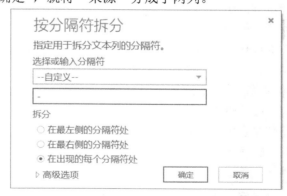

图 10-17 设置分列符号

按照同样的方法，用","作为分隔符，选择"拆分"→"在最右侧的分隔符处"，将包括商户名和购货职工名的数据列拆分为两列。

说明：如果数据中的","是中文格式，应当按上面的"自定义"方式，重新在中文方式下输入","；如果是西文格式，则可以用列表中的默认逗号进行列拆分。

经过上述清洗后，查询表的数据如图 10-18 所示。

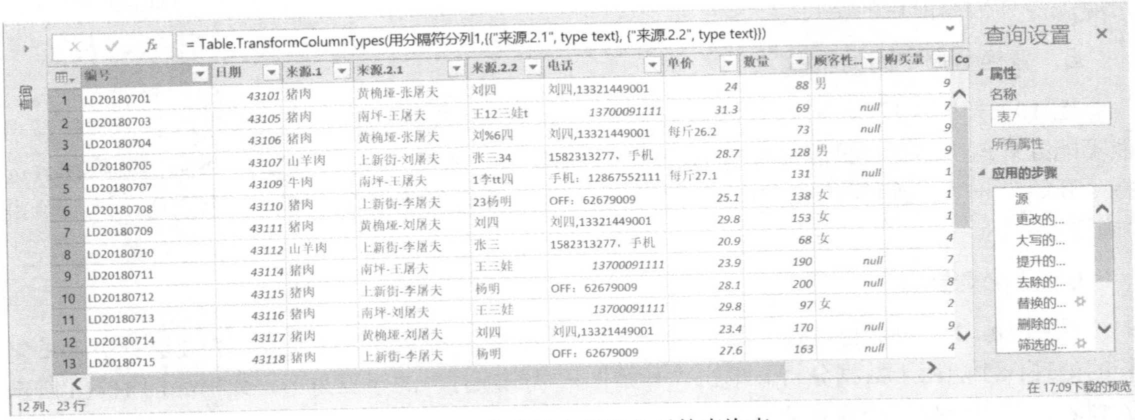

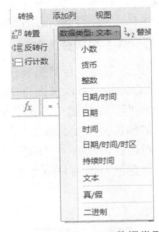

图 10-18　完成部分清洗之后的查询表

此表目前还存在的问题是：数据列标题混乱，"职工""电话""单价"列数据中混杂了中文、数字和英文字符，顾客性别有缺失，日期等列数据类型不正确。下面继续进行清洗。

9．修改列标题

双击第 3 列标题，直接将它修改为"品种"，用同样的方法将第 4 列标题改为"供货商"，将第 5 列标题改为"职工"。

10．修正数据类型

在 Excel 工作表中，同一列的数据可以有多种类型，导入到 Power Query 中也是如此。但是，要导入数据仓库或用数据透视表之类的工具进行分析的数据表，每列数据只能有唯一确定的类型。例如在图 10-18 中，"电话"和"单价"列的数据是不确定的，其中既有数值，又有文本，Power Query 将这类数据列的类型指定为"任意"，必须重新设置其类型。单击"电话"列标题（选中了该列），再单击"转换"→"数据类型"下拉列表，会列出 Power Query 中可用的数据类型，如图 10-19 所示，从中选择"文本"。

图 10-19　PoweQuery 数据类型

按照同样的方法，对图 10-18 中的各列数据类型进行检查和重新设置。将"日期"设置为日期类型，将其他全部数据列都设置为文本类型。待完成下一步数据清洗后，再将单价设置为小数，将数量和购买量设置为整数。

说明：数据类型的正确性是数据分析的前提，也是易出错的地方，一定要认真检查每列数据的正确性，否则会为后面的数据拆分、数据统计、导入数据仓库的数据模型带来隐患。

11．从数字、中文和英文混杂的数据中提取中文、数字或英文

图 10-18 姓名列中混有数字和英文字符，如果能够将其中的数字和英文字母去掉，只保留汉字，就没有问题了。运用 Power Query 的 M 语言的文本移除函数，结合自定义列功能，可以轻松实现。关于 M 语言的内容后面再介绍，这里试着用其中的 Text.Remove 函数清洗姓名、电话号码等数据列。

基本思路是：在查询表中添加一自定义列，再调用 M 语言的 Text.Remove 函数将"姓名"列中的数字、英文字符去掉，将结果作为新增列的内容，最后删除原来的"姓名"列。

<1> 单击"添加列"→"添加自定义列"，弹出如图 10-20 所示的对话框。

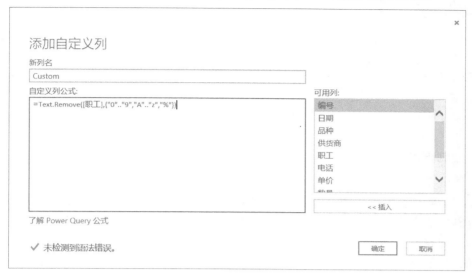

图 10-20　添加自定义列

<2> 将"新列名"中的"Custom"改名为"职工姓名"。

<3> 在"自定义列公式"中输入"Text.Remove([职工],{"0".."9","A".."z","%"})"。单击"确定"按钮后，职工姓名就清洗完成了。

说明：M 语言是严格区分大小写的，所以公式中的大小写字符不能写错。此公式的含义是去除职工列数据 0~9 之间的数字，A~z（大写的 A，小写的 z）之间的字母，以及%。

在此，需要对各类数据的范围有大致了解，才能正确应用 Text.Remove 函数。

✠ 数字的范围：0~9。

✠ 大写字母范围：A~Z；小写字母范围：a~z；大小写范围：A~z（小写）。

✠ 键盘上所有的可见符号（包括大小写字母、数字、标点、比较符、运算符）：" "~"~"。

✠ 汉字的范围："一"~"顯"（读 yu）。

用同样的方法，去除"电话号码"和"单价"列中的中文和字母。

✠ 添加电话号码列的公式："=Text.Remove([电话],{"一".."顯","A".."z","："," ","})"。

✠ 添加单价列的公式："=Text.Remove([单价],{"一".."顯"})"。

完成上述操作后，可以删除原来的"职工""电话"和"单价"列，用新的数据列即可。同时，将单价列设置为小数，将数量和购买量设置为整数。

12．填充补全数据

"顾客性别"列数据存在缺失，有些顾客没有填写性别，无法对买肉顾客进行性别分析。对于这类数据有两种解决方法：删除对应的数据行，或者填补缺失数据。

用已填写的数据向上、向下方向对未填写的单元格进行填充是数据清洗中的一种惯用技术，从统计学上讲，这种补全数据的方法对分析结果不会有较大的影响。

经过上述操作后，一个可用于数据分析的规范数据表就完成了，如图 10-21 所示。

图 10-21　在 Power Query 中完成清洗的查询表

13．复制查询表

数据清洗完成查询表后，可以返回到 Excel 中制作透视表或其他统计报表，也可以提供给数据仓库，装载到数据模型中，便于 Power Pivot 进行数据分析。另外，将查询表复制多份，然后对复制后的表进行行列变换（如删除、增加列）、数据透视分析等，可以制作满足不同分析需求的查询表。

例如，对图 10-21 的查询表，需要统计分析购买的各类肉品总量，以及从各供应商处购买各类肉品的统计，就可以复制出 2 份相同的查询表，然后删除不需要的列，并将查询表改名为"肉品分类统计""供应商统计查询"，如图 10-22 和图 10-23 所示。

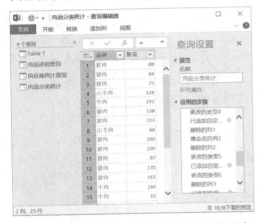

图 10-22　复制并删除列后的肉品分类统计表

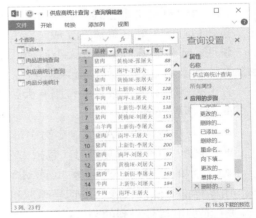

图 10-23　复制并删除列后的供应商统计表

14．删除行、列

从数据源导入到 Power Query 中的查询表中可能存在与数据分析无关的数据行或列，可以把它们删除。例如，上面讨论的肉品分类统计和供应商统计查询表中就有许多与统计无关的列，通过"开始"→"管理列"→"删除列"，可以将它们删除。"删除列"中提供了两种方法："删除列"和"删除其他列"。"删除列"是直接删选中的列，而"删除其他列"是删除选中列之外的列。

15．数据透视

Power Query 具有强大的数据集成、整合和清洗功能，主要作为数据清洗工具应用，为 Excel

或 Power Pivot 等分析工具提供分析数据源，同时提供了数据统计、数据透视等功能，在某些时候，应用这些功能进行数据分析也未尝不可。图 10-24 是用 Power Query 的列透视功能制作的"肉品-供应商透视表"和"肉品进购透视表"。其中"肉品-供应商透视表"的制作方法如下：单击图 10-23 中"品种"列的任一单元格，选择"转换"→"任意列"→"透视列"，弹出如图 10-24(a)所示的对话框；从中设置"值列"为"数量"，设置"高级选项"→"聚合值函数"为"求和"。结果如图 10-24(b)所示，按照同样的方法完成"肉品进购透视表"的设计。

(a) Power Query 透视列设置

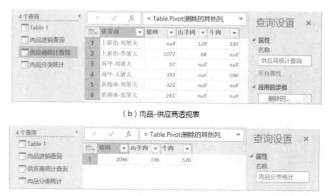

（b）肉品-供应商透视表

(c) 肉品-进购透视表

图 10-24　Power Query 中的数据透视功能

16．上传 Power Query 查询表到 Excel 中

在 Power Query 中对数据源表的清洗工作完成后，单击"开始"→"关闭并上载"，将结果返回到 Excel 中，在 Excel 右边的"工作簿查询"任务窗格中将列出 Power Query 查询表的名称，双击某个查询表名称，会启动 Power Query 并打开该查询表。图 10-25 是 Excel 中的数据表，图 10-26 和图 10-27 是从 Power Query 返回的查询表和数据透视表。

17．浅说 Power Query 的清洗过程与智能性

在 Power Query 中对查询表实施的数据操作步骤被依次记录在"应用的步骤中"，好像产品自动化生产过程中的各道工序一样，只需将原材料提供给自动化的机器，就能按照既定流程完成各道工序，做出最终的产品。每当对查询表实施"数据刷新"操作时，Power Query 会自动将"应用中的步骤"从头到尾执行一次，即从最开始被引用的数据源表开始，实施完全相同的一次数据清洗过程。这样，当数据源发生变化时，只需通过"数据刷新"就可以自动实现数据的清洗，将数据分析师从大量重复性的、周期性的数据清洗工作中解放出来。

图 10-26 是从 Power Query 中返回的"肉品-供应商透视表"，可以看出没有"野猪肉"供应情况，现在图 10-25 所示的原始数据表后面增加一行数据：

LD20190223	43519 野猪肉-解放碑-黄老怪，刘海	OFF：620060021	56	350	男	9

然后选择"数据"→"连接"→"全部刷新"，则从 Power Query 返回的 3 个查询表中会显示更新后的数据查询和透视情况表，图 10-27 是对"肉品-供应商透视表"进行更新后的情况，可以看出，图 10-27 中已统计出"野猪肉"的销售数据。

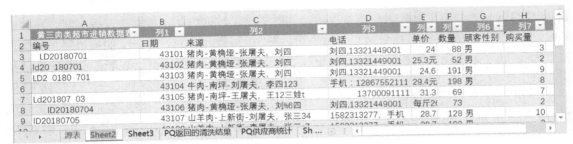

图 10-25　原始数据

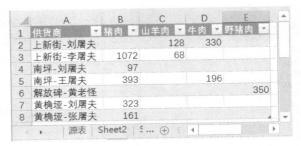

图 10-26　Power Query 返回的透视表　　　图 10-27　原表增加数据后的透视表

10.5　数据合并

　　数据合并通常是指把具有相同结构的不同工作表合并为一个工作表中的过程，是数据分析师或日常办公过程中一项常见的重复性琐碎工作，技术含量不高，但工作强度大，且容易出错。例如，某跨国公司有遍布全球的几百个子公司，每月都将各自的月销售报表发回总部进行市场对比分析，这就需要分析人员将相同结构的几百张报表汇集到一张表中，而且每个月都要进行重复的工作。

　　现在，Power Query 已经智能地解决了这个问题，只要对一个工作簿或文件夹中的文件进行首次合并后，就能够在任何时候对此工作簿或文件夹中的文件进行自动合并。

10.5.1　合并同一工作簿中结构相同的工作表

　　一些结构相同、内容有异的数据表常被放置在同一工作簿的不同工作表中，如财会人员将职工的工资表按月保存在同一工作簿中，一方面可以复制基本数据以便减少工作量，另一方面便于实现各月的数据对比。企业的营销管理人员也常把销售到各省份的产品记录在同一工作簿的不同工作表中……最后，为了对数据进行汇总分析，需要将各工作表中的数据汇总到一张表中，麻烦和痛苦就来了，需要不断地进行复制、粘贴……

　　Power Query 可以简化同一工作簿中多个结构相同的工作表的合并，并具有一劳永逸的智能性效果。

　　【例 10.3】　某学校 1000 多名职工的收入被按月存储在同一工作簿的不同工作表中（C:\chart10.3 工资工作簿多工作表合并.xlsx），其中 1～4 月的情况如图 10-28 所示。现在要统计出每名职工前 4 个月的总收入，并分析各部门每个月和前 4 个月的总收入。

　　解决此问题的方法是将 4 个月的工资收入合并到一个工作表中，然后通过数据透视就能够完成任务。现用 Power Query 进行工作表的合并，方法如下。

图 10-28　职工各月收入表及个人和部门汇总统计表

<1> 选择 Excel 的"数据"→"新建查询"→"从文件"→"从工作簿"（C:\chart10.3 工资工作簿多工作表合并.xlsx），如图 10-29 所示。

<2> 通过弹出的"打开文件"对话框，找到要合并的工作簿文件，"确定"后进入 Power Query 导航器，导航器中列出了前面选定的工作簿文件以及其中的各工作表，如图 10-30 所示。

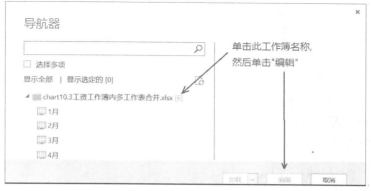

图 10-29　工作簿合并启动

图 10-30　Power Query 导航器

<3> 选中其中的工作簿文件名，单击"编辑"按钮，进入 Power Query 操作界面，如图 10-31 所示。

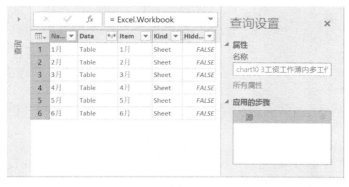

图 10-31　Power Query 合并的工作簿初始情况

说明：如果各工作表的结构并不相同，需要导入 Power Query 中进行连接查询之类的处理，应该先选中图 10-30 中的"选择多项"，再选中需要连接的工作表，然后选择"编辑"。

<4> 各工作表的数据在 ⊞ Data ⬆↓ 中，单击"Data"（即选中该列），再选择"开始"→"管理列"→"删除列"→"删除其他列"，即只保留 Data 列。

<5> 单击 ⬆↓，会弹出图 10-31 右边的小对话框，其中的"Column1"～"Column4"是各

工作表中的数据列。确认为"扩展"方式后，单击"确定"按钮，将扩展出多表合并后的数据，如图 10-32 所示。

<6> 单击"转换"→"表"→"将第一行用作标题"。经此操作后，第 1 张表的首行升级成为标题，但 2 月、3 月、4 月的标题行仍存于合并表中，应将其删除掉。

图 10-32　扩展多表合并后的查询表

<7> 单击"年月"的下三角形，弹出如图 10-33 所示的对话框，其中"文本筛选器"下面的列表框中列出了"年月"列中的不同数据，如果出现"列表可能不完整"标识，则单击"加载更多"，显示该列的全部不同数据，如图 10-34 所示，取消"年月"的选择。

图 10-33　仅显示部分列标的筛选

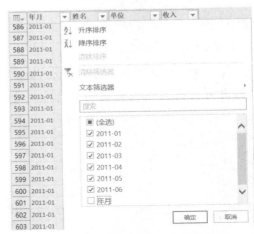

图 10-34　查询表标题

<8> 多表合并后的数据列类型为"任意"，应当逐个检查并修改其类型，将年月设置为日期类型，姓名和单位设置为文本类型，收入设置为小数类型。

<9> 复制查询表的一份副本并改名为"部门收入汇总表"，删除"姓名"列，再单击"年月"（即选中该列），然后选择"转换"→"透视列"，即可制作出部门收入汇总表。

<10> 再次复制查询表的 1 份复制品，改名为"职工收入汇总表"；选中"年月"列，然后选择"转换"→"透视列"，制作职工收入汇总表。

<11> 选择"开始"→"关闭并上传"，将查询表返回 Excel 中。

在 Excel 中也可以用查询表分别建立"职工收入汇总表"和"部门收入汇总表"两个数据

透视表（见图 10-28）。注意，当查询表数据行较多时，在 Excel 中作透视表可能很慢，而在 Power Query 中很快。

Power Query 合并智能性实验：在 Excel 工作簿（C:\chart10.3 工资工作簿多工作表合并.xlsx）中增加 5 月、6 月的工资表，然后在保存有从 Powe Query 查询结果的 Excel 工作表中选择"数据"→"连接"→"全部刷新"，5 月和 6 月的数据就会在查询表和数据透视表中被计算出来。

10.5.2 合并同一文件夹中结构相同的所有文件

Power Query 提供了对同一文件夹中的所有文件进行合并的功能，这些文件还可以被存放在该文件夹的不同子文件夹中，不论是几个文件，还是成百上千个文件，也不管是否存放在子文件夹中，合并的方法都相同。唯一的要求是，该文件夹中的文件必须有相同的结构。

【例 10.4】某肉联厂的肉类销往全国各地，在 Excel 中记录销售数据，各省份的销售文件保存在同一个文件夹中，如"川渝"文件夹中存放四川、重庆的销售工作簿，西北各省的销售工作簿则全部被保存在"西北"文件夹中，每个省的销售数据按月被保存在以省份命名的同一工作簿的不同工作表中。所有文件都保存在 chart10.4 文件夹中，如图 10-35 所示，工作表的结构如图 10-36 所示。

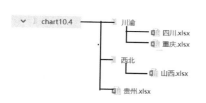

图 10-35 肉类销售文件结构

	A	B	C	D	E	F	G
1	编号	日期	品种	单位	数量	单价	经办人
2	SX20180801	43101	猪肉	XX县电影院	2989	15	刘三
3	SX20180802	43102	猪肉	河西玩具XX厂	2404	23	李人
4	SX20180803	43103	猪肉	杨树XX食品店	3456	17	黑山
5	SX20180804	43104	山羊肉	五台XX肉联厂	3710	49	元兵
6	SX20180805	43105	牛肉	河口XX超市	3213	48	红叶
7	SX20180806	43106	猪肉	同星XX农贸市场	3255	31	张民

图 10-36 2018 年 1～2 月销售到山西的肉类记录表

要求将 chart10.4 中的全部工作簿（包括子文件夹中的文件）中的工作表内容合并到一个工作表中，同时将工作簿（或者文件夹）的名称、工作表的标签名称作为数据列名称添加到数据表中，以便进行数据分析。要在 Excel 中实现这一合并工作，如果不会 VBA 编程，要用复制、粘贴的方法，把几百个文件粘贴到同一张表中，确实称得上"一项艰巨的任务"，更烦琐的是，可能每个月都要重复这一"光荣的任务"。

运用 Power Query 的文件夹合并功能，可在几分钟内完成合并，尤其重要的是：当在此文件夹中建立新文件夹（如增加东南地区），增加新工作簿（如在"西北"文件夹中增加陕西、甘肃），或者向已有工作簿中添加新数据表（如在图 10-36 中添加 3～12 月数据表），只需进行"数据刷新"，就会自动把增加的数据合并进来！

此外，当要对表结构完全相同的新数据源进行合并时，可以先把合并文件夹即 chart10.4 中的全部子文件夹和工作簿删除，再建立新的子文件夹，把数据源工作簿复制到合并文件夹或新建立的子文件夹中，然后通过"数据刷新"就能够实现新数据源合并。

合并操作如下。

<1> 确保要合并的所有工作表文件结构相同，在新建或打开的工作簿（不能是要参与合并的工作簿）中选择"数据"→"获取和转换"→"新建查询"→"从文件"→"从文件夹"，通过弹出的"文件夹"对话框找到要合并的文件夹"..\chart10.4"，单击"确定"按钮后，显示如图 10-37 所示的文件列表，包括了 chart10.4 文件夹中的全部文件。

图 10-37　要合并的文件

说明：选择整个文件夹即可，不能选择该文件夹下的子文件夹！

<2> 单击图 10-37 中的"编辑"按钮，进入 Power Query 工作界面，显示如图 10-38 所示的文件选择列表，包括选中文件夹中的所有文件名称、类型、文件建立日期、文件路径等内容。

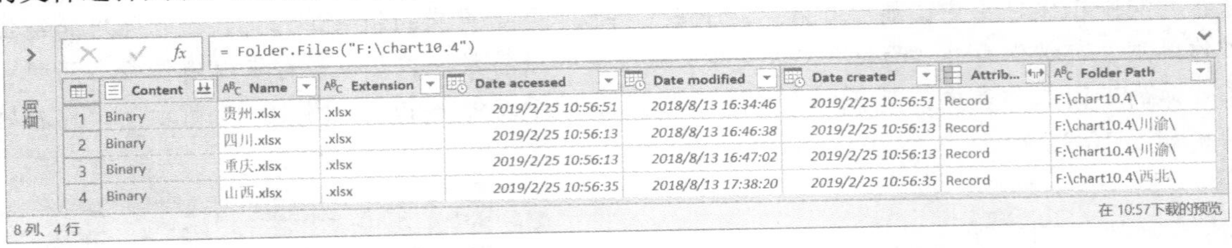

图 10-38　文件合并设置

<3> 需要的数据在"Content"列中，由于要求将文件名称作为合并后的数据列，因此先选中"Content"和"Name"列，再选择"开始"→"管理列"→"删除列"→"删除其他列"，结果如图 10-39 所示。

<4> 单击"Name"（选中该列），选择"转换"→"文本列"→"拆分列"→"按分隔符"，通过"自定义"，用"."把 Name 列拆分为两列，如图 10-40 所示。再删除"Name.2"列（即文件扩展名列）。

图 10-39　删除多余的查询列

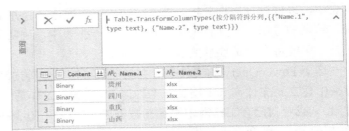

图 10-40　从文件名中拆分出省列

<5> 选择"添加列"→"常规"→"添加自定义列"，弹出如图 10-41 所示的对话框，在"自定义列公式"中输入"=Excel.Workbook([Content])"，结果如图 10-42 所示。

说明：① 在展开从多个工作簿合并来的数据时，不能通过单击 Content 的扩展按钮 获取数据，只能通过 Workbook 函数取得；② 公式中的字母大小写不能错误。

<6> 单击 自定义 的扩展按钮 ，展开查询表，结果如图 10-43 所示。

<7> 单击 自定义.Data 的扩展按钮 ，然后删除不需要的数据列，进行列次序调整，得到如图 10-44 所示的数据表。可以看出，每个参与合并的工作表标题都以数据行的方式显示在表格中，除了将第 1 行升级为标题，应当按下面的步骤将其余的删除。

图 10-41 公式获取合并数据

图 10-42 合并数据在 Table 中

	Content	Name.1	Name.2	自定义.Na...	自定义.Data	自定义.Item	自定义.Kind	自定义.Hidden
1	Binary	贵州	xlsx	2月	Table	2月	Sheet	FALSE
2	Binary	四川	xlsx	1月	Table	1月	Sheet	FALSE
3	Binary	重庆	xlsx	1月	Table	1月	Sheet	FALSE
4	Binary	山西	xlsx	1月	Table	1月	Sheet	FALSE
5	Binary	山西	xlsx	2月	Table	2月	Sheet	FALSE

`= Table.ExpandTableColumn(已添加自定义, "自定义", {"Name", "Data", "Item", "Kind", "Hidden"}, {"自定义.Name", "自定义.Data", "自定义.Item", "自定义.Kind", "自定义.Hidden"})`

图 10-43 数据在自定义.Data 中

	自定义...	自...	自...	自定...	Na...	自定义.Data.Co...	自定...	自定...	自定义.Dat...
1	编号	品种	2月	日期	贵州	单位	数量	单价	经办人
2	QZ20180701	猪肉	2月	2018/2/1	贵州	思南县电影院	3126	26	刘老三
3	QZ20180702	猪肉	2月	2018/2/2	贵州	德江县玩具xx厂	2751	25	李不四
4	QZ20180703	猪肉	2月	2018/2/3	贵州	印江县xx镇xx食品店	3117	41	灯下黑
5	QZ20180704	山羊肉	2月	2018/2/4	贵州	沿河县xx镇联厂	4149	25	菜元
6	QZ20180705	牛肉	2月	2018/2/5	贵州	松涛县xx超市	3075	19	月亮红
7	QZ20180706	猪肉	2月	2018/2/6	贵州	娄山关xx农贸市场	3171	51	张江江
8	编号	品种	1月	日期	四川	单位	数量	单价	经办人
9	CQ20180701	猪肉	1月	2018/1/1	四川	射洪县xx机器厂	2714	33.4	不三
10	CQ20180702	猪肉	1月	2018/1/2	四川	射洪县天仙镇xx厂	2118	13	不四
11	CQ20180703	猪肉	1月	2018/1/3	四川	三台县xx镇xx供销社	2982	28.3	明月
12	CQ20180704	山羊肉	1月	2018/1/4	四川	绵阳市xx肉联厂	4857	32.6	国浩
13	CQ20180705	牛肉	1月	2018/1/5	四川	绵竹县xx超市	2907	13.7	小王

`= Table.RemoveColumns(重排序的列,{"自定义.Item", "自定义.Kind", "自定义.Hidden", "Content", "Name.2"})`

图 10-44 从多工作簿合并的数据

<8> 选择"转换"→"将第一行用作标题",并将标题行中的"2月"修改为"月份","贵州"修改为"省份"。然后单击升级后的标题 编号 的，从"文本筛选器"的列表中取消对"编号"的选择。

<9> 数据类型设置。这是**不容忽视的过程**，数据类型不正确会为后续分析造成错误影响。"数量""单价"列设置为小数类型，"日期"设置为日期类型，其余列设置为文本类型。

<10> 修改查询表的名称为"文件夹合并"，然后复制一份并改名为"各省销售透视"，删除"编号""日期""单位""单价""经办人"列，只保留"品种""月份""省份""数量"列。最后选中"品种"列，选择"转换"→"透视列"，设置"值列"为数量，"聚合函数"为"求和"，制作一张各类肉品在各省各月的销售报表。

<11> 单击"开始"→"关闭并上载"按钮，将"文件夹合并"和"各省销售透视"上传到 Excel 中，其中"各省销售透视"表如图 10-45 所示。

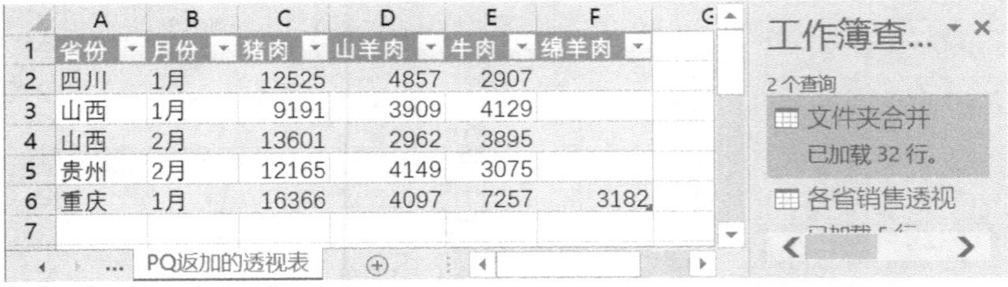

图 10-45　从 Power Query 返回的合并工作簿的透视表

Power Query 文件夹合并智能性检验：在数据源文件夹"..\chart10.4"中新建一个子文件夹"东北"，并在其中建立"内蒙古.xlsx"工作簿，从中建立"2 月"销售到其各区的肉品，如图 10-46 所示。

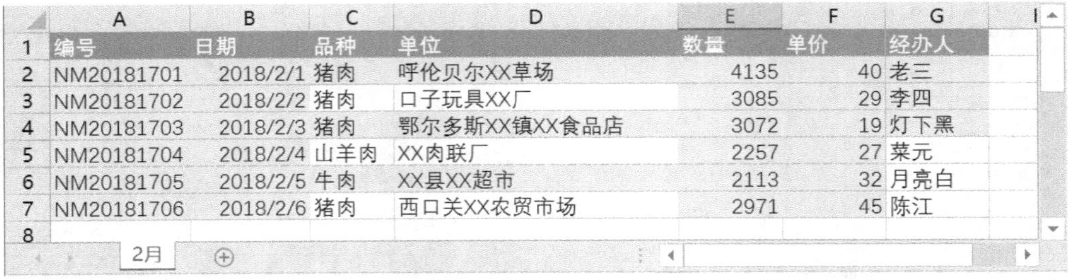

图 10-46　新增工作簿

现在，选择 Excel 的"数据"→"连接"→"全部刷新"，Power Query 会将"应用的步骤"重新执行一次，返回到 Excel 中的查询表和透视表的数据就会更新。图 10-47 是更新后的"各省销售透视表"，对比图 10-45 可以发现，已经增加了内蒙古的销售统计数据。

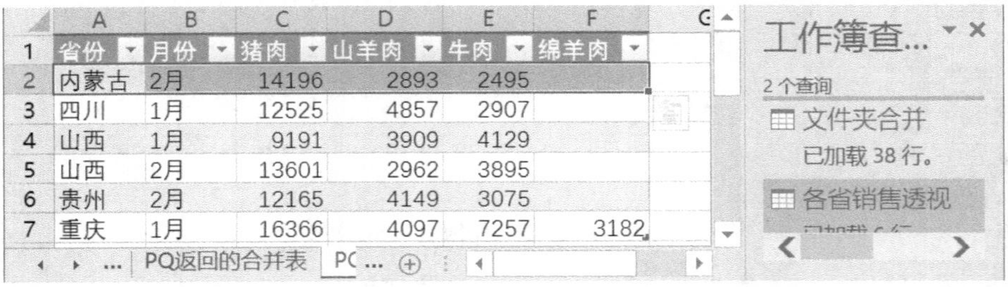

图 10-47　在数据源中添加新工作簿的透视表

文件夹合并智能性应用推广：Power Query 文件夹合并的强大功能解决了重复性、周期性的数据合并难题，不但能够将随时添加到合并文件夹中的工作簿合并起来，而且能够通过"数据刷新"操作自动更新基于合并工作表的各类分析报表。对于周期性的重复性数据分析工作贡献最大，比如对每个季度、不同年度进行相同的数据分析，可以先删除合并文件夹中的工作簿、子文件夹，再将当前要分析的工作簿、子文件夹复到到合并文件夹中，然后在 Excel 中对从 Power Query 返回的查询表或分析表进行数据刷新，就能够完成任务。

10.5.3　用追加查询合并结构相同的工作表

结构相同的数据表也可以用 Power Query 的追加查询进行合并，而且在某些情况下可以利用 Power Query 的"管理列"功能在数据表中添加必要的辅助列，以完成数据分析。

【例 10.5】 某工厂 2018 年 1 月份各部门的职工绩效工资被记录在一个工作簿中，现要统计各部门的总绩效、平均绩效、最低绩效和最高绩效，如图 10-48 所示。

图 10-48　多工作表数据的合并透视

解决方法很简单，只需将各部门的职工工资合并到同一个工作表中，增加"部门"列数据，然后进行数据透视就能够完成。现用 Power Query 的合并查询进行数据合并，方法如下。

<1> 单击"财务处"的任一数据单元格，然后选择 Excel 的"数据"→"获取和转换"→"从表格"，进入到 Power Query 中。

<2> 将查询表的名称改为"财务处"，然后选择"添加列"→"常规"→"添加自定义列"，弹出"添加自定义列"对话框（参考图 10-41），在"新列名"中输入"财务处"，在"自定义列公式"中输入公式 "="财务处""。

<3> 选择"开始"→"关闭并上传"→"关闭并上传到..."，在弹出的对话框中选择"仅创建连接"。

<4> 按照相同的方法建立一车间、二车间、办公室等部门的查询表连接。

<5> 在 Excel 中双击任一查询表连接，再次进入 Power Query，选择"开始"→"组合"→"追加查询"，弹出如图 10-49 所示的对话框，将所有的查询表追加到"要追加的表"中，然后单击"确定"按钮，所有选中表中的数据会被追加到第一个查询表（财务处）中，结果如图 10-50 所示。

图 10-49　用追加查询合并工作表

图 10-50　追加查询合并的表结果

<6> 单击"开始"→"关闭并上传"返回 Excel 中，右击"工作簿查询"任务窗格中的"财务处"连接，从弹出的列表中选择"加载到..."，然后从弹出的"加载到"对话框中选择"表"，将 Power Query 追加合并的数据表返回 Excel 工作表中，如图 10-51 所示。

<7> 单击图 10-51 的任一数据单元格，选择 Excel 的"数据"→"插入"→"数据透视表"，在新工作簿中创建部门绩效分析透视表，如图 10-52 所示。

<8> 将"部门"字段拖放到"行"，将"绩效工资"字段拖放 4 次到"Σ 值"下面的列表中，并单击其右边的下三角形，通过"值字段设置"分别将绩效字段的计算方式设置为"求和、平均值、最小值、最大值"，结果如图 10-52 所示。

图 10-51　将 Power Query 查询表返回 Excel 中

图 10-52　对查询表进行数据透视

<9> 双击图 10-52 中第 2 行的行标题，分别改为"部门""总绩效""平均绩效""最低绩效""最高绩效"，完成图 10-48 要求的部门绩效分析表。

10.5.4　横向合并具有共同字段不同结构的数据表

多张具有不同结构的数据表，两两之间有公共字段，通过相同取值，把各张数据表连接成一张大表，再进行相应的运算或数据分析。在 Excel 中，常用 VLOOKUP 函数进行这类数据表的查询合并，如果需要通过多个共同字段作为连接条件时，可能还要通过数组公式才能完成。但是用 Power Query 的合并查询来实现这类表格的合并就非常简单，最主要的优势是数据行超过几十万时，VLOOKUP 函数的运算速度异常缓慢，而 Power Query 可以瞬间完成合并查询。

【例 10.6】　某蔬菜店的菜价和蔬菜销售记录分别记录在同一工作簿的不同工作表中，如图 10-53 和图 10-54 所示，从菜价表中查询单价到蔬菜销售记录表中。

图 10-53　菜价表

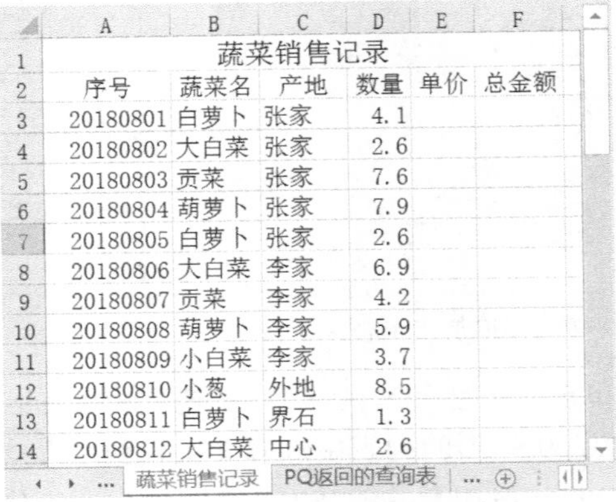

图 10-54　蔬菜销售记录

可以用 VLOOKUP、INDEX、INDIRECT、MATCH 等函数完成图 10-54 中的"单价"查询，现在介绍用 Power Query 合并查询"单价"列数据的方法。

1. 合并查询的基本原理和合并方式

合并查询以两表相同的公共字段为合并依据，通过公共字段把两个表连接成一个包括两表所有字段的大表，再从大表中选择需要的字段形成最终的查询表。

　　合并表中的数据行是根据两表公共字段的取值确定的，有 6 种取值方法，即 6 种合并方式，如图 10-55 所示，图中的 null 表示空值。最常用的有内部连接、左外连接、右外连接，其他连接也有用到，能够解决有特定需要的数据分析问题。

内部连接（两表的匹配行）

R.A	R.B	S.B	S.C
1	2	2	6

左外连接（左表的所有行，右表的匹配行）

R.A	R.B	S.C	S.B
1	2	6	2
5	3	null	null

右外连接（右表的所有行，左表的匹配行）

R.A	R.B	S.C	S.B
1	2	6	2
null	null	8	4

全外连接（左表全部行，右表全部行）

R.A	R.B	S.B	S.C
1	2	2	6
null	null	4	8
5	3	null	null

左反连接（左表有，右表无的行）

RA	RB	S.B	S.C
5	3	null	null

右反连接（左表无，右表有的行）

R.A	R.B	S.B	S.C
null	null	4	8

图 10-55　Power Query 合并查询的 6 种方法

　　内部连接是将两表公共字段取值相同的数据行连成一行，称为匹配行，其他的不匹配行则通通舍去。例如，R 和 S 表中都有 B 列数据，它就是两表的连接字段，则 R 和 S 中 B 为 2 的行就连接成结果表中的一行。假如 S 中有 5 行的 B 值都为 2，则结果表中有 5 行数据。

　　左外连接是指在连接结果中应当包括左表的全部数据行，右表中如果公共字段的值与左表匹配就保留相应的数据行，那些连接字段没有匹配值的数据行就用 null 表示。

　　左反连接是指将公共字段的取值中左表有，右表无的数据行连成一行，用 null 表示无。请参考图 10-55 中的 R 和 S 的数据及其在各种合并方式下的结果，结合图中的注释理解合并查询各种方式的意义和计算结果，以便在对数据表进行横向合并时能够灵活应用。

2．用左外连接合并菜价表和销售数据表

　　现在用 Power Query 的合并查询来解决例 10.5 中蔬菜销售表的单价问题。显然，在合并的结果表中需要保存蔬菜销售表中的全部记录,同时需要用蔬菜名和地名去比对菜价表中的蔬菜和产地，两者完全相同时，就将菜价表中的"单价"列合并到蔬菜销售表中，这可以通过左外连接或右外连接的合并查询方式完成。

　　<1> 单击"菜价"表中的任一数据单元格，选择"数据"→"获取和转换"→"从表格"，

进入 Power Query；将查询表改名为"菜价表"，选择"转换"→"将第一行用作标题"，然后单击"开始"→"关闭并上传至…"→"仅创建连接"。

<2> 按同样的方法，建立"蔬菜销售表"的查询表和到 Excel 的连接。

<3> 在 Power Query 中，选中"蔬菜销售表"，选择"开始"→"合并查询"，弹出如图 10-56 所示的对话框，从中选择"蔬菜销售表"（即左表）和"菜价表"（即右表）中的"蔬菜名"和"产地"。说明：同时选中多个字段的方法是按住 Ctrl+字段名称。

<4> 单击"连接种类"的下拉箭头，由于左表（即位于合并设置对话框上边的表）是"蔬菜销售表"，在查询结果中需要本表的全部数据行，因此应当选择"左外部"连接方式。当然，如果上边的表是"菜价表"，则应选择"右外部"连接方式。合并查询的结果如图 10-57 所示。

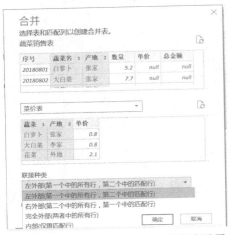

图 10-56　Power Query 合并查询设置

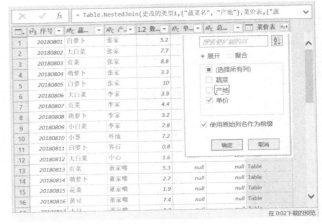

图 10-57　Power Query 合并查询结果

<5> "单价"表中的数据在 菜价表 列中，单击扩展按钮 ，列出右表中的全部列标题，由于"蔬菜"和"产地"与左表的"蔬菜名"和"产地"中对应且等值，因此只选中"单价"。也就是说，只需把"菜价表"中的"单价"列合并到"蔬菜销售表"中即可。

<6> 删除"单价"和"总金额"列，将"NewColumn.单价"改名为"单价"。

<7> 选择"添加列"→"添加自定义列"，修改自定义列的"新列名"为"总金额"，"自定义列公式"为"=[数量]*[单价]"。

<8> 单击"开始"→"关闭并上载"，返回 Excel，右击"工作簿查询"→"蔬菜销售表"，然后选择"加载到"，将"蔬菜销售表"查询表加载到 Excel 中，如图 10-58 所示。根据此表制作"蔬菜销售透视表"，如图 10-59 所示。

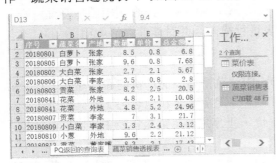

图 10-58　Power Query 返回的合并表

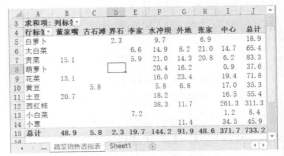

图 10-59　用合并表制作的数据透视表

3. 用全外连接横向合并多表数据

横向合并是指用各表都有的公共字段的相同值为连接值，把多个数据表连接成一个大表的过程，暂且将用于连接两表的公共字段称为**合并字段**。无论是数据分析师，还是企业薪酬管理人员，或者普通的办公室工作人员，都会经常遇到这样的数据合并问题。例如，在小型企业的薪酬管理中，通常会将每月收入明细记录在一张独立的工作表中，一年就有12张表，最后需要把这些表整合到同一张工作表中进行年度分析。通常的方法是用 VLOOKUP 函数从各月的数据表中查询数据。

如果各表合并字段的值完全相同，用 VLOOKUP 函数合并数据的查询过程虽然烦琐但不难完成。然而，当各表的合并字段既有相同值，又有不同值，需要合并表中包括各表合并字段全部值的唯一性数据时，用 VLOOLUP 函数对这些数据表进行合并就需要使用各种技巧，费尽周折才能够完成合并。

通过 Power Query 的"合并"查询，只需简单的鼠标操作就能轻松实现合并字段值相同的数据表合并，因此不作例示。对于合并字段有相同值和不同值的表进行合并的过程要稍为复杂一些，但比起用 VLOOKUP 函数来还是简单多了，现示例如下。

【例 10.7】 某大学有 2000 多名教职工，将每个月的工资记录在一个工作表中，年终结算时需要将 12 个月的工资表合并，进行汇总统计和数据分析。其中，1 月和 2 月的工资表样本如图 10-60 和图 10-61 所示，将它合并为图 10-62 所示的汇总表。

图 10-60　1 月工资表　　　　图 10-61　2 月工资表

图 10-62　合并工资表

用 VLOOKUP 函数查询合并这两个工作表的难度在于：不能直接基于一个工作表去查询其他工作表中的数据，需要先制作出一份包括全部单位所有人员的唯一名册，名册由姓名和单位组成。一种方法是将 12 个月的姓名和单位复制到同一个工作表中（按姓名、单位两列组织成表），转换成表格，再删除重复项，然后基于此表，用 VLOOKUP 函数从各表中提取各月工资。

使用 Power Query 的全外连接可以方便地求得包含两表连接字段全部取值（且唯一）的合并表，实现类似本例需求的工作表合并非常轻松。

<1> 选择 Excel 的"数据"→"获取和转换"→"从表格"，建立 1 月和 2 月工作表到 Power Query 的查询表（参考例 10.6），将查询表的名称分别改为"1 月"和"2 月"，将"姓名"行升级为标题；修正数据类型，将两表的"姓名"和"单位"设置为文本类型，"收入"设置为小数类型；然后将 1 月中的标题"收入"更名为"1 月"，将 2 月中的标题"收入"更名为"2 月"。结果如图 10-63 所示。

<2> 选中"1 月"查询表，选择"开始"→"合并查询"，如图 10-64 所示，按住 Ctrl 键并选择"姓名"和"单位"列，设置两表的连接字段为双字段，在"连接种类"中选择"完全外部（两者中的所有行）"。

图 10-63　修正后的"1 月"和"2 月"工资查询表

图 10-64　两表合并设置

<3> 合并后，2 月查询表的数据在 ⊞ 2月 ▾ 列的 Table 中，如图 10-65 所示。单击该列扩展按钮 ⤢，展开后的数据表如图 10-66 所示。

图 10-65　"2 月"数据在 NewColumn 列中

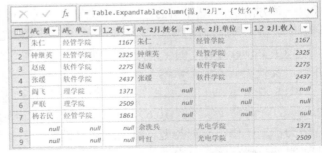

图 10-66　展开"2 月"查询表的数据

<4> 现在需要从"姓名"和"2 月.姓名"两列中求得包括全部但不重复的名单。按住 Ctrl 键并选择"姓名"和"2 月.姓名"列，然后选择"转换"→"文本列"→"合并列"，在弹出的"合并列"对话框中设置"分隔符"为空格，如图 10-67 所示，合并结果如图 10-68 所示。

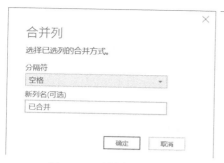

图 10-67　设置空格合并符

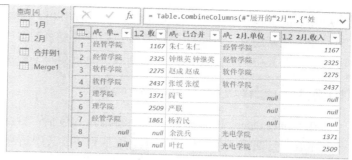

图 10-68　合并姓名列后的查询表

说明：虽然可以设置分隔符为其他符号（如逗号），但会让后续处理过程更复杂，原因是接下来会借助"格式"中的"修整"功能来清除合并列首尾的空格。

<5> 选中"已合并"列，选择"转换""→文本列"→"格式"→"修整"，清除合并列两端的空格符，此操作不会清除两个姓名中间的空格，如图 10-69 所示。

<6> 选中"已合并"列，选择"转换"→"文本列"→"拆分列"，在弹出的"按分隔符拆分列"对话框中设置"空格"为拆分间隔符号，结果如图 10-70 所示。

图 10-69　"修整"后的"已合并"列

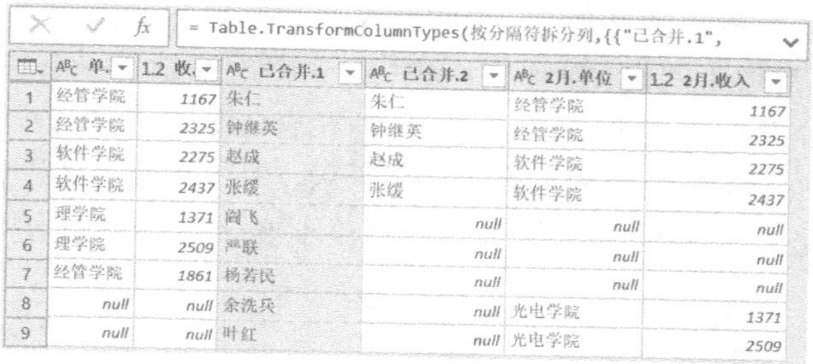

图 10-70　拆分后的"已合并"姓名列

<7> 将"已合并.1"修改为"姓名"，删除多余的"已合并.2"。

<8> 按同样的方法合并出"单位"列数据。

<9> 修正各列的数据类型后，选择"开始"→"关闭并上传"，然后将 Power Query 返回 Excel 的"1月"查询表"上载"到表中，结果如图 10-71 所示。

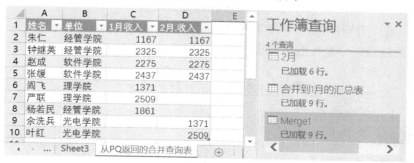

图 10-71　PQ 返回到 Excel 的合并表

10.6　数据表结构变换

为了适应不同的应用需求，经常会把一种形式的表格转换成另一种形式的表格，有时仅进行形式上的变换，有时还需要对数据进行透视分析，这些都属于数据表结构变换的范畴，在实际工作中经常遇到，不可回避。表格结构变换复杂而多样，在 Excel 中也能够完成，方法和技巧很多，但其中的许多结构变换工作在 Power Query 中能够以更便捷的方式实现。

10.6.1　理解透视列和逆透视列

在 Power Query 中转换表结构的常用技术包括：将第一行用作标题，转置，反转行，列拆分，提取，日期格式化，透视列和逆透视列等。其中透视列和逆透视列至关重要，如果不能理解其意义和用法，就会限制表结构转换的思维，难以完成表格的结构转换。

1．透视列

透视列是把一维表转换为二维表的方法，只有在一个不少于 3 列的数据表中才能够进行透视列的操作，当指定某列为"透视列"时，还必须为该列指定一个用于透视（即求和、最大值、最小值、平均值、计数等聚合计算，或不进行任何计算而保留原值）的"值列"。需要注意的是"值列"不一定是数字，也可以是文本，对文本可以进行"计数"或不进行任何运算（即保留原文本）。

透视的过程是：没有被指定为透视列和值列的数据列保持原样，被指定为透视列中的内容（只取不同值）则作为标题行，这样就确定了一个横（由透视列的值组成）、纵（不变的数据列）交叉的二维表，然后用指定的聚合函数对值进行计算，并将结果填写在对应位置的表格中。例如，学生成绩表如图 10-72 所示，对"班级"列进行透视，用于执行聚合计算的"值列"字段是"语文"，聚合计算方式是"不要聚合"（即不进行计算，采用原值），结果如图 10-73 所示。

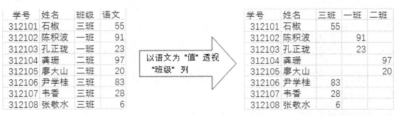

图 10-72　数据原表　　　　　　　　　图 10-73　透视班级，值列：语文

过程是："学号"和"姓名"没有被指定为透视列或值列，保持原来的位置，"班级"列有

3 个不同的班，被作为横标题，"语文"列是值列，但不进行任何计算，因此按照各分数在数据原表的实际情况直接写在透视表的对应单元格中。

图 10-74 仍然是对"班级"列进行透视，但"值列"字段是"姓名"，不要聚合函数。

学号	语文	三班	一班	二班
312101	55	石椒		
312102	91		陈积波	
312103	23		孔正珑	
312104	97			龚珊
312105	20			廖大山
312106	83	尹学桂		
312107	28	韦香		
312108	6	张敬水		

图 10-74　透视班级，值列：姓名

2．逆透视列

逆透视列与透视列正好是反向的操作，能够把多列转换为两列，参加逆透视的列标题组成一列，各逆透视列的值组成一列。在进行逆透视列的操作时，不需要指定"值列"字段。Power Query 有两种方式：逆透视列和逆透视其他列。图 10-76 是对图 10-75 的"班级""语文"列执行逆透视列的结果，图 10-77 是逆透视"学号的其他列"的结果。

| 图 10-75 数据原表 | 图 10-76 逆透视（1） | 图 10-77 逆透视（2） |

说明： 对逆透视列的"属性"列执行"透视列"的操作把"值列"字段指定为"值"且"不要聚合"，就能够复原数据表。

在将规范的二维表转换成一维表时，逆透视可以一步到位完成转换。例如在图 10-78 中，通过对"大学语文""高等数学""英语""计算机基础""C 语言程序"的逆透视，可以一次性将二维成绩表转换成一维成绩表。

图 10-78　逆透视（3）

10.6.2　二维表格转换成一维表格

二维表格符合人们的思维形式，是人们日常工作和生活中的一种常用表格，而一维表格是计算机（特别是数据库系统）的标准格式，计算机只能接收一维形式的数据表。因此，在工作中常常需要进行两者之间的结构转换。

【例 10.8】 某大学 2018 年第一季度工资表如图 10-79 所示，需要转换成图 10-80 的形式，以便导入到学校的数据库系统，并对月份、工资构成进行汇总分析，如图 10-81 所示。

	A	1月			2月			3月		
1	月份									
2	姓名	单位	基本工资	绩效工资	加班补贴	基本工资	绩效工资	加班补贴	基本工资	绩效工资	加班补贴
3	朱仁	经济管理学院	1167	654	149	1167	1990	261	1167	1511	125
4	钟继英	经济管理学院	2325	1834	376	2325	641	219	2325	1670	137
5	赵成	经济管理学院	2275	1242	286	2275	526	230	2275	1236	343
6	张缓	经济管理学院	2437	1965	464	2437	848	443	2437	908	380
7	余洗兵	经济管理学院	1371	1533	372	1371	1928	270	1371	1488	146

图 10-79　第一季度工资表

	A	B	C	D	E
1	姓名	学院	月份	类型	工资
2	朱仁	经济管理学	1月	基本工资	1167
3	钟继英	经济管理学	1月	基本工资	2325
4	赵成	经济管理学	1月	基本工资	2275
5	张缓	经济管理学	1月	基本工资	2437
6	余洗兵	经济管理学	1月	基本工资	1371
7	叶红	经济管理学	1月	基本工资	2509
8	杨若星	经济管理学	1月	基本工资	1803

图 10-80　Power Query 转换后的工资表

	A	B	C	D	E
4	部门	基本工资	绩效工资	加班补贴	总计
5	经济管理	636951	367324	88145	1092420
6	办公室	271647	135809	31127	438583
7	保卫处	118347	71628	17843	207818
8	财务处	152867	86190	20304	259389
9	产学研办	43509	21284	5558	70351
10	法学院	354756	186904	48196	589856
11	工会	38646	19557	4356	62559

图 10-81　部门工资透视表

图 10-82 创建表

在 Power Query 中转换此表的过程如下。

<1> 单击图 10-79 中的任一非空单元格，选择"数据"→"获取和连接"→"从表格"，弹出如图 10-82 所示的"创建表"对话框，取消"表包含标题"选项。将工资表导入 Power Query 中，将查询表的名称改为"工资查询表"，结果如图 10-83 所示。

<2> 选中"列 1"和"列 2"，选择"转换"→"文本列"→"合并列"，在弹出的"合并列"对话框中指定"逗号"为间隔符，可以是任意间隔符号，但不能无间隔符，因为最后要拆分这两列。结果如图 10-84 所示。

<3> 选中"已合并"列，选择"转换"→"表"→"转置"，对表实现列变行的操作，结果如图 10-85 所示。

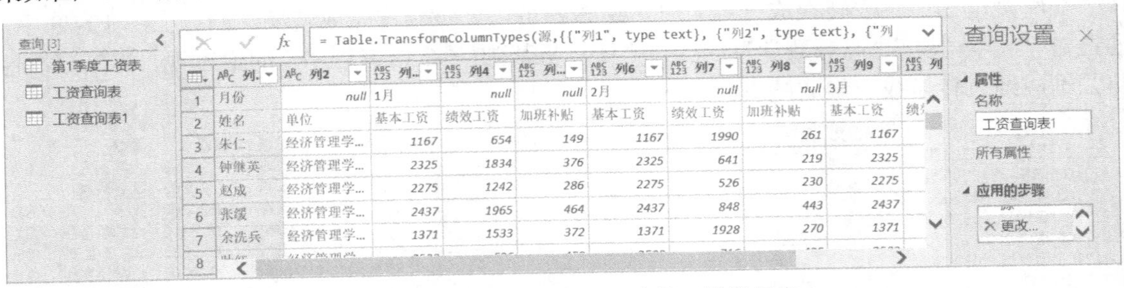

图 10-83 导入 Power Query 中的二维数据表

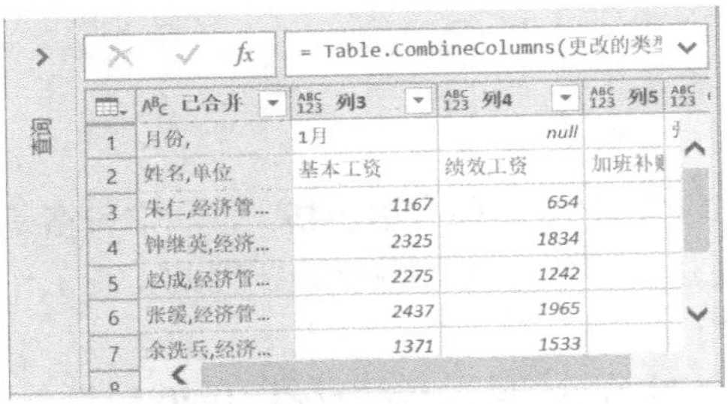

图 10-84 合并前两列的查询表

图 10-85 "转置"合并列后的查询表

<4> 单击第 1 列任意单元格，再选择"转换"→"填充"→"向下"，补全第 1 列中月份为空值的单元格；单击"开始"→"将首行用作标题"，结果如图 10-86 所示。

<5> 选中图 10-86 的第 1、2 列，选择"转换"→"任意列"→"逆透视"→"逆透视其他列"，结果如图 10-87 所示。

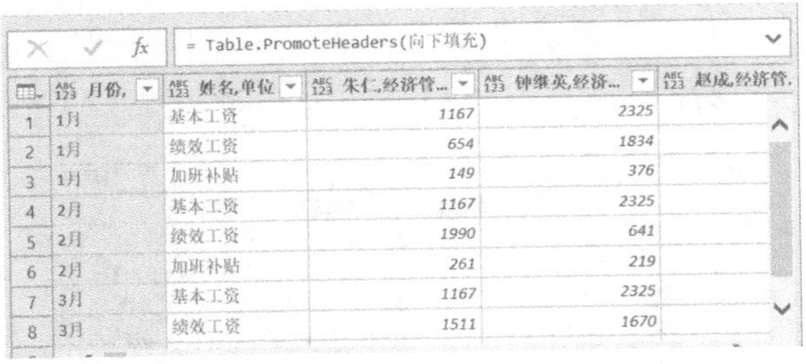

图 10-86 填充"月份"并升级第 1 行为标题

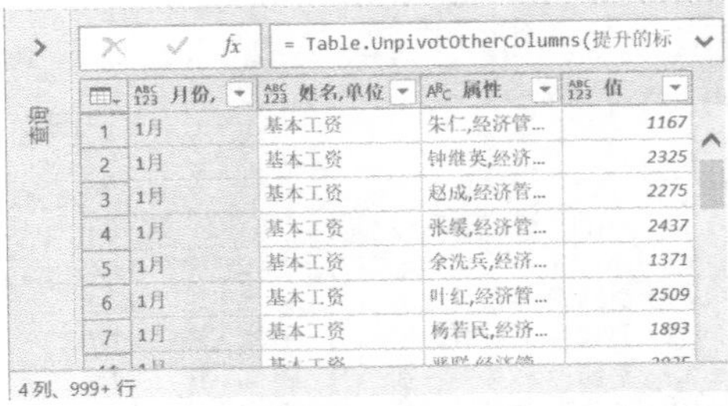

图 10-87 逆透视第 1、2 列的其他列

<6> 选中"属性"列，选择"转换"→"拆分列"→"按分隔符"→"逗号"，将"属性"

列拆分为两列，结果如图 10-88 所示。

<7> 修改各列的名称和数据类型，调整各列先后次序，结果如图 10-89 所示。

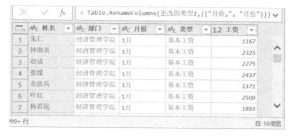

图 10-88　拆分"属性"列为两列　　　　　图 10-89　修改列名称、数据类型和次序

<8> 选择"开始"→"关闭"→"关闭并上传"，将查询表返回 Excel，然后制作数据透视表，见图 10-80 和图 10-81。

10.6.3　一维表格转换成多类型报表

现实中常常需要把从数据库等系统中导出的一维数据表转换成多种形式的表格或统计报表。下面举两个例子，说明在 Power Query 中转换一维表格为其他形式报表的思路和方法。

【例 10.9】　某企业从数据库中导出的职工工资表如图 10-90 所示，此表不便于直观查看各位职工每月的加班费，需要将其转换成图 10-91 所示的报表。

图 10-90　职工工资表　　　　　　　　图 10-91　清晰的加班费

将一维表转换成其他形式报表的基本方法是透视列、拆分列或合并列。对类似图 10-91"已合并"这种由多个数据合并而成的列，可以考虑用"合并查询"的方式实现。通过对"已合并"列的分析可以发现，它由"月份""加班费"和"/"组成，如果有 3 张表分别包含这 3 类数据，只需通过"姓名"列进行表合并，再进行列合并，就能够制作出来。

1．制作加班费表

对图 10-90 所示原始表的"月份"进行透视就能够制作"加班费"表。

<1> 选择 Excel 的"数据"→"获取和连接"→"从表格"，进入 Power Query，如图 10-92 所示，修改查询表名称为"加班费"，"月份"列被转换成了日期格式。

<2> 选中"月份"列，选择"转换"→"日期&时间列"→"月份"→"月份"，从日期中提取月份数字，见图 10-92。

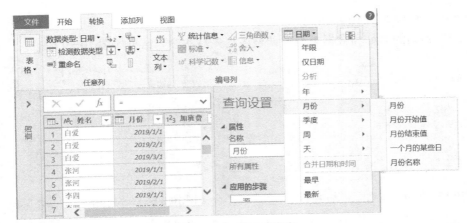

图 10-92　职工工资表

<3> 上一步处理后只有表示月份的数字，需要添加后缀"月"。选择"转换"→"文本列"→"格式"→"添加后缀"，在弹出的"后缀"设置对话框的"值"中输入"月"。

<4> 选中"月份"，选择"转换"→"任意列"→"透视列"，在出现的对话框中选择"值列"为"加班费"，选择"聚合值函数"为"不要聚合"，如图 10-93 所示。

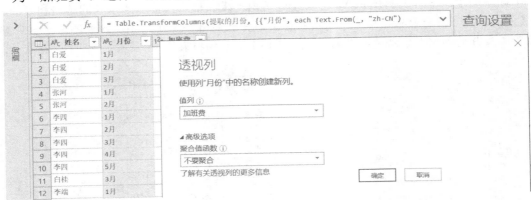

图 10-93　将每位职工工资集中在一行

到此为止，"加班费"查询表的制作完成，如图 10-94 所示。

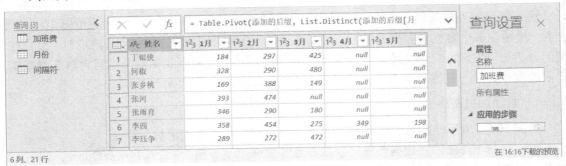

图 10-94　完成处理后的"加班费"查询表

2．制作月份表

按照"加班费"查询表的结构制作月份表和间隔符表。因此，复制两份"加班费"表，分别改名为"月份"和"间隔符"。对"月份"表的处理过程如下。

<1> 选中"姓名"列，选择"转换"→"逆透视列"→"逆透视其他列"，结果如图 10-95 所示。

<2> 选中"属性"列，选择"添加列"→"重复列"，并删除"值"列，如图 10-96 所示。

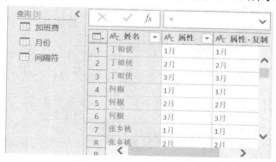

图 10-95　逆透视姓名的其他列　　　　　　　图 10-96　复制"属性"列

<3> 选中"属性"列，选择"转换"→"透视列"，在弹出的"透视列"对话框中设置"值列"为"属性.复制"，设置"聚合值函数"为"不要聚合"，结果如图 10-97 所示。

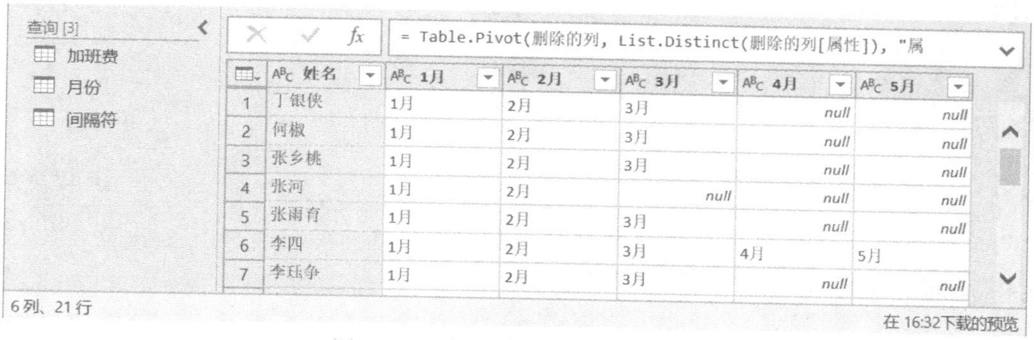

图 10-97　完成后的"月份"查询表

3. 制作间隔符表

制作过程同月份表，简述如下。

<1> 打开"间隔符"查询表，选中"姓名"列，然后选择"转换"→"任意列"→"逆透视其他列"。

<2> 删除"值"列。

<3> 选择"添加列"→"常规"→"添加自定义列"，在弹出的"添加自定义列"对话框的"自定义列公式"中输入"="/""。

<4> 选中"属性"列，选择"转换"→"透视列"，在弹出的"透视列"对话框中设置"值列"为上一步添加的自定义"Custom"，设置"聚合值函数"为"不要聚合"，结果如图 10-98 所示，完成间隔符表的制作。

4. 合并"加班费""月份""间隔符"3 个表

现在只需把"加班费""月份""间隔符"3 个表通过"合并查询"两两合并起来，并调整列的次序后，再进行列合并，就能够完成题目的要求。

<1> 选中"加班费"表，选择"开始"→"合并查询"，在弹出的"合并"设置对话框中

图 10-98 "月份"与"加班费"列之间的间隔符表

指定第 2 个合并表为"月份",指定"姓名"列为合并列,"连接种类"为"左外部"。

<2> 单击 ⊞ 月份 ⬌ 的扩展按钮 ⬌ ,展开除了"姓名"的所有月份列。

<3> 以合并了"月份"表的加班费为基础,用同样的方法合并"间隔符"查询表,最终结果如图 10-99 所示。

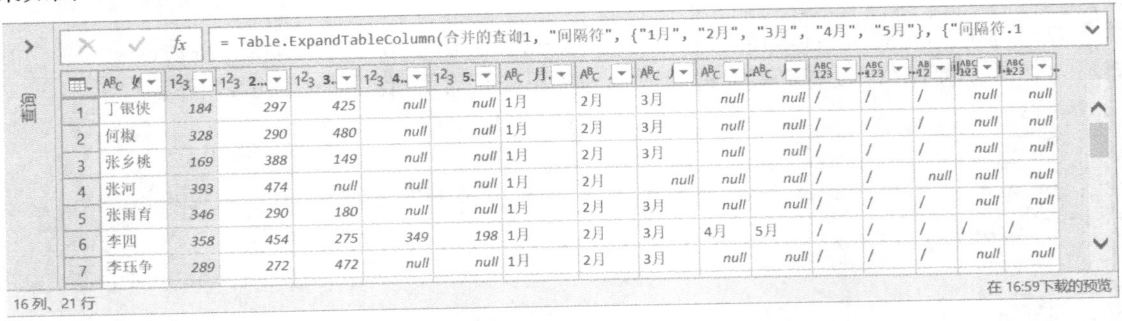

图 10-99 合并查询

<4> 调整、交换列次序,如图 10-100 所示。

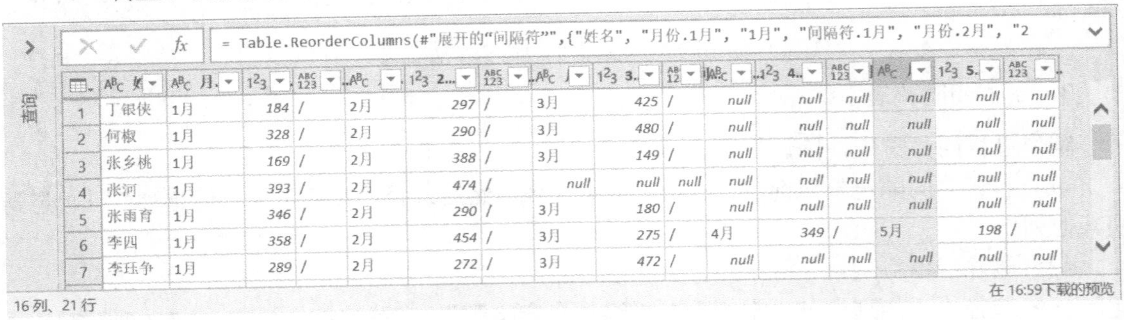

图 10-100 调整合并表的列次序

<5> 选中第 2 列到最后一列,选择"转换"→"合并列",在弹出的"合并列"对话框中选择"间隔符"为"--无--",完成表格转换的全部工作。

<6> 选择"开始"→"关闭并上载",将转换结果表上传到 Excel 中。

智能性检验实验:在原始表中添加某位新职工数据,或者添加 6 月以后加班费,然后在 Excel 中选择"数据"→"连接"→"全部刷新",可以看到更新后的数据出现在转换后的合并表中。

【例 10.10】 根据学生成绩表来制作成绩单,如图 10-101 所示,以便发给学生。

学号	姓名	班级	语文	数学	英语	计算机	C语言
		XX大学旅游专业2012年第一期考试成绩					
312101	石椒	.0320203.	30	80	81	81	85
312102	陈积波	.0320201.	82	80	59	63	72
312103	孔正珑	.0320201.	76	80	57	62	71
312104	龚珊	.0320202.	96			56	
312105	廖大山	.0320202.	14				
312106	尹学桂	.0320306.	47	90	86	87	90
312107	韦香	.0320203.	1	65	40	45	45
312108	张敬水	.0320305.	56	90	61	67	75
312109	魏进俐	.0320305.	37	90	72	76	82
312110	唐向合	.0320305.	4	90	78	80	85

成绩单

学号	姓名	班级	语文	数学	英语	计算机	C语言
312101	石椒	.0320203.	30	80	81	81	85

学号	姓名	班级	语文	数学	英语	计算机	C语言
312102	陈积波	.0320201.	82	80	59	63	72

学号	姓名	班级	语文	数学	英语	计算机	C语言
312103	孔正珑	.0320201.	76	80	57	62	71

学号	姓名	班级	语文	数学	英语	计算机	C语言
312104	龚珊	.0320202.	96			56	

图 10-101 合并查询 3 个表

日常生活中经常可见这类"条子",如工资条、考试成绩单等。第 7 章曾经用 Excel 查找引用类函数制作过此成绩单,这里再用 Power Query 制作此成绩单。读者应掌握 Power Query 索引列和数据提取技术的应用方法,并加深对表格结构转换的理解,以便在工作中灵活应用。

仔细观察成绩单的结构,可以发现它由 3 部分组成:表头、学生成绩记录、空行,可以构造 3 张结构相同的表,一张提供表头、一张提供成绩记录、一张提供空行,然后通过追加查询合并成一张表,并按照表头、成绩、空行的次序排列每位同学的成绩单就能够完成任务。

1. 制作成绩表

选择 Excel 的"数据"→"从表格",进入 Power Query,将查询表改名为"成绩表",将第 1 行升级为标题。

2. 制作表头行表和间隔行表

要制作行数与成绩表的行数相同、每行都是表头的数据表,过程如下。

<1> 复制一份成绩表,并改名为"表头行"。

<2> 选中所有列,选择"转换"→"文本列"→"提取"→"范围",弹出"提取文本范围"对话框,在"起始索引"中输入 500,在"字符数"中输入"1"(如图 10-102 所示),含义是从每个单元格的第 500 个符号开始提取一个字符来替换单元格的现有内容。因为没有哪个单元格中有 500 个符号,因此提取到的是空格。

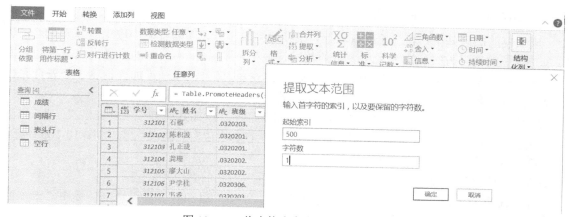

图 10-102 将表格内容全部替换成空格

说明:通过"转换"→"文本列"→"提取"→"首字符"(或尾字符),提取的个数为"0",

也能够将表格全部设置为空格。

<3> 复制一份"表头行"表，并改表名为"间隔行"。

<4> 选中"表头行"表的所有列，选择"转换"→"任意列"→"替换值"，在弹出的"替换值"对话框的"替换为"中输入"null"（便于向下填充首行），如图 10-103 所示。

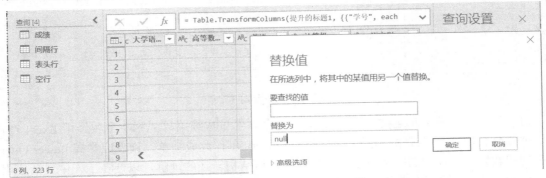

图 10-103　用 null 填充全部单元格

<5> 在表头行表中，选择"开始"→"转换"→"将第一行用作标题"→"使用表头作为首行"。

<6> 在表头行表中，选择"转换"→"填充"→"向下"→"将第一行用作标题"，完成表头行表的制作，如图 10-104 所示。

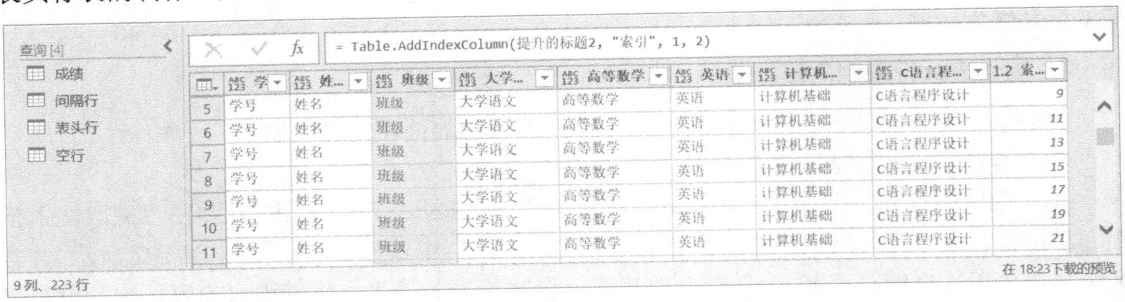

图 10-104　用标题行填充全部单元格

3. 添加索引列、合并 3 个表

成绩单的次序如下：表头表中取 1 行，成绩表中取 1 行，间隔行表中取 1 行。因此可按照 1、3、5、…的编号方式依次为表头表中的数据行编号，按照 2、4、6…的序号为成绩表的数据行编号，按照 3、6、9、…的序号为间隔行表中的数据行编号，通过追加查询将 3 个表合并在一起，然后按索引号从小到大排序，就能够完成成绩单的制作。

<1> 打开"表头表"，选择"添加列"→"常规"→"添加索引列"→"自定义…"，弹出"添加索引列"对话框，在"起始索引"中输入"1"，在"增量"中输入"2"，如图 10-105 所示。

<2> 为成绩表添加"起始索引"为 2、"增量"为 2 的索引列。

<3> 为间隔行表添加"起始索引"为 3、"增量"为 2 的索引列。

<4> 选择"开始"→"组合"→"追加查询"，弹出"追加"设置对话框，选中"三个或更多表"，然后将"可用表"中的"成绩""表头表""间隔行" 3 个表添加到"要追加的表"中，完成 3 个表的合并。

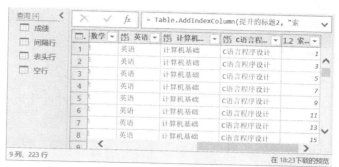

图 10-105　为"表头表"添加索引列

<5> 在合并表中，单击"索引"的下拉箭头，选择"升序排序"，完成成绩单的转换，如图 10-106 所示。

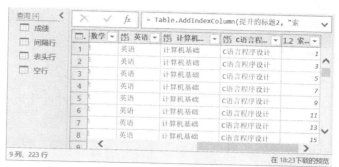

图 10-106　Power Query 中制作的成绩

<6> 选择"开始"→"关闭并上载"，然后在 Excel 中完成成绩单的制作。

10.7　筛选、条件列和分组运算

数据查找、排序、筛选、条件统计或按条件转换数据，以及对数据进行分组统计等操作是数据处理与分析过程中的常见问题。方法很多，在 Excel 和 Power Query 中都能够实现，方法基本相同，但数据量大时，Power Query 的速度优势明显。此外，Power Query 中的分组统计和条件列比 Excel 更为简单、实用。

10.7.1　数据筛选

从已有数据表中选出满足指定条件的数据就称为数据筛选。Power Query 的数据筛选功能是在对应数据列的下拉列表中提供的，针对不同数据类型的筛选功能不同，有日期、文本、数字、逻辑 4 种筛选器，如图 10-107 所示。其中，凡是与日期相关的类型，如日期、时间、持续时间等共用日期筛选器，小数、整数、货币类型共用数字筛选器。

【例 10.11】某学校 2011 年全年的职工收入如图 10-108 所示，完成以下筛选：① 2011 年 3 月的职工收入表；② 姓黄的职工收入表；③ 姓名中包括有"中"字的职工收入表；④ 工资高于 5000 的职工收入表。

1．日期数据类型筛选

从 2011 年的工资表中筛选出 3 月份的收入表，操作过程如下。

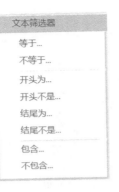

日期筛选器	文本筛选器	数字筛选器	逻辑筛选器
等于...	等于...	等于...	等于...
早于...	不等于...	不等于...	不等于...
晚于...	开头为...	大于...	
介于...	开头不是...	大于或等于...	
在接下来的...	结尾为...	小于...	
在之前的...	结尾不是...	小于或等于...	
最早	包含...	介于...	
最晚	不包含...		
不是最早的			
不是最新的			
年 ▶			
季度 ▶			
月份 ▶			
周			
天 ▶			
小时 ▶			
分 ▶			
秒 ▶			
自定义筛选器...			

图 10-107　Power Query 的数据类型筛选器

图 10-108　工资表

<1> 选择 Excel 的"数据"→"获取和转换"→"从表",进入 Power Query,将查询表"表1"改名为"收入表"。复制一份"收入表",并更名为"2011 年 3 月收入表"。

<2> 单击"2011 年 3 月收入表"的 年月 的下拉列表箭头,从列表中选择"日期筛选器"→"介于"。

<3> 弹出"筛选行"对话框,从中设置"晚于或等于"的时间为"2011/3/1",设置"早于或等于"的时间为"2011/3/31",并选中"且"为两条件的逻辑运符等,如图 10-109 所示。筛选结果如图 10-110 所示。

图 10-109　设置日期筛选条件

图 10-110　日期筛选结果

2．文本数据类型筛选

文本筛选器能够实现日常工作中的文本筛选要求，筛选出诸如包含有什么字符、以什么字符开头或结尾的文本，或者不包括什么字符、不以什么字符开始或结尾的文本内容。筛选"黄"姓职工收入表的过程如下。

<1> 复制一份收入表，并改名为"黄姓职工收入表"。

<2> 单击"姓名"的下拉列表箭头，从列表中选择"文本筛选器"→"开头为…"，在弹出的"筛选行"对话框中选择"开头为"并输入"黄"。筛选结果如图 10-112 所示。

图 10-111　设置文本筛选条件

图 10-112　日期筛选结果

筛选姓名中包括"中"字的职工收入表，过程如下。

<1> 复制 1 份收入表，改名为"姓名有中字的职工收入"。

<2> 单击"姓名"的下拉列表，选择"文本筛选器"→"包含…"，在弹出的"筛选行"对话框的"显示符合以下条件的行：姓名"中选择"包含…"并输入"中"，参考图 10-111。

3．数字筛选

数字筛选器能够对数据进行大于、小于某数值，或介于两个数值之间的数据行进行筛选，但只限于对确定值的简单筛选，不能对需要用聚合函数才能算出的数字条件进行筛选。例如，求出本例收入最高的数据表，或高于平均收入的数据表。这类筛选需要通过"分组"之类的操作才能完成。筛选高于 5000 的收入表的过程如下。

<1> 单击"收入"的下拉列表箭头，选择"数字筛选器"→"大于"，在弹出的"筛选行"对话框的"显示符合以下条件的行：收入"中选择"大于"并输入"5000"，如图 10-113 所示，结果如图 10-114 所示。

图 10-113　设置数字筛选条件

图 10-114　筛选结果

10.7.2　条件列

条件列类似 Excel 中的 IF 函数，能够根据条件确定函数值，常用于多分支判断或数据的区间转换。

【例 10.12】 在例 10.11 的学校职工收入表中，按收入高低将职工分为高收入、中等收入、低收入 3 种。其中，收入 6000 以上（包括 6000）的是高收入，高于 2000（包括 2000）低于 6000 的是中等收入，低于 2000 的是低收入人群。

在 Excel 中可以用 IF 函数或 CHOOSE 函数进行转换，当条件较多时公式就会显得很长。在 Power Query 中可以用"条件列"实现这样的转换。

<1> 选择 Excel 的"数据"→"获取和转换"→"从表格"，进入 Power Query，并将查询表改名为"收入级别"。

<2> 选择"单击"→"添加列"→"常规"→"条件列"，弹出如图 10-115 所示的对话框；在"新列名"中输入"收入等级"，然后按照图 10-115 的方式，在 If 条件行设置"高收入"的条件。

图 10-115　添加条件列

<3> 单击"添加规则"按钮，添加"Else If"条件行，输入"中收入"的条件。如果有多个条件，可以逐个添加。不在所列条件中的其他条件值，在"Otherwise"中处理。

执行条件列的分类转换后，结果如图 10-116 所示。进行数据类型修正后，即可将其关闭并上传到 Excel 中应用。

= Table.AddColumn(删除的列, "收入行级", each if [收入] >= 6000 then "高收入" else if [收入] >= 2000 then "中收入" else "低收入")

	ABC 123 年月	ABC 123 姓名	ABC 123 单位	ABC 123 收入	ABC 123 收入行...
1	2011-01	白爱	通信与信息....	2451	中收入
2	2011-01	白爱	自动化学院	3892	中收入
3	2011-01	白大长	宣传部	1767	低收入
4	2011-01	白芳	通信与信息....	3195	中收入
5	2011-01	白桂	饮食服务中心	1847	低收入
6	2011-01	白果	软件学院	2022	中收入
7	2011-01	白好	经济管理学院	2148	中收入
8	2011-01	白姬	计算机科学...	2253	中收入

图 10-116　添加了条件列的收入等级表

10.7.3 分组运算

Power Query 中的“分组依据”提供了类似数据透视的分析功能，能够按照分组字段对查询表中的数据进行分组，并应用聚合函数对各组进行求最大小、最小值、平均值、计数、求总和等聚合运算。

【例 10.13】 在例 10.11 的学校职工收入表中，求出各单位的最高收入、最低收入、平均收入、众数（即人数最多的收入值）、总收入。

现在用 Power Query 的“分组依据”完成各部门的统计运算，操作过程如下。

<1> 将职工收入表导入 Power Query 中，改名为“部门收入统计表”。

<2> 选择“转换”→“表”→“分组依据”，弹出“分组依据”设置对话框，如图 10-117 所示。

<3> 在“分组依据”中选择“单位”，然后通过“添加聚合”在“新列名”中逐个添加“最高收入”“最低收入”“平均收入”“众数”“总收入”，并针对收入“列”，在“操作”中选择正确的聚合函数。最后的结果如图 10-118 所示。

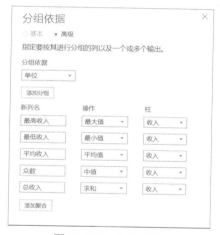

图 10-117 分组设置

	单位	1.2 最高...	1.2 最...	1.2 平均...	1.2 众数	1.2 总收入
1	通信与信...	16305	957	2392.951206	2246	4168521
2	自动化学院	6007	991	2312.911243	2122.5	1563528
3	宣传部	4454	1010	2268.191176	2034.5	154237
4	饮食服务...	3295	863	1901.75	1806.5	479241
5	软件学院	23628	932	2164.950237	1985.5	913609
6	经济管理...	14611	948	2275.695427	2116	2637531
7	计算机科...	13479	954	2320.636052	2159	2703541
8	外国语学院	34181	949	2229.673209	2034	2272037
9	图书馆	5428	0	2278.995992	2101	1137219
10	体育学院	5073	1044	2204.602339	2086	753974
11	光电工程...	17843	945	2323.942609	2104	1336267
12	社科处	6385	1070	2597.583333	2080.5	93513
13	数理学院	35391	1061	2396.06308	2179	2582956
14	产学研办...	5296	1095	2272.591549	2081	161354

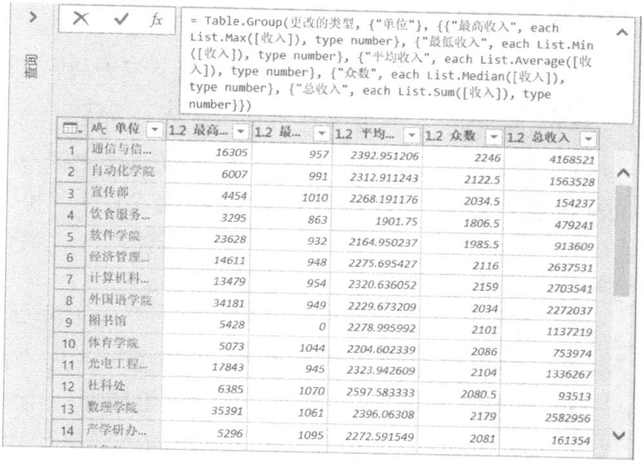

图 10-118 分组计算结果

10.8 M 语言简介

支撑 Power Query 运行基础的是一套函数，称为 M（Microsoft）函数，可以编写出获取、运算和转换数据的公式，进而构成程序，实现表格数据的各种处理功能，这一过程可以称为 M 语言编程。M 函数的作用类似 Excel 的函数，函数是 Excel 的灵魂，不了解函数的 Excel 用户只能是入门级用户，永远达不到精通 Excel 的境界。Power Query 也是如此，虽然不用 M 函数也能够完成许多数据清洗和转换工作，但有些工作用 M 函数会更简捷，有些工作只有用 M 函数才能完成。

10.8.1 M 语言入门基础

M 语言是一套基于函数的公式化语言，体系非常庞大，大约有 90 个左右基于各种对象的类别，如表 table、列 list、记录 record、拆分器 splitter 等类别，每个类别又有许多成员函数，总计 600 多个函数，要全部掌握是有难度的。但是 M 语言的功能确实强大，能够以快捷而简化的方式解决工作中的实际问题。虽然函数众多，但许多函数以英文单词命名，含义明确，易于理解。可以针对问题，边学边用，日积月累，逐步熟悉。

1．M 函数的自动生成过程

M 语言程序的编写和运行方式类似 VBA 宏程序，在 Power Query 中执行的所有操作都被自动地记录在"应用的步骤"中，每个步骤就是一个 M 公式。所有步骤按 M 函数的结构组织在一起，构成一个 M 函数。

【例 10.14】 有某学校 1 月、2 月的职工收入表，现要统计各部门 1、2 月的总收入，如图 10-119 所示。

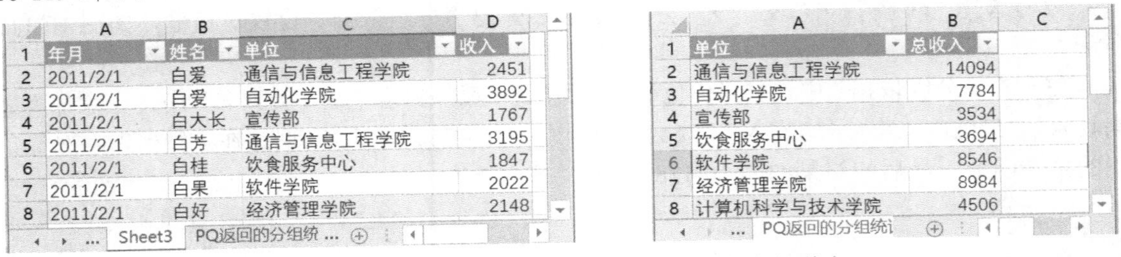

图 10-119　某学校 1～2 月的职工收入表和部门汇总表

在 Power Query 中用"分组依据"完成部门汇总，过程如下。

<1> 在 Excel 中选择"数据"→"获取和转换"→"从表"，建立 1 月和 2 月收入表到 Power Query 的查询表，并修改查询表的名称为"1 月"和"2 月"。

<2> 选中"1 月"查询表，选择"开始"→"组合"→"追加查询"，将"2 月"查询表追加到"1"月查询表中。

<3> 删除合并表"1 月"中的"年月"和"姓名"列。

<4> 单击"转换"，将年月字段的类型更改为"日期"类型。

<5> 选择"开始"→"转换"→"分组依据"，设置"分组依据"为"单位"，新列名为"总收入"，指定"值列"为"收入"，实施的"操作"为"求和"。

上述操作的步骤被清清楚楚地记录在"应用的步骤"中，如图 10-120 所示。每个步骤及其运算结果是可查的，如单击步骤"更改的类型 1"，可以看到从开始到此操作后的查询表情况，如图 10-121 所示。

图 10-120　两表合并和分组的结果

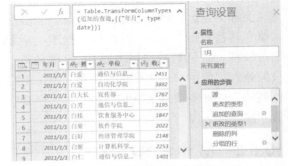

图 10-121　更改的类型 1 和运算结果

2．M 函数编辑运行环境

现在来看上述操作过程生成的 M 函数。选择"开始"→"查询"→"高级编辑器"或者

"视图"→"高级编辑器"，即可进入 M 函数编程环境，并显示当前操作生成的 M 函数，如图 10-122 所示。

图 10-122　某学校 1～2 月职工收入合并过程的 M 函数

初看这段代码似乎很复杂，字符多，语句长。但实际上很简单，因为各命令用英文单词表示，含义清楚，各命令操作的对象都是上次操作后的数据表名称，通俗易懂。再者，除了第 1、2 行的公式是系统自动添加的，各行的公式都由上述各操作步骤转换成的，根据操作步骤也能够理解公式的含义和运算结果。

3．M 函数的结构和执行逻辑

从图 10-122 可以看出，M 函数的形式化结构如图 10-123 所示，其中的 M_1、…、M_n 对应各操作步骤调用的 M 函数，y_1、y_2、…、y_n 是各步骤运算的结果。

说明：M 函数严格区分字符的大小写，这与 Excel 函数是有区别的。

```
let
    源=M₁(…),
    更改的类型=M₂(源…),
    y₁=M₃(更改的类型, …),
    y₂=M₄(y₁, …),
    ……                    // 操作步骤的 M 公式
    yₙ=Mₙ(yₙ, …)
in
    yₙ
```

图 10-123　M 函数的结构

M 函数由 let 和 in 两部分组成。let 部分是函数体，每行都是一个 M 公式，公式之间的分隔符是英文格式的"，"（语句之间不一定分行，但必须用"，"间隔）。每个 M 公式对应查询过程中的一个操作步骤，其中的 M 函数都以上一操作步骤的运算结果表作为输入参数进行运算，并将运算的输出结果写在"="的左边。in 是函数的输出，其值通常是 let 部分最后一个 M 公式的运算结果。实际上，它可以是任一步骤的输出值，也可以是其他值。

M 函数的执行逻辑是：从上向下依次执行每个 M 公式，每个 M 公式基本上都以上一个公式的运算结果为输入进行加工处理，并根据公式中应用的操作类型作为公式运算的结果名称，写在等号的左边。

现在结合图 10-122，简要分析 M 函数的结构和执行逻辑。

（1）源 = Excel.CurrentWorkbook(){[Name="表 1"]}[Content]

提取 Excel 当前工作簿中名称为"表 1"的工作表的内容（由[Content]指定），并为它指定名称为"源"，最后的","是语句结束符。

（2）更改的类型 = Table.TransformColumnTypes(源,{{"年月", type date}, {"姓名", type text}, {"单位", type text}, {"收入", Int64.Type}})

调用 Table（即表）的 M 函数 TransformColumnTypes 对"源"（即上一个 M 公式的结果）表中的"年月""单位""收入"列进行类型设置，并将完成类型设置后的表取名为"更改的类型"，作为当前 M 公式的运算结果。

（3）追加的查询 = Table.Combine({更改的类型, #"2 月"}),

调用 Table 对象的 Combine 函数进行两表合并。在"更改的类型"表中合并"2 月"查询表的内容，因为执行的是"追加查询"操作，所以将合并后的表命名为"追加的查询"，并作为本次 M 公式的运行结果。

（4）更改的类型 1 = Table.TransformColumnTypes(追加的查询, {{"年月", type date}})

调用 Table 的数据列类型转换函数，对上次 M 公式的运算结果"追加的查询"中的"年月"字段进行类型修改，设置为 date 类型。为区别于前面的类型修改，因此将公式的运算结果为"更改的类型 1"

（5）删除的列 = Table.RemoveColumns(更改的类型 1, {"年月", "姓名"})

调用 Table 的列删除函数，删除了"更改的类型 1"表中的"年月"和"姓名"两列数据，由于本公式执行的是删除操作，因此删除后的数据表取名为"删除的列"。

（6）分组的行 = Table.Group(删除的列, {"单位"}, {{"总收入", each List.Sum([收入]), type number}})

调用 Table 的分组函数 Group 对上次运算的结果表"删除的列"以"单位"字段进行分组，对于相同单位的"收入"列执行求和，求和后的字段名称为"总收入"，并将公式运算的结果表改名为"分组的行"。

（7）in 分组的行

将名称为"分组的行"的查询表写入 M 函数的运算结果中，也就是程序执行的最终输出结果，见图 10-120。

从对 M 函数的解析和执行逻辑过程中可以看出，初学者虽然不会写 M 函数，但是可以借助 Power Query 操作过程中自动生成的 M 函数进行学习，在逐步理解和熟悉部分 M 函数后，只需要对系统生成的 M 函数进行少量修改，就能够高效完成某些复杂的任务。

10.8.2 表结构在 M 函数中的引用

M 函数主要用来对查询表进行各种运算，如在查询表中增加或删除数据列，对数据列进行拆分、组合运算、合并运算、数据透视等，因此需要弄清楚查询表的结构组成，才能够在 M 函数中引用它们。

【例 10.15】某学校的学生成绩表如图 10-124 所示，它在 Power Query 中的查询表结构如图 10-125 所示。

Power Query 中的查询表由 Record 和 List 组成（见图 10-125）。Record 即数据表中的行，称为记录，用{行号}的形式引用，第 1 行的行号为 0，其余以此递增；List 是表中的列，称为

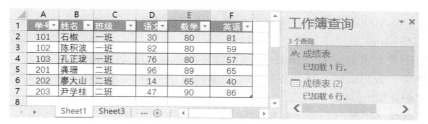

图 10-124 学生成绩表

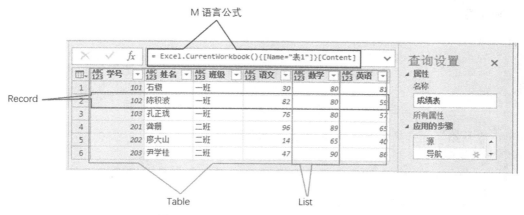

图 10-125 Power Query "源"表的结构

列表，用[列标题]引用。以图 10-125 为例，当前的表是"源"，表 10-2 列出了在 M 函数中引用"源"表中行列或单元格的方法。

表 10-2 M 函数引用查询表各组成部分的方法

引用形式	说　　明
源{0}	引用第 1 行记录，{}表示引用行
源[班级]	引用班级列全部数据，[]表示引用列
源{2}[语文]	引用第 3 行、语文列交叉位置的数据，即 76
源{[姓名="尹学桂"]}	引用姓名为"尹学桂"的数据行，即第 6 行
源{[姓名="尹学桂"]}[英语]	引用尹学桂数据行的英语，即 86

在 Power Query 的公式编辑栏中可以输入表 10-2 中的引用公式，理解各种引用方式，如图 10-126 所示。

图 10-126 M 公式对表中行、列和单元格的引用形式与运算结果

记录、列表和表是 M 公式中最基本、最常用的操作对象，需要掌握。

1. Record

Record 即记录，对应数据表中的一行数据，由多个项目与对应的值组成，可以用下面的形形式在 Power Query 的公式编辑栏中建立记录，语法格式为：

> ① [项目 1=值 1，项目 2=值 2]
>
> ② {[项目 1=值 1，项目 2=值 2]，[项目 1=值 1，项目 2=值 2，项目 3=值 3]，…}

其中，①是建立 1 条记录的方式，②是建立多条记录的方式。当项目是字符串时，当用双引号引用，是数字时不须引用。

在 Excel 中选择"数据"→"获取和转换"→"新建查询"→"从其他源"→"空查询"，进入 Power Query，并在 M 公式编辑栏中输入图 10-127 中的公式，检验 Record 的建立方法和结果。单击图中的 Record 可以查看其中的内容。

图 10-127　创建 1 条和 3 条 Record 的 M 公式和结果

单击"开始"→"高级编辑器"，可以看到下面的 M 语言程序。

```
let
    源 = {[姓名="tom", 汉语=67], [姓名="张三", 汉语=89, 计算机=90]}
in
    源
```

2. List

列表是指具有相同类型的一列数据。但实际上，列表是一个可大可小，可复杂、可简单的一种数据对象。记录、列表和表都是一种数据类型，也就是说，列表可以是若干记录组成的一列数据，也可以是若干表组成的一列数据，还可以是其他列表组成的一列数据。而且，一个列表中的记录、表或其他列表可以是不同的。

在 Power Query 中建立一个空查询，在 M 公式编辑栏中分别输入图 10-128 中的公式，检验公式的运行结果。同时打开"高级编辑器"，查询其中的 M 函数。单击图中的 List，可以展开列表，查看其中的内容。

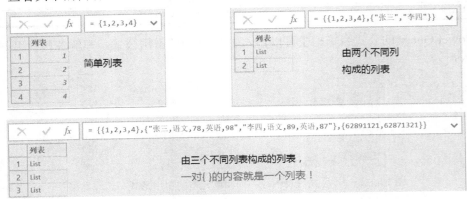

图 10-128　建立列表的 M 公式和结果

在创建列表的时候可以使用范围创建，如表 10-3 所示。例如，M 公式"= {1..100}"将创建从 1~100 的一列数据，公式"= {"A".."Z"}"将生成 A~Z 共 26 行一列的字母列。

表 10-3　列表中常用的范围转换

序号	范　围	说　明
1	{"A".."Z"}	全部大写字母
2	{"a".."z"}	全部小写字母
3	{"A".."z"}	全部大小写字母
4	{"0".."9"}	全部文本数字
5	{"一".."顧"}	顧（读 yu），全部汉字
6	{"".."~"}	所有英文字母、数字和标点符号
7	{2..100}	指定范围
8	Text.ToList("Abc123 红黑白")	从文本转换成列表

3. Table

表由 Record 和 List 组成，也可以由 List 转换而成，还可以包括其他表。表一般由数据源表或列表转换而来，很少手工创建，因此只简要介绍创建表的基本方式，理解其结构即可。

图 10-129 的 M 公式编辑栏中的 M 公式展示了创建只有一个字段、两个字段、一条记录、两条记录的表的 M 函数方法和运算结果。

图 10-129　建立列表的 M 公式和结果

【例 10.16】　编写简单的自定义 M 函数，创建一个列表并将列表转换成表。

选择 Power Query 的"视图"→"高级编辑器"，在高级编辑器中输入以下 M 函数：

```
let
    源 = {[姓名="张三", 语文=80], [姓名="李四", 语文=89], [姓名="黄二", 语文=76]},
    转换为表 = Table.FromRecords(源)
in
    转换为表
```

该 M 函数的运行结果如图 10-130 所示。

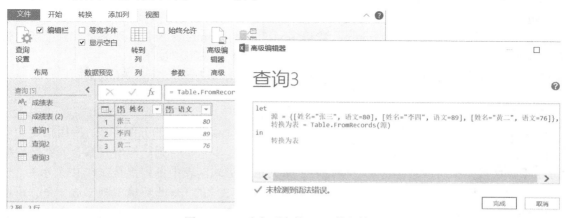

图 10-130　建立列表的 M 函数和结果

10.8.3 M 函数对象与学习方法

M 函数基本上是对象的成员函数，虽然类别较多，但易于理解，且常用对象并不多，只需搞清楚 Table、Record、List、Text、Number、Time、Date、DateTime、Splitter、Combiner 等对象及其常用成员函数，就可以编写出高质量的 M 函数。Power Query 的在线帮助系统提供了这些函数的功能简介和应用案例，初学者可以进行了解和学习。

单击高级编辑器中的"帮助"（见图 10-130 的 ❓），可以进入 Power Query 的公式帮助网页，如图 10-131 所示，单击其中的"Power Query 公式类型"，即可进入 M 公式的帮助系统，从中可以查看各种 M 函数和用法。

图 10-131　M 语言帮助

最好的学习方法是，每次在操作 Power Query 时，都注意观察操作步骤在 M 公式编辑栏中的对应公式，见多识广，逐渐就会应用了。

10.8.4 M 语言应用案例

M 函数功能强大，学即有用，虽然类别多，但可以围绕 Table、List、Record、Text 等对象逐步扩展，学习少量几个 M 函数即可解决大问题。此外，在 Power Query 中应用 M 语言编写程序时，不一定要从头到尾进行完整的代码设计，更好的方法是在操作步骤形成的程序基础上，进行必要的修改，实现程序功能。

本节介绍用 Table 对象的 Group 函数和 Text 对象的 Combine 函数实现汇总、分类统计报表的几个案例，展现 M 函数的强大功能。这两个函数的语法形式如下：

> Table.Group(表名称, {"分组依据字段名称"}, {{聚合列 1, 聚合运算, type 类型名称},
> {聚合列 2, 聚合运算, type 类型名称}, …})　 as table
>
> Text.Combine(文本, 分隔符)

Group 函数对第 1 个参数指定的数据表，根据第 2 个参数指定的分组字段，应用指定的聚合函数生成聚合列，可以创建 1 个聚合列，也可以创建多个聚合列，但所有聚合列都是根据"分组依据字段"执行聚合运算的。注意各参数的语法形式，表中各列都是在 { } 中列示的。

下面是在实际工作中常会遇到的分析报表，如果在单纯的 Excel 环境中制作这 3 个分析报表，难度很大，可能需要借助 VBA 编程才能完成。现在利用 Power Query 实现，在"完成的步骤"形成的 M 函数基本上，仅需要修改两三行代码就能够实现。

1. 用 Group、Combine 和 Sum 函数实现分类汇总和标题组合

【例 10.17】 学校 2011 年的收入表如图 10-132 所示，其中有些职工有 12 个月的收入，有些职工只有某些月份有收入，计算每位职工的总收入，以及包括的月份，如图 10-133 所示。

本例与例 10.9 相同，现在用操作过程与 Combine 函数相结合的方法完成题目要求。

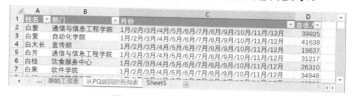

图 10-132　2011 年收入表　　　　　　　　　　图 10-133　收入汇总表

<1> 在 Excel 中选择"数据"→"获取和转换"→"从表格"，进入 Power Query。

<2> 选中"年月"，改名为"月份"。选择"转换"→"日期&时间列"→"月份"→"月份"，再选择"文本列"→"格式"→"添加后缀"，在月份后面添加"月"字。

<3> 选中"姓名"和"部门"两列，选择"转换"→"文本列"→"合并列"，设置"空格"为合并列的"分隔符"。

<4> 选择"转换"→"表""→分组依据"，弹出"分组依据"对话框，从中设置"分组依据"为"已合并"字段，"新列名"为"总收入"，设置"列"为"收入"，如图 10-134 所示。"确定"后的运算结果如图 10-135 所示。

图 10-134　合并职工月收入

图 10-135　收入汇总表

<5> 单击"视图"→"高级编辑器"，最后一行如下所示：

分组的行 ＝Table.Group(合并的列, {"已合并"}, {{"总收入", each List.Sum([收入]), type number}})

其含义是：以"已合并"列为"分组依据"，对"收入"列求和，结果为数字类型（number）。依此形式，公式的后面添加用 Combine 函数对"月份"列进行组合的函数，修改后的公式如下：

> 分组的行 ＝Table.Group(合并的列, {"已合并"}, {{"总收入", each List.Sum([收入]), type number},
> {"月份", each Text.Combine([月份],"/")}})

公式修改后的运行结果如图 10-136 所示。

<6> 以空格为分隔符，对"已合并"列进行拆分，然后对列名称和数据类型进行修正即可完成题目要求。

对比例 10.9 可以知道，M 函数为月份的合并带来了极大的便利。

2. 用 Group、Combine、RowCount 实现分类计数和姓名汇总

【例 10.18】 某年高考成绩和各批次录取分数线表如图 10-137 所示，要求制作如图 10-138 所示的录取名单，并统计各批次的录取人数。

图 10-136　Combine 函数组合的月份

图 10-137　高考成绩和录取批次分数线

图 10-138　录取名单

本例在实质上与例 10.17 是相同的，完成过程如下。

<1> 在 Excel 中选择"数据"→"获取和转换"→"从表格"，分别将成绩表和录取批次分数线导入到 Power Query 中，并取名为"成绩表"和"录取线"。

<2> 整理"录取线"表，将每个分数对应到录取批次上。

① 选中"分数"列，选择"转换"→"拆分列"，以"-"为间隔符，将"分数"拆分为两列，如图 10-139 所示。

图 10-139　将分数线拆分为两列

② 修改"分数.1"和"分数.2"两列的类型为数字。然后单击"添加列"→"添加自定义列"，在弹出的"添加自定义列"对话框中，设置"新列名"为"录取分"，设置"自定义公式"为"{[分数.1]..[分数.2]}"，如图 10-140 所示。公式运行后的结果表如图 10-141 所示。

③ 单击  的扩展按钮展开"录取分"列表，如图 10-142 所示。然后删除"分数.1"和"分数.2"列，只保留"批次"和"录取分"两列数据，并设置"录取分"为整数类型。

图 10-140　添加自定义列　　　图 10-141　添加"录取分"列　　　图 10-142　展开"录取分"列

至此，"录取线"表整理完毕。

<3> 合并"成绩表"和"录取线"表。

① 选中"成绩表"，选择"开始"→"组合"→"合并查询"，弹出"合并"对话框，从中设置"成绩表"的"总分"与"录取线"表的"录取分"为连接字段，设置"连接种类"为"左外部"，如图 10-143 所示，合并结果如图 10-144 所示。

② 单击图 10-144 中  列中的"批次"，并将展开后列标题"录取线.批次"修改为"批次"，结果如图 10-145 所示。

图 10-143　两表合并设置　　　图 10-144　合并结果　　　图 10-145　展开合并列

<4> 用分组和组合函数统计各批次录取人数和名单。

① 选中成绩表，选择"转换"→"表"→"分组依据"，设置"批次"为分组依据，对"姓名"列进行"求和"的分组运算，如图 10-146 所示。图 10-147 是分组运算的结果，"人数"列即分组结果，Error 表明统计是错误的。原因很简单，对文本列"姓名"求和本来就是不对的。但这并不重要，其目的是产生分组函数的雏形，便于接下来的修改。

② 选择"视图"→"高级编辑器"，将其中最后一行，即

　　　分组的行 = Table.Group(重命名的列, {"批次"}, {{"人数", each List.Sum([姓名]), type text}})

修改为：

　　　分组的行 = Table.Group(重命名的列, {"批次"}, {{"人数", each Table.RowCount(_), type number},
　　　　　　　　　　　　{"姓名", each Text.Combine([姓名],"#(lf)"), type text}})

其中的"#(lf)"是回车换行符。

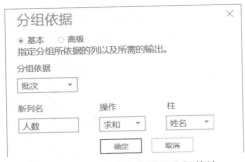

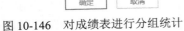

图 10-146　对成绩表进行分组统计

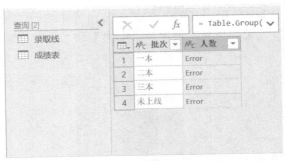

图 10-147　成绩表的分组统计结果

至此，得到图 10-138 所示的分析报表，选择"开始"→"关闭并上传"，将"成绩表"传回 Excel，题目的任务完成。

3．用 Group、Combine 去除重复数据

在多列数据表中，去除重复数据是一个在数据分析中困扰许多工作人员的难题，在 Excel 中处理起来比较困难，但在 Power Query 中不难解决。

【例 10.19】　部门、职位、来源混杂在一起的 5 列数据，其中有许多重复数据，如图 10-148 的 A1:E14 所示。现在去除其中的重复数据，相同数据只留 1 个，如 G1:K8 区域所示。

	重名1	重名2	重名3	重名4	重名5		重名1	重名2	重名3	重名4	重名5
1											
2	网管中心	自动化学院	农村	管理员	图书馆		网管中心	自动化学院	农村	管理员	图书馆
3	人事处	通信学院	城镇	管理	通信学院		人事处	通信学院	城镇	管理	传媒艺术学院
4	图书馆	农村	城镇	管理员	传媒艺术学院		外国语学院	门岗	教师	国际处	经济管理学院
5	图书馆	农村	城镇	管理员	经济管理学院		保卫处	保安		计算机学院	文秘管理
6	外国语学院	城镇	农村	管理员	管理		软件学院	行政秘书			研究生部
7	保卫处	城镇	农村	管理员	城镇		管理人员	机房管理			
8	网管中心	门岗	城镇	外国语学院	城镇		清洁工				
9	软件学院	外国语学院	管理	通信学院	文秘管理						
10	保卫处	保安	教师	国际处							
11	管理人员	管理员	文秘管理	自动化学院	外国语学院						
12	教师	行政秘书		传媒艺术学院	研究生部						
13	清洁工	保安		计算机学院							
14	文秘管理		机房管理								

图 10-148　去除工作表中的重复数据

重复数据的去除过程如下。

<1> 选择 Excel 的"数据"→"获取和转换"→"从表"，将 A～E 列的数据导入到 Power Query 中。

<2> 选中全部数据列，单击"转换"→"任意列"→"逆透视列"，结果如图 10-149 所示。

<3> 选择"开始"→"减少行"→"删除行"→"删除重复项"，结果如图 10-150 所示。

<4> 选择"转换"→"表"→"分组依据"，对"属性"列分组，"求和"统计"值"列，如图 10-151 所示，结果如图 10-152 所示。虽然"分组依据"的结果为错误值，但它生成了分组函数的雏形，只需用"拆分列"函数替换分组求和函数就能够解决问题。

<5> 选择"视图"→"高级编辑器"，将其中的命令行：

```
分组的行 = Table.Group(删除的副本, {"属性"}, {{"计数", each List.Sum([值]), type text}})
```

修改为：

```
分组的行 = Table.Group(删除的副本, {"属性"}, {{"计数", each Text.Combine([值],","), type text}}),
```

结果如图 10-153 所示。

<6> 以","为间隔符，将"计数"列拆分为多列。

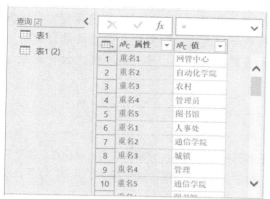

图 10-149　逆透视全部列

图 10-150　删除"重复项"

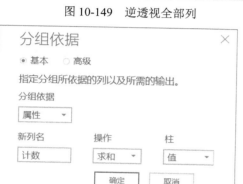

图 10-151　对"属性"列分组求和"值"列

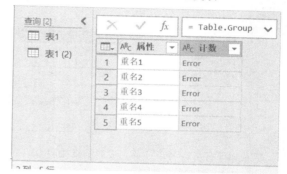

图 10-152　分组求和结果

<7> 选中"属性"列，选择"转换"→"表"→"转置"，结果如图 10-154 所示。

图 10-153　用 Combine 组合的计数列

图 10-154　拆分、转置"属性"列后的查询表

<8> 将"第一行用作标题"，然后选择"开始"→"关闭并上传"，将查询表返回 Excel，完成题目的要求。

小　结

Power Query 也称为"超级查询"，围绕数据查询、清洗的功能需求，以简洁实用的风格提供了易学易用的操作界面，通过简单的鼠标操作，即可实现在 Excel 中需要结合 VLOOKUP、INDEX、MATCH、OFFSET、IF、COUNT 及 SUM 等众多查找引用和汇总统计类函数才能实现的强大功能，不仅操作简便，更重要的是，在万级以上数据行的表中运算速度优势明显。在 Power Query 中，通过便捷的鼠标操作即可完成复杂的数据整理和清洗工作，能够对上百种数据源进行处理，其合并功能可以将同一文件夹中的不同文件、同一工作簿的不同工作表、不同数据源的文件整合在一起，并且具有智能扩展特性，行、列管理功能能够处理重复行，可以拆分、合并列、添加索引和自定义列，分组依据、透视列与逆透视列则实现了强大的数据分析功能。M 函数能够对数据表的行、列乃至整个表进行转置以及计数、求和、求最大值等聚合运算，功能强大，实用性强。

习 题 10

【10.1】 某茶厂的茶叶销售全国各省市，在订单中记录每天的详细记录，并将各省的订单保存在独立的工作簿中，统一保存在"订单"文件夹中，其中已有贵州、四川、重庆的订单，如图 10-155 所示，以后会在订单工作簿中陆续增加其他省的订单文件。

图 10-155 题 10.1 图（1）

完成以下任务，各项任务完成的结果如图 10-156 所示，图中序号与任务序号对应。

（1）
订单编号	订货日期	省市	订货单位	客户名称	产品名称	单价	订货数量	付款金额
13 ON20180829	2018/8/12	四川	滴水滩茶馆	何洪苗	花毛峰	280	139	38920
14 ON20180830	2018/8/13	四川	春风茶艺	沈曲	花毛峰	160	230	36800
15 ON20180831	2018/8/14	四川	麻三茶行	冯华月	花毛峰	320	52	16640
16 ON201809012	2018/8/1	四川	同家乐茶叶专卖	孙杰	菊花茶	320	58	18560
17 ON20180831	2018/8/1	贵州	永家超market	龚革	竹叶青	280	121	24200
18 ON20180832	2018/8/2	贵州	印山粮油批发店	谢芸	明前毛峰	200	79	12640
19 ON20180833	2018/8/3	贵州	李小一百货批发店	唐浩茜	花毛峰	280	243	38880
20 ON20180834	2018/8/4	贵州	敏敏茶叶专卖店	覃美	明前毛峰	280	161	32200

Sheet1　Excel透视表　PQ返回的分组依据　PQ返回的透视表　从PQ返回的…

（2）
产品名称	总金额	总数量	平均数量
竹叶青	517360	2166	166.62
明前毛峰	583960	2203	183.58
花毛峰	890120	3694	194.42
菊花茶	206480	938	187.60

PQ返回的分组依据 …

（3）
产品名称	四川	贵州	重庆
明前毛峰	204800	135760	243400
竹叶青	170080	128040	219240
花毛峰	269480	337440	283200
菊花茶	18560	41720	146200

PQ返回的透视表 …

（4）
行标签	花毛峰		菊花茶		明前毛峰		竹叶青		总金额汇总	总数量汇总
	总金额	总数量	总金额	总数量	总金额	总数量	总金额	总数量		
贵州	337440	1281	41720	149	135760	534	128040	624	642960	2588
四川	269480	1106	18560	58	204800	880	170080	759	662920	2803
重庆	283200	1307	146200	731	243400	789	219240	783	892040	3610
总计	890120	3694	206480	938	583960	2203	517360	2166	2197920	9001

… Excel透视表　PQ返回的分组依据　PQ返回的透视表　从PQ返回的合并表

图 10-156 题 10.1 图（2）

（1）合并订单文件夹中的工作簿，在合并表中增加"省"数据列，其内容来源于工作簿名称。

（2）在 Power Query 中用"分组依据"统计各类茶叶的总金额、总销售数量、平均销售数量。

（3）在 Power Query 中用"透视列"统计各省各类茶叶的销售总金额。

（4）在 Excel 中对合并表进行透视分析各省各茶叶的总销售量和销售总金额，体会 Power Query 和 Excel 透视功能的差异。

【10.2】 某茶叶专卖店销售各种茶叶，将茶叶单价记录在一个工作表中，各月的销售数量记录在独立的工作表中，各月销售的茶叶品种不一定相同，如图 10-157 所示。要求：

图 10-157　题 10.2 图

（1）在 Power Query 中对一月、二月、三月的销量表进行合并，相同的茶叶品名只能出现一次，并从单价表中查询茶叶单价。

（2）在 Excel 中计算各茶叶品种的销售总额，并对各茶叶的销售情况进行透视分析，求出各茶叶的总销量、总销额、各月平均销量、最销量等数据的透视表。

【10.3】 某银行业务员从信息中心处获取到一份金牌客户的手机号码，要以短信方式向这些客户推送新业务，但有些号码重复了多次，删除其中的重复号码，使每个号码只出现一次，如图 10-158 所示。

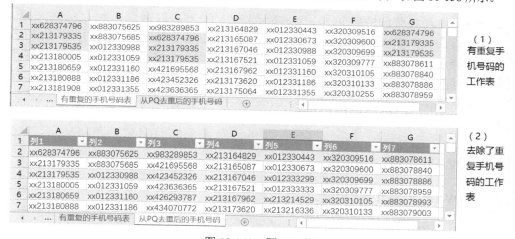

图 10-158　题 10.3 图

【10.4】 从网络获取农贸产品单价表，各类商品之间用"；"间隔，但存在不少特殊符号，如图 10-159 的"菜价表原始表"所示。利用 Power Query 对该表进行数据清洗，结果如图中的"从 PQ 返回的菜价表"所示。

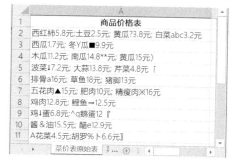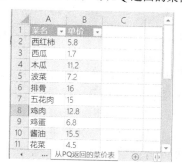

图 10-159　题 10.4 图

第 11 章　数据建模与分析 Power Pivot

📖 **本章导读**

- ⊙ Power Pivot 与数据建模
- ⊙ 数据仓库与维度分析
- ⊙ 度量
- ⊙ Calculate 和 Filter
- ⊙ 数据仓库
- ⊙ DAX 语言

　　Pivot 即 Excel 中的数据透视表，实现了对数据表的分类、汇总、合并、交叉统计等功能，是众多数据分析人员不可缺少的工具。Power Pivot 即"超级透视"，当然具有 Excel 中数据透视表的全部功能，但不等同于 Pivot，也不是数据透视表的简单替代。Power Pivot 能够将不同来源且具有不同格式的各类数据整合在数据模型中，提供了切片、筛选、维度分析等多维度、多层次分析数据的操作，实现了诸如分类、汇总、对比、统计等数据分析功能，是适应大数据商务智能的自助式数据分析工具。

11.1　Power Pivot 基础

11.1.1　Power Pivot 与 Pivot

　　Pivot 即 Excel 中的数据透视表，具有对数据表进行分类汇总、行列重组、行列交叉统计、制作透视图等数据处理能力，能够快捷地生成各种有意义的报表，提供直观的数据呈现方式，是数据分析师不可缺少的工具。但是，Pivot 存在以下缺点。

　　（1）只能对一个工作表中的数据进行透视分析

　　如果对多个工作表进行透视，就需要应用 VLOOKUP 等函数先从多表中将数据查询、提取到同一个工作表中后，才能够应用数据透视表的功能进行分析。当数据来源不一、格式多样时，整合难度大。

　　（2）数据可视化转换效率低

　　数据透视表提供了切片器、筛选器等功能，还能够方便地制作数据透视图，能够满足大多数应用需求。但是，如果要制作仪表板，以便从多角度、多层观察数据，则仪表板的制作对细节要求太多，操作烦琐，效率低下。

　　（3）处理大批量数据时速度缓慢且总量级别太小

　　当数据源表列多行多时，数据透视的运算速度会因数据行数的增加而减慢，当达到几万行时就很慢了。但在当今信息爆炸式增长的大数据时代，几十万、几百万乃至千万行级别的数据表已经很常见了，几万行数据又算什么呢？Excel 工作表的总数据行数为百万级别，而 Power Pivot 能够处理亿行级别的数据表。

（4）多维度多层次的数据透视困难

Excel 透视表是基于一个工作表进行数据分析的，难以构造出多维度、多层次的数据结构，要实现多维度多层次的数据透视难度很大。

Power Pivot 不但整合了 Pivot 的功能，而且成功地解决了上面的问题，可以处理大量数据，数据表的容量超出标准工作簿中的几百万行和列的阈值，适合进行商业智能数据分析，具有 Power Pivot for SharePoin、Power Pivot for Excel 等版本。

Power Pivot for Excel 是一种列式内存数据库，采用 Analysis Services VertiPaq 引擎对内部数据进行压缩和提取，能以极高的性能处理大型数据集，处理数百万行数据与几百行数据的性能相差不多。

Power Pivot 并不保存数据，只提供对数据的处理功能，处理结果内嵌在 Excel 工作簿中（.xlsx），并且可以用 Excel 的数据透视表、数据透视图或 Power View 等工具，对处理结果进行报表制作或者可视化呈现。内嵌有 Power Pivot 数据对象的工作簿，可以像普通工作簿一样被复制、发布、移动或共享，所有的数据都会与工作簿保存在一起。

Excel 环境中提供了与 Power Pivot 窗口之间切换的功能，可以交互处理 Power Pivot 数据模型及其在数据透视表或数据透视图中的表示形式，二者可以同时进行。

更重要的是，Power Pivot 具有丰富的外部数据接口和数据建模分析能力，可以汇集具有不同格式的数据源表，包括 Web 服务、文本文件、关系数据库和多维数据库、Reporting Services 报表和其他工作表。通过建模能力，Power Pivot 可以创建关系模型或数据仓库模型，在不同数据源的工作表之间创建关系，然后将来自多种数据源的数据整合到数据模型中，工作簿中的所有工作表可以立即使用到模型中的数据，好像所有数据都来自一个数据表一样。

此外，Power Pivot 可以使用一种称为 DAX（数据分析表达式）的语言编写度量公式来操作数据模型，许多 DAX 函数与 Excel 的函数是相同的，如 SUM、COUNT、AVARAGE 等，函数意义明确，用法简单，易学易用。

DAX 是一种公式化的语言，功能强大，可在关系数据模型之上定义复杂的表达式，主要用来在 Power Pivot 中编写度量公式，扩展了 Excel 的数据操作功能，可以实现比数据透视表更高级、更复杂的分组、筛选和汇总统计等运算。

11.1.2　Power Pivot 应用的基本流程

Power Pivot For Excel 是 Excel 的一个外接程序，以加载项的方式提供给 Excel，第一次使用时需要用下面的方法先将它加载到 Excel 中。选择 Excel 的"文件"→"选项"→"加载项"，选中"Microsoft Power Pivot for Excel"加载项，然后"确定"即可。

Power Pivot 加载到 Excel 后，将出现"Power Pivot"选项卡，如图 11-1 所示。

图 11-1 并非 Power Pivot 的程序界面，单击其中的"数据模型"→"管理"才会启动 Power Pivot，显示它的程序界面，如图 11-2 所示。

现以加载 Access 数据库（Northwind.mdb）中的产品、订单、订单明细表为例，介绍操作 Power Pivot 的基本过程。

图 11-1　Power Pivot 选项卡

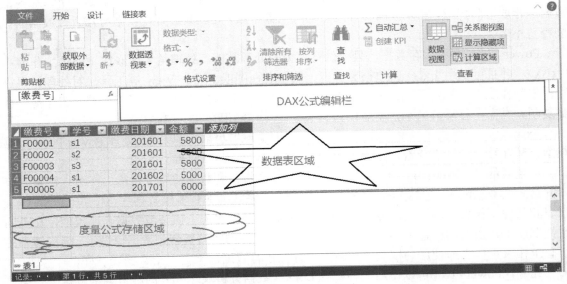

图 11-2　Power Pivot 界面

【例 11.1】 罗斯文公司是一个虚构的商贸公司，该公司进行世界范围的食品采购与销售，销售的食品分为几大类，每类食品又细分出各类具体的食品。这些食品由多个供应商提供，再由销售人员卖给客户。销售时需要填写订单，并由货运公司将产品运送给客户。

其数据库 Northwind.mdb 是用 ACCESS 数据库管理系统创建的标准关系模型数据库，其中有产品、订单、订单明细、供应商、雇员、客户、类别、运货商 8 个数据表，各数据表之间通过相同字段的值进行连接。现需要在 Power Pivot 中分析各类产品的销售情况，过程如下。

1. 加载数据源表到 Power Pivot

<1> 启动 Power Pivot（见图 11-2），选择"开始"→"获取外部数据"→"从数据库"→"从 Access"，弹出"表导入向导"的对话框，如图 11-3 所示。

<2> 单击"浏览"按钮，弹出"打开"对话框，找到 Northwind.mdb 数据库文件，然后单击"下一步"按钮。在接下来的向导对话框中，直接单击"下一步"按钮，直到出现如图 11-4 所示的对话框。

<3> 选中产品、类别、订单、订单明细 4 个数据表，然后单击"完成"按钮。结果如图 11-5 所示。

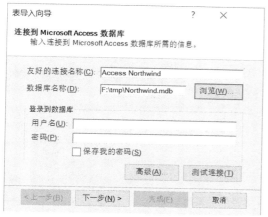

图 11-3　Power Pivot 数据库导入向导

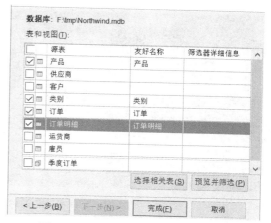

图 11-4　选择要导入 Power Pivot 的表

图 11-5 显示的是产品查询表的情况，可以看出，Power Pivot 中的查询表区域分为上、下两部分，上部用于显示查询表的数据行，下部的空白单元格区域可以用 DAX 语言来编写度量公式。

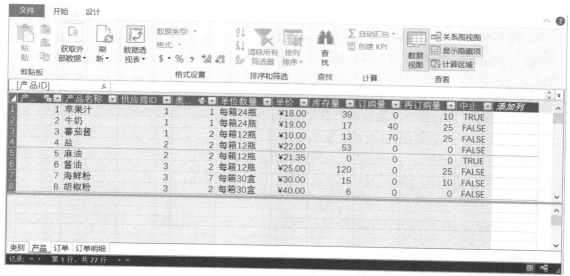

图 11-5　导入到 Power Pivot 中的数据表

2．建立关系模型

如果导入到 Power Pivot 中的只有一个数据表，就可以直接进行数据透视分析了。但是，如果导入了多个数据表，并且数据表之间存在连接关系，就需要先进行数据建模，确定表之间的连接字段后，才能进行数据透视。下面建立产品、订单、类别、订单明细 4 个表的关系模型。

<1> 选择"开始"→"查看"→"关系图视图"，进入关系模型界面，如图 11-6 所示。

<2> 将订单表中的"订单 ID"字段拖放到订单明细表中的"订单 ID"上，建立这两个表的联系方式，即两个表中相同订单编号的数据会连接成一行。

<3> 将类别表中的"类别 ID"字段拖放到产品表的"产品 ID"字段上，将产品表的"产品 ID"字段拖放到订单明细表的"产品 ID"字段上，完成关系模型的建立。

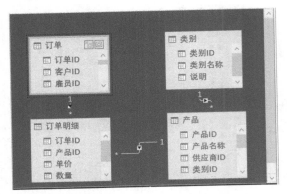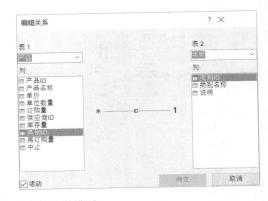

图 11-6　建立 Power Pivot 多表的关系模型

各表之间的"1:*"联系线把所有的表连接成一个整体，Power Pivot 会自动通过这些连接字段，将所有表组合成一个大表，可以在透视表中选取其中的任何字段组合成小表，或者进行透视分析，再不用关心数据表之间的连接问题，省去了用 VLOOKUP 查找数据的麻烦。

双击表之间的联系线，会弹出"编辑关系"对话框，从中可以查看、修改两表之间的连接字段。

3．在 Power Pivot 中执行各种运算

Power Pivot 是一种内存数据库，运算速度快，可以对数据模型表中的各种数据执行运算，用 DAX 语言编写度量公式，再将结果返回 Excel 进行透视分析。当数据表多、数据量大、关系模型复杂时，用这种方法处理数据的效率会提高许多。

订单明细表中有每种产品的订购数量和单价，但没有计算出金额，可以在其中增加一列销售额，完成计算后再返回 Excel 对销售额进行透视分析。

<1> 如果还处于图 11-6 所示的关系模型视图下，则选择"开始"→"查询"→"数据视图"，切换到数据表模型，如图 11-7 所示。

订...	产...	单价	数量	折扣	添加列
1	10508	39	¥18.00	10	0
2	10521	35	¥18.00	3	0
3	10530	76	¥18.00	50	0
4	10546	35	¥18.00	30	0
5	10553	35	¥18.00	6	0
6	10566	76	¥18.00	10	0

fx =[单价]*[数量]

类别 产品 订单 订单明细

记录：◄ ◄ 第 1 行，共 2,157 行 ► ►

图 11-7　在 Power Pivot 执行运算

<2> 选中"订单明细"表，然后单击最后的"添加列"标题，并在 DAX 公式编辑区中输入公式"=[单价]*[数量]"（DAX 中数据表中的列引用方式为"[列名]"），然后右击该列标题，从弹出的快捷菜单中选择"重命名列"，将名称改为"销售额"。

4．创建透视表或透视图

Power Pivot 只负责对数据源表建立关系模型或数据仓库模型，然后对模型进行各种运算，

并不保存数据。因此，当在 Power Pivot 中完成运算后，应将关系模型返回 Excel 进行应用分析，如制作数据透视表或数据透视图等。其优点是，在 Excel 中可以从关系模型中的任意表中选择字段进行分析，不用担心它们在哪张数据表中，Power Pivot 会自动进行数据的转换和提取运算。下面基于 Power Pivot 建立的产品销售模型创建各类产品的销售额和销售数量透视表。

<1> 选择 Power Pivot 的"开始"→"数据透视表"→"数据透视表"，在弹出的对话框中选择"新工作表"，返回到 Excel 中，如图 11-8 所示。

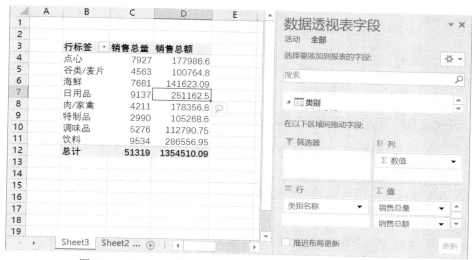

图 11-8　在 Excel 中对 Power Pivot 建立的模型进行透视分析

<2> 在"数据透视表字段"任务窗格中展开"类别"表，将"类别名称"字段拖放到"行"中，将"订单明细"表中的"数量"和"销售额"字段拖放到"Σ 值"中。然后将透视表列标题分别修改为销售总量、销售总额，如图 11-8 所示。

5. 数据钻取

在数据透视表或数据透视图中可以对 Power Pivot 建立的模型执行数据钻取操作。钻取就是从不同层次结构上去观察数据，包括上钻（roll up）和下钻（drill down）。上钻是在某一维度上将低层次的细节数据概括到高层次的汇总数据，或者减少维数；下钻正好相反，从汇总数据深入到细节数据进行观察或增加新维。钻取功能可以使用户更深入地了解数据，更容易发现问题，做出正确的决策。

例如，在图 11-9 中，想了解海鲜销量"7681"的详细情况，分别是哪些产品，各自的销量是多少，可以用向下钻取产品表中的产品名称得到这一信息。

<1> 选中 C6 单元格，这时该单元格的旁边会出现"快速浏览"操作图标。

<2> 单击，然后出现"浏览"对话框，选择"产品"→"产品名称"，结果如图 11-9 所示。

<3> 单击图 11-9 中的"钻取到产品名称"文本框，Power Pivot 会向下钻取海鲜数量"7681"的具体来源，如图 11-10 所示。

如果还想知道这些海鲜是哪些供应商提供的，或者是哪些运货商运送的，可以从订单或订单明细表中钻取。当然，要实现某些数据的钻取，还需要将罗斯文数据库中的供应商、运货商等数据表添加到 Power Pivot 数据模型中。

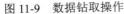

图 11-9　数据钻取操作

图 11-10　海鲜数量钻取结果

11.1.3 Power Pivot 的基本操作

Power Pivot 是针对商业智能的数据分析软件，其主要功能是将不同来源的数据表整合到关系模型或数据仓库模型中，并提供对模型中的数据分析功能。其功能非常聚焦、专业，操作并不复杂，下面对几项常用功能进行简要介绍。

1. 连接数据源

Power Pivot 能够连接多种数据源，可以将不同来源的数据表整合到数据模型中进行分析。注意，Power Pivot 的主要功能是建立数据模型和进行数据分析，对于不规范的数据源表，应先在 Power Query 中进行清洗，再导入到 Power Pivot 中分析。因此，相比于 Power Query，Power Pivot 连接的数据源类型并不多。

<1> 选择"开始"→"获取外部数据"，这里是操作 Power Pivot 的起点，可通过"数据库""从数据服务"和"从其他源"几处连接外部数据源，选项并不多，如图 11-11 所示。

图 11-11　Power Pivot 获取外部数据源

可以看出，Power Pivot 与微软公司的云、各类数据库、数据仓库的连接都很方便，与 Oracle、Sybase、DB2、Informix 等大型常用数据库也可以直接相连。如果认为 Power Pivot 只能连接到图 11-11 所列的几种数据源，就大错误特错了。通过其中的"其他（OLEDB/ODBC）"，Power Pivot 能够连接到几乎所有的数据库。

2. 数据类型修正

由于 Power Pivot 可以从多种数据源中导入数据，并将其整合到创建的数据模型中，为了避免从不同源中引入的数据发生类型冲突,必须在建立数据模型之前对导入的所有数据表进行数据类型检查和修正,保证不同表中的公有字段数据类型的统一,从而保障数据表连接的正确性。

在 Power Pivot 的数据视图中选中数据列,然后选择"开始"→"格式设置"→"数据类型",弹出如图 11-12 所示的快捷菜单。可以看出,Power Pivot 的数据类型系统简单,只有文本、日期、小数、整数、货币和逻辑类型几种,但足够了。

图 11-12 Power Pivot 的数据类型

3.创始日历表

时间是数据分析中一个最常用、最重要的维度,人们经常会按年份、季度、月份、日期对各类经营数据或财务数据进行分析,就需要在数据模型中基于数据源表的日期创建日历表,并用此日历表对数据模型进行时间维度的分析,从年、季、月、日等层次上实现数据的钻取分析。例如,在前面创建的罗斯文产品销售关系模型中创建日历表,以便对按时间维度分析各年度、季度、月份的产品销售情况,方法如下。

选择"设计"→"日历"→"日期表",Power Pivot 会以当前各数据表中的日期范围自动生成一张日历表,如图 11-13 所示。

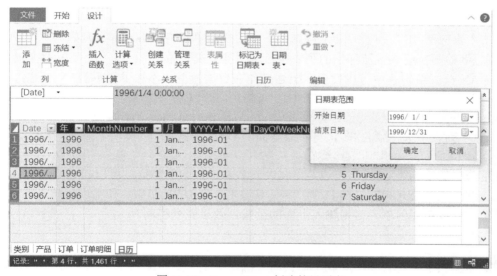

图 11-13 Power Pivot 创建的日历表

此日历表中的日期范围是根据订单和订单明细表中的日期范围设置的,也就是说,罗斯文数据库中包括了该公司 1996 年 1 月 1 日到 1999 年 12 月 31 日之间的销售数据。当然,也可以更改日历表的范围,方法是单击"日期表"的下拉箭头,从弹出的列表中选择"更新范围(R)(1996/1/1-1999/12/31)",将它设置为新的日期范围。

日历表创建后,并不会自动加入数据模型中,需要选择"开始"→"查看"→"关系图视图",然后根据数据分析的需要,通过日期表中的"Date"字段建立与"订单"或"订单明细"表的连接关系,才能把日历表加到数据模型中。

4.创建度量公式

在数据分析过程中,通常需要对数据列进行各类聚合运算,如求销售量总和、最大值、最小值、供应商家数量等。在 Power Pivot 中可以用 DAX 语言编写执行这些汇总运算的公式，称为度量公式。简单的聚合度量公式可以通过 Power Pivot 的"自动汇总"功能完成。例如，在图 11-14 中，要统计"供应商"共有多少家，对应度量公式的编写过程如下。

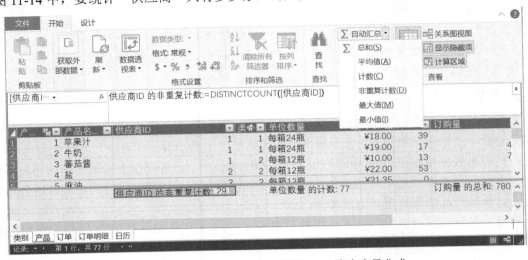

图 11-14　通过"自动汇总"编写 DAX 聚合度量公式

单击"供应商 ID"列最后一个数据行下面的空白单元格，再选择"开始"→"计算"→"自动汇总"的下拉箭头，从弹出的列表中选择"非重复计数"。

从 DAX 公式编辑栏中可以发现，上述操作在数据模型中添加了如下 DAX 公式：

供应商 ID 的非重复计数 := DISTINCTCOUNT([供应商 ID])

再如，要统计"订购量"的总数是多少，可以单击"订购量"列的任一空白单元格，再从"自动汇总"列表中选择"总和"，将生成下面的 DAX 公式：

订购量的总和 := SUM([订购量])

度量公式的结构是："："左边是度量公式名称，称为度量值，可以随意修改和设置，但最好是一个意义与公式相符合的名称，"："右边是一个 DAX 函数。其实，度量公式与单元格是无关的，可以在任何单元格中输入上面的公式，效果完全相同。

5．表操作

表操作提供了查看表和提取表中数据的方法，更重要的是提供了一个编写、执行 SQL 语句的环境。对于熟悉数据库、精通 SQL 命令的分析师而言，Power Pivot 无疑是一个绝好的工具，可以通过简单的 SQL 命令制作出复杂的统计分析报表。

选择"设计"→"关系"→"表属性"，可以显示如图 11-15 所示的"表预览"窗口，通过其中的"源名称"下拉列表，可以查看不同数据源表中的数据。

选择"切换到"→"查询编辑器"，可以显示完成当前数据表查询的 SQL 编辑环境，如图 11-16 所示。其中的"SQL 语句（S）"就是从数据源中查询出当前数据表"类别"的命令，可以看出，数据表的名称需要放在"[ ]"中。

在图 11-6 中，可以通过修改 SQL 语句查询其他数据；单击"验证"按钮，可以检验 SQL 命令的正确性；单击"设计"按钮，可以切换到另一个 SQL 语句的编辑和执行环境，如果在 Power Pivot 中临时查看、分组聚合某些数据，在"设计"窗口中试验是较好的办法。

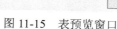

图 11-15　表预览窗口

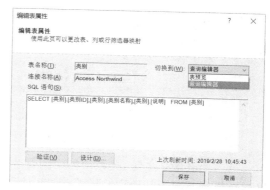

图 11-16　SQL 查询编辑器窗口

11.2　Power Pivot 数据建模

在实际工作中，数据分析人员可能需要将来源于 Excel 工作表、网页、文本文件、关系数据库和多维数据库、财务报表和其他各类电子表格中的数据整合在一起，以便从各个维度和层次上观察、分析数据。

在 Excel 中，除了用 VLOOKUP 之类的查询函数整合数据，有些高明的分析师可能使用 SQL 命令查询、整合数据，但无法避免周期性的重复操作。有没有更好的方法来解决具有不同格式的多种数据源的整合、计算和分析呢？那就是数据建模。

数据建模可以简单地想象为构造一台能够把不同类型的数据源表整合成一张包括所有数据的"大表"机器，借助机器的运算，能够让人们随时选取其中的部分数据行或列组成小表，或者进行各种分析运算，制作需要的报表。

Power Pivot 的核心功能是通过数据建模提供一台这样的数据整合机器，汇集来自不同数据源的数据，通过在不同数据源的数据之间建立关系，让人们能够随意选取任何数据源表中的任何字段进行应用，好像所有的数据都被放在"包括了全部数据的大表"中一样。

根据数据源表的结构和数据模型的功能，数据模型可以分为关系数据模型和数据仓库模型，除了数据源表的结构不同，在 Power Pivot 中的建模方法和过程基本相同。

11.2.1　关系数据模型

关系数据模型实际上是一种数据库技术，具有严密的数学理论支撑数据库中的数据运算，基于关系模型组建的数据库称为关系数据库。多年来，关系数据库一直是企业数据存取的主流技术，保存着企业的生产、供销、财务、职工档案等重要数据。可以说，数据分析领域中的很多数据表都来源于关系数据库。

要在 Power Pivot 中建立数据模型，就必须理解什么是关系模型。然而，关系模型有一整套复杂的数据库理论，要完全弄懂它并非易事。好在我们并不是建立和维护关系数据库，只需对已有的数据源表建立关系模型，通过关系模型整合不同的数据源，以便进行数据的透视分析，问题就简单多了，只须掌握关系、主键（主码）、外键（外码）和联系几个概念。

所谓关系，就是一张规范的二维数据表，要求其中的每列数据都是单独的一列，不能够由多列组合而成。例如，图 11-17 中的学生表就不能称为关系，原因是其中的电话包括两个子列，不符合关系的要求。图 11-18 则是一个标准的学生关系。也就是说，图 11-17 的数据表是不能放入关系模型中的，而图 11-18 中的学生表能够加到关系模型中。

学号	姓名	身高	年龄	电话	
				手机	座机
S1	张三	1.7	18	133211766XX	6247XX01
S2	李四	1.68	20	135135488XX	6247XX02
S3	王王	1.6	16	138843800XX	6247XX03
S4	麻四	1.81	17	158776599XX	6247XX04

图 11-17　具有复合列的数据表

学号	姓名	身高	年龄	手机	座机
S1	张三	1.7	18	133211766XX	6247XX01
S2	李四	1.68	20	135135488XX	6247XX02
S3	王王	1.6	16	138843800XX	6247XX03
S4	麻四	1.81	17	158776599XX	6247XX04

图 11-18　学生关系

第二个概念是主键。关系模型中的每个数据表都被称为一个关系，每个关系都必须有表名，每列必须有不同于其他列的标题，称为属性或字段。一个关系中必须设置某列（或多列的组合）为主键，也称为主码。指定为主键的列中，每个单元格中的数据都是唯一的，不允许重复，而且必须有数据（不能置空）。关系模型通过主键能够在表中查询对应的数据行，一行数据称为一条记录。在图 11-18 的学生表中，学号可以作为主键。

第三个概念是外键（外码），是指某个字段（或字段组合）在一个关系中不一定是主键，但它在另一个关系中是主键。比如图 11-19 的学费表中，主键是缴费号，学号不是主键，但学号在学生表中是主键，因此学费表中的学号就是外键。

第四个概念是联系。外键与另一个表中的主键起到了把两个数据表联系起来的作用。在对应的两个表中，当主键和外键的对应值相同时，两表的对应数据行就可以连接成一行。根据参与联系的主键和外键之间的数据行个数，可以把联系分为一对一联系、一对多联系和多对多联系。一对一就是一个表中的一行最多与另一个表中的一行发生联系，即一个主键只与一个外键联系。一对多是指一个主键可以与多个外键联系。图 11-19 中的学生表与学费就是一对多联系，在学生表中的一个学号，可以对应学费表中的多行缴费记录，如 s1 有 3 次缴费记录。

学号	姓名	身高	年龄	手机	座机
S1	张三	1.7	18	133211766XX	6247XX01
S2	李四	1.68	20	135135488XX	6247XX02
S3	王王	1.6	16	138843800XX	6247XX03
S4	麻四	1.81	17	158776599XX	6247XX04

学生表　　　　学费表

缴费号	学号	缴费日期	金额
F00001	s1	201601	5800
F00002	s2	201601	5800
F00003	s3	201601	5800
F00004	s1	201602	5000
F00005	s1	201701	6000

图 11-19　外键与联系

第五个概念是关系数据模型。采用关系表存取数据、表之间通过主键和外键连接成一个整体结构，被称为关系模型。对用户而言，这相当于只有一张包括了全部表格的所有数据行的"大表"，而且可以随时提取其中的部分行或列来组建需要的报表。关系模型负责把每个分离的小表连成"大表"，并且适应用户需求，再从"大表"中为其提取数据，创建小表，整个过程都由关系模型处理，不需要用户参加。

本章前面的罗斯文数据库就是这样的关系模型。下面再举一个图书借阅管理建模的例子，以加深对关系模型的理解。

【例 11.2】有学校图书借阅管理工作簿的数据表结构如图 11-20 所示，其中包括图书、二级学院、读者和借阅登记 4 张数据表，分别记录了图书信息、学院信息、读者信息和图书借阅信息。现在需要统计各二级学院各专业的学生各借了图书多少本。

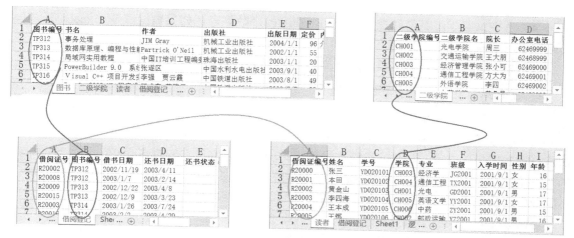

图 11-20 学校图书借阅管理关系模型

要在 Excel 中统计出这个汇总数据是比较困难的，因为 Excel 并不支持关系模型，不能自动将这 4 张数据表整合成一个逻辑统一的整体并提供数据查询功能。最简单的方法是用 SQL 语句对这 4 张数据表进行分组聚合查询，然后一步到位生成统计报表；或者先用 Power Query 整合数据，再进行数据透视分析；最差的方法是用 VLOOKUP 函数把 4 张表的数据查询在一起，然后进行透视分析，制作出统计报表。

下面在 Power Pivot 中建立图书借阅管理的关系数据模型，并完成各二级学院学生借阅情况的统计分析。

1. 在 Power Pivot 中连接外部数据

<1> 选择 Excel 的"Power Pivot"→"数据模型"→"管理"，启动 Power Pivot。

<2> 在 Power Pivot 中选择"开始"→"获取外部数据"→"从其他源"，弹出如图 11-21 所示的对话框，向下拖动右边的滚动条，选择"Excel 文件"，单击"下一步"按钮。

<3> 通过弹出的"表导入向导"对话框找到"图书借阅管理.xls"工作簿，选中"使用第一行作为列标题"，并单击"下一步"按钮，显示如图 11-22 所示的对话框。

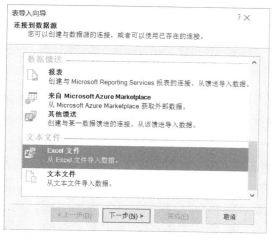

图 11-21 Power Pivot 连接 Excel 工作簿

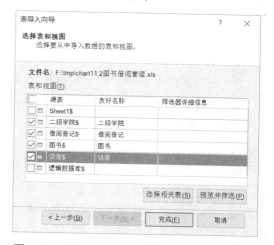

图 11-22 选取 Excel 工作簿中的关系数据表

<4> 选中二级学院、借阅登记、图书、读者四个数据表，如果数据源是 Excel 工作表，Power Pivot 会在表名后面加上"$"。

<5> 检查、确定各数据字段的数据类型。

2. 在 Power Pivot 中创建关系模型

在建立关系数据模型前需要先分析清楚各表之间的连接字段和联系类型，才能在 Power Pivot 中建立关系表之间的联系。图 11-20 中各表之间的连接线是各表的联系：① 读者表的主键是"借阅证号"字段，与借阅登记表中的"借阅证号"字段有一对多联系；② 二级学院中的"二级学院编号"是主键，与读者表中的"学院"字段具有一对多联系；③ 图书表中的"图书编号"字段是主键，与借阅登记表中的"图书编号"字段具有一对多联系。

理清数据表之间的字段后，就可以在 Power Pivot 中创建关系模型了。

<1> 选择"开始"→"查看"→"关系图视图"，显示关系模型的设计界面，如图 11-23 所示。4 个表之间没有联系，表明它们是相互独立的，不是关系模型。

<2> 将二级学院表中的"二级学院编号"字段拖放到读者表的"学院"字段上，将读者表的"借阅证编号"字段拖放到借阅登记表的"借阅证号"字段上，将图书表中的"图书编号"字段拖放到借阅登记表的"图书编号"字段上。

经过这些联系字段的建立，对应的 4 张数据表就构成了一个关系模型（如图 11-24 所示），可以把它们当成具有所有字段的一张大表使用。Power Pivot 会通过连接字段，自动进行数据的查询转换，只要是各表中有的数据字段，就可以按任意方式组建成表。

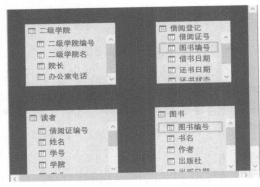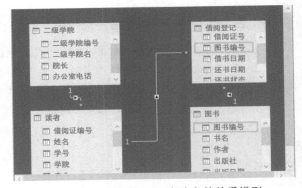

图 11-23　未建立关系的数据表　　　　图 11-24　Power Pivot 中建立的关系模型

3. 在关系模型基础上进行数据分析

在建立好关系模型后，可以按照应用需求，提取模型中的任意字段构造需要的报表，或者对任意字段组成的数据表进行透视分析，不用关心这些数据在哪些表中，Power Pivot 关系模型会自动完成数据的提取和转换。

各二级学院各专业的学生借阅了多少本图书的透视表建立过程如下。

<1> 选择 Power Pivot 的"开始"→"数据透视表"，再选择"新工作表"。

<2> 在"数据透视表字段"任务窗格中，将二级学表中的"二级学院名"字段拖放到"行"标签区域中，将读者表中的"专业"字段拖放到"列"标签区域中，将借阅登记表中的"借阅证号"字段拖放到"Σ值"区域中。最后的透视结果如图 11-25 所示。

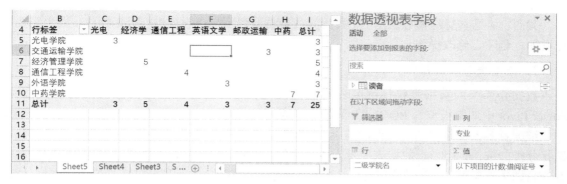

图 11-25　各二级学院各专业的借阅情况

11.2.2　数据仓库模型

数据分析的主要目的是为商业智能服务，而商业智能是指用现代数据仓库技术、线上分析处理技术、数据挖掘和数据呈现技术进行数据分析以实现商业价值。其中，数据仓库建模是实现商业智能的基础。在 Power Pivot 中进行数据仓库建模前，需要理解维度表、事实表、数据仓库模型等概念。

1. 数据仓库的特征

数据仓库是指一个面向主题的、集成的、随时间变化的但信息本身相对稳定的数据集合，用于对管理决策过程的支持。数据仓库的概念中提到了四个特征。

其一，也是最本质的特征，即面向主题。数据仓库都是基于某个明确主题，仅需要与该主题相关的数据，其他无关细节数据将被排除。这个特征明确指出数据仓库与企业其他信息系统的差异：数据仓库中只保存与研究主题相关的单方面数据，而数据库是由多方面的相关数据通过关系模型组织在一起的数集合。例如，一个生产型企业的数据库中可能包括商品订单、原材料供应商、购买客户、销售和库存管理等多方数据，它们通过关系模型联系在一起。现在要分析商品的销售情况，只需从数据库的各相关表格中抽取与销售有关系的数据构成面向销售主题的数据表，其他数据都不需要，如图 11-26 所示。

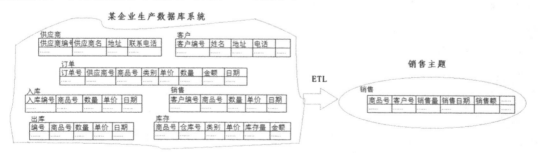

图 11-26　面向主题

其二，集成的。企业可能有多个不同的数据库，如财务系统、薪酬系统、生产系统、销售系统等，以及其他来源于工作报表或网页的数据，都与要研究的主题有关系，需要通过 ETL 技术，从不同的数据源采集数据到面向主题的数据表中。

其三，随时间变化的。数据仓库中会存放与研究主题相关的历史数据。如企业 10 年以来的商品销售数据，以便分析商品销售与时间的关联关系。

其四，信息本身是相对稳定的。数据装入数据仓库后，一般只进行查询操作，很少需要进行增加、删除、修改操作。

2. 维度表与事实表

数据仓库中的数据表包括维度表和事实表。维度表是用于描述维度信息的数据表，在 Power Pivot 中通常被称为 LOOKUP 表。事实表用于保存面向主题的事实数据。

维度就是人们常说的看问题的角度，也就是观测数据的支点。数据仓库中的维度是对数据进行分类的依据，相当于数据透视表中的分类汇总字段。例如，在上面的产品销售分析中，看看产品销售与年度、季度或月份有什么关系，这就需要按年、季或月份对产品的销量进行计算，称为度量，计算的结果就是度量值。度量值可以是绝对值，如年销售总量、月销售总量，也可以是相对值，如年增长比、月增加比、环比、同比等。通过度量值的比较，能够获知产品销量与季度、季度和月份之间的关系。由于度量值的计算是以时间为分类进行的，因此时间是分析产品销售情况的一个维度。

再如，要分析商品在哪些国家、哪些省份、哪些县市的销量最好，需要按地区进行销售数据的统计分析，因此地区也是观察数据的一个维度。

维度通常并非只由单一的数据组成，而是包括一组比较固定的值，有时具有层次结构。比如，上面提到的时间维和地区维就是由年、季、月、日或国家、省市、县等不同粒度的层次数据组成的。为了表示维度的相关信息，需要在数据仓库中为每个维度建立一张表，称为维度表。时间、产品、客户、地区、指标（如固定成本、可变成本……）、年龄（儿童、少年、青年、老年）、性别等通常会成为数据仓库中的维度表。

每个数据仓库都包含一个或者多个事实表。所谓事实，是指已经发生的数字信息，如企业产品的销售量、销售金额、材料的消耗量等，并且这些数字信息可以进行汇总计算，是可度量的，因此，也称事实为度量。事实表的主要内容是事实，不应该包含描述性的文本信息。

维度表与事实表具有一对多的联系，在维度表中通常会添加除维度数据之外的一个索引号作为主键，而在事实表中增加需要关联的所有维度表的索引号作为外键。这样，事实表通过外键与维度表中的主键建立联系，就建成了数据仓库的数据模型。

在一般情况下，维度表比较小，只有较少的列和数据行。事实表则很庞大，包含较多的列字段，成千上万甚至百万、千万、亿级的数据行。

3. 星型模型和雪花型模型

图 11-27 是对前面讨论的商品销售分析所建立的数据仓库建模，以事实表为中心，通过索引主键与各维度表连接成一个整体结构，形状像一颗星，因此也被称为星型结构。

数据仓库还会采用雪花型结构，是星型结构的演化。如果星型结构中的某个维度还需要提升出高一层的维度，它就成了雪花型结构。例如，在图 11-27 的星型数据仓库中需要对商品的类别进行分析，对地区的分析中要细化到对街道的销售分析，可以通过在商品维和地区维基础上延伸出类别维和街道维，如图 11-28 所示，从而形成雪花型数据仓库。

11.2.3 人力资源建模案例

现在以微软公司 Power BI 网站（https://powerbi.microsoft.com/zh-cn/）系列商业智能培训教程中的人力资源管理案例分析为例，介绍在 Power Pivot 中建立数据仓库模型，用 DAX 语

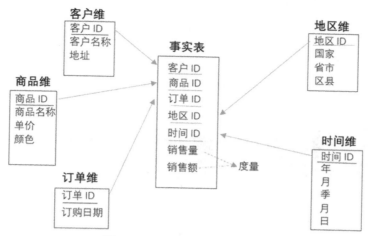

图 11-27　星型结构的数据仓库

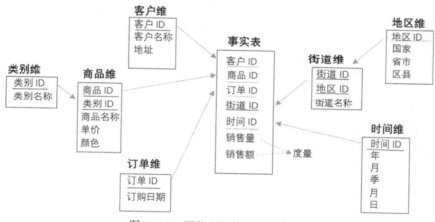

图 11-28　雪花型结构的数据仓库

言编写度量公式，然后在 Power View 中创建以图表方式呈现分析结果的仪表板的方法。其中度量公式的编写将在本章后面的章节介绍，分析结果仪表板的制作过程将在第 12 章完成。

1．人力资源管理案例简介

案例来源：https://docs.microsoft.com/zh-cn/power-bi/sample-human-resources

【例 11.3】　即使是在不同公司，甚至处于不同行业或规模的公司，HR 部门均使用相同报表模型。本案例研究某企业 2011 年以来招聘的新员工、在职员工和离职员工，统计出各年、季、月的新聘人数、离职人数、差聘员工数（上班不超过 60 天的员工），并且能够按照地区、年龄、性别、薪酬类型、离职原因等维度对新聘、离职、差聘员工进行年度、季度、月份的同比人数、增加人数、增加比例、在职天数进行分析，试图找出雇佣策略存在的趋势。主要目标是要了解：招聘的员工、招聘策略中的偏见、自愿离职趋势，并制作分析结果的可视化仪表板，如图 11-29 所示。

2．理解 HR 案例中的指标和数据

在例 11.3 中指出，本数据仓库需要按照地区、年龄组、性别、薪酬类型、离职原因，以及年、季、月等指标及其组合，以便对新聘人数、在职人数、离职人数、差聘人数等各项指标数

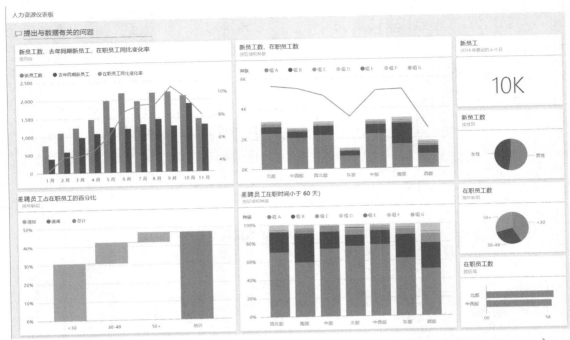

图 11-29　HR 分析仪表板（来源：https://docs.microsoft.com/zh-cn/power-bi/sample-human-resources）

据进行年度、月份、季度的同比与增量分析。为了完成各项指标的计算，需要以时间、年龄组、性别、薪酬类型等指标为分类字段，对历年来的员工招聘和离职数据进行统计。因此，这些指标就是观察数据的维度，需要将它们设计成维度表。实际进行分析的数据则包括历年来公司每年的新员工、离职员工，这些数据构成了事实表中的度量值。HR 案例工作簿中的数据表正是按照这种方式设计和组织的。

3．HR 案例工作簿下载

从企业不同部门的商业智能需求出发，微软公司的商业智能案例学习网站（https://docs.microsoft.com/zh-cn/power-bi/sample-datasets）中提供了适应不同应用需求的 Power BI（集成 Power Query、Power Pivot、Power View、Power Map 于一体的独立软体平台）学习案例和教程，包括人力资源分析、客户盈利率分析、IT 支出分析、零售分析、销售和市场营销分析等，如图 11-30 所示。这些案例可用于 Power Pivot 和 Power View 的学习，读者可以自由下载。

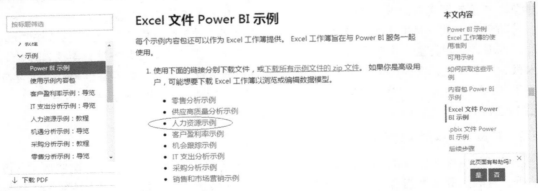

图 11-30　微软网站的"人力资源示例"工作簿

下载"人力资源示例"工作簿的过程如下。

<1> 点击图 11-30 中的"人力资源示例",即可下载"Human Resources Sample.xlsx"工作簿。如果已在 Excel 中安装了"Microsoft Power View for Excel",打开该工作簿,单击"New Hires"标签名,会显示如图 11-31 所示的 Power View 仪表板。

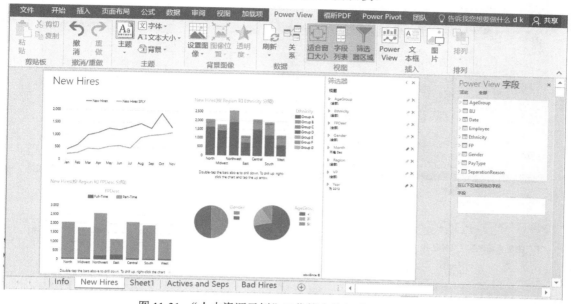

图 11-31 "人力资源示例"工作簿中的新聘员工仪表板

<2> 选择 Excel 的"Power Pivot"→"数据管理"→"模型",出现 Power Pivot 软件界面,可以查看各数据表,如图 11-32 所示。其中雇员表"Employee"是事实表②,其余都是维度表。

4. HR 案例工作簿整理

现在以此人力资源管理的数据表为源表,从头开始对它进行 Power Pivot 数据仓库建模,编写 DAX 度量公式,制作可视化的仪表板。为此,先来处理源数据表。

<1> 建立一个新工作簿,命名为"chart11.3 人力资源建模与分析.xlsx",逐个将图 11-32 中的各工作表复制到该工作簿中。

<2> 为了便于理解人力资源模型中的信息,将工作表名称及其主要信息内容进行简单的汉化处理,共 9 个数据表。处理后的结果如图 11-33 所示,与图 11-32 的对应为:BU→部门,FP→职工类型,PayType→薪酬类型,SeparationReason→辞职原因,Date→日历,Employee→雇员,Ethnicity→种族,Gender→性别,AgeGroup→年龄组。

复制得到的日历表有两个问题:① 月份是英文单词,要修改为中文月份(当然,这不是必需的);② 原表中的年月采用的是"XX 年-月"的格式(即 Date 表中的 Period 字段),复制

---

② Employee 表是按照 2011—2015 年以来各月份的实际员工情况组织数据的,完整地包括了当月的在职、新聘、离职员工记录,有大量的重复数据。比如,某员工 2009 年入职,他一直在公司,则其记录会在 2011 年 1 月到 2015 年间的每个月中重复出现。因此,事实表通常很庞大。采用这样的数据组织方式是便于达成数据仓库的目的,即实现各年、月、季的人员数量的计算和比较,这也是数据仓库和关系数据库中数据表的区分所在。注意:本例中的 Employee 表中有 120 多万行数据,在第 4 步的"HR 案例工作簿整理"过程中,并没有完全把 Employee 表中的数据行复制到"雇员"表中,只复制了 100 万行多一点,因为这已经达到了 Excel 工作表的最大容量。

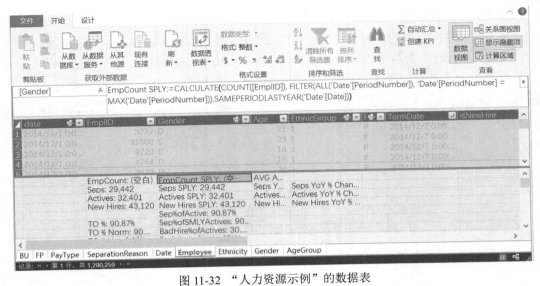

图 11-32　"人力资源示例"的数据表

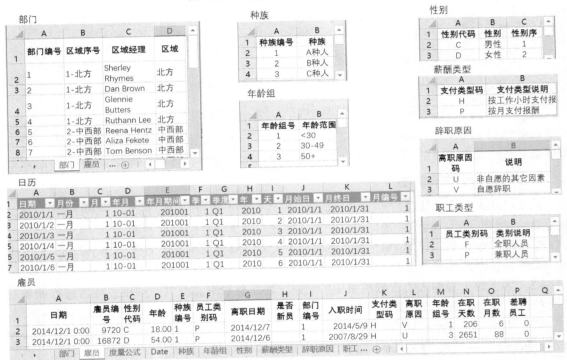

图 11-33　案例的各数据表结构

到新工作表后，Excel 会认为该列数据是"月-日"格式，于是转换为当年的日期，但它实际是从日期列提取的年月数据。签于此，可以按下面的方法用 Power Query 对日期表进行修正。

　　<3> 在日历表中，选择"数据"→"获取和转换"→"从表格"，进入 Power Query，如图 11-34 所示，可以看到其中的年月被转换成了当年的日期。

　　<4> 对数据类型进行修正，将日期、月始日、月终日设置为日期类型（原类型为日期时间），将季度设置为文本。

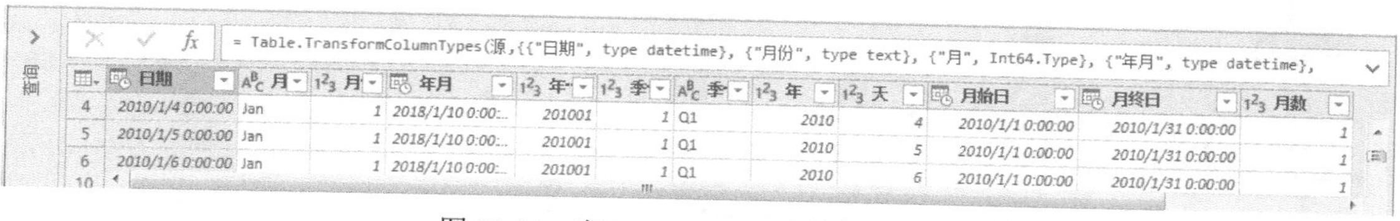

图 11-34　在 Power Query 中修改日历表

<5> 将英文"月份"改为中文。① 先删除"月份"列，再选中"日期"列，单击"添加列"→"常规"→"重复列"；② 选中添加的"日期-复制"，单击"转换"→"日期&时间列"→"日期"→"月份"→"月份名称"；③ 修改该列名称为"月份"，其类型为文本类型。

<6> 修改"年月"列。该列可以从"年份月份"列中提取两位年、两位月，然后用"-"作为间隔符合并而成。① 删除"年月"列；② 选中"年份月份"列后，选择"添加列"→"从文本"→"提取"→"范围"，在弹出的"插入文本范围"设置对话框的"起始索引"中输入2，在"字符数"中输入2；③ 再次选中"年份月份"列后，选择"添加列"→"从文本"→"提取"→"范围"，在弹出的"插入文本范围"设置对话框的"起始索引"中输入4，在"字符数"中输入2；④ 选中刚添加的"文本范围"和"文本范围1"两列，选择"转换"→"文本列"→"合并列"，弹出"合并列"设置对话框，在"分隔符"中选择"自定义"，输入"-"作为分隔符，在"新列名"中输入"年月"。

5. 建立 HR 数据仓库模型

下面对刚整理出的"chart11.3 人力资源建模与分析.xlsx"建立星型数据仓库模型，在建模之前应先关闭该工作簿。

<1> 在 Excel 中新建立一个工作簿，命名为"chart11.3 人力资源 Power Pivot 分析.xlsx"。选择 Excel 的"Power Pivot"→"数据模型"→"管理"，启动 Power Pivot。

<2> 在 Power Pivot 中选择"开始"→"获取外部数据"→"从其他源"，然后通过"打开的表向导"对话框，找到并打开前面整理的"chart11.3 人力资源建模与分析.xlsx"工作簿，指定"第一行为标题"，将前面修正后的 9 个工作表导入 Power Pivot 中。

<3> 修正各表中的数据类型。文本和日期类型基本没有问题，所有的数字可能被转换成了小数类型，将它修改为整数类型或文本类型，并且注意不同表中的相同字段名称，它们是维度表和事实表进行关联的字段，它们的类型必须统一。

<4> 建立维度表和事实表之间的一对多联系。按照表 11-1 的字段对应方式拖放，建立联系，如图 11-35 所示。

表 11-1　人力资源维度表雇员事实表的关联字段

表名	字段名	拖放到	表名	字段名
日历	日期			日期
性别	性别代码			性别代码
职工类别	员工类型码			员工类型码
辞职原因	离职原因码	→	雇员	离职原因码
种族	种族编号			种族编号
薪酬类型	支付类型码			支付类型码
部门	部门编号			部门编号
年龄组	年龄组号			年龄组号

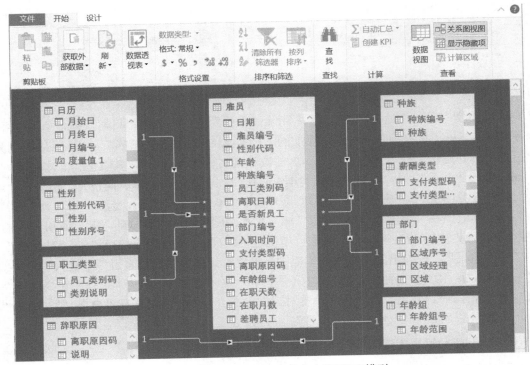

图 11-35　Power Pivot 中的人力资源 BI 模型

　　根据本节开头的问题分析，现在需要对该模型进行运算，计算新聘员工、在职员工、离职员工、差聘员工的数量、同比增加人数和增加比例等数据。有些数据能在 Excel 中轻松完成，有些数据则非常困难。比如，在 Excel 中计算 2011 年以来任何一个月份的同比和环比就很麻烦，但是 DAX 语言只需要一两个公式就能解决问题。

11.3　DAX 语言

　　DAX（Data Analysis Expression，数据分析表达式）是一个由函数、运算符和常量组成的软件库，可在 Power Pivot 的数据表中调用其中的函数，编写对数据仓库模型中各数据表进行运算的公式或表达式。

11.3.1　DAX 公式初体验

　　【例 11.4】　计算例 11.3 的 HR 数据仓库模型中指定年中各月份的差聘员工数、去年同月的差聘员工数、去年同月相比的差聘员工增加人数。

　　初看这个问题是很简单的。因为在雇员事实表中，有 2011—2014 年间每个月的在职人员、新聘人员、离职人员和差聘员工标记信息。如果该员工是差聘员工，它在雇员表的"差聘员工"列中的数字就是 1，否则为 0。因此，只需对"差聘员工"数据列求和就能统计出所有的差聘员工人数，运用 Excel 的条件求和函数就能够统计出去年同期的差聘员工人数。

　　但实际上这是个很麻烦的事情。其一，2011—2014 年间有很多年份月份，要重复编写很多条件求和公式；其二，灵活性很差，当年份月份发生变化，如增加了 2015—2017 年的人员招聘数据后，又要重新编写公式；其三，如果按照性别、种族、地区、年龄组等维度进行年度月份的差聘员工统计，又得重新编写公式……

现在用 DAX 公式来解决此问题，感受 DAX 功能的强大之处。

<1> 为了让模型能够更清晰地展现后续章节的内容，复制 11.2 节完成的 "chart11.3 人力资源 Power Pivot 分析.xlsx" 工作簿，更名为 "chart11.4 人力资源 PowerPivotDAX.xlsx"，作为 DAX 学习的练习工作簿。

不用复制数据源表 "chart11.3 人力资源建模与分析.xlsx"，只要不**改变这个工作簿的文件夹位置**，所有以此工作簿为数据源的 Power Pivot 数据模型都能够正确地从源数据表中导入。但是，如果改变了数据源文件的文件夹位置，Power Pivot 数据模型就无法连接数据源了。

<2> 打开 "chart11.4 人力资源 PowerPivotDAX.xlsx" 工作簿，选择 Excel 的 "Power Pivot" → "数据模型" → "管理" → "查看" → "数据视图"，显示 Power Pivot 中的数据视图，如图 11-36 所示。

图 11-36　编写 DAX 公式

<3> 选中雇员表 "性别"③列数据行下面的空白单元格，在 DAX 语言公式编辑栏中输入第一个 DAX 公式 "差聘员工总数:=Sum([差聘员工])"，也称为度量公式。此公式的含义是对 "差聘员工" 数据列求和，运算的结果称为度量值，可以为度量值取一个名称并放在公式中 ":=" 的左边。因此 "差聘员工总数" 是本公式度量值的名称，也可以认为它就是这个公式的名称，可以在其他公式或数据透视表中引用这个名称来计算差聘员工人数。有关 DAX 公式的语法结构、编写方法和注意事项将在 11.4 节介绍。

用相同的方法，在差聘员工总数下面的两个单元格中依次输入下面两个度量公式：

> 去年同期差聘员工总数 := Calculate([差聘员工总数], SamePeriodLastYear('日历'[日期]))
> 去年同期以来差聘员工增量 := [差聘员工总数]-[去年同期差聘员工总数]

上述公式中调用的 Sum、Calculate、SamePeriodLastYear 都是 DAX 库中的函数。其中，SamePeriodLastYear 用于从日历表中计算出去年相同的日期（以指定的当前日期为基准计算，如当前日期为 2017-1-1，其结果就是 2016-1-1），Calculate 函数是从差聘员工总数中计算出去年同期的差聘员工人数。

实际上，这 3 个公式可以在任何一个数据表的空白单元格中编写，因为 DAX 公式是针对数据模型进行运算的，是数据模型的组成部分而不属于任何数据表，它通过数据模型找到公式中引用的数据列，而不是直接从数据表中查找数据列的。

<4> 单击 "数据透视表"，选择 "新工作表"，将日历维度表中的 "年月" 拖放到 "行" 标签，将前面建立在雇员事实表中的 3 个度量值 "差聘员工总数" "去年同期差聘员工总数" "去年同期以来差聘员工增量" 拖放到 "Σ值" 标签。

<5> 单击刚建立的数据透视表的任一单元格，选择 Excel 的 "插入" 切片器，再选择日历表的 "年月" 为切片筛选器。

上述操作建立了如图 11-37 所示的数据透视表，其中显示的是 2014 年的差聘员工总数、

---

③　在 DAX 中可以输入汉字，如果在汉字输入法下无法正常向 DAX 公式输入汉字，表明你的 Office 2016 是最初的版本，需要更新。方法是选择 "文件" → "帐户" → "更新选项" → "立即更新"，在更新过程中保证网络是连通的，更新完成后，汉字输入就没有问题了。

去年同期（即 2013 年）的差聘员工总数及对比情况。单击筛选器中的任何其他年份，如 2013 年，透视表就会以 2013 年为当前年，立即计算出 2013 年和 2012 年的差聘员工。

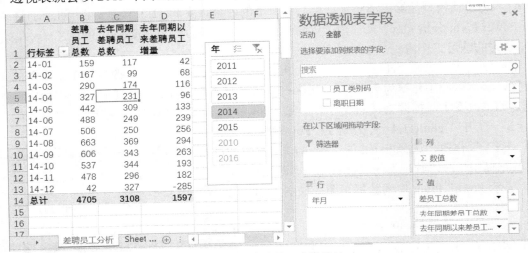

图 11-37　差聘员工人数统计

说明：雇员事实表中只有 2011—2014 年的数据，因此单击切片器 2011 年以前和 2014 年以后的年份进行差聘员工的同比数据分析并无实际意义。

11.3.2　上下文：度量公式的运算基础

细心的读者或许已经发现了图 11-36 和图 11-37 中度量公式计算结果的巨大差异，3 个度量公式都是在 Power Pivot 的雇员表中编写的，其中"差聘员工总数"的公式如下：

　　　差聘员工总数:=Sum([差聘员工])

在雇员表中，这个公式的意义是非常清楚的：雇员表中有一列数据的名称是"差聘员工"，如果一个员工在公司的工作时间少于 6 个月，其值为 1；如果工作时间超过 6 个月，其值为 0。函数 Sum([差聘员工])能计算所有 1 的总和，就统计出了工作时间少于 6 个月的员工总数。从图 11-36 可以看出，其和是 8304。也就是说，雇员表的"差聘员工"列共有 8304 个 1。

难以理解的是：图 11-37 的 B 列每个单元格中的数据也是用度量值"差聘员工总数"，即利用公式"=Sum([差聘员工])"计算的，结果却不是 8304，而是 4705。为什么呢？

如果按数学思维习惯去理解度量公式的运行原理，那就错了。**度量公式是根据上下文进行运算的，上下文是度量公式运算的前提和实现智能性运算的基础**。所谓上下文，即度量公式运行时刻的环境（背景）。度量公式会自动适应运算环境的数据筛选结果进行运算。

度量公式总是在 Power Pivot 中编写，在数据透视表（其他度量公式，或计算列公式，但较少）中被调用执行，因此度量公式的运行环境基本上都是数据透视表。数据透视表实际上是一个筛选器和运算器结合而成的数据分析工具。其工作原理是：① 对于透视表中的每个单元格，先用行、列标签指定的条件从数据表中筛选数据；② 如果数据透视表中有切片器或日程表，就用切片器或日程表中的选择条件对前面的筛选结果进行再次筛选；③ 用"Σ 值"位置指定的汇总函数对筛选出的数据进行聚合运算；④ 将运算结果显示在对应的单元格中。

下面来看图 11-37 的 B2 单元格中的总员工总数"159"的计算过程。

<1> 数据透视表通过 Power Pivot 中的"人力资源数据模型"从"雇员"数据表提取数据，

并按"行"标签的条件"年月"（列出了 2011 年到 2015 年全部月份），在设置切片器中的筛选条件之前，即 B2 对应的年月是雇员表中的第一个年月，即"11-1"。因此，Excel 从雇员表中选出年月为"11-1"的全部数据行。由于"列"标签没有筛选条件，就不对选出的表进行列筛选。因此，由雇员表中"11-1"月对应的临时表就是 B2 数据源表。

<2> 选择切片器中的"2014"后，从第<1>步的筛选结果中选出"年"为 2014 的数据行，不是 2014 年的数据行被过滤掉，B2 单元格对应的"行"标签变为"14-01"，对应从雇员数据表中筛选出"年月"为"14-01"的全部数据行。

<3> 应用"Σ值"中的度量公式"总员工总数"对第 2 步筛选出的数据表进行计算，结果是"159"。即在雇员表中"年"为 2014、"年月"为"14-01"的数行中，"差聘员工"列有 159 个 1。

正是借助这样的上下文运行环境，度量公式才实现了智能性，能够自动根据运算场景的实际情况，对数据进行正确的聚合运算。比如，在计算 B6 单元格中的差聘员工数时，将先从"雇员"表筛选"年月"为"14-05"的所有数据，然后再筛选出"年"为 2014 的数据行作为单元格 B6 中"差聘员工总数"度量公式计算的数据源表，结果是"442"。

如果认为上面 3 个度量值只能按年份对差聘员工进行分析，那就错了。这 3 个度量值能够从人力资源数据仓库模型中的所有维度，即按照性别、薪酬类别、种族、地区等维度对当年和去年的差聘员工进行计算，而且可以制作出满足不同需求的数据报告。

例如，将部门表中的"区域"拖放到数据透视表的"行"标签，将上面创建的 3 个度量值拖放到"Σ值"标签中，然后用日历表的"年月"和种族表中的"种族"字段为透视表插入两个切片器，就能够制作如图 11-38 所示的按地区对差聘员工进行分析的同比数据透视表，在此透视表中能够查看各种族的差聘员工在不同年月的同比人数和增加人数。

再如，将年龄组表中的"年龄范围"拖放到数据透视表的"行"标签中，将创建的度量值拖放到"Σ值"标签中，再以日历表中的"年"和性别表中的"性别"字段为数据透视表创建 2 个切片器，就能够制作如图 11-39 所示的数据透视表，实现按性别对不同年龄组的差聘员工进行同比人数和增量的分析。

此外，还可以按不同维度对差聘员工进行分析，甚至在同一透视表中基于不同维度创建多个切片器，也可以在行标签或列标签中使用维度表中的字段创建不同结构的透视表，从各维度对差聘员工进行同比分析。不但如此，还可以在其他 DAX 公式中引用它们实现新功能，如计算差聘员工同比增长率，等等。

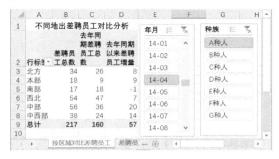

图 11-38　不同地区、种族差聘员工的同比分析

图 11-39　不同年龄组、性别差聘员工的对比分析

由此可见，DAX 公式功能之强大，应用之灵活，以至有人说度量值是 Excel 的 20 年以来做得最好的一件事情。这一切得益于度量公式能够适应上下文，自动进行数据的筛选和运算。

11.3.3 DAX 语言基础

到现在为止，Excel 中有 3 种语言可用——VBA（Visual Basic for Applications）、M 语言和 DAX 语言，不小心会将三者混杂在一起用，如果不加以明辨，出错了还不容易发现。

VBA 是 Excel 的"土著语言"，在 Excel 中录制或编写的宏程序用的就是 VBA，与 Excel 结合最紧密，可以直接操作 Excel 的单元格，可以在程序中调用 Excel 的函数，可以实现工作表数据的自动化处理，减少重复性的操作。

M 语言是 Power Query 的专用语言，只能在 Power Query 环境中编写和运行，命令和函数名称严格区分字母大小写。

DAX 是 Power Pivot 的程序语言，功能强大，却简单易学。它只是一种公式化的语言，用于编写度量公式，而不是设计完整的程序，命令名不区分字母的大小写。

三者相比较，VBA 的学习难度最大，M 语言次之，DAX 语言最简单。

1. DAX 公式的语法结构

DAX 是一种公式化的语言，用于编写度量公式，它始终以等号开头，格式如下：

```
= DAX 函数(…)
```

或者

```
= 表达式
```

公式的结果通常是一个数值，称为度量值。为了能够在其他 DAX 公式或数据透视表中多次引用度量公式，通常会为 DAX 公式指定一个名称，即度量值。因此，在实际应用中，通常采用下面的结构定义 DAX 公式：

```
度量名称 := DAX 函数(…)
```

或者

```
度量名称 := 表达式
```

（1）在 DAX 公式中引用表和列

DAX 公式常常会对 Power Pivot 数据模型中的表和列进行引用。在引用表时要用"表名称"的形式用单引号将表名称引起来，而列的引用则有限定引用和非限定引用两种方式，只要了解列与表的关系就容易理解它们。

Power Pivot 数据模型中的每个列和度量值都必须属于特定的表。所谓**限定引用**，是指必须指明引用对象的名称和它所属的表，用"'表名' [引用对象名]"的形式表示；**非限定引用**则不用指明引用对象所属的表，用"[引用对象名]"表示。因此，列的限定引用和非限定引用指的是"'表名'[列名]"和"[列名]"两种方式。

在定义 DAX 公式时，如果公式与其中引用到的列在同一个表中，可以采用非限定列的方式引用它；反之，如果公式与其中引用的列不在同一数据表中，则需要用限定列方式引用它。现在来看在雇员表中建立的两个 DAX 公式：

```
差聘员工总数 := Sum([差聘员工])
去年同期差聘员工总数 := Calculate([差聘员工总数], SamePeriodLastYear('日历'[日期]))
```

其中，"差聘员工总数"是 DAX 函数"Sum([差聘员工])"的计算结果，是人为命名的度量值名称；"差聘员工"是雇员表中的数据列名称，该列与公式同在雇员表中，只需用"[列名称]"的方式引用即可。但是，"去年同期差聘员工总数"度量公式中对"日期"列的引用不同，由于它是"日历"表中的数据列，与度量公式不在同一数据表中，因此要用限定引用方式，即用

"'表名称'[列名列]"的方式引用它。

在任何情况下，采用限定方式引用数据模型中的列都是有效的，建议在编写度量公式时采用这种方式引用数据表中的列。因为一旦将度量公式调整到其他数据表中，用限定方式引用的列标题仍然有效，而用非限定方式引用列标题的度量公式就可能会出现错误。

（2）在 DAX 公式中引用其他度量值

在 DAX 公式中通常会引用其他度量值，常见的引用形式是"[度量值]"。例如：

> 去年同期以来差聘员工增量:=[差聘员工总数]-[去年同期差聘员工总数]

这个公式的"差聘员工总数"和"去年同期差聘员工总数"都是度量值，在引用度量值时，通常只需用"[ ]"把它括起，不需用表名称限定。其原因是度量值不属于任何一个数据表，而是工作在整个数据模型之上的。也就是说，虽然度量值必须在某个数据表中进行定义，但它并不属于该数据表，而是属于整个数据模型。因此，只要是在同一个数据模型中定义 DAX 公式，不管这些公式是不是在同一个数据表中定义的，就要求它们指定的度量值名称必须唯一。这与数据列的名称是不同的，同一个数据表中的列名称必须不同，但不同数据表中可以有相同的列名称。

2．DAX 语言的数据类型

DAX 公式的函数或表达式中支持的数据类型包括整数、实数、布尔值、字符串、日期/时间、货币和空白，分别对应 Power Pivot 操作界面"开始"→"格式设置"→"数据类型"中的整数、小数、True/False、文本、日期、货币。但 DAX 公式返回的度量值可以是空的，这种类型在 Power Pivot 中没有对应类型。

Power Pivot 中还有一种新的数据类型，即表，许多 DAX 函数都会使用这种数据类型。例如，一些函数要求以表的引用为参数，另一些函数也会返回表，这些表存储在内存中，且可以用作其他函数的参数。

在用 Power Pivot 分析数据时，无论是在其软件的功能界面中，还是在 DAX 公式中操作数据模型中的表或列，都应该对其数据类型有以下几点基本认识。

其一，Power Pivot 是一种列式数据库，要求每列数据的类型是相同的。这就要求在加载或导入 Excel 数据时，应保证同一列中的数据具有相同的数据类型。

其二，在 DAX 公式中引用的列或值，不需对其数据类型执行强制转换，也不必用其他方法指定它们的数据类型。DAX 会自动确定所引用的列中的数据类型或在表达式中输入值的数据类型，并在需要时自动进行类型转换，以便完成指定操作。例如，将一个数字与一个日期值相加，Power Pivot 会将数字转换为通用数据类型，再进行运算，最后以日期格式显示结果。

总之，DAX 没有提供可对已导入 Power Pivot 工作簿中的现有数据进行数据类型更改、转换或强制转换的函数。数据类型转换由 DAX 自动执行，如果值或列的数据类型与当前运算不兼容，无法进行类型转换，DAX 将返回错误。

3．运算符

DAX 中的运算符及其作用与 Excel 中的相同，包括算术运算符、比较运算符、文本连接运算符和逻辑运算符。

✠ 括号运算符：()，主要用来改变表达式运算的优先顺序。

✠ 算术运算符：+（加）、-（减）、*（乘）、/（除）、^（求幂）。

✠ 比较运算符：=（等于）、>（大于）、<（小于）、>=（大于或等于）、<=（小于或等于）、

<> （不等于）。

✠ 文本连接运算符：&（用于将两个文本连接在一起）。

✠ 逻辑运算符：&&（与）、||（或）。

例如，在前面的 HR 模型中，计算 1985 年入职的年龄在 50 岁以上的职工人数。

50 岁以上的职工人数 := CountRows(CalculateTable('雇员', Filter('雇员','雇员'[年龄]>50
&& Year('雇员'[入职时间])>=1985)))

公式中的"'雇员'[年龄]>50 && YEAR('雇员'[入职时间])>=1985)"就是用"&&"逻辑运算符连接的"与"条件，是筛选器函数 Filter 的第 2 个参数，用于从雇员数据表中筛选出 1985 年以后入职并且年龄超过 50 岁的职工，CalculateTable 函数从雇员表中计算满足 Filter 筛选条件的数据表，即 1985 年后（包括 1985 年）入职的 50 岁以上的数据表，CountRows 函数再计算该表的数据行数。

4. 关于度量值和计算列

度量值可以用标准聚合函数（如 Count、Sum、Average 等）创建，也可以用 DAX 独有的函数定义（如 Calculate、SamePeriodLastYear 等）。无论用哪种方式创建，都必须清楚度量值的两种使用方式：① 在创建度量值的 DAX 公式中引用另一个度量值；② 在数据透视表（或数据透视图）中使用度量值。第②种才是度量值的最终用途，也就是说，度量值实际上是为创建数据透视表（图）而专门创建的公式，而且只能用于数据透视表（图）的"Σ值"区域，在把度量值拖放到数据透视表（图）中前不会发生任何运算。

在用 Power Pivot 数据表创建数据透视表（图）时，先用行标签和列标签确定的筛选条件从 Power Pivot 数据表中筛选出对应单元格的数据，再用切片器和日程表（如果有）中设置的条件对单元格数据进一步筛选，最后再用位于"Σ值"区域的度量值对筛选出的数据进行计算，并将结果放置在该单元格中。由于数据透视表的行、列标签为每个单元格确定的筛选条件不同，筛选出的数据也就可能不同，因此度量值的结果在每个单元格中也可能不同。

计算列是用 DAX 公式创建的添加到现有 Power Pivot 表中的列。创建计算列的 DAX 公式非常类似 Excel 中创建的公式，不同的是，任何计算列中只能包括一个相同的公式，而 Excel 的同一列的每个单元格中可以包括不同的公式。例如，在雇员表中，想计算每个职工的入职年份，只需在该表数据区域最后列的任一单元格中输入 DAX 公式"=Year([入职时间])"，Power Pivot 会立即从"入职时间"列中提取年份来生成一列数据，如图 11-40 所示，其中的"计算列 1"就是由 DAX 公式创建的计算列。当然，把列名改为"入职年份"更恰当。

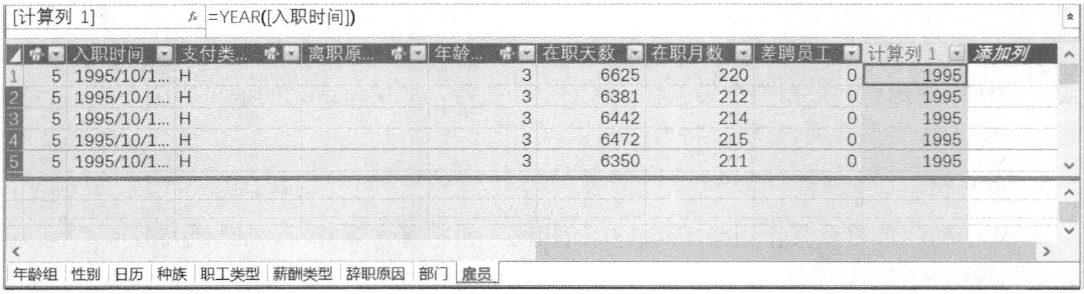

图 11-40 用 DAX 创建计算列

在用 Power Pivot 创建数据透视表（或数据透视图）时，可以像使用任何其他数据列一样使用计算列。因此，如果需要将 DAX 公式计算的结果放置于数据透视表的不同区域中（筛选、行标签或列标签），就应当用 DAX 公式在对应的数据表中创建计算列，而不是度量值（度量值只能放在透视表的"Σ值"区域中）。

5. DAX 公式与 Excel 公式的区别

DAX 公式与 Excel 中的公式很相似，很多函数的名称和功能都与 Excel 中的函数相同。但是，Excel 公式中的引用以单元格或区域为主，而 DAX 公式只能引用列标题（不能引用单元格或区域），特点如下：

✠ DAX 公式和表达式不能修改表中的单个值或将单个值插入表中。
✠ DAX 公式不能创建计算行，只能创建计算列和度量值。
✠ 在用 DAX 公式定义计算列时，可以在任意级别嵌套函数。
✠ DAX 提供了几个返回表的函数，可以使用这些函数返回的值作为需要将表作为其他函数的输入。

这些都是 DAX 与 Excel 公式的区别所在。

11.4 DAX 函数

11.4.1 DAX 函数及与 Excel 的关系

DAX 函数与 Excel 函数有很多相同之处，如在应用时都不区分函数名的大小写，而且许多函数的名称和功能都与 Excel 相同，如 Sum、Count、Average 等，这对于具有 Excel 函数基础的人来说，DAX 函数的学习并不困难。

1. DAX 函数与 Excel 函数的联系

DAX 函数库是基于 Excel 函数库进行重建的，Excel 中的许多常用函数（如 DATE、DATEVALUE、DAY、HOUR、WEEKDAY、YEAR、AVERAGE、AVERAGEA、COUNT、COUNTBLANK、MAX、MIN、AND、IF、IFERROR、OR、INT、POWER、RANDBETWEEN、ROUND、SUM 等）在 DAX 函数库中也存在，并且用法和功能基本相同。DAX 也按照实现的功能对函数进行了归类，其中与 Excel 相同的函数类型包括：日期和时间函数、信息函数、逻辑函数、数学和三角函数、统计函数、文本函数。它们与 Excel 的函数名称和功能大同小异，学习并不困难。

但是，DAX 中没有 Excel 的查找引用类型和数据库类型等函数，而是增加了 Excel 没有的时间智能和筛选器等类型的函数。

2. DAX 函数与 Excel 函数的思维差异

虽然 DAX 和 Excel 都有 SUM、COUNT、AVERAGE 等名称和功能都相同的函数，但两者的函数设计理念不尽相同。Excel 函数是针对单元格或单元格式区域进行运算的，而 DAX 函数是针对表和列进行计算的，不能直接对指定单元格或单元格区域进行运算。简单地说，在 DAX 中不能用单元格引用、数字或单元格区域作为函数的输入参数，而是以列或表为函数参数，其运算结果也是表或数字（类似总和、百分比、总个数或均值之类的数字）。但在 Excel 中，函数主要以单元格或区域为输入参数，且运算结果不是表（某些函数可以返回数组，类似表，但不是表）。

例如，公式"=SUM(A1:B5)"和"=SUM(D3,8)"在 Excel 中是正确的，若在 Power Pivot 表中输入这样的 DAX 公式，永远是错误的。在 DAX 中，该公式只能是"=Sum([数量]"和"=Sum('销售表'[数量]"这样的形式，其中"[数量]"是销售表中某个数据列的标题。

虽然 DAX 无法直接对指定的单元格或区域进行计算，但不意味着 DAX 函数不能对单元格或区域进行运算。如果需要对表中的指定单元格或区域进行运算，可以先用筛选器函数将需要计算的单元格所在的数据行筛选出来，再对这些行进行计算，就能够完成对特定单元格或区域的运算。

总之，在使用 DAX 函数时，需要注意它与 Excel 函数的以下区别。

① DAX 日期和时间函数返回的是 datetime 数据类型（包括"年月日时分秒"的数据类型），而 Excel 日期和时间函数返回的是将日期表示为序列号的数字。

② DAX 不支持 Excel 中的 variant 数据类型，同一列中的数据应该始终具有相同的数据类型。

③ DAX 函数通常以列或表的引用为参数，从不将单元格或区域作为参数，许多新的 DAX 函数还会返回值表，或基于作为输入的值表进行计算。相反，Excel 只有返回数组的函数，但没有返回表的函数。

④ DAX 中没有 Excel 中的 LOOKUP、INDEX 或 MATCH 等查找引用类函数，但提供了 LookupValue 等查找函数。DAX 中的查找函数可以在数据表模型中的多表中进行多条件数据查找，比在 Excel 中进行多表或多条件的数据查询简便得多。

⑤ DAX 函数主要用于编写度量公式，而不是用于某个单元格的数据计算。在 Power Pivot 数据表的同一列中只能有一个 DAX 公式，而 Excel 的每个单元格中都可以有不同的计算公式。这是初学 DAX 时最易与 Excel 公式混淆的地方，需要小心对待。

DAX 有 200 多个函数，本书无法一一介绍。好在 DAX 函数与 Excel 函数有很多相同之处，而且许多函数的名称和功能都与 Excel 相同。如果能够理解 DAX 函数和 Excel 函数在设计理念和运行方式上的差异，就能够较快地掌握其中的常用函数，极大地提升制作数据分析报表的效率。

下面以一个虚构的啤酒销售小型数据模型为例，对 DAX 函数的类型和用法进行入门级的简要介绍，主要目的是介绍 DAX 函数的用法和注意项目，更多的内容可以通过微软的网站进行学习。

【例 11.5】某小镇有几家小饭店，销售重庆啤酒和华润雪花啤酒，将相关数据保存在工作簿"D:\PowerPivot\chart11.5DAX 函数学习之啤酒数据源.xlsx"中，各表结构如图 11-41 ~ 图 11-43 所示。需要进行啤酒销售分析，找出销量最大的门店、啤酒品牌和月份。

图 11-41　小饭店信息表

图 11-42　啤酒类别表

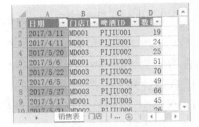

图 11-43　啤酒销量表

注：门店表中有老张、老王和黄眼镜 3 个门店，即只有 3 行数据；啤酒类别表中有 8 行数

据，即只有 8 种啤酒品牌；销售表中只有 2017 年 3、4、5 月的销售数据。

在 Power Pivot 中对啤酒销售进行数据建模，过程如下。

<1> 在 Excel 中新建一个工作簿，将其保存为 "D:\PowerPivot\ chart11.5DAX 学习之啤酒模型.xlsx"。

<2> 选择 "Power Pivot" → "数据模型" → "管理"，进入 Power Pivot 程序界面，通过 "开始" → "从其他源"，将 "chart11.5DAX 函数学习之啤酒数据源.xlsx" 导入 Power Pivot 中。

<3> 选择 "开始" → "关系图"，建立啤酒销售的数据模型。方法是：将啤酒类别表中的 "啤酒 ID" 拖放到销售表的 "啤酒 ID" 字段上，将门店表中的 "门店 ID" 拖放到销售表的 "门店 ID" 字段上，建立如图 11-44 所示的啤酒销售数据模型。

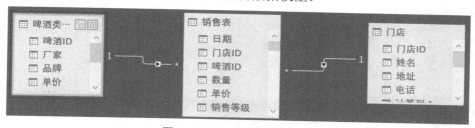

图 11-44　啤酒销售数据模型

11.4.2　日期和时间函数

日期和时间函数的主要作用是获取相关的时间数据，类似 Excel 表中的时间函数，常用于与时间相关的统计报表中。Excel 的日期和时间函数采用的是序列数，而 DAX 函数使用 datetime 数据类型（把日期和时间组织在一起的数据类型），如 "2018/9/11 22:51:09"，并且 DAX 中的日期时间函数通常用 Power Pivot 表中的列作为参数。日期和时间函数的语法非常简单，如下所示。

✠ Date(<year>, <month>, <day>)：利用指定的年、月、日构造一个日期。

✠ Time(hour, minute, second)：用指定的时、分、秒构造一个时间。

✠ Edate(<start_date>, <months>)：返回开始日期之后（前）Month 个月的日期。

✠ Datevalue(date_text)：将文本格式日期转换成真正的日期。

✠ Timevalue(time_text)：将文本格式时间转换成真正的时间。

✠ Year/ Month/Day (<datetime>)：从日期中提出年、月、日。

✠ Hour/ Minute/ Second (<datetime>)：从日期或时间中提出时、分、秒。

✠ Today()：返回当天日期。

✠ Now()：返回当前时间。

✠ Weekday(<date>, <return_type>)：从日期中计算出是星期几。

✠ Weeknum(<date>, <return_type>)：从日期中计算出是它所在年中的周数。其中的 Return_Type 用于设置数字 1 代表起点是星期一还是星期日。

✠ Yearfrac(<start_date>, <end_date>, <basis>)：计算开始和结束日期之间的天数占全年天数的比例。其中，basis 用于控制 "每月天数/全年天数"，0—美国 30/360（即一个月按 30 天，一年按 360 天算），1—实际/实际，2—实际/360，3—实际/365，4—欧洲 30/360。

【例 11.6】利用日期和时间函数为前面的啤酒销售模型建立日期表。

例 11.5 要求分析出哪个月份的销量最好，需要对每个月的销售量进行统计分析。实际上，现实中常常需要按照年、季度、月、天、日期、星期，或年份季度、年份月份、周数，对数据进行分析，以便分析企业产品生产或销售的发展趋势。因此，时间通常是数据分析中不可缺少的维度数据，而时间维度表主要用日期表实现。日期表是包括指定开始日期到结束日期之间的每一天的时间数据表，常由日期、年、季度、月份、年月、年季、周数、星期等字段组成。当然，可以根据数据分析的实际需求制定日期表中的字段。

现用 DAX 的日期和时间函数为啤酒销售模型添加一个日期表，过程如下。

<1> 选择"设计"→"日历"→"日期表"→"新建"，Power Pivot 会自动根据啤酒销售模型中的开始日期和结束日期创建一个日期表，如图 11-45 所示。

图 11-45　Power Pivot 创建的日期表

"销售表"中的日期范围是 2017 年 3 月至 2017 年 6 月，因此 Power Pivot 制订了 2017 年 1 月 1 日至 2017 年 12 月 31 日之间的日期表。如果对这个日期不满意，可以修改日期范围。方法是单击图中圈释的"日期表"下拉箭头，选择列表中的"更新范围"，然后在弹出的"日期表范围"对话框（见图 11-45）中修改为需要的日期范围。

<2> 删除"Date"列之外的所有列，再用日期和时间函数重新建立日期表。

<3> 单击"Date"列"添加列"的任一空白单元格，输入公式"=Year([Date])"，并将列标题修改为"年"。

<4> 在"年"右边的"添加列"中输入公式"=RoundUp(Month([Date])/3,0)"，并将标题改为"季度"，其中的 Month 从日期中计算出月份，RoundUp 为向上取整函数，可以计算出日期所在的季度。

<5> 添加"月"列，公式为"=Month('日历'[Date])"。

<6> 添加"周"列，公式为"=Weeknum([Date])"。

<7> 添加"年季度"列，公式为"=Year([Date])&"Q"&Roundup(Month([Date])/3, 0)"。

<8> 添加"年月"列，公式为"=Year([Date])*100+Month([Date])"。

<9> 添加"年周"列，公式为"=Year([Date])*100+Weeknum([Date])"。

<10> 添加"星期"列，公式为"=Weekday([Date])"。经过上述系列操作，建立了如图 11-46 所示的日期表。

<11> 刚建立的日期表是独立的，需要将它加入数据模型中。选择"开始"→"查看"→"关系图视图"，将日期表的"Date"字段拖放到销售表的"日期"字段上，如图 11-47 所示。

<12> 选择"开始"→"数据透视表"，在 Excel 中插入一个数据透视表，将门店表中的"姓名"拖放到"列"标签中，将日期表中的"年月"拖放到行"标签"中，将销售表中的"数量"字段拖放到"Σ 值"标签中，结果如图 11-48 所示。

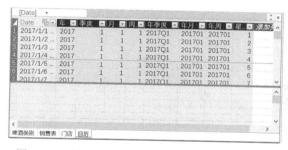

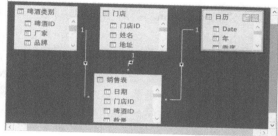

图 11-46　用 DAX 日期和日期函数建立的日期表　　　　图 11-47　将日期表添加到数据模型中

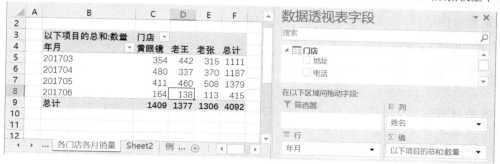

图 11-48　各门店各月的啤酒销量统计表

可以看出，2017 年 5 月的啤酒销量最多，黄眼镜的生意最好。

11.4.3　数学和三角函数

DAX 的数学和三角函数与 Excel 中对应的函数功能极其相似，主要用来实现各种加减乘除，乘方开方，求导等数学和三角计算。DAX 中可以在度量公式或生成列中用数学函数进行诸如取整、四舍五入、求总和、生成随机数之类的运算。

1．DAX 中的常用数学和三角函数

数学函数和三角函数的用法非常简单，其中常用函数的语法形式如下：

✠ Exp/Fact/Int/Abs/Ln/Sign/Sqrt(<number>)：自然数幂、阶乘、取整、绝对值、自然对数、符号、开方计算。

✠ Ceiling(<number>, <significance>)：货币舍入。

✠ Currency(<value>)：返回数字的货币形式。

✠ Floor(<number>, <significance>)：向下舍入。

✠ Log(<number>,<base>)：对数。

✠ Log10(<number>)：10 为底的对数。

✠ Mround(<number>, <multiple>)：倍数舍入。

✠ Rand()/Pi()：随机数、圆周率。

✠ Power(<number>, <power>)：幂运算。

✠ Quotient(<numerator>, <denominator>)：除法取整。

✠ RandBetween(<bottom>,<top>)：随机整数。

✠ RoundDown/RoundUp/Round(<number>, <num_digits>)：向下、向上、四合五入计算。

✠ Trunc(<number>,<num_digits>)：指定数位截取。

✡ Sum(<column>)：对指定列求和。

✡ SumX(<table>, <expression>)：对表中指定行进行求和。

数据分析中常常会用舍入函数处理数字运算的结果。例如，在前面的啤酒销售模型中，日期表中使用 DAX 公式 "=RoundUp(Month([Date])/3,0)" 生成了季度列，其中的 RoundUp 就是向上进行四舍五入的函数，公式中的 0 表示小数点后面的数字位数。

此外，汇总求和函数 Sum 和 SumX 是 DAX 度量公式中最常用到的数学函数，它们的区别是 Sum 的参数只能是表中的列，即只能对表中的列求总和；SumX 可以对表达式求和，如要计算销售表中的 "销售额" 列打 0.8 折后的销售总额，可以用 "SumX([销售额]*0.8)"，但用 "Sum([销售额]*0.8)" 是错误的。

2. 用 Divide 函数实现安全除法

提到数学运算，就一定会涉及数据的加、减、乘、除等运算，除法运算在数据分析中是不可避免的，经常用于计算销售和财务数据的同比、增比、环比之类的数据。在计算这些比例的时候可能遇到除数为 0 的情况，如用度量公式计算历年来 11 月份的啤酒销量同比，则今年的同比分母就是 0（今天是 2018 年 9 月 14 日，10 月和 11 月没有销售数据）。在 DAX 公式中用 "/" 进行除法运算，当分母为 0 时运算结果是 "无穷大"。而 Divide(分子, 0) 的运算结果被 DAX 进行异常处理，结果为空白，且在数据透视表中也不会出错，称为安全除法。

【例 11.7】 用 Sum 函数计算啤酒销售模型中各品牌啤酒的销量，并检测安全除法的使用情况。

要完成本题目的任务，只需用 Sum 函数编写一个计算销售总量的度量公式，然后运用此度量公式对各品牌啤酒的销售量进行透视分析即可。

<1> 在啤酒销售模型的 "销售表" 中，建立以下 3 个度量公式，如图 11-49 所示。

> 1.销售量 := Sum('销售表'[数量])
> 2.除数为 0 的 /:= Sum('销售表'[数量])/0
> 3.安全除法 := Divide(Sum('销售表'[数量]), 0)

<2> 选择 Power Pivot 的 "开始" → "数据透视表"，将啤酒类别表中的 "品牌" 拖放到 "行" 标签，将销售表中的 3 个度量公式拖放到 "Σ值" 区域，为数据透视表插入门店表中的 "姓名" 筛选器。结果如图 11-50 所示。

图 11-49 用 Sum 函数建立度量公式

图 11-50 Divide 和除数为 0 运算的结果

在图 11-50 中，可以看到 3 个度量公式对各品牌啤酒的透视结果，其中 C 列是通过除法运算符 "/" 用 0 去除销售量的结果，在 DAX 中的结果为 "正无穷大"（见图 11-49），在 Excel 透视表中则为 "#NUM 错误"；反之，Divide 除法的结果是可以接受的，因为它被处理为空的，这样的运算结果正好符合数据分析报告的要求。

因此，在 DAX 中无论是创建"生成列"，还是编写度量公式，除法运算尽量用 Divide 函数，少用除法运算符"/"。

11.4.4　文本函数和统计函数

1．文本函数

当需要对表中某一列的内容进行提取时经常会用到文本函数，文本函数可以返回部分字符串、搜索字符串中的文本或连接字符串。DAX 中的常用文本函数包括：Blank，Concatenate，Exact，Find，Fixed，Format，Left，Len，Lower，Mid，Replace，Rept，Right，Search，Substitute，Trim，Upper，Value。这些函数与 Excel 中的文本函数功能和用法基本相同，只不过其参数通常是表中的数据列，在此不再单独介绍。

2．统计函数

数据分析表达式（DAX）提供了许多用于创建聚合（如求和、计数和平均值）的函数，这些函数非常类似 Excel 使用的聚合函数，它们的名称和功能相同。但在 DAX 中，这些函数主要用于数据列的计算，其参数是 Power Pivot 表中的数据列。

下面介绍几个常用的 DAX 函数。

- ✠ AddColumns(<table>, <name>, <expression>[, <name>, <expression>]…)：在表中添加列。
- ✠ Average/AverageA(<column>)：数字、文本、数字的平均值。
- ✠ Count/CountA/CountBlank(<column>)：数字、文本、空格个数的统计。
- ✠ Max/MaxA(<column>)：数字、文本、数字的最大值。
- ✠ Min/MinA(<column>)：数字、文本、数字的最小值。
- ✠ CountRows(<table>)：计算表中的数据行。
- ✠ Rank.EQ(<value>, <columnname>[, <order>])：计算 value 在列中的顺序。

11.4.5　逻辑函数和信息函数

DAX 中几个常用逻辑函数的语法结构如下：

- ✠ And/Or(<logical1>,<logical2>)：与、或运算。
- ✠ Not(<logical>)：非运算。
- ✠ If(logical_test>,<value_if_true>, value_if_false)：条件函数。
- ✠ IfError(value, value_if_error)：错误处理。
- ✠ Switch(<expression>, <value>, <result>[, <value>, <result>]…[, <else>])：多分支函数。

信息函数的主要功能是以特定单元格或者行作为参数，来查找其他单元格或行，看其是否与预期的类型相匹配。其中几个常用信息函数的语法结构如下：

- ✠ Contains(<table>, <columnname>, <value>[, <columnname>, <value>]…)：判断表中指定的列中是否包含指定值，若包含，则返回 True，否则返回 False
- ✠ Iserror/Islogical/Isnontext/Isnumber/Istext(<value>)：错误、逻辑、非文本、数字、文本测试函数。符合测试时返回 True，否则返回 False
- ✠ LookupValue(<result_columnname>, <列名 1>, <值 1>[, <列名 2>, <值 2>]…)：相当于 Excel 的 Lookup 函数，但它是一个多条件查询函数，第 1 个参数是返回列，第 2、3 个

参数是第 1 个条件，用于找出"列名 1"对应的列中取值为值 1 的行，第 4、5 个参数是第 2 个条件，用于找出"列名 2"对应的列中取值为值 2 的数据行……以此类推，条件之间是与关系，即最后选出的是每个条件都满足的数据行。

【例 11.8】 在啤酒销售模型的销售表中显示每种啤酒的单价，并对啤酒销售量进行等级划分——单次销量 30 瓶以上的为高销量，20~30 瓶为中等销量，10~20 瓶为低销量，10 瓶以下为超低销量，并统计各销量等级的总次数和总销售金额。

要在销售表中添加啤酒单价和销售等级，只能通过 DAX 公式向销售表中添加"生成列"。LookupValue 函数可以在数据模型的多个表之间实现多条件数据查询，可以从啤酒类别表中查询"单价"，Switch+True 的结构可以进行多情况下的条件转换（也可以用 If 函数，但较麻烦）。总销售和各等级出现的次数可以通过度量公式（或在数据透视表中直接）实现。

<1> 单击销售表右边的"添加列"，输入啤酒单价查询公式，并将列名改为"单价"。

=LookupValue('啤酒类别'[单价], '啤酒类别'[啤酒 id], '销售表'[啤酒 id])

<2> 在"单价"右边的"添加列"中，输入销量等级转换公式，并修改列名。

=Switch(True, '销售表'[数量]>=30,"高销量", '销售表'[数量]>=20, "中等销量", '销售表'[数量]>=10, "低销量", "超低销量")

公式中的 True 表示真值，具体条件由后面的逻辑表达式确定。上述操作在销售表中添加了"单价"和"销售等级"两列数据，如图 11-51 所示。

<3> 在销售量表中建立计算销售总额和销售笔数的度量公式，统计函数 CountRows 能够统计表中的数据行。

6.销售总额 := SumX('销售表', '销售表'[数量]*'销售表'[单价])

7.销售笔数 := CountRows('销售表')

<4> 选择 Power Pivot 的"开始"→"数据透视表"，将啤酒类别表中的"品牌"字段拖放到数据透视表的"行"标签位置，将销售表中的"销售等级"字段拖放到"列"标签位置，将销售表中的度量公式"6.销售总额"和"7.销售笔数"拖放到"Σ 值"位置，如图 11-52 所示。

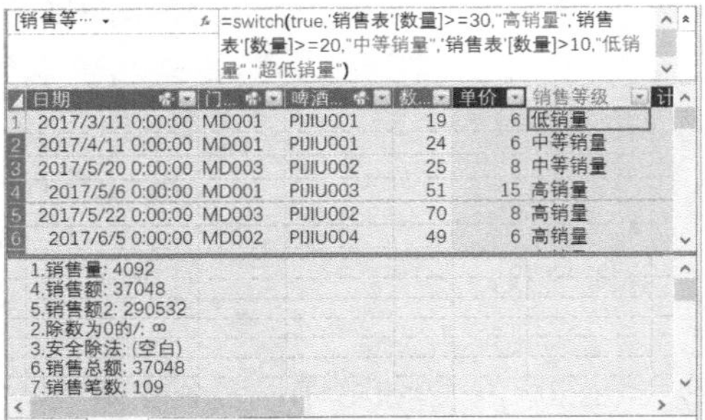

图 11-51　添加"单价"和"销售等级"列

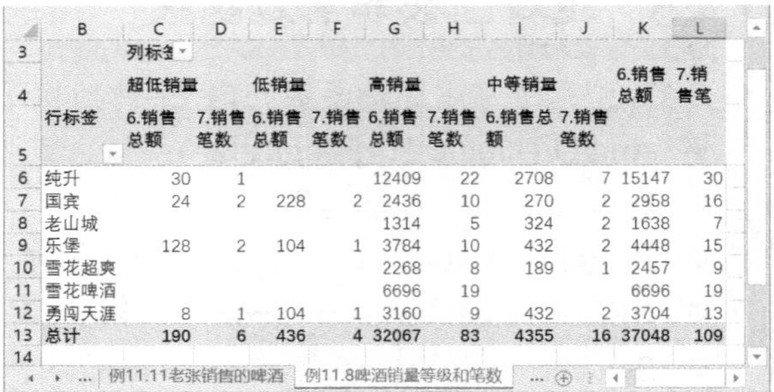

图 11-52　用度量公式计算销售总额和销售笔数

11.5　筛选器和计算器

DAX 公式总是围绕筛选器和计算器设计，先使用筛选器从数据模型中选出要运算的数据，再应用计算器函数实施运算并返回运算结果。因此，DAX 函数总体上可以划分为计算器和筛选器函数两大类。计算器函数用于实现度量公式中的各类运算，前面讨论的统计函数、数学和三角函数、文本函数等可归属于计算器类函数。筛选器函数能从多个维度实现对数据模型中数据表的筛选。

11.5.1 筛选器函数概述

筛选器函数的数据查找方式与 Excel 函数的差别很大，它们针对 DAX 公式运行时刻的上下文，通过数据模型中的表和关系创建动态计算，功能非常强大。

1. DAX 常用筛选器函数列表

DAX 中有许多筛选器函数，用于从数据模型的多个数据表中，通过表之间的关系为度量公式筛选出运算数据，其中常用筛选器函数的名称和功能简列如下。

- ✠ All：清除全部筛选条件。
- ✠ AllExcept：清除指定保留条件之外的所有筛选条件。
- ✠ AllNoBlankRow：选中全部无空白的数据行。
- ✠ AllSelected：使用指定的全部筛选条件。
- ✠ Calculate：计算器函数。
- ✠ Distinct：保留唯一值（即删除重复数据项，相同的只留一项）。
- ✠ Earlier：行上下文处理筛选器。
- ✠ Filter：筛选器。
- ✠ HasoneFilter：判断 DAX 公式中是否只有 1 个筛选器。
- ✠ HasOneValue：列值唯一性判断函数。
- ✠ Related：关系表数据筛选，用于查找一对多联系中，位于一端联系表中的值。
- ✠ RelatedTable：关系表数据筛选，用于查找一对多联系中，位于多端联系表中的值。
- ✠ Values：获取列值的唯一性值表。

2. 筛选器与上下文

DAX 中的上下文包括行上下文、筛选上下文和查询上下文 3 种。筛选器函数可以从垂直和水平两个方向从表中筛选数据，称为筛选上下文，按照筛选的方向，又分为行上下文和列上下文，如图 11-53 所示。

图 11-53　筛选上下文

行上下文是指从行上对数据实行筛选，最简单的方式可理解为当前行，最常用的场景是计算列。如果创建了计算列，则行上下文由每个单独行中的值以及与当前行相关的列中的值组成。比如，在图 11-53 中箭头所指的"添加列"单元格中输入公式"=[单位]*115%"，将实现每行单价提升 15% 的运算，该运算就是在行上下文中完成的。有些函数（Earlier 和 Earliest）可从行上下文（即当前行）获取值，再对整个表执行操作时使用该值。

对指定列实施的筛选条件就称为列上下文。例如，"[销售等级]="中等销量""是列筛选上下文，它从销售量表中对"销售等级"列实施筛选，选中所有"中等销量"等级的数据行。列上下文是筛选器函数中最常用的上下文，又称为筛选上下文。

查询上下文是指为数据透视表中的每个单元隐式创建的数据子集，具体取决于行和列标签。当将度量值字段或其他值字段放入数据透视表中的某个单元后，Power Pivot 将检查行列标签、切片器和报表筛选器以便确定上下文。然后，Power Pivot 进行必要的计算，以填充透视数据表中的每个单元格。检索的数据集就是各单元格的查询上下文。

11.5.2　Related 和 RelatedTable 函数

Related 和 RelatedTable 函数用于从有联系的数据表中查询数据。Related 函数用于在一对多联系的多端数据表中查询一端表中的数据，RelatedTable 函数用于在一端的数据表中从多端的数据表中查询数据，用法如下。

✖ Related(<column>)：从联系另一端的表中返回与当前行相关的单个值。

✖ RelatedTable(<tablename>)：在由给定筛选器修改的上下文中计算表表达式，返回表。

例如，在图 11-54 的啤酒销售数据模型中，计算啤酒的销售额和销售记录数，可以用下列度量公式：

4.销售额 := SumX('销售表', '销售表'[数量]*Related('啤酒类别'[单价]))
7.销售笔数 := Countrows(RelatedTable('销售表'))

如果在销售表中添加啤酒"单价"列，只需在销售表中添加一个计算列，如图 11-55 所示。计算列公式如下：

=Related('啤酒类别'[单价])

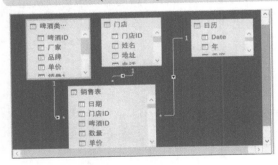

图 11-54　啤酒销售数据模型

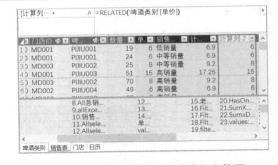

图 11-55　用 Related 查询一端联系表中数据

11.5.3　Calculate 函数

Calculate 和 Filter 是 DAX 中功能最强大的两个函数。Calculate 函数具有运算器和筛选器的复合功能，计算由指定筛选器修改的上下文中的表达式，返回一个数值结果。用法如下：

Calculate(<expression>,<filter1>,<filter2>…)

其中，expression 是要进行计算的表达式，通常是带有统计函数的算术表达式，或者度量公式；filter1、filter2、…是 0 个或多个筛选器，可以是定义筛选器的布尔表达式，或者表达式的列表，有多个筛选器时，它们是与关系，即多个条件需要同时满足，相互之间用","间隔。Calculate函数的运算过程可以概述如下：

<1> 识别 Calculate 函数的初始筛选上下文（通常是由 Calculate 函数所处数据透视表中的单元格位置和切片器共同确定的筛选条件），这是 Calculate 运算的大前提。

<2> 应用 Calculate 自带的筛选器（即参数表中的各 filter）对第<1>步识别的初始筛选上下文进行修改和确定。如果两者发生冲突，则弃用第<1>步确定的初始筛选上下文，用 Calculate 函数自带的筛选器进行数据筛选，确定 expression 运算的数据表对象。

<3> 应用 expression 对第<2>步筛选出的数据表进行运算，返回运算结果。

【例 11.9】 用 Calculate 函数计算各门店各种销售等级啤酒的销售情况。

本例主要用于分析 Calculate 函数的筛选上下文确定过程。

（1）在啤酒数据模型的"销售表"中建立以下 3 个度量公式

> 12.Calculate 重啤高销量 := Calculate([1.销售量], '啤酒类别'[厂家]="重庆啤酒",
> '销售表'[销售等级]="高销量")
>
> 13.Calculate 无筛选器 := Calculate([1.销售量])
>
> 14.Calculate 单笔销量高于 20 := Calculate([1.销售量], '销售表'[数量]>20)

（2）插入透视表

选择"开始"→"数据透视表"，在 Excel 中插入透视表，将销售表中的"销售等级"字段拖放到行标签区域，将度量公式 12、13、14 拖放到"Σ 值"区域，再以门店表中的"姓名"字段为数据透视表插入一个筛选器，结果如图 11-56 所示。

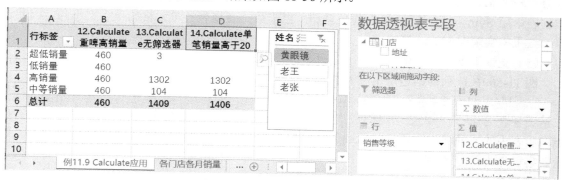

图 11-56　Calculate 函数应用

（3）Calculate 函数的执行过程

从图 11-56 中可以看出 B 列数据似乎存在明显"错误"，所有的数据都是 460，为什么会是这样的呢？其实，按照 Calculate 函数的执行逻辑分析，也不难理解。现以 B2 单元格中"460"的计算过程为例，简要分析如下。

<1> 确定单元格 B2 的初始筛选上下文。结合数据透视表 A2 行标签和切片器中的条件，可以确定 B2 单元格数据源的初始筛选条件是：

> '销售表'[销售等级]= "超低销量"　　And　'门店'[姓名] = "黄眼镜"

这就是 B2 中 Calculate 函数的初始筛选上下文，由数据透视表和切片器共同确定。

<2> 结合 Calculate 自带的筛选器确定最终的筛选条件。Calculate 的筛选器是：

> '啤酒类别'[厂家]="重庆啤酒" , '销售表'[销售等级]="高销量")

此筛选器会选出销售表中重庆啤酒对应的"高销量"数据行（由关系模型自动实现从啤酒类型

表中到销售表的转换，选择厂家为重庆啤酒的数据行），但此条件与第<1>步中由数据透视表确定的"'销售表'[销售等级]="超低销量""矛盾。因为此筛选器将从销售表中选择全部销售等级为超低销量的啤酒，而 Calculate 的筛选器则需要"高销量"数据行，所以弃用"'销售表'[销售等级]"初始筛选器。

但是第<1>步确定的筛选上下文中，由切片器确定的筛选条件"'门店'[姓名]="黄眼镜""，与本条件不矛盾，将与 Calculate 自带的筛选条件相组合。因此，单元格 B2 的筛选上下文为：

'啤酒类别'[厂家]="重庆啤酒", '销售表'[销售等级]="高销量", '门店' [姓名]= "黄眼镜"

此筛选器将从销售表中筛选出黄眼镜销售的全部"高销量"级别的重庆啤酒，筛选结果表与销售表的结构完全相同。

<3> 用 Calculate 函数的第 1 个参数 expression 对筛选上下文进行运算。这里的 expression 就是度量公式 1，如下所示：

1.销售量 := Sum('销售表'[数量])

Sum 函数将对第<1>步筛选的数据表的"数量"列求总和，结果为"460"。同理，单元格 B3、B4、B5 等由数据透视表确定的初始筛选上下文都与 Calculate 的自带的筛选器有冲突。其处理过程与 B2 的相同，因此它们的计算结果都是"460"。

（4）无筛选器的 Calculate 函数执行过程

在图 11-56 中，完成 C 列销量计算公式的 Calculate 是度量公式 13：

13.Calculate 无筛选器 := Calculate([1.销售量])

该公式没有筛选器，因此直接应用数据透视表各单元格的上下文和切片器筛选条件筛选中的数据表中用 Sum 函数对"数量"列求总和。由于数据透视表各单元格的上下文不同，因此计算的结果就实现对应的计算需求。

（5）查询上下文与 Calculate 筛选器不矛盾的执行过程

图 11-56 中 D 列的销售是用度量公式 14 计算的，如下：

14.Calculate 单笔销量高于 20 := Calculate([1.销售量], '销售表'[数量]>20)

数据透视表为 D 列单元格确定的初始筛选条件是销售表中"销售等级"字段内容，切片器按照门店表中的"姓名"字段确定筛选条件，而 Calculate 函数自带的筛选器用销售表中的"数量"字段作为筛选条件，三者并不冲突，因此组合成 Calculate 函数的筛选条件。

单元格 D2 中的筛选条件为：

'销售表'[销售等级]= "超低销量", '门店'[姓名]= "黄眼镜", '销售表'[数量]>20

用这个条件从销售表中查询出数据行作为 Calculate 函数的运算表提供给度量公式 1 进行运算，满足这个条件的数据行为 0，因此单元格 D2 的运算结果为空。

11.5.4 Calculate、度量值与上下文转换

前面介绍了上下文分为查询上下文、行上下文和筛选上下文。行上下文主要在计算列中应用，通常根据当前行中的数据进行计算，建立计算列。行上下文在某些应用场合需要转换成筛选上下文（即列上下文），但必须理解掌握转换的方法。

【例 11.10】 在啤酒销售模型的啤酒类别表中，计算各品牌啤酒的销量。

啤酒销量数据在销售表中，啤酒品牌在啤酒类别表中，两者之间存在一对多联系（见图 11-54），啤酒类别表中的一个啤酒品牌，销售表中有多行对应的销售记录，只有通过聚合函数对销量求和后才能填写在啤酒类别表的对应行中。现在分别用 Calculate 函数、度量公式、直接

用 DAX 求和公式在啤酒类别表中创建各品牌啤酒的总销量计算列，如图 11-57 所示。

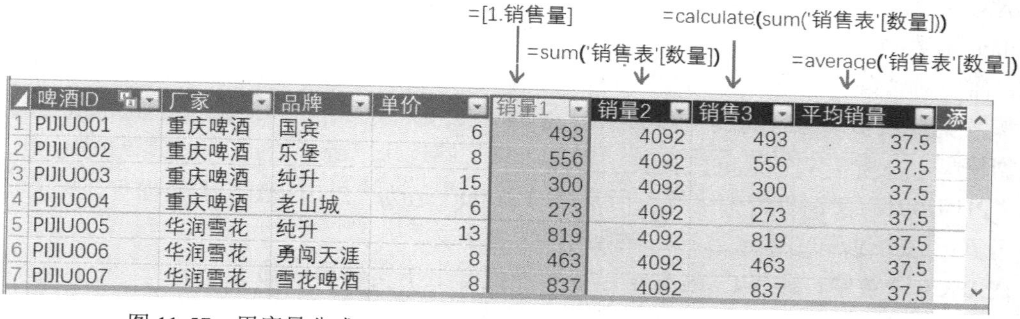

	啤酒ID	厂家	品牌	单价	销量1	销量2	销售3	平均销量
1	PIJIU001	重庆啤酒	国宾	6	493	4092	493	37.5
2	PIJIU002	重庆啤酒	乐堡	8	556	4092	556	37.5
3	PIJIU003	重庆啤酒	纯升	15	300	4092	300	37.5
4	PIJIU004	重庆啤酒	老山城	6	273	4092	273	37.5
5	PIJIU005	华润雪花	纯升	13	819	4092	819	37.5
6	PIJIU006	华润雪花	勇闯天涯	8	463	4092	463	37.5
7	PIJIU007	华润雪花	雪花啤酒	8	837	4092	837	37.5

图 11-57　用度量公式、Calculate 函数和 DAX 求和公式建立销售计算列

在图 11-57 中，直接用 DAX 公式创建了“销量 1”“销量 2”“销量 3”和“平均销量”4 个计算列，各列对应的 DAX 公式如下：

```
销量 1: =[1.销售量]
销量 2: =Sum('销售表'[数量])
销量 3: =Calculate(Sum('销售表'[数量]))
平均销量 := Average('销售表'[数量])
```

度量值“1.销售量”的定义是“1.销售量:=Sum('销售表'[数量])”。因此，创建“销量 1”“销量 2”“销量 3”三个计算列的 DAX 函数归根结底都是“Sum('销售表'[数量])”，它们的计算结果应该相同。但是从图 11-57 可以看出，只有“销量 1”和“销量 3”两个计算列才是正确的，“销量 2”并没有计算各品牌啤酒的实际销量，计算的是所有品牌啤酒的总销量。为什么相同的求和公式，计算结果会有如此大的差异呢？

1. Calculate 函数与上下文转换

这里涉及的问题是行上下文和筛选上下文的转换问题。如前所述，计算列中的上下文是行上下文，行上下文不会主动转换为筛选上下文。但是，Calculate 函数能够自动把行上下文转换为筛选上下文。

销量 2 中的 DAX 公式是“=Sum('销售表'[数量])”，Sum 函数运算的上下文是行上下文。在图 11-57 中，以第 1 行为例，在计算销售“数量”的总和时，由于 Sum 函数的位置在第 1 行中，因此它的行上下文是啤酒类别表中的当前行（即第 1 行）。但是“Sum('销售表'[数量])”计算的是销售表中“数量”列的总和，两者在不同的表中，所以啤酒类别表中的行上下文对销售表中的“数量”求和运算没什么影响，Sum 函数计算的是销售表中“数量”列的总和，即 4092。同理，当 Sum 函数位置第 2 行、第 3 行…时，它对应的上下文就是啤酒类别表的第 2 行、第 3 行……对 Sum 函数求和运算也没有影响，因此“销售 2”计算列的结果都是 4092。

但是，为什么“销量 1”和“销量 3”是正确的呢？原因在于生成“销量 3”的 DAX 公式是“=Calculate(Sum('销售表'[数量]))”，而 **Calculate 函数会对行上下文进行转换，将它转换成筛选上下文**。

Calculate 函数是 DAX 中功能最强大的函数，如果把 Power Pivot 中的数据模型看成一台“通过关系将多个数据表组装成一个大表”的机器，则 Calculate 函数是启动和运转这台机器的引擎。也就是说，Calculate 函数是工作在数据模型之上的，能够根据模型中数据表之间的关系，自动在数据表之间进行上下文转换。

现在来看"销量 3"计算列的建立过程，仍然以啤酒类别表第 1 行"销量 3"的计算为例。当 DAX 公式"=Calculate(Sum('销售表'[数量]))"位于啤酒类别表的第 1 行时，第 1 行就是 Calculate 函数的行上下文，对应的"啤酒 ID"是"PIJIU001"。Calculate 函数的计算器是 Sum 函数，需要对"数量"列求和，而"数量"列在销售表中，但 Calculate 函数知道，在数据模型中，啤酒类别表和销售表通过"啤酒 ID"字段建立了一对多联系。因此，Calculate 函数会启动数据模型，从啤酒类别表的当前行（即第 1 行）筛选出"啤酒 ID"列的值"PIJIU001"，然后用"PIJIU001"在销售表中筛选出所有"啤酒 ID"值为"PIJIU001"的数据行，提供给 Sum 函数运算。这个过程就是行上下文转换成筛选上下文。

在 DAX 函数中，只有 Calculate 函数才能把行上下文转换成筛选上下文。图 11-57 的"平均销量"计算列是用 DAX 公式"=Average('销售表'[数量])"生成的，计算的是所有品啤酒的平均销量，原因是该公式不能将行上下文转换成筛选上下文。如果计算各品牌啤酒的销售，可以为此公式"披上 Calculate 函数的外套"，即用"=Calculate(Average('销售表'[数量]))"公式来创建"平均销量"计算列。

2．度量值与上下文

最后一个问题是：[销量1]本质上也是用"Sum('销售表'[数量])"函数计算的，为什么得出了正确的计算结果呢？原因是，**DAX 中所有的度量值都自带 Calculate 函数的功能，这是由 DAX 自动实现的。**也就是说，所有的度量公式实际上都是"Calculate(度量值函数)"。"[销量1]"是度量值，因此可以将其定义理解为：

销量 1 := Calculate(Sum('销售表'[数量]))

这意味着，所有的度量值都能够把行上下文转换成筛选上下文，这个转换能力实际上是 DAX 加在度量值之上的 Calculate 函数提供的。归根结底：**行上下文不会自动转换成筛选上下文，如果转换，则必须使用 Calculate 函数。**

此外，还要注意：在任何情况下引用度量值，都会根据当时所处位置的上下文独立计算出结果值；特别是在数据透视表中的"Σ 值"区域引用度量值时，透视表中的每个单元格，包括总计行（列）中的每个单元格中的值，都是根据每个单元格的上下文用度量值直接计算出来的，这可能导致总计行（列）的数值并不等于对应列（行）的数值之和。

11.5.5　Filter 筛选器

Filter 是 DAX 中功能最强大的筛选器函数，用于对指定的数据表进行条件选择，返回结果是符合筛选条件的数据表。Power Pivot 中能够独立应用函数运算结果的情况只有两种：一是在度量值中应用，这要求 DAX 的公式运算的结果是一个数值；二是在计算列中应用，这要求 DAX 的结果是数值或列。而 Filter 函数返回的是表，因此不能单独使用，只能作为其他 DAX 函数的参数使用（通常作为 Calculate 函数的筛选器），当然也可以作为某些聚合函数的表参数作用。Filter 函数语法结构很简单，如下所示：

Filter(<table>, <filter>)

其中，table 是要筛选的表或者运算结果为表的表达式；参数 filter 是筛选条件，应当是一个结果为 True 或 False 的布尔表达式，如"[单价]>10 或 [品牌] = "乐堡""。

Filter 是一个行上下文筛选器，用 filter 条件对表中的每一行进行筛选，运算结果是一个表，该表由 table 表中符合 filter 条件的行组成。

【例 11.11】 在啤酒销售模型中，对指定品牌的啤酒进行以下查询：（1）计算老张销售的重庆啤酒各品牌的销量；（2）计算每个月销量高于 100 的各门店的总销量（先找到每个月指定品牌的啤酒销售高于 100 的门店有哪些，再计算这些门店销售该品牌啤酒的总销售量）。

第 1 个问题可以用 Calculate 函数自带的筛选器完成，也可以用 Filter 作为 Calculate 函数的筛选器完成计算。针对这两种情况，可以用下面的度量公式计算老张销售的重庆啤酒：

15. 老张重啤销售量 := Calculate(Sum('销售表'[数量]), '门店'[姓名]="老张",
　　　　　　　　　　　　　　　　　'啤酒类别'[厂家]="重庆啤酒")

16. Filter 老张重啤销售 := Calculate([1.销售量], Filter('门店','门店'[姓名]="老张"),
　　　　　　　　　　　　　　　Filter('啤酒类别', '啤酒类别'[厂家]="重庆啤酒"))

度量公式 15 直接用 Calculate 函数自带的两个筛选器 "门店'[姓名]="老张"" 和 "啤酒类别'[厂家]="重庆啤酒"" 建立 Sum 函数的上下文。度量公式 16 用 Filter 为 Calculate 函数构造了两个筛选器，实现了同样的功能。验证如下：

选择 Power pivot 的 "开始" → "数据透视表"，将啤酒类别表中的 "品牌" 字段拖放到 "行" 标签区域，将度量公式 15 和 16 拖放到 "Σ 值" 区域，再为数据透视表插入用 "日期表" 中的 "年月" 字段建立的切片器，如图 11-58 所示。

图 11-58　用 Filter 创建 Calculate 的筛选器

可以看出，度量公式 15 和 16 的运算结果完全相同。也就是说，在 Calculate 函数中，用自带的筛选器和用 Filter 创建的筛选器实现了完全相同的功能。

但是，如果就此认为不用 Filter 也能够实现所有的数据筛选功能，那就错了。比如，第 2 个问题，即计算啤酒销量高于 100 的门店的总销量，用 Calculate 函数自带的筛选器就无法解决。原因是 Calculate 自带的筛选器存在局限性，它只能以下面的形式出现：

[列名]=固定值　　（= 也可以是 <>）

当需要实现下面形式的筛选条件时，Calculate 自带的筛选器就不行了：

[列名]=[度量值]　　　　　　　　　　　　[度量值]=[度量值]
[列名]=公式　　　　　　　　　　　　　　[度量值]=公式
[列名]=[列名]　　　　　　　　　　　　　[度量值]=固定值

但是，Filter 可以创建这些类型的筛选器。这正是 Filter 筛选器的强大之处，能够完成不同条件下的数据筛选，为 Calculate 函数及其他聚合函数提供运算数据表。现在编写度量公式 18、19、20，来计算啤酒销量高于 100 的门店的总销量。

17. Filter_Sum 门店销量大于 100 := Calculate([1.销售量],Filter('门店', Sum('销售表'[数量])>100))

18. Filter_Calculate 门店销量大于 100 := Calculate(Sum('销售表'[数量]),
　　　　　　　　　　　　　　　Filter('门店',Calculate(Sum('销售表'[数量]))>100))

19. Filter_度量门店销量大于 100 := Calculate([1.销售量], Filter('门店', [1.销售量]>100))

在度量公式 17 和 19 中引用了度量值"1.销售量",该值的定义也是"=Sum('销售表'[数量])",因此上面的 3 个度量值在本质上似乎是相同的。现在用它们建立数据透视表,检验其运行结果是否相同。

选择"开始"→"数据透视表",将日期表中的"年月"字段拖放到"行"标签区域,将度量值 1 和度量值 17～19 拖放到"Σ 值"区域,并为数据透视表插入用啤酒类别表中的"品牌"字段建立的切片器,如图 11-59 所示。

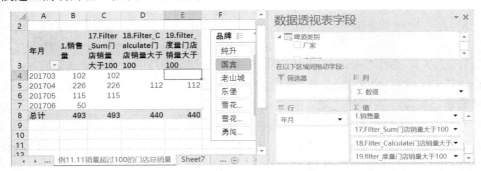

图 11-59　用 Filter 创建 Calculate 函数的筛选器

单元格 D8（E8）的"总计"为 440,明显不等于 D 列（E 列）数字之和。如前所述,透视表的"总计"行每个单元格的值也是用度量公式直接计算出来的,并非该列数字之和。因为没有 A 列的"年月"限制,所以单元格 D8 的上下文是计算所有时间内"国宾"（切片器中的条件）销量大于 100 的门店的销量总和。有些门店虽然任何一个月的"国宾"销量小于 100,但 4 个月加起来就超过 100 了,会加到单元格 D8（E8）中,但不出现在 D（E）列各年月对应行的单元格中。因此,"总计"并不等于该列数字之和。

选中切片器中的"国宾",各度量公式的计算结果见图 11-59,从中可以看 D、E 两列的结果相同,也就是说,度量公式 18 和 19 是相同的。但 C 列与它们并不相同,即度量值 17 可能有问题。现在来分析问题出在哪里。度量公式 17 的定义如下:

= Calculate([1.销售量], Filter('门店', Sum('销售表'[数量])>100))

我们希望 Filter 能够筛选出销售量总和大于 100 的门店,再用度量值"[1.销售量]"计算这些门店的销量总量。但运算结果表明:Filter 没有实现我们想要的结果!

原因是 Filter 是一种行上下文筛选器,对"门店"表进行筛选,则其上下文是"门店"表中的行。但是,筛选条件中的 Sum 函数是对销售表的"数量"列求和,两者在不同的表中,正如 11.5.4 节所介绍的,除了 Calculate 函数,任何函数都不能自动将行上下文转换成筛选上下文,Filter 函数也不例外。因此,Filter 中的 Sum 函数计算的就是销售表中"数量"列的总和（而与门店无关,即所有门店的总和）,只要该总和大于 100 就满足筛选条件。因此,度量公式 17 实际计算的是总销量超过 100 的数据,与任何门店都无关系。

图 11-59 中,B 列是"国宾"（切片器中的选中项）啤酒各年月的销售总量（由度量值[1.销售量]计算）,将它与 C 列比较可以发现,度量公式 17 确实计算的是"国宾"啤酒各月份总销量超过 100 的情况。度量公式 18 只是用 Calculate 函数将度量公式 17 中的 Sum 函数"包装"起来,其余未进行任何修改。然而,包括了 Calculate 的 Sum 函数能够自动将行上下文转换成筛选上下文。因此,当 Filter 在对门店表进行筛选时会进行上下文转换,筛选出销售表中"数量"列总和大于 100 的门店。

也就是说，Filter 会从门店表的第 1 行开始，用其中的“门店 id”值筛选销售表中具有相同“门店 id”值的数据行，然后对筛选结果的“数量”列进行 Sum 运算，如果总和大于 100，就选出该门店，否则舍弃该门店。Filter 的结果是门店表的子表，其中所有门店的销售数据都是大于 100 的。再从销售表中筛选出子表中有的门店的销售数据，并用“[1.销售量]”中的 Sum 函数对其中的“数量”列求和。从图 11-59 的 D 列可以看出，2017 年 4 月才有门店的“国宾”啤酒销售数据大于 100，这些门店的总销量是 112。图 11-60 是 2017 年 4 月“国宾”啤酒的销量表，通过计算可以知道，其中只有 MD001 门店的总销量大于 100，而且总和是 112，MD002 和 MD003 门店的销量都不足 100。由此可知，度量公式 18 对“指定品牌啤酒销售量大于 100 的门店的总销量”进行了正确的计算。

度量公式 19 用度量值进行运算，由于所有的度量公式都带有隐式的 Calculate，因此其中的 Filter 能够自动将门店上下文转换成筛选上下文，从销售表中筛选出门店的销售数据并计算，本质上与度量公式 18 完全相同，因此 E 列的计算结果与 D 列完全相同。

	D	E	F	G	H	
1	201704, 国宾 (前 1000 行) 返回的数据。					
2						
3	销售表[门店ID]	销售表[啤酒ID]	销售表[日期]	销售表[日期 (月)]	销售表[数量]	销售表
4	MD001	PIJIU001	2017/4/14	4 月	43	高销量
5	MD001	PIJIU001	2017/4/3	4 月	45	高销量
6	MD001	PIJIU001	2017/4/11	4 月	24	中等销
7	MD002	PIJIU001	2017/4/20	4 月	30	高销量
8	MD002	PIJIU001	2017/4/23	4 月	33	高销量
9	MD003	PIJIU001	2017/4/6	4 月	51	高销量

例11.12All筛选器 | 国宾2017年4月门店销量 | Sheet4 | 例11.11销量超过100的门店总销量 ...

图 11-60　2017 年 4 月“国宾”啤酒销量

11.5.6　All、AllSelected 和 AllExcept 函数

All、AllSelected 和 AllExcept 函数密切相关，用于清除筛选器，函数返回结果都是表。All 用于清除筛选条件，选择数据表或指定列的全部数据，返回表中的所有行或者返回列中的所有值；AllSelected 从当前查询中删除参数指定的表或列的上下文筛选器；AllExcept 用于删除表中除已应用于指定列的筛选器之外的所有上下文筛选器。

```
All({<table> | <column>[, <column>[, <column>[,…]]]} )
AllSelected([<tableName> | <columnname>])
AllExcept(<table>,<column>[, <column>[,…]])
```

【例 11.12】 检验前面用 Related 和 RelatedTable 函数建立的“4.销售量”和“7.销售笔数”度量公式，并计算各销售等级的啤酒销量与它占啤酒总销量的百分比。

可以用 All 清除度量公式上下文筛选条件和查询筛选条件，计算啤酒的总销量，再用 AllExcept 函数清除所有筛选上下文，但保留“销售等级”筛选上下文，用 AllSelect 函数选择“销售等级”建立度量公式，如图 11-61 所示。

<1> 在销售表中建立度量公式 8、9、10、11、12，如下所示：

```
1.销售量 := Sum('销售表'[数量])
8.All 总销量 := Calculate([1.销售量], All('销售表'))
9.AllExcept := Calculate ([1.销售量], AllExcept('销售表', '销售表'[销售等级]))
10.销售等级销量 %:= [9.AllExcept]/[8.All 总销量]
11.AllSelect := Calculate ([1.销售量], AllSelect ('销售表'[销售等级]))
12.AllSelect 销售类别 %:= [1.销售量]/[11.AllSelect]
```

<2> 选择"开始"→"数据透视表",将销售表中的"销售等级"拖放到透视表的"行"标签,将度量公式4、7、8、9、10、11、12拖放到"Σ值"位置进行聚合运算,结果如图11-62所示。B列的销售额是度量公式4的运算结果,它应用 Related 筛选器从啤酒类别表中查询"单价",然后用 SumX 计算销售总额。

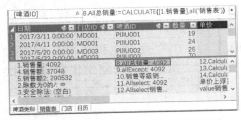

图 11-61 用 All 筛选器清除删选条件

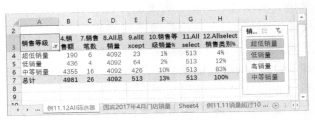

图 11-62 Related 和 All 筛选器应用

D 列是用 DAX 公式 "=Calculate([1.销售量], All('销售表'))" 计算的,每个单元格的数字都相同,是销售表中"数量"列的总和。以单元格 D4 的计算为例,其运算过程如下:

<1> 数据透视表和切片器为单元格 D4 确定初始筛选上下文,为 D4 从销售表中筛选出"销售等级"为"超低销量"的所有数据行,这些数据行就是 D4 的初始上下文。

<2> Calculate 函数的第 2 个参数 All 清除 D4 的初始上下文,从销售表中获取全部数据行,作为 Calculate 函数的筛选上下文。

<3> 对筛选上下文(即销售表全部数据行)中的"数量"列实施求和运算,该运算是由度量公式 1 提供的。计算出销售表的"数量"列的总和为 4092。

D 列的所有单元格都是按照这个步骤执行的,因此所有单元格的值都是 4092。

对比 D、G 列的度量值,可以理解 All 和 AllSelect 函数的区别。因为切片器中选中了超低销量、低销量和中等销量,所以 G 列各单元格计算出的是这 3 种销售等级啤酒的总销量,即 513。如果再选中切片器中的高销量,则所有单元格的总和就是 4092。

E 列的 DAX 公式为:

"=Calculate([1.销售量], AllExcept('销售表', '销售表'[销售等级]))"

其中,AllExcept 筛选器清除了各单元格的初始上下文,但保留了"销售等级"列的筛选上下文。也就是说,"销售等级"是有效的,将用于数筛选。以单元格 E4 为例,运算过程如下。

<1> 数据透视表,结合切片器中的选中项为单元格 E4 建立查询上下文:从销售表中提取"销售等级"列的值为"超低销量"的所有数据行。

<2> Caculate 函数的筛选器 AllExcept 清除作用在销售表各列上的所有筛选条件,但是不清除"销售等级"列上的条件,因此 E4 的上下文与第<1>步由数据透视表建立的上下文相同。

<3> 按照单元格 E4 的上下文(Calculate 自动将行上下文转换成筛选上下文),执行求和运算,结果是 23。

E 列其他单元格都按照这样的方式执行,由于每个单元格的上下文不同,因此计算出的总和不同。

G 列 AllSelect 度量公式如下,以 G4 单元格的计算为例,分析其执行过程:

"=Calculate([1.销售量],AllSelected('销售表'[销售等级]))

<1> 数据透视表为 G4 确定的初始上下文为:从销售表中筛选出"销售等级"为"超低销量"的数据行。

<2> 执行 Calculate 中的筛选器。由于切片器中的选中项"超低销量""低销量""中等销量"都是"销售等级"列中的取值，因此对该列的 AllSellected 筛选器，将从销售表中选中这些销售等级的全部数据行。

　　<3> 对单元格 G4 的筛选上下文执行求和运算，结果为 513，即"超低销量""低销量""中等销量"等级的啤酒总销售量为 513 瓶。

　　All 和 AllSelected 筛选器能够对数据列或选择数据求总和，可以用来计算子类别数据在总体数据中的百分比，如图 11-62 的 F 列和 H 列所示。F 列的分母是 All 筛选器计算的，是所有啤酒的销售总量。因为所有销售类别的销量百分比之和才是 100%，但当前并未选中"高销量"，所以单元格 F7 中的汇总数是 13%。这是"超低销量""低销量""中等销量"三者占总销量的百分比。如果在切片器中选中"高销量"，这个比例就会是 100%。

　　H 列的分母采用的筛选器是"AllSelected('销售表'[销售等级])"，即用切片器中所有选中销售等级的销售总量为分母。因此，单元格 H7 中的汇总比是 100%，这个效果正是数据分析报告所需要的。这两个案例示范的就是 All 和 AllSelected 筛选器的主要用途。

11.5.7　唯一值、X 函数与数据透视表"总计"不等的处理

1．Distinct、Value、HaveOneValue 函数和唯一值

　　在数据分析过程中，有时候需要从表的某列数据中去除重复值，生成一张只有一列没有重复值的数据表，并将此表作为 Calculate、Filter 之类 DAX 函数的参数。Distinct 和 Value 函数提供的就是这样的功能，其用法如下：

```
Distinct(<column>)
Values(<column >)
```

其中，column 是指定表中的列名称，或者是能够返回一列数据的表达式。

　　Distinct/Values 函数先删除 column 中的重复值（相同值只保留一个），然后返回只包含去重后的 column 一列数据的表。

　　例如，下面度量值中的 Values 函数返回由销售表中"销售等级"列中的不同数据"高销量""低销量""中等销量""超低销量"4 个值构成的表，并将此表提供给 CountRows 函数计算其中的数据行数，如果在使用"Values 销售等级"度量值的上下文中没有其他筛选条件，值即为 4。若将其中的 Values 替换成 Distinct，将具有完全相同的功能。

```
Values 销售等级 := Countrows((Values('销售表'[销售等级])))
```

　　Distinct、Values 函数通常嵌套在某一公式中，以便获取可以传递到其他函数并进行计数、求和或用于其他操作的非重复值的列表。在通常情况下，二者的功能完全相同，对相同参数列的运算结果也相同。但是，在把这两个函数的返回列作为其他函数（如 SumX、Calculate 等）的参数，它们的返回列值与上下文不匹配时，Values 函数可以返回一个"未知值"，而 Distinct 函数会以出错而结束。

　　因此，应当尽量使用 Values 获取非重复的列值，少用 Distinct 函数。特别是从数据模型的多表中查询数据时，在某个值本当在多表中同时出现却只出现一个表中的情况下，Values 函数将返回一个"未知值"，表示没有匹配值，这很有用。因为用 Distinct 函数时，若出现这种情况，就会因错误而停止运算。

　　HaveOneValue 也是一个处理唯一值的函数，判断指定列中的值是否唯一，用法如下：

```
HasOneValue(<column>)
```

当 column 的上下文筛选中只剩下一个非重复值时，将返回 True，否则为 False。

HasOneValue 函数通常与 If 条件函数结合使用，用于判断某个列值是否唯一。若唯一，就执行某个度量公式，否则返回空值，如下所示。

If(HaveOneValue('表'[列], 度量值, Blank())

当然，反之也未尝不可。

2．X 函数

在求总和、最大值、最小值、计数、平均值函数中，DAX 比 Excel 中多了一个以 X 为后缀的函数。别小看这个多出的 X，与没有 X 的同名函数相比，存在以下两点重要区别。

① 没有 X 后缀的函数只能以数据表的列为参数进行计算，而有 X 后缀的函数可以先对列进行运算（如"[定价]*80%"）后，再对运算结果进行统计。

② 有 X 后缀的函数与 Filter 一样，它们是行上下文函数。因此，在需要对数据表进行逐行运算后再进行聚合时，用 X 系列函数就使问题变得极其简单。例如，在啤酒销售模型中要对销售表的单价上浮 15%后，计算出啤酒的总销售金额，可用下面的度量公式：

单价上浮 15%后的总销售额:=Sumx('销售表',[数量]*([单价]*1.15))

其中，SumX 函数的运算过程代表所有 X 系列函数的运算过程，大致可分为以下几步。

<1> 由于 SumX 是行上下文函数，因此逐行扫描销售表，建立函数运算的上下文。

<2> 对第 1 行数据执行"[数量]*([单价]*1.15)"运算，返回计算结果，并记录该结果。

<3> 对第 2 行数据执行"[数量]*([单价]*1.15)"运算，返回计算结果，并记录该结果。

<4> 对第 3 行、第 4 行……最后一行执行运算，并记录运算结果。

<5> 对前面的全部记录结果求总和。

这就是所有 X 系列函数的运算过程，当需要对数据表进行逐行运算时，它们的强大功能就显示出来了。常用的 X 函数如下：

RankX(<table>, <expression>[, <value>[, <order>[, <ties>]]])
MaxX(<table>,<expression>)
MinX(<table>, <expression>)
CountX(<table>,<expression>)
CountaX(<table>,<expression>)
AverageX(<table>,<expression>)
SumX(<table>, <expression>)

各函数中的 expression 通常是对列进行运算的表达式。

3．数据透视表"总计"不等于对应行列之和的解决方法

在例 11.11 中用度量公式计算每个月销售超过 100 的门店的总销量时，出现了"总计"不等于对应列数据之和的情况，如图 11-63 所示。下面应用 HasOneValue、SumX、Values 和 Distinct 筛选器函数来解决此问题。

【例 11.13】度量公式计算出的数据透视表中的"总计"数据并不等于对应列的数字之和，易让人怀疑数据透视表的正确性，对它进行适当处理。要么不显示"总计"，要么使它等于数据透视表对应列的数字之和，如图 11-64 的 D、E、F 列所示。

如前所述，在使用度量公式进行聚合运算的数据透视表中，包括"总计"在内的所有单元格中的数字都是用度量公式根据各单元格的上下文计算出来的。也就是说，"总计"并非对它

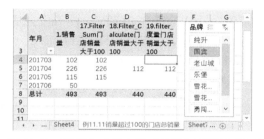
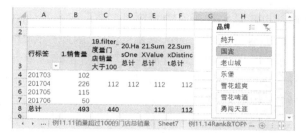

图 11-63　度量公式算出的"总计"不等于列汇总　　图 11-64　用 HasOneValue 和 Values 处理总计

所在列（行）的单元格数据进行加总求和所得，而是用度量公式根据它的上下文计算出来的，这对于使用了大于、小于、不等于之类比较运算的度量公式而言，通常会出现"总计"不等于对应列（行）数字之和的情况。本例也是如此。

用 If、HasOneValue、SumX、Values（或 Distinct）函数对计算门店销量的度量公式进行改写，可以实现对"总计"的特殊处理，要么不显示，要么让它真正成为对应列的"总计"。

<1> 在 Power Piovt 的销售表中建立度量公式 20、21 和 22。

> 20.HasOne 总计 := If(HasoneValue('日历'[年月]), Calculate([1.销售量],
> 　　　　　　　　Filter('门店',[1.销售量]>100)), Blank())
>
> 21.SumXValue 总计:= SumX(Values('日历'[年月]),Calculate([1.销售量],Filter('门店',[1.销售量]>100)))
>
> 22.SumXDistinct 总计 := SumX(Distinct('日历'[年月]), Calculate([1.销售量],
> 　　　　　　　　Filter('门店', [1.销售量]>100)))

<2> 选择"开始"→"数据透视表"，在新工作表中"插入"数据透视表，将日期表中的"年月"字段拖放到"行"标签区域，将销售表中的度量公式 1、19、20、21、22 拖放到"Σ值"区域，运算结果见图 11-64。

<3> 单元格 D8 中的"总计"为空的。其中，C 列是用前面定义度量公式 19 计算出来的，如下所示：

> 19.Filter_度量门店销量大于 100 := Calculate([1.销售量], Filter('门店',[1.销售量]>100))

从中可以看出，"总计"（单元格 C8）的值并不等于 C4:C7 区域的总和，不是有错误，而是单元格 C8 的筛选上下文不同于 C4:C7 区域的筛选上下文。C4:C7 区域的筛选上下文是：计算"国宾"（切片器中的条件）啤酒指定年月（行标签确定）销量大于 100 的门店。但单元格 C8 的筛选上下文是：计算"国宾"（切片器中的条件）啤酒所有年月（行标签 A8 不对应任何月份，即不对年月进行筛选）销量大于 100 的门店。因此，单元格 C8 中多出 C4:C7 区域总和的数值就是单月销量未超过 100 但几个月加起来的销量超过 100 的门店的总销量。

D 列是用度量公式 20 计算出来的，公式通过 If 函数在单元格 D8 中填写了空白。

> If(HasOneValue('日历'[年月]),Calculate([1.销售量],Filter('门店',[1.销售量]>100)),Blank())

If 条件的含义：如果"HasOneValue('日历'[年月])"识别出筛选上下文中只有 1 个"年月"，就执行 Calculate 部分的计算，否则返回由 Blank 函数生成的空白。

在 D4:D7 区域的每个单元格中，都由 A 列"行"标签为它确定了唯一的"年月"值，因此其结果是用"Calculate([1.销售量], Filter('门店', [1.销售量]>100))"计算出来的。例如，单元格 D4 对应的"年月"只有 201703，HasOneValue 函数的结果是 True，就执行 Calculate 函数，最后计算出"2017 年 3 月国宾啤酒销量超过 100 的门店的总销量"。结果是这个月没有任何门店的啤酒销量超过了 100，因此单元格 D4 的结果为空白。

单元格 D8 对应的行标签是单元格 A8，其中没有任何"年月"值，即不对"年月"进行筛选，也就是包括所有的"年月"值，即"201703""201704""201705""201706"，所有度量值中的 HasOneValue 的结果是 False，因此执行 Blank 运算，将空白填写在单元格 D8 中。

<4> 单元格 E8、F8 的"总计"正确。单元格 E8 和 F8 中的"总计"正好是 E 列或 F 列各分项的"总和"，这可能才是分析报告中需要的结果。以单元格 E8 为例，分析这个结果的由来。E4:E8 区域中的度量公式是：

=SumX(Values('日历'[年月]), Calculate([1.销售量], Filter('门店', [1.销售量]>100)))

以单元格 E4 为例简要说明这个公式的运算过程。

① Values 函数从日期表的"年月"计算出由"201701""201702"…"201712"组成的只有 1 列数据的虚拟表。

② SumX 函数在 Values 返回的虚拟表中创建行上下文，并逐行扫描。第 1 行是"201701"与单元格 E4 的筛选上下文"201703"（由行标签 A4 确定）不匹配，因此放弃 Values 返回表的第 1 行；第 2 行由于同样的原因也被放弃。

③ 继续扫描 Values 返回表的第 3 行，为"201703"，符合单元格 E4 的筛选上下文。因此将该行转换为筛选上下文，即通过数据模型中的关系，从销售表中筛选出"年月"为"201703"的全部数据行，将由这些数据行构造的虚拟表提供给"Calculate([1.销售量], Filter('门店', [1.销售量]>100)"运算，并记录下运算结果。

④ 继续扫描 Values 返回表的其他行，由于这些行的年月值与单元格 E4 筛选上下文中的年月"201403"不匹配，因此都被放弃。

⑤ 汇总前面各步骤 Calculate 函数的运算结果，并填写在单元格 E4 中。

单元格 E5～E8 中度量值的计算过程与此完全相同。对于单元格 E8 而言，对应的行标签中（单元格 A8）没有对年月的筛选要求，因此会对 Values 返回的虚拟表中的每个"年月"（即 2017 年 1 月至 2017 年 12 月）建立行上下文，并从 201701 开始将每个行上下文转换成筛选上下文；再从销售表中筛选出每个"年月"的数据行提供给 Calculate 运算，并记录下每个年月对应的计算结果，共 12 个计算结果（因为 Values 中有 12 个年月）；最后对这 12 个结果求和。

从上述过程可以看出单元格 E8 与 C8 的区别：单元格 E8 是每次先从销售表中找出一个月的销售数据，再从中筛选出销量大于 100 的门店，最后对这些门店当月的销售量求和；但是单元格 C8 是从销售表中提取全部数据，从中找出销量大于 100 的门店，再对这些门店的销量求和，因此它的"总计"中包含 2017 年 3～5 月单月销售量不超过 100 但几个月的总量超 100 的门店的销量，所以结果比单元格 E8 的大。

F 列的计算原理和过程与 E 列完全相同，唯一的区别是，它用 Distinct 而非 Values 函数生成包括日期表中全部"年月"的虚拟表。

11.6 RankX、TopN 函数和排名

数据分析领域通常会对各类数据进行排名，如高考成绩、销售数量、工资收入等。DAX 中可以用 RankX 函数对数据进行排名，还有一个相近功能的 TopN 函数，能够返回数据表中指定的前 n 行。用法如下：

RankX(<table>, <expression>[, <value>[, <order>[, <ties>]]])

其中，table 是要排名的数据表或者返回表的表达式，expression 是计算排名值的表达式（通常是度量值），value 是一个表达式（通常省略），order 是排序方式（默认为 0 表示降序，1 为升

序），ties 是并列名次的处理方法（可取 skip 和 dense，如有 5 个数排序有 2 个并列第 3 名，设置为 skip 时，下一个名称就是第 5，没有第 4；设置为 dense 时，下一个名次就是第 4，没有第 5）。

```
TopN(<n>, <table>, <expression1>, [<order1>[, <expression2>, [<order2>]]…])
```

TopN 函数根据 expression1 的计算值从 table 表中提取前 *n* 行数据，order1 为 0（默认）是按降序排序后提取，为 1 是按升序排序后提取。TopN 函数可以对表进行多关键字排序后提取数据行，expression2 和 order2 用于设置第 2 排序关键字和排序方式。

【例 11.14】 在啤酒销售模型中计算各品牌啤酒的销量排名、销量前 3 名的总销量。

这个问题可以用 RankX 和 TopN 函数解决，但是在应用这两个函数写度量公式的过程中，需要注意函数中引用的表与数据透视表中的上下文的相关性。也就是说，在用 RankX 和 TopN 写度量公式时，应当考虑数据透视表行（列）标签确定的初始上下文。为此，针对本例要求，编写正确的度量公式 24 和 26，错误的度量公式 25 和 27，如图 11-65 所示。

<1> 在 Power Pivot 的销售表中建立度量公式 24、25、26、27。

```
24.Rank 排名 := RankX(All('啤酒类别'[品牌]), [1.销售量])
25.Rank 品牌错误排名 := RankX('啤酒类别', [1.销售量])
26.Top 销售前 3 品牌总销量 := Calculate([1.销售量], TopN(3,All('啤酒类别'[品牌]), [1.销售量]))
27.Top 销售前 3 品牌_错误 := Calculate([1.销售量], TopN(3,'啤酒类别', [1.销售量]))
```

<2> 插入一个数据透视表，将啤酒类别表中的“啤酒品牌”拖放到“行”标签区域，将销售表中的度量值 1、24、25、26、27 拖放到“Σ值”区域，运算结果如图 11-66 所示。

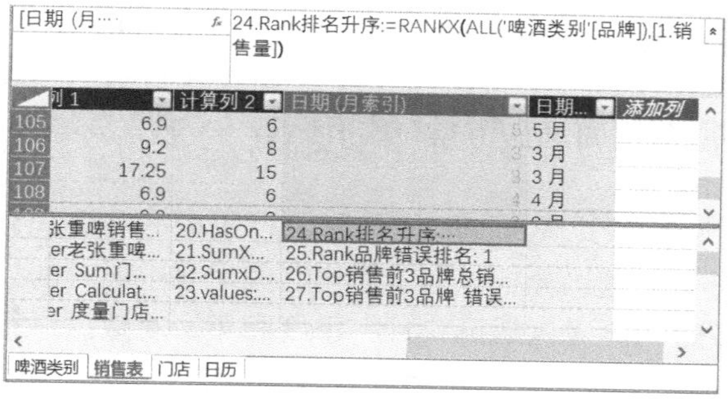

图 11-65 度量公式算出的“总计”不等于列汇总

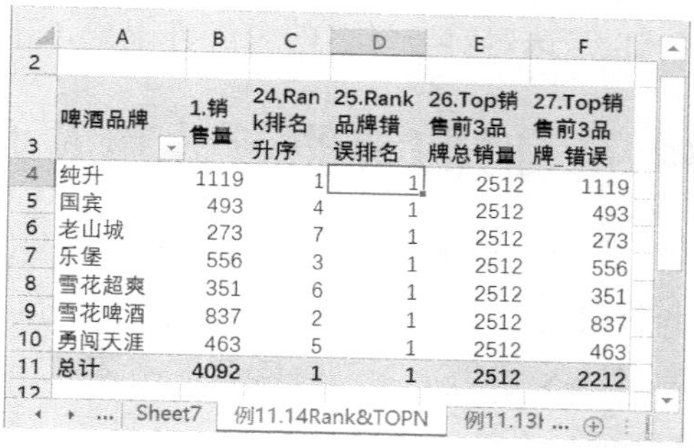

啤酒品牌	1.销售量	24.Rank排名升序	25.Rank品牌错误排名	26.Top销售前3品牌总销量	27.Top销售前3品牌_错误
纯升	1119	1	1	2512	1119
国宾	493	4	1	2512	493
老山城	273	7	1	2512	273
乐堡	556	3	1	2512	556
雪花超爽	351	6	1	2512	351
雪花啤酒	837	2	1	2512	837
勇闯天涯	463	5	1	2512	463
总计	4092	1	1	2512	2212

图 11-66 用 HasOneValue 和 Values 处理总计

从图 11-66 可以看出，C 列的排名是正确的。以单元格 C4 为例，其运算过程如下。

<1> 识别出单元格 C4 的筛选上下文为“纯升”，但度量公式中的 All 函数扩大了筛选上下文为所有啤酒品牌组成的只有一列的数据表，这个表与 A 列的内容完全相同。

<2> RankX 是行上下文函数，从 All 函数建立的啤酒品牌表的第一行到最后一行进行扫描，将每行的行上下文转换成筛选上下，依次计算出各品牌啤酒的销量。

<3> 计算出“纯升”的销量在所有品牌销量中的排名，并填在单元格 C4 中。

C 列其他单元格也按这种方式进行排名运算，到单元格 C11 的“总计”排名时，其筛选上下文包括所有啤酒品牌，即“所有品牌啤酒的总销量在 All 函数建立的所有品牌啤酒销售中的排名”，参与排名的就是总销量本身，当然是第 1 名。对于这样的问题，可以用 HasOneValue 函数将其隐藏起来，参考例 11.13。

单元格 D4 的初始上下文是“纯升”，与 RankX 中的“啤酒类别”表不矛盾，由它们共同确实的筛选上下文就是啤酒类型表中的“纯生”的排序，由于没有使用 All 函数，因此是“纯升销量在纯生销量中的排名"。自然是第 1 名。由此可知，D 列每个单元格的度量公式 25 其实计算的是每种啤酒品牌在自己中的排名，而不是在所有啤酒品牌中的排名。

因此，应当在度量公式 25 中的表名"啤酒类别"前加上 All，即"RankX(All('啤酒类别'), [1.销售量])"。但是，用这个 DAX 计算出的排名仍然存在问题，因为"All('啤酒类别')"构造出的表结构与图 11-57 中 A 列的品牌并不一致，但 RankX 会在 All 建立的表中计算 A 列各品牌啤酒的排名，结果不一定正确。

从上述分析可以得出的结论是：当要计算排名时，要求 RankX 中的表在结构和内容上都应当与数据透视表中的"行"标签中的内容相同。

TopN 不是 X 系列函数，因此不是行上下文函数。单元格 E4 的初始筛选上下文是从销售表中筛选出"纯升"啤酒的销售数据行，但是度量值 26 中的"TopN(3, All('啤酒类别'[品牌]), [1.销售量])"将由 All 筛选器清除初始筛选上下文，并从销售表中筛选出品牌销量排名前 3 的所有数据行，再提供给 Calculate 计算。由此可知，度量值 26 计算出的是所有啤酒品牌中前 3 名的总销量，结果是 2512。E5、E6 等都是这样计算出来的，因此都是 2512。

单元格 F4 的初始筛选上下文也是"纯升"品牌，与度量公式 27 的"TopN(3, '啤酒类别', [1.销售量])"中指定的表"啤酒类别"相结合，确定 F4 单元格的最终筛选上下文为"啤酒类别表中纯升品牌的销售数据"，因此 TopN 返回一个只有"纯升"销售记录的虚拟表，并提供给 Calculate 计算，其结果是 1119。从对单元格 F4 的运算过程分析可以看出，度量公式 26 实际计算的是当前行中啤酒品牌的销售。

从对单元格 D4、F4 错误原因的分析过程中可知，在用 RankX 和 TopN 进行排名时，应当用 All 筛选器对要排名的表进行限定，构造出参加排名的整体数据表，才能实现正确排名。

11.7　时间智能函数和人力资源案例模型中的度量公式

时间是数据分析中不可缺少的重要因素，通常需要从日期时间维度进行数据的观察和分析，如销量、人力资源、利润与往年的同比、环比、增比分析。为了简化这些运算中的时间处理，DAX 提供了系列时间智能函数，用于通过时间段（包括日、月、季度和年）对数据进行各种聚合运算，然后生成和比较针对这些时段的分析报表，支持商业智能分析的需要。

11.7.1　常用时间智能函数

DAX 中的时间智能函数，大致可分为时间段、时间点和时间计算几类，极大地方便了数据分析中的时间计算需求。

图 11-67 是例 11.3 的人力资源模型中差聘员工数据透视表，当前的筛选上下文是 2013-11-1 至 2013-11-13 期间的差聘员工数，该上下文由"日期"日程表中的时间确定。"日期"日程表是用人力资源模型中的"'日历'[日期]"建立的。现以此日程表为上下文，简要介绍 DAX 中的几个常用时间智能函数。

1. 时间段函数

时间段函数实现对时间区间的管理，其特点是具有一个日期列参数，函数的返回值也是只有一列日期的一张表，其中的日期列是对"日期列"参数的运算结果。

```
DateAdd(日期列, n, interval )
DateSinPeriod(日期列, 开始日期, n, interval)
```

图 11-67　人力资源模型日期表中的日期日程表

其中，*n* 是整数，interval 用于确定 *n* 的单位，可取 year、quarter、month、day。

两个函数都返回只有一列日期的数据表。DateAdd 函数返回的是对日期列参数加减 *n* 年（或季、月、天）后的日期。DateSinPeriod 函数返回从"开始日期"起，间隔 *n* 年（或季、月、天）后的日期。例如，DateAdd('日历'[日期], -1, year)是上下文日期前移 1 年的日期，结果为：2012/11/1 至 2012/11/13 之间日期构成的表；DateSinPeriod('日历'[日期], Date(2013,08,24), -21, day))的结果是 2013-8-3 至 2013-8-23 之间的日期构成的表。

而函数

SamePeriodLastYear(日期列)

返回只有一列日期的表，这些日期是"日期列"参数去年同期的日期。

例如，在图 11-67 的上下文中，函数 SamePeriodLastYear('日历'[日期])与 DateAdd('日历'[日期], -1, year)的结果完全相同，即由 2012/11/1 至 2012/11/13 之间的日期构成的表。

Datesbetween(日期列, 开始日期, 结束日期)

返回只有一列日期的表，表中的日期是日期表中开始日期～结束日期之间的日期。

Dates/Mtd/Qtd/Ytd(<日期列>)

返回从本月、本季、本年开始累积到当前的所有日期组成的表，表中只有一列日期数据。

Previous/Day/Month/Quarter/Year(<日期列>)
Next/Day/Month/Quarter/Year(<日期列>)

PrevoiusXX 返回由"日期列"参数的上一个"日/月/季/年"的日期构成的表，NextXX 返回由日期列参数的下一个"日/月/季/年"的日期构成的表。

例如，针对图 11-67 中的上下文，DatesYtd('日历'[日期])的结果是本年开始到当前的日期，即 2013-1-1 至 2013-11-12 之间的日期构成的表。而 DatesQtd('日历'[日期])返回第 4 季度开始到当前的日期即 2013-10-1 至 2013-11-13 之间的日期构造的表。PreviousMonth('日历'[日期])返回上下文中第 1 个日期之前的月，即由 2013-10-1 至 2013-10-30 之间的日期构成的表。NextYear('日历'[日期])返回由上下文中第一个日期之后的一年，即 2014-1-1 至 2014-12-31 之间的日期构成的表。

ParallelPeriod(<日期列>, <*n*>, <interval>)

其中，*n* 是一个整数，interval 可以是"年/季/月"之一。函数的结果是返回只有一列日期的表，其中的日期是"日期列"参数前移或后移 *n* "年/季/月"后的日期，"年/季/月"由 interval 指定。如针对图 11-67 的日程表上下文，ParallelPeriod('日历'[日期], -2, year)返回的是 2011/11/1 至 2011/11/12 之间的日期构成的表。

2. 时间点函数

时间点函数对上下文中的日期列参数进行运算，返回一个确定的日期，即只有一行一列的数据表。

✿ EndOf/Month/Quarter/Year(<日期列>)：返回上下文中月/季/年的最后一个日期。

✿ FirstDate/LastDate(<日期列>)：返回上下文中的第一个/最后一个日期。

✿ StartOf/Month/Quarter/Year(<日期列>)：返回上下文中月/季/年的第一个日期。

例如，针对图 11-67 的上下文，EndOfMonth('日历'[日期])=2013/11/30，EndOfQuarter('日历'[日期])=EndOfYear('日历'[日期])=2013/12/31，FirstDate('日历'[日期])=2013/11/1，LastDate('日历'[日期])=2013/11/13，StartOfMonth('日历'[日期])=2013/11/1。

时间段和时间点函数不能够单独使用，只能作为其他 DAX 函数的参数，通常用作 Calculate 函数的筛选器参数，以便从时间维度上分析数据。

3. 时间计算函数

时间计算函数对上下文筛选出的时间范围类的数据进行运算，返回一个数值结果。与前两类智能时间函数不同的是：时间计算函数的结果不是只有一列日期的表，而是一个数值。因此这类函数常用来编写度量公式，或作为 Calculate 函数的参数。

> ClosingBalance/Month/Quarter/Year(expression, 日期列[, filter])
>
> OpeningBalance/Month/Quarter/Year(expression, 日期列[, filter])

这两个系列函数功能相近，用于对当前上下文中第 1 天和最后 1 天的数据实施 expression 中的运算，结果是一个数字。ClosingBalance 系列函数针对"月/季/年"最后一个日期运算，OpeningBalance 系列函数针对"月/季/年"的第 1 个日期运算。

> Total/Mtd/Qtd/Ytd(expression, 日期列[, filter])

计算上文中本"月/季/年"至今的 expression 值，返回一个数字。

时间计算函数常被用来编写度量公式，实现指定时间段内的数据统计运算。例如：

> 季末新员工 ：= ClosingBalanceQuarter(Sum('雇员'[是否新员工]), '雇员'[日期])
>
> 当前新员工 ：= TotalYtd(Sum('雇员'[是否新员工]), '雇员'[日期])

针对图 11-67 中时间上下文，度量值"季末新员工"计算的是 2013 年第 4 季度的新员工数，"当前新员工"计算的是 2013/11/1 至 2013/11/13 期间的新员工数。

11.7.2 人力资源分析模型中的度量公式

现在来完成本章例 11.3 中介绍的人力资源模型中的数据计算任务：

✪ 在职员工的当前人数、同比人数、同比增量、环比增量，以及对应的百分比。

✪ 离职员工的当前人数、同比人数、同比增量、环比增量，以及对应的百分比。

✪ 差聘员工的当前人数、同比人数、同比增量、环比增量，以及对应的百分比。

在例 11.3 建立的人力资源模型基础上，用度量公式可以容易地实现上面的数据计算任务，如果在度量公式中引用时间智能函数来计算同比和环比数据，问题就更简单了。

前面曾经介绍，Power Pivot 中的度量公式工作在数据模型之上，不属于任何数据表，但必须在某个数据表中建立它。如果在某个数据表中建立全部度量公式，则会与该表的数据字段混杂在一起，显得非常混乱。因此，可以将所有的度量公式独立地建立在一个表中，该表只保存度量公式，不保存任何数据。

【例 11.15】 复制例 11.3 的数据表的一份副本，将数据源工作簿改名为"chart11.15 人力资源分析数据源.xlsx"，在 Excel 中建立名为"chart11.15 人力资源 DAX 度量公式.xlsx"的工作簿。

按下面的步骤为人力资源分析模型添加度量公式。

（1）添加保存度量公式的新工作表，重建 Power Pivot 数据模型

<1> 在数据源表中添加一个新工作表，将工作表名称改为"度量公式"。

<2> 打开"chart11.15 人力资源 DAX 度量公式.xlsx"工作簿，选择"Power Pivot"→"数据模型"→"管理"，启动 Power Pivot。

<3> 选择"开始"→"获取外部数据"→"从其他源"→"Excel 文件"，选中"chart11.15 人力资源分析数据源.xlsx"中的数据表，然后建立 Power Pivot 数据模型，如图 11-68 所示。其中的"度量公式"表没有与事实表连接的字段，不用建立关系。

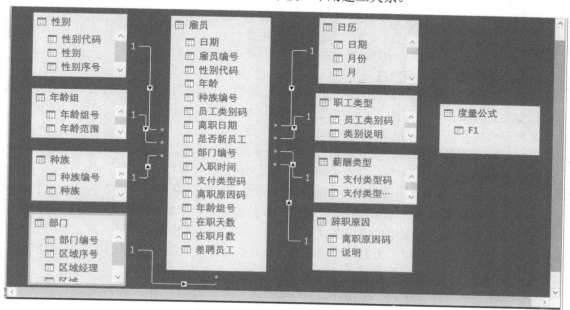

图 11-68　人力资源数据分析模型

（2）建立计算在职人员的度量公式（差聘员工统计的度量公式留为本章作业）

选择"开始"→"数据视图"，选中"度量公式"数据表，然后在该表 F1 列下面的单元格中输入以下度量公式：

1.当前职工数 := Calculate(Count('雇员'[雇员编号]), Filter(All('日历'[年月期间]),
'日历'[年月期间]=Max('日历'[年月期间])))

2.平均在职天数 := Average('雇员'[在职天数])

3.平均在职月数 := Round([2.平均在职天数]/30,1)-1

4.平均年龄 := Round(Average('雇员'[年龄]),0)

5.职工同比人数 := Calculate(Count('雇员'[雇员编号]), Filter(All('日历'[年月期间]),
'日历'[年月期间]=Max('日历'[年月期间])), SamePeriodLastYear('日历'[日期]))

6.在职员工数 := Calculate([1.当前职工数], Filter('雇员', IsBlank('雇员'[离职日期])))

7.在职同比人数 := Calculate([6.在职员工数], SamePeriodLastYear('日历'[日期]))

8.在职同比增量 := [6.在职员工数]-[7.在职同比人数]

9.在职增比 := Divide([8.在职同比增量], [7.在职同比人数])

（3）建立离职人员统计的度量公式

10.离职员工数 := Calculate(Count('雇员'[雇员编号]), Filter('雇员', Not(IsBlank('雇员'[离职日期]))))

11.离职同比人数 := Calculate([10.离职员工数], SamePeriodLastYear('日历'[日期]))

12.离职同比增量 := [10.离职员工数]-[11.离职同比人数]

13.离职在职比 := Divide([10.离职员工数], [6.在职员工数])

14.离职在职同比 := Divide([11.离职同比人数], [7.在职同比人数])

15.离职同期增比 := Divide([12.离职同比增量], [11.离职同比人数])

16.种族性别离职比 := Calculate([13.离职在职比], All('性别'[性别]), All('种族'[种族]))

17.离职非种簇因素 := [13.离职在职比]-[16.种族性别离职比]

（4）建立新员工统计分析的度量公式

18.新员工数 := Sum('雇员'[是否新员工])

19.新员工同比人数 := Calculate([18.新员工数], SamePeriodLastYear('日历'[日期]))

20.新职工同比增量 := [18.新员工数]-[19.新职工同比人数]

21.新职工增比 := Divide([20.新职工同比增量], [19.新职工同比人数])

（5）检验度量公式，多维度分析在职人员

在人力资源分析案例模型中，还需要对在职时间少于 60 天的差聘员工进行对比分析，其对应的度量公式留作本章作业。下面建立一个简单的数据透视表，并从地区、性别、年龄、民族等多维度分析在职员工的人数。

<1> 选择"开始"→"数据透视表"，新建一个数据透视表。

<2> 将日期表中的"月"字段拖放到"行"标签区域。

<3>为数据透视表插入 4 个维度分析切片器，定义切片器的字段与其所在的数据表的对应关系如下：日期表→"年"，部门表→"区域"，年龄组表→"年龄范围"，民族表→"民族"。

说明：由于数据透视表中的度量公式 5、6、8、9 等在计算当前在职员工或去年同比人数等数据时，必须以指定的某年为数据筛选依据，因此必须建立"年"（或年份）字段的切片器，否则在数据筛选时分出现运算错误。

<3>选中"年"切片器中的某个年度（如 2014），然后将度量公式 5、9、7、6、8 拖放到"Σ值"区域。

<3> 最后的数据透视表如图 11-69 所示。从各切片器的选项可以知道，当前显示的是 2014 年南部地区 B 种人女性职工的在职人数和去年同比人数的情况。

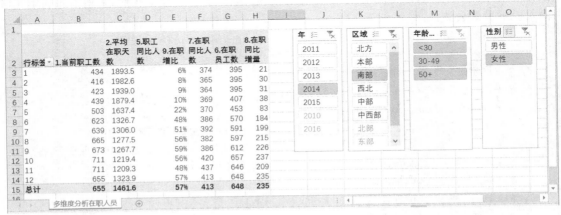

图 11-69　多维度分析在职人员信息

说明：图 11-69 的 D 列数据是由度量公式"5.在职同比人数"计算的，明显存在错误。因为当前切片器为 2014 年，同比人数应是 2013 年的人数，对比 F 列就知道该不应该为空。其实度量公式 5 没错误，错在将日期表中的"年月日期"字段设置成了文本类型，而度量公式 5 中使用了"Max('日历'[年月期间])"，该函数会返回错误值。因此，在写度量公式时，应当重视 DAX 函数中引用的表字段类型。

选择切片器中的不同选项，可以得出从地区、种族、性别、职员上司、年龄、年、月、季等多维度对在职、离职、差聘员工的数据分析透视表，为人力资源管理的决策提供支撑。

除了用于建立数据透视表，度量公式还可以用在 Power View 中制作可视化图表，第 12 章将用上面的度量公式制作人力资源管理的仪表板。

小　结

Power Pivot 能够通过数据建模把 Excel 工作簿、文本文件、Access 或 Oracle 数据库之类具有不同格式的不同数据源文件整合到同一数据模型中，并且提供了模型中各数据表之间的自动转换和查询功能，解决了在 Excel 中必须用 VLOOKUP 等函数从多个工作表中提取数据到同一工作簿，然后才能进行分类汇总和透视分析的难题，使数据分析人员能有更多的时间专注于数据分析和可视化报告的制作。DAX 函数扩展了 Excel 的数据计算和分析能力，筛选器、Calculate 和时间智能函数极大地简化了复杂的、重复的数据分析工作，度量公式能够自动识别筛选上下文进行数据的智能运算。有了 Power Pivot，Excel 中的多表查询和透视、大数据环境下的多维数据分析已经变得极其简单，应该掌握 Power Pivot 数据建模，理解筛选上下文，学习 DAX 函数并编写度量公式，因为这些的确能够提高数据分析的效率。

习 题 11

【11.1】　"EX11.1 人力资源 DAX 学习数据源.xlsx"是本章应用的人力资源管理案例模型中的数据源表，完成以下任务：

（1）重新建立一个"HR Power Pivot 分析"工作簿，并以"EX11.1 人力资源 DAX 学习数据源.xlsx"作为数据源，在 Power Pivot 中建立该数据源的数据仓库模型。

（2）参考例 11.5 中的度量公式，建立差聘员工数据分析的度量公式：22.差聘员工数、23.差聘员工同比人数、24.差聘员工同期增量、25.差聘员工同期增比、26.差聘员工在职比、27.差聘员工在职同比。

（3）建立差聘员工分析的数据透视表，从不同的年、月、人种、地区、年龄段、薪酬类型对建立的度量公式进行透视分析。

第 12 章　数据可视化 Power View

📖 **本章导读**

- ⊙ 数据可视化与 Power View
- ⊙ 数据模型
- ⊙ 仪表板与动态图表
- ⊙ 多维度数据分析图表

Power View 是一种数据可视化技术，能够为 Power Pivot 建立的数据模型创建交互式的动态图表、图形、地图和其他视觉效果，并将它们集中呈现在仪表板中，便于人们多维度地观察和分析数据。

12.1　数据可视化与 Power View

12.1.1　数据模型

公式审核和数据有效性检验是查找、预防和标识错误的两种工具，用于追查公式中的错误根源，标识不符合检验规则的单元格，阻止不合规则数据的输入。

大数据时代，爆炸式的数据产生速度和动辄百千万行规模的数据量，如果全部用数字而不用图表分析和呈现数据，则容易让人陷入数字的泥潭，难以发现数据发展的规律和趋势。图表和数字相结合且多维度动态呈现分析结果的数据可视化技术能够跟上大数据分析的步伐，快速地将从数字"海洋"中发现的规律呈现出来，让人们直观地理解和接受。

微软公司针对大数据时代商业智能数据分析的需求，提出了商业智能分析工具 Power BI。前面的章节中已经介绍了其中的数据清洗工具 Power Query、数据建模与分析工具 Power Pivot，而 Power View 是其中的数据呈现工具，用于创建分析结果的可视化报告，实现数据可视化功能，属于 Power BI 的第三部分。同 Power Query 和 Power Pivot 一样，Power View 既可以在 Power Pivot 建立的数据模型之上工作，也可以在 Excel 或 PowerPoint 等 Office 套装软件中独立应用。

数据可视化不应该简单地理解为就是单一地用图形、图表来呈现数据，因为从精确度上讲，单纯地把数字转换成图形，其精确度可能并没有原来的数字高，在三维图形中甚至会产生错误的视角。数据可视化应该是多维度的数字和图形的相互结合，在图形中还可以提供数字说明或数字矩阵报表，并且能够多维度地展现图表结果。

图表可视化工具 Power View 能够工作在 Power Pivot 建立的数据模型之上，用 Power Pivot 表中的字段和度量值创建各类图表，以图表方式呈现 Power Pivot 的分析结果。

12.1.2 Power View 图表

1. 安装 Power View

Power View 是 Excel 2016 中的一个加载项程序，以默认方式安装 Excel 时并不会安装它。在首次使用时，需要按下面的操作方式将它安装到 Excel 中。启动 Excel 2016 后，选择"文件"→"选项"→"加载项"，然后在弹出的"Excel 选项"对话框中选中"Microsoft Power View for Excel"，如图 12-1 所示，单击"确定"按钮，Excel 的功能区中会增加"Power View"选项卡。

注意： 在刚安装的 Excel 2016 中，按上面的操作步骤加载 Power View 是没问题的。如果对 Excel2016 进行了更新升级，经过上述操作后，"Power View"选项卡并没有出现在 Excel 功能区中（原因不详，或许是一个 bug），可以按下述方法将它显示出来。

<1> 在图 12-1 所示的"Excel 选项"对话框中，单击"自定义功能区"。

<2> 在图 12-2 的"从下列位置选择命令"下拉列表，选择"主选项卡"，从下面的列表框中选中 ⊞ Power View。

<3> 在"自定义功能区"的下拉列表中选择"主选项卡"，然后单击"添加"按钮，在"自定义功能区"的"主选项卡"列表中会出现 ⊞ ☑ Power View (自定义) 选项，单击"确定"按钮。

图 12-1　加载 Power View

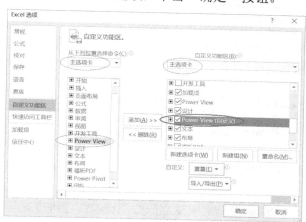
图 12-2　自定义"Power View"选项卡

2. 启动 Power View

在安装了 Power View 的 Excel 功能区中，选择"PowerView"→"插入"→"Power View"，就会启动 Power View，进入其界面，如图 12-3 所示。

Power View 的程序界面大致可以分为图 12-3 中标出的 4 个功能区域。

① 数据源表区域。列出了 Power View 作图数据的来源，如果数据源是 Power Pivot 建立的数据模型，就会将其中所有的数据表列示在此。

② 图表数据系列设置区域。其操作方法与数据透视表（数据透视图）基本相同。对于数据模型而言，如果数据源中的各表之间已经建立了关系，通常会使用维度表中的列标题创建图表的分类轴 X、Y，用事实表中的字段或度量值作为图表的"值"（即图表的数据系列值）。

③ 筛选器区域。其中可以设置若干筛选器（即 Excel 图表中的切片器），以便从多个维度分析和动态展示图表。筛选器通常使用数据模型维度表中的字段创建。

④ 仪表板区域。集中呈现各类图表的区域，此区域中可以同时绘制多个图或数据表。

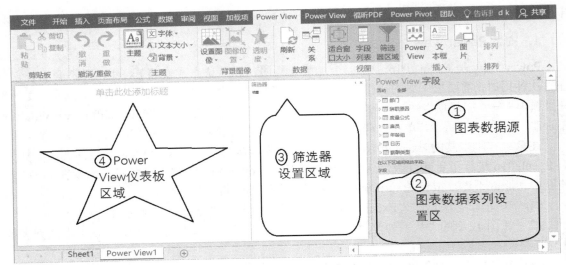

图 12-3　Power View 界面

3．在仪表板中绘制图表

同一个仪表板中可以绘制多个图表（如柱形图、条形图、地图，也可以是二维表），但每个图表最好都是围绕同一主题进行设计的。仪表板中各图表的绘制过程与 Excel 中数据透视图的绘制基本相同，只需在分类轴和数据系列的对应区域放置对应的列标题即可。

12.1.3　Power View 仪表板

Power View 中，放置在同一仪表板中的所有图表相互影响，如同机车驾驶室中的仪表盘一样，在给发动机加大或减少油量时，仪表盘中的速度表、里程表、油量显示表、温度计等仪表都会同时发生变化，表明它们之间存在相关关系。同一个仪表板中的各图表也应当存在这样的关系。

Power Pivot 中建立的数据模型，各维度表与事实表通过关系建立起了联系，它们对事实表中数据的影响如同机动车仪表盘中油量变化对其他仪表的影响一样，某维度数据的变化也会影响到仪表板中所有的图表。为了在仪表板中揭示这样的影响关系，在通常情况下会按照不同维度对同一主题绘制多个不同的图表，并将它们集中在同一个仪表板中，以达到从不同维度对同一主题进行分析的目的，同时可以分析不同维度之间的相互关系。

例如，在第 11 章介绍的由微软公司提供的"人力资源管理 Power BI 学习案例"中（即例 11.3），需要从种族、地区、薪酬支付方式、性别、年龄组、部门、年月、年等 9 个维度对新聘员工、在职与离职员工以及差聘员工三个主题进行分析，围绕这三个主题创建了 3 个仪表板，其中对新聘员工进行分析的仪表板如图 12-4 所示。

1．利用筛选器从不同维度动态展示分析图表

图 12-4 是在 Power View 中创建的 2014 年新招聘人员分析的仪表板。其中折线图是 2014 年和 2013 年（用度量值计算的去年同期人数）各月份新聘员工人数的对比分析和趋势分析，堆积柱形图从种族类型和地区两个因素对 2014 年的招聘人数进行分析，柱形图从职工类型（全职或兼职）对 2014 年各地区的新聘员工进行分析，饼图分别从性别和年龄范围对 2014 年的新聘员工进行分析。

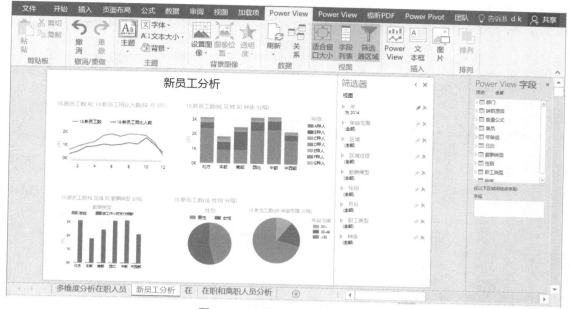

图 12-4 "新聘员工"分析仪表板

筛选器提供了从不同维度观察仪表板中图表的手段，以及维度的组合变化对数据产生的影响情况。因为从本质上看，Power View 仪表板中各图表的数据系列都来源于 HR 管理模型中的事实表，分类轴则来源于维度表，它们本身是通过事实表关联在一起的。这种相互影响可以通过筛选器选项的变化动态地呈现出来。

例如，现在要对 2014 年南部和北方 30～50 岁之间的 B、C 和 E 种族的新员工进行分析。只需选中"年龄范围"筛选器中的"30-49"、"种族"筛选器中的"B 种人、C 种人、E 种人"、"区域"筛选器中的"北方，南部"以及"年"筛选器中的"2014"，仪表板就会更新为对应的图表，如图 12-5 所示。

2. 动态观察指定维度值对数据分析的影响

Power View 仪表板功能强大，其中的图表不同于把多个 Excel 的图表堆积在同一工作簿中那样简单，如果把多个从不同维度制作出的图表堆积在 Excel 的同一工作表中，图表之间很难展示出维度之间的相互影响关系，各图表呈现出的几乎是一种静态关系。但是，Power View 仪表板中的各图表，不仅制作过程极其简单，还是一种动态联动关系，提示了维度之间的影响。

由此可知，图 12-4 仪表板中的各图表虽然形式上存在很大的差异，但都是围绕 2014 年公司新聘人员这一主题创建的，分别从去年同期、地区、种族、性别、职工类型等方面对 2014 年新员工进行分析，各维度之间本身具有一定的影响关系，所以 Power View 仪表板能够动态揭示某维度的指定值对各图表的影响关系。

例如，在图 12-4 所示的仪表板中，想对 2014 年"西北"部按小时支持报酬的新员工进行分析，只需单击左下角柱形图中"西北"柱形的下半部（代表按小时支付报酬的职工），仪表板就会转换成图 12-6 所示的形式。该仪表板以深色图表凸显出 2014 年的"西北"部按小时支付报酬的招聘新员工情况，以浅色图表显示其他地区 2014 年的新聘员工情况，通过图表的色彩对比，很容易把握"西北"部员工招聘在 2014 年公司人员招聘中的整体对比情况。

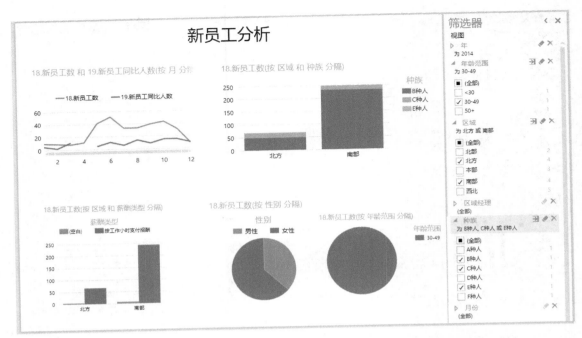

图 12-5　2014 年招聘的北方和南部的 30～50 岁之间的 B、C 和 E 种族的新员工分析

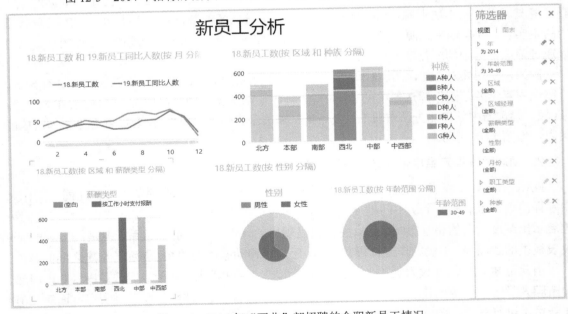

图 12-6　2014 年"西北"部招聘的全职新员工情况

12.2　人力资源管理数据模型可视化案例

如果已经通过 Power Pivot 建好模型，建立了度量公式，并完成了数据分析，需要进行数据的可视化呈现，Power View 无疑是最好的选择。在这种情况下，Power View 可以根据 Power Pivot 数据模型创建仪表板，并且能够在同一仪表板中创建多个不同类型的图表，每个图表从不同的维度呈现分析结果，这样就能够在同一个仪表板中多维度观察和分析数据。

现在为第 11 章完成的"chart11.15 人力资源 DAX 度量公式.xlsx"工作簿添加图 12-4 所示的"新员工"仪表板。

1．为数据表（数据模型）建立空白 Power View 仪表板

<1> 复制"chart11.15 人力资源 DAX 度量公式.xlsx"工作簿的副本，并改名为"chart12.1 人力资源 DAX 度量公式.xlsx"，打开该工作簿④。

<2> 选择 Excel 的"Power View"→"插入"→"Power View"，为当前工作簿插入一个空白 Power View 仪表板，如图 12-7 所示。

图 12-7　Power View 空白仪表板

2．在仪表板中添加筛选器

筛选器适用于仪表板中的所有图表，可以先建立，再逐个创建图表。因为按照这种次序，可以在每次创建一个图表后用筛选器对它进行动态测试，观察在不同维度下图表的变化情况。在 Power View 中建立筛选器的方法很简单：只需将数据源表中的对应字段名称拖放到仪表板的筛选器区域即可。

HR 分析模型中"新员工"仪表板筛选器的建立方法如下。

<1> 将前面插入的"Power View1"仪表板更名为"新员工分析"。

<2> 在数据源表区域（Power View 字段）中展开部门表，将其中的"区域"字段拖放到筛选器区域，这就完成了"区域"筛选器的建立。

<3> 按同样的方法建立下面的筛选器：日历→年，部门→区域经理，年龄组→年龄范围，薪酬类型→薪酬类型，性别→性别，日历→月份，职工类型→职工类型，种族→种族。其中，"→"左边是维度表的名称，右边是表中的字段名称。将上述各维度表中的对应字段拖放到仪表板的筛选器区域，即建立起了"新员工分析"仪表板中的筛选器，如图 12-8 所示。

2．在仪表板中添加"新员工&去年同期折线图"

如图 12-4 所示，"新员工分析"仪表板中有 5 个图表，分别是：新员工&去年同期折线图，地区&种族堆积柱形图，地区&职工类型柱形图，性别饼图，年龄组饼图。首先建立"新员工&去年同期折线图"，过程如下。

---

④　在复制具有 Power Pivot 数据模型的工作簿时，应保证数据模型连接的数据源文件的磁盘目录和文件名都没有变化，否则数据模型会产生连接不上数据源的错误。

图 12-8 "新员工分析"仪表板

<1> 展开"Power View 字段"中的"度量公式"表（第 11 章建立的空数据表，所有的度量公式都保存在该表中），选中度量值"18.新员工数"和"19.新员工同比人数"，将在仪表板中显示当前上下文中的新员工数和新员工同比人数，如图 12-9 所示。

图 12-9 新员工与去年同比人数的度量值表

前面介绍过，仪表板中可以同时有数据表和图表，并且图表是由数据表转换而来的。下面将此数据表转换成折线图。

<2> 选中刚插入的度量值表（单击该数据表区域），再选择"设计"→"切换可视化效果"→"其他图表"→"折线图"，结果如图 12-10 所示。

由于上述操作过程得到的是当前"雇员"表中的全部新员工和去年同期的新员工人数，只有两个值，因此折线图中只有两个点。但是第<2>步操作将数据表转换成折线图，会在"Power View 字段"设置区域中显示"轴"区域，即设置折线图分类轴的区域。

由此可知，在每次创建图表时，第<1>步建立的是数据表，不会在"Power View 字段"区域显示图表的分类轴设置区域。第<2>步将表转换成图时，才会根据指定的图表类型显示分类轴设置区域。

<3>在筛选器"年"中的选择为 2012 年，然后展开"Power View 字段"区域中的日历表，将其中的字段"月"拖到分类轴"轴"区域中，同时将仪表板的标题改为"新员工分析"。

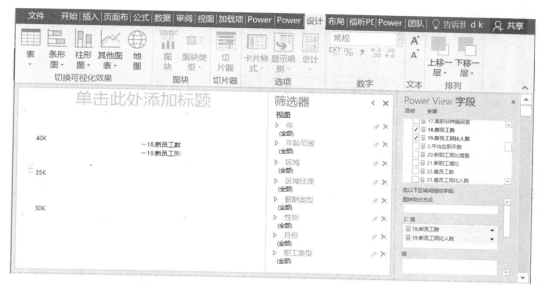

图 12-10　初步添加的"新员工&去年同期折线图"

　　<4> 选择"布局"→"标签"→"图例"→"在顶部显示图例",结果就制作出了 2012 年和 2011（去年同比）的新员工数折线图,如图 12-11 所示。

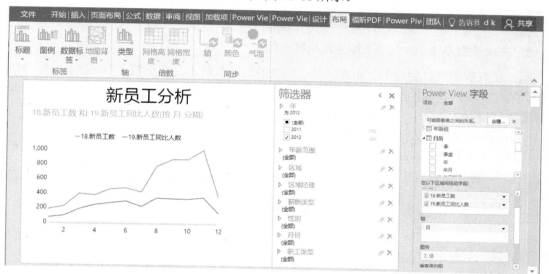

图 12-11　2012 年"新员工&去年同期折线图"

　　<5> 检验筛选器,查看 2014 年全职类型新员工的折线图。单击筛选器"年",取消"2012"选项,这时出现如图 12-12 所示的错误信息对话框。单击其中的"确定"按钮即可。

　　每次进行筛选器中"年"的切换,都会出现此错误对话框,原因是折线图中的度量值"19.新员工同比人数"中应用了时间智能函数 SamePeriodLastYear('日历'[日期]),该函数必须以同一年的日期为

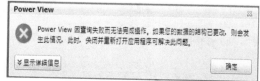

图 12-12　不选择或多选择"年"的错误

参数计算。因此,当在"年"筛选器中选中多个年或没有选择年时,都会产生错误。

<6> 选中"年"筛选器中的"2014"，并选中"职工类型"筛选器中的"全职人员"，结果如图 12-13 所示。

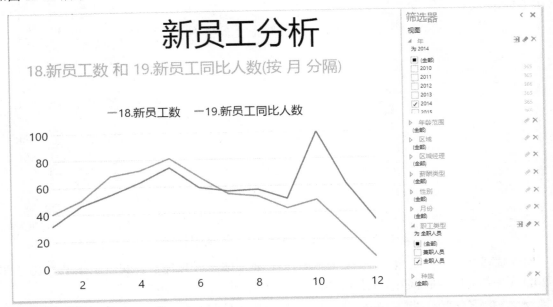

图 12-13　2014 年的全职新员工折线图

3．在仪表板中添加"地区&种族堆积柱形图"

同一仪表板中可以创建多个图表，每个图表的创建过程都与上面的"新员工&去年同期折线图"的建立过程相同。现在为"新员工分析"仪表板添加第 2 个图表，即"地区&种族堆积柱形图"，过程如下。

<1> 调整前面建立的"新员工&去年同期折线图"的大小，将它放置在仪表板左上角四分之一区域。然后在"Power View 字段"区域展开"度量公式"数表，选中其中的度量值"18.新员工数"，将在仪表板中添加一个新员工人数统计的数据表，如图 12-14 所示。

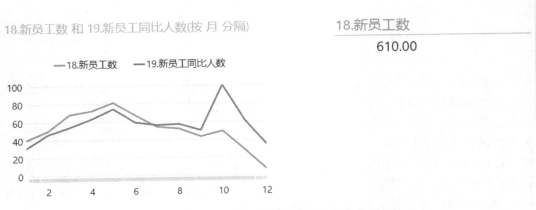

图 12-14　新建"地区&种族堆积二维柱形图"的初始情况

<2> 选中"18.新员工数"数据表,单击"设计"→"切换可视化效果"→"柱形图"→"堆积柱形图",在"Power View 字段"区域显示出"轴"和"图例"区域。

<3> 在 Power View 字段区域中,将部门表中的"区域"字段拖放到"轴"区域中,将种族表中的"种族"字段拖放到"图例"区域中,然后调整堆积柱形图的大小和字体。字体的设置方法是:选中图表,单击"设计"→"文本"中的 A˄ 可以增大字体,单击 A˅ 可以减小字体。结果如图 12-15 所示。

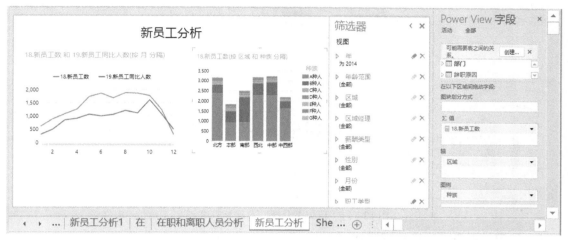

图 12-15 在仪表板中新建"地区&种族二维堆积柱形图"的最终效果

4.在仪表板中添加"地区&职工类型柱形图"

在仪表板中添加"地区&职工类型柱形图"的过程与添加"地区&种族二维堆积柱形图"相同,只是图表类型不同而已。

<1> 展开"度量公式"表,选中其中的度量值"18.新员工数"。

<2> 选择"设计"→"切换可视化效果"→"柱形图"→"簇状柱形图",在 Power View 字段区域中显示"轴"和"图例"区域。然后将部门表中的"区域"字段拖放到"轴"区域中,将薪酬类型表中的"薪酬类型"字段拖放到"图例"区域中,再调整柱形图位置、大小和字体,结果如图 12-16 所示。

5.在仪表板中添加"性别饼图"

<1> 展开"度量公式"表,选中其中的度量值"18.新员工数"。

<2> 选择"设计"→"切换可视化效果"→"其他图表"→"饼图",在"Power View 字段"区域中显示饼图的"颜色"区域,将性别表中的"性别"字段拖放到此区域中,然后调整饼图的位置、字体和字号,结果见图 12-16。

5.在仪表板中添加"年龄组饼图"

<1> 展开"度量公式"表,选中其中的度量值"18.新员工数"。

<2> 选择"设计"→"切换可视化效果"→"其他图表"→"饼图",然后将年龄组表中的"年龄组"字段拖放到刚出现的"颜色"区域中,调整饼图的位置、字体和字号,结果见图 12-16。

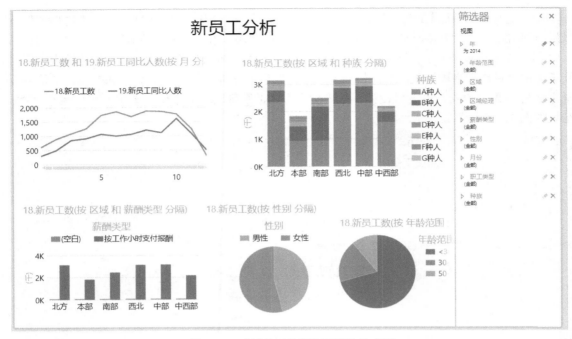

图 12-16 "新员工分析"可视化仪表板

6. 仪表板图表的动态分析能力

仪表板的优势是能组合多个不同类型的图表,再通过筛选器从多个不同维度分析数据。例如,分析 2014 年北方、本部和西北三个地区的新员工招聘情况,只需选中"年"筛选器中的"2014"和"区域"筛选器中的"北方""本部""西北",仪表板会呈现由筛选器计算出的组合图表,如图 12-17 所示。

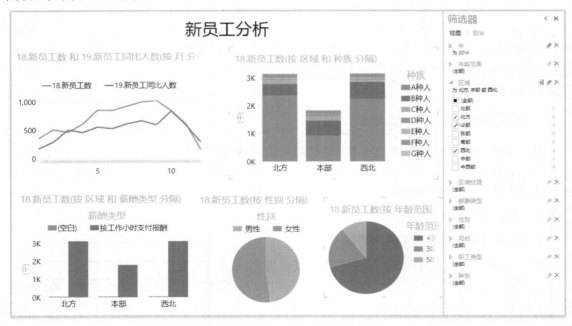

图 12-17 2014 年北方、本部、西北的新员工分析

小　结

在大数据时代，数据可视化在数据分析中占据着越来越重要的地位，多年以来，不少数据分析师尝试着在 Excel 中仿真仪表板，不但麻烦，而且成效甚微。Power View 有效地解决了这一难题，让数据分析师们能够简便地在同一个仪表板中建立基于同一主题的多个不同类型的图表，从不同维度对数据分析结果进行可视化呈现。Power View 能够在 Power Pivot 建立的数据模型基础上继续工作，可以对同一数据模型建立多个不同的仪表板，允许在每个仪表板中建立多个不同类型的图表和筛选器，分别从不同维度对数据分析结果进行可视化呈现。更强大的是，Power View 同一仪表板中的各图表不是孤立的，它们通过 Power Pivot 数据模型联系在一起，通过仪表板中的筛选器能够动态地呈现出彼此之间的联系。在实际应用中，可以先用 Power Pivot 对数据进行建模分析，再用 Power View 对分析结果进行可视化处理，把针对同一主题的多个分析图表建立在同一仪表板中，并且用维度表建立筛选器，以直观的图表方式呈现隐藏在成千上亿行的海量数据中的发展趋势和规律。

习 题 12

【12.1】 "chart12.1 人力资源 PowerView.xlsx"是本章应用的人力资源管理案例模型中的工作簿，它是第11 章完成的 Power Pivot 数据分析模型，在本章中已为其中的新员工分析建立了 Power View 仪表板。参照微软网站上提供的 "Human Resources Sample.xlsx" 工作簿，在 Power View 中为 "chart12.1 人力资源 PowerView.xlsx"创建 "在职和离职人员""差聘员工"两个仪表板，如图 12-18 和图 12-19 所示。

图 12-19 所示仪表板中的各图表需要使用"差聘员工"分析的某些度量值，编写这些度量值是第 11 章的作业，为了便于差聘员工仪表板的制作，参考如下：

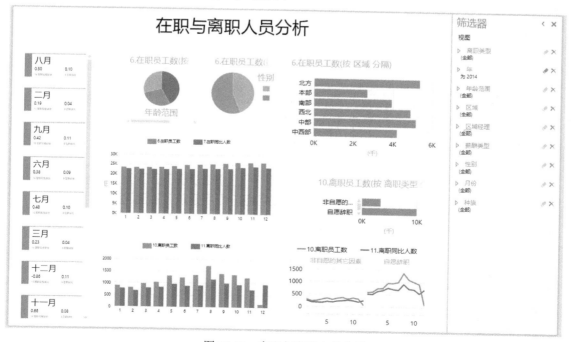

图 12-18　离职与在职人员分析

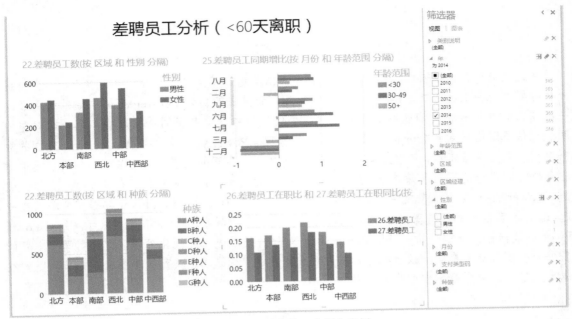

图 12-19   差聘员工分析仪表板

22.差聘员工数 := Sum('雇员'[差聘员工])

23.差聘员工同比人数 := Calculate([22.差聘员工数], Sameperiodlastyear('日历'[日期]))

24.差聘员工同期增量 := [22.差聘员工数]-[23.差聘员工同比人数]

25.差聘员工同期增比 := Divide([24.差聘员工同期增量], [23.差聘员工同比人数])

26.差聘员工在职比 := Divide([22.差聘员工数], [6.在职员工数])

27.差聘员工在职同比 := Divide([23.差聘员工同比人数], [7.在职同比人数])

参考文献

[1] Kasperde Jonger. 用 Power Pivot 和 Excel 创建仪表板和财务分析报告. 刘凯杜美杰译. 北京：经济科学出版社，2017.

[2] 马世权. 从 Excel 到 Power BI 商业智能数据分析. 北京：电子工业出版社，2018.

[3] 零一. Excel BI 之道. 北京：电子工业出版社，2017.

[4] 刘万祥. Excel 图表之道. 北京：电子工业出版社，2010.

[5] 朱仕平. Power Query 用 Excel 玩转商业智能数据处理. 北京：电子工业出版社，2017.

[6] 陈荣兴. Excel 图表拒绝平庸. 北京：电子工业出版社，2015.

[7] Excel Home. Excel 2010 应用大全. 北京：人民邮电出版社，2010.

[8] Ron Person. Excel for Windows 95 中文应用大全. 何渝，李文泉等译. 北京：人民邮电出版社，1997.

[9] M. Dodge，C. Kinata，C. Stinson. Excel For Windows 使用指南. 方中，赵军等译. 北京：清华大学出版社，1994.

[10] Rruce Hallberg. Excel For Windows 大全. 刘畅等译. 北京：海洋出版社，1995.

[11] 罗刚君. Excel2007 函数案例速查宝典. 北京：电子工业出版社，2009.

[12] 劳帼龄著. Excel 企业决策管理应用教程. 北京：科学出版社，2000.

[13] 潇湘工作室. Excel2002 中文版从入门到精通. 北京：人民邮电出版社，2002.

[14] 赖恩·昂德达尔. Excel 专家方案. 上海：上海远东出版社，1997.

[15] 唐五湘，程桂枝. Excel 在管理决策中的应用. 北京：电子工业出版社，2001.

[16] 杨世莹. Excel 2002 函数、统计与分析应用范例. 北京：中国青年出版社，2008.

[17] Mark Dodge，Craig Stinson. 精通 Excel 2007. 汪青青等译. 北京：清华大学出版社，2008.

[18] Eric Cater，Eric Lippert. VSTO 开发指南. 王永等译. 北京：电子工业出版社，2008.

[19] John Walkenbach. Excel 2003 公式与函数应用宝典. 邱燕明等译. 北京：电子工业出版社，2004.

[20] S. Christian Albright，Wayne L. Winston. Excel 数据建模与应用. 崔群法等译. 北京：清华大学出版社，2006.

[21] 张国平等. Excel 在管理中的高级应用. 北京：中国水利电力出版社，2004.

[22] 赛贝尔资讯. Excel 公式与函数应用实例解析. 北京：清华大学出版社，2008.

反侵权盗版声明

    电子工业出版社依法对本作品享有专有出版权。任何未经权利人书面许可，复制、销售或通过信息网络传播本作品的行为，歪曲、篡改、剽窃本作品的行为，均违反《中华人民共和国著作权法》，其行为人应承担相应的民事责任和行政责任，构成犯罪的，将被依法追究刑事责任。

    为了维护市场秩序，保护权利人的合法权益，本社将依法查处和打击侵权盗版的单位和个人。欢迎社会各界人士积极举报侵权盗版行为，本社将奖励举报有功人员，并保证举报人的信息不被泄露。

举报电话：（010）88254396；（010）88258888

传　　真：（010）88254397

E-mail：dbqq@phei.com.cn

通信地址：北京市海淀区万寿路 173 信箱
　　　　　电子工业出版社总编办公室

邮　　编：100036